中国石油天然气股份有限公司天然气销售新疆分公司（新疆新捷能源有限公司）

中国石油天然气股份有限公司新疆油田油气储运分公司

克拉玛依职业技术学院
Karamay Vocational & Technical College

燃气设备操作与维护

祝守丽　马志荣　张德均　主编

肖　刚　任军岗　主审

化学工业出版社

·北京·

内 容 简 介

本书主要讲述了燃气从门站到用户使用过程中核心设备的原理、工艺、结构、操作与维护。具体包括燃气输配站场设备，压缩天然气站场设备，液化天然气加气站设备，民用、商用燃气设备。

本书在内容上注重理论知识与工程实践相结合，由学校教师与企业专家共同编写，很多素材来自现场一线，内容翔实，实用性强，力求体现新技术、新设备在本专业的应用。本书可作为职业院校城市燃气技术专业、油气储运技术专业教学用书，也可作为企业培训用书，还可作为工程技术与管理人员的参考用书。

图书在版编目（CIP）数据

燃气设备操作与维护 / 祝守丽，马志荣，张德均主编. — 北京 ：化学工业出版社，2024.5

ISBN 978-7-122-44947-4

Ⅰ. ①燃…　Ⅱ. ①祝… ②马… ③张…　Ⅲ. ①燃气设备-操作②燃气设备-维修　Ⅳ. ①TK174

中国国家版本馆 CIP 数据核字（2024）第 067671 号

责任编辑：潘新文　　文字编辑：宋　旋　温潇潇

责任校对：李雨函　　装帧设计：韩　飞

出版发行：化学工业出版社

（北京市东城区青年湖南街 13 号　邮政编码 100011）

印　　装：北京七彩京通数码快印有限公司

787mm×1092mm　1/16　印张 20¼　字数 597 千字

2024 年 7 月北京第 1 版第 1 次印刷

购书咨询：010-64518888　　售后服务：010-64518899

网　　址：http://www.cip.com.cn

凡购买本书，如有缺损质量问题，本社销售中心负责调换。

定　　价：58.50 元

版权所有　违者必究

本书编审人员

主　编：祝守丽　克拉玛依职业技术学院

马志荣　克拉玛依职业技术学院

张德均　新疆新捷能源有限公司

副主编：张　晨　克拉玛依职业技术学院

刘　迪　克拉玛依职业技术学院

张生贵　新疆新捷能源有限公司

郑　洁　新疆新捷能源有限公司

参　编：（顺序不分先后）

丁红刚　马晓东　廉　阳　王予东　谢　勇　戎　涛　孙　超　李文辉

张跃华　王小平　新疆新捷能源有限公司

祁明业　黄　波　刘双全　李　勇　谢雨兵　徐卫兵　柳玉均　柯　丽

中国石油新疆油田油气储运分公司

周冠翔　中国石油新疆油田公司实验检测研究院　采油工艺实验中心

杜有兵　陕西新园州生态建设有限公司新疆分公司

史海垒　克拉玛依市燃气有限责任公司

审　稿：肖　刚　中国石油新疆油田油气储运分公司

任军岗　新疆新捷能源有限公司

视频录制人员：（顺序不分先后）

新疆新捷能源有限公司：徐晓勇　张　超　宋　蕾　缪小明　陈　磊

朱国伟　王爱民　桑国文　李　刚　肉孜买买提·达吾提　闫　斌

迪力达·米吉提　张　柯　陈永乐　关　麒　亚森江·玉苏甫　魏　斌

陈亚琮　李　燕　杨友山　王占江　徐　鹏　陈　源　颜　磊　张　艳

马建军　姜　超　康　程　邢　龙　马生祯　阳　毅　罗必会　姜　超

王　军

前言

燃气是一种优质、高效的清洁能源和化工原料，广泛地应用于国民经济建设的各个方面。加强燃气的开发利用，对改善我国能源结构，提高能源利用效率，缓解能源运输压力，减少污染物排放，改善大气环境，提高人民生活质量具有重要的作用。尤其是随着西气东输四线天然气管道工程全线开工，管道建成后，将与西气东输二线、三线联合运行，年输送能力可达千亿立方米，将有效增强管网系统供气可靠性和灵活性，提高能源输送抗风险能力。可以预计，随着未来城市燃气设施的继续完善，以及政策的推进，城市燃气将覆盖城市所有人口。

随着我国燃气行业的蓬勃发展，随之而来的便是对燃气设备的重视程度不断提高，燃气设备的平稳运行是保障安全生产的重要因素，这就要求我们的操作人员具备一定的燃气设备基础知识，掌握基本燃气设备的结构与工作原理，具备相应的安全意识，并能准确掌握燃气设备的运行情况，根据实际情况对发现的问题进行检修与处理。本书所介绍的燃气设备包含燃气输配站场、压缩天然气站场、液化天然气站场及民用、商用所用的燃气设备等，基本涵盖燃气行业各领域，从理论出发，结合生产实际，以期提高学生解决问题的能力。

本书由克拉玛依职业技术学院祝守丽、马志荣，新疆新捷能源有限公司张德均任主编；克拉玛依职业技术学院张晨、刘迪，新疆新捷能源有限公司张生贵、郑洁任副主编；新疆新捷能源有限公司丁红刚、廉阳、王予东、谢勇、戎涛、孙超、马晓东、李文辉、张跃华、王小平、史海垒，中国石油新疆油田油气储运分公司祁明业、黄波、刘双全、李勇、谢雨兵、徐卫兵、柳玉均、柯丽，中国石油新疆油田公司实验检测研究院采油工艺实验中心周冠翔，陕西新园州生态建设有限公司新疆分公司杜有兵任参编；中国石油新疆油田油气储运分公司肖刚、新疆新捷能源有限公司任军岗担任主审。

各模块编写分工为：模块一，模块二单元 2.5 和单元 2.6 由克拉玛依职业技术学院刘迪编写；模块二单元 2.3、单元 2.4、单元 2.7、单元 2.10，模块三单元 3.5 至单元 3.6 由克拉玛依职业技术学院张晨编写；模块二单元 2.1 和单元 2.2 由克拉玛依职业技术学院祝守丽与新疆新捷能源有限公司郑洁、张生贵共同编写；模块二单元 2.8、单元 2.9、单元 2.11 分别由新疆新捷能源有限公司廉阳、马晓东、丁红刚编写；模块三单元 3.1 由新疆新捷能源有限公司张德均编写，模块三单元 3.2 和单元 3.4 由新疆新捷能源有限公司王予东、谢勇、戎涛共同编写；模块三单元 3.3 由中国石油新疆油田油气储运分公司祁明业、黄波、刘双全、李勇、谢雨兵、徐卫兵、柳玉均、柯丽共同编写；模块三单元 3.7 至单元 3.9 由克拉玛依职业技术学院祝守丽与新疆新捷能源有限公司孙超、张德均共同编写；模块四由克拉玛依职业技术学院马志荣与新疆新捷能源有限公司李文辉、张跃华、王小平共同编写。模块五单元 5.1 至单元 5.3 由中国石油新疆油田公司实验检测研究院采油工艺实验中心周冠翔与陕西新园州生态建设有限公司新疆分公司杜有兵共同编写；模块五单元 5.4 至单元 5.9 由克拉玛依职业技术学院祝守丽、马志荣共同编写。全书的课程思政素材由克拉玛依职业技术学院祝守丽、张晨和刘迪搜集。全书由祝守丽统稿。

本书可作为职业院校城市燃气技术专业、油气储运技术专业教学用书，也可作为燃气工程与储运工程领域的科研、设计和技术操作与管理人员的参考用书。

在这里，特别感谢新疆新捷能源有限公司、中国石油新疆油田油气储运分公司、克拉玛依市燃气有限责任公司、陕西新园州生态建设有限公司新疆分公司、中国石油新疆油田公司实验检测研究院采油工艺实验中心等企业以及技术专家的大力帮助和支持，尤其感谢新疆新捷能源有限公司参与拍摄富媒体视频资料的人员。

由于编者的水平有限，书中不当之处在所难免，恳请读者和同行们不吝批评指正。

编者

2024.1

目录

课程思政

操作视频

1. 调压器调节操作	2. 切断阀切断和恢复操作	3. 加臭装置的结构与原理	4. 加气站加臭操作	5. 电动球阀就地开启(关闭)操作
6. 电动球阀远程开启(关闭)操作	7. CNG 母站流程介绍	8. 天然气脱水装置操作	9. 天然气脱水装置结构和工作原理	10. M 型压缩机结构介绍(配音版)
11. M 型压缩机结构介绍(企业师傅讲解版)	12. CNG 母站压缩机操作	13. 加气站类型介绍	14. 加气站加气操作	15. 加气站加气操作(1)
16. 加气站卸气操作	17. 加气站卸气操作(2)	18. CNG 母站加气柱操作	19. LNG 加液操作(1)	20. LNG 加液操作(2)
21. 便携式气体检测仪	22. 小区楼栋调压箱切断阀操作	23. 工业及商业用途可燃气体报警器操作	24. 燃气用户安全检查	25. MS400S 便携式检测仪结构
26. MS400S 便携式检测仪使用方法	27. XP 系列便携式可燃气体检测报警器操作	28. XP 系列便携式检测仪操作说明书		

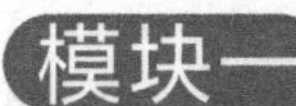

绪 论

单元 1.1 燃气概况

燃气是气体燃料的总称，包括天然气、人工燃气（俗称煤气）、液化石油气（LPG）等。中国现代意义上的燃气应用始于 1865 年由英商在上海设立的中国最早的煤气公司（生产煤气用于照明）。经过 100 多年的发展，特别是近 20 年的发展，中国的燃气业已经形成了较大的行业规模，并依然保持着快速的发展势头。进入 21 世纪以来，城市用气人口保持了快速的增长态势，相应地，中国燃气业的普及率也得到了快速的提升。由于人工煤气成本高、污染性和危险性高，其生产及供应已逐步减少；液化石油气由于使用方便，将在相当长的时间内使用；天然气作为一种清洁、环保、安全的气体，将成为中国城市燃气的发展方向。

在能源结构调整的大背景下，中国多年来燃气消费数据维持高增长，成为全球多年燃气消费持续高增长的主要经济体之一。根据《中国“十四五”天然气消费趋势分析》的预测，由于能源转型的任务依然繁重，天然气将承担重要桥梁作用。目前，我国城市燃气已经形成了优先采用天然气的格局，城市燃气消费以天然气为主。根据国家发改委数据，2022 年，中国天然气产量达到 2201 亿立方米，连续 6 年增产超过 100 亿立方米；全国天然气表观消费量 3663 亿立方米。

由于我国对于天然气能源的巨大需求量，我国天然气行业进出口基本呈现出“全进口、零出口”的格局，加强科技装备攻关迫在眉睫，所以应加快油气等资源先进开采技术、装备开发应用，加快管网数字化、智能化、标准化体系建设等，加强新业态探索，立足“双碳”发展目标，推动油气行业低碳转型，推进天然气与新能源融合发展。

在城镇燃气应用方面，凡是具备使用燃气条件的用户，原则上都属于城镇燃气的供气对象。但受多种因素的制约，需确定优先发展的供气对象并按计划逐步扩大。供气对象按用户的特点分类，通常分为居民生活用户、公共建筑用户、工业企业用户、燃气采暖及空调、燃气汽车。

居民生活用户是城镇燃气供气的基本对象，是应该优先安排和保证稳定供气的用户。居民用户燃气具主要包括燃气灶、燃气热水器、家用燃气烤箱等。居民用户的用气特点是：单户用气量不大，用气随机性较强。这类用户的用气，不但可以提高居民生活水平、减少环境污染、提高能源利用率，还可减少城市交通运输量、取得良好的社会效益。

公共建筑用户是与城市居民生活密切相关的一类用户，它也是城镇燃气的重要对象。其一般包括以下几类：单位职工食堂、学校、宾馆、酒店等。这类用户的用气特点是用气量不是很大，用气比较有规律。

目前我国城镇的工业用户主要是将燃气用于生产工艺的热加工。在工业热能供应中，锅炉是一种主要设备。燃煤锅炉热效率低，一般约 60%，且污染大，故应当积极拓展天然气工业用气。工业用户的用气特点是：用气比较有规律，用气量较大，而且用气比较均衡。在供气不能完全满足需要时，还可以根据供气情况要求工业用户作为缓冲用户在规定的时间内停气或减少用气。由于工业用户用气较稳定，且燃烧过程易于实现自动控制，是理想的燃气用户。工业用户有时还可以作为天然气供应系统的调峰用户。因此，在可能的情况下，城镇燃气用户中应包含一定量的工业用户，以提高燃气供应系统的设备利用率，降低燃气输配成本，获得更好的经济效益。工业与民用燃气的用气量如果比例适当，将有利于平衡城镇燃气的供需矛盾，减少储气设施的设置。

随着人民生活水平的提高和经济技术的发展，我国大部分地区都有不同时长的采暖期。采暖及空调用气均为季节性负荷。特别是采暖，在我国北方地区，在采暖期内用气量比较大且相对稳定。

锅炉是采暖系统能源的一种主要设备。我国有几十万台中小型燃煤锅炉，分布在各大城市，担负区域或集中采暖的任务。这些锅炉的热效率一般小于55%，能源的浪费和环境污染问题都相当严重。近几年，我国各大中型城市积极推行以天然气、煤气、液化石油气以及液体燃料油等清洁燃料为主的环保型供热系统。中小型燃气锅炉向组装化、自动化、轻型化发展。

燃气采暖主要有以下两种形式。

一种是集中采暖。利用原有的燃煤或燃油集中采暖系统，只将其中的燃煤或燃油锅炉改造或更换为燃气锅炉。

另一种是单户独立采暖。以往单户供暖的热源主要有三种：煤炭炉、电锅炉、燃气采暖热水炉。随着人们环保意识和生活水平的提高，煤炭炉将逐渐退出市场。电锅炉市场主要在电力充足的地区。随着天然气行业的发展，燃气采暖的市场逐步扩大，单户独立采暖的方式越来越受到重视，只要燃气能送到的地方均可以实现单户独立采暖。用户只需要有一台燃气热水器，即可同时解决生活热水和采暖问题。以燃气为热源的取暖设备主要有燃气采暖热水炉、燃气热风炉和燃气取暖器三种，我国较为常见的是燃气采暖热水炉，又称燃气壁挂锅炉，主要功能是供暖和提供生活热水。

燃气空调是指采用燃气作为驱动能源的空调冷热设备及其组成的空调系统，或以燃气等清洁燃料作为能源，提供制冷、供热和生活热水的空调系统及设备。我国燃气空调以燃气型吸收式冷热水机为主。目前常见的燃气空调种类有燃气锅炉与吸收式冷水机组、燃气型吸收式冷热机组、与热电冷联产系统相配的专用吸收式制冷机、燃气发动机热泵。大力发展燃气空调，既有利于保护环境，也有利于平衡燃气的供气峰谷，有利于能源的综合利用。燃气空调和以燃气为能源的热、电、冷三联供的全能系统已经引起广泛关注，它对缓解夏季用电高峰、减少环境污染（噪声、制冷剂泄漏）、提高天然气管网利用率、保持用气的季节平衡、降低天然气输送成本都有很大帮助。特别是热、电、冷三联供的方式具有较高的技术、经济价值，是今后燃气空调的发展方向。

随着世界性石油资源日益枯竭的形势逐渐加快，加之全球污染的加剧，大气污染中的60%～70%是由汽车尾气排放造成的，发展燃气汽车是降低城镇大气污染的有力措施之一。目前，燃气汽车主要有液化石油气汽车、压缩天然气汽车和液化天然气汽车。其中液化石油气汽车及压缩天然气汽车的制造及改造技术、燃气加注技术都比较成熟。大部分燃气汽车属于油气两用车（既可以使用汽油，也可以使用燃气）。从投资方面看，由于这些汽车需要配置双燃料系统，购车时的一次性投资略大于普通燃油汽车。但燃气汽车与燃油汽车相比，燃料价格具有明显的优势。燃气汽车用气量与城镇燃气汽车的数量及运营情况有关，用气量随季节等外界因素变化比较小。发展燃气汽车不仅有利于减轻城市大气污染，还可以减少对石油及其产品的依赖。

单元 1.2 天然气作用

一、天然气的主要优点

天然气是较为安全的燃气之一，它不含一氧化碳，也比空气轻，一旦泄漏，立即会向上扩散，不易积聚形成爆炸性气体，安全性较高。采用天然气作为能源，可减少煤和石油的用量，因而大大改善环境污染问题；天然气作为一种清洁能源，能减少二氧化硫和粉尘排放量近100%，减少二氧化碳排放量60%和氮氧化合物排放量50%，并有助于减少酸雨形成，舒缓地球温室效应，改善环境质量。其优点有：

1. 绿色环保

天然气是一种洁净环保的优质能源，几乎不含硫、粉尘和其他有害物质，燃烧时产生二氧化碳少于其他化石燃料，有利于缓解温室效应，因而可改善环境质量。

2. 经济实惠

天然气与人工煤气相比，同比热值价格相当，并且天然气清洁干净，能延长灶具的使用寿命，也有利于用户减少维修费用的支出。天然气是洁净燃气，供应稳定，能够改善空气质量，因而能为该地区经济发展提供新的动力，带动经济繁荣及改善环境。

3. 安全可靠

天然气无毒、易散发，密度低于空气，不宜积聚成爆炸性气体，是较为安全的燃气。

4. 改善生活

随着家庭使用安全、可靠的天然气，以及提供亲切、专业和高效率的售后服务，将会极大改善家居环境，提高生活质量。

二、天然气用途

1. 城市燃气

城镇居民炊事、采暖等用气；公共服务设施（如机关、学校、餐饮、商场等）用气；天然气汽车（CNG），成本低废气少，替代汽柴油。

2. 工业燃料

主要用于建材（陶瓷、玻璃等）、机电、轻纺、石化、冶金等工业领域的采暖、生产等用气，以缓解能源紧缺、降低燃煤比例，减少环境污染。

3. 天然气化工

以天然气为原料生产合成氨、甲醇、二甲醚、炭黑等化工产品。

4. 天然气发电

主要是在电负荷中心而且天然气供应充足的地区，利用天然气调峰发电。

单元 1.3　燃气技术现状与发展

一、燃气技术基本现状

从纵向角度来看，我国城市燃气技术取得了发展进步，但从横向角度来看，国内城市燃气技术与发达国家城市燃气技术相比有较大发展空间。

1. 输配系统规模较小

优化城市能源结构，使城市燃气技术在广阔空间中使用，并根据丰富用途进行技术改进，可以扩大输配系统规模。如果城市燃气输配系统规模短期内得不到调整，那么会影响燃气工程调峰、储气，还会增加燃气供应的风险隐患，不利于燃气经济稳定发展。

2. 燃气技术水平偏低

科技水平影响了燃气技术发展。除此之外，标准规范、配套设备等也是影响因素。从我国现有科技水平来看，燃气工程方面的科技创新速度有待提高，并且技术实践能力亟待增强，已有燃气技术的功能不够丰富，并且燃气技术普及范围较小，这无疑会对城市天然气资源输配、管理起到阻碍作用。此外，输配设备陈旧，且燃气输配系统规划缺乏前瞻性，导致气源储备、调峰等实践工作低效开展，所以我国城市燃气技术距离标准化发展存在一定差距。放眼长远，一定要从我国国情出发，紧密结合城市燃气技术情况，从科技创新、配套设备升级、输配系统改进等方面发展城市燃气技术，使燃气技术具有生命力和内驱力，为城市发展带来活力。

3. 燃气技术管理不当

城市燃气技术管理具有系统性，对于管理者而言，要强化责任意识，确保管理工作精细化开展，对于燃气使用者而言，要养成良好习惯，遵循燃气技术规范使用要求，并积极配合燃气技术管理工作，为燃气技术良性发展提供推动力，改变城市燃气技术的不良现状。

二、燃气技术发展趋势分析

燃气技术发展程度，反映出我国科技水平的高低，并且直接影响城市居民生活质量。

1. 建立规范标准

建立符合我国实际情况，且满足城市燃气技术发展需要的城市燃气技术规范，并适当修正《城镇燃气管理条例》，使其更好地指导城市燃气技术发展。

2. 加大研究力度

储气技术起到天然气存储作用，并用于削峰、填谷，使天然气资源的供需达到平衡。深入研究储气技术，围绕储气库、灌装设备、管网等内容具体研究，同时，还要考虑所在城市天然气资源分布情况、使用需求，结合城市人口密度来判断天然气供需的实际情况。对于服务技术，加大维修、养护工作，以此提高服务水平。需注意的是，要通过深入研究拓展创新思维，争取加大城市燃气技术、配套设备、管网构件的国产力度，最终减少成本，扩大利润空间。

3. 实施过程管理

燃气技术应用过程中，燃气企业面向燃气用户普及规范使用的知识，并定期进行安全检查，保证使用终端燃气技术安全性。为向用户提供优质服务，还应创新管理措施，即创新管理思路、完善管理制度、引进管理技术，推动燃气管道管理工作高效进行。应用信息软件、先进系统进行城市燃气技术管理，从而加快城市燃气技术自动化、信息化发展步伐。

4. 创新城市燃气技术

科技创新是城市燃气技术发展的原动力，科技创新要紧跟时代步伐，并联系城市燃气技术发展实际，通过先进技术应用提高城市燃气资源利用率，实现天然气资源的持续、稳定供应。

(1) 气源保障技术

不同城市的天然气供应渠道、供应方式存在差异，并且调峰站、应急储备的数量不等，调峰技术应用环节要与智能设备、信息系统相配合，使季节调峰工作有效开展。调峰技术与信息系统、信息技术联用，是对传统技术模式的创新，支持信息全面获取，并在信息提示下科学、合理分配天然气资源。随着城市燃气技术应用领域的拓展，应在热电联产、燃气汽车、制冷等方面进行技术创新，使气源保障效果达到预期，从而为城市燃气技术注入活力，增加技术服务价值。

(2) 能源利用技术

当前可再生能源的开发利用率较高，这是因为分布式光伏项目、充电桩项目为其提供支持，对于天然气发电技术来说，天然气发电技术工作压力会随着可再生能源的大量应用而减轻。加之，可再生能源制氢技术的快速发展，为城市燃气技术结合式应用提供条件。结合自身下游市场优势，快速获取新能源资源，加快多能融合等示范项目落地，形成可复制推广的“气风光”融合发展新模式；积极寻求与“五大”电力集团等大型发电企业建立良好的合作关系，实现优势互补，优先考虑收购或合并大中型新能源企业。上述措施可使城市燃气技术的发展空间广阔化，真正促进行业间融合，大大提高社会效益和经济效益。

(3) 智能燃气技术

用户追求智能化体验，因此燃气技术智能化开发与利用，在燃气终端设备的配合下尽显智能燃气技术优势。用户能够对智能燃气设备语音操控、手势操控，从而丰富智能体验，提升生活品质。未来燃气技术创新式发展，应以新时代燃气用户需求为导向，确保创新后的燃气技术更好地满足用户需求，这是燃气技术可持续发展的有效措施。

(4) 加强燃气企业管理

城市燃气技术发展的过程中，燃气企业应科学管理。用户在燃气技术使用方面提出的要求，以及用户对燃气技术改进提出的建议，燃气企业应积极采纳并整改，既要秉持对用户认真、负责的态度，又要保障用户利益。管理人员要尽职尽责，高度重视燃气技术的创新与应用，保证燃气技术的安全性和实用性。

中国城市燃气行业担负着改善环境和提高人民生活水平的重任，借助国家天然气业务的快速发展，依托国家相关政策的支持，中国城市燃气必将拥有更为广阔的发展前景。但燃气的运用存在着一些隐患，比如，燃气应用范围较广，导致相关监管工作繁杂性较强；相对而言，安全系数偏低，因此维护管理工作开展难度较大。针对当前燃气运用现状来看，重点工作就是增强对燃气设备的维护与管理。只有将燃气设备维护管理工作放在首位，才能保障燃气设备安全稳定地运行，才可以将燃气的真正价值发挥出来。在现代化社会背景下，加强燃气设备维护管理，不仅关乎社会群众的生命财产安全，还与社会可持续发展有莫大联系。因此，相关部门应严格按照国家要求开展燃气设备维护管理工作，通过进一步认识城市燃气设备维护管理的现实意义，加大特种设备管理力度，大力引入新设备、新工艺以及新技术，保障设备完好率，增强城市燃气设备安全隐患检查工作，提升城市燃气设备维护管理人员的整体能力，积极向燃气使用用户进行宣传教育，强化城市燃气设备日常维护管理工作，立足于可靠性展开维修管理工作，来实现既定目标，保障城市燃气设备安全且稳定地运行。

模块二 燃气输配站场设备

单元 2.1　门站与储配站

以管道天然气为气源的城镇燃气配气站场主要有天然气门站、储配站和各级调压站。城市天然气门站、储配站是城市天然气输配系统的重要基础设施。

门站是输配气系统的起点和总枢纽。其作用是接收长输管道（或气源厂）来气，并根据需要进行除尘过滤、调压、计量、加臭、质量检测后，送入城镇燃气输配管网分配给各级用户或直接送达用户。

储配站是在城镇燃气输配系统中储存和分配燃气的场所，由接收、储存、配气、计量、调压或增压等设施组成。其主要作用是在用气低峰时，储存一定量的燃气以供用气高峰时调峰，使燃气输配管网达到所需压力，并保持供气与需气之间的平衡。当上游气源发生故障或配气管网发生故障时，也可保证应急供气。对于大中型城镇，为了降低管网投资，通常对称布置两个以上的储配站；对于小城镇，仅在门站或气源厂附近布置一个储配站。工程上通常在门站增加储气和加压系统来实现储气调峰的功能。

调压站是设置于燃气输配管网系统中不同压力级制的管道之间，或设置于某些专门用户之前，用来将燃气管网压力调节到下一级管网或用户所需压力，并将调节后的压力保持稳定的站场。

一、门站的工艺流程

某门站工艺流程图如图 2-1-1 所示，高压管道来气首先进入过滤分离器除尘，然后进入汇气管 8，再经计量、调压后进入汇气管 15，最后加臭送入中压管网。

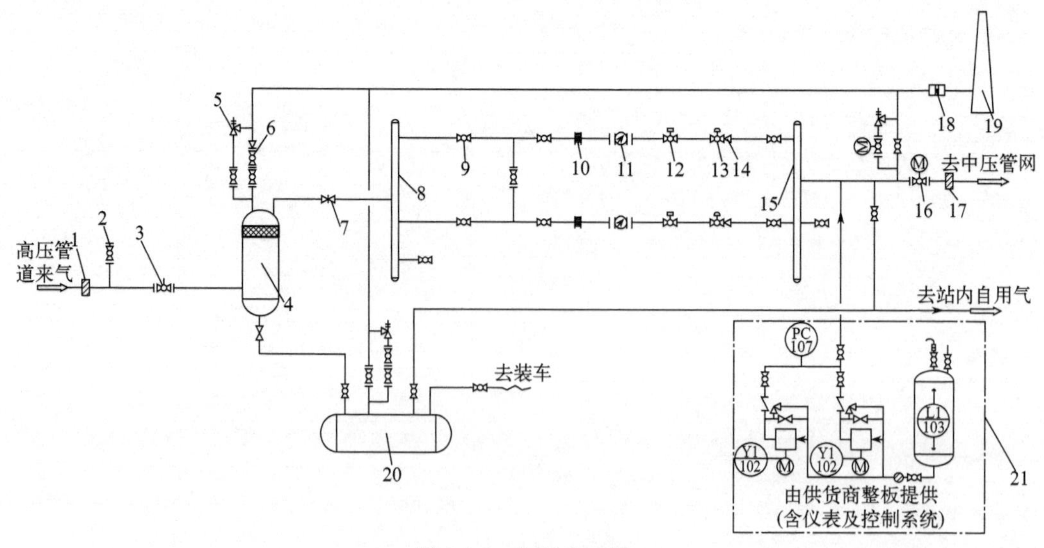

图 2-1-1　门站流程图

1，17—绝缘法兰；2—手动法兰球阀；3，16—ESD 电动法兰球阀；4—分离过滤器；5—安全阀；6—节流截止放空阀；7—有导流孔平板闸阀；8，15—汇气管；9—球阀；10—流动调整器；11—超声波流量计；12—安全切断阀；13—调节器；14—同心异径管；18—阻火器；19—放空管；20—埋地污水罐；21—加臭撬

在进行门站的工艺设计时，应考虑其功能满足输配系统输气调度和调峰的要求，根据输配系统调度要求分组设计计量和调压装置，站内可一级调压或者二级调压，出站压力也可不同，装置前设过滤器，调压装置应根据燃气流量、压力降等工艺条件确定是否需设置加热装置。进出口管线应设置切断阀门和绝缘法兰，站内管道上需根据系统要求设置安全保护及放散装置，确保用气的长期性、安全性和稳定性。在门站进站总管上最好设置分离器，当长输管线采用清管工艺时，其清管器的接收装置可以设置在门站内，门站也可设置储气装置。

站内设备、仪表、管道等安装的水平间距和标高均应便于观察、操作和维修。要设置流量、压力和温度计量仪表，并选择设置测定燃气组分、发热量、密度、湿度和各项有害杂质含量的仪表。

二、储配站的工艺流程

储配站的主要功能是储存燃气，调压后向城市燃气管网输送燃气，站内也需要进行过滤、调压、计量、加臭等。

储配站的工艺流程如图 2-1-2 所示，一般可将其工艺流程归纳为三部分：

1. 燃气接收部分

包括气源来气进站后的除尘、计量、气质检验等部分。当来气杂质及有害成分含量超过规范限量时，站内应设置净化设施。自长输管线供气时，还需考虑清管设施。

2. 燃气储存部分

在低压储气时，一般由气源厂直接将低压燃气送入储罐储存，有时也可根据进站燃气压力及储气压力设置压力调节装置。当气源为高压天然气时，一般采用高压储气。为保证稳定的进罐压力，在储配站中应设置调压装置。

3. 加压与供气部分

为了保证输配系统的供气压力与气量分配，应根据输配管网供气压力与储气压力的大小，在储配站中设置燃气压缩机或调压装置，以满足城镇燃气输配系统对用户压力的需要。

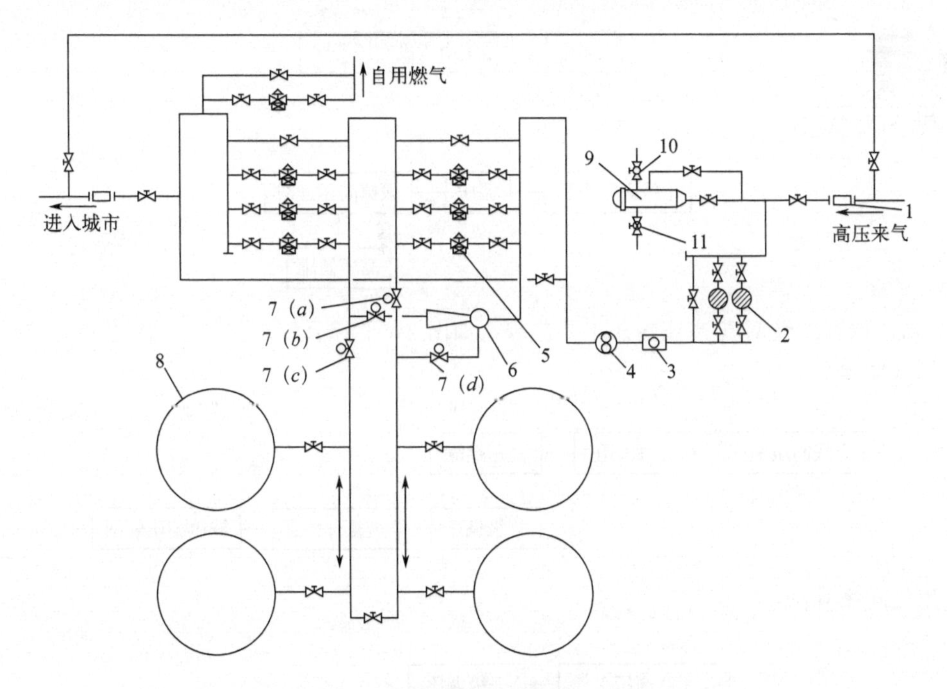

图 2-1-2 天然气高压储配站工艺流程

1—绝缘法兰；2—除尘装置；3—加臭装置；4—流量计；5—调压器；6—引射器；7—电动球阀；8—储罐；9—接球装置；10—放散阀；11—排污阀

高压储气罐的作用：用气低谷时，由燃气干线来的高压燃气，一部分经一级调压进入高压球罐，另一部分经过二级调压进入城市；用气高峰时，高压球罐和经过一级调压后的高压干管来气经过二级调压进入城市。

引射器的作用：引射器是在储罐内的压力接近管网压力时，利用高压干管的高压燃气，把燃气从压力较低的储罐中引射出来。正常工作时，提高储罐容积利用系数；当需要对储罐进行维修时将储罐内的压力降到最低，减少排放到大气中的燃气量，提高经济效益和减少大气污染。

（1）高压储存一级调压-中压或高压输送工艺流程（如图 2-1-3 所示）

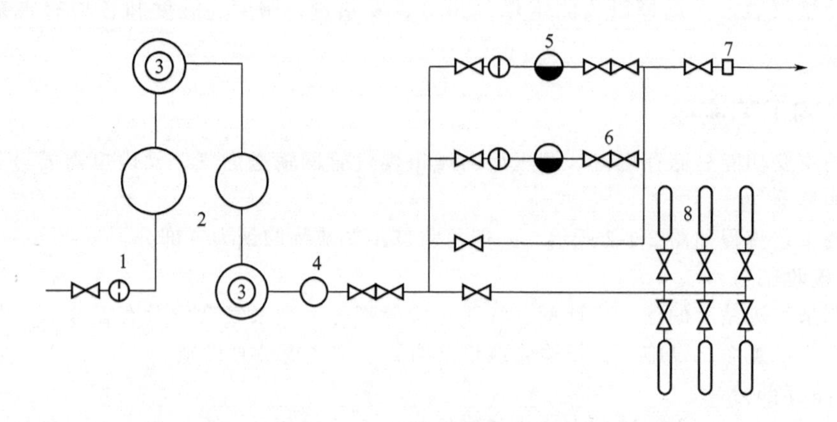

图 2-1-3 高压储存一级调压-中压或高压输送工艺流程

1—进口过滤器；2—压缩机；3—冷却器；4—油气分离器；5—调压器；6—止回阀；7—计量器；8—高压储罐

① 用气低峰时：

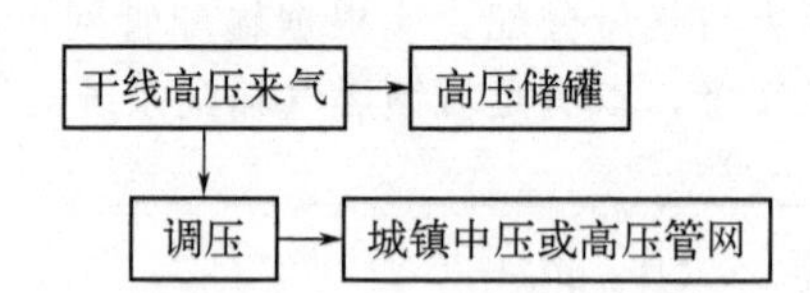

② 用气高峰时：

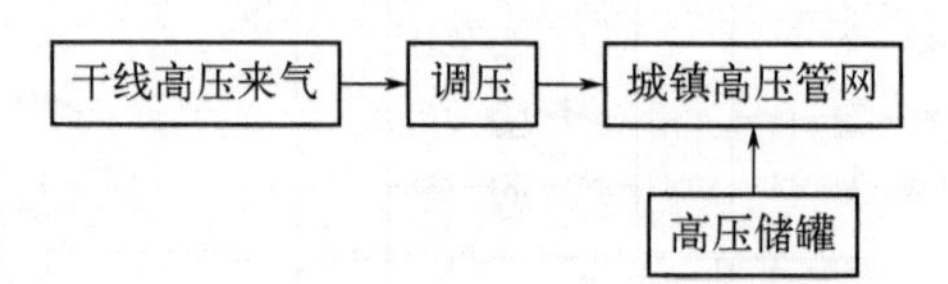

（2）高压储存二级调压-高压输送工艺流程（如图 2-1-4 所示）

① 用气低峰时：

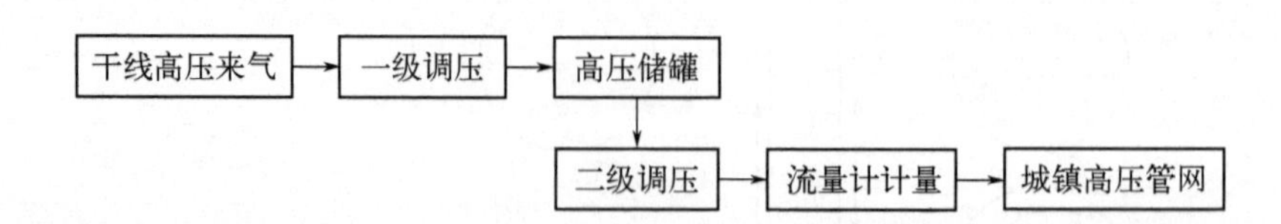

② 用气高峰时：

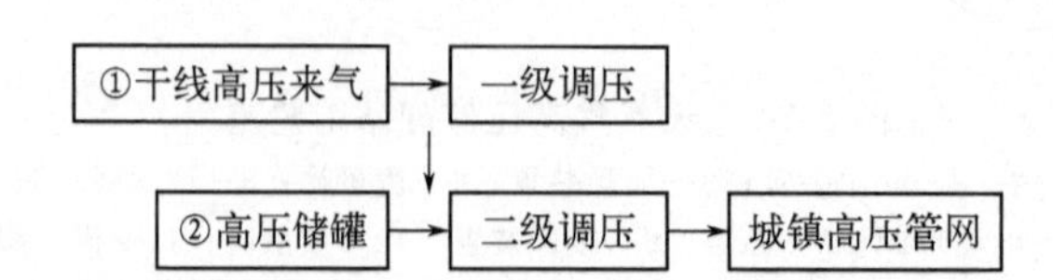

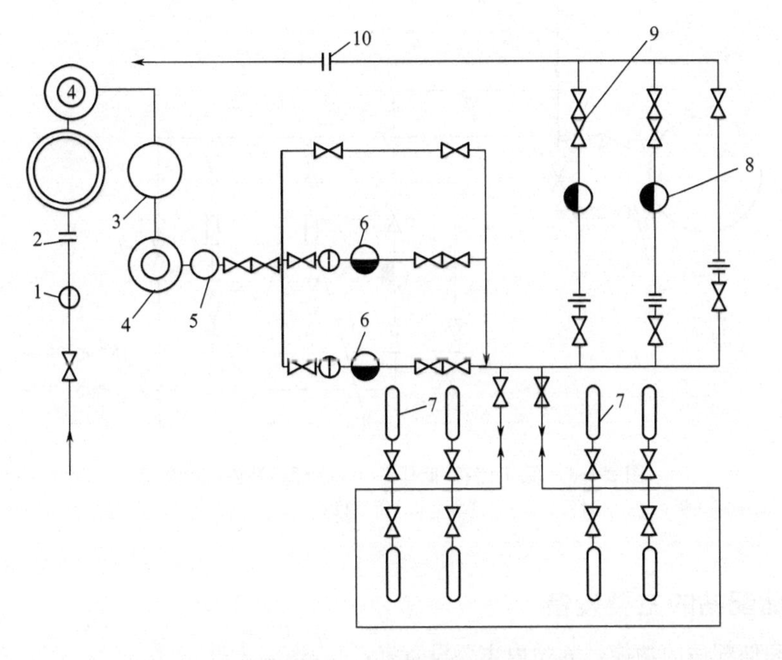

图 2-1-4　高压储存二级调压-高压输送工艺流程

1—过滤器；2—进口计量器；3—压缩机；4—冷却器；5—油气分离器；
6— 一级调压器；7—高压储罐；8—二级调压器；9—止回阀；10—出口计量器

（3）低压储存-中压输送工艺流程（如图 2-1-5 所示）

用气处于低峰时，操作阀门 6 开启；用气处于高峰时压缩机 3 启动，阀门 6 关闭。

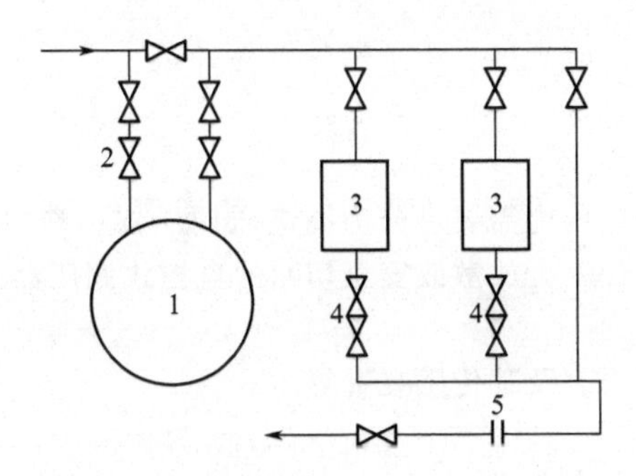

图 2-1-5　低压储存-中压输送工艺流程

1—低压储气罐；2—水封阀；3—压缩机；4—单向阀；5—出口流量计

（4）低压储存-低压、中压分路输送工艺流程（如图 2-1-6 所示）

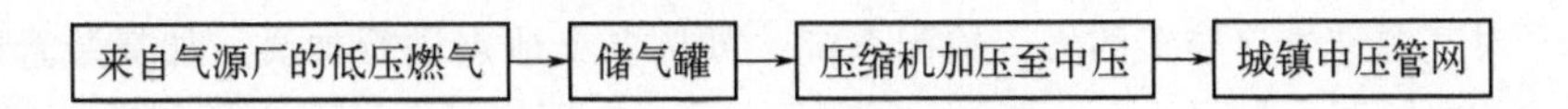

用气处于低峰时，操作阀门 7、阀门 9 开启，阀门 8 关闭；用气处于高峰时，压缩机启动，阀门 7、阀门 9 关闭，阀门 8 开启，阀门 10 是常开阀门。低压、中压分路输送的优点是一部分气体可不经过加压，直接由储罐经稳压器 3 稳压后送到用户，因此节省电能。

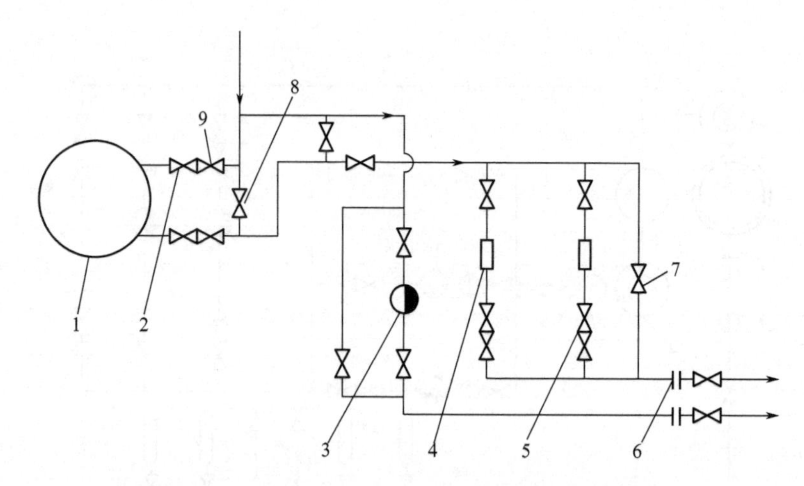

图 2-1-6 低压储存-低压、中压分路输送工艺流程

1—低压储气罐；2—水封阀；3—稳压器；4—压缩机；5—单向阀；6—流量计；7～9—阀门

三、门站和储配站的主要设备

根据门站和储配站的功能，其站内主要设备有：

1. 储气设备

储气设备包括高压储气罐、低压储气罐、中压储气罐与常压储气罐。储气方式与储罐形式应根据燃气进站压力、供气规模、输配管网压力等因素，经技术经济比较后确定。

2. 过滤净化装置

净化装置包括过滤器、除尘器、分离器等，一般设置在计量、调压装置前和进站总管上，其主要功能是除去燃气中的液体、固体杂质，以减少对设备、仪表与管道的磨损与堵塞，保证计量、调压精度。常用的是滤芯为玻璃纤维的筒形过滤器。采用单级过滤时，过滤精度一般为 10μm 或 20μm；采用两级过滤时，粗过滤精度为 50μm，精过滤精度为 5μm 或 10μm。

3. 计量装置

门站的计量装置设置在调压装置前。用于燃气贸易计量。通常采用涡轮流量计，也有采用气体超声波流量计和涡街式流量计等。

4. 调压装置

门站的调压装置按门站出口压力需要可分为高高压调压器、高中压调压器、中低压调压器等类型，一般用自力式调压器、带安全放散或安全切断的自控式调压器。

5. 测量仪表

测量仪表包括温度计、压力表及其传感装置等。

6. 气质检测设备

通常采用燃气专用气相色谱分析仪测定燃气的组分，计算其密度，评定其热值、华白数等；利用硫化氢分析仪、水露点分析仪、氧气分析仪分别测定燃气中的硫化氢、水分和氧气含量。目前，天然气门站设置分析小屋，将这些分析仪及样气处理系统等合并设置，美观、实用。

7. 加臭装置

无臭味或臭味达不到要求的城镇燃气须通过加臭装置进行加臭。加臭装置可设置在门站的进口或出口处。对气源进气口较多的燃气输配系统，可从多个地点进行加臭。加臭装置的工作环境温度一般为－30～50℃。

8. 安全保护装置

安全保护装置应保证下游压力（此处所说的下游系统应包括下一个压力边界前的所有管线）在设定范围内，不超过允许值。然而在调压系统失灵的情况下，安全装置应自动工作防止下游压力超过允许值。

安全保护装置按照结构形式可分为非排放式的切断阀（ESD紧急切断阀，安全切断阀）、非排放式的监控调压器、排放式的安全阀（全流量）。排放式的放散阀（微流量）作为管路系统的呼吸或热膨胀阀，仅仅保障系统的持续运行，不作为安全保护装置设置。

为了减少事故状态下燃气的损失和保护站场安全，各站场进出站或者站场重要设备设置ESD紧急切断阀。当站场或线路管道发生事故时，自动或人工发出ESD指令，切断站场与上、下游管道的联系。

目前安全切断阀已广泛应用于各级调压站、调压箱内。根据相关设计规定，当调压器压力降大于1.7MPa时，必须安装安全切断阀。

安全切断阀置于调压器上游管道上，有的与调压器组合安装，称为切断器。调压器正常工作时，安全切断阀常开。在燃气输送过程中当燃气压力超过安全切断阀的设定压力时，紧急切断管道（即超压切断），以保护下游的管道及调压器。同时，若下游管道出现事故，燃气大量泄漏造成管道内压力骤降时，也可切断管道（即低压切断），避免发生更严重的事故。安全切断阀一旦关闭后，一般需人工复位，不能自动打开。

紧急切断阀和安全切断阀在正常情况下都是打开的，一旦出现异常情况，将自动切断燃气通路，起保护作用。安全切断阀关闭后不能自行开启，需人工复位。

安全放散阀（微流量）是一种专业用于监视燃气管路整体设备出口压力的一种燃气压力安全调节阀，一般安装在调压器下游，或其他设备阀门的出口管路上，当管路压力超压时可自动开启，释放超压燃气，达到保护下游设备的作用，保证用户的安全用气。在设备正常工作的情况下，放散阀是处于关闭状态。一旦设备（如调压器）出现故障问题，必然会引发出口压力增加，压力增加到设置参数时，安全放散阀（微流量）会自动开启，将管线中的多余燃气排入大气环境中。压力下降到低于动作压力的情况下，放散阀便会自动关闭。放散阀（微流量）应选用调节性的，阀的开启高度和入口的压力是成等比例关系的，可快开快关，不存在较大的回座压力造成系统的持续放散；不能选择爆开动作的安全阀，避免回座时大量地排放或不能正常回座关闭。

安全切断阀与安全放散阀（微流量）的设定压力可根据需要确定，可以设为当超压时先切断管道，后放散气体，反之亦可。二者的设定压力应有一定的差值，以保证出口燃气的连续、平稳。

安全阀（全流量）安装在设备、容器或管道上，起超压保护作用，当容器或管道内压力超过允许值时，阀门自动开启排放介质；当压力降低到规定值时，阀门自动关闭。当设备检修，需要释放管道或者设备里压力时就打开安全阀旁通的手动阀门排放介质。

监控器就是一台备用调压器，它可以与主调压器型号相同，也可以不同。监控器与主调压器的连接通常分为串联与并联。详细内容见“二、调压站（柜）工艺流程—2. 调压系统不间断供气流程”。

9. 加压设备

对门站、储配站的燃气加压设备应结合输配系统总体设计采用的工艺流程、设计负荷、出站压力及调度要求确定，一般装机台数不宜过多。

以天然气为气源的门站兼有制取压缩天然气任务时，应单独设置压缩机室。

10. 清管装置

接收长输支干线来的天然气门站应在进口端设置清管器接收装置，以接收上游供气管道发送的清管器。收集、处理清管污物。根据气质情况，高压储配站内也可设置相应的清管器收发装置，以清扫连接储配站之间的燃气输送干管。

11. 监测与控制系统

门站的主要监测参数为燃气的进站压力、温度、流量、成分；出站压力、温度、流量；过滤器前、后压差；调压器前、后压力；臭味剂加入量；可燃气体浓度。控制系统的控制对象主要是进站、出站管道上设置的可远程操控的阀门。

监测与控制系统采用计算机可编程控制系统收集监测参数与运行状态，实现画面显示、运算、记录、报警以及参数设定等功能，并向监控中心发送运行参数，接收中心调度指令。

单元 2.2 调压器与调压站

调压器用来将输气管网的压力调节到下一级管网或用户所需要的压力，并将调节后的压力保持稳定。

调压站是将调压器及其附属设备放置于专用的调压建筑物或构建物中，用来调节和稳定管网压力，集调压、过滤、超压/失压切断、计量、安全放散等功能为一体，具有以下功能：

① 燃气净化：对燃气进行过滤，以保证系统内设备正常工作。

② 燃气调压：将上游管网的燃气压力降至下游管网或管道所需的使用压力，且压力值在流量变化时能稳定在一定的范围内。

③ 安全保护：当下游压力因故超过系统规定的压力范围时，对下游气流进行控制或对上游气流进行截流，以保证安全用气。

④ 流量计量：对燃气流量进行测量并换算为标准状态下的流量。

还可有以下扩展功能：

① 自控系统：对运行状况进行遥测遥讯遥控。

② 报警系统：对泄漏、故障进行报警。

③ 加臭装置：将臭液加入燃气中使之具有臭味。

④ 伴热装置：对管壁进行加热给燃气保温。

⑤ 热交换装置：对燃气加热。

因此，调压站相当于门站。燃气调压站的主要元器件如图 2-2-1 所示。

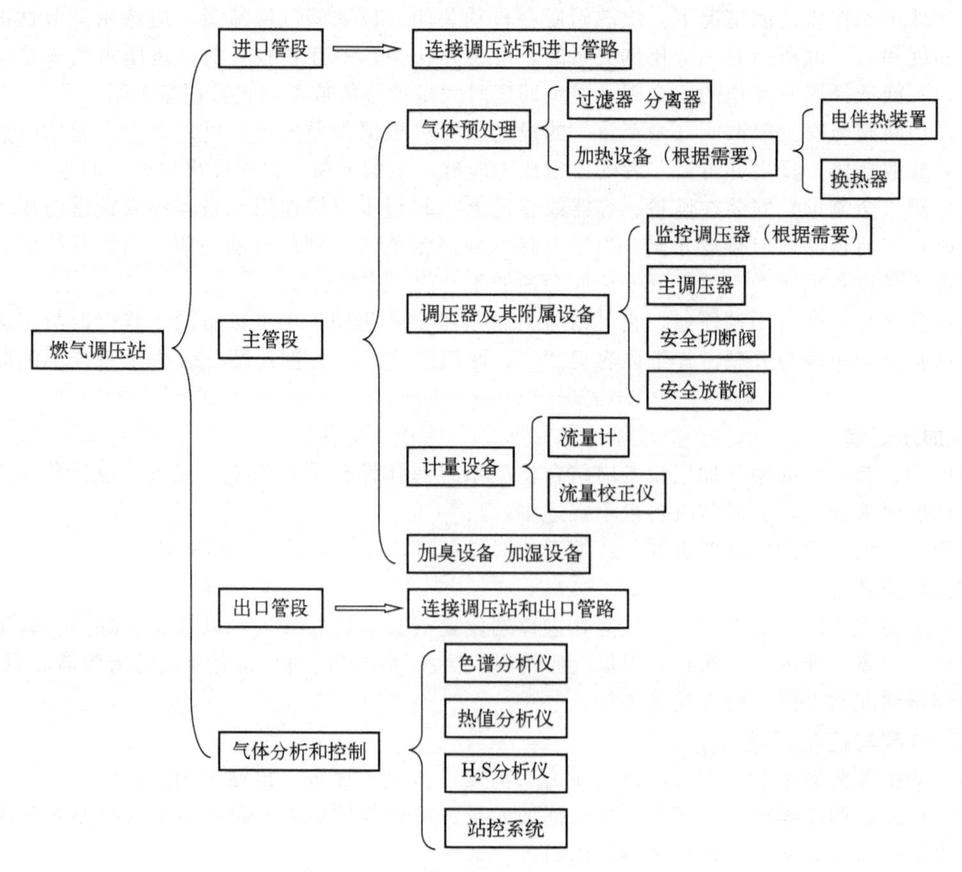

图 2-2-1 燃气调压站的主要元器件

一、调压站的分类

（一）按用途或供应对象分类

1. 区域调压站（或柜）

区域调压站通常设置在输配管网上，用于某一区域用户供气，连接两个不同压力的管网，高中、高低、中低调压器均可作为区域调压器，流量较大，如图 2-2-2 所示。

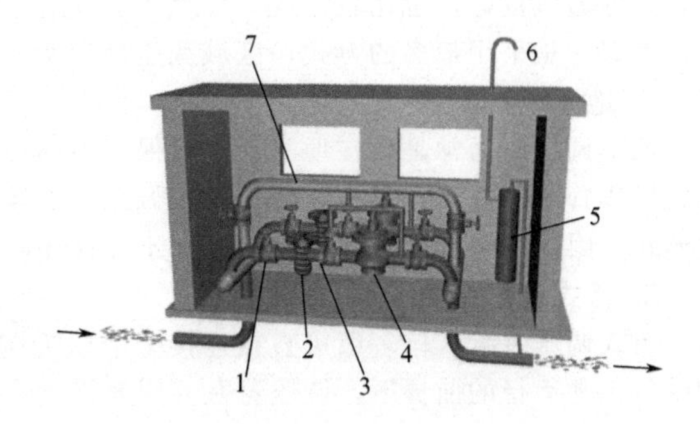

图 2-2-2　区域调压站

1—阀门；2—过滤器；3—安全切断阀；4—调压器；5—安全水封；6—放射管；7—旁通阀

近年来，随着天然气的普及，柜式区域调压站（区域调压柜）大量使用。区域调压柜通常布置成一字形，有时也可布置成 π 形及 L 形。在区域调压柜内不必设置流量计。调压柜净高通常为 3.2～3.5m，主要通道的宽度及每两台调压器之间的净距不小于 1m。调压柜的屋顶应有泄压设施，房门应向外开。调压柜应有自然通风和自然采光。室内温度一般不低于 0℃。室内电气设备应采取防爆措施。

2. 用户调压箱（或柜）

调压箱（或柜）一般是指将调压装置放置于专用箱体中，设置于用气建筑物附近，包括调压装置和箱体，承担一些集体食堂、小型公共建筑或者是居民点供应燃气，供气量小，可将用户和中压管道连接起来，便于进行楼栋调压。悬挂式和地下式箱称为调压箱（图 2-2-3），落地式箱称为调压柜。调压箱（或柜）用户通常与中压管网或低压管网相连，直接供应居民用户用气，如图 2-2-3 所示。

3. 专用调压站（柜）

在调压设置入口可直接连接较高压力的输气管线，适用于气量较大的工业企业和大型公共建筑用户内，高中、高低、中低调压器均可作为专用调压器，如图 2-2-4 所示。

专用调压站要安装流量计。选用能够关闭严密的单座阀调压器。安全装置应选用安全切断阀。压力过高、过低都要切断燃气通路。

图 2-2-3　箱式调压装置

1—进口管；2—手动调节阀；3—旁通球阀；4—进口球阀；5—进口压力表；6—过滤器；7—调压器；8—放散阀；9—切断器；10—出口压力表；11—出口蝶阀；12—出口管

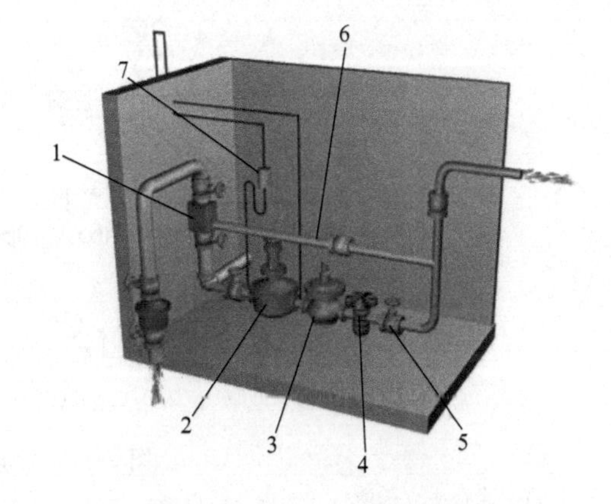

图 2-2-4　专用调压站

1—燃气表；2—调压阀；3—安全切断阀；4—过滤器；5—闸阀；6—旁通管；7—安全放散阀

（二）按照建筑形式分类

1. 地上调压站

地上调压站通常是在地面上的单层建筑，适用于各级压力管网之间的压力调节。因建筑在地上，室内通风良好，也比较干燥，发生中毒危险的可能性较小，也易于排除，故维护管理方便，安全性好，是采用最多的方式，区域调压站通常布置在地上特设的房屋里。

2. 地下调压站

地下调压站通常是设在地下，难以保证室内良好的通风和干燥，发生中毒危险的可能性较大，而其操作管理不方便。只有在建筑地上调压站有困难，且天然气压力为中压或者低压时才选用这种形式，因此这种方式目前很少采用。不允许用在气态液化石油气管线上。

3. 箱式调压装置

箱式调压装置入口一般可直接连接于中压管网上，出口与用户直接连接，在不发生冻结，保障设备正常运行的前提下，调压器及其附属设备（仪表除外）也可以设置在露天或者专门制作的调压柜内。

（三）按照常见调节压力范围分类

1. 高中压调压站

通常用于门站、配气站、三级系统的高中压管网以及某些工业用户。

2. 高低压调压站

用于城市的高低压管网。

3. 中低压调压站

用于城市的中低压管网，目前我国应用最多。

另外，还有高-高压、中-中压、低-低压调压站。

（四）按结构形式分类

按结构形式分为：箱式、柜式、撬装式。

二、调压站（柜）工艺流程

1. 标准调压站（柜）的标准工艺流程

① 2+1（1路主调1路副调+1路旁通），如图2-2-5所示。

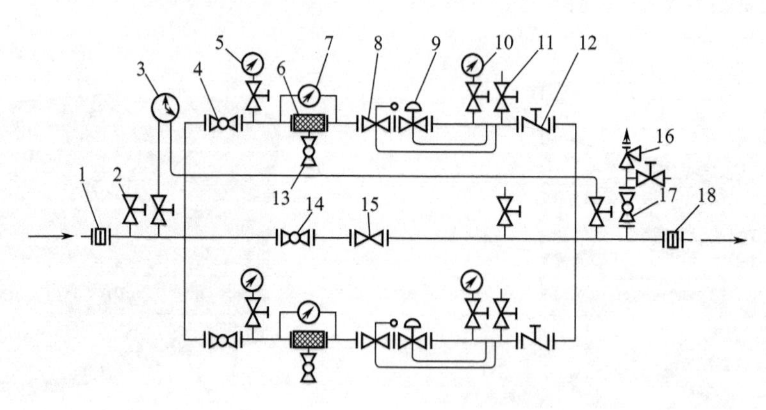

图2-2-5　2+1型系统流程图

1—进口绝缘接头（选配）；2—表前针形阀；3—压力记录仪（选配）；4—进口球阀；5—进口压力表；6—气体过滤器；7—压差计（选配）；8—安全切断阀；9—调压器；10—出口压力表；11—测压阀（排气阀）；12—出口蝶阀；13—排污阀；14—旁通球阀；15—手动调节阀；16—安全放散阀；17—放散前球阀；18—出口绝缘接头（选配）

② 2+0（1路主调1路副调+无旁通），如图2-2-6所示。

③ 1+1（1路主调+1路旁通），如图2-2-7所示。

④ 1+0（单路调压+无旁通），如图2-2-8所示。

⑤ 1+1+计量（1路主调+1路旁通+计量），如图2-2-9所示。

⑥ 2+0+计量（1路主调1路副调+无旁通+计量），如图2-2-10所示。

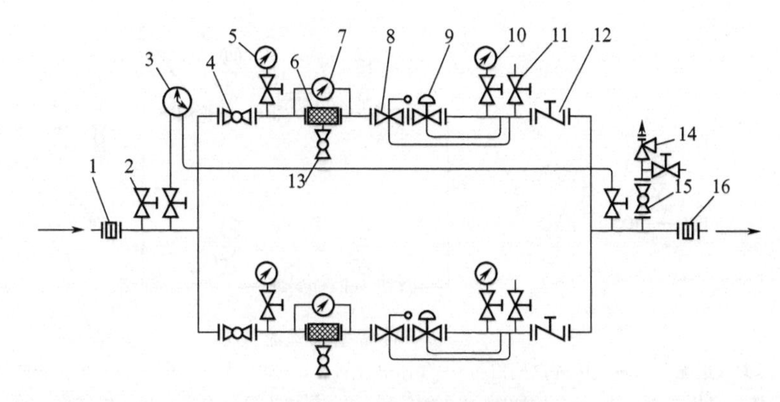

图 2-2-6　2＋0 型系统流程图

1—进口绝缘接头（选配）；2—表前针形阀；3—压力记录仪（选配）；4—进口球阀；5—进口压力表；6—气体过滤器；7—压差计（选配）；8—安全切断阀；9—调压器；10—出口压力表；11—测压阀（排气阀）；12—出口蝶阀；13—排污阀；14—安全放散阀；15—放散前球阀；16—出口绝缘接头（选配）

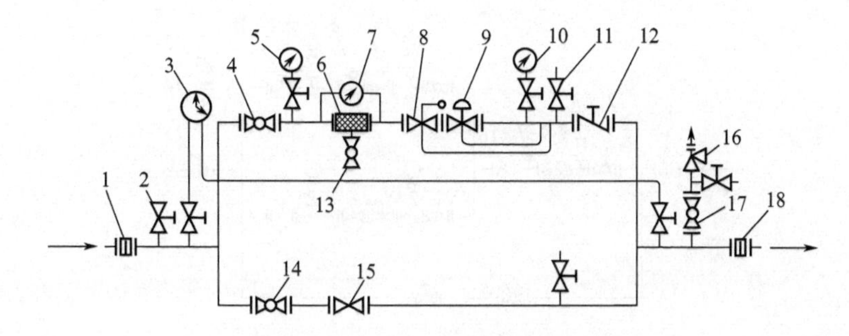

图 2-2-7　1＋1 型系统流程图

1—进口绝缘接头（选配）；2—表前针形阀；3—压力记录仪（选配）；4—进口球阀；5—进口压力表；6—气体过滤器；7—压差计（选配）；8—安全切断阀；9—调压器；10—出口压力表；11—测压阀（排气阀）；12—出口蝶阀；13—排污阀；14—旁通球阀；15—手动调节阀；16—安全放散阀；17—放散前球阀；18—出口绝缘接头（选配）

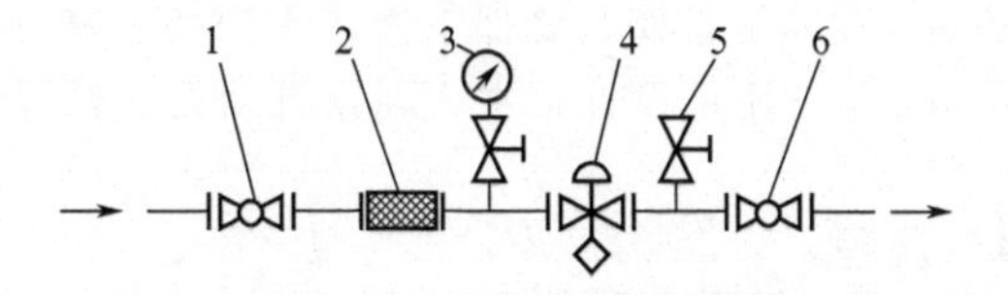

图 2-2-8　1＋0 型系统流程图

1—气体进口阀门；2—气体过滤器；3—气体进口压力表；4—带切断调压器；5—测压嘴；6—气体出口阀门

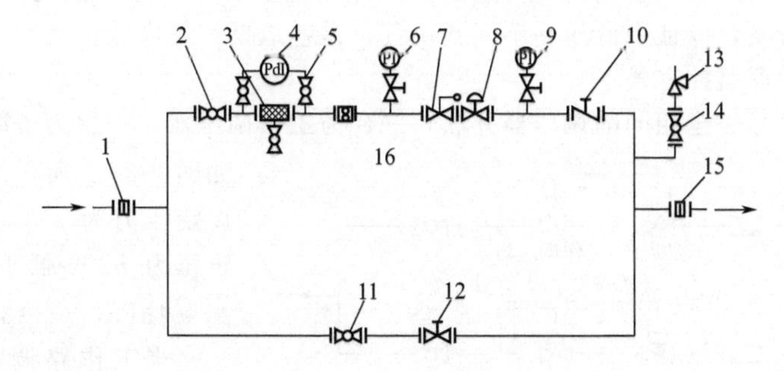

图 2-2-9　1＋1＋计量型系统流程图

1—气体进口绝缘接头（选配）；2—气体进口阀门；3—气体过滤器；4—压差表（选配）；5—压差表前后阀门（选配）；6—气体进口压力表；7—安全切断阀；8—调压器；9—气体出口压力表；10—气体出口阀门；11—旁通进口阀门；12—手动调节阀（选配）；13—安全放散阀；14—球阀；15—气体出口绝缘接头（选配）；16—气体流量计

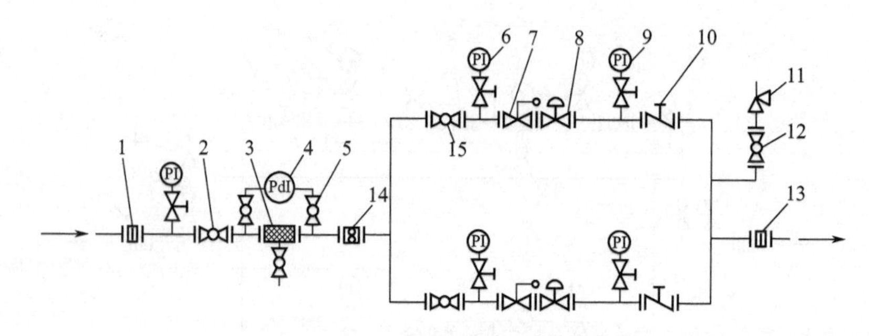

图 2-2-10　2+0+计量型系统流程图

1—气体进口绝缘接头（选配）；2—气体进口阀门；3—气体过滤器；4—压差表（选配）；5—压差表前后阀门（选配）；6—气体进口压力表；7—安全切断阀；8—调压器；9—气体出口压力表；10—气体出口阀门；11—安全放散阀；12—球阀；13—气体出口绝缘接头（选配）；14—气体流量计；15—球阀

⑦ 2+1+计量（1路主调1路副调+1路旁通+计量），如图 2-2-11 所示。

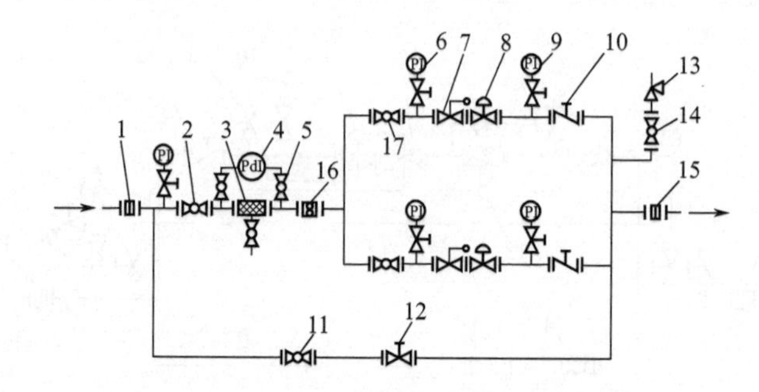

图 2-2-11　2+1+计量型系统流程图

1—气体进口绝缘接头（选配）；2—气体进口阀门；3—气体过滤器；4—压差表（选配）；5—压差表前后阀门（选配）；6—气体进口压力表；7—安全切断阀；8—调压器；9—气体出口压力表；10—气体出口阀门；11—旁通进口阀门；12—手动调节阀（选配）；13—安全放散阀；14—球阀；15—气体出口绝缘接头（选配）；16—气体流量计；17—球阀

该流程配置有安全切断阀、安全放散阀，确保下游压力因故超高（或超低）时，迅速加以控制或截流，每一调压支路采用100%流量设计，主、副路自动切换，保证不间断供气，旁通设置有手动调节阀。

2. 调压系统不间断供气流程

调压站的功能除了计量、调压之外，最重要的就是保证不间断供气。因为中低压调压站之后没有足够的管线可作为缓冲储气，也不可能像城市门站一样设置复杂的监控系统。一旦停气，将直接影响最终用户，特别是工业用户，将造成数十万以至上百万的经济损失。所以，如何利用一些简单可行的工艺方案，保证中低压站不间断供气，是各地燃气供应单位所关心的问题。

(1) 一开一备并联监控方式

一般选用两台型号完全相同的调压器并联，一台为工作调压器，一台为备用路的监控调压器，如图 2-2-12 所示。工作路调压器的设定压力为 p_2，备用路调压器的设定压力 p_3 略低于工作压力，例如：$p_2=4\text{kPa}$，$p_3=3.5\text{kPa}$。

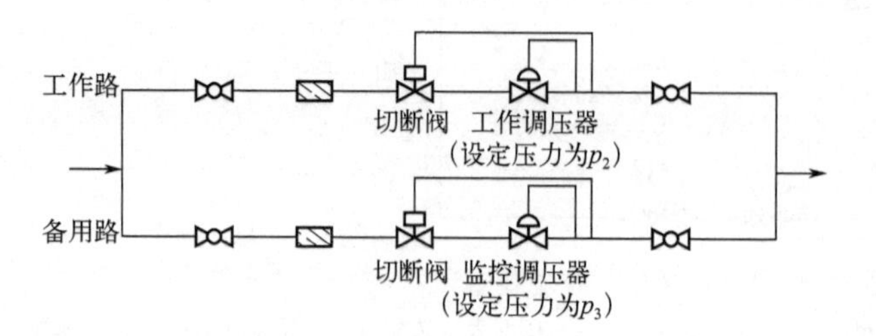

图 2-2-12　并联监控式流程

当工作路调压器工作的时候，下游压力高于备用路调压器的启动压力，所以备用路调压器处于全闭状态。

当工作路调压管线发生故障导致燃气出口压力连续升高时，工作路的紧急切断阀动作，自动切断燃气供给；当燃气出口压力降至备用路调压管线上调压出口压力设定值时，备用路调压管线自动投入工作，出口压力略低于原出口压力，保证供气下游连续供气，提高供气的安全可靠性。

这种流程优缺点如下。

优点：工艺简单，目前普遍运用。

缺点：①备用路的出口压力低于正常出口压力。②备用路的切断压力要高于工作路的切断压力很多，否则在工作路切断的时候，备用路也将被切断。③虽然工作路与备用路的切断压力有差别，但是在下游压力升高幅度很大的情况下，备用路仍然有可能同时被切断，造成停气。

（2）串联监控方式

串联监控有两种方式，一种是监控调压器置于工作调压器之前，一种是置于工作调压器之后。切断阀设在两个调压器的上游。两种工艺工作原理基本相同，一般习惯用第一种方式，如图 2-2-13 所示。

监控调压器的压力设定略高于工作调压器，所以当工作调压器工作的时候，监控调压器处于全开状态。当工作调压器发生故障致使下游压力升高到监控调压器的压力设定的临界值，监控调压器控制压力升高，关小阀口，开始工作调压。出口压力将略高于原出口压力。

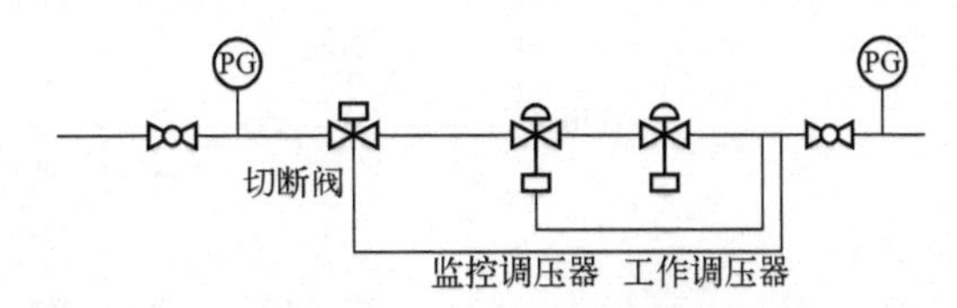

图 2-2-13　串联监控式流程

优点：①较并联监控少用了一个切断阀，只在单路上增加一个相同的调压器和一条取压管路，就可以保证不间断供气。②切断压力可设定为工作压力的 1.4 倍，保证最终的切断压力在正常的范围之内，而不像并联监控那样切断压力过高。

缺点：①虽然远程监测装置可及时监测到管路中压力的变化，及时地安排人员进行维修，但检修必须停气，所以选择在用气低峰的时候进行（例如晚上）。对于要求 24 小时不间断供气的重要单位或工业用户，该系统显然不适合。②当工作调压器故障致使出口压力降低（例如堵塞）时，无法保证不间断供气。

（3）串并联监控方式

当工作路工作调压器发生故障，出口压力升高，工作路监控调压器开始工作。如果监控调压器也发生故障导致下游压力升高，工作路切断阀关闭。而此时备用路切断压力设定值略高于工作路监控阀设定值，切断阀仍处于全开状态。同时备用路工作调压器处于关闭状态，由于下游继续供气，当下游压力下降至备用路工作压力以下时，备用路工作调压器启动，开始工作调压。如果备用路的工作调压器也不能正常调压导致压力升高，备用路监控调压器开始工作，从而保证不间断供气，如图 2-2-14 所示。

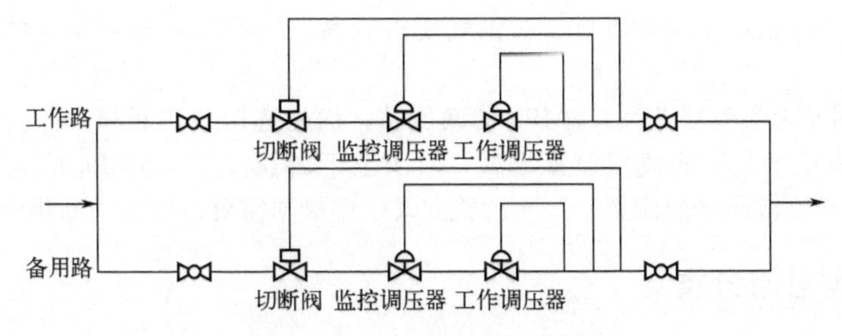

图 2-2-14　串并联监控式流程

当工作路工作调压器发生故障，出口压力降低，流量减小，监控调压器仍然处于全开状态。当下游压力下降至备用路工作压力以下时，备用路工作调压器打开，并开始工作，补上损失的压力和流量。同时，压力信号远传至计算机，提醒检修，保证不间断供气。

优点：①与并联相结合，更大范围地保证不间断供气，无论是在皮膜打穿还是调压器堵塞的情况都可以保证调压。②单台调压器独立调压和两台（两级）调压相结合，自由组合。

存在问题：结构复杂，调试过程复杂，造价相对较高。

（4）带止回阀并联监控方式

此种设计与并联监控方式基本相同，但在每路的调压器下游各加装一个止回阀。切断阀的取样点在调压器的下游、止回阀的上游。工作调压器的设定压力高于备用调压器设定压力，切断压力可以相同，如图 2-2-15 所示。

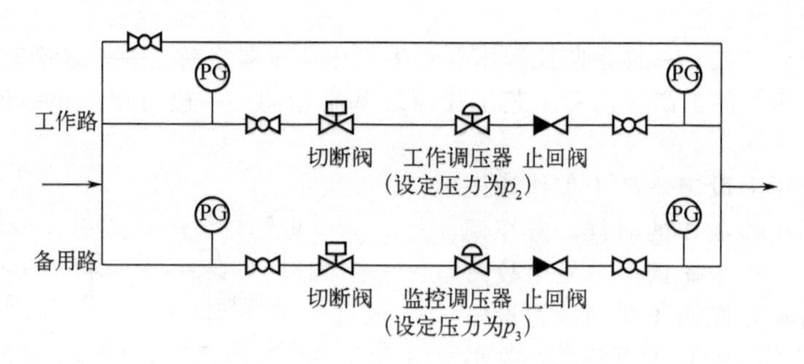

图 2-2-15　带止回阀并联监控式流程

止回阀的作用就是在工作调压器发生故障，调压器的出口压力升高，工作路进行超压切断之前，下游的高压气体由于止回阀的阻挡作用，无法到达备用路的切断阀取压点的位置，备用路就不会因此而产生切断。

当下游的压力降低到备用路调压器的临界压力时，备用调压器启动开始调压。出口压力略低于原出口压力，保证不间断供气。

优点：①加装两个止回阀，不增加太大的成本，不需要复杂的工艺，即能保证不间断供气。②由于切断压力设定相同，切断阀压力无偏差，无误动作。③两个调压器的设定压力差可以很小，如 $p_2=5\text{kPa}$，$p_3=4.9\text{kPa}$，使出口压力波动较小。

综上所述，四种调压系统都可以保证不间断供气，但是各有不同的优缺点。选择哪种调压系统要结合自身条件和具体情况而定。

① 一开一备并联监控方式：适合于对压力精度要求不高的小型用户，检修的时候不停气。例如：居民用户，对热值要求不高的工业用户。

② 串联监控方式：适合于对压力精度要求不高的小型用户，检修的时候可以停气。例如：对供气要求不高的工业用户。

③ 并联串联监控方式：适合于对供气要求较高的大型工业用户或小型城市门站。

④ 带止回阀并联监控方式：适合于对供气要求较高，压力要求相对稳定的用户，适用范围广泛。

一般规定：对于上下游压差＞1.6MPa 的调压站，优先选用“切断阀＋监控调压器＋工作调压器＋放散阀（微流量）”的流程设置方式；对于上下游压差≤1.6MPa 的调压站，优先选用“切断阀＋调压器＋放散阀（微流量）”的设置方式。再根据需要设置不间断供气流程。

三、调压器的型号与分类

（一）调压器型号

调压器型号一般由 5 部分组成，其构成方式见图 2-2-16。

① 产品型号分为两节，中间用“-”隔开。

② 第一节前两位符号“RT”代表城镇燃气调压器，第三位代表工作原理代号：“Z”为直接

作用式，“J”为间接作用式。调压器的工作原理代号还应符合表2-2-1的要求。

表2-2-1　调压器的工作原理代号

工作原理代号	工作原理			
	作用方式		失效状态	
	直接作用式	间接作用式	失效开启式	失效关闭式
Z1	√	—	√	—
Z2	√	—	—	√
J1	—	√	√	—
J2	—	√	—	√
ZB	√	—	√	—

注：1.“√”表示适用，“—”表示不适用。

2. ZB为表前调压器。

③ 第二节用“/”分成两部分，“/”前表示调压器公称尺寸，即调压器公称直径（mm），为进口连接的公称直径。“/”后第一部分表示最大进口压力 p_{1max}，按0.01MPa，0.2MPa，0.4MPa，0.8MPa，1.6MPa，2.5MPa，4.0MPa、6.3MPa和10.0MPa分9级选用。第二部分表示调压器连接方式，规定如下：管径小于等于50mm，采用螺纹连接，管径大于50mm，采用法兰连接。符合以上两种规定时可不用代号表示，若不符合规定时，则需注明L或F，L表示螺纹连接，F表示法兰连接，法兰连接时一般省略代号；第三部分为自定义号，包含调压器系列等制造商自定义编号，Q表示内置切断装置。

调压器型号示例如下：

① RTZ-25/0.4-Q表示公称直径为DN25，最大进口压力为0.4MPa，螺纹连接，直接作用切断式燃气调压器，Q表示内置切断装置。

② RTJ1-150/0.4-A，表示失效开启、公称直径为DN150、最大进口压力为0.4MPa，法兰连接、自定义号为A的间接作用式调压器。

③ RTZB-15/0.01-L，表示公称直径为DN15、最大进口压力为0.01MPa，螺纹连接表前调压器。

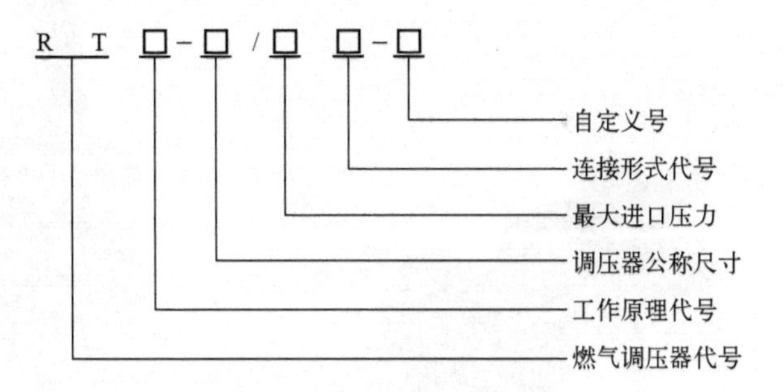

图2-2-16　调压器型号构成

（二）调压器的分类

调压器按照国标GB 27790—2020分类，见表2-2-2。调压器按其工作原理分为直接作用式和间接作用式。直接作用式调压器出口压力的变化直接控制阀瓣的运动，常用于中低压城市燃气管网，作为居民小区、工商业用户的调压、稳压设备，适用于天然气、人工煤气、液化石油气。直接作用式调压器分为杠杆式（FQ型、FQH型与FVB型）与平衡阀芯式（SP型与SN型），SE与S调压器，分别是SP与SN系列调压器的改进型。间接作用式调压器出口压力的变化是通过指挥器产生一操作压力控制阀口的开度，常用于高中压、中中压、中低压燃气管网，作为大中型工业用户、站场、CNG站等的调压和稳压设备，适用于天然气、液化石油气和其他无腐蚀性气体。间接作用式燃气调压器的调压曲线稳定，所以我国现在大部分调压站所安装的都是此调压器。间接作用式调压器用于人工煤气时，易产生卡阻现象，小流量时有波动，不稳定，间接作用式调压器分为单级指挥器式（N型）与双级指挥器式（NH型），调压器按工作原理分类如图2-2-17所示，常见型号如图 2-2-18～图 2-2-23 所示。调压器常见型号技术参数比较见表 2-2-3，直接作用式与间接作用式调压器优缺点比较见表 2-2-4。

表 2-2-2 调压器分类

序号	分类方法		类别
1	工作原理	作用方式	直接作用式、间接作用式
		失效状态	失效开启式、失效关闭式
2	连接形式		法兰、螺纹
3	最大进口压力/MPa		0.01、0.2、0.4、0.8、1.6、2.5、4.0、6.3、10.0

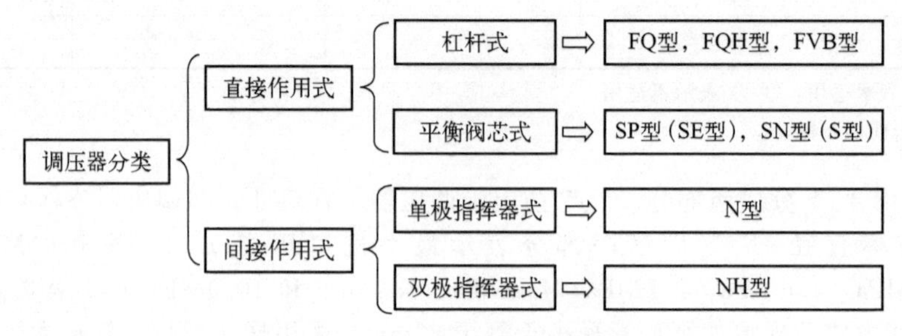

图 2-2-17 调压器按工作原理分类

图 2-2-18 RTZ-50FQ 系列调压器

图 2-2-19 RTZ-50FQH 系列调压器

图 2-2-20 RTZ-SP 系列调压器

图 2-2-21 RTZ-SN 系列调压器

图 2-2-22 RTJ-N 系列调压器

图 2-2-23 RTJ-NH 系列调压器

表 2-2-3　调压器常见型号技术参数比较

调压器型号		技术参数				
		最大进口压力/MPa	出口压力范围/MPa	调压精度 δ/%	阀体规格 DN	流通系数 C
直接作用式	RTZ-FQ 系列	0.4	0.001～0.005	±10	25	30
			0.001～0.005	±10	40	50
			0.001～0.015	±10	50	55
						90
						130
						170
	RTZ-FQH 系列	1.0	0.01～0.4	±5	50	160
	RTZ-531 系列	4.0	0.02～1.2	±5	20	20
	RTZ-SN 系列	0.4	0.001～0.03	±5	50	450
					80	700
					100	1500
					150	4000
	RTZ-SP 系列	0.4	0.001～0.03	±5	50～80	700
					65～100	1500
					80～125	2000
					100～150	3000
					150	4000
间接作用式	RTJ-N 系列	0.8	0.001～0.4	±3	50	650
					80	1800
					100	2500
					150	5000
	RTJ-NH 系列	4.0	0.06～2.5	±1	50	1300
					80	2700
					100	4500
					150	6800
					200	9000

表 2-2-4　直接作用式与间接作用式调压器优缺点比较

比较类别	直接作用式	间接作用式	比较类别	直接作用式	间接作用式
稳压精度等级	5	2.5	设定点遥控调整	无	有
关闭压力等级	10	5	同尺寸价格	便宜	贵些
阀系数 C_g	较低	更高	出口压力	较低	较高，高
响应速度	快	较慢	适用场合	1.6MPa 进口压力以下的区域站，民用，工商用户等	城市门站，大型工业，高中压站，长输管线用调压器
最高工作压力	较低	很高			
流量调节范围	小	大			

1. 直接作用式调压器

直接作用式调压器主要是小型调压器，这类调压器通过流量较小。它依靠敏感元件（薄膜）

所感受的出口压力的变化移动节流阀进行调节，不需要利用外部能源。

常用的直接作用式调压器有液化石油气减压器、用户调压器等。

(1) 液化石油气减压器

YJ-0.6 型液化石油气减压器如图 2-2-24 所示，这是一种国产的小型家用直接作用式调压器。它直接连接在液化石油气钢瓶的角阀上。

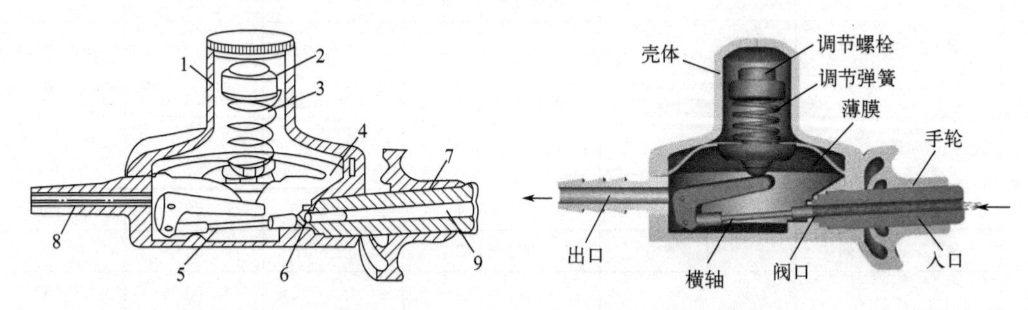

图 2-2-24　YJ-0.6 型液化石油气减压器

1—壳体；2—调节螺栓；3—调节弹簧；4—薄膜；5—横轴；6—阀口；7—手轮；8—出口；9—入口

当流量增加到一定程度时，弹簧伸长，弹簧力减弱；流量增加，薄膜挠度减小，有效作用面积增大；进口气流直接冲击薄膜，抵消掉部分弹簧力。所有这些都使得在流量增加时，出口压力不能保持稳定，而是偏低。因此，流量在 0～0.6m^3/h 范围内变化，能保证有稳定的出口压力，工作安全可靠。

(2) 用户调压器

用户调压器具有体积小、质量轻、性能可靠、安装方便的特点，如图 2-2-25 所示。

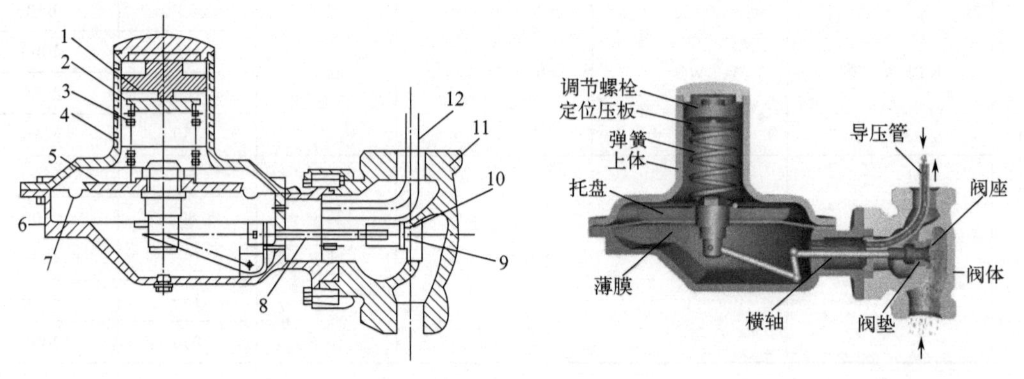

图 2-2-25　用户调压器

1—调节螺栓；2—定位压板；3—弹簧；4—上体；5—托盘；6—下体；7—薄膜；8—横轴；9—阀垫；10—阀座；11—阀体；12—导压管

导压管引入点位于调压器出口管流速的最大处，当出口流量增加时，皮膜下方压力升高，导致皮膜上升并带动阀杆，使阀口关小，流量变小从而实现降压。

这种调压器可以直接和中压或高压管道相连，将天然气降压至低压送入用户，便于进行楼栋调压。它还适用于集体食堂、餐饮服务行业、小型工业用户及居民点。

根据作用在薄膜的给定压力部件，直接作用式调压器可分为三种形式：重块式、弹簧式和压力作用式。

(1) 重块式

重块式调压器如图 2-2-26 所示，当出口压力 p_2 发生变化时，通过导压管使压力 p_2 作用到薄膜的下方，由于它与薄膜上方重块的给定压力值不相等，故薄膜失去平衡。薄膜的移动，通过阀杆带动节流阀改变通过孔口的气量，从而恢复压力的平衡。改变重块的多少即可增加或缩小给定压力值。重块式调压器出口压力难以调节，一般用于出口为低压的配气系统。

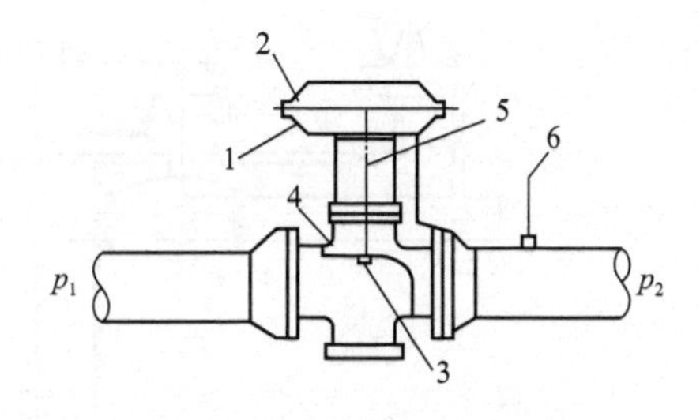

图 2-2-26 重块式调压器

1—薄膜；2—重块；3—节流阀；4—阀座；5—阀杆；6—导压管

（2）弹簧式

弹簧式调压器如图 2-2-27 所示。与重块式调压器相比，弹簧式调压器用弹簧代替重块，调节弹簧调节螺栓即可增加或缩小给定压力值，因此，比较灵活、经济，重量也较轻。与重块式调压器相比，弹簧式调压器薄膜尺寸可以小一些，因而也就减小了调压器尺寸。此外，可调节的进、出口压力范围也大一些。

以上两种调压器都不适用于高的出口压力。

（3）压力作用式调压器

压力作用式调压器如图 2-2-28 所示。压力作用式调压器的给定压力由薄膜上方小室内的压力 p_1 确定，可以适用于较高的出口压力，并达到足够的灵敏度。当入口压力 p_1 增加时，经过阀孔的流量随之增加，出口压力 p_2 也增高，经导压管使薄膜下方小室压力上升，则薄膜上下的作用力失去平衡，p_2 大于 p_3，薄膜上抬，带动阀杆向上，使节流阀关小，出口压力下降，恢复到被调值。

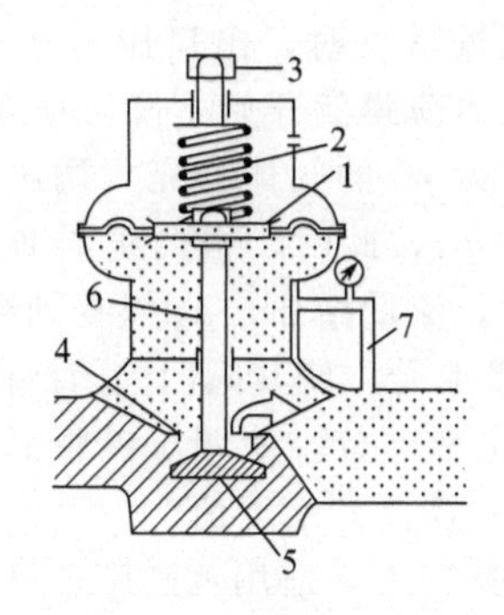

图 2-2-27 弹簧式调压器

1—薄膜；2—弹簧；3—弹簧调节螺栓；4—阀座；5—节流阀；6—阀杆；7—导压管

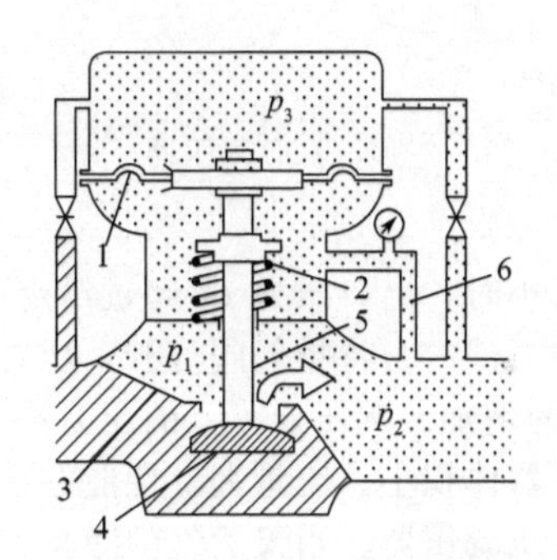

图 2-2-28 压力作用式调压器

1—薄膜；2—弹簧；3—阀座；4—节流阀；5—阀杆；6—导压管

2. 间接作用式调压器

间接作用式调压器主要有雷诺式、T 形、自力式、曲流式、轴流式等几种。其敏感元件和传动装置是分开的，当敏感元件感受到出口压力变化后，使操纵机构（如指挥器）动作，接通外部能源或被调介质（压缩空气或燃气），使调节阀动作。由于多数指挥器能将所受的力放大，故出口压力的微小变化，也可导致主调压器的调节阀门动作，因此间接作用式调压器的灵敏度比直接作用式高。

（1）雷诺式调压器

雷诺式调压器是间接作用式的中低压调压器，由主调压器、中压辅助调压器、低压辅助调压器、压力平衡器及针形阀等部件组成，与箱式调压器相比，价格优势较大，维修费用低。但其结构复杂，占地面积大，调节精度较差，压力调节存在较严重的滞后现象。雷诺式调压器的设备扩展性差，不利于煤气管网现代化管理技术的应用，其压力调节的滞后现象给各种信息信号（压力、温度、流量等）的传输、反馈带来不便。另外，雷诺式调压器的运行操作比较复杂，每天需要专人巡视、调节压力、取送压力记录，耗费的人力、物力较多，信息反馈难以实现及时、准确，如图 2-2-29 所示。

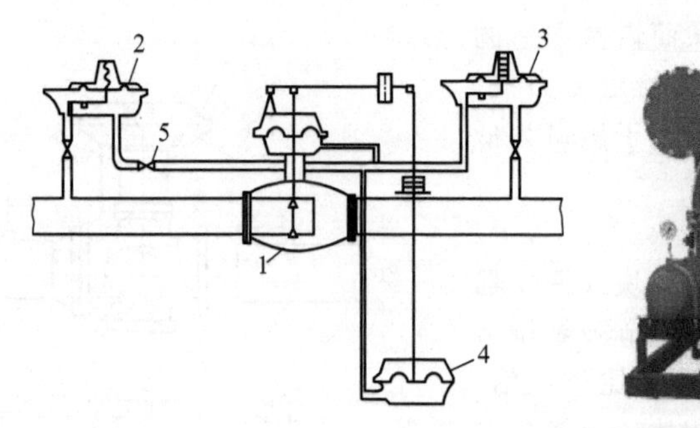

图 2-2-29　雷诺式调压器

1—主调压器；2—中压辅助调压器；3—低压辅助调压器；4—压力平衡器；5—针形阀

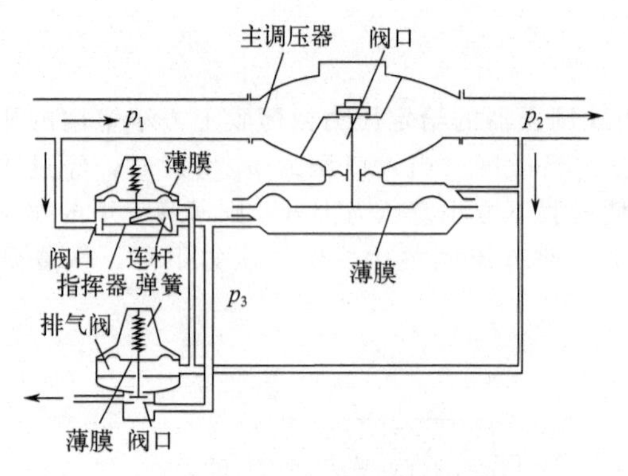

图 2-2-30　T 形调压器

(2) T 形调压器

T 形调压器由主调压器、指挥器、排气阀三部分组成，如图 2-2-30 所示。

当调压器开始启动运行时，首先按需要的出口压力（给定值）调节指挥器的弹簧，同时调节排气阀的排气压力使其稍高于需要的出口压力。

当流量增大时，出口压力 p_2 低于给定值时，指挥器薄膜就开始下降，使指挥器阀门打开，压力为 p_2 的气体补充到调压器膜下空间，使得 $p_2 > p_3$，此时，主调压器薄膜向上移动，阀口开大，流量增加，p_2 恢复到给定值。

当流量减小时，出口压力 p_2 超过给定值时，指挥器薄膜上升，使其阀门关闭。同时由于作用在排气阀薄膜下部的力将排气阀打开，压力为 p_3 的气体排出一部分，使调压器膜下的压力减小，而又由于 p_2 的增加，调压器膜上的压力增大，阀口关小，p_2 恢复到给定值。

这种调压器体积小，流量大，性能好，安装、调试、检修方便，适用范围广，可作为高中压、中中压、中低压调压器。当天然气的净化程度稍差时也能正常工作，不至于被堵塞。指挥器和排气阀分开，便于制造、组装、调试和检修。

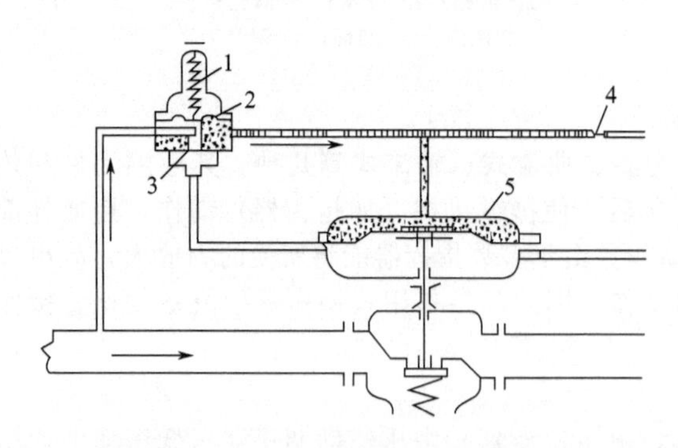

图 2-2-31　自力式调压器工作原理

1—指挥器弹簧；2—指挥器薄膜组；3—指挥器密封垫片；4—阀门；5—主调压器薄膜

(3) 自力式调压器

自力式调压器由主调压器、指挥器、信号管三部分组成，如图 2-2-31 所示。

调压器开始启动运行时，操作指挥器的手轮给定压力，当调压出口高于给定值时，指挥器薄膜下的作用力克服膜上弹簧力，使薄膜组上升，密封垫片靠近喷嘴，使喷出的气量减少，引起主调压器膜上腔室的压力下降，由于薄膜上下腔压力差与主调压器弹簧力平衡关系被打破，使调压器阀门随着薄膜上升而关小，通过阀口的气量减小，调压器后的压力又恢复到给定值。

当调压器的出口压力低于给定值时，调节过程将按相反的方向进行调节。

自力式调压器使用广泛、流量范围灵活、压力稳定、结构紧凑、占地面积小、操作维护方便，无需外来能源，只需用天然气自身压力进行调节，多用于中压调压或者门站。

（4）曲流式调压器

曲流式调压器是一种设计精巧的调压器，其动作部件是一个包在圆柱形金属芯管上的可膨胀的柔性橡胶套。芯管的两端均开有一圈长条形缝。芯管中段有一隔断壁，将两部分条形缝隔开。橡胶套的胀缩动作取决于皮套内外的压力差。在皮套与指挥器之间没有机械磨损。

曲流式调压器结构紧凑、性能稳定、调节范围广、灵敏度高，关闭严密、运行噪声小及维修周期长，常用来控制大流量管线的压力与流量，适用于门站调压、分配站调压、区域调压及用户调压，如图 2-2-32 所示。

曲流式特点：

① 整体质量比轴流式轻，易于安装拆卸。

② 可用于压差较高的管路。

③ 对流体纯净程度有较严格的要求。

④ 安装方式为水平安装。

⑤ 如果皮膜或其他元件损坏，需整体拆卸。

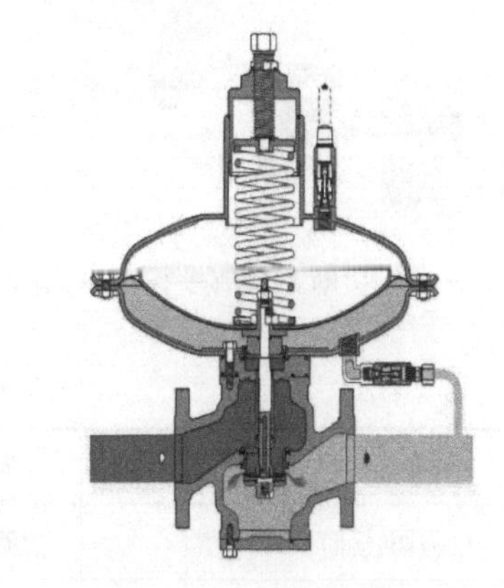

图 2-2-32　曲流式调压器

（5）轴流式调压器

轴流式调压器可用于大流量、压力变化范围大的场合，适用于天然气输配系统门站和分配站。

轴流式调压器因进出口流线呈直线形，故燃气通过阀门时阻力损失小，在进出口压力差较低的情况下仍可通过较大的流量，如图 2-2-33 所示。

轴流式特点：

① 流通能力大（流量大）。

② 对流体纯净程度要求较曲流式低。

③ 无法用于高压管路，一般最大入口压力＜10MPa。

④ 安装方式较随意，竖直、水平皆可。

⑤ 如果内部元件损坏，无须整体拆装，方便更换。

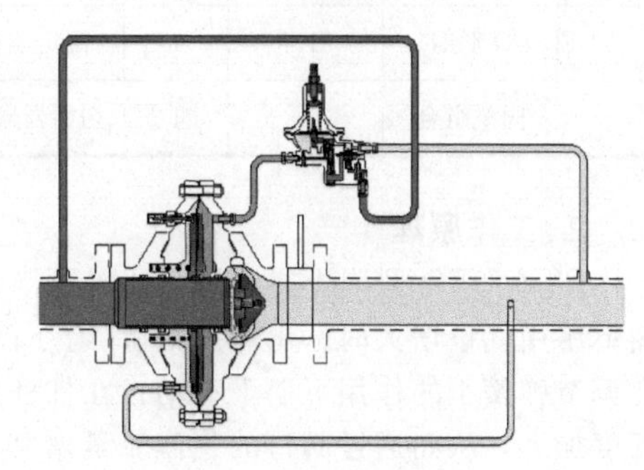

图 2-2-33　轴流式调压器

四、调压器的工作原理及操作方法

（一）杠杆式直接作用调压器

1. 结构

以 RTZ-50FQ 型调压器为例介绍直接作用式弹簧负载调压器的工作原理及操作方法。RTZ-50FQ 型调压器为集切断、调压、放散于一体的直接作用式燃气调压器，由阀体总成、调节器总成、切断器总成组成，如图 2-2-34～图 2-2-36 所示。特点：内置超压切断阀，自力式气动控制人工复位，内置式安全放散（液化石油气无安全放散），调压器内部密封件如图 2-2-37 和表 2-2-5 所示。

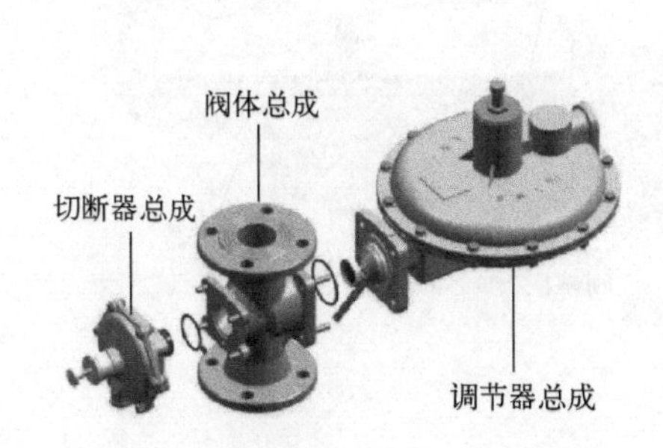

图 2-2-34　RTZ-50FQ 型调压器结构图

图 2-2-35　调节器总成结构示意图

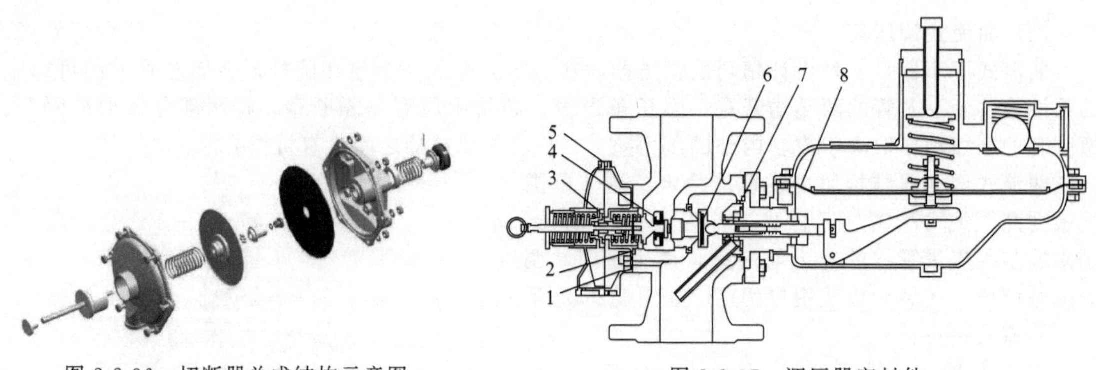

图 2-2-36　切断器总成结构示意图　　　图 2-2-37　调压器密封件

表 2-2-5　调压器密封件

序号	名称	规格	数量	安装位置	序号	名称	规格	数量	安装位置
1	O 形圈	7.1×2.65	1	切断器与阀体	5	薄膜	Φ 133	1	切断器
2	O 形圈	50×3.1	1	切断器与阀体	6	阀口垫		1	调节器阀杆组件
3	O 形圈	51.8	1	固定座与挡圈	7	O 形圈	65×3.1	1	主调节器与阀体
4	阀垫组合		1	切断器阀垫组件	8	主薄膜	Φ 330		调节器托盘组件

2. 工作原理

RTZ-50FQ 型调压器通过杠杆传递作用力，调压器的出口压力通过调节弹簧 1 设定。当调压器下游用气量增大时，出口压力 p_2 有下降的趋势，此时，调节器下腔内的压力下降，使得主薄膜在调节弹簧 1 的作用下向下移动；在杠杆作用下，阀杆带动阀瓣 1 向右移动，使阀瓣 1 与阀口的开度加大，从而通过阀口的气体流量增加，维持下游压力的恒定。当调压器下游用气量减小时，其作用与上述过程相反，直到调压器关闭为止。

切断器启动压力通过调节弹簧 2 设定。当调压器出口压力 p_2 超过切断器的设定压力值时，切断器薄膜在 p_2 的作用下向左移动，推动托盘组件克服调节弹簧 2 的作用力，使切断阀杆在复位弹簧的作用力下，带动阀瓣 2 向右快速移动，关闭阀口。切断阀需排除故障后，拉动外拉环使阀杆复位，如图 2-2-38 所示。

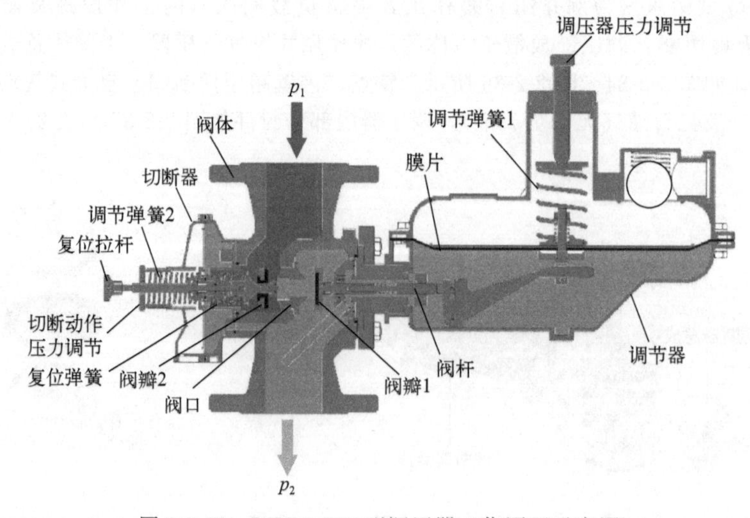

图 2-2-38　RTZ-50FQ 型调压器工作原理示意图

3. 安装、使用

（1）调压器安装注意事项

① 检查燃气输配管线压力是否与调压器上的铭牌所印的适合压力范围相符。

② 检查调压器上的气流方向指示是否与安装管线的气流方向一致。

③ 在调压器前端应安装过滤器。

④ 建议调压器出口管流速限制在 20m/s。

⑤ 严禁强力安装；管线试压和吹扫时，请用全封闸板将调压器完全阻隔或将调压器拆下，否则容易损坏调压器。直接式调压器结构安装图如图 2-2-39 所示。

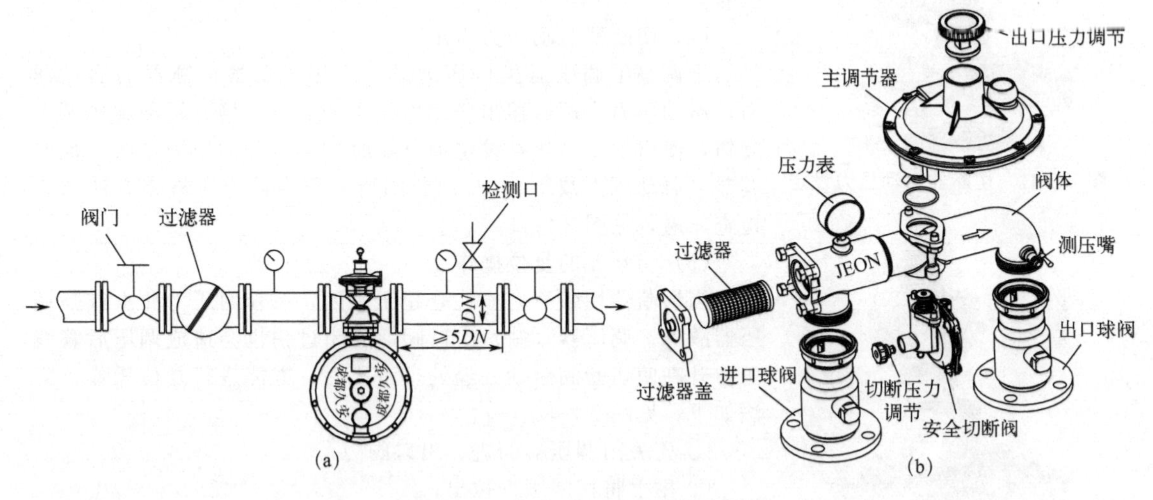

图 2-2-39　直接式调压器结构安装图

（2）通气运行

① 过滤调压器前的燃气。

② 稍微打开调压器后端管道上的阀门。

③ 慢慢地稍微打开调压器前的进口阀门。

④ 停留片刻待气流稳定。

⑤ 将调压器前、后的进口阀门和出口阀门全部打开。

4. 操作方法

（1）调压器出口压力设定

若需调节调压器出口压力，应选择调节范围适当的调节弹簧。开启调压器后管线上检测口阀门，缓慢打开调压器前端进口阀门，用扳手慢慢旋动调节螺杆，使出口压力达到设定值（顺时针调节，出口压力升高；逆时针调节，出口压力降低）。缓慢关闭检测口阀门，检查此时压力表读数应为调压器的关闭压力。缓慢地稍微打开调压器后端出口阀门，停留片刻直到出口压力设定气流稳定，再将调压器前、后阀门全部打开，见图 2-2-40。

图 2-2-40　出口压力设定

（2）调压器出口压力设定值检查

调压柜（站）出厂前均按用户要求参数进行了调压器出口压力、切断阀启动压力、放散阀启动压力的设定，若无变化，只需进行设定值的检查（应对每一调压管路进行检查）；若改变了调压器出口压力，应相应调整切断阀和放散阀启动压力。调压器出口压力设定值检查方法如下：

关闭出口阀门及旁通阀门、放散前阀门，开启切断阀，缓慢开启进口阀门，待进出口压力稳定后，略微开启测压嘴，使管道中有一小股流量通过，缓慢关闭测压嘴，观察出口压力表或U形水柱计，其读数应为出口压力设定值的1.1～1.25倍。有流量运行时再准确检查调压器出口压力。

若调压器的出口工作压力与设定值不符，应缓慢旋动调节螺杆调整调节弹簧直至出口压力为调压器设定压力的1.1～1.25倍（关闭压力），有流量运行时再精确调整调压器出口压力。

图 2-2-41　切断器启动压力设定

(3) 调压器关闭压力的检查

缓慢关闭调压器出口端阀门，在调压器出口端检测口接压力计，并打开针形阀开关。3min后记录关闭压力值，检查是否在正常范围内。调压器关闭压力正常的情况下无须对调压器进行拆修。

(4) 切断器启动压力设定

当调整了调压器出口压力后，应相应调整切断器的启动压力，启动压力为调压器出口压力的1.45～1.5倍。缓慢旋动调节旋钮，使启动压力达到设定值（顺时调节，启动压力增大；反时调节，启动压力减小）。按切断阀启动压力设定值检查方法重复检查三遍，见图2-2-41。

图 2-2-42　切断器的复位操作

(5) 切断器的复位操作

当切断器切断后，应检查超压原因，系管网压力冲击或是调压器故障。调压器（站）出口阀门关闭过快也会造成调压后管线压力升高使切断阀启动。经处理解决后，方能进行复位操作。方法如下，见图2-2-42。

① 先关闭调压器的进、出口阀门；

② 用手将切断阀杆拉出；

③ 确认切断阀杆已被锁上后，将手松开；

④ 缓慢开启进、出口阀门，如开启得太快切断器可能再次启动。

（二）平衡阀芯式直接作用调压器

1. 结构

以RTZ-SP系列调压器为例介绍其工作原理和操作。SP系列为集切断、调压为一体的直接作用式燃气调压器，采用全平衡式阀芯结构，模块化设计，其流通能力大，响应速度快，调压精度高，使用维护方便。SP系列调压器由阀体总成、主阀总成、切断阀总成、阻尼器组成，见图2-2-43～图2-2-46。密封件见图2-2-47和表2-2-6。

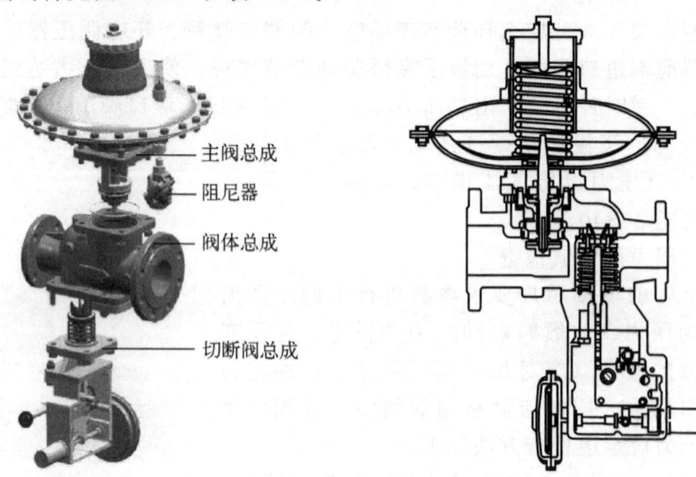

图 2-2-43　RTZ-SP系列调压器总结构

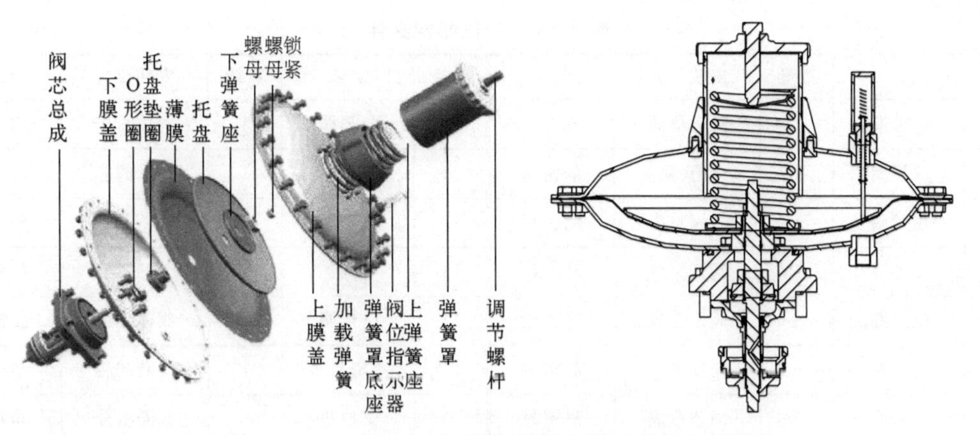

图 2-2-44　RTZ-SP 系列调压器主阀总成结构剖析图

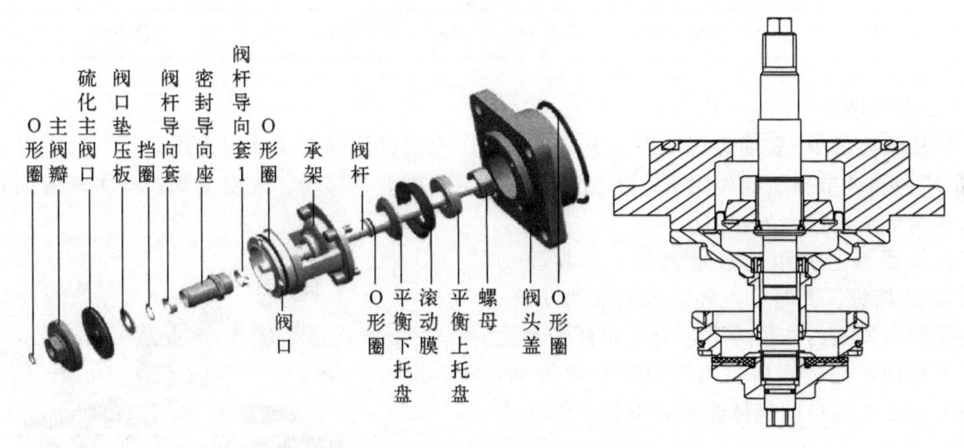

图 2-2-45　RTZ-SP 系列调压器阀芯剖析图

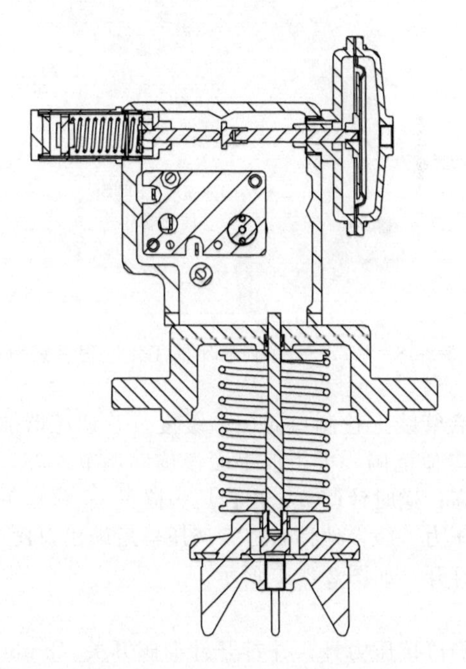

图 2-2-46　切断阀总成剖析图

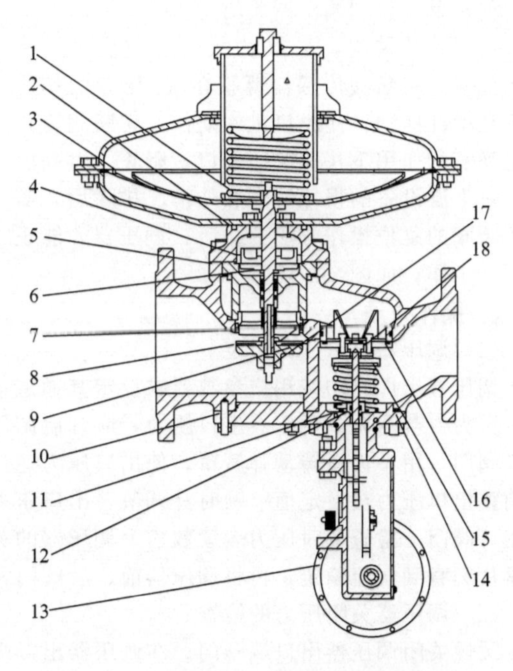

图 2-2-47　RTZ-SP 系列调压器密封件

表 2-2-6 调压器密封件

序号	名称	数量	安装位置	密封性质	序号	名称	数量	安装位置	密封性质
1	O形圈	1	托盘垫圈	静密封	10	O形圈	1	阀体总成	静密封
2	O形圈	1	阀头盖	静密封	11	O形圈	1	切断阀芯	动密封
3	主薄膜	1	主阀总成	动密封	12	O形圈	1	切断阀芯	静密封
4	滚动膜	1	阀杆组件	动密封	13	薄膜	1	传感器	静密封
5	O形圈	—	阀体总成	静密封	14	O形圈	1	阀体总成	静密封
6	O形圈	—	阀杆组件	静密封	15	小密封垫	1	切断阀芯	动密封
7	O形圈	1	阀芯总成	静密封	16	阀口垫	—	阀瓣组合	动密封
8	主阀阀口垫	1	阀芯总成	动密封	17	O形圈	1	阀芯总成	静密封
9	O形圈	1	阀体总成	静密封	18	O形圈	1	托盘垫圈	静密封

2. 工作原理

介质从阀体的 P_1 腔通过阀口进入 P_2 腔。p_2 压力通过信号管反馈到主阀执行器的下腔，主薄膜在 p_2 压力和调节弹簧的作用下，通过阀杆带动主阀瓣上下移动，改变主阀口与主阀瓣的开度大小，达到调节出口压力的作用。

当调压器下游的用气量增大时，出口压力 p_2 有下降的趋势。此时，主阀下腔的压力下降，使得主薄膜在弹簧的作用力下，通过阀杆带动主阀瓣向下移动，使主阀瓣与主阀口的开度增加，从而增大通过主阀口的气体流量，维持下游压力的恒定。

当调压器下游的用气量减小时，其作用与上述过程相反，直到调压器关闭为止。

当因意外情况，p_2 压力大于切断启动压力设定值时，切断阀传感器薄膜在 p_2 压力的作用下带动滑杆移动，使脱口机构动作，切断阀瓣在关闭弹簧的作用下快速关闭阀口，阻止了过高的压强对下游设备的损坏。当意外情况排除后，需按切断阀的复位操作方法上扣后，调压器才能正常进行工作，如图 2-2-48 所示。

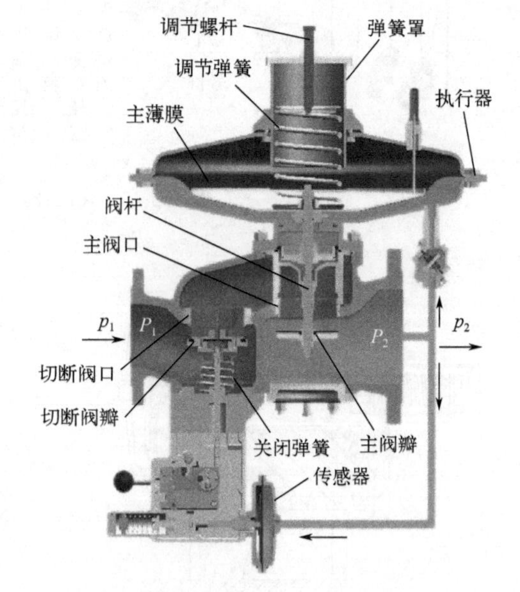

图 2-2-48 RTZ-SP 系列调压器工作原理示意图

3. 操作方法

(1) 调压器出口压力设定

调压器出厂时均按用户参数要求设定其额定出口压力。若需调节调压器出口压力，应开启调压器后管线上检测口阀门，缓慢打开调压器前端进口阀门，用手慢慢转动弹簧罩，使出口压力达到设定值范围，再用扳手缓慢旋动调节螺杆，精确调整出口压力至设定值（顺时针调节，出口压力升高；逆时针调节，出口压力降低）。缓慢关闭检测口阀门，检查此时压力表读数应为调压器的关闭压力。缓慢地稍微打开调压器后端出口阀门，停留片刻直到气流稳定，再将调压器前、后阀门完全打开，如图 2-2-49 所示。

(2) 调压器关闭压力的检查

缓慢关闭调压器出口端阀门，在调压器出口端检测口接压力计，并打开针形阀开关。3min 后记录关闭压力值，检查是否在正常范围内。

(3) 切断阀启动压力设定

若用户调整了调压器出口压力，需相应调节切断阀启动压力，启动压力应高于调压器关闭压力。先打开压力设定弹簧组件的弹簧护盖，转动调节螺杆，旋进启动压力升高，旋出启动压力设定动压力降低。超压切断启动压力应高于调压器的出口，对于压力设定失压型切断阀，其切断动作压力由用户按实际使用情况设定，如图 2-2-50 所示。

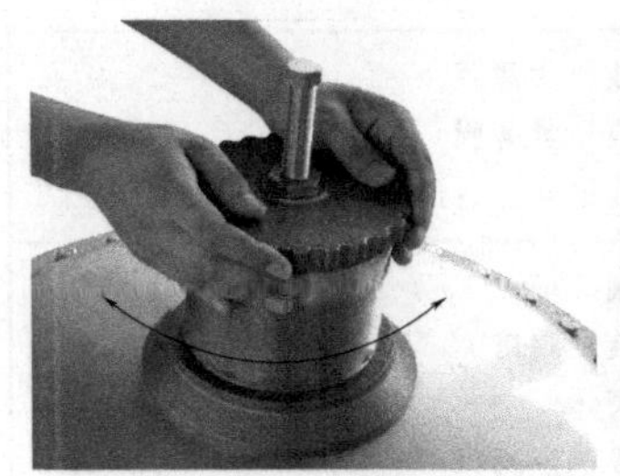

图 2-2-49 调压器出口压力设定

图 2-2-50 切断阀启动压力设定

(4) 切断阀启动压力设定值检查

方法 1：关闭出口阀门、旁通阀门，开启切断阀，缓慢开启进口阀门，待进出口压力稳定后，再从测压嘴向出口端缓慢加压，直至切断阀启动，检查此时压力表读数是否与设定值相符，应重复检查三遍。

方法 2：关闭进、出口阀门，开启切断阀，从测压嘴向出口端加压，缓慢升高出口压力，直至切断阀启动，检查此时压力表读数是否与设定值相符，应重复检查三遍。

方法 3：开启切断阀，关闭图 2-2-51 中信号启闭阀，打开检测阀，通过洗耳器缓慢均匀地向切断阀传感器 P_2 腔内充入空气，直至切断阀启动，检查此时压力表读数是否与设定值相符，应重复检查三遍。

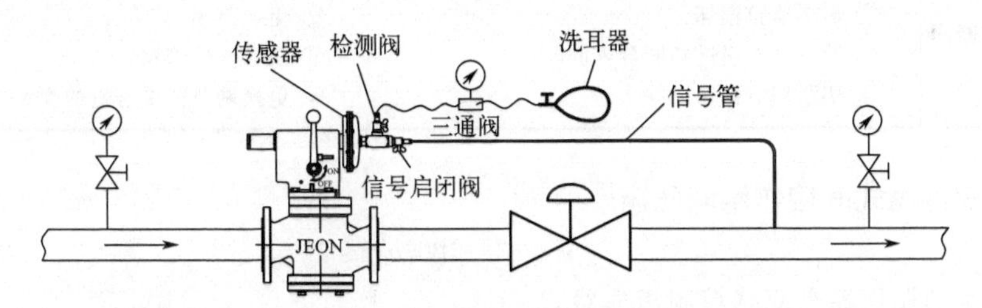

图 2-2-51 切断阀启动压力设定值检查图

若需调整切断阀启动压力，应缓慢调节切断压力设定弹簧至要求的设定值，并保持弹簧压缩量不变，缓慢升压至切断阀启动，重复操作三遍，检查切断压力是否与设定值相符。

(5) 切断阀复位操作

当切断阀关闭后，应检查出超压原因，经处理解决后，方能进行复位操作，方法如下，如图 2-2-52 所示。

① 关闭调压器进、出口阀门；

② 检查出口压力值是否在正常范围内，正常时方可进行下一步操作；

③ 用手握住复位手柄，向下压至水平状态，并确认脱扣机构已上扣；

④ 缓慢开启进口阀门，如开启得太快切断阀可能再

图 2-2-52 切断阀复位操作

次被切断。

（6）直接作用式调压器常见故障及处理方法

直接作用式调压器故障分析见表2-2-7。

表2-2-7 直接作用式调压器常见故障及处理方法

故障现象	产生原因	排除方法
调压器前后阀门关闭时前压降低（外泄漏）	① 主薄膜损坏或未被压紧 ② 切断薄膜损坏或未被压紧 ③ 各连接部位有泄漏	① 更换或压紧薄膜 ② 更换或压紧薄膜 ③ 检查或更换密封件
关闭压力无法稳定、一直升高（内泄漏）	① 阀口垫溶胀、老化或损坏 ② 阀口与阀体连接处发生泄漏 ③ 阀体内漏 ④ 阀口上有杂质或阀口损坏	① 更换阀口垫 ② 重新装配阀口 ③ 更换阀体 ④ 清洗或更换阀口
调压器出口压力降低	① 实际流量超过调压器的设计流量 ② 过滤器堵塞导致调压器进口压力降低 ③ 进口压力过低	① 选用适合的调压器 ② 清洗或更换过滤器滤芯 ③ 检查管网压力
出口压力无法调节，直通	① 薄膜损坏 ② 杠杆或阀杆被卡死 ③ 主调弹簧被压并 ④ 后压没有引进执行器下腔	① 更换薄膜 ② 拆卸清洗或更换已变形的零件 ③ 更换适合调压范围的弹簧 ④ 查看信号管路，并使其通畅
切断器切断后，后压继续升高	① 切断阀瓣密封垫溶胀、老化、变形 ② 切断阀瓣密封面有杂质吸附 ③ 阀口与阀体连接处密封不严	① 更换阀垫组合 ② 清理密封垫上的杂质或更换阀垫组合 ③ 重新装配阀口
切断器无法切断	① 切断阀杆卡阻 ② 切断薄膜损坏 ③ 后压没有引进切断器下腔 ④ 切断调节弹簧压并	① 清洗阀杆及其配合件，更换已变形的零件 ② 更换薄膜 ③ 查看信号管路 ④ 更换调节范围合适的弹簧

（三）双级指挥器式间接作用调压器

1. 结构

RTJ-NH系列调压器是双路控制指挥器式调压器，广泛用于高-高压、高-中压的燃气管网、站场、CNG站、大中型工业用户的调压和稳压。适用气质：天然气、人工煤气、液化石油气和其他无腐蚀性气体。其总结构如图2-2-53所示。

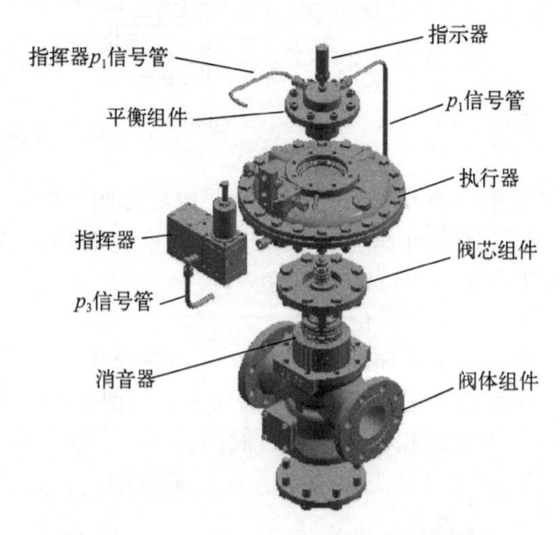

图2-2-53 RTJ-NH系列调压器总结构图

2. 工作原理

在间接作用调压器中，通过指挥器输出一操作压力带动敏感元件传递作用力，使调压后的压力保持在设定值内，不受上游压力和流量变化的影响。

该调压器采用双级指挥器，进口压力p_1由外信号管输入一级指挥器作为二级指挥器的操作能源，再由二级指挥器输出操作压力p_3送至执行器的下腔以操纵阀芯总成的开闭，从而达到控制出口压力p_2的目的。为了精确地控制阀芯的开度以达到精确控制出口压力p_2，要求指挥器所提供的操作压力 p_3 平稳地随出口压力 p_2 的变化而变化。本调压器为气开式结构，当出口压力 p_2 降低时指挥器提高操作压力 p_3，加大阀芯的开度以提高出口压力 p_2；反之当出口压力 p_2 增高时指挥器降低操作压力 p_3，减小阀芯的开度以降低出口压力 p_2。工作原理示意图如图 2-2-54 所示。

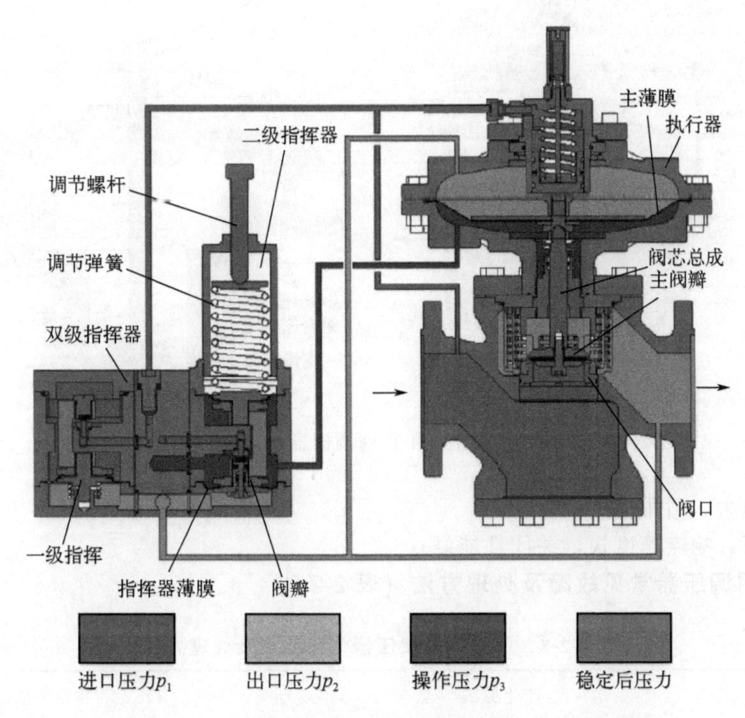

图 2-2-54　RTJ-NH 系列调压器工作原理示意图

3. 调压器的主要特点

① 采用双级指挥器，出口压力调整精确，设定简单，指挥器如图 2-2-55 所示；

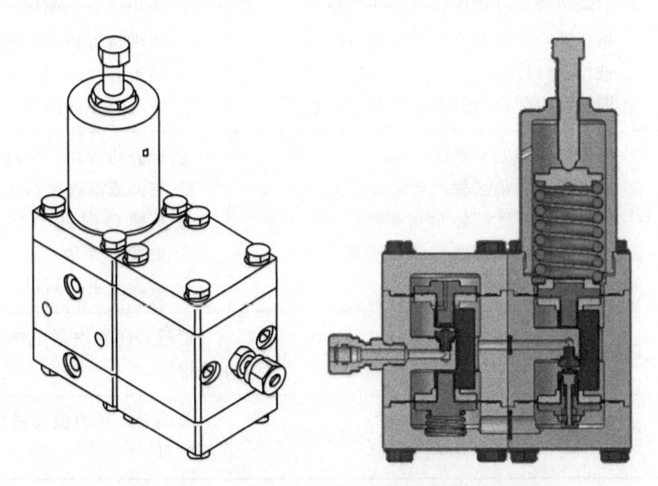

图 2-2-55　RTJ-NH 系列调压器的指挥器

② 执行器、阀芯组件采用顶部装入，便于在线维护；

③ 顶部的阀位指示器可显示阀位；

④ 采用顶部平衡组件，对阀芯进行平衡，提高调压精度，并且这种外置式全平衡结构，便于平衡组件的维护维修，顶部平衡组件如图 2-2-56 所示；

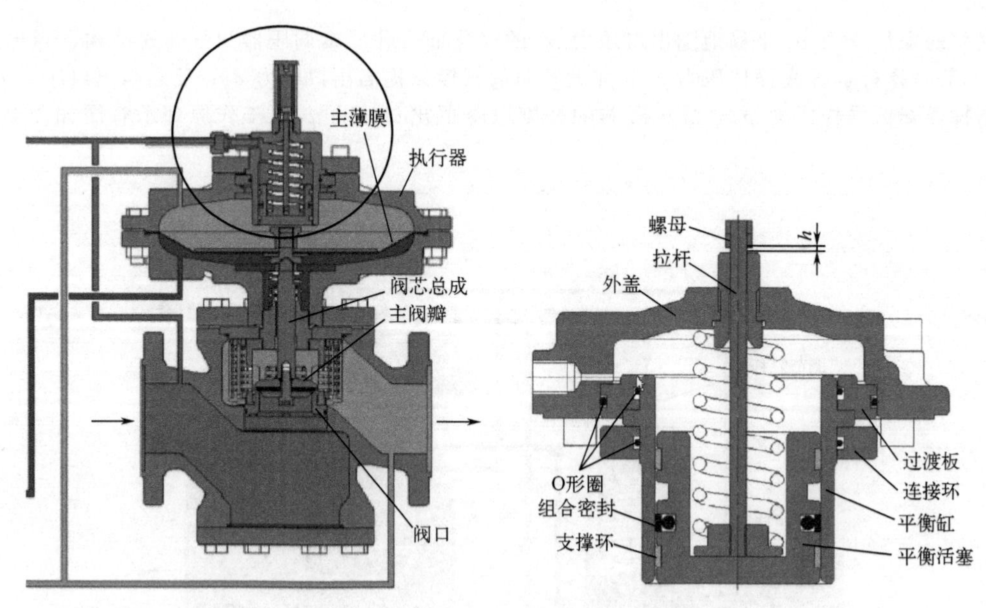

图 2-2-56　RTJ-NH 系列调压器顶部平衡组件

⑤ 流通能力大，适用范围广；

⑥ 灵敏度高，响应速度快，关闭性能好；

4. 间接作用调压器常见故障及处理方法（表 2-2-8）

表 2-2-8　间接作用调压器常见故障及处理方法

故障现象	产生原因	排除方法
调压器不工作	① 切断阀已切断 ② 调压器的主薄膜损坏 ③ 指挥器薄膜损坏	① 按切断阀的复位方法操作 ② 更换调压器的主薄膜 ③ 更换指挥器薄膜
调压器出口压力降低	① 实际流量超过调压器的设计流量 ② 指挥器阀口堵塞或阀瓣开度不够 ③ 进口压力过低 ④ 调压器内部杂质过多，有卡阻现象	① 选用适合的调压器 ② 清理指挥器阀口或调整阀瓣开度 ③ 检查管网压力 ④ 清洗调压器内部
调压器关闭压力升高	① 指挥器阀瓣处有泄漏 ② 调压器阀口垫溶胀、老化或有杂质 ③ 阀瓣与推杆连接处 O 形圈损坏 ④ 阀口与阀体连接处 O 形圈损坏 ⑤ 阀口有杂质或阀口损坏	① 检查指挥器，更换失效零部件 ② 更换或清理密封垫 ③ 更换 O 形圈 ④ 更换 O 形圈 ⑤ 清理或更换阀口
调压器响应速度慢	调压器内活动部件不灵活	清理调压器内部组件，更换已磨损或变形的零件
调压器出口压力波动	流量过低或调压器前端管线压力波动过大	前端管线压力波动过大时，请与运行管理部门联系

（四）调压器的维护保养

调压器出厂时均经严格的出厂检验，进行了调压器出口压力、关闭压力、切断阀启动压力、放散阀启动压力设定值的检验；低压端膜盒表的校验；各设备、管道及整机的气密性试验；调压器的外观及标示检验。但要保证调压器（站）的正常运行，必须对其进行正确的维护保养。日常维护、维修人员必须熟悉和遵守调压器（站）运行、维修、管理等方面的安全技术规章制度和规程；掌握调压站等主要设备的工作原理及维修方法；定期检查调压柜（站）的使用情况，及时处理出现的故障。调压器入口应设过滤器，不得在调压器内部积聚液体或污垢，调压器出口压力不能超过出口设定值的1.5倍（置换或试压时应注意）；调压器的介质温度为：－20～60℃；调压器要防止小流量时的气体湍动，一般不宜长时间在小于10%的额定流量下工作。

1. 首次运行一周后首检

① 过滤器积垢程度检查；

② 调压柜（站）外泄漏检查；

③ 调压器出口压力检查。

2. 每月例行检查

根据气质情况，至少每月应进行一次例行检查：

① 用检漏仪检测调压柜（站）有无外泄漏；

② 观察压力记录仪或压力表检查调压柜（站）的出口压力或关闭压力是否正常；

③ 检查切断阀脱扣机构能否正常工作，检查切断后关闭是否严密；

④ 观察过滤器压差表读数，当其压损 $\Delta p \geqslant 0.2 \sim 0.3$bar时应清洗或更换滤芯。流量计前的过滤器其压损 $\Delta p \geqslant 0.1 \sim 0.15$bar应清洗或更换滤芯；若无压差表，应根据气质清洁程度，定期安排清洗、更换滤芯；排水或排污；清洗或更换滤芯时请先将其前、后阀门关闭，泄压后才能进行。

⑤ 检查调压柜（站）有无外力损坏。

3. 定期检查

① 清洗过滤器的滤芯，正常投运2周内建议清洗一次滤芯。

② 阀门特别是球阀，最好不要处于半开状态。

③ 将平时运行情况和压力测试结果作为是否需要检修的依据。

④ 调压器的阀口垫及动密封的密封圈，建议每2～3年更换一次。

⑤ 皮膜及静密封部件，可以3～5年更换一次。

⑥ 切断阀最好每3个月手动切断复位一次。

⑦ 调压器拆开后尽量清理干净，尽量少使用黄油，特别是阀口和阀口垫这些部位。

调压器定期检查项目见表2-2-9。

表2-2-9　调压器定期检查项目

序号	时间	内容
1	每3～6个月	检查过滤器差压，排污
2	每6个月	检查所有的设定值
3	每6个月	检查调压器、切断阀、安全放散阀和阀口的密封情况
4	每12个月	主路、副路切换，清洗过滤器，检测安全阀，重新设定一次切断压力
5	每2～3年	更换调压器的橡胶阀座，并检查皮膜情况
6	每3～5年	更换所有调压器、切断阀和放散阀的关键零部件及密封件

五、切断阀

我国燃气输配系统管网压力级制越来越高，甚至到了15MPa，系统设备越来越多、越来越复杂，燃气输配系统的安全越来越重要；燃气行业经过近20年的发展、探索，我国燃气切断阀企业已经掌握了国外先进的产品设计研发技术，购置了先进的技术加工装备，产品质量有较大的提高，一些优秀的企业已开发出入口压力10MPa的燃气切断阀产品，技术上有了储备；我国目前天然气管网只有6万km，根据国家中长期发展规划，预计到2030年天然气需求量将超过7000亿 m^3/

年，天然气管道要达到 70 万 km。

燃气安全切断阀是一种用于燃气输配系统的属于安全保护类别的装置，当系统中的任何异常引起监控压力达到预定的警戒值（超高压或超低压）时，它能迅速自动切断气源，起到对下游燃气设备和输配管网的安全保护作用，避免燃气安全事故的发生及对国家和社会造成的经济损失，保障人民生命财产安全。

用于调压柜（站）的切断阀分为二种，一种内装于调压器上，如：RTZ-50FQ、RTZ-SP 系列调压器，另一种是安装于调压器前，主要有两种系列，为 AQZ 系列切断阀和 JEQ 系列切断阀，AQZ 系列切断阀与 RTZ-SP 系列调压器上的切断阀作用原理与结构相同。

（一） AQZ 系列燃气安全切断阀

1. AQZ 切断阀结构与工作原理

AQZ 系列燃气安全切断阀由主阀、脱扣机构、传感器、压力设定弹簧组件等组成。主阀内设有主阀瓣和内旁通副阀瓣。脱扣机构由凸轮和三个脱扣臂组成，另设有手动切断旋钮。当信号压力失常，超过（超压型）或低于（失压型）切断阀启动压力设定值时，传感器内气动薄膜带动撞块移动，使脱扣机构动作，在关闭弹簧作用下，主阀瓣迅速关闭阀口，达到保护调压器及计量仪器等下游设备的作用。AQZ 系列切断阀总结构图如图 2-2-57 所示，AQZ 系列切断阀剖析图如图 2-2-58 所示。

图 2-2-57　AQZ 系列切断阀总结构

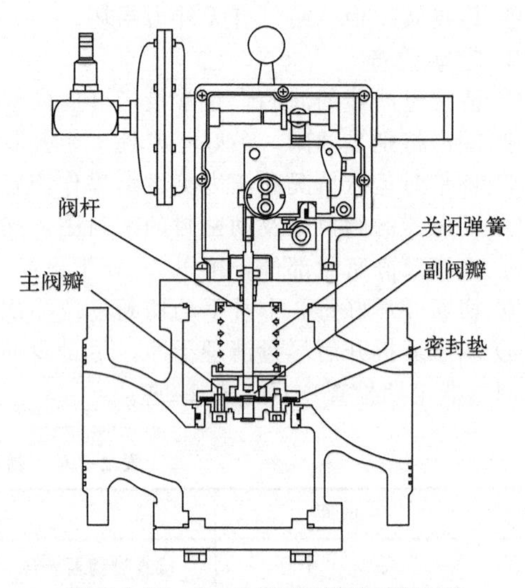

图 2-2-58　AQZ 系列切断阀剖析图

2. AQZ 切断阀的安装、使用

（1）安装

切断阀与其他设备相连时其间距无严格要求，以不妨碍操作和维护即可，安装图如图 2-2-59 所示。

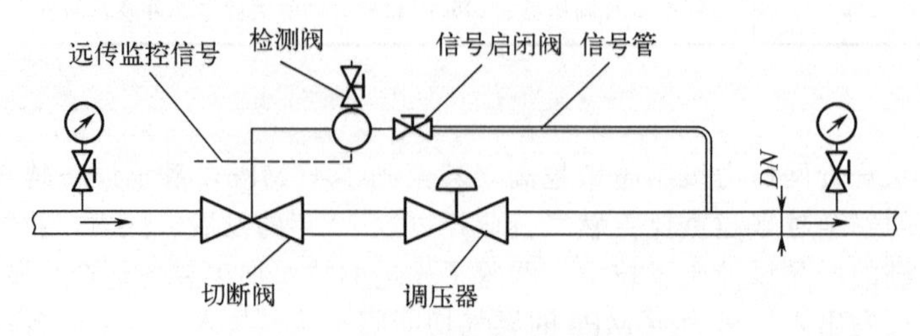

图 2-2-59　AQZ 切断阀的安装图

（2）通气运行步骤

① 先关闭信号管进气阀，开启检测阀，将传感器膜腔内的气体排空（失压型应先开启信号管进气阀）。

② 将手柄向开启方向缓慢旋转 20°～40°，以打开内旁通副阀瓣，使切断阀上下游压力平衡，同时观察整个系统是否正常。

③ 继续转动手柄使主阀瓣打开并使脱扣机构上扣，以保持其开启状态（失压型切断器必须在有信号压力输入时方能上扣），然后关闭检测阀；最后缓慢开启信号管进气阀，让系统处于正常运行状态。

（3）切断阀启动压力设定与复位操作

切断阀启动压力设定与复位操作见“（二）平衡阀芯式直接作用调压器——3. 操作方法”。

（4）切断阀常见故障及处理方法（见表 2-2-10）

表 2-2-10 切断阀常见故障及处理方法

故障现象	产生原因	排除方法
切断后关闭不严	① 阀口垫溶胀、老化、变形 ② 阀口垫密封面有杂质吸附 ③ 阀口与阀体连接处 O 形密封圈损坏	① 更换阀口垫 ② 清理密封垫上的杂质或更换阀口垫 ③ 更换 O 形圈
动作不灵敏	① 传感器撞块位置未到位 ② 脱扣臂相互间摩擦力过大 ③ 阀杆密封处 O 形圈溶胀	① 调整撞块位置 ② 适当润滑，减小摩擦 ③ 更换 O 形圈
脱扣机构不能上扣	① 气动薄膜腔内有压力（超压型） ② 气动薄膜腔内无压力（失压型） ③ 脱扣机构零件损坏 ④ 手动关闭旋钮未恢复初始位置	① 通过检测口旋塞排空气压（超压型） ② 打开信号管进气旋塞（失压型） ③ 更换脱扣机构零件 ④ 恢复手动关闭旋钮

（5）切断阀日常检查与维护

切断阀的日常检查可利用手动切断旋钮的开启来确认切断阀是否灵敏、正常；

检查脱扣机构及传感器撞块的动作灵敏度，如不灵活应对其进行润滑；

检查切断阀切断后关闭是否严密；

建议对切断阀进行定期检查，如允许，可每月检查一次；

建议在运行过程中至少每三个月对切断阀进行一次启动压力的检查；

建议切断阀易损件至少每年更换一次。

（二） JEQ 系列燃气安全切断阀

1. JEQ 切断阀结构与工作原理

JEQ 切断阀由阀体组件、阀芯组件、脱扣机构、传感器和手柄等组成（见图 2-2-60）。阀芯组件中有主阀瓣和内旁通等零部件。

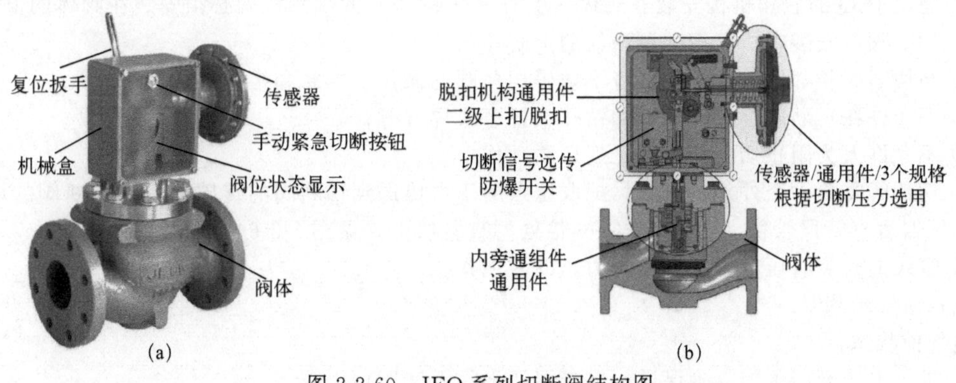

图 2-2-60 JEQ 系列切断阀结构图

当由取压点传送至传感器薄膜一侧的压力失常，超过（超压）或低于（失压）切断设定值时，弯板或螺杆的位置就会发生变化，从而触动撞针 A 或 B（见图 2-2-61），使脱扣机构脱扣，释放主阀瓣，主阀瓣在关闭弹簧的作用下，迅速向下移动，并与阀口紧密贴合，截断切断阀中的气流。

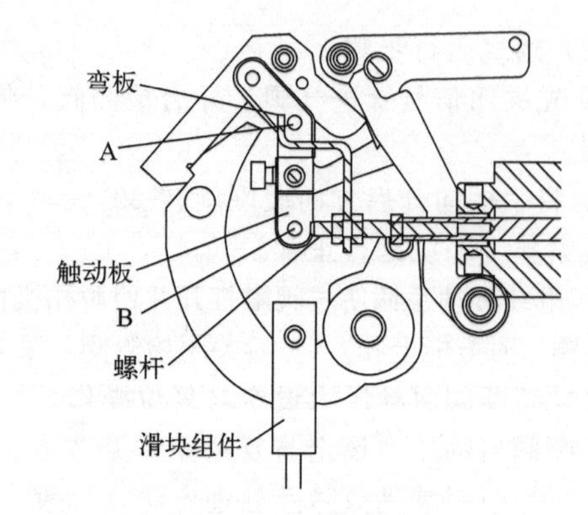

图 2-2-61　脱扣机构

切断阀切断后，需要人工打开切断阀的阀瓣（即人工复位），把手柄套入转轴后转动（见图 2-2-62），可以将整个脱扣机构上扣（见图 2-2-63），使切断阀的阀瓣处于开启状态。

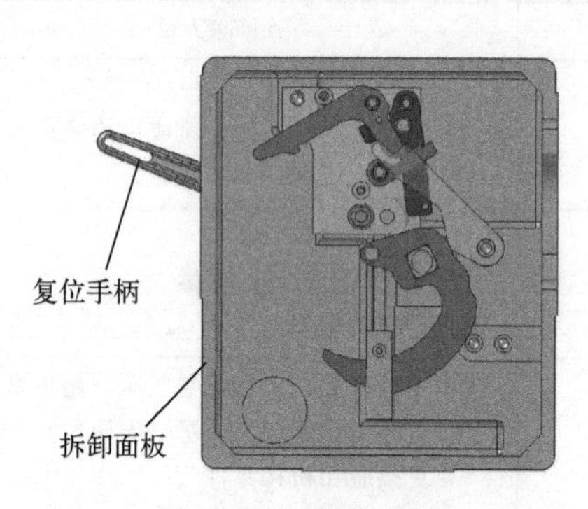

图 2-2-62　脱扣状态

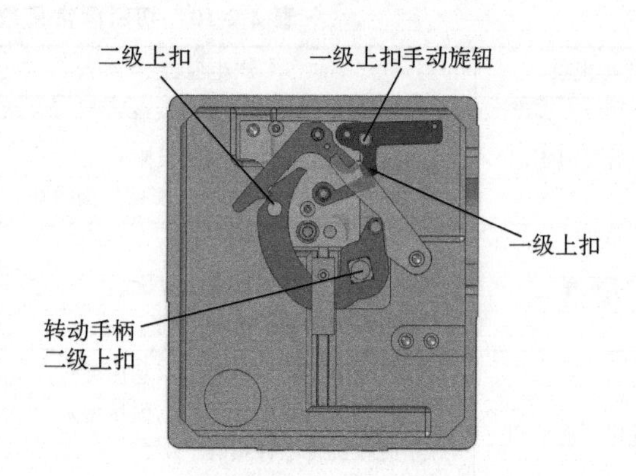

图 2-2-63　上扣状态

JEQ 切断阀特点：可实现超压、失压及超/失压保护；二级上扣/脱扣机构；手动复位；手动切断按钮；内旁通平衡装置；阀位显示；可选配 1～2 个切断信号远传装置；结构简单，维修方便。

2. JEQ 切断阀的安装、使用

（1）安装

① 切断阀应安装在远离火源、振动，环境符合要求的地方；

② 检查燃气输配管线压力是否与切断阀上铭牌所示的使用压力范围相符；

③ 确认传感器及调节弹簧的设定范围是否符合系统管线的要求；

④ 检查切断阀上的气流箭头是否与安装管线的气流一致；

⑤ 切断阀前管路应吹扫干净，然后再安装切断阀；

⑥ 切断阀只能安装在水平管线上，切断阀在与前后管路对接时不能强力安装。除了进、出口法兰下允许有支撑外，装好后的切断阀不应受到其他外力作用；

⑦ 建议 JEQ 的脱扣机构安装在阀体的上方（DN≥100 的脱扣机构必须安装在阀体的上方）；

⑧ 切断阀应安装在所监控的调压器的上游；

⑨ 与切断阀相邻的其他设备，应不妨碍切断阀的操作、拆卸和维护；

⑩ 不允许在切断阀上有修改，如钻孔、打磨或焊接等；

⑪ 不允许人为阻止切断动作或延迟切断动作；

⑫ 切断阀需要一个外部信号管，把取压点的压力传送到切断阀的传感器里；切断阀的取压点应在调压器后直管段管径（DN）的 4～6 倍处的直管段上，见图 2-2-64、图 2-2-65。

⑬ 管线上应装有压力表来显示压力，以便观察。

（2）通气步骤

通气前状态：

① 进、出口阀门关闭（确保进、出口阀门之间无气压）；

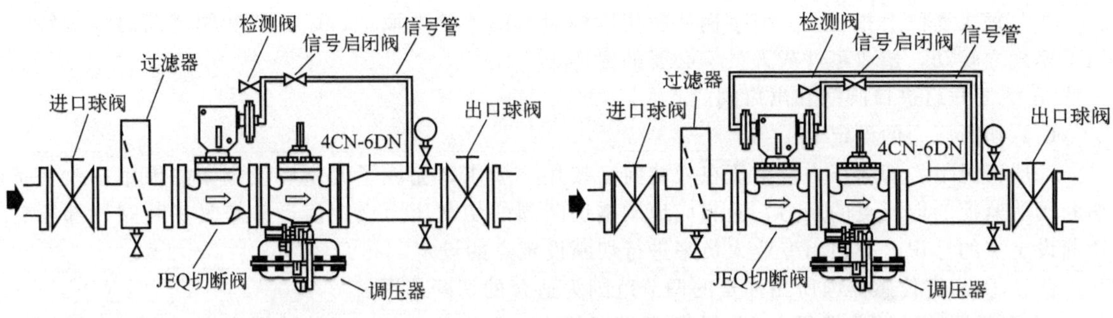

图 2-2-64　JEQ 切断阀的安装示意图（1）　　图 2-2-65　JEQ 切断阀的安装示意图（2）

② 切断阀的切断设定值已经过确认；

③ 切断阀监控的压力值（调压器的设定压力）已确认。

通气操作：

① 开启信号启闭阀；

② 关闭检测阀；

③ 切断阀处于关闭状态；

④ 缓慢地略微开启进口阀门；

⑤ 将切断阀手柄向开启方向缓慢旋转约 10°，等待切断阀的进出口压力达到平衡；

⑥ 继续转动手柄，打开主阀瓣，直至脱扣机构上扣；

⑦ 缓慢开启进、出口阀门。

(3) 复位步骤

当切断阀因故关闭后，应检查出超压或失压的原因，处理解决切断原因后，需要人工开启切断阀，步骤如下：

① 先缓慢打开进口阀门，导入前压后，关闭进、出口阀门；

② 关闭检测阀，打开信号管进气阀门；

③ 拿起手柄，将手柄的方孔套入脱扣机构后部的方轴上，见图 2-2-66 (a)；

注：手柄不能擅自加长使用。

④ 将手柄向开启方向缓慢旋转约 10°，见图 2-2-66 (b)，等待切断阀的进出口压力达到平衡，同时观察切断阀所监控的压力是否在设定范围内，正常时方可进行下一步操作；

注：切忌在进、出口阀门都完全开启的状态下或/和未经压力平衡过程直接开启切断阀。

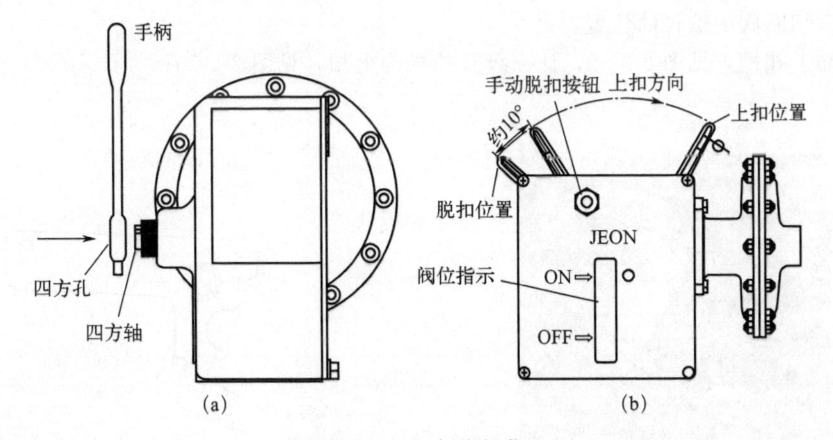

图 2-2-66　复位操作

⑤ 继续转动手柄，打开主阀瓣，直至脱扣机构上扣，保持主阀瓣的开启状态；

注：每次复位上扣后，要把手柄从脱扣机构后部的方轴上取下，以免切断阀切断时，方轴上的手柄随之转动，造成零件或人员不必要的损伤。

⑥ 缓慢开启进口阀门和出口阀门。

（4）切断压力的设定

一般情况下，切断压力设定值在安装前已按用户要求，完成了调整和设定。如果用户改变了切断阀所监控的取压点的压力，应相应地调整切断阀的切断压力设定值，并修改切断阀外部原有切断设定点的标识。必须由专业人员来进行切断设定点的设定。

注：① 确定传感器内所用弹簧的调节范围为适合的切断范围。

② 用手柄转动调节螺母之前，先松开锁紧螺母，见图 2-2-67。当传感器内有压力较高的气体时，用手柄不能轻松转动调节螺母，这时不能强力扳动手柄，或人为加长手柄使用，否则，会造成零件损坏。这种情况下，应先目测或估计调节螺母的旋进或旋出的量，然后排空此时传感器内的有压气体，用手柄调整调节螺母，再向传感器内冲入合适压力的气体，观察调整是否到位，反复调整直至符合要求为止。

③ 在重新寻找所需要的切断压力设定点时，必须从弹簧放松状态缓慢压缩弹簧，直到调整到合适的切断设定点，以免出现过分压缩或压并调节弹簧的情况。

④ 调节螺母旋出弹簧罩的长度 A 不应超过 19mm，否则，切断阀切断后不能用手柄实现上扣，见图 2-2-68。

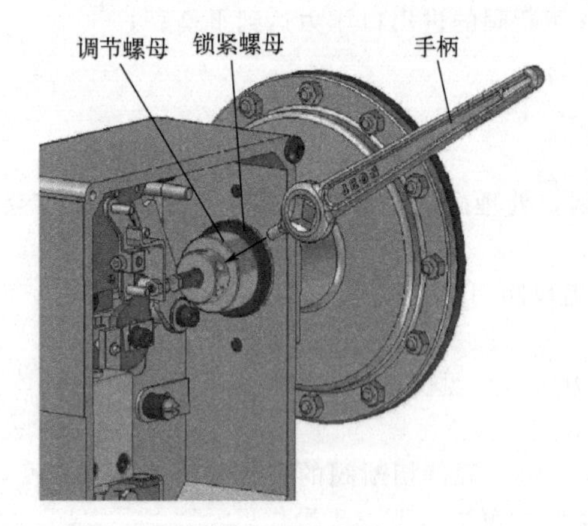

图 2-2-67　压力设定

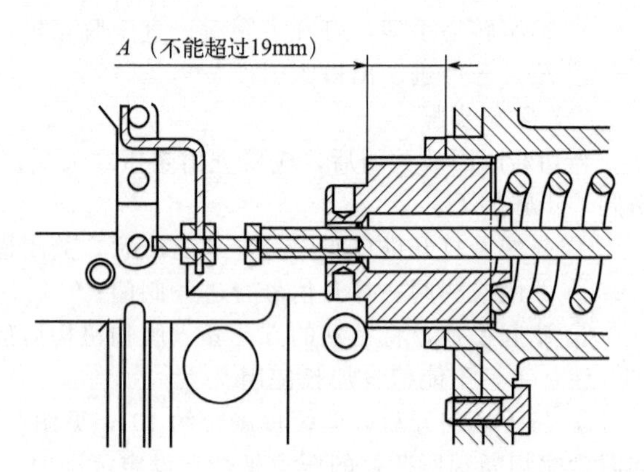

图 2-2-68　切断压力的设定 A 值示意图

调整超压切断阀中螺杆的位置：

通过拨动上扣柄，见图 2-2-69，让一级脱扣机构上扣，见图 2-2-70；

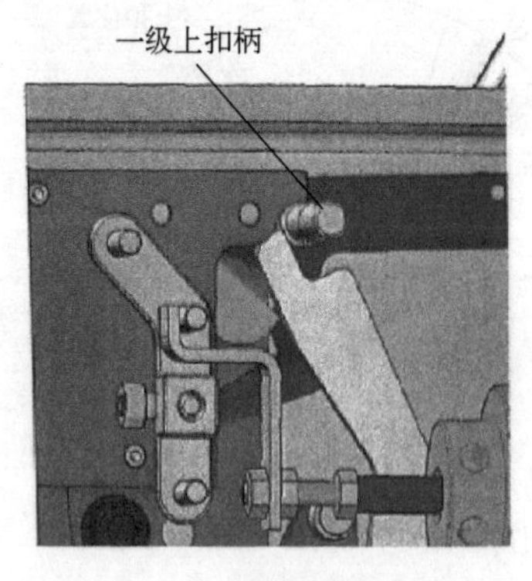

图 2-2-69　一级脱扣机构的上扣柄

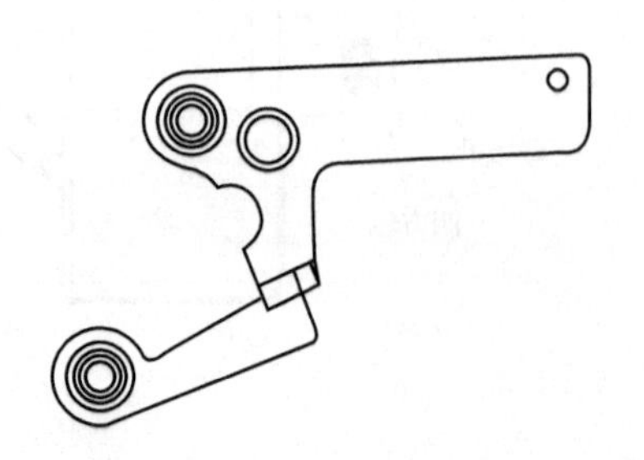

图 2-2-70　一级脱扣机构的上扣状态

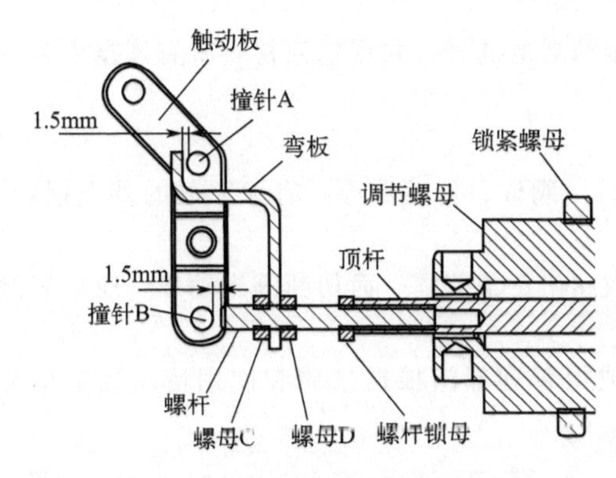

图 2-2-71 一侧装有传感器切断阀结构

然后旋入调节螺母，压缩调节弹簧，直至螺杆与撞针 B（见图 2-2-71）之间的距离不再增加；缓慢上升传感器内的压力，直至取压点的正常工作压力；把螺杆调整到离撞针 B 的距离为 1.5mm；锁紧螺杆锁母。

一般情况下，螺杆的位置已在出厂前调整好，使用中无须再调整。

超压切断压力的设置：

① 调整传感器内的压力为取压点正常工作压力；

② 用手柄将整个脱扣机构上扣，见图 2-2-72；

③ 再缓慢上升传感器内的压力，直至切断；

④ 观察切断时传感器内的压力值；

⑤ 如有必要，调整调节螺母的位置，改变实际切断设定值（旋入调节螺母，切断设定值升高，反之，则降低），注意事项见注②、注③；

⑥ 重复②～④，确认切断压力设定值，锁紧调节螺母。

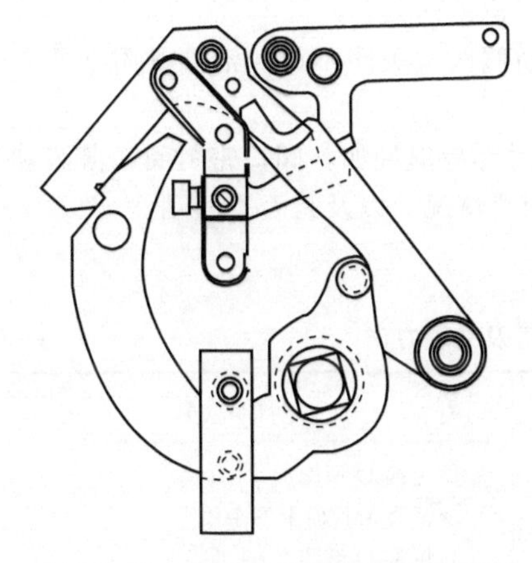

图 2-2-72 脱扣机构整体上扣的状态

失压切断压力的设置（单独失压切断）：

① 调整传感器内的压力为取压点正常工作压力；

② 用手柄将整个脱扣机构上扣；

③ 再缓慢降低传感器内的压力，直至切断；

④ 观察切断时，传感器内的压力值；

⑤ 如有必要，调整调节螺母的位置，改变实际切断设定值（旋入调节螺母，切断设定值升高，反之，则降低），注意事项见注②、注③；

⑥ 重复②～④，确认切断压力设定值，锁紧调节螺母。

超失压一体时，先按照“超压切断压力的设置”中的步骤设置超压切断压力（弯板的位置不确定时，先放松弯板），并确定和锁住调节螺母的位置，再通过调节螺母 C、D，让弯板处于满足失压要求的位置。

两侧都装有传感器时的设定方法（此时，右侧传感器只能用于超压切断）：

右侧传感器设定值的设定方法类似于左侧传感器。先确定超压联动臂的位置，调整超压设定点，再确定失压联动臂的位置，然后调整失压设定点。旋入调节螺母，切断设定值升高，反之，则降低。两侧都装有传感器的结构见图 2-2-73。

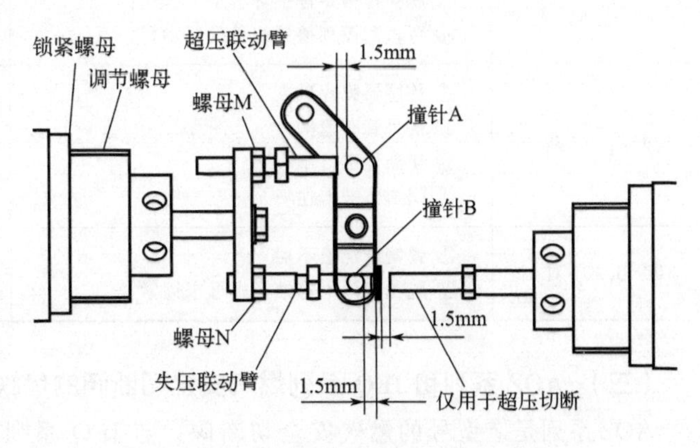

图 2-2-73 两侧都装有传感器切断阀结构

3. 切断阀的维护

维护通则：

① 维修前应先将切断阀前后的进口和出口阀门关闭，排空切断阀阀体内部和传感器内部的压力。

② 重装时应小心，以免磕碰如阀瓣体、阀等零件；

③ 组装好后应检查各活动部件能

否灵活运动；

④ 维修组装完后，按切断阀通气复位方法进行维修后的通气，并用皂液检查所有连接密封部位有无外泄漏。

日常维护：建议每周进行一次巡检。

① 从外观上检查切断阀及其附件（如：信号管、主阀体、传感器等）有无明显的外力损坏，是否有外泄漏；

② 查看下游压力表的压力读数是否正常，如读数超出正常范围，而切断阀未动作，应彻底检查切断阀。

定期检查：建议每三个月进行一次定期检查，或由管理部门根据气质和使用情况确定检查周期。

① 检查切断阀的超失压切断压力是否符合要求；

② 检查切断阀切断后关闭是否严密；

a. 缓慢关闭切断阀的进、出口阀门；

b. 用手动切断旋钮使切断阀关闭，排空切断阀出口一侧的压力；

c. 观察切断阀后压是否上升，如果后压上升，则切断阀阀口关闭不严。清除黏附在阀口、阀瓣上的杂质，更换相应O形圈或受损零件；

建议每3～6个月对切断阀内部零件进行清洁维护，对其易损件如：阀口密封圈、薄膜和其他O形圈等进行检查，及时更换密封件。检查各活动件的润滑情况，以及是否有松动。

4. 常见故障及处理方法（表2-2-11）

表2-2-11 JEQ切断阀常见故障及处理方法

常见故障	产生原因	排除方法
切断后关闭不严	① 阀口O形圈溶胀、老化、变形 ② 阀口密封面有杂质吸附 ③ 阀口与阀体连接处O形密封圈损坏 ④ 机械部分运动不畅，出现卡滞 ⑤ 内旁通O形圈老化	① 更换O形圈 ② 清理密封面上的杂质 ③ 更换O形圈 ④ 检查机械部分运动情况 ⑤ 更换内旁通组件
动作不灵敏	① 脱扣机构中一些紧固螺钉出现松动 ② 各活动件间摩擦力过大 ③ 阀杆密封处O形圈溶胀	① 检查并拧紧螺钉 ② 适当润滑，减小摩擦 ③ 更换阀杆组件
脱扣机构不能上扣	① 气动薄膜腔内有压力或已失压 ② 管线压力过于接近切断阀的切断启动压力 ③ 脱扣机构零件损坏 ④ 弯板刮擦到撞针组件的触动板	① 排空气压或加压 ② 重新设定切断阀的切断启动压力 ③ 更换脱扣机构零件 ④ 调整弯板，使撞针组件活动自如
切断阀不切断	① 传感器膜片破裂 ② 信号管有泄漏 ③ 切断设定值不合适 ④ 阀瓣体被卡住	① 更换 ② 密封漏点 ③ 重新设定 ④ 检查阀瓣体和导向套
切断压力不对	① 弹簧设定值不对 ② 脱扣机构中各锁紧螺母未锁紧	① 重新设定 ② 重新锁紧

（三） AQZ系列和JEQ系列燃气安全切断阀的优缺点比较

AQZ系列是老型号的燃气安全切断阀，与JEQ系列燃气安全切断阀的优缺点如表2-2-12所示。

表 2-2-12 AQZ 系列和 JEQ 系列燃气安全切断阀的优缺点比较

型号	JEQ 系列	AQZ 系列
切断压力范围	超压/失压：0.001～4.0MPa	超压/失压：0.001～2.5MPa
功能	超压或失压或超失压一体	超压或失压
精度等级 *AG*	*AG*：1～5	*AG*：5～10
规格	DN50/80/100/150	DN50/80/100/150/200
连接法兰	*PN*16/25/40—*HG*20592 欧洲法兰体系 *ANSI* 150/300 Class—*HG*20615 美洲法兰体系	*PN*16/25/40
流通能力	阀体流道采用 E-Body 结构，流量较大	导向爪节流，流量较小
阀体材质	*PN*16：HT200 或 WCB； *PN*＞16：WCB	*PN*16：HT200； *PN*＞16：WCB
旁通	均为内旁通，通用件	*PN*＜25：内旁通 *PN*≥25：外旁通
上扣方式	二级上扣	一级上扣

六、放散阀

放散阀在调压柜（站）中是一种安全保护装置，能将非故障引起调压器出口压力升高的气体排出，以避免安全切断阀频繁切断导致调压器停止工作。

1. 主要结构及工作原理

当作用于主薄膜下腔的调压柜（站）出口压力升高至放散阀的启动压力时，它克服调节弹簧的作用力带动拉杆向上运动，在杠杆的作用下，阀杆向下移动将主阀瓣顶开，排放燃气。当压力因燃气排放下降至启动压力设定值时，阀杆上移，阀瓣在复位弹簧的作用下将阀口关闭，放散阀主要结构图如图 2-2-74 所示。

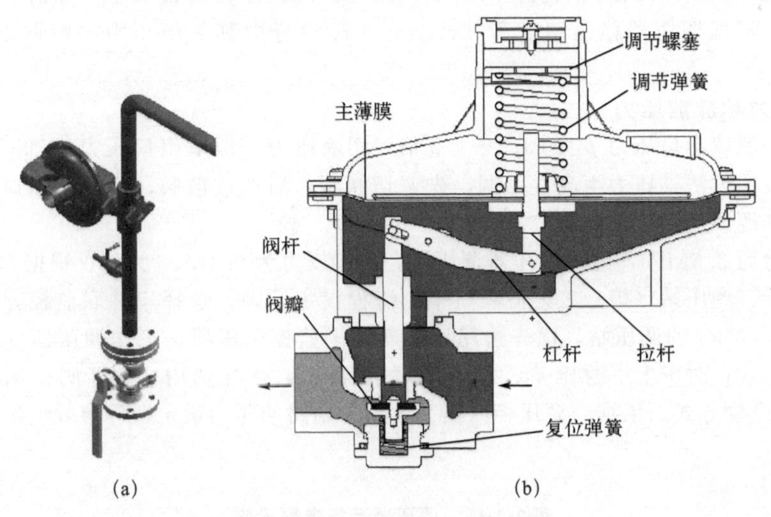

图 2-2-74 放散阀主要结构图

2. 放散阀启动压力的设定

放散阀启动压力是通过旋转调节螺塞改变调节弹簧的压缩量来设定的。顺时针旋转启动压力升高，反之则降低。

3. 放散阀启动压力设定值检查

关闭放散阀前球阀，从放散管测压嘴向放散管加压，缓慢升高压力，直至有气体从放散口排出，检查此时压力表读数是否与设定值相符，应重复检查三遍。

若需调整放散阀启动压力，应缓慢调节放散压力设定弹簧至要求的设定值，并保持弹簧压缩量不变，缓慢升压至放散阀启动，重复操作三遍，检查放散压力是否与设定值相符。

七、调压柜（站）主路和副路的压力设定及切换方法

1. 压力设定

调压柜（站）出厂时，其副路的调压器的出口工作压力设定为主路调压器出口工作压力设定值的 0.9 倍；副路切断阀的启动压力设定值为主路切断阀的启动压力设定值的 1.1 倍（调压器出口工作压力≤3kPa 时，不得大于 4.5kPa；0.2MPa＜调压器出口工作压力≤2.5MPa 时，副路切断阀启动压力为主路切断阀启动压力的 1.05 倍）。

2. 切换方法

调压柜（站）在运行或维护维修过程中，有时需进行主路和副路的人工切换，即将主路关闭而由原作备用的副路供气，或将正在供气的副路恢复为备用，由主路正常供气。

（1）主路切换为副路供气

缓慢关闭主路进口阀门，随着主路调压器出口压力下降至副路调压器的启动压力，副路调压器自动开启，再缓慢关闭主路的出口阀门（此时可进行主路的维护、维修）。副路正常工作后可按需要将其出口压力调至主路调压器出口压力设定值以满足调压参数要求。

（2）副路切换为主路供气

首先将副路调压器出口压力降至原调压器的出口压力设定值，开启主路的切断阀，再缓慢开启进口阀门向主路充气，待进出口压力稳定后，调整并检查其主路出口压力设定值符合要求后，缓慢开启主路出口阀门，随着出口压力升高至副路调压器的关闭压力，副路调压器自动关闭。

八、调压器运行参数指标

1. 关闭压力

关闭压力是指关闭调压器调节机构时的出口压力，即调压器流量减小为零时，出口压力达到的稳定压力值。根据调压器稳压精度和其性能，实际运行中其关闭压力一般取出口压力 p_2 的 1.1～1.25 倍。

2. 切断压力和放散压力

放散压力一般取出口压力 p_2 的 1.1～1.2 倍，切断压力一般取出口压力 p_2 的 1.15～1.3 倍。调压器的压力设定方法：压力由高往低调，先调切断阀，后调放散阀，最后调出口设定值。调节方法为用外部气源或用管道内的燃气。

以进口压力为 3.5MPa，经过调压器调压后，出口压力为 0.4MPa 为例，根据“第二节　调压器与调压站—二、调压站（柜）工艺流程”中，流程设定原则，选择串并联监控方式流程。对于上下游压差＞1.6MPa 的调压站，优先选用“切断阀＋监控调压器＋工作调压器＋放散阀（微流量）”的设置方式；对于上下游压差≤1.6MPa 的调压站，优先选用“切断阀＋调压器＋放散阀（微流量）”的设置方式。依据“调压柜（站）主路和副路的压力设定”等参数设定原则，参数设定值见表 2-2-13。

表 2-2-13　调压器运行参数设定　　单位：MPa

<table>
<tr><th></th><th></th><th>进口压力</th><th>切断压力</th><th>出口压力</th><th>关闭压力</th><th>放散压力</th></tr>
<tr><td rowspan="2">主路</td><td>监控调压器</td><td rowspan="2">3.5</td><td rowspan="2">0.48</td><td>0.40</td><td>0.44</td><td rowspan="4">0.46</td></tr>
<tr><td>工作调压器</td><td>0.35</td><td>0.38</td></tr>
<tr><td rowspan="2">副路</td><td>监控调压器</td><td rowspan="2">3.5</td><td rowspan="2">0.5</td><td>0.35</td><td>0.38</td></tr>
<tr><td>工作调压器</td><td>0.32</td><td>0.35</td></tr>
</table>

调压器安全动作压力包含切断压力和放散压力，那设定时肯定有高有低，到底是切断压力高于放散压力还是放散压力高于切断压力，这就涉及用户的使用要求。调压器在出厂时，其生产厂家是按照“先放散后切断”的顺序来设定的，然而，在实际操作的过程中，按照“先切断后放散”的顺序进行设定的也有。切断阀是动作后切断管网天然气，使其下游不再流通天然气，放散阀是超过其设置的临界点后自动泄压，减小天然气管网的压力。如果用户要求燃气调压箱用气时不能停气，则设定切断压力高于放散压力为宜，如果用户的燃气调压箱用气时允许停气，而且对天然气的浪费很在乎，则设定放散压力高于切断压力为佳。

造成出口压力超高的原因主要有以下两种：一种是故障性超压，其是由调压器关闭性能差所引起的，另一种是管道内所产生的“回压”现象，或者是管道瞬间送气导致调压阀后压力急剧升高引起的非故障性超压，“回压”现象的产生是由燃气负荷骤变，机械元件本身反应滞后所引起的。对于故障性超压，其发生一般是在夜间用户不用气的情况下，所以，如果采用“先放散后切断”的顺序设定调压器，那么，就会很难发现放散阀放散，这样不仅会在一定程度上延误对故障的处理，而且排放的燃气也会对环境造成一定的污染，影响人民群众的人身安全。非故障性超压则多发生在用气量比较大、用气时间比较集中的燃气设备中，如果采用“先切断后放散”的顺序来设定调压器，那么，就会在一定程度上造成调压阀的频繁切断，从而影响连续供气。所以，在选择放散压力与切断压力调节顺序时，不能够一概而论，而是应该根据具体情况进行具体分析。

对于纯居民用气，或者是对于用气量不大的餐饮，在设定保护压力时，则可以考虑按照“先切断后放散”的顺序，相应地，对于用气量比较大的公共建筑用气、生产锅炉以及采暖空调，在设定保护压力时，则可以按照“先放散后切断”的顺序。

单元 2.3　分离除尘设备

为保证输出气体的含尘要求，确保压缩机、调压器、流量计、压力表等设备和仪表的正常工作，必须在门站、各调压计量站等场所安装分离除尘设备。输气管道内常见的杂质包括遗留的焊渣、管道内壁的腐蚀产物等。

目前，输配站场中常用的分离除尘设备主要有多管干式除尘器、旋风分离器、过滤分离器、过滤器。

一、多管干式除尘器

多管干式除尘器是依据离心力原理，对管线中的粉尘进行分离的除尘装置，其结构如图 2-3-1所示，主要由筒体、天然气进口管、出口管、旋风子、固体杂质储存室几部分组成。

含有固相杂质的天然气由进口管进入进气室，随后被分散开来，进入各个旋风子导流叶片之间的空隙。导流叶片使气体产生高速旋转并在离心力的作用下，将较重的杂质颗粒甩到筒壁上，然后逐步沉降至底部，去除了颗粒的净化气体经上方气体出口排出。

旋风子是产生除尘作用的主要部件，数支并联均匀安装在上下隔板之间，常见结构类型包括轴流式和蜗壳式，如图 2-3-2 所示。轴流式旋风子，气量分配比较均匀稳定，有利于增加旋风子的布置密度，能提高单台除尘器的除尘处理能力；而蜗壳式旋风子的流动阻力小，旋转后含尘气流远离出口管，可避免尘粒逸出和对出口管壁的磨蚀。

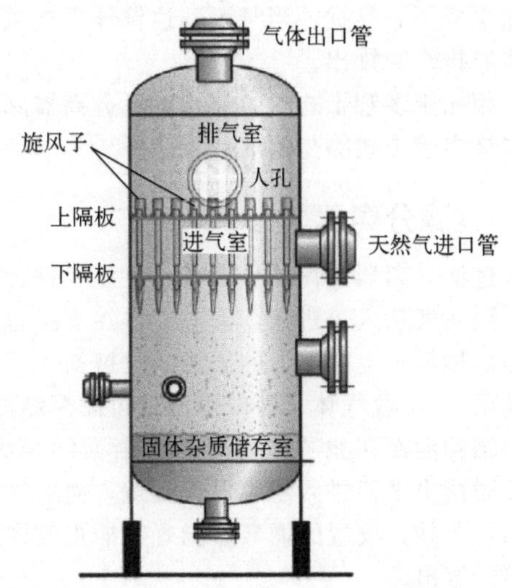

图 2-3-1　多管干式除尘器结构

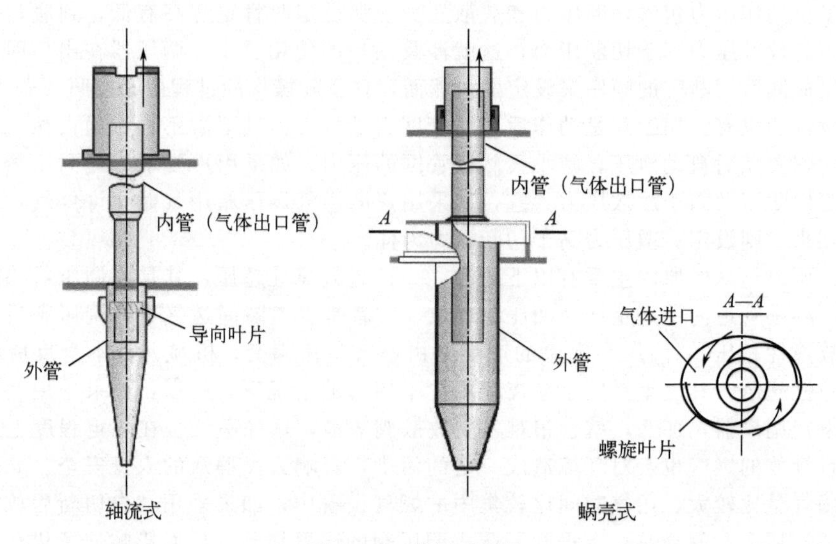

图 2-3-2　旋风子结构

多管干式除尘器具有结构简单、无可动部件、寿命长、占用空间不大、价格低廉、维修方便、动力消耗低等特点，适用于气体流量大、压力高、粉尘杂质量高的工况，分离效率可达 90%以上。

二、旋风分离器

旋风分离器同样是依据离心力原理，对管线中的粉尘进行分离的除尘装置，其结构如图 2-3-3 所示，主要由圆筒体、锥形筒体、进气管、出气管、排尘口几部分组成。

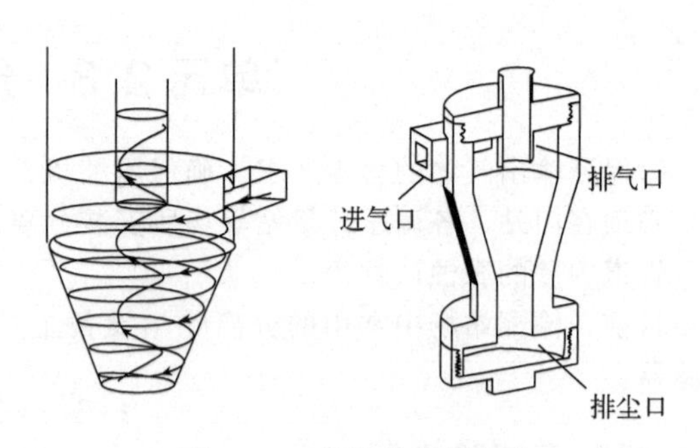

图 2-3-3　旋风分离器结构

当含有固相杂质的天然气由进气管切向进入旋风分离器时，气流将由直线运动变为圆周运动。密度大于气体的杂质与器壁接触便失去惯性力而沿壁面下落，进入排尘口。旋转下降的外旋气流在到达锥体时，因圆锥形的收缩而向除尘器中心靠拢。当气流到达锥体下端某一位置时，形成由下而上的内旋气流，最后净化后的气体经排气管排出。

相比于多管干式除尘器，旋风分离器除尘效率不高，在入口处和锥体部位磨损大，目前，已基本被多管干式除尘器取代。

三、过滤分离器

过滤分离器由筒体、接管、过滤元件、捕雾器、储液罐等部分组成，如图 2-3-4 所示。

天然气从入口进入，首先撞击在支撑过滤元件的支撑管（避免气流直接冲击滤芯，造成滤材的提前损坏）上，较大的固液颗粒被初步分离，并在重力的作用下沉降到容器底部（定期从排污口排出）。接着气体从外向里通过过滤聚结滤芯，固体颗粒被过滤介质截留，液体颗粒则因过滤介质聚结功能而在滤芯的内表面逐渐聚结长大。当液滴到达一定尺寸时会因气流的冲击作用从内表面脱落出来而进入滤芯内部流道，而后进入分离段。在分离段，较大的液珠依靠重力沉降分离出来，此外，设置的捕雾器能有效捕集气体携带的液滴，进一步提高分离效果，最后洁净的气体从出口流出。

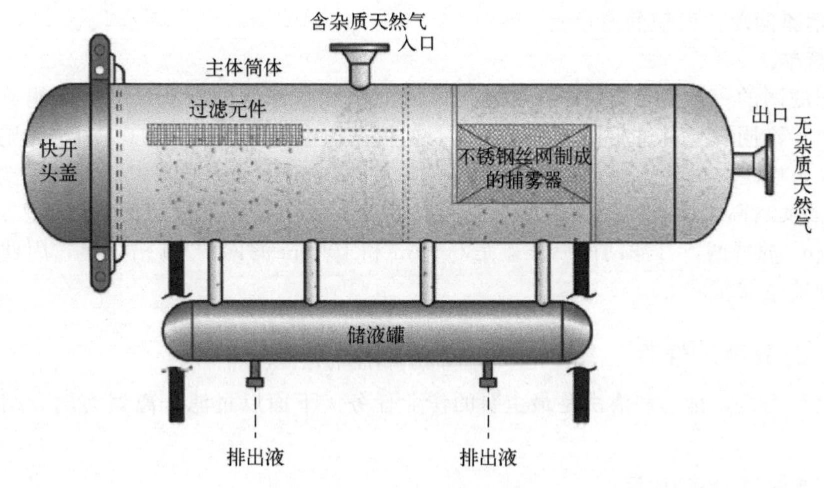

图 2-3-4　过滤分离器结构

四、过滤器

调压器、压缩机、流量计等设备、仪表对气质要求较高，为保障此类设备的正常工作，减少发生堵塞、损坏、污染的风险，须在其入口管段安装符合精度要求的过滤器，进一步消除燃气中夹带的杂质。

燃气过滤器按结构形式可分为Y形、角氏、筒氏，如图 2-3-5 所示；按过滤精度可分为：0.5μm、2μm、5μm、10μm、20μm、50μm、100μm；按最大允许工作压力可分为：0.01MPa、0.2MPa、0.4MPa、0.8MPa、1.6MPa、2.5MPa、4.0MPa、6.3MPa、10.0MPa。

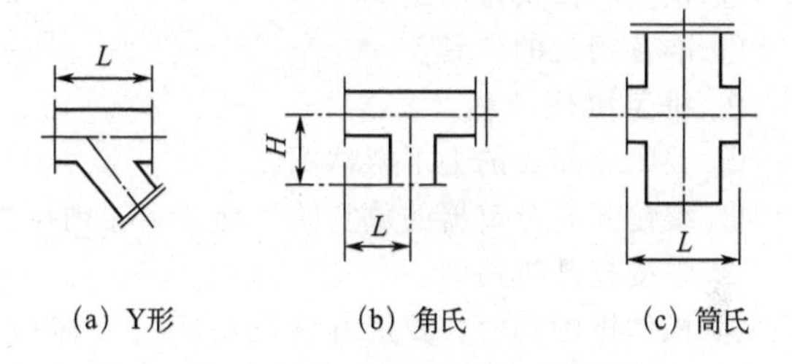

(a) Y形　(b) 角氏　(c) 筒氏

图 2-3-5　过滤器按结构形式分类

城市燃气管网常用过滤器为筒形过滤器，主要结构包括筒体、入口、出口、快开盲板、滤芯、排污口，如图 2-3-6 所示。带有杂质的燃气由入口流入过滤器腔体，杂质在滤芯处被滤芯上的滤网拦截，滞留于滤芯表面或掉入过滤器腔体底部，过滤后的气体进入下游。滞留在腔体底部的杂质可通过定期排污从排污口排出。燃气经过过滤器会产生压差，当过滤器中杂质增多时，压差会增大。前后压差过大时会造成滤芯损坏，因此，过滤器在使用过程中需配置差压表进行压差监测。

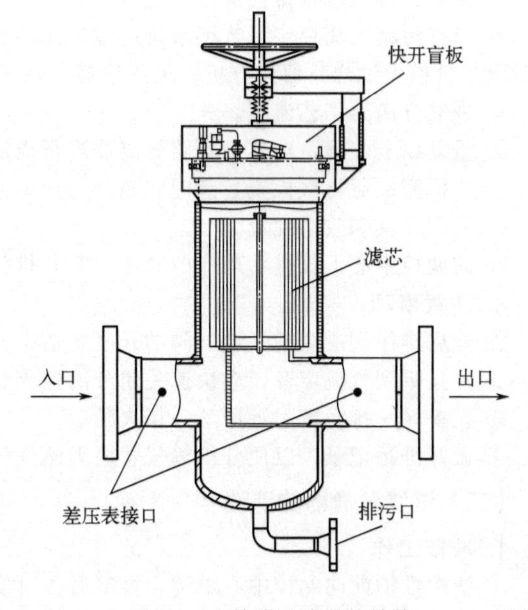

图 2-3-6　筒形过滤器的结构

燃气过滤器的核心部件为滤芯。滤芯使用的滤材主要分为两种：不锈钢丝网和聚酯纤维材料。在燃气过滤器中，通常使用不锈钢丝网。它具有以下优点：

① 过滤性能稳定，对 2～200μm 的过滤精度均可发挥的良好过滤性能；

② 强度大，耐蚀性、耐热性、耐压性和耐磨性好；

③ 不锈钢滤网气孔均匀，过滤精度很高；

④ 不锈钢滤网单位面积的流量大；

⑤ 清洗简单。

过滤器用滤网的一个重要指标是过滤精度，过滤精度指滤网的网孔尺寸，即能通过滤网的杂质的最大粒径。不同设备对过滤精度的要求不一，根据国家标准 GB 27791—2020《城镇燃气调压箱》第 5.1.5 条规定，过滤器装置的过滤精度不宜大于 50μm；压缩机对过滤精度的要求一般小于 10μm。过滤精度越高对设备的保护越好，但同时会增加除尘量，增大滤网前后压差。研究表明，过滤精度 10 μm 的滤网，其滤网前后压差是 50 μm 和 100um 滤网的 10 倍以上，因此要根据设备情况选择合理的过滤精度。

五、分离除尘设备的操作、维护

对于分离器而言，排污和清洗是最主要的作业任务。下面以过滤分离器为例介绍排污作业和清洗作业。

（一）过滤分离器的排污

1. 排污前的准备工作

① 排污前先向调控中心汇报，得到批准后方可实施排污作业。

② 观察排污管地面管段的牢固情况。

③ 准备安全警示牌、可燃气体检测仪、隔离警示带等。

④ 检查分离器区及排污罐放空区域的周边情况，杜绝一切火种火源。

⑤ 在排污罐放空区周围 50m 内设置隔离警示带和安全警示牌，禁止一切闲杂人员入内。

⑥ 检查、核实排污罐液位高度。

⑦ 准备相关的工具。

2. 排污操作流程

① 关闭分离器的上下游球阀。

② 缓慢开启分离器的放空阀，使分离器内压力降到约 0.2MPa。

③ 缓慢打开排污阀。

④ 操作排污阀时，要用耳仔细听阀内流体声音，判断排放的是液体或是气，一旦听到气流声，立即关闭排污阀。

⑤ 同时安排人观察排污罐放空立管喷出气体的颜色，以判断是否有粉尘。

⑥ 待排污罐液面稳定后，记录排污罐液面高度；出现大量粉尘时，应注意控制排放速度，必要时取少量粉尘试样，留作分析；最后按规定做好记录。

⑦ 恢复分离器工艺流程。

⑧ 重复以上步骤，对其他各路分离器进行离线排污。

⑨ 排污完成后再次检查各阀门状态是否正确。

⑩ 整理工具和收拾现场。

⑪ 向调控中心汇报排污操作的具体时间和排污结果。

3. 注意事项

① 开启排污阀应缓慢平稳，阀的开度要适中。

② 一旦听到气流声音，应快速关闭分离器阀套式排污阀，避免天然气冲击波动。

③ 设备区、排污罐附近严禁一切火种。

④ 做好排污记录，以便分析输气管内天然气气质和确定排污周期。

（二）过滤分离器的清洗

1. 准备工作

① 清洗维护前向调控中心申请，批准后方可实施清洗维护操作。

② 准备安全警示牌、可燃气体检测仪、隔离警示带等。

③ 检查分离器和排污罐区周围情况，杜绝一切火种火源。

④ 检查、核实排污罐液面高度。

⑤ 准备相关工具。

2. 检修维护操作

① 关闭过滤器进出口球阀及差压表。

② 打开分离器放空阀将压力下降到0.2MPa左右，按排污操作规程将分离器内的污物排净，然后放净过滤分离器内的压力直至压力表读数为零。

③ 拧松过滤分离器快开盲板螺母查看是否漏气，如果不漏气则打开快开盲板，除掉周边密封圈。

④ 抓住滤芯扭转，从管板上拔除滤芯，清除滤芯上的脏物，用清洁的布擦净壳体内表面污物，检查滤壳中的各部件，特别是壳体O形密封圈和O形滤芯密封圈，检查或更换密封圈。看是否有损坏或过度磨损、腐蚀的现象，更换已破坏或磨损的部件。

⑤ 装好滤芯及其他组件，特别要注意检查过滤器滤芯的密封圈是否与滤芯密封面紧贴，保证滤芯的内端密封可靠，不出现气体短路现象。

⑥ 仔细检查过滤器的内部组件，确保组件齐全、安装正确。

⑦ 盖好快开盲板盖子，上好螺栓和拧紧螺母，关闭排污阀。

⑧ 打开过滤器上游阀门对过滤器进行置换，将空气置换干净，检查是否漏气，如果漏气，则进行紧固。

⑨ 关闭过滤式分离器上游阀门及排污阀，作为备用，或恢复分离器生产工艺流程。

⑩ 整理工具、收拾现场。

⑪ 向调控中心汇报清洗维护操作的具体时间和清洗维护情况。

3. 注意事项

① 打开快开盲板进行泥沙和FeS粉（如果有）清理时采用湿式作业，容器内注入洁净水，水量约为容器容积的10%。检修完成后应对分离器内部进行充分干燥，才能恢复使用；同时操作人员要采用必要的防护措施，现场要有人员监护作业。

② 做好清洗维护的记录，以便确定清洗维护的周期。

③ 过滤式分离器正常投产后，一般每年检查一次并更换滤芯。

④ 如果为投产初期，根据具体情况打开过滤式分离器清扫污物或更换滤芯。现场应准备充足的备品备件，以便随时更换。

此外，对于设置于调压器等设备前的过滤器来说，其主要功能是分离固体颗粒，且固体颗粒沉积在过滤器底部后不具有流动性，定期排污对清除过滤器内固体污物的作用不明显，同时过滤器使用的滤芯均是深层过滤设计，清洗效果也不明显，因此以更换滤芯为主。当过滤器压差达到0.15MPa时就考虑更换滤芯，当达到0.2MPa时必须更换滤芯。

单元2.4　加臭装置

由于城镇燃气无色无味，在输送和使用过程中，泄漏后不易被察觉。为帮助人们及时发现泄漏，避免中毒、爆炸等恶性事故的发生，根据国家标准要求，必须对燃气进行加臭。

一、加臭剂

目前，普遍采用的加臭剂为四氢噻吩（Tetrahydrothiophene，缩写为THT）。四氢噻吩，是一种有机化合物，化学式为C_4H_8S，为无色透明油状液体，有强烈的特殊气味。作为加臭剂，其优点有化学性质稳定，不易被空气氧化，气味存留长久；不溶于水，气味不会因土壤和水的吸收而减弱；燃烧后几乎无残留物、不污染环境；在管道内无絮凝现象、添加量少、腐蚀性小、毒性低。

二、加臭剂量

按照《城镇燃气设计规范》（2020 年版）GB 50028—2006 规定，燃气中加臭剂的最小量应符合下列规定：

① 无毒无味燃气泄漏到空气中，达到爆炸下限的 20%时应能察觉；

② 有毒无味燃气泄漏到空气中，达到对人体允许的有害浓度时，应能察觉；对于含有一氧化碳的燃气，空气中一氧化碳含量达到 0.02%（体积分数）时，应能察觉。

目前作为主要气源的天然气，其理论加臭量可根据以下公式计算：

无毒燃气最小加臭量：

$$C_n = \frac{K}{L_1} \times 0.2$$

式中　C_n——末端最小加臭浓度，mg/m^3；

K——加臭剂在空气中达到警示气味的最小浓度值，mg/m^3；

L_1——燃气在空气中的爆炸下限（体积分数）。

计算最低加臭浓度 K 值见表 2-4-1，无毒燃气的加臭剂管网起始端用量见表 2-4-2。

表 2-4-1　计算最低加臭浓度的 *K* 值

加臭剂	四氢噻吩	三丁基硫醇	无硫加臭剂
K 值/（mg/m^3）	0.08	0.03	0.07

注：表中的数值为推荐值，实际用量还要根据供货商的 K 值进行核实；当燃气成分与此表比例不同时，根据燃气在空气中的爆炸下限重新计算。

表 2-4-2　无毒燃气的加臭剂管网起始端用量　　单位：mg/m^3

燃气种类	加臭剂		
	四氢噻吩	硫醇	无硫加臭剂
天然气	20	4～8	15～18
液化石油气（C_3 和 C_4 各占 50%）	50	—	—
液化石油气混空气（液化石油气和空气各占 50%；液化石油气中 C_3 和 C_4 各占 50%）	25	—	—

上面的计算数据为理论值，实际加臭量要综合考虑管道长度、材质、腐蚀情况和燃气成分等因素，取理论计算值的 2～3 倍。根据调查，国内几个大中城市在天然气中加入四氢噻吩（THT）的量为：北京为（25±5）mg/m^3，上海为 18～22mg/m^3，天津为 25mg/m^3，广州为 25mg/m^3，齐齐哈尔为 16～20mg/m^3，且冬季的加入量，一般要高于以上的数值。

三、加臭工艺

目前，普遍使用定量泵方式添加加臭剂。燃气管道供气时，流量计从管道中采集流量信号，通过二次表转变，以 4～20mA 电信号或以通信方式输出，进入控制器。控制器根据流量信号的大小输出频率信号控制排液泵，指挥排液泵定量吸入、排出臭剂。排出的臭剂经过注入喷嘴加入到燃气管道，完成加臭工作，使燃气内加臭剂浓度基本保持恒定。

定量泵方式加臭的优点是：可根据燃气流量定比例加臭，加臭效果好，定量精度稳定可靠；便于实现全自动闭环加臭；适合长期连续运行，成本低廉；结构相对简单，便于维护。

四、加臭装置的维护与检修要求

① 加臭装置维护和检修人员应经过专业培训合格后上岗。

② 使用单位应定期对加臭装置进行维护保养，填写维护保养记录。

③ 加臭装置的安全阀、仪表等国家强检产品应按相关规定定期进行校验。

④ 发生故障需要切换加臭泵时，应由部门负责人确认后方可切换和检修。完成检修的设备应经过不少于24h的试运行。

⑤ 检修人员应按规定穿戴专业安全防护眼镜、防护手套、防毒面具、防毒物渗透工作服等防护用品。

⑥ 加臭装置检修时现场应备有消防器材、专用除味剂、消除剂稀释液和吸附剂。

⑦ 加臭机发生故障的常见部位：控制系统、计量泵、进出口单向阀等。控制系统故障应由专业人员维修；计量泵的故障表现在隔膜破损、液压油缺失、单向阀密封度减低、机械卡死、驱动装置损坏等，可以通过修复部件或更换部件的方法排除故障。

⑧ 判断故障与维修要遵循科学的思维、设备的结构机理，先易后难、先外围后内部。

五、加臭注意事项

① 初次加臭的浓度应适当增加，加臭剂对管件和管道有一定吸附作用，首次加臭要及时检测。

② 加臭剂的浓度不宜过大。浓度太高会对管道造成腐蚀，漏气对人体健康有害，臭剂燃烧后废气伴有刺激味道。

③ 加臭剂的种类不能轻易更换，不同种类加臭剂的气味不同，人们熟悉一种燃气气味后，在变换时，很容易造成误解。

④ 冬季严防冻堵，某些加臭剂在含微量水时，冬季极易造成设备冻堵故障。

⑤ 加臭点的设置应尽量设在调压器、计量表、储气罐的后面，以防最大浓度的加臭剂对这些设备造成腐蚀。加臭点离PE管和铝塑复合管应有一定距离，某些加臭剂对这些管材有一定侵蚀。

⑥ 适当考虑在某些部位补充加臭剂，加臭剂传输距离较长时，浓度会降低，造成一些部位的燃气没有气味或气味不均匀。

⑦ 长期不用气的局部地区应加强检查加臭剂浓度并做相应处理。

⑧ 加臭设备应密闭无泄漏。药剂泄漏危害很大。多数药剂易燃、易爆，外漏后有危险；药剂有很强烈的刺激味，污染环境，令人作呕，重则可伤害身体及生命；药剂吸附较强，接触到的设备、衣物、手脚等处长时间有臭味不易散去，加之药剂一般价格较高，外泄也是经济损失。

⑨ 应对管道内加臭剂浓度进行检测分析，有条件的应用色谱分析仪进行加臭浓度检测。

⑩ 管道液化石油气加臭与天然气加臭有很大差别，加臭过程中应对其采取特殊处理和检测。

单元2.5　常用钢材、管材和配件

燃气设备是保障可靠供气的重要设施，当中所使用的钢材、管材和配件种类繁多，现在将其中常用的介绍如下。

一、城市燃气常用管材

（一）高压次高压管道的选材

在城市燃气工程中输送高压次高压天然气主要采用焊接钢管，按照钢管的焊接方式有直缝和螺旋缝焊接钢管两大类型。

与螺旋缝焊接钢管相比，直缝焊接钢管具有如下优点：

① 原材料可进行100%的无损检测，且可进行纵横向轧制，两方向的力学性能差别小；

② 焊缝短（比相同管子长度的螺旋缝焊接钢管焊缝长度减少20%以上），且焊缝质量好，其焊接为水平面焊接，错边量小，焊缝成形美观，成形精度高，无损检测跟踪性好，避免了漏检现象；

③ 在生产过程中采用水压整体扩径或机械扩径工艺消除成形及焊接过程中的残余应力，焊后管体残余应力小，质量稳定可靠；

④ 焊缝余高小，便于防腐加工，焊缝减薄量小，节省防腐材料；

⑤ 管内壁较光滑，输送阻力小，蜡状沉积物少且清理方便，输送能力高；

⑥ 壁厚一般为 6～25.4mm，最高达 45mm，由于壁厚大，强度高，因而可输送高压流体；

⑦ 经过扩径后，管体尺寸及端部尺寸得到有效保证，便于现场施工和保证施工质量。

上述优点使得直缝焊接钢管近年来在高中压燃气管道呈现出逐渐取代螺旋缝焊接钢管的趋势。

公称直径 DN400mm（含 DN400mm）以下，宜选用 ERW（直缝高频电阻焊）钢管；

公称直径大于 DN400mm，宜选用 UOE 成形的 LSAW（直缝双面埋弧焊）钢管。

管材用钢一般为 L290（X42）。

（二）中压管道的选材

① 对于 DN200mm 以上的中压管道，宜选用 ERW（直缝高频电阻焊）钢管。钢管的技术和质量要求执行 GB/T 9711—2017 的规定。管道用钢为 L245。

② 对于 DN200mm（含 DN200mm）以下的中压管道，宜选用 PE80 级燃气用 PE 管，规格为 SDR11。

注：选用 PE 管时应选常用直径系列，便于采购 PE 管的管件。

（三）低压管道的选材

① 室外埋地低压管道多选用 PE 管；室外明敷低压管道多选用低压流体输送用钢管。

② 室内低压管道可选用低压流体输送用钢管、铝塑复合管、铜管、不锈钢管、衬塑（PE）铝合金管、衬不锈钢铝合金管。

常用管材如图 2-5-1 所示。

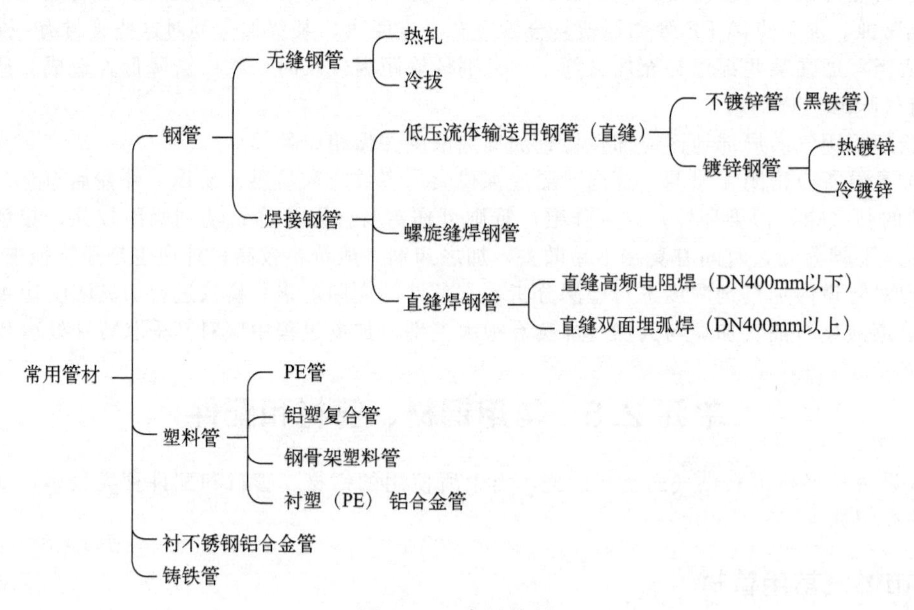

图 2-5-1　常用管材

《燃气工程项目规范》GB 55009—2021 按城镇燃气管道设计压力分级如下，见表 2-5-1。

表 2-5-1　城镇燃气管道压力分级

名称		最高工作压力（表压）/MPa
超高压燃气管道		$4.0<P$
高压燃气管道	A	$2.5<P\leqslant4.0$
	B	$1.6<P\leqslant2.5$

续表

名称		最高工作压力（表压）/MPa
次高压燃气管道	A	$0.8<P\leqslant1.6$
	B	$0.4<P\leqslant0.8$
中压燃气管道	A	$0.2<P\leqslant0.4$
	B	$0.01<P\leqslant0.2$
低压燃气管道		$P\leqslant0.01$

二、钢制管材

（一）钢材的化学成分

钢材中除主要化学成分 Fe 以外，还含有少量的碳（C）、硅（Si）、锰（Mn）、磷（P）、硫（S）、氧（O）、氮（N）、钛（Ti）、钒（V）等元素，这些元素虽含量很少，但对钢材性能的影响很大。其中“铬”可以增加钢材的耐腐蚀性，通常国际上把含铬量大于 13% 的钢材称为不锈钢。镍可以增加钢材的强度和韧性，钼可以防止钢材变脆，钨可增加钢材的耐磨损性，钒可增加钢材的抗磨损性和延展性。

碳是决定钢材性能的最重要元素。

钢中有益元素有锰、硅、钒、钛等，控制掺入量可冶炼成低合金钢。

钢中主要的有害元素有硫、磷及氧，要特别注意控制其含量。

磷是钢中很有害的元素之一，主要溶于铁素体起强化作用。磷含量增加，钢材的强度、硬度提高，塑性和韧性显著下降。特别是温度愈低，对塑性和韧性的影响愈大，从而显著加大钢材的冷脆性。磷也使钢材可焊性显著降低，但磷可提高钢的耐磨性和耐蚀性。

硫也是很有害的元素，呈非金属硫化物夹杂物存在于钢中，降低钢材的各种力学性能。由于硫化物熔点低，使钢材在热加工过程中造成晶粒的分离，引起钢材断裂，形成热脆现象，称为热脆性。硫使钢的可焊性、冲击韧性、耐疲劳性和抗腐蚀性等均降低。

氧是钢中有害元素，主要存在于非金属夹杂物中，少量溶于铁素体内。非金属夹杂物降低钢的力学性能，特别是韧性。氧有促进时效倾向的作用。氧化物所造成的低熔点亦使钢的可焊性变差。

（二）钢材的力学性能

钢材力学性能是保证钢材最终使用性能（力学性能）的重要指标，它取决于钢的化学成分和热处理制度。

燃气用钢管主要的力学性能有：屈服强度、抗拉强度、伸长率。

1. 屈服强度

钢材或试样在拉伸时，当应力超过弹性极限时，即使应力不再增加，而钢材或试样仍继续发生明显的塑性变形，称此现象为屈服，而产生屈服现象时的最小应力值即为屈服点。钢材的屈服强度是指材料在出现屈服现象时所能承受的最大应力。屈服强度值用 MPa 表示。需要注意的是，不能片面追求材料的高屈服强度，因为随着材料屈服强度的提高，材料的抗脆断强度会降低，材料的脆断危险性会增加。

屈服强度不仅有直接的使用意义，在工程上也是材料的某些力学行为和工艺性能的大致度量。例如材料屈服强度增高，对应力腐蚀和氢脆就敏感；材料屈服强度低，冷加工成型性能和焊接性能就好等等。因此，屈服强度是材料性能中不可缺少的重要指标。

2. 抗拉强度

钢材或试样在拉伸过程中，从开始到发生断裂时所达到的最大应力值。它表示钢材抵抗断裂的能力大小。抗拉强度值用 MPa 表示。

3. 伸长率

材料在拉断后，其塑性伸长的长度与原试样长度的百分比叫伸长率。伸长率用%表示。

（三）钢的分类

钢材是燃气管道、储罐、压缩机及其附件等的主要原料。工艺系统的介质压力、温度等存在显著差异，使用的钢材类型也有差异。

钢是含碳量（质量分数）在0.02%～2.11%之间的铁碳合金。为了保证其韧性和塑性，含碳量一般不超过1.7%。钢的主要元素除铁、碳外，还有硅、硫、磷、氧和氮等。其中硫、磷、氧和氮为有害杂质，会对钢材性能产生不利影响。

铁是基本元素，碳是决定钢的性能的主要元素。含碳量增加时，钢材的强度和硬度增加，而塑性、韧性和焊接性能相应降低。磷含量提高，钢材的强度有所提高，但塑性和韧性显著下降，温度越低，影响越大。硫降低钢的各种力学性能。氧降低钢的力学性能，尤其是韧性。氮使钢的强度提高，但塑性和韧性显著下降，可焊性降低。

按照钢的化学成分，分为碳素钢和合金钢。按其含碳量不同，碳素钢分为低碳钢（含碳量≤0.25%）、中碳钢（0.25%＜含碳量≤0.60%）和高碳钢（0.60%＜含碳量≤2.11%）；按其品质不同，碳素钢又分为普通碳素钢和优质碳素钢。合金钢是指在碳素钢的基础上，为改善钢的性能，在冶炼时特意加入一些合金元素（如铬、镍、硅、钼、锰等）而炼成的钢。合金钢性能比碳素钢更加优良，如耐腐蚀、耐高温、抗氧化、抗蠕变和良好的持久强度等。合金钢按其合金元素总含量（质量分数），可分为低合金钢（合元素含量＜5%）、中合金钢（合金元素含量5%～10%）和高合金钢（合金元素含量＞10%）。按其用途分为合金结构钢、合金工具钢和具有特殊性能的特种合金钢，如耐热钢、低温钢、耐酸钢等。

按钢的脱氧程度，分为镇静钢、沸腾钢和半镇静钢。镇静钢指完全脱氧的钢；沸腾钢指不脱氧的钢；半镇静钢指半脱氧的钢，其脱氧程度介于沸腾钢和镇静钢之间。

按钢的品质，分为普通钢（含磷量≤0.045%、含硫量≤0.050%）、优质钢（含磷量≤0.035%、含硫量≤0.035%）、高级优质钢（含磷量≤0.035%、含硫量≤0 030%）。

按钢的用途，分为结构钢、工具钢、特殊性能钢和专业用钢。其中：结构钢主要用于建筑用钢和机械用钢；工具钢主要用于制造各种工具，如刀具模具等；特殊性能钢是具有特殊物理、化学性能的钢，如不锈钢、耐酸钢、耐热钢等；专业用钢是指各个工业部门专业用途的钢，如锅炉用钢、航空用钢、化工机械用钢、电工用钢、焊条用钢等。

按成形方法，分为锻钢、铸钢、热轧钢和冷拉钢。

钢管按照制造工艺不同，分为无缝钢管和焊接钢管两大类。焊接钢管按照焊缝形式的不同，又可分为低压流体输送用焊接钢管、直缝焊钢管和螺旋缝焊钢管。

1. 无缝钢管

无缝钢管用普通碳素钢、优质碳素钢、低合金钢或合金结构钢轧制而成。品种规格多、强度高、耐压力高、韧性强、管段长，是工业管道最常用的一种管材。广泛用于工作压力为1.57MPa以下的管道。燃气工程常用无缝钢管外径及壁厚见表2-5-2。

根据制造方法，无缝钢管还有热轧和冷拔（轧）之分。冷轧是在常温状态下由热轧板加工而成；一块钢坯在加热后（就是电视里那种烧得红红的发烫的钢块）经过几道轧制，再切边，矫正成为钢板，这种叫热轧。

热轧管的最大直径为630mm，冷拔（轧）管的最大直径为219mm。一般情况下，直径$D>57$mm时常选用热轧管。

无缝钢管的强度很高，但受生产工艺和成本限制，多为DN200mm以下的小口径钢管。

无缝钢管的优点：耐压高，韧性好，管段长而接口少。

缺点：价格高，易腐蚀，因而使用寿命短。

表 2-5-2 燃气工程常用无缝钢管外径及壁厚

公称直径	外径/mm	壁厚/mm		公称直径	外径/mm	壁厚/mm
DN25	32	3	4	DN150	159	5
DN32	38	3	4	DN200	219	6
DN40	45	3.5	4	DN250	273	7
DN50	57	3.5	4	DN300	325	8
DN80	89	4.5		DN350	377	9
DN100	108	4.5		DN400	426	9

2. 焊接钢管

焊接钢管是由卷成管形的钢板以对缝或螺旋缝的形式焊接而成，又称有缝钢管。可分为低压流体输送用钢管、直缝焊钢管、螺旋缝焊钢管。

（1）低压流体输送用焊接钢管

低压流体输送用焊接钢管和镀锌焊接钢管是有缝钢管，一般用普通碳素钢制成。按表面质量分镀锌（白铁管）和不镀锌（黑铁管）两种；按管端带螺纹与否，又可分带螺纹与不带螺纹两种；按管壁厚分，有普通和加厚两种。

钢管最小 DN 为 6mm，普通长度为 4～12m。管子两端一般带有管螺纹。采用螺纹连接的燃气管网，一般使用的最大 DN 为 50mm。镀锌钢管安装时不须涂刷防锈漆，其理论质量比不镀锌钢管重 3%～6%。

使用场合：小区低压管道和室内管道系统。低压流体输送用钢管常用外径及壁厚见表 2-5-3。

表 2-5-3 低压流体输送用钢管常用外径及壁厚

公称直径	外径/mm	壁厚/mm		公称直径	外径/mm	壁厚/mm	
		普通管	加厚管			普通管	加厚管
DN15	21.3	2.8	—	DN50	60.3	3.8	4.5
DN20	26.9	2.8	—	DN65	76.1	4.0	4.5
DN25	33.7	3.2	4.0	DN80	88.9	4.0	5.0
DN32	42.4	3.5	4.0	DN100	114.3	4.0	5.0
DN40	48.3	3.5	4.5				

（2）直缝电焊管

钢板卷制直缝电焊管，可分为电焊钢管和现场用钢板分块卷制焊成的直缝卷焊钢管，如图 2-5-2 所示。

目前国内直缝焊接钢管的生产情况是：

公称直径 DN400mm（含 DN400mm）以下为 ERW（Electric Resistance Welded，直缝高频电阻焊）钢管；

公称直径 DN400mm 以上为 LSAW（Longitudinal Submerged Arc Welded，直缝双面埋弧

图 2-5-2 直焊缝钢管

图 2-5-3　螺旋缝焊钢管

焊）钢管。

（3）螺旋缝焊钢管

螺旋缝焊钢管是将钢带螺旋卷制后焊接而成。钢号一般为普通碳素钢，也可采用 16Mn 低合金结构钢焊制。其优点是生产效率高，可用较窄的钢带生产大口径管道，并具有较高的承压能力，如图 2-5-3 所示。

直缝焊钢管和螺旋缝焊钢管的常用外径及壁厚，如表 2-5-4 所示。

表 2-5-4　直焊缝钢管与螺旋缝焊钢管常用规格

公称直径	外径/mm	壁厚/mm	公称直径	外径/mm	壁厚/mm
DN200	219.1	6.3	DN400	406.4	8.0
DN250	273.1	6.3	DN450	457	8.0
DN300	323.9	7.1	DN500	508	8.8
DN350	355.6	7.1			

（四）钢制管材的规格与公称压力

1. 外径系列

钢制管材为了与目前国际上流行的两个不同系列的钢管外径相适应，分为两个外径系列：

A 系列为英制系列（CLASS 系列），也称系列 I，就是俗称的大外径系列。

B 系列为公制系列（PN 系列），也称系列 II，就是俗称的小外径系列。

但 A 系列的大外径仅限于 DN250 以下，在 DN300 以上其直径反而小于 B 系列。很多情况下两者差别是很大的：如 DN100 时差了 6.3mm，大直径时差别达 20mm 以上。

通常情况下，焊接钢管一般选用 A 系列，无缝钢管一般选用 B 系列。

2. 公称直径

根据 GB/T 1047—2019《管道元件 公称尺寸的定义和选用》，为了使管道与管路附件能够相互连接，其接合处的口径应保持一致。所谓公称直径就是各种管道与管路附件的通用口径，用符号 DN 表示。DN 后附以 mm 为单位的公称直径数值。

对于钢管和塑料管及其同材质管件，DN 后的数值不一定是管道内径，也不一定是管道的外径，而是与内径和外径接近的整数。对于钢管，DN 后的数值是接近于内径的一个整数。

根据《管道元件　公称尺寸的定义和选用》GB/T 1047—2019 的规定，优先选用的公称直径范围为 DN6～DN2700，共 58 个级别。

对于采用管螺纹连接的管道，其公称直径在习惯上用英制管螺纹尺寸（英寸）in 表示。还有另外一种钢管规格表示方法，用希腊字母“Φ”开头加钢管的外径×壁厚，例如 Φ219×6，表示钢管的外径是 219mm，壁厚是 6mm。

需要注意的是，有些设计图纸和技术资料，设计者和资料编制者图省事，公称通径只用一个“D”字母表示，例如用 D20 表示 DN20。

钢管的“公称直径”和钢管的“外径”是两个不同的概念，部分公称直径数据和不同规格的钢管外径数相同，要注意认真区别。例如公称直径是 DN32 的钢管和外径是 Φ32 的钢管是不一样的。公称直径是 DN32 的钢管，A 系列钢管外径是 Φ42.4，B 系列钢管外径是 Φ38。

此外，燃气工程中使用的燃气 PE 管，通常用 DN 表示“公称外径”。目前对 PE 管材公称外径的表示方法有很多种，用 DN 表示是比较规范的表示方法，由于 PE 管材通常不使用“公称通径”表示方法，所以PE管材的表示方法一般不容易将“公称外径”和“公称通径”混淆。

如果是大于或者小于标准壁厚的焊接（镀锌钢管），需要用公称通径或外径×钢管壁厚来表示，例如壁厚是2.5mm的DN15焊接钢管的表示方式是：DN15×2.5或者Φ21.3×2.5。如果是GB/T 3091—2015标准中的壁厚加厚管，其壁厚需要在规格中表示出或者注明“壁厚加厚管”。

还有以下一些特殊情况：

无缝钢管：DN后的数值等于外径。例如：DN159的无缝钢管就表示外径为159mm。

PE管：即聚乙烯管，公称直径用DN表示，后面的数值表示外径的尺寸，单位为mm。例如DN63表示管子的外径为63mm。

铸铁管及其管件和阀门：DN后的数值等于内径。

工艺设备（例如压缩机、液化石油气泵和燃气调压器等）：DN后的数值就是设备接口的内径。

法兰：DN后的数值仅是与内径*D*或与外径相接近的整数。

公称直径DN和NPS（以英寸为单位）的对应关系详见表2-5-5。钢制管材的各种不同规格表示方法见表2-5-6。

表2-5-5　公称直径对照表

规格		外径/mm	壁厚/mm	最小壁厚/mm	焊管（6m定尺）		锌管（6m定尺）	
公称直径	英寸				米重/kg	根重/kg	米重/kg	根重/kg
DN15	1/2			2.45				
DN20	3/4	26.9	2.8	2.45	1.66	9.96	1.76	10.56
DN25	1	33.7	3.2	2.8	2.41	14.46	2.554	15.32
DN32	1～1/4	42.4	3.5	3.06	3.36	20.16	3.56	21.36
DN40	1～1/2	48.3	3.5	3.06	3.87	23.22	4.10	24.60
DN50	2	60.3	3.8	3.325	5.29	31.74	5.607	33.64
DN65	2.5	76.1	4.0	3.5	7.11	42.66	7.536	45.21
DN80	3	88.9	4.0		8.38	50.28	8.88	53.28

表2-5-6　钢制管材的规格表

英寸/in	公称直径/mm	A系列钢管/mm	B系列钢管/mm	PE管公称外径/mm	英寸/in	公称直径/mm	A系列钢管/mm	B系列钢管/mm	PE管公称外径/mm
1/2	15	21.3	18	20	4	100	114.3	108	110　125
3/4	20	26.9	25	25	5	125	139.7	133	140
1	25	33.7	32	32	6	150	168.3	159	180
1～1/4	32	42.4	38	40	8	200	219.1	219	200　225
1～1/2	40	48.3	45	50	10	250	273	273	250　280
2	50	60.3	57	63	12	300	323.9	325	315
2～1/2	65	76.1	76	75	14	350	355.6	377	355
3	80	88.9	89	90					

3. 公称压力

根据GB/T 1048—2019《管道元件　公称压力的定义和选用》，公称压力与管道系统元件的力学性能和尺寸特性相关的字母和数字组合的标识，由字母PN或Class和后跟的无量纲数字组成。

公称压力包括 PN 和 Class 两个系列，公称压力数值应从表 2-5-7 中选取。

表 2-5-7 公称压力数值

序号	PN 系列	Class 系列	序号	PN 系列	Class 系列
1	PN 2.5	Class 25[a]	10	PN 250	Class 900
2	PN 6	Class 75	11	PN 320	Class 1500
3	PN 10	Class 125	12	PN 400	Class 2000[d]
4	PN 16	Class 150	13	—	Class 2500
5	PN 25	Class 250	14	—	Class 3000[e]
6	PN 40	Class 300	15	—	Class 4500[f]
7	PN 63	(Class 400)	16	—	Class 6000[e]
8	PN 100	Class 600	17	—	Class 9000[g]
9	PN 160	Class 800[c]			

需要注意的是，上表所述的压力等级系列与城镇燃气输配管道的分级是不同的。

(五)按照化学成分分类的几个钢种及钢号表示方法

钢号（钢的牌号简称）是对每一种具体钢产品所取的名称，是人们了解钢的一种共同语言。世界各国钢号表示方法不尽一样，但多数按两类方法来表示：一类以含有的合金元素及其含量来表示，一类以钢种代号及强度数值来表示。例如：

1Cr18Ni9Ti——含碳量：0.1%以下，Cr：18%左右，Ni（镍）：9%左右，Ti（钛）：含少许；

0Cr18Ni9——含碳量极低，≤0.08%，Cr：18%左右，Ni：9%左右；

20#——含碳量为 0.20%左右的优碳钢；

45#——含碳量为 0.45%左右的优碳钢；

Q235——屈服强度>235MPa 的普碳钢；

SS400——抗拉强度>400MPa 的优碳钢。

钢号常用化学元素符号见表 2-5-8。

表 2-5-8 钢号常用化学元素符号

元素名称	化学元素符号	元素名称	化学元素符号	元素名称	化学元素符号	元素名称	化学元素符号
铁	Fe	锂	Li	钐	Sm	铝	Al
锰	Mn	铍	Be	锕	Ac	铌	Nb
铬	Cr	镁	Mg	硼	B	钽	Ta
镍	Ni	钙	Ca	碳	C	镧	La
钴	Co	锆	Zr	硅	Si	铈	Ce
铜	Cu	锡	Sn	硒	Se	钕	Nd
钨	W	铅	Pb	碲	Te	氮	N
钼	Mo	铋	Bi	砷	As	氧	O
钒	V	铯	Cs	硫	S	氢	H
钛	Ti	钡	Ba	磷	P	—	—

注：混合稀土元素符号用“RE”表示。

燃气工程常用的钢主要是低碳钢、优质碳素结构钢和低合金结构钢。

1. 普通碳素结构钢

根据《碳素结构钢》GB/T 700—2006，普通碳素结构钢的牌号由代表屈服强度的字母、屈服强度数值、质量等级符号、脱氧方法符号四个部分按顺序组成。其中，以Q开头，表示屈服强度的汉语拼音首字母，其后是表示钢材屈服强度的三位数字（单位为MPa），最后的两位字母分别表示质量等级和脱氧方法。质量等级分为A、B、C、D四级。其中，A级质量最差，D级最好。含S、P的量依次降低，钢材质量依次提高。脱氧方法符号中F表示沸腾钢，Z表示镇静钢（可省略），TZ表示特殊镇静钢（可省略）。

例如：Q235AF钢表示屈服强度为235MPa、质量等级为A级的普通碳素结构钢，且为沸腾钢。

燃气工程用钢管中的Q235B，属于普通碳素结构钢。

2. 优质碳素结构钢

根据《优质碳素结构钢》GB/T 699—2015，优质碳素结构钢的牌号由含碳量、化学成分符号、脱氧方法符号、质量等级符号四个部分按顺序组成。牌号头两位数字代表平均含碳量万分之几；其后为钢中主要合金元素符号，若合金元素后面未附数字，表示其平均含量在1.5%以下；脱氧方法或专业用钢也应在数字后标出（如g表示锅炉用钢）。

优质碳素结构钢钢质纯净，杂质少，力学性能好，可经热处理后使用。根据含锰量分为普通含锰量（小于0.80%）和较高含锰量（0.80%～1.20%）两组。含碳量在0.25%以下，多不经热处理直接使用，或经渗碳、碳氮共渗等处理，制造中小齿轮、轴类、活塞销等；含碳量在0.25%～0.60%，典型钢号有40，45，40Mn，45Mn等，多经调质处理，制造各种机械零件及紧固件等；含碳量超过0.60%，如65，70，85，65Mn，70Mn等，多作为弹簧钢使用。

燃气工程中使用的螺栓一般选用35、35CrMo，螺母选用30、30CrMo。

燃气工程用钢管中的20、20g，L175～245管线钢系列，属于优质碳素结构钢。

例如：20钢是指含碳量在0.2%左右的优质碳素结构钢。20g为锅炉用钢，化学成分和力学性能与20钢接近，韧性稍好于20钢。16Mn钢表示平均含碳量为万分之十六的优质碳素结构钢，且为镇静钢，平均含锰量低于1.5%。

3. 合金钢

合金钢与碳素结构钢相比含有较多其他元素。

合金钢是指钢中除含硅和锰作为合金元素或脱氧元素外，还含有其他合金元素（如铬、镍、钼、钒、钛、铜、钨、铝、钴、铌等），有的还含有某些非金属元素（如硼、氮等）的钢。根据钢中合金元素含量的多少，又可分为低合金钢、中合金钢和高合金钢。

燃气工程用钢管中的不锈钢管，属于特殊性能合金钢，这是一种低碳高合金钢，抗腐蚀性好，用作高压和耐低温材料。

4. 低合金结构钢

低合金钢与碳素钢、低合金钢与合金钢之间，明确划出的概念是不存在的。目前低合金钢的基本含义是：合金元素总量在1.2%～3（5）%，屈服强度在275MPa以上，具有良好的可加工性和耐腐蚀性，型、带、板、管等形状，在热轧状态直接使用的钢材。

燃气工程用钢管中的Q345B、L290～555（X42～80）管线钢，属于低合金钢。

例如，Q345D表示屈服强度为345MPa的D级低合金结构钢，交货状态为正火或正火轧制。

Q345B属于低合金钢。钢号含义是指这种材质的屈服强度值≥345MPa。与Q235B的主要区别是锰（Mn）含量较高，约为1.6%。

5. 常用管材的性能参数

表2-5-9为常用管材的性能参数表。

L210：L为管线钢，210为钢材的最小屈服强度值210MPa。

API标准是美国石油学会标准。美钢钢号：美国管线钢根据API标准规定分为三个质量等级，即：A级，B级和X级。

A级规定了输油输气用管线钢的基本质量要求。

B级规定，除了基本质量要求外，增加了有关韧性和无损检验方面的具体要求。

X级，在A级和B级的基础上，明确了质量和试验的更严格要求的内容。

钢号的数字表示管线钢的最小屈服强度值，其单位为每平方英寸的磅数（1磅≈0.45kg，1英寸=2.54cm），如X70其屈服强度值为70000磅/英寸（psi），除以1000为70。

中国钢号，GB/T 9711.2—2017规定，管线钢分三个质量等级，即：A级，B级和C级，B级相当于API标准的X级，L为管线英文字头，N为正在处理交货，M为控轧控冷交货，Q为淬火处理交货。

表 2-5-9 常用管材的性能参数

国家标准 GB	国际标准 ISO	美国标准 API	屈服强度/（kpsi/MPa）	抗拉强度/MPa	钢材类型
Q210	L210	A	30/207	311	普通碳素钢
Q245	L245	B	35/241	413	
Q290	L290	X42	42/290	413	普通低合金高强度钢
Q320	L320	X46	46/317	434	
Q360	L360	X52	52/359	455	
Q390	L390	X56	56/386	489	微合金高强度钢
Q415	L415	X60	60/414	517	
Q450	L450	X65	65/448	530	
Q485	L485	X70	70/483	565	微合金高强度钢，低合金钢
—	L555	X80	80/552	620	
—	—	X100	100/727	837	

三、塑料管

与钢管和铸铁管相比，塑料管具有材质轻、耐腐蚀、韧性好、良好的密闭性、管壁光滑流动阻力小、施工方便等优点，适宜于埋地敷设。由于施工土方工程量少，管道无须防腐，系统完整性好，维修少或不需维修，工程造价和运行费用都较低。因此，塑料管在燃气工程中得到了广泛的应用。

不同材料的塑料管是采用不同材质的树脂，掺加增塑剂、稳定剂、填料及着色剂等，经搅拌、加热、挤压成粒状，再经空气冷却制成塑料粒料，以便运输、储存和销售。制管时，将粒料送入制管机中，加热至150～160℃，使粒料熔化，然后挤压成管形，通过水冷却而硬化成塑料管。塑料管适用于埋地敷设。

根据国内外多年来的研究和实践，适用燃气工程的塑料管有两种：高中密度的聚乙烯（PE）管和聚酰胺（PA）管，聚酰胺管俗称尼龙管，其中聚乙烯管应用最为广泛。例如英国到1980年埋设的燃气干、支管中聚乙烯管长度占80%；美国到1985年新敷设燃气户外管长度的85%～90%采用聚乙烯管；德国到20世纪80年代中期聚乙烯管在燃气管中的应用达70%～75%。国内聚乙烯燃气管的开发和应用起步较晚，从1982年开始试验和应用，到目前为止，每年聚乙烯燃气管敷设量占当年全国燃气管敷设总量的10%。随着天然气在我国能源结构中的比例不断增长，聚乙烯燃气管道会有较大的发展。

（一）PE管（PE：polyethylene，聚乙烯）

1. PE管的优缺点

（1）PE管的优点

① 管道内壁光滑：PE管内壁当量绝对粗糙度约为钢管的1/10～1/20，摩擦阻力小，通常其流通能力比钢管约高30%。

② 很好的柔韧性：外径110mm及以下的小直径管材可以盘管成卷，便于运输；同时在施工当中，只要管道中不需加阀门等管件，可以一根整管敷设下去，从而使管网中的接头数量减少。也正是由于它的柔韧性能，可以蛇形敷设，轻易绕过障碍物，进一步减少接头数量；

③ 连接方便、施工简单：管道连接可采用电热熔连接（电熔承插连接、电熔鞍形连接）或热熔连接（热熔承插连接、热熔对接连接、热熔鞍形连接），不得采用螺纹连接和粘接。聚乙烯管与金属管道连接，采用钢塑过渡接头连接。

④ 具有很好的耐腐蚀性，使用寿命长：可以直埋而不需要防腐，使用寿命约50年，比钢管长20～30年；

⑤ 抗冲击性能好，具有较高的断裂伸长率：能够抵抗地震等自然灾害的影响；

⑥ 聚乙烯管具有较好的气密性，气体渗透率低；

⑦ 经济优势明显：公称直径≤200mm的PE管与钢管相比，虽主材费用高，但综合费用（考虑投资和运行费用两个因素）低。

（2）PE管的缺点

①常温下PE管的强度和持久强度比较低，耐冲击性差，其允许工作压力一般比较低。例如：PE80级聚乙烯管的屈服强度为22MPa，允许工作压力为0.4MPa。在常温，一定的持久外力作用下，塑料管会发生蠕变、脆性开裂和快速开裂等现象，因此，可能造成灾难性的重大事故。另外，使用温度越低，管径和壁厚越大，工作压力越高，塑料管快速开裂的危险性也就越大。

② 耐温性比较差。对于PE80级PE管，一般使用温度每提高100℃，其强度降低约10%。

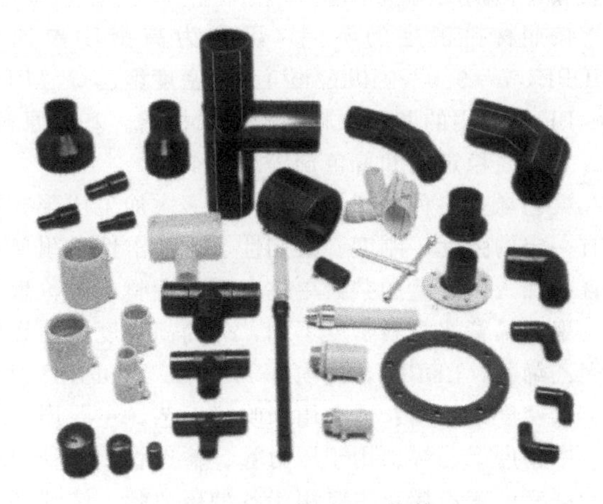

图2-5-4　常用PE管件

2. PE管性能指标

（1）聚乙烯材料的强度指标——长期静液压强度（MRS）

聚乙烯材料长期静液压强度（MRS）是指在常温（20℃）下，材料被应用到50年时，材料被破坏的环向应力的数值。

如PE63（最小环向应力6.3MPa）、PE 80（最小环向应力8.0MPa）、PE100等（最小环向应力10.0MPa）。它是PE材料定级命名和强度设计的依据，也称为聚乙烯材料的强度指标，国标GB/T 15558.1—2015和GB/T 15558.2—2005是以PE 80的原料为基础而制定的，聚乙烯材料长期静液压强度与分级关系见表2-5-10。

表2-5-10　聚乙烯材料长期静液压强度与分级关系

长期静液压强度/MPa	最小要求强度MRS/MPa	材料分级	材料定级名称
10.00～11.19	10.0	100	PE100
8.00～9.99	8.0	80	PE80

聚乙烯材料长期静液压强度受环境温度、材料密度和熔融指数的影响。

利用得到的 MRS 值，可以对管材专用料进行分级。根据聚乙烯（PE）管的长期静液压强度（MRS），国际上将聚乙烯（PE）管材料分为 PE32、PE40、PE63、PE80、PE100 等等级。PE 管材分燃气管和供水管，不同用途的 PE 管材用不同的颜色区分。燃气管一般是黄色或黑色镶黄条；供水管一般是黑色、蓝色或黑色镶蓝条。

有了 MRS 这一简洁、实用、方便的定级和命名系统，一般不再去追究难以阐明的密度命名系统。结合材料的定级，管理部门制定了一套更为科学的燃气输送用管材管件制品的供需质量控制标准，并将材料级别列入原材料及管材产品的采购方和生产方的合同，还作为永久性标志标识在管材管件产品上，易于识别、管理和正确使用。

PE 管材在压力管道上的实际应用，经历了 PE63 到 PE80 再到 PE100 的过程。作为第三代压力管道用料，PE100 的长期强度进一步提高，耐慢速裂纹增长性能提高，耐快速裂纹扩展性能更有显著提高。PE100 比 PE80 的刚度也有显著提高，为生产大口径 PE 管道创造了条件。大口径管道由 630mm 提高到 1000mm。

(2) 聚乙烯材料的密度

密度是聚乙烯的重要性能指标之一。随着聚乙烯密度的增加，聚乙烯分子的直线性增加，聚乙烯材料的刚性增加，拉伸强度提高，剥离强度提高，软化温度提高，脆性增加，韧性下降，抗应力开裂性下降，结晶度提高，分子支链减少。聚乙烯密度下降，由韧性破坏转向脆性破坏的时间延长，但强度有所下降。

按照材料密度的不同，可分为高密度聚乙烯（HDPE，$\rho \geq 940kg/m^3$）、中密度聚乙烯（MDPE，$\rho = 930 \sim 940kg/m^3$）、低密度聚乙烯（LDPE，$\rho \leq 930kg/m^3$）。

PE 管采用的基础原料为聚乙烯树脂。基础原料中可加入必要的无毒性、无扩散性污染的抗氧剂、紫外线稳定剂和着色剂等添加剂。

聚乙烯是一种热塑性塑料，可多次加工成形。作为一种工程材料，与金属材料相比，它同样具有一定的强度、刚度、柔韧性、抗冲击性、耐腐蚀性、耐磨性等性能。通过控制聚合工艺和在聚合时加入一定量的共聚单体，可以调整或改善聚乙烯材料的性能。

聚乙烯管按材料密度不同，分为高密度聚乙烯管（HDPE）、中密度聚乙烯管（MDPE）、低密度聚乙烯管（LDPE），国内外 HDPE、MDPE 广泛用作城市燃气管道。

低密度聚乙烯：适合用于吹膜工艺，主要用于农膜、重包装膜等的生产。

中密度聚乙烯：用于压力管、输送管、各种包装容器和包装薄膜的生产。

高密度聚乙烯：主要用于各种压力管、注塑制品等的生产。

3. PE 管的表示方法及其规格

目前国内聚乙烯燃气管根据使用工作压力不同分为 SDR11 和 SDR17.6 两个系列。SDR 后的数字为：管外径/壁厚（标准尺寸比）。

SDR11 系列宜用于输送人工煤气、天然气、液化石油气（气态）；

SDR17.6 系列宜用于输送天然气。

2019 年 3 月 1 日实施的新版《聚乙烯燃气管道工程技术标准》CJJ 63—2018，修订了最大工作压力，由 0.7MPa 提高到 0.8MPa；明确适用于工作温度在 −20～40℃，工作压力不大于 0.8MPa，公称外径不大于 630mm 的埋地聚乙烯燃气管道。聚乙烯燃气管道的设计压力不应大于管道最大允许工作压力。在 20℃工作温度下聚乙烯管道的最大允许工作压力见表 2-5-11。

表 2-5-11 在 20℃工作温度下聚乙烯管道的最大允许工作压力

燃气种类	最大允许工作压力/MPa			
	PE80		PE100	
	SDR11	SDR17.6	SDR11	SDR17.6
天然气	0.40	0.30	0.40	0.40

PE80 级管材一般仅用于生产 SDR11 系列，而 PE100 管材则用于生产 SDR11 和 SDR17.6 两个系列。聚乙烯燃气管材常用规格，如表 2-5-12 所示。

表 2-5-12 聚乙烯燃气管材常用规格

材料等级	SDR	公称外径/mm
PE80	11	32、40、50、63、90、110、160、200、250、315
PE100	11	32、40、50、63、90、110、160、200、250、315
	17.6	160、200、250、315

4. PE 管材运输、使用和保管要求

PE 管材产品硬度低，易受划伤，所以运输时应当注意以下几点：

① 管材装卸搬运时，必须用非金属绳或非金属编织带吊装。

② 管材搬运时应当小心轻放、排列整齐。不得抛摔和沿地拖拽。

③ 运输时，管材全长应当没有支撑，逐层叠放，摆放整齐，大不压小，重不压轻；管材可以大管内套小管，但是必须有防止运输中小管从大管内滑落的措施。

PE 管材的保管，应当注意以下几点：

① 管材存放处应地面平整，无油污、化学品污染，远离热源。

② 管材堆放高度在户内应小于 2m，逐层叠放整齐，确保不倒塌，防止意外发生。在户外三角堆放时应有遮盖物遮盖，避免烈日暴晒。

③ 管材的发放使用要坚持“先进先出”的原则。

不同材质与规格的兼容性：

① 不同标准尺寸比（SDR）的管材管件，最好是用电熔连接，直接热熔对接是不可接受的。当 SDR17.6 的管件不全，可以对 SDR11 的热熔管件的端口进行切削加工，均匀减薄，使焊接口的壁厚与 SDR17.6 的管材一致。

② PE80 与 PE100 管材管件不能直接热熔连接，可以使用电熔连接。

③ 一般来说，不同厂家相同级别的管材管件，如果各家的产品都符合国家的制造标准，那么它们就有很好的兼容性，可以用电熔管件连接，也可以直接热熔对接。

PE 管材使用和保管应特别注意的事项：

① PE 管材存放不宜超过 2 年，超过 2 年要重新做性能检验，检验合格后才能使用。

② PE 管材存放要注意防水，管材受潮会导致管材在焊接过程中出现气泡。

③ 壁厚≤5mm 的管材，不可以使用热熔连接方式连接。

（二）尼龙-11 燃气管道

燃气工程中常用的尼龙（PA）-11 管是聚酰胺管中的一种，其主要性能是强度高，耐化学腐蚀性极好，使用温度范围大（－20～70℃）。由于强度高，与同样的承压等级、同外径的塑料管相比，管壁厚度较薄，因而重量更轻。尼龙-11 的良好物理性能，使得尼龙-11 管抗环境应力开裂及抗开裂的传递性能非常优越。尼龙-11 良好的耐化学腐蚀性使得它适于输送各种燃气，其中包括人工煤气和液化石油气。国产尼龙-11 管道型号规格见表 2-5-13。尼龙-11 管采用管件和专用胶黏剂连接，操作极为简单方便。溶剂渗入管材和管件接触面并溶解表面，然后蒸发，从而产生一永久的、高强度的密闭的化学接口。

尼龙-11 燃气管道系统，适合输送所有种类的燃气。特别是尼龙-11 燃气管道系统更适合内插旧金属管道，修复旧燃气管网系统，无需高昂的开挖和回填费用。

国内 1985 年安装的第 1 条尼龙-11 燃气管路，到目前为止运行良好。

尼龙-11 燃气管根据工作压力分为两种：一种为 SDR（外径与壁厚之比）＝33，工作压力小于等于 0.3MPa；另一种为 SDR＝25，工作压力小于等于 0.4MPa。

表 2-5-13　国产尼龙-11 管道型号规格

外径/mm	壁厚/mm		近似质量/（kg/100m）		长度/m
	SDR33	SDR25	SDR33	SDR25	
18	1.2	1.2	6.11	6.11	12
20	1.2	1.2	6.83	6.83	12
23	1.2	1.2	7.90	7.90	12
25	1.2	1.2	8.62	8.62	12
32	1.5	1.5	14.03	14.03	12
40	1.5	1.9	17.69	21.92	12
50	1.9	2.3	27.63	33.67	12
63	2.3	3.0	42.83	55.18	12
75	2.6	3.4	58.17	75.19	12
90	3.2	4.2	85.43	111.25	12
110	3.6	5.1	125.32	165.21	12

四、铸铁管

铸铁管按材质分为普通铸铁管、高级铸铁管和球墨铸铁管。

目前我国使用的铸铁管多为普通灰口铸铁铸造的。我国的铸铁管按承受压力大小分为三个级别：高压管、普压管和低压管。高压管工作压力不大于 1.0MPa，普压管工作压力不大于 0.75MPa，低压管工作压力不大于 0.45MPa。燃气管道采用的是高压管和普压管。

由于铸铁管焊接、套螺纹、煨弯等加工困难，因此，铸铁管采用承插口及法兰连接。

灰口铸铁管具有塑性好，切断、钻孔方便，抗腐蚀性好，使用寿命长，但质脆，易断裂。球墨铸铁的制造是在灰铸铁水中加入了适量的球化剂和孕育剂，获得具有球状石墨的铸铁，而且可以用合金化（常用镁和镁合金）和热处理改变其成分和组织，使基体组织的力学性能得以充分发挥，不但具有灰铸铁的所有优点，而且韧性好，抗拉强度高，易于铸造和切削加工。目前在埋地燃气管道工程中，用球墨铸铁管取代灰铸铁管取得了良好的效果。

目前，燃气用的铸铁管用灰铸铁和球墨铸铁铸成。

五、管道配件

管件又名异形管，是管道安装中的连接配件，用于管道变径，引出分支，改变管道走向，管道末端封堵等。有的管件则是为了安装维修时拆卸方便，或为管道与设备的连接而设置。

（一）螺纹连接管件

室内燃气管道的管径不大于 50mm 时，一般均采用螺纹连接管件。低压流体输送管道的管件，由可锻铸铁和低碳钢制造，多为圆柱内螺纹，用作管道接头连接。可锻铸铁管件，适用于公称压力 PN≤0.8MPa，为增加其机械强度，管件两端部有环形凸沿。低碳钢管件，适用于公称压力 PN≤1.6MPa。为了便于连接作业，设有两条纵向对称凸棱。

（二）无缝钢管和焊接钢管管件

无缝钢管、螺旋缝电焊钢管和直缝电焊钢管，在工程安装中多采用焊接连接工艺，故相应的接头管件较少。目前除冲压弯头、挤压三通等少数管件有成品出售外，大部分管件都由施工企业在管道加工厂或施工现场制作。

（三）聚乙烯管件

按生产方式不同，聚乙烯管件可分为注射管件和熔接管件两大类。大部分管件都可用注射成型的方法制造。但对于一些壁厚、体积、质量都较大的管件，可采用熔接的方法制造。

按焊接方式、用途不同，聚乙烯管件分为电熔管件、注塑热熔管件、焊接热熔管、钢塑转换4大类。DN20～110为电熔管件，DN110～250为热熔管件，管件颜色为黄色或黑色。

按照我国的相关规定：63mm口径以下不能采用热熔对接；63mm以上口径可以采用热熔对接，也可以采用其他焊接方式。因为63mm以下口径相对来讲管壁太薄，不容易控制焊口质量，使用热熔对接法形成的焊口内壁凸缘占去有效流通截面的比例也太高，焊接不当更容易引起阻塞，所以严格来讲最好也不用热熔承插法，因为插接式也会形成一定的凸缘。

63mm以下口径最好的焊接方式是电熔焊接，使用电熔焊机，配套对应的电熔套筒式管件，实在没有条件的话才采用热熔承插焊接。

1. 电熔管件

电热熔连接：采用专用电热熔焊机将直管与直管、直管与管件连接起来。

由于施工快捷方便，熔接效果好，电熔管件是目前世界上聚乙烯管材连接件中应用最为广泛的一种。此种管件的缺点是制造成本较高。

电热熔管件一般由注塑生产工艺制造。各生产厂商一般使用独有的设计和拥有专利的技术将电热丝布置嵌入管件中。正因为如此，在使用这种管件时必须选择合理的与之相匹配的焊机才能产生最佳的焊接效果。

电熔管件分套筒式电熔管件和鞍形电熔管件。套筒式电熔管件，如图2-5-5所示，鞍形电熔管件，如图2-5-6所示。

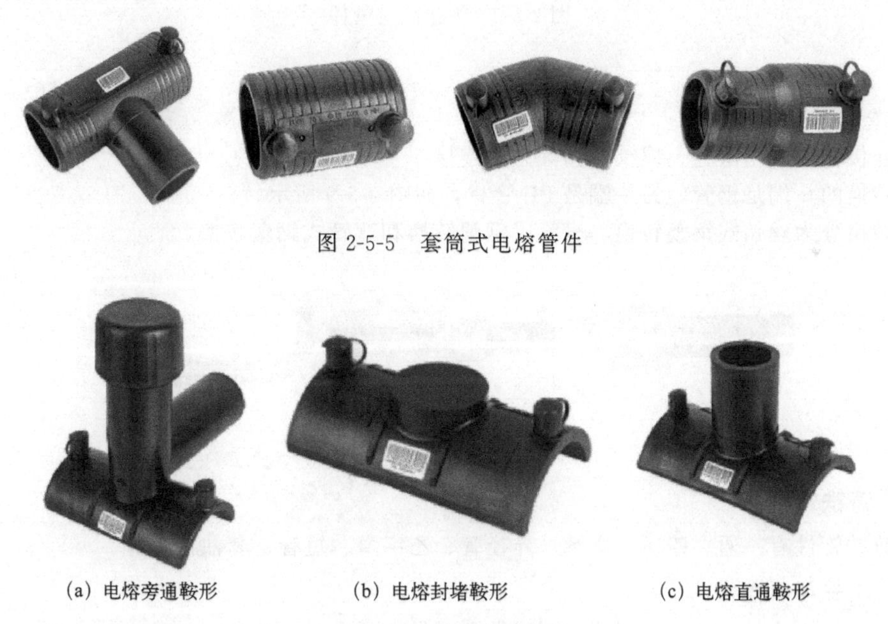

图2-5-5　套筒式电熔管件

(a) 电熔旁通鞍形　(b) 电熔封堵鞍形　(c) 电熔直通鞍形

图2-5-6　鞍形电熔管件

套筒式电熔管件按照电熔金属丝的制造工艺分为裸露式电熔管件和嵌入式电熔管件。主要作用是连接两根管子用的一根管子对接配件。电熔套筒常用来进行管道抢修，或者在空间狭小热熔机无法操作的管道连接部位使用电熔件。

鞍形电熔管件按照使用功能分为电熔旁通鞍形管件、电熔封堵鞍形管件和电熔直通鞍形管件。

电熔旁通鞍形管件用于PE管材的带气开孔，如图2-5-6（a）所示。

电熔封堵鞍形管件用于PE管材的伤痕修补，如图2-5-6（b）所示。

电熔直通鞍形管件用于PE管材的不带气开孔，如图2-5-6（c）所示。

2. 热熔管件

对于小口径的对接焊管件（110mm以下）一般为注射生产，而对于大口径管件，由于管件壁厚体积较大，不利于注射生产制造，一般使用焊接方法制造以降低成本。

热熔对接连接：采用专用的对接焊机将管道连接起来，热熔管件分为两大类。直接由原料注塑成型的叫作注塑热熔管件，如图 2-5-7 所示；由 PE 管材焊制成型的叫焊接热熔管件，如图 2-5-8 所示。

图 2-5-7　注塑热熔管件

图 2-5-8　焊接热熔管件

3. 钢塑转换

钢塑连接：可采用法兰、螺纹丝扣等方法连接。

钢塑转换的一端是钢管，另一端是 PE 管材，如图 2-5-9 所示。

钢塑转换分为丝扣式钢塑转换、直管式钢塑转换和弯管式钢塑转换。

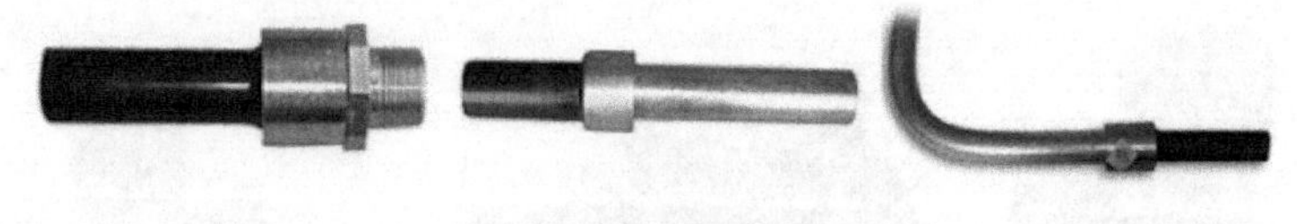

图 2-5-9　钢塑转换

（四）铸铁管件

常用铸铁管件有三通、四通、弯管、异径管、乙字弯、短管、套袖接管等。

（五）法兰与紧固件

法兰连接是由法兰、螺栓、螺母及密封元件所组成的密封连接件，如图 2-5-10 所示。

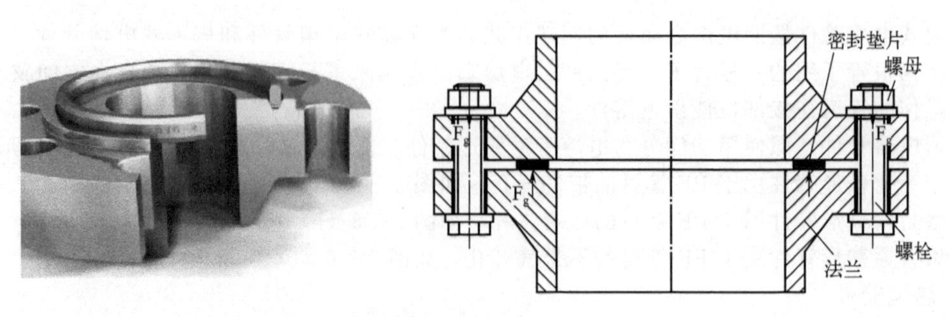

图 2-5-10　法兰

法兰按照所连接的部件可分为容器法兰及管法兰。前者用于容器的端盖与筒体的连接。后者用于接管（管道）与管道的连接。法兰和密封垫片、紧固螺栓三者一起组成一个法兰接头，起着连接管子和管子、管子和设备的作用。

法兰接头既是一种可拆卸连接件，又是一种承压密封件，它主要是借助连接螺栓穿过法兰的螺栓孔，在螺栓预紧力作用下对法兰密封面施加压紧力，压紧夹在法兰中间的密封垫片，使垫片在螺栓压紧力的作用下发生塑性变形或弹性变形，从而填塞住法兰密封面的微几何间隙来实现密封目的。

法兰按其整体性程度分成三种形式：整体法兰、活套式法兰和任意式法兰。法兰按其密封面形式又可分为平面法兰、凹凸面法兰及榫槽面法兰等。

按法兰的结构及其与管子的连接方式，分为：整体法兰、平焊法兰、承插焊法兰、对焊法兰、螺纹法兰、松套法兰及法兰盖（全封闸板），如图 2-5-11 所示。

(a) 板式平焊法兰　(b) 带颈平焊法兰　(c) 对焊法兰

(d) 带颈螺纹法兰　(e) 承插焊平焊法兰　(f) 法兰盖（全封闸板）

图 2-5-11　法兰形式

整体法兰系指法兰与泵、阀、机等设备的进出口管道连接的法兰，通常和这些管道设备制造成一个整体，作为管道设备的一部分。法兰通常与设备一起铸造成型，少数为锻造成型，如锻钢阀门的端法兰。

平焊法兰与管子的连接是先将管子插入法兰内孔至适当位置，然后再搭焊，其优点在于焊接装配时较易对中，且价格便宜，因而得到广泛的应用。按内压计算，平焊法兰的强度约为相应的对焊法兰的 2/3，疲劳寿命约为对焊法兰的 1/3。所以，平焊法兰只适用于压力等级比较低，压力波动、振动及振荡均不严重的管道系统中。平焊法兰焊接时只需单面焊。

对焊法兰又称高颈法兰，它与其他法兰的不同之处在于法兰与管子焊接处到法兰盘有一段长而倾斜的高颈，此段高颈的壁厚沿高度方向逐渐过渡到管壁厚度，改善了应力的不连续性，因而增加了法兰强度。

对焊法兰是接口端的管径和壁厚与所要焊接的管子一样，就和两个管子一样焊接。

对焊法兰主要用于工况比较苛刻的场合，如管道热膨胀或因其他载荷而使法兰处受的应力较大或应力变化反复的场合；压力、温度大幅度波动的管道或高温、高压及零下低温的管道。对焊法兰的焊接安装需要法兰双面焊。

松套法兰由法兰与法兰附属元件组合而成。松套法兰的连接实际上也是通过焊接实现的，只是法兰是套在已与管子焊接在一起的附属元件上，法兰可以旋转，因而称松套法兰。法兰（即松套）本身则不接触介质，只是通过连接螺栓将附属元件和垫片压紧以实现密封。松套法兰的优点在于不仅可以旋转，而且易于对准螺栓孔，易于安装。松套法兰用于在对准法兰螺栓孔时仅需要转动法兰而不必旋转管子之处。

法兰连接的严密性，主要取决于法兰螺栓拧紧后的受力状态。在管道通入介质以前，将法兰的连接螺栓拧紧称为预紧状态。预紧时产生的紧固力与垫片的有效密封面面积的比值，称为垫片密封比压。也就是说，法兰螺栓的紧固力愈大，垫片密封比压也愈大。当垫片密封比压为定值时(即垫片材质和形状一定)，欲减少螺栓载荷，必须减小垫片的有效面积。在同样的螺栓紧固力作用下，垫片的有效面积愈小，其密封比压就愈大。密封比压与介质压力无关，只和垫片的材质和形状有关。不同材质的垫片密封比压数值是由试验决定的，如橡胶石棉板垫片的厚度为3mm时，其密封比压值为11MPa，软钢平垫片的密封比压值为110～126MPa。垫片的密封比压大，密封性好，但过高的密封比压也是不可取的，会造成垫片弹性的损失或垫片的损坏。当管道通入压力介质后，法兰承受着温度应力和内压力，此时称为法兰的工作状态。在工作状态下，由于介质内压力的作用，会产生使两片法兰分开的轴向力和对垫片的侧向推力，如果垫片的回弹力不足或法兰连接螺栓紧固力不一致，就会发生泄漏。因此，法兰密封面要对垫片具有一定的表面约束，使垫片不致发生移动。表面约束愈好，接口严密性就愈高。总之，法兰连接的严密性主要取决于法兰螺栓的紧固力大小和各个螺栓紧固力的均匀性、垫片的性能和法兰密封面的形式。

（六）垫片

垫片是法兰接头主要的密封元件。

燃气工程中常用的垫片有橡胶垫片、石棉橡胶垫片、聚四氟乙烯垫片和金属缠绕垫片。其中以聚四氟乙烯垫片和金属缠绕垫片最为常用。

1. 橡胶垫片

制作橡胶板垫片的主要材料有天然橡胶、丁腈橡胶、氯丁橡胶等，另外，氟橡胶等特种橡胶也开始应用。橡胶因具有组织致密，质地柔软，回弹性好，容易剪切成各种形状，且便宜、易购等特点而被广泛使用于容器和管道的密封中，但它不耐高压，容易在矿物油中溶解和膨胀且不耐腐蚀，在高温下容易老化，失去回弹性。

2. 石棉橡胶板垫片

石棉橡胶板垫片由石棉橡胶板裁制而成。

石棉橡胶垫片以石棉纤维、橡胶为主要原料再辅以橡胶配合剂和填充料，经过混合搅拌、热辊成型、硫化等工序制成。石棉橡胶垫片根据其配方、工艺性能及用途的不同，可分为普通石棉橡胶垫片和耐油石棉橡胶垫片。根据使用的温度和压力不同可以分为低压石棉橡胶垫片、中压石棉橡胶垫片和高压石棉橡胶垫片。石棉橡胶垫片主要应用在中低压法兰连接的密封中，如图2-5-12所示。

图 2-5-12　石棉橡胶板垫片

3. 聚四氟乙烯垫片

聚四氟乙烯以其耐化学性、耐热性、耐寒性、耐油性优越于现在其他任何塑料而有“塑料之王”之称，它不易老化，不燃烧，吸水近乎为零。其组织致密，用作垫片，接触面可以做到平整光滑，对金属法兰不粘着。除受熔融碱金属以及含氟元素气体侵蚀外，它能耐多种酸、碱、盐、油脂类溶液介质的腐蚀。聚四氟乙烯垫片、垫圈是选用悬浮聚合聚四氟乙烯树脂模塑加工制成。聚四氟乙烯与其他塑料相比具有耐化学腐蚀与耐温优异的特点。它已被广泛地用作密封材料，如图2-5-13所示。

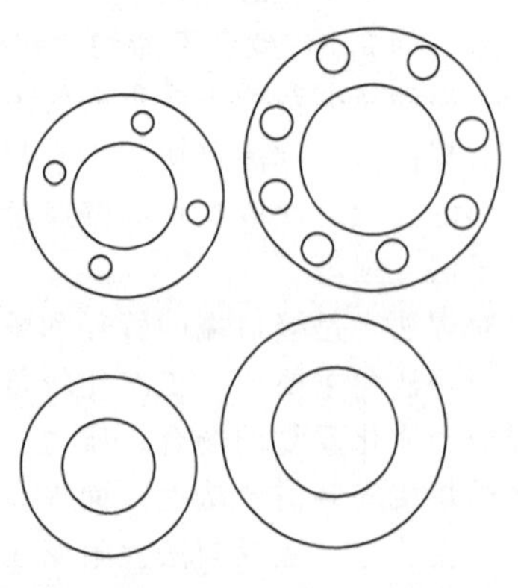

图 2-5-13　聚四氟乙烯垫片

4. 金属缠绕垫

金属缠绕垫为半金属密合垫中回弹性最佳的垫片，由V形或W形薄钢带及其他合金材料与石墨、石棉、聚四氟乙烯等软性材料相互重叠螺旋缠绕而成，在开始及末端用点焊方式将金属带固定。其结构密度可依据不同的锁紧力要求来制作，并利用内外钢环来控制其最大压紧度，垫片接触的法兰密封面的表面精度要求不高。特别适用于负荷不均匀、接合力易松弛，温度与压力周期性变化、有冲击或振动的场合，是阀门、泵、换热器、塔、人孔、手孔等法兰连接处的静密封原件，广泛地用于石化、机械、电力、冶金、造船、医药、原子能和宇航等部门。

用于燃气工程的金属缠绕垫分为基本型金属缠绕垫、带外环金属缠绕垫、带内环金属缠绕垫、带内外环金属缠绕垫4种形式，如图2-5-14所示。

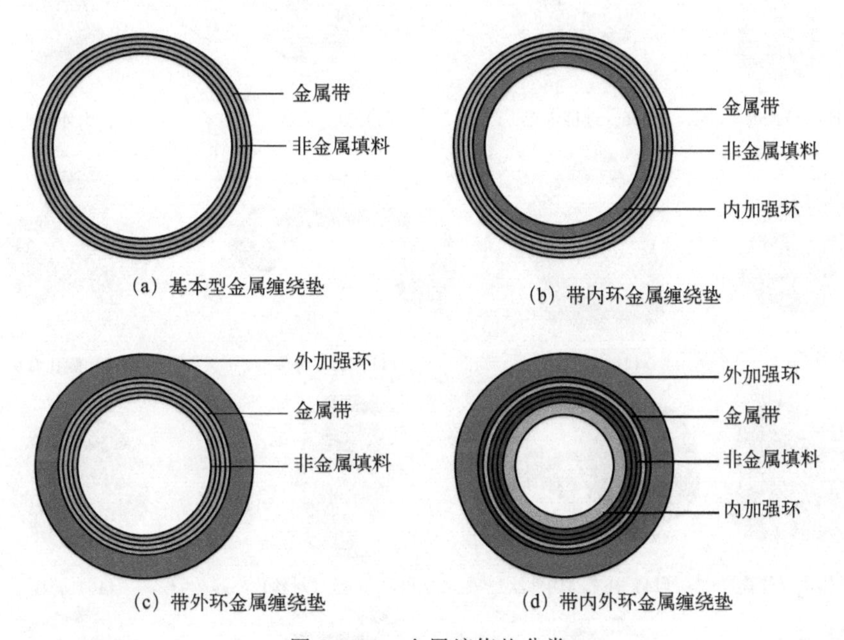

图2-5-14 金属缠绕垫分类

基本型金属缠绕垫适用于凹凸面法兰和榫槽面法兰；带外环金属缠绕垫适用于平面法兰和突面法兰；带内环金属缠绕垫适用于凹凸面法兰；带内外环金属缠绕垫适用于平面法兰和突面法兰。

（七）常用管件种类及作用

常用管件，如图2-5-15所示，主要有以下种类和作用：

① 管接头，也称管箍、束结，用于公称直径相同的两根管子的连接。

② 活接头，又叫由壬或由任，是一种能方便安装拆卸的常用管道连接件，主要由螺母、云头、平接三部分组成。它是由圆钢或钢锭模锻成型后机加工的管道连接件，它的连接形式分承插焊接和螺纹连接。承插焊接是将钢管插入承插孔内进行焊接，因此，被称为“承插活接头”。螺纹连接是将钢管旋入螺孔内进行连接，也有外螺纹连接形式，因此内螺纹外螺纹都称为“螺纹活接头”，主要制造标准为MSS SP-83。GB/T 3287—2011承插活接头的品种有等径和异径。承插活接头由插口、承口、承插槽等组成，活接头（由任）广泛应用于连接不同口径的管道，也广泛用于仪表、阀门与管道的连接。

③ 弯头，一般为45°、90°、180°，分为等径弯头和异径弯头两种，用来连接两根公称直径相同（或不同）的管子，并使管路转一定角度。

④ 三通，分为等径三通和异径三通两种，用于直管上接出支管。

⑤ 四通，分为等径四通和异径四通两种，用于连接四根垂直相交的管子。

⑥ 异径管，用于连接两根公称直径不同的管子。

（1）偏心异径管　（2）同径三通　（3）异径三通　（4）等径与异径四通
（5）同心异径管　（6）过桥弯管　（7）异径弯头　（8）内外丝弯头
（9）90°弯头　（10）45°弯头　（11）180°弯头　（12）侧孔弯头
（13）外接头（管箍）　（14）补芯（内外丝）　（15）外丝（对丝）　（16）管帽
（17）内外丝异径管　（18）管堵　（19）异径管　（20）活接头（油任）

图 2-5-15　常用管件

⑦ 补芯，也称内外螺纹管接头，其作用与异径管相同。

⑧ 外接头，也称双头外螺栓，用于连接两个公称直径相同的内螺纹管件或阀门。

⑨ 管堵，也称管塞、外方堵头，用于堵塞管路，常与管接头、弯头、三通等内螺纹管件配合用。管堵用于管道的末端，防止管道的泄漏，起到密封的作用，有六角、四角之分。

⑩ 管帽：也称封头、堵头、盖头、管子盖、闷头。连接形式有承插与螺纹之分，承插管帽焊接在管端，或螺纹管帽装在管端外螺纹上，以盖堵管子、封闭管路。

根据管件在管道安装连接中的用途分为下列几种：

① 管道延长连接用配件。如管箍、外螺纹（内接头）。

② 管道分支连接用配件。如同径或异径三通、同径或异径四通。

③ 管道改变方向连接用配件。如各种规格弯头。

④ 管道碰头连接用配件。如活接头、根母（六方内螺纹）。

⑤ 管道变径连接用配件。如补芯（内外螺纹）、异径管箍。

⑥ 管道堵口用配件。如管堵、管子帽。

单元 2.6 阀门

一、阀门的功能

阀门是流体管路的控制装置，在石油石化生产过程中发挥着重要作用，是通过改变其流通面积的大小控制流体流量、压力和流向的机械产品，主要有以下作用：

① 接通和截断介质；

② 防止介质倒流；

③ 调节介质压力、流量；

④ 分离、混合或分配介质；

⑤ 防止介质压力超过规定数值，保证管道或设备安全运行。

二、阀门的分类

（一）按驱动方式分类

阀门按驱动方式可分为驱动阀门和自动阀门，而驱动阀门又可分为手动阀门和动力驱动阀门。

1. 驱动阀门

（1）手动阀门

手动阀门是借助手轮、手柄、杠杆或链轮等，由人力来操作的阀门。当阀门启闭力矩较大时，可在手轮和阀杆之间设置齿轮或蜗轮减速器来操作。手动阀门是最常见的一种阀门驱动方式，一般作用在手动阀门手轮上的驱动力不得超过360N。

（2）动力驱动阀门

动力驱动阀门可以利用各种动力源进行驱动的阀门。在工业领域常见的动力驱动阀门有电动阀门、气动阀门、液动阀门、气液联动阀门和电-液联动阀门。电动阀门——用电动装置、电磁或其他电气装置操作的阀门。气动阀门——借助空气的压力操作的阀门。液动阀门——借助液体（水、油等液体介质）的压力操作的阀门。气-液联动阀门——由气体和液体的压力联合操作的阀门。电-液联动阀门——用电动装置和液体的压力联合操作的阀门。

2. 自动阀门

依靠介质（液体、空气、蒸汽等）自身的能量而自行动作的阀门。如安全阀、减压阀、止回阀、疏水阀及LPG罐车用紧急切断阀等。

（二）按公称压力分类

阀门按公称压力可分为低真空阀门、中真空阀门、高真空阀门、超高真空阀门、低压阀、中压阀、高压阀和超高压阀。

低真空阀门：$10^5 \sim 10^2$ Pa。

中真空阀门：$10^2 \sim 10^{-1}$ Pa。

高真空阀门：$10^{-1} \sim 10^{-5}$ Pa。

超高真空阀门：小于 10^{-5} Pa。

低压阀：公称压力≤PN16。

中压阀：PN16＜公称压力≤PN100。

高压阀：PN100＜公称压力≤PN1000。

超高压阀：公称压力＞PN1000。

（三）按公称通径分类

阀门按公称尺寸可分为小口径阀门、中口径阀门、大口径阀门和特大口径阀门。

小口径阀门：公称尺寸≤DN40。

中口径阀门：DN50≤公称尺寸≤DN300。

大口径阀门：DN350≤公称尺寸≤DN1200。

特大口径阀门：公称尺寸≥DN1400。

（四）按用途和作用分类

阀门按用途和作用分类可分为截断阀类、止回阀类、分配阀类、调节阀类、安全阀类、其他特殊阀类和多用途阀类。

截断阀：用来截断或接通管道中的介质。如闸阀、截止阀、球阀、蝶阀、隔膜阀、旋塞阀等。

止回阀：用来防止管道中的介质倒流。如止回阀（底阀）。

分配阀：用来改变介质的流向，起分配、分离和混合介质的作用。如三通球阀、三通旋塞阀、分配阀、疏水阀等。

调节阀：用来调节介质的压力和流量。如减压阀、调节阀、节流阀、平衡阀等。

安全阀：用于超压安全保护，排放多余介质，以防止压力超过额定的安全数值，当压力恢复正常后，阀门再行关闭阻止介质继续流出。如各种安全阀、溢流阀等。

其他特殊阀类：如放空阀、排渣阀、排污阀、清管阀等。

多用途阀类：如截止止回阀、止回球阀、过滤球阀等。

（五）按结构特征分类

阀门按结构特征可分为截门形、闸门形、旋塞形、旋启形、蝶形和滑阀形。

（六）按阀体材料分类

金属材料阀门：阀体等零件由金属材料制成。如铸铁阀门、碳钢阀、不锈钢阀、合金钢阀、铜阀、铝合金阀、铅合金阀、钛合金阀、蒙乃尔合金阀等。

非金属材料阀门：阀体材料由非金属材料制成。如塑料阀、陶瓷阀、搪瓷阀、玻璃钢阀等。

金属阀体衬里阀门：阀体外形为金属，内部凡与介质接触的主要表面均为衬里。如衬氟塑料、衬橡胶、衬陶瓷、衬其他材料等。

三、燃气工程常用阀门

（一）截止阀

截止阀由阀座、阀瓣、阀杆、阀体、阀盖、填料、密封圈、手轮等部件组成。如图 2-6-1。截止阀在管路中主要起开启和关闭作用。它的主要启闭零件是阀瓣和阀座，当阀瓣沿阀座的轴线离开或压紧阀座时，即实现了阀门的开启或关闭。阀瓣与阀座间经研磨配合或装有密封圈，使两者密封面严密贴合。阀瓣的升降由阀杆来控制，阀杆顶端装有手轮，中部有螺纹及填料函密封段，保护阀杆免受外界腐蚀。为了防止阀内介质沿阀杆流出，采用填料压盖压紧填料，实现密封。

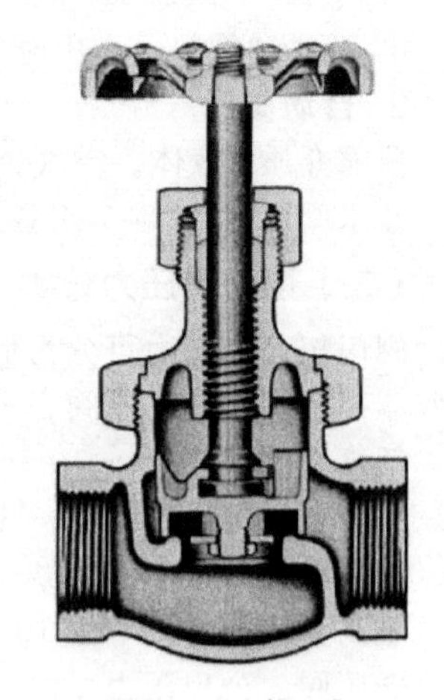

图 2-6-1　截止阀

截止阀的内腔左右两侧不对称，安装时必须注意介质流向。介质的正确流动方向是从阀瓣的下面向上流动，这是因为：①在阀门关闭后，填料函不承压或承压很小，以减少泄漏，且易于填料的更换和维修；②阀瓣下面受压力较大，上面不承受介质压力或承压较小，故开启省力；③只有一个密封面，关闭严密，且易于制作和维修。与闸阀相比，由于开启高度小，关闭时间短，因此易于操作。其缺点是介质通过截止阀时流动阻力比闸阀大，特别是标准式和角式截止阀，介质通过时要改变流动方向，流动阻力更大。

（二）闸阀

闸阀由阀体、阀座、闸板、阀盖、阀杆、填料压盖、手轮等部件组成。闸阀在管路中多用于全启或全闭操作的场合。它的主要启闭件是闸板和阀座。闸板平面与介质流动方向垂直，改变闸板与阀座间的相对位置，即可改变介质流通截面的大小，从而实现对管路的开启和关闭。闸阀按闸板的结构特点，可分为平行式闸板和楔式闸板，每一种又分为单闸板和双闸板。平行式闸板的两个密封面互相平行；楔式闸板的两个密封面有一夹角，呈楔形。单闸板是一块整体闸板；双闸板由两块对称放置的闸板组成，两闸板之间装有顶楔，它与两闸板采用斜面配合。当闸板下降时，顶楔靠斜面的作用使两闸板张开，并紧压在阀座密封面上，达到完全密封，使阀门关闭严密；当闸板上升时，顶楔先脱离闸板，待闸板上升到一定高度，顶楔被闸板上的凸块托起，并随闸板一起上升。图 2-6-2 所示为明杆楔式单闸板闸阀。

图 2-6-3 所示为明杆平行式双闸板闸阀。平行式闸板密封面的加工和检修要比楔式闸板方便得多。但平行式闸阀受热后闸板易卡在阀座里；而楔式闸阀由于结构特点，就不易发生闸板被卡阻的现象。闸阀按阀门启闭时阀杆所处的状况又可分为明杆式闸阀和暗杆式闸阀。明杆式闸阀在开启时，阀杆伸出手轮以外，可借此来判断阀门的开启程度；暗杆式闸阀手轮装在阀杆的顶部，阀门开启时，阀杆不外露，不易判断阀门的开启程度。

图 2-6-4 所示为暗杆楔式单闸板闸阀。

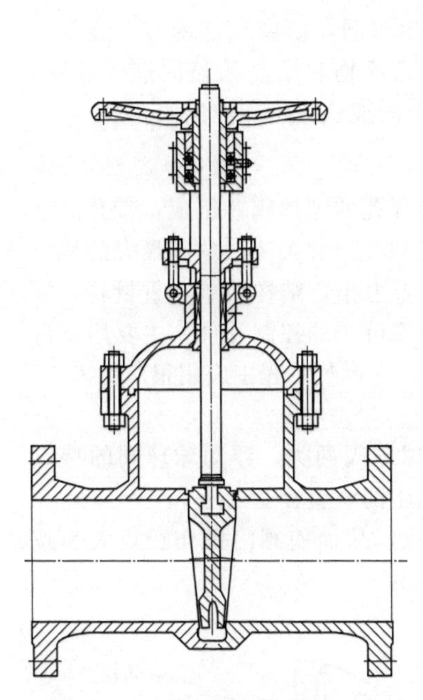

图 2-6-2　明杆楔式单闸板闸阀

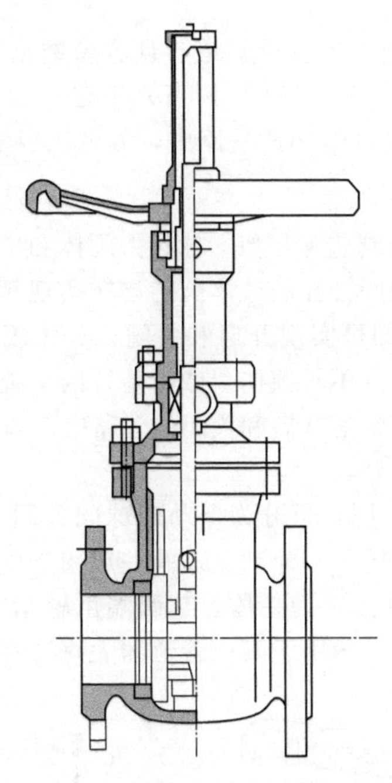

图 2-6-3　明杆平行式双闸板闸阀

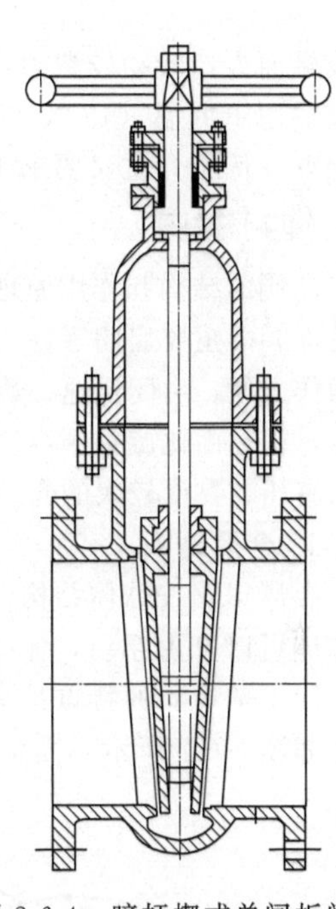

图 2-6-4　暗杆楔式单闸板闸阀

闸阀在介质通过阀体时，流动方向不改变，因此产生的流动阻力小；安装时，没有方向性；开启缓慢，可防止水锤。缺点是结构复杂，外形尺寸大，密封面磨损快，且难以研磨维修。闸阀适合在全开或全关的状态下工作，不宜用来调节流量。因为当闸板在半开半关状态下工作时，闸板的密封面受介质冲刷，会造成关闭不严。

（三）旋塞阀

旋塞阀，是一种快开式阀门，在管路上用作快速全开和全关使用。旋塞阀由阀体、栓塞、填料及填料压盖等部件组成，它是利用带孔的锥形栓塞绕阀体中心线旋转而控制阀门的开启和关闭。它的主要启闭零件是栓塞和阀座（即阀体），栓塞和阀体以圆锥形的压合面相配，栓塞顶端为方头，可用扳手旋转栓塞，达到开启和关闭的目的。旋塞阀常用的填料为浸油的麻、石棉绳等，通过旋紧压盖螺栓上的螺母压紧填料，使栓塞和阀体沿压合面压紧，防止发生渗漏。根据旋塞阀同管道连接方式的不同，旋塞阀可分为螺纹旋塞阀和法兰旋塞阀，如图 2-6-5 所示。

旋塞阀具有结构简单、外形尺寸小、启闭迅速、阻力小、操作方便等优点。但由于栓塞和阀

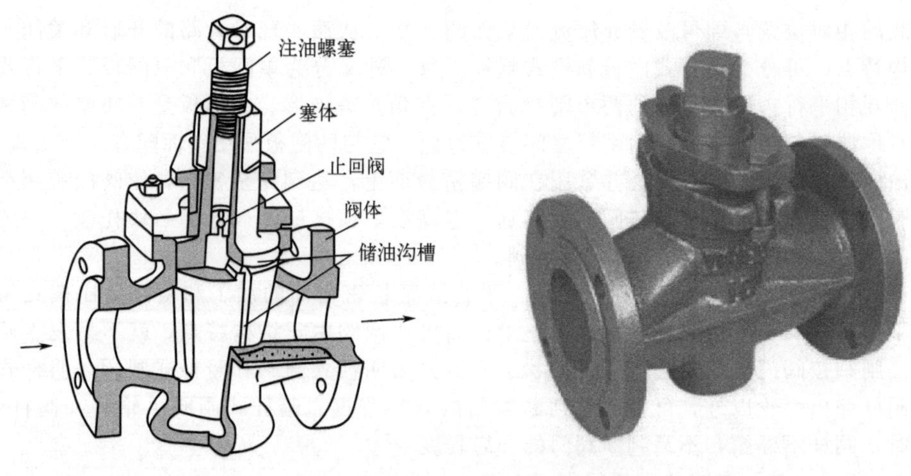

图 2-6-5 旋塞阀

座接触面大，转动较费力，不适用于大直径管道，且容易磨损发生渗漏，研磨维修困难。旋塞阀一般适用于低温（120℃以下）、低压（1MPa以下）下输送含有悬浮物和结晶颗粒的液体管路，及低温、低压介质又要求迅速全开和全闭的管路中，如低压容器上的液位指示器控制阀。

（四）球阀

球阀的结构和作用原理与旋塞阀非常相似。球阀由阀体和中间开孔的球体阀芯组成，带孔的球体是球阀的主要启闭零件。利用中间开孔的球体阀芯旋转实现阀门的开启和关闭。球阀最大的特点是操作方便、启闭迅速、旋转90°即可实现开启和关闭，流体流动阻力小，结构简单，重量轻，零件少，密封面比旋塞阀容易加工，且不易擦伤。球阀是管网系统中不可少的控制元件。主要用于低温、高压、黏度较大的介质，要求快速开启和关闭的管路中，因此，在燃气工程中应用很广泛。

1. 金属球阀

金属球阀按球体结构形式的不同，可分为浮动球球阀和固定球球阀两类。浮动球球阀的特点是球体可以自由浮动，如图2-6-6所示。浮动球球阀一般用于中低压的小直径管道上。

固定球球阀的特点是球体与轴固定为一体，其两端由轴承支承，从而使阀门操作扭矩大为减小，如图2-6-7所示。固定球球阀一般用于高压管道和大直径管道上。

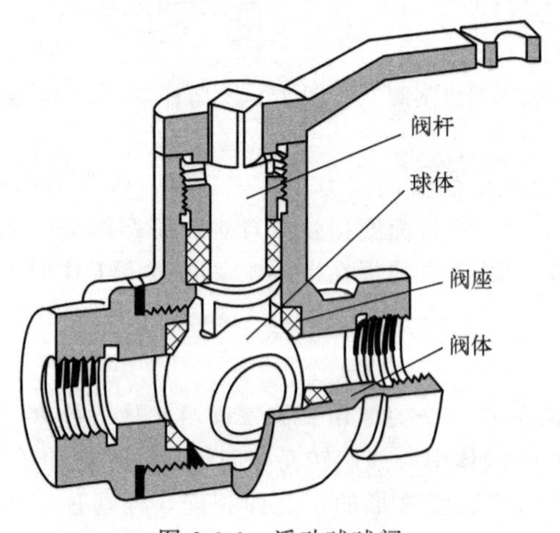

图 2-6-6 浮动球球阀

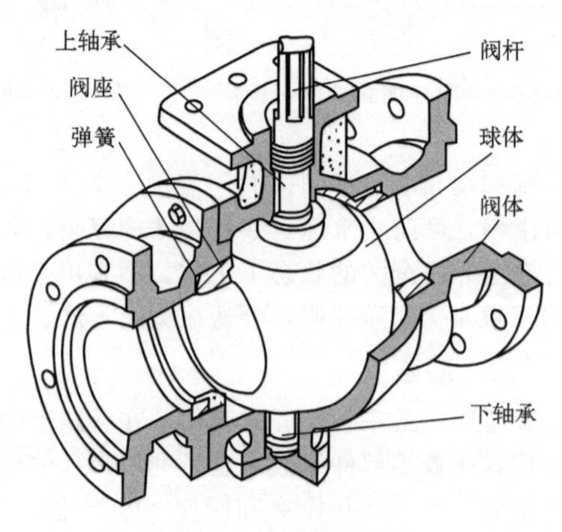

图 2-6-7 固定球球阀

2. 聚乙烯球阀

聚乙烯球阀一般为直埋式，常与埋地聚乙烯燃气管道配套使用，阀体两端的管状直口可使用对接热熔或电熔与管道相连接，简便而可靠。聚乙烯球阀的阀体和球体均由聚乙烯材料制成。聚乙烯球阀具有如下特点：整体式阀体，无泄漏；无腐蚀，不需维护、维修；直埋敷设，无须建造阀门井，并采用开启扳手在地面开启或关闭阀门，且开启和关闭力矩小，连接方便，接口质量可靠；使用寿命长达 50 年。

（五）蝶阀

蝶阀由阀体、阀板、阀杆和驱动装置等部件组成。蝶阀的启闭件为阀板，阀板随着阀杆的旋转实现阀门的启闭。蝶阀的驱动方式有手动、蜗轮传动、气动和电动，手动蝶阀可安装在管道的任何位置上，带传动机构的蝶阀应直立安装，使传动机构处于铅垂位置。图 2-6-8 所示为燃气管道上常用的蝶阀。

图 2-6-8　蝶阀

蝶阀的特点是结构简单，启闭迅速，流体阻力小，维修方便，占地面积小，造价低，适用于城市燃气管网系统作启闭和调节流量用，但是关闭严密性较差。

（六）止回阀

止回阀又称单流阀、单向阀，是一种防止管道中的介质逆向流动的自动阀门。止回阀的动作是利用阀前、阀后的压力差使阀门完成自动启闭，从而控制管道中的介质只向一定的方向流动，当介质即将倒流时，它能自动关闭，而阻止介质逆向流动。止回阀根据其结构形式可分为升降式止回阀和旋启式止回阀两大类。

1. 升降式止回阀

升降式止回阀可分为卧式升降式止回阀和立式升降式止回阀两种。图 2-6-9 所示为卧式升降式止回阀，卧式升降式止回阀的阀体与截止阀相同。阀瓣上有导杆，可以沿阀盖的导向套筒作升降运动。当介质从阀瓣下面通过阀座时，把阀瓣向上托起，使介质通过；当介质逆流时，卧式升降式止回阀阀瓣在自重作用下落在阀座上，截断介质通路，阻止介质逆向流动。卧式升降式止回阀由于靠自重自动关闭，因此必须安装在水平管路上，且要求阀瓣轴线垂直于水平面，这样才能保证阀瓣升降灵活，工作可靠。

图 2-6-10 所示为立式升降式止回阀，立式升降式止回阀的阀瓣轴心与阀的进出口轴心一致，当介质从阀瓣下面通过阀座时，把阀瓣向上推起，介质通过；当介质流向相反时，阀瓣在自重作用下回落在阀座上，将倒流通路截断。立式升降式止回阀只能安装在垂直管路上。

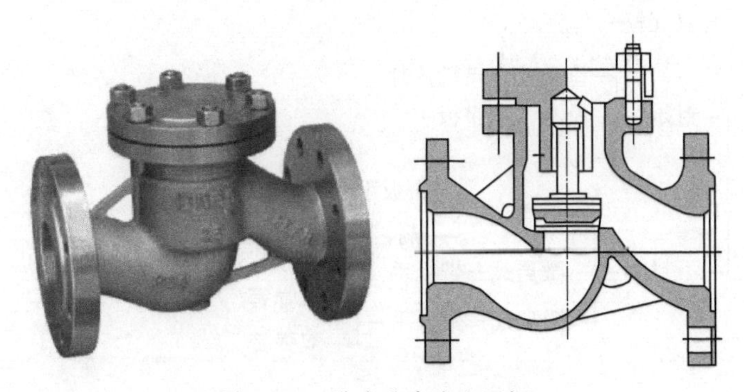

图 2-6-9　卧式升降式止回阀

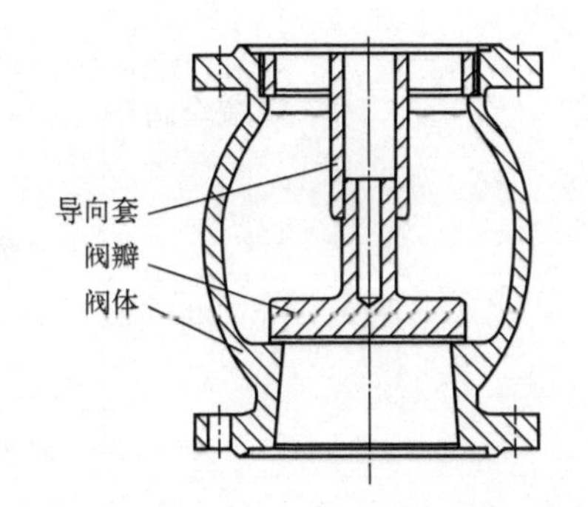

图 2-6-10　立式升降式止回阀

2. 旋启式止回阀

图 2-6-11 所示为旋启式止回阀，它的摇杆能绕固定轴摆动。当介质流经阀体时，介质将阀瓣推开，介质通过；当介质倒流时，介质将阀瓣紧压在阀座上，截断通路，从而防止介质倒流。

旋启式止回阀可以安装在水平、垂直和倾斜的管路上，为了保证让其正常工作，安装时必须保证摇杆的旋转轴处于水平位置，垂直安装时，介质在立管内应从下向上流动。

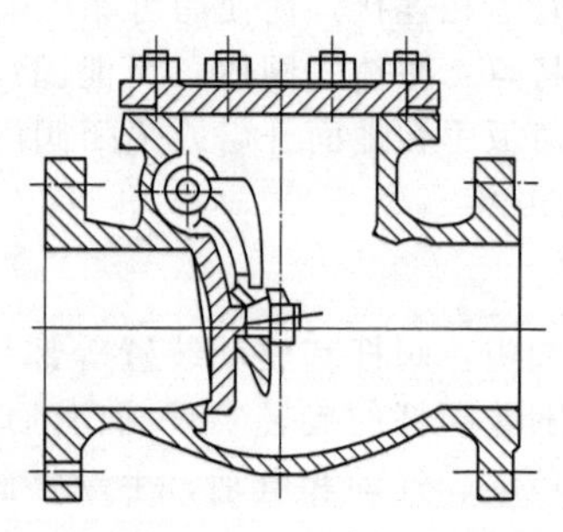

图 2-6-11　旋启式止回阀

旋启式止回阀较升降式止回阀的流动阻力小，但其严密性较差，一般大直径的止回阀多为旋启式。在燃气系统，当DN≥600mm时，旋启式止回阀常采用多瓣式，当燃气倒流、阀瓣不同时关闭，从而减轻关闭时的冲击力。

止回阀一般用在燃气压送机的出口管道上，在停机或突然停电时，这种倒流往往引起压送机高速反转，引发机械故障。

（七）安全阀

安全阀是一种自动阀门，它不借助任何外力而利用介质本身的力来排出一定的介质，以防止压力超过额定的安全值。当压力降到规定数值时，阀门再自行关闭并阻止介质继续流出，系统正常工作。因此，安全阀常用在锅炉、压力容器、受压设备或管路上，作为超压保护装置，用来防止受压设备中的压力超过设计允许值，从而保护设备及人员的安全。

1. 安全阀的分类

(1) 按结构形式分

安全阀的种类很多，按照结构形式，可分成以下几类：

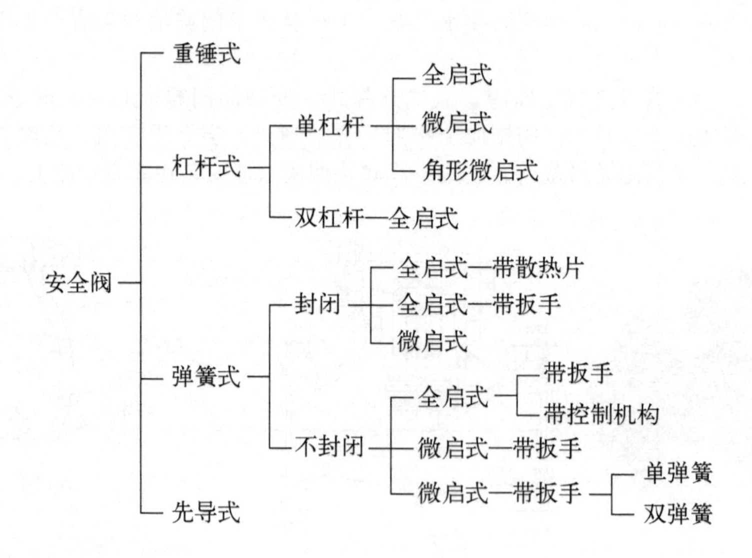

(2) 按安全阀的公称压力分

低压安全阀：公称压力≤PN16的安全阀。

中压安全阀：PN16＜公称压力≤PN100的安全阀。

高压安全阀：PN100＜公称压力≤PN1000的安全阀。

超高压安全阀：公称压力≥PN1000的安全阀。

(3) 按适用温度分

超低温安全阀：$t<-100$℃。

低温安全阀：−100℃≤t≤−29℃。

常温安全阀：−29℃<t< 120℃。

中温安全阀：120℃≤t≤425℃。

高温安全阀：t>425℃。

(4) 按作用原理分

直接作用式安全阀（又分直接载荷式安全阀和带补充载荷式安全阀），其中直接载荷式安全阀又可分重锤式、杠杆重锤式和弹簧式安全阀。

非直接作用式安全阀（又分先导式安全阀和带动力辅助装置的安全阀），其中先导式安全阀又分为突开型先导式安全阀和调制型先导式安全阀。

2. 安全阀常用名词

整定压力：安全阀在运行条件下开始开启的预定压力，是在阀门进口处测量的表压力。在该压力下，在规定的运行条件下由介质压力产生的使阀门开启的力同使阀瓣保持在阀座上的力相互平衡。

排放压力：整定压力加超过压力。

额定排放压力：有关规范或者标准规定的排放压力上限值。

超过压力：超过安全阀整定压力的压力增量，通常用整定压力的百分数表示。

回座压力：安全阀排放后其阀瓣重新与阀座接触，即开启高度变为零时的进口静压力。

启闭压差：整定压力与回座压力之差。通常用整定压力的百分数来表示，而当整定压力小于0.3MPa时则以MPa为单位表示。

背压力：安全阀排放出口处的压力。它是排放背压力和附加背压力的总和。

排放背压力：由于介质流经安全阀及排放系统而在阀出口处形成的压力。

附加背压力：安全阀即将动作前在其出口处存在的静压力，是由其他压力源在排放系统中引起的。

开启高度：阀瓣离开关闭位置的实际行程。

流道面积（喉部面积）：阀进口端至关闭件密封面间流道的最小横截面积，用来计算无任何阻力影响时的理论流量，亦称喉部面积。

流道直径（喉径）：对应于流道面积的直径，亦称喉径。

帘面积：当阀瓣在阀座上方升起时，在其密封面之间形成的圆柱形或者圆锥形通道面积。

排放面积：安全阀排放时流体通道的最小截面积。对于全启式安全阀，排放面积等于流道面积；对于微启式安全阀，排放面积等于帘面积。

理论排量：流道横截面积与安全阀流道面积相等的理想喷管的计算排量，以质量流量或容积流量表示。

排量系数：实际排量与理论排量的比值。

3. 弹簧式安全阀

工程中较为常用的是直接载荷式安全阀与先导式安全阀。

直接载荷式安全阀：一种仅靠直接的机械加载装置如重锤、杠杆加重锤或弹簧来克服由阀瓣下介质压力所产生作用力的安全阀。

先导式安全阀：一种依靠从导阀排除介质来驱动或控制主阀的安全阀。该导阀本身为直接载荷式安全阀。

弹簧式安全阀是燃气工程中最常用的安全装置。如图2-6-12所示，弹簧式安全阀是以弹簧的压缩弹力来平衡介质作用在阀瓣上的压力的，因此通过改变弹簧的压缩程度（即改变弹簧对阀座的压力）可以改变安全阀的动作压力。一般顺时针方向旋转弹簧的压紧螺母，弹簧被压缩，弹力增大，从而使安全阀开启压力也增大；相反，逆时针方向旋转弹簧的压紧螺母时，安全阀开启压力将会减小。安全阀调整后，应用锁紧螺母固定，再套上安全罩，并用铁丝铅封，以防乱动。

弹簧式安全阀的工作原理为，在正常操作条件下，进口压力低于整定压力，阀瓣在弹簧力作

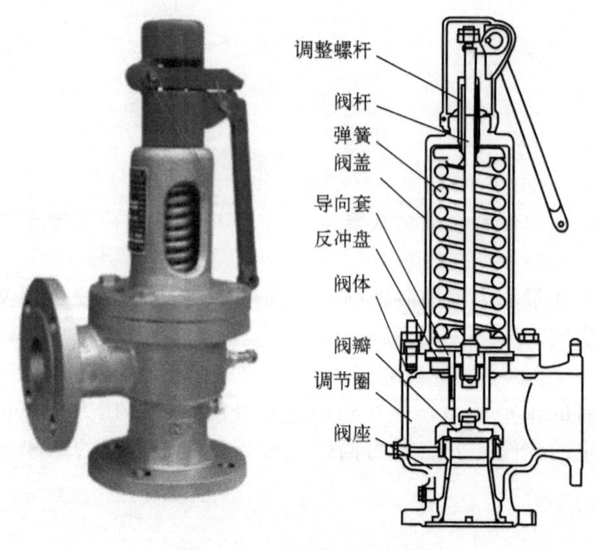

图 2-6-12 弹簧式安全阀

用下压在阀座上处于关闭位置，阀门处于关闭（密封）状态。

在正常工作时，安全阀处于关闭状态，安全阀阀瓣在系统压力的作用下向上的作用力小于阀瓣受到向下的弹簧力，其差值就是密封附加力，即随着系统压力的增加，安全阀的密封比压是逐渐降低的。当系统进口压力等于安全阀的整定压力时，弹簧力等于进口介质作用在关闭阀瓣上的力，阀瓣与阀座之间的作用力等于零。当进口压力略高于整定压力时，介质流过阀座表面进入蓄压腔，蓄压腔内的压力增加，因为这时进口压力作用在更大的面积上，产生一个通常被称为膨胀力的附加力来克服弹簧力。通过调整调节圈，便可以调节环形流道缝隙的大小，从而控制蓄压腔内的压力，这时蓄压腔内被控制的压力将克服弹簧力，导致阀瓣离开阀座，阀门开启。

流量始终被阀座与阀瓣间的开度限制着，直到阀瓣离阀座的开启高度接近 1/4 喉径。当阀瓣达到这种程度的开启高度以后，流量便由喉部流道面积控制而不是由阀座表面间的面积（帘面积）控制。当进口压力已经降到低于整定压力足够多，以致弹簧力足以克服时，阀门关闭。

弹簧式安全阀按介质的排放方式又可分为封闭式和不封闭式两种，燃气系统都采用封闭式排放。弹簧式安全阀有带扳手和不带扳手之分。扳手的作用是检查阀瓣的灵活程度，并作为定期排放试验之用，避免长期不动作，阀瓣与阀座被介质粘在一起；有时也可作手动紧急泄压用。弹簧式安全阀的结构紧凑，体积小，灵敏度也较高，不怕振动。因此，它的使用场合和安装位置一般不受限制。弹簧式安全阀在选用时应配用与工作压力级别相应的弹簧，来适应不同的工作压力，防止将高压级别的弹簧过分地放松或将低压级别的弹簧过分地压紧，影响安全阀工作的可靠性和灵敏度。

我国安全阀标准中，没有对流道面积和流道直径进行规定，在 GB/T12243—2021《弹簧直接载荷式安全阀》标准中，对安全阀的开启高度做了规定：全启式安全阀为大于或等于流道直径的 1/4；微启式安全阀为大于或等于流道直径的 1/40 且小于流道直径的 1/4。

4. 先导式安全阀

先导式安全阀是一种非直接作用式安全阀，它由主阀和脉冲阀构成，如图 2-6-13 所示。脉冲阀为主阀提供驱动源，通过脉冲阀带动主阀动作。脉冲阀具有一套弹簧式的加载机构，它通过管子与装接主阀的管路相通。当容器内的压力超过规定的工作压力时，脉冲阀就会像一般的弹簧式安全阀一样，开启阀瓣，气体由脉冲阀排出后通过一根旁通管进入主阀下面的空室，并推动活塞。由于主阀的活塞与阀瓣是用阀杆连接的，且活塞的横截面积比主阀阀瓣的面积大，所以，在相同的气体压力下，气体作用在活塞上的力大于作用在阀瓣上

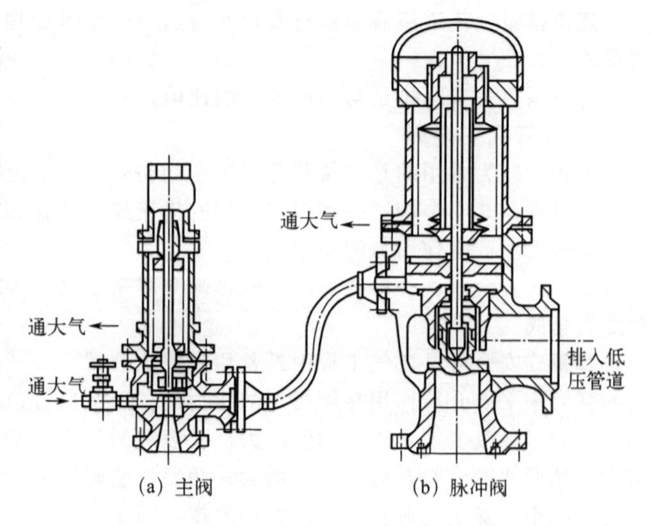

图 2-6-13 先导式安全阀

的力，于是活塞通过阀杆将主阀瓣顶开，大量气体从主阀排出。当容器内压力降至工作压力时，脉冲阀上加载机构施加于阀瓣上的力大于气体作用在它上面的力，阀瓣即下降，脉冲阀关闭，从而使主阀活塞下面空室内的气体压力降低，主阀跟着关闭，容器继续运行。

脉冲式安全阀主阀压紧阀瓣的力，可以比直接作用式安全阀大得多，故适用于压力较高或泄放量很大的压力容器。但脉冲式安全阀的结构复杂，动作的可靠性不仅取决于主阀，还取决于脉冲阀和辅助控制系统。

5. 杠杆式安全阀

重锤杠杆式安全阀利用重锤和杠杆来平衡施加在阀瓣上的力，根据杠杆原理可知，加载机构（重锤和杠杆等）作用在阀瓣上的力与重锤重力之比等于重锤至支点的距离与阀杆中心至支点的距离之比。所以，利用质量较小的重锤通过杠杆的增大作用可以获得较大的作用力，并通过移动重锤的位置（或改变重锤的质量）来调整安全阀的开启压力，如图 2-6-14 所示。

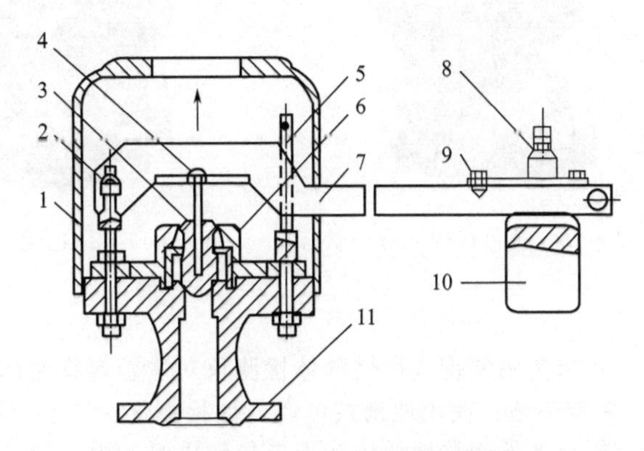

图 2-6-14　重锤杠杆式安全阀

1—阀罩；2—支点；3—阀杆；4—力点；5—导架；6—阀芯；7—杠杆；8—固定螺钉；9—调整螺钉；10—重锤；11—阀体

重锤杠杆式安全阀结构简单，调整容易又比较准确；加载机构无弹性元件，在温度较高的情况下及阀瓣升高过程中，施加于阀瓣上的载荷不发生变化。但这种安全阀也存在不少缺点，它的结构比较笨重，重锤与阀体的尺寸很不相称，加载机构比较容易振动，并会因振动而影响密封性能；从杠杆与阀杆的接触来看，也存在一些问题，当杠杆升起之后，它上面的“刀口”就与阀座、阀杆不在一个中心线上了，这样就容易把阀瓣压偏，尤其在阀杆顶端的“刀口”被磨损时，这种情况更严重；另外，这类安全阀的回座压力一般比较低，有的甚至要降到工作压力的 70% 以下才能保持密封。

重锤杠杆式安全阀，适用于锅炉及压力较低且温度较高的固定式容器。

四、电动球阀开启（关闭）操作规程

（一）主要风险及控制措施

① 未穿戴防静电工作服等防护用具，未触摸静电释放柱，导致产生静电火花，造成火灾、爆炸。

控制措施：正确穿戴劳动防护用品，触摸静电释放柱。

② 操作时，一人操作，无监护人，导致误操作而造成事故。

控制措施：操作时，一人操作，一人监护。

③ 控制失效，电源及信号线损坏，无法电动正常启闭阀门。

控制措施：定期对电源及信号线进行检查测试。

④ 指示灯指示有误，导致误操作而造成事故。

电动球阀在工作时，会通过指示灯显示工作状态，如图 2-6-15～图 2-6-18 所示。

⑤ 球阀故障。球阀在正常情况下应处于全关或全开状态，导致密封面损坏。

控制措施：按照操作规程操作，严禁违章操作，定期对阀门进行就地及远程启闭测试操作。

图 2-6-15　红色代表开启状态

图 2-6-16　黄色代表运行中状态

图 2-6-17　绿色代表关闭状态

图 2-6-18　指示灯不亮，代表电源断开后状态

⑥ 未使用便携式可燃气体检测仪对法兰等密封部位进行检测，燃气泄漏未发现。

控制措施：使用便携式可燃气体检测仪对法兰等密封部位进行检测。

⑦ 设备外壳接地线接触不良导致人身触电。

控制措施：定期检查紧固接地线。

（二）电动球阀旋钮开关（图 2-6-19）介绍

电动装置控制腔的显示窗下有两只操作旋钮和一个锁扣：

红色的为操作模式切换旋钮，可在就地、远程、停止三种模式间进行切换。

黑色的为阀门手动操作旋钮，有两个方向操作，顺时针旋转为关闭阀门，逆时针旋转为开启阀门。

最下方的锁扣是用来防止人为误操作的，靠右侧为锁死状态、靠左侧为解锁状态，在调节远程和就地模式时向左调至解锁状态，正常情况下，锁扣要锁死。

（三）作业前检查和准备

① 操作电动阀门前，应认真阅读电动阀门操作使用说明书。

② 电源接通后，如图 2-6-15 所示，液晶显示屏的背景指示灯将点亮，显示屏上可见到电动阀打开的百分比及故障报警图示。电源断开后，如图 2-6-18 所示液晶显示屏不亮，各种输出接点信号消失。

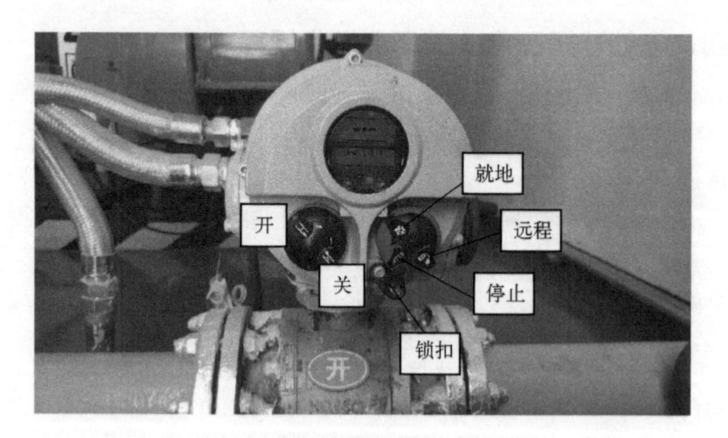

图 2-6-19　电动球阀旋钮开关

③ 使用远程操作打开阀门时，如图 2-6-20 所示，阀开指示灯闪烁，阀门开到位后阀开指示灯常亮。阀门关闭时，如图 2-6-21 所示，阀关指示灯闪烁，阀门关到位后阀关指示灯常亮。阀门在开、关过程中，液晶显示屏用百分比数字和图示显示阀位开、关情况，如图 2-6-22、图 2-6-23 所示；使用就地操作时，就地开启状态、就地关闭状态、就地运行中状态如图 2-6-24～图 2-6-26 所示。

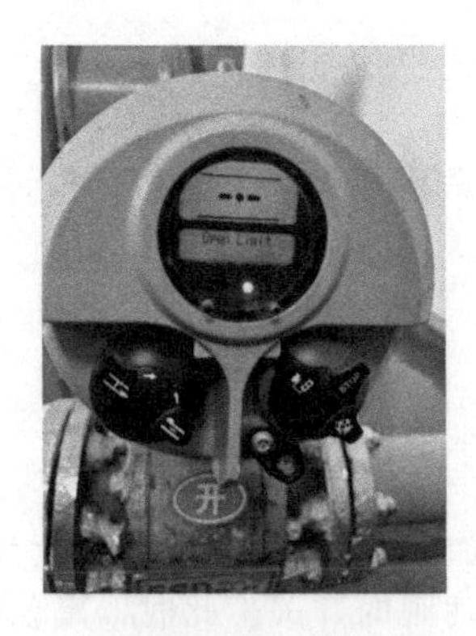

图 2-6-20　电动阀远程操作打开状态

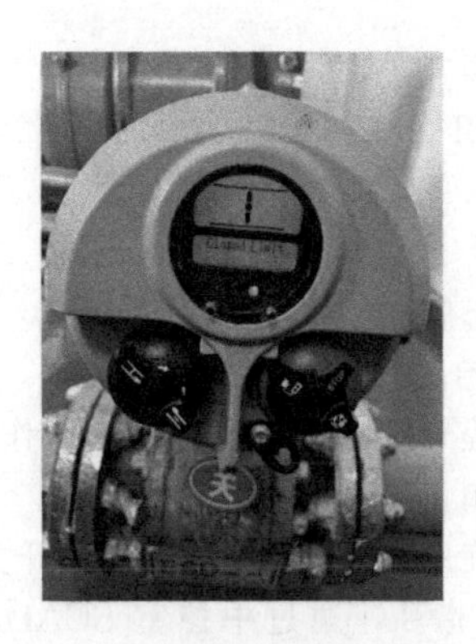

图 2-6-21　电动阀远程操作关闭状态

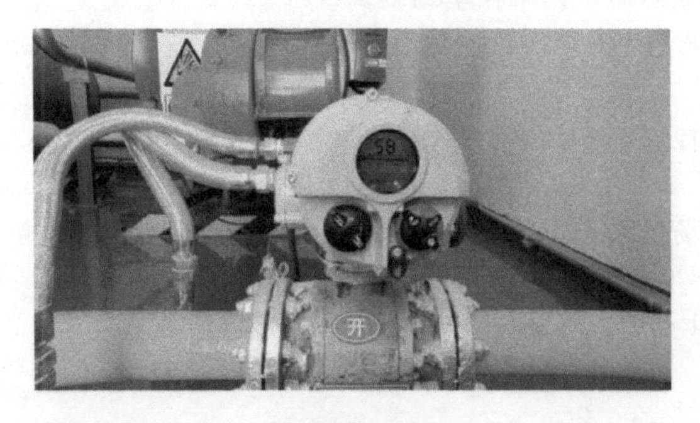

图 2-6-22　电动阀远程操作打开过程中状态

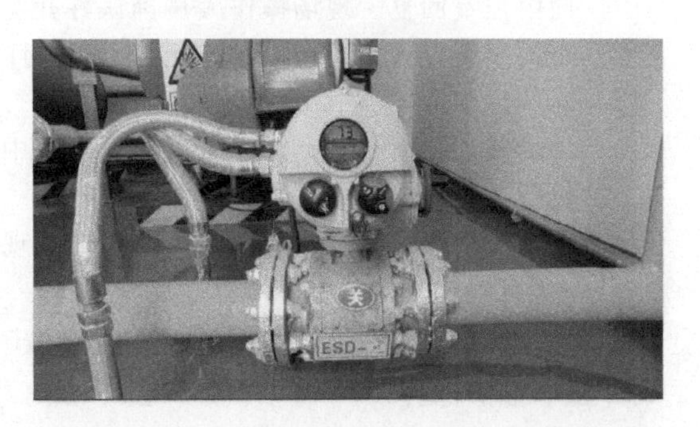

图 2-6-23　电动阀远程操作关闭过程中状态

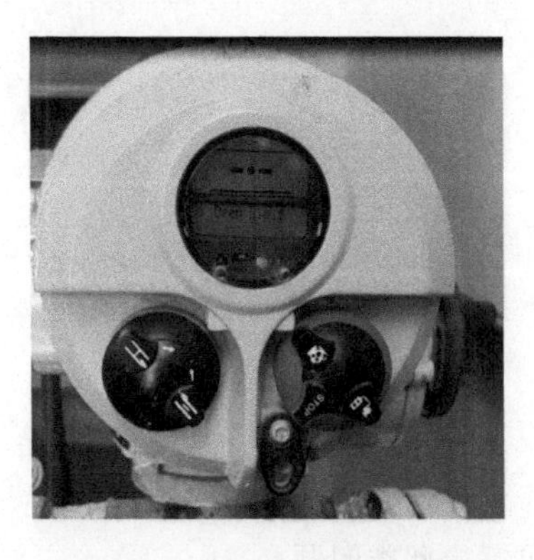

图 2-6-24　电动阀就地开启状态

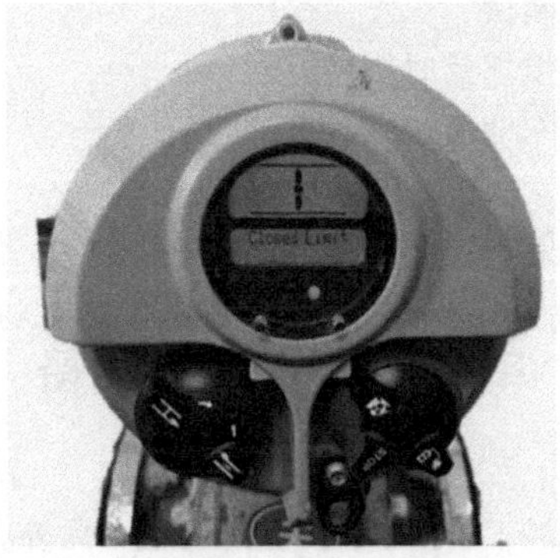

图 2-6-25　电动阀就地关闭状态

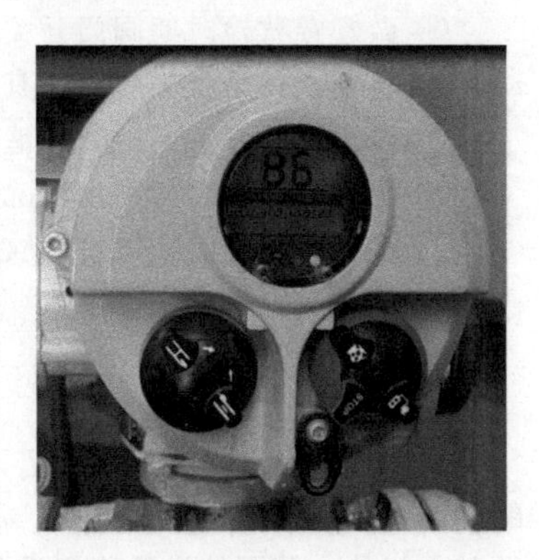

图 2-6-26　电动阀就地运行中状态

④ 操作前应注意检查阀门开关状态。

⑤ 检查电动阀外观，如果发现问题要及时处理，不得带故障操作及运行。

⑥ 对停用 3 个月以上的电动阀门，启动前应进行全面细致检查，并重点检查离合器，确认其手柄在手动位置后，再检查其电气控制线路、电动执行机构。

（四）操作程序

1. 就地开启操作

① 打开锁扣。

② 旋启“就地/远程”控制开关至“就地”位置。

③ 逆时针（开）旋转黑色操作旋钮，旋转 1/4 圈，开启阀门，确认液晶显示屏显示阀门开度 100%。

④ 锁死锁扣并更换指示牌。

2. 就地关闭操作

① 顺时针（关）旋转黑色操作旋钮，旋转1/4圈，关闭阀门，确认液晶显示屏显示阀门开度为0。

② 更换状态牌。

3. 远程开启操作

① 下达远程开启指令。由中控室操作人员下达指令，现场确认开关状态。

② 打开锁扣。

③ 在现场旋启“就地/远程”控制开关至“远程”位置，使执行机构处于远程控制模式，只能接收远程操作指令，通过中控室SCADA系统控制电动阀的开关。此时，黑色旋钮上的开阀、关阀操作均处于失效状态。

④ 向中控室回复。现场操作人员确认好开关状态后，向中控室回复。

⑤ 中控室开启阀门。在中控室远程点击阀门开启按键，控制电动阀门开启操作，阀门开始动作。

⑥ 现场确认开启状态。远程开启正常，向中控室汇报，锁死锁扣并更换指示牌。

4. 远程关闭操作

① 在中控室远程控制电动阀门关闭操作。现场操作人员确认开关状态后，中控室给出控制指令，控制电动阀门关闭操作。

② 现场确认关闭状态。远程关闭正常，向中控室汇报，锁死锁扣并更换指示牌。

（五）维护保养

① 保持阀门外观整洁干净。

② 及时更换电动球阀显示屏电池。

③ 做好春秋检时期阀门开关测试。

④ 检查填料是否失效，如有损坏及时更换。

⑤ 电动阀门应定期检查，清除油污。

⑥ 定期检查密封面磨损情况。

⑦ 检查阀杆和阀杆螺母螺纹磨损情况。

单元2.7　清管设备

在管道长时间运行后，管道内常常积存有一定量的腐蚀产物、积水等污物，为保证输送介质的纯度，提高管道的输送效率，需扫除管道中积存的污物；此外，有时需对管道内情况进行检查。通过在门站、储配站设置清管设备，定期对管道进行清管作业，可解决此类问题。

清管器作用可归纳为以下几点：

① 清管以提高管道效率；

② 测量和检查管道周向变形，如凹凸变形；

③ 从内部检查管道金属的所有损伤，如腐蚀等；

④ 对新建管道在，进行严密性试验后，清除积液和杂质。

清管设备主要包括：清管器、清管器收发装置。

一、清管器

清管器主要包括清管球、皮碗清管器、泡沫清管器和智能清管器等。

1. 清管球

清管球由耐油橡胶制成，有实心、空心充气、空心注水三种形式。

清管球是由氯丁橡胶制成的，呈球状，耐磨耐油，如图2-7-1所示。当管道直径小于100mm

时，清管球为实心球；而当管道直径大于100mm时，清管球为空心球。长输管道中所用清管球大多为空心球。空心球壁厚为30～50mm，球上有一可以密封的注水孔，孔上有一单向阀。当使用时注入液体使其球径调节到过盈于管径的2%～5%。当管道温度低于0℃时，球内注入的为低凝固点液体（如甘醇），以防止冻结。清管球在清管时，表面将受到磨损，只要清管球壁厚磨损偏差小于10%且注水不漏，清管球就可以多次使用。清管球的主要用途是清除管道积液和分隔介质，清除块状物体的效果较差。

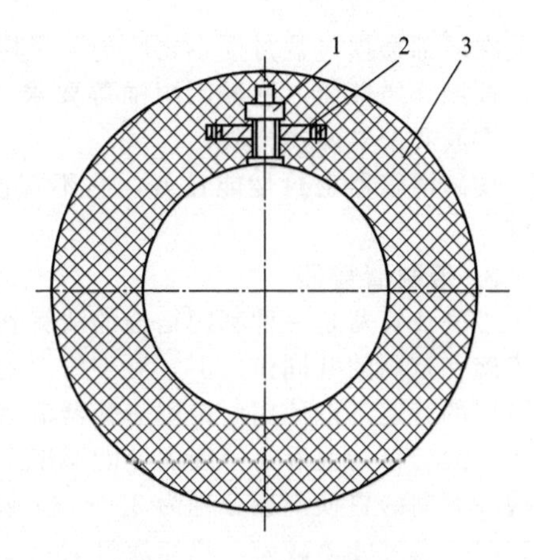

图2-7-1　清管球结构图
1—气嘴（拖拉机内胎直气嘴）；2—固定岛（黄铜H62）；3—球体（耐油橡胶）

清管球的变形能力最好，可在管道内做任意方向的转动，很容易越过块状物体的障碍及管道变形部位，清管球和管道的密封接触面窄，在越过直径大于密封接触带宽度的物体或支管三通时，容易失密停滞。清管球的密封条件主要是球体的过盈量，这要求为清管球注水时一定要把其中的空气排净，保证注水口的严密性。否则，清管球进入压力管道后的过盈量是不能保持的。清管球在管道中的运行状态，当周围阻力均衡时为滑动，不均衡时为滚动，因此表面磨损均匀，磨损量小。

2. 皮碗清管器

皮碗清管器由一个刚性骨架和前后两节或多节皮碗构成，如图2-7-2所示。它在管内运行时，保持着固定的方向，能够携带各种检测仪器和装置，清管器的皮碗形状是决定清管器性能的一个重要因素，皮碗的形状必须与各类清管器的用途相适应。

清管器在皮碗不超过允许变形的状况下，应能够通过管道上曲率最小的弯头和最大的管道变形，为保证清管器通过大口径支管三通，前后两节皮碗的间隔应有一个最短的限度。

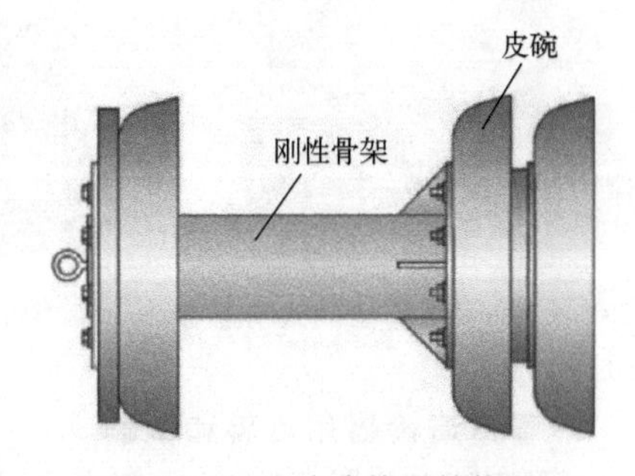

图2-7-2　皮碗清管器结构图

对于椭圆度大于5%的管道，设计清管器时应当增大清管器皮碗的变形能力。为了通过更小曲率的弯头，清管器各节皮碗之间可用万向节连接，这种情况多出于小口径管道。为满足上述条件，前后两节皮碗的间距S应不小于管道直径D，清管器长度T根据皮碗节数多少和直径大小保持在$1.1 \sim 1.5D$范围内，直径较小的清管器长度较大。清管器通过变形管道的能力与皮碗夹板直径有关，清管用的平面皮碗清管器的夹板直径G在$0.75 \sim 0.85D$范围内。

清管器皮碗，按形状可分为平面、锥面和球面三种，如图2-7-3所示。平面皮碗的端部为平面，清除固体杂物的能力最强，但变形较小，磨损较快。锥面皮碗和球面皮碗很能适应管道的变形，并能保持良好的密封，球面皮碗还可以通过变径管，它们能够越过小的物体，但会被较大的物体垫起而丧失密封；这两种皮碗寿命较长，夹板直径小，也不易直接或间接地损坏管道。

皮碗断面可分为主体和唇部。主体部分起支持清管器体重和体形作用，唇部起密封作用；主体部分的直径可稍小于管道内径，唇部对管道内径的过盈量取2%～5%。皮碗的唇部有自动密封作用，即在清管器前后压力差的作用下，它能向四周张紧，这种作用

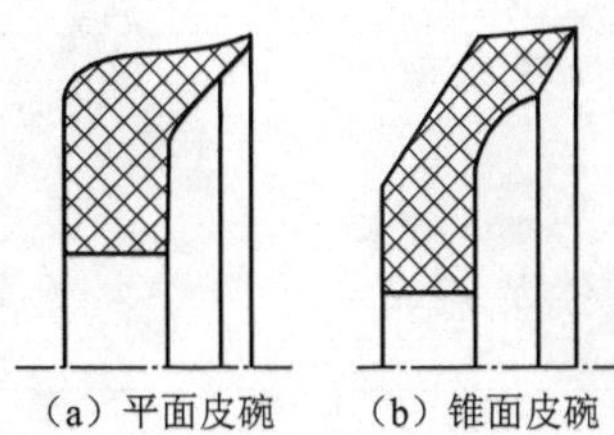

(a) 平面皮碗　(b) 锥面皮碗　(c) 球面皮碗

图2-7-3　清管器皮碗形式

即使在唇部磨损过盈量变小之后仍可保持。因此，与清管球相比，皮碗在运行中的密封性更为可靠。按照介质性质（耐酸、耐油等要求）和强度需要，皮碗的材料可采用天然橡胶、丁腈橡胶、氯丁橡胶和聚氨酯类橡胶。

皮碗清管器密封性能良好，它不仅能推出管道内积液，而且推出固体杂质，效果远比清管球好。

3. 带刷清管器

带刷清管器是一种刮刷结合的清管器。清管器的皮碗略大于管内径，当清管器随介质移动时，在皮碗和钢刷的共同作用下，对于管内附着力大、较硬的污物能起到很好的清扫作用，但对于有内涂层的管道不能使用。带刷清管器清蜡效果好。我国某些原油管道自刷式清管器清蜡以来，从历次干线切口情况看，管线内壁能漏出金属光泽。它的使用寿命长，一般可运行 1500～2000km，皮碗和钢刷的更换周期分别为 200～300km 和 400～600km。但是，遇到变形大的管道和较大的障碍物时，通过能力较差，只能通过 $R=1.5D$ 以上的弯头，且较笨重。

带刷清管器主要分为弹簧支撑型刷式、直型和碟形钢刷清管器。

弹簧支撑型刷式清管器，如图 2-7-4 所示，主要由耐油皮碗、钢刷、刮板及弹簧等组成。皮碗上设有均匀分布的孔，为了控制清管器的行进速度及泄流量，与清管器配套的有聚氨酯橡胶孔堵，安装孔堵的数量可根据运行需要决定。钢刷是由钢臂和弹簧控制，有良好的弹性，具有清扫效果好的特点。根据运行需要，安装钢刷的位置也可安装刮板，刮板由钢臂和弹簧控制，为了防止刮板和钢刷在运行中脱落，均装有自锁螺母。

直型钢刷清管器，如图 2-7-5 所示，主要用于管道的扫线、上水、排水及冲洗。它具有很强的清污能力、通过能力和交换性，并可以双向运行。碟形钢刷清管器则常用于管道的置换、隔离、扫线。它具有较强的密封能力、通过能力及互换性，见图 2-7-6。

图 2-7-4　弹簧支撑型刷式清管器

图 2-7-5　直型钢刷清管器

图 2-7-6　碟形钢刷清管器

4. 管道清管器用皮碗和钢刷

直型皮碗，如图 2-7-7 所示，主要用于双向直型清管器中，主要分为支撑刮蜡皮碗、密封皮碗、隔离皮碗，皮碗的直径大于管道的内径，靠弹性力保持清管器前后的密封，这种密封条件会很快地随磨损而丧失，所以直型皮碗的寿命比碟形皮碗短。

变径皮碗实为直型皮碗的一种形式，主要用于变径管道的清扫，如图 2-7-8 和图 2-7-9 所示。

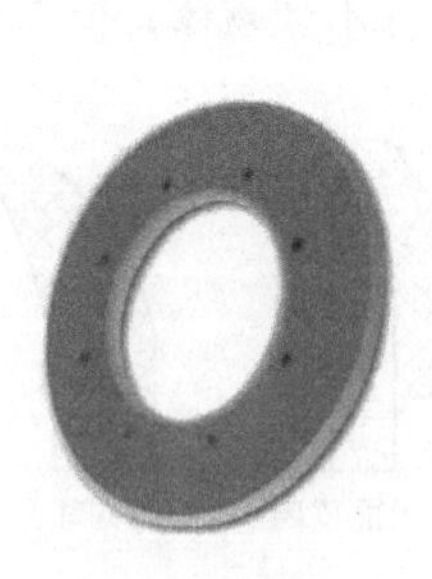

图 2-7-7　直型皮碗

图 2-7-8　变径皮碗

图 2-7-9　变径皮碗清管器

碟形皮碗具有更好的密封性能，有深碟和浅碟之分，同时还可在皮碗上加钢钉增加清扫效果，如图 2-7-10 所示。

钢刷，应可与皮碗进行良好的互换，在管道清扫过程中，对管道的除锈、除垢具有良好的清扫效果，如图 2-7-11 所示。

图 2-7-10　碟形皮碗　　　　图 2-7-11　钢刷

5. 泡沫清管器

泡沫清管器（见图 2-7-12），外貌呈炮弹形，头部半球形或抛物线形，外径比管线的内径大 2%～4%，尾部呈蝶形凹面，内部芯体为高密泡沫，外敷强度高、韧性好和耐油性较强的聚氨酯材料。

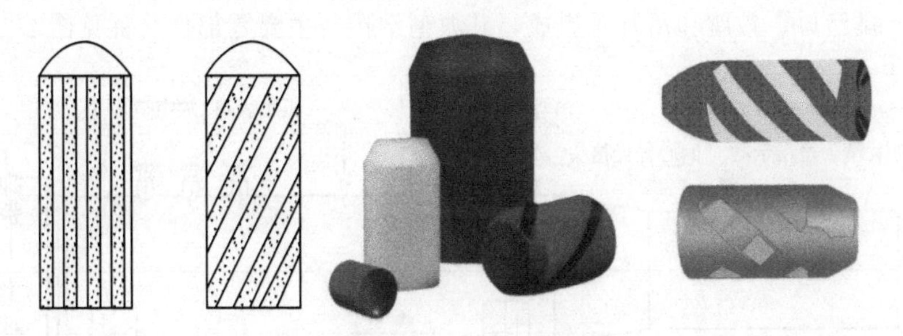

图 2-7-12　泡沫清管器

泡沫塑料清管器是表面涂有聚氨酯外壳的圆柱形塑料制品。它是一种经济的清管工具。

与刚性清管器比较，有很好的变形能力与弹性。在压力作用下，它可以与管壁形成良好的密封，能顺利通过各种弯头、阀门和管道变形。

它不会对管道造成损伤，尤其适用于清扫带有内壁涂层的管道，但它的清管效果较差。泡沫塑料清管器的过盈量一般为 25mm 或按 5%的过盈量。

6. 智能清管器

除了上述介绍的清管器外，还有一些其他类型的清管器，特别是智能清管器。其作用也不仅仅是清管，并且可用于检测管道变形、管道腐蚀、管道埋深等。

二、清管器收发装置

清管器收发装置由清管器收发筒、清管器指示器和清管辅助操作装置组成，其典型结构见图 2-7-13。

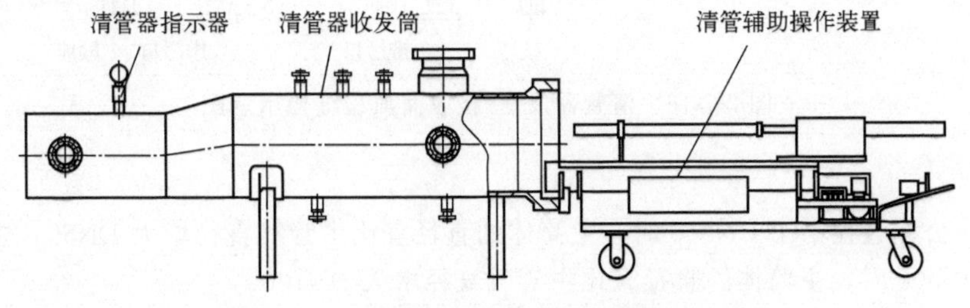

图 2-7-13　清管器收发装置典型结构示意图

根据结构和功能不同，清管器收发筒可分为清管器发送筒、清管器接收筒和清管器发送/接收筒。

清管器发送筒主要由快开盲板、主筒体、偏心异径接头、小筒体、介质入口、放空口、压力表口、清洗口、平衡口、排污口、鞍座和吊耳等组成，其典型结构与主要零部件名称见图 2-7-14。

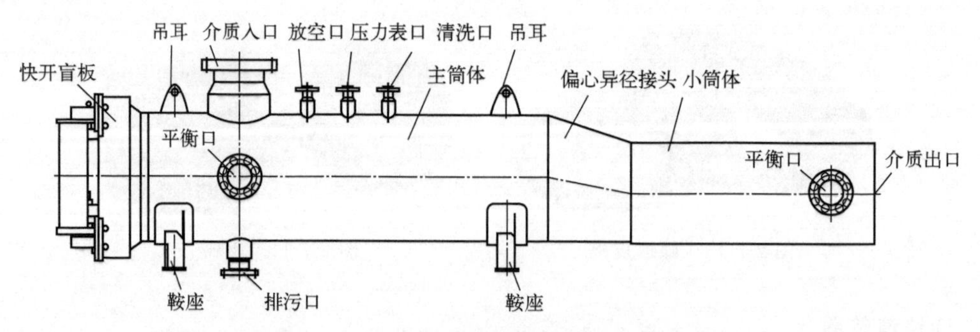

图 2-7-14　清管器发送筒典型结构示意图

清管器接收筒主要由快开盲板、主筒体、同心异径接头、小筒体、介质出口、放空口、压力表口、清洗口、排污口、鞍座和吊耳等组成，其典型结构与主要零部件名称见图 2-7-15。

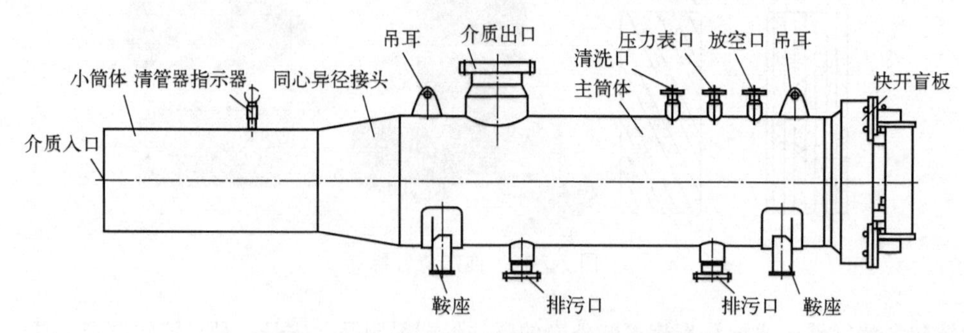

图 2-7-15　清管器接收筒典型结构示意图

清管器发送/接收筒主要由快开盲板、主筒体、偏心异径接头、小筒体、介质入口/出口、放空口、压力表口、清洗口、平衡口、排污口、鞍座和吊耳等组成，其典型结构与主要零部件名称见图 2-7-16。

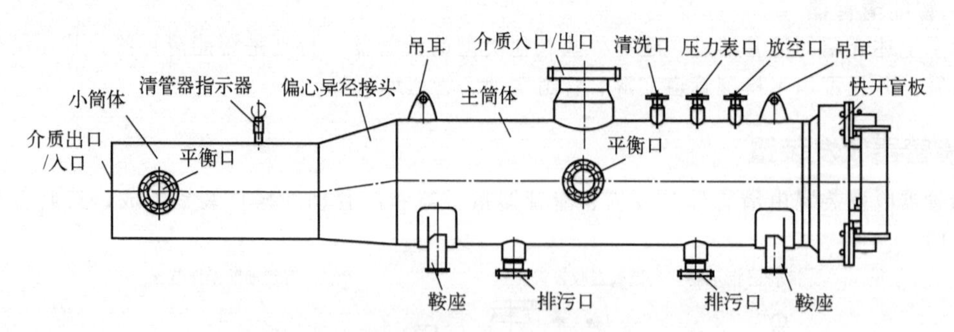

图 2-7-16　清管器发送/接收筒典型结构示意图

1. 筒体

① 主管线公称直径小于 DN500 时，主筒体的直径宜比主管线直径增大 DN50；主管线公称直径大于等于 DN500 时，主筒体的直径宜比主管线直径增大 DN100。

② 小筒体的内径宜与主管线内径相等，当由壁厚的变化引起内径不同时，在满足强度的条件

下，应对厚壁侧端部加工坡口，坡口斜度应不大于14°（1∶4），且与主管线内径差应不超过3%。

③ 清管器收发筒长度应以最长的清管器长度并增加10%的裕量进行设计。

④ 清管器收发装置的操作空间应符合GB/T 27699—2023的相关规定，清管器收发装置的操作空间长度方向大于等于清管器最大长度的2.5倍；清管器收发装置操作空间的半宽度尺寸大于等于清管器最大长度的0.5倍。

⑤ 清管器发送筒和清管器发送/接收筒的异径接头宜为偏心异径接头，筒体的底部在同一条线上；清管器接收筒的异径接头宜为同心异径接头。

⑥ 清管器发送筒的筒体的轴线可与主管线轴线平行，也可朝主管线方向向下倾斜，一般为0.5°；清管器接收筒的筒体可与主管线同轴，也可朝快开盲板方向向下倾斜，一般为0.5°；清管器发送/接收筒的筒体应为水平的。

⑦ 自动发送或接收清管器的筒体，主筒体长度应根据清管器的数量确定。公称直径小于等于DN350的发送筒宜向主管线倾斜不小于10°，公称直径大于DN350的发送筒宜向主管线倾斜不小于5°；公称直径小于等于DN350的接收筒宜向快开盲板倾斜不小于10°，公称直径大于DN350的接收筒宜向端部快开盲板倾斜不小于5°。公称直径小于等于DN450×DN400的异径接头宜选用GB/T 12459—2017中的标准产品。

⑧ 主管线公称直径不大于DN400时，与收发球筒之间宜为法兰连接方式。

2. 支管

（1）清管器发送筒

① 应设置介质入口、平衡口、放空口、压力表口和排污口。

② 介质入口应尽可能靠近快开盲板。

③ 应设置两个平衡口，一个可设置在旁通管线上或设置在主筒体上靠近介质入口处，另一个设置在小筒体上靠近与清管器发送阀连接端。主管线公称直径小于等于DN350的，其平衡口公称直径宜为DN50；主管线公称直径大于DN350的，其平衡口公称直径宜为DN100。

④ 主筒体上快开盲板附近应设一个放空口，放空口的公称直径最小为DN50。

⑤ 主筒体上的放空口附近应设一个压力表口。

⑥ 主筒体上应设一个排污口。

⑦ 主筒体上宜设一个清洗口。

（2）清管器接收筒

① 应设置介质出口、放空口、压力表口和排污口。

② 介质出口应尽可能靠近异径接头。

③ 主筒体上快开盲板附近应设一个放空口，放空口的公称直径最小为DN50。

④ 主筒体上的放空口附近应设一个压力表口。

⑤ 在靠近快开盲板和靠近异径接头的位置应各设一个排污口。

⑥ 主筒体上宜设一个清洗口。

⑦ 可设置平衡口。

（3）清管器发送/接收筒

① 应设置介质入口/出口、平衡口、放空口、压力表口和排污口。

② 设置一个旁通口的清管器发送/接收筒，旁通口可以设在主筒体中间的位置，也可以考虑设两个旁通口。

③ 应设置两个平衡口，一个可设置在旁通管线上或设置在主筒体上靠近旁通口处，另一个设置在小筒体上靠近与清管器发送阀连接端。主管线公称直径小于等于DN350的，其平衡口公称直径宜为DN50；主管线公称直径大于DN350的，其平衡口公称直径宜为DN100。

④ 主筒体上快开盲板附近应设一个放空口，放空口的公称直径最小为DN50。

⑤ 主筒体上的放空口附近应设一个压力表口。

⑥ 在靠近快开盲板和靠近异径接头的位置应各设一个排污口。

⑦ 主筒体上宜设一个清洗口。

(4) 清管器收发筒的支管与外部管道宜为法兰连接形式

(5) 当支管公称直径大于30%主管线公称直径，或支管公称直径大于等于DN150时，应设置挡条

3. 管口方位

① 旁通口和平衡口宜设在筒体的侧面，也可设在筒体的上部。

② 放空口、压力表口、清洗口、安全阀口、清管器指示器应设在筒体的上部。

③ 排污口应设在筒体的底部。

4. 快开盲板

① 快开盲板应具有安全联锁功能，否则，应设置安全联锁装置并应对其使用环境、校验周期、校验方法等使用技术要求做出规定，安全联锁功能和安全联锁装置应满足以下要求：

a. 当快开盲板达到预定关闭部位时，方能升压运行；

b. 当清管器收发筒的内部压力完全释放时，方能打开快开盲板。

② 快开盲板应符合NB/T 47053—2016的相关规定。

③ 根据工况和预期清管的频率，宜选用将快开盲板锁紧结构与各种阀门进行互锁的系统。互锁系统性能特性可为微处理器逻辑、机械钥匙系统。

④ 打开“快开盲板”应满足如下条件：

a. 筒体中没有压力；b. 清管器收发阀关闭；c. 介质转移口阀门关闭；d. 排污阀关闭；e. 放空阀关闭。

⑤ 快开盲板在打开状态时禁止如下动作：

a. 打开清管器收发阀；b. 打开介质转移口；c. 打开排污阀；d. 打开增压阀；e. 打开放空阀(如果放空阀与其他阀连接)。

5. 清管器指示器

清管器指示器能够帮助操作人员及时了解清管作业时，清管器是否离开发球筒或进入收球筒，以便顺利开展工作。收发清管器信号指示器是收发清管器必不可少的设备。

① 清管器指示器应安装在清管器接收筒和清管器发送/接收筒的小筒体上，清管器指示器距离小筒体端面的长度 L 应不小于对应预期最长清管器的长度。

② 清管器指示器形式可采用插入式或非插入式。插入式清管器指示器（以下简称清管器指示器）主要由触发器、管座（螺纹式或法兰式)、传动机构、压力室、指示牌或电子表头组成，典型结构见图2-7-17。

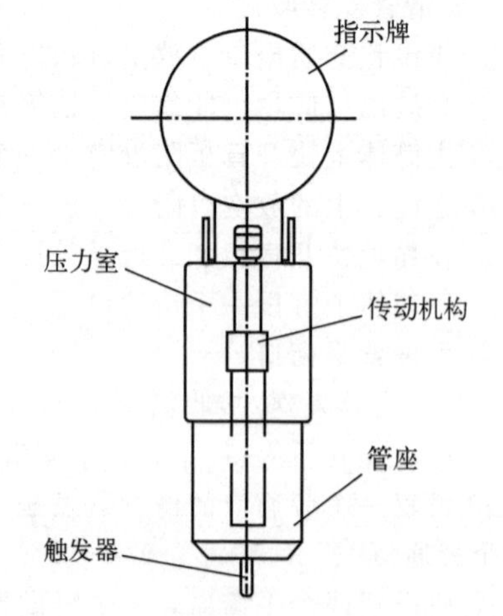

图2-7-17 清管器指示器典型结构示意图

6. 支座

① 清管器收发筒宜采用支座进行支撑和限制，支座应能承受相应的载荷。

② 支座的承载力应不小于清管器收发筒充满水以后的重量与智能清管器的重量之和。

③ 清管器收发筒宜设2个鞍式支座，支座应设在重心的两侧，鞍式支座应符合NB/T 47065.1—2018的规定，靠近快开盲板的支座宜为滑动式。

7. 清管辅助操作装置

① 主管线公称直径大于等于DN400的清管器收发筒宜配置清管辅助操作装置。

② 打开“关闭的排污阀”应满足如下条件：

a. 介质转移口阀门关闭；b. 清管器收发阀关闭；c. 增压阀关闭；d. 放空阀关闭（如果放空阀与其他过程放空口连接)。

三、典型清管器收发系统流程图

1. 典型清管器发送系统（见图 2-7-18）

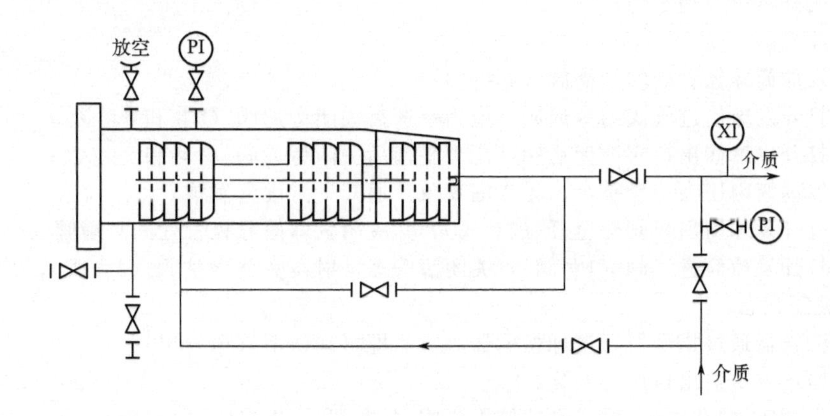

图 2-7-18　典型清管器发送系统

PI—压力表；XI—清管器指示器

2. 典型清管器接收系统（见图 2-7-19）

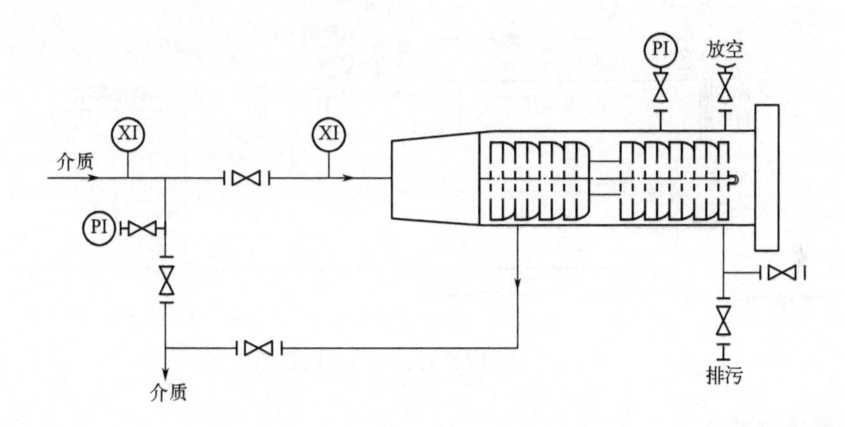

图 2-7-19　典型清管器接收系统

PI—压力表；XI—清管器指示器

四、清管器操作

（一）准备工作

① 穿戴好个人防护用品；

② 工具和材料准备：便携式防爆对讲机、抹布、吸油毛毡、黄油、通球用球、防爆相机、卡尺、临时管线及常用工具等。

（二）操作步骤

1. 清管器发送过程

准备合格尺寸的完好清管球和相关工具；保证物料、清管器发射装置及相关阀门状态符合清管作业要求；计算清管球预计到达的时间，检查、确认发球流程具备作业条件。

① 确认发球筒的各阀门处于关闭状态，此时 3＃阀门打开正常输气流程；

② 打开放空阀，确认发球筒的压力表正常投用，压力显示为零；

③ 打开快开盲板，对快开盲板处螺纹及“O”形密封圈涂抹黄油进行保养；

④ 将清管球装入发球筒，并使用长杆捅至喉管处；

⑤ 关闭快开盲板及锁定销；

⑥ 关闭放空阀；

⑦ 打开发球筒异径管处的平衡阀（4＃阀）；

⑧ 缓慢打开发球筒进气阀的旁通阀，压力平衡后关闭旁通阀（5＃和6＃阀）；

⑨ 缓慢打开发球筒出口阀的旁通阀，压力平衡后关闭旁通阀（7＃和8＃阀）；

⑩ 确认发球筒内压力完全平衡、无渗漏现象，通知下游准备发球；

⑪ 缓慢打开发球筒出口阀至全开（2＃阀），并关闭发球筒异径管处的平衡阀（4＃阀）；

⑫ 缓慢打开发球筒进气阀（1＃阀），关闭清管球发射器旁路出站阀（2＃阀），并确认出站阀的旁通阀为关闭状态；

⑬ 观察清管器通过指示器，过球指示器起跳后即可确认清管球发出；

⑭ 密切监控管道进出口压力变化；

⑮ 打开出站阀（3＃阀），关闭发球筒出口阀（2＃阀）、进气阀（1＃阀），并对发球筒进行泄压、放空。

清管器发送过程流程图如图2-7-20所示。

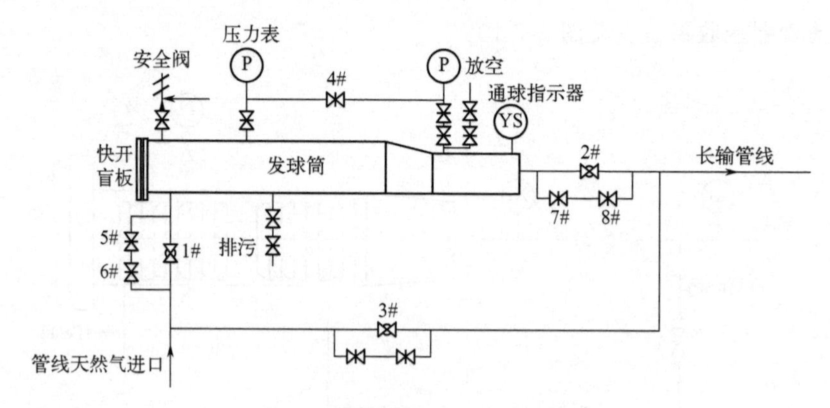

图2-7-20 清管器发送过程流程图

2. 清管器接收过程

收球前准备：

① 确认清管球接收器各高点放空、底部排放阀门为关闭状态；

② 准备收球相关工具，确认物料符合作业要求；

③ 确认快开盲板锁紧螺栓已经拧紧；

④ 确认上游已经做好发球准备，且收球流程具备作业条件。

收球判别：

① 观察下游容器内液位上涨加快，压力波动减弱；

② 通过之前通球时清管器在管内运行的时间推算球到达时刻；

③ 过球指示器起跳；

④ 现场人员听到球到时撞击管壁的声音。

操作过程：

① 缓慢打开收球筒进口阀的旁通阀（4＃和5＃阀），压力平衡后关闭旁通阀，此时2＃阀门打开正常输气流程；

② 缓慢打开收球筒进口阀（1＃阀），向筒内充压，使清管球接收器内的压力与上游压力平

衡，检查清管球接收器应无渗漏；

③ 确认筒内压力完全平衡后，缓慢打开收球筒出气阀（3＃阀）；

④ 保持收球筒出站旁通阀30％开度，避免清管球进入收球筒后造成流程憋压；

⑤ 当过球指示器起跳后，清管球进入收球筒，现场操作人员迅速打开出站旁通阀；

⑥ 依次关闭收球筒进口阀（1＃阀）、出气阀（3＃阀）；

⑦ 打开排污阀进行排污泄压，确认无污物排出后关闭排污阀；

⑧ 打开放空阀门，对收球筒进行放空；

⑨ 打开快开盲板，用废液筒盛接收球筒内残液；

⑩ 检查快开盲板上的“O”形密封圈完好无损，确认是否需要更换；

⑪ 取出清管球并拍照留存，观察收球筒内壁是否附着泥沙等异物；

⑫ 对快开盲板处螺纹及“O”形密封圈涂抹黄油进行保养；

⑬ 回装快开盲板，过程中应确认回装通畅无卡塞；

⑭ 关闭各顶部放空及底部排放阀门，隔离小量程压力表；对收球筒进行试压，确认无渗漏；

⑮ 清洁现场卫生，回收工具物料。

清管器接收过程流程图如图2-7-21所示。

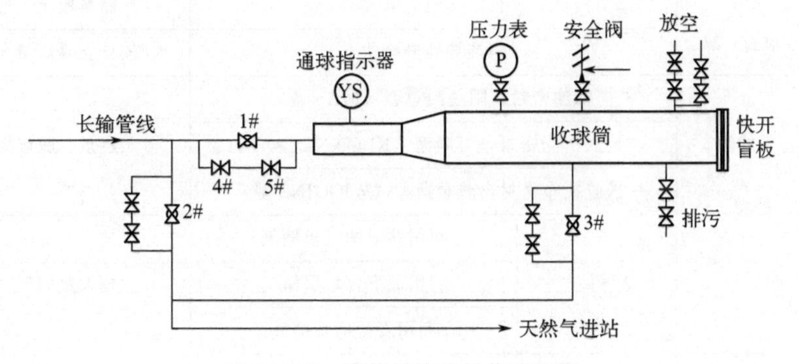

图2-7-21　清管器接收操作流程图

注意事项：

① 清管作业前，对发球装置和压力表、过球指示器，泄压及放空阀门等设备进行彻底检查保养，并确保其完好，维护保养完恢复原始状态；

② 启闭快开盲板时应站在全封闸板的侧面，关闭快开盲板时注意全封闸板两端要在卡环卡槽内，应用扳手卡紧螺杆两端，按照关的方向同时用力旋转；

③ 打开球筒前，首先检查压力表有无压力，确保无压力下操作；

④ 操作时尽量使用防爆工具，若防爆工具无法打开，可采用非防爆工具并对接触面作防火花处理。

单元2.8　储气罐

一、储气设备的功能

燃气输配系统中用户的用气量是在不断变化的，为解决供需之间的不平衡，保障用户正常用气，储配站需要配置储气设施，有的门站也有储气设施。当发生意外事故，如停电、设备暂时故障等，保证有一定的供气量。混合不同组分的燃气，使燃气性质（成分、热值、燃烧特性等）均匀。对间歇循环制气设备起缓冲、调节、稳压作用。回收高炉煤气及其他可燃、可用废气。工业炉窑中压燃烧，来气压力低，需经压缩机加压时，压缩机进口则需设置储气罐稳压及保持一定的安全储存量。

二、储气设备的分类

储配站储气设备包括高压储气罐、低压储气罐（柜）和高压储气管束。长输管线末端与地下储气一般在长距离输气站使用，液化储气在液化天然气站场使用，本节内容重点讲解储配站储气罐，储气设备分类见表 2-8-1。

表 2-8-1　储气设备的分类

<table>
<tr><th>按储气压力分类</th><th>按密封方式分类</th><th colspan="2">按结构形式分类</th><th>适用范围</th></tr>
<tr><td rowspan="5">高压储气</td><td rowspan="5"></td><td rowspan="2">圆柱形罐</td><td>立式</td><td rowspan="2">小规模高压储气</td></tr>
<tr><td>卧式</td></tr>
<tr><td colspan="2">球形罐</td><td>大容量，气、液态燃气</td></tr>
<tr><td rowspan="2">管道</td><td>管束</td><td>储量不大，高压，陆地、船用</td></tr>
<tr><td>长输管线末端</td><td>储量不大，日调峰</td></tr>
<tr><td rowspan="5">低压储气罐</td><td rowspan="2">湿式（水封）罐</td><td colspan="2">自立导轨升降式</td><td>储量较小，逐步被淘汰</td></tr>
<tr><td colspan="2">螺旋导轨升降式</td><td>较自立罐储量大，广泛使用</td></tr>
<tr><td rowspan="3">干式罐</td><td colspan="2">稀油密封，阿曼阿恩型（MAN 型）</td><td rowspan="3">大容量、脱湿燃气，很少用</td></tr>
<tr><td colspan="2">润滑脂密封，可隆型（KLONNE 型）</td></tr>
<tr><td colspan="2">橡胶夹布密封，威金斯型（WIGGINS 型）</td></tr>
<tr><td rowspan="3">中压储气</td><td rowspan="3"></td><td rowspan="3">地下储气</td><td>利用枯竭油气田储气</td><td rowspan="3">超大量储气，季节调峰</td></tr>
<tr><td>利用地下含水层储气</td></tr>
<tr><td>利用岩盐地穴储气</td></tr>
<tr><td rowspan="3">常压储气</td><td rowspan="3"></td><td rowspan="3">液化储气</td><td>地面金属罐</td><td rowspan="3">储存 LNG 和其他低温气体，
调峰，后两种适于大容量储气</td></tr>
<tr><td>预应力混凝土储罐</td></tr>
<tr><td>地下冻土储罐</td></tr>
</table>

高压储气罐工作压力（表压）大于 0.4MPa，依靠压力变化储存燃气，又称为固定容积储气罐，有球形、圆筒形（卧式、立式）之分。低压储气罐工作压力（表压）在 10kPa 以下，依靠容积变化储存燃气，有湿式低压储气罐和干式低压储气罐两种。高压储气管束实质上是一种高压管式储气罐，它是将一组或几组钢管埋设在地下，对燃气施以高压压入管束内进行储存。

三、低压储气罐

低压储气罐是一种压力基本稳定、储气容积在一定限度内可以变化的低压储气设备，是我国城镇燃气、石油化工、冶金等行业广泛使用的储气设施。

低压储气罐是以往国内常用的储气设备；通常用于气源压力低的供气系统；工作压力基本稳定，一般为 5kPa 以下；储存原理是储罐几何容积可在一定范围内变化；按活动部位构造及密封介质分为湿式和干式两种。

四、高压储气罐

在高压储气罐中燃气的储存原理与前述低压储气罐有所不同，即其几何容积固定不变，而是靠转变其中燃气的压力来储存燃气的，故称定容储罐。由于定容储罐没有活动局部，因此构造比较简洁。高压罐可以储存气态燃气，也可以储存液态燃气。依据储存的介质不同，储罐设有不同的附件，但全部的燃气储罐均设有进出口管、安全阀、压力表、人孔、梯子和平台等。

当燃气以较高的压力送入城市时，使用低压罐明显是不适宜的，这时一般采用高压罐。当气源以低压燃气供给城市时，是否要用高压罐则必须进行技术经济比拟后确定。高压罐按其外形可分为圆筒形和球形两种。

高压罐与低压罐的区别见表 2-8-2。

表 2-8-2　高压罐与低压罐的区别

区别	低压罐	高压罐
构造	直立式、螺旋式	球形、圆筒形
储气原理	压力基本稳定，容积变化（定压变容）	容积固定、压力变化（定容变压）
储气压力	低（≤6000Pa）	高（≥0.8MPa）
储存介质	气态	气态、液态
密封	水、密封油	罐体

1. 储罐的构造

（1）圆筒形罐的构造

燃气储配站常用的是卧式储罐，如图 2-8-1 所示是由钢板制成的圆筒体和两端封头构成的容器。封头可为半球形、椭圆形和碟形。圆筒形罐依据安装的方法可以分为立式和卧式两种。前者占地面积小，但对防止罐体倾倒的支柱及根底要求较高。后者占地面积大，但支柱和根底做法较为简洁。假如罐体直接安装在混凝土根底上时，其接触面之间由于简单积水而加速罐的腐蚀，故卧式储罐罐体都设钢制鞍式支座。支座与根底之间要能滑动，以防止罐体热胀冷缩时产生局部应力，主要参数见表 2-8-3。

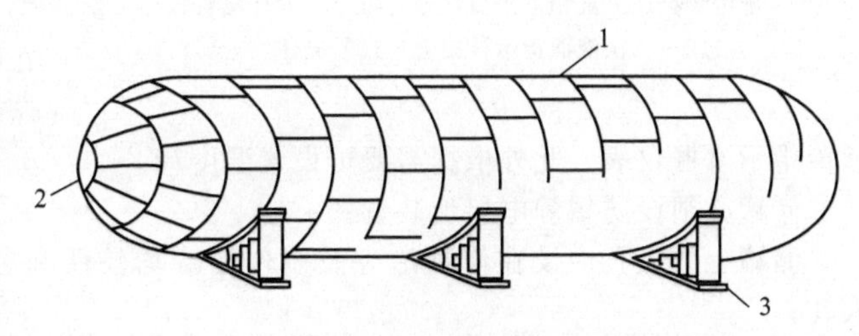

图 2-8-1　卧式圆筒形储气罐

1—筒体；2—封头；3—鞍式支座

表 2-8-3　圆筒形储气罐的主要参数

序号	公称容积/m^3	内径/mm	壁厚/mm		总长/mm	设计压力/MPa	材料	设备质量/kg
			筒体	封头				
1	2	1000	8	8	2736	1.8	16MnR	948
2	5	1200	10	10	4700			1860
3	10	1600	12	12	5264			3184
4	20	2000	14	14	6908			5690
5	30	2200	14	16	8306			7135
6	50	2600	16	18	9816			12228
7	100	3000	18	20	13044			22865
8	120	3200	20	22	14840			24165
9	150	3400	20	22	17144			36725
10	200	3600	20	22	20444			45430
11	250	3600	20	22	25244			55050
12	300	4000	22	24	24596			66300

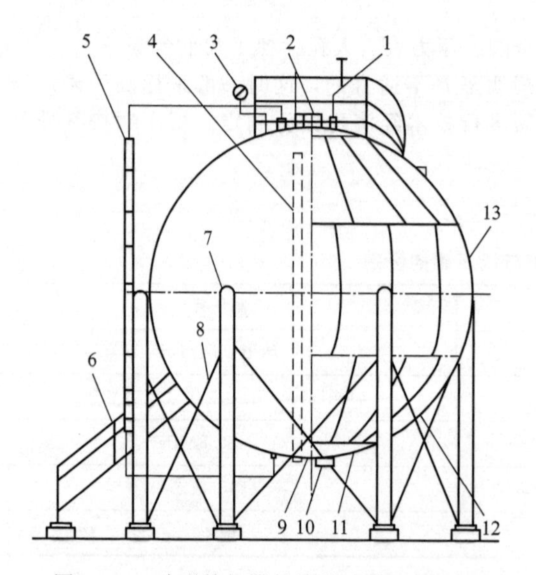

图 2-8-2 球形储气罐的接管及其阀件配置

1—安全阀；2—人孔；3—压力表；4—气相进出口接管；5—液位计；6—盘梯；7—赤道正切式支柱；8—拉杆；9—排污管；10—液相进出口接管；11—温度计接管；12—二次液面指示计接管；13—壳体

(2) 球形罐的构造

球形罐通常由分瓣压制的钢板拼焊组装而成。罐的瓣片分布颇似地球仪，一般分为极板、南北极带、南北温带、赤道带等。罐的瓣片也有类似足球形状的。这两种球形罐如图 2-8-2 所示。

球形罐的支座一般采用赤道正切式支柱、拉杆支撑体系，以便把水平方向的外力传到根底上。设计支座时应考虑到罐体自重、风压、地震力及试压的充水重量，并应有足够的安全系数。

燃气的进出气管一般安装在罐体的下部，但为了使燃气在罐体内混合良好，有时也将进气管延长至罐顶四周。为了防止罐内冷凝水及尘土进入进、出气管内，进出气管应高于罐底。

为了排解积存于罐内的冷凝水，在储罐的最下部，应安装排污管。

在罐的顶部必须设置安全阀。

储罐除安装就地指示压力表外，还要安装远传指示掌握仪表。此外依据需要可设置温度计。

储罐必须设防雷静电接地装置。

储罐上的人孔应设在修理治理及制作储罐均较便利的位置，一般在罐顶及罐底各设置一个人孔。

容量较大的圆筒形罐与球形罐相比拟，圆筒形罐的单位金属耗量大，但是球形罐制造较为简单，制造安装费用较高，所以一般小容量的储罐多选择用圆筒形罐，而大容量的储罐则多选择用球形罐。

高压球罐储气在国内已有多年使用经验，储罐容积多为 1000m³、2000m³ 和 3000m³。也有少量大容积球罐（西安、北京等地已有引进的 10000m³ 球罐）。目前球罐正向大容积方向发展，国外的大型燃气球罐容积已达 5.55 万 m³。大型球罐采用高强度钢材制作，板材屈服强度可达 589～891MPa，从而使壁厚减小到 40mm 以下，不仅降低了钢材耗量，也避免整体热处理，便于施工。目前，我国使用进口板材能生产的最大容积球罐为 5000m³，10000m³ 球罐，最高工作压力分别为 1.29MPa、1.01MPa。

球形储气罐的主要参数见表 2-8-4。

表 2-8-4 常用球形储气罐的主要参数

序号	公称容积/m³	几何容积/m³	外径/mm	工作压力/MPa	材料	设备质量/kg
1	1000	974	12396	2.2	16MnR	195
2	1500	1499	14296	1.85	16MnR	255
3	2000	2026	15796	1.65	16MnR	310
				2	15MnVNR	330
4	3000	3054	18096	1.5	16MnR	405
				1.7	15MnVNR	435

续表

序号	公称容积/m^3	几何容积/m^3	外径/mm	工作压力/MPa	材料	设备质量/kg
5	4000	4003	19776	1.35	15MnVNR	390
6	5000	4989	21276	1.29	15MnVNR	475
7	6000	6044	22676	1.2	15MnVNR	540
8	8000	7989	24876	1.08	15MnVNR	635
9	10000	10079	26876	1.01	15MnVNR	765

2. 球形储罐与圆筒形储罐的比较

球形储罐在相同的内压下所承受的作用力仅为圆筒形储罐的一半，并且在钢板的面积相同的情况下，容积大于一般的圆筒形罐。

因此，球形罐受力好，既省钢材投资也少，在世界各国得到广泛应用。但球形储罐对材质和制造工艺要求很高，制造较为复杂，制造安装费用较高。所以一般小容量的储罐多选用圆筒形罐，而大容量的贮罐则多选用球形罐。

3. 高压管束储气

高压管式储气罐，因其直径较小，能承受更高的压力。

高压球罐与其他类型储罐相比，无疑是技术先进、经济合理的储气容器。由于球罐对材质和制造技术要求高，使工作压力受到限制，国内外一般为0.784MPa左右，储气量与几何容积之比约等于5，其经济性大大地降低，而储气管束的操作压力比球罐高，因而经济性好。

如果以Φ720×9mm与国内比较成熟的1000m^3球罐相比，单位费用若以球罐为1，则管束为0.493。随着我国高强度管材及设施技术的发展，若能进一步提高操作压力，管束储气的优越性将会更加明显。

单元2.9　流量计

一、流量计发展历程

1. 孔板流量计

在20世纪80年代以前，燃气计量大流量主要应用孔板流量计，但是其测量范围小（1∶10）、下限流量大、无法用电池供电等问题无法解决。

2. 涡轮流量计

从1980年起，涡轮流量计因测量范围大于孔板流量计并且测量下限比孔板低等特点，逐步替代了孔板流量计。

3. 腰轮流量计

1995年以后，罗茨流量计（腰轮流量计）以其低启动流量、高量程比的特点被引进到我国，为广大燃气公司解决了供销差大的问题，被燃气行业广泛使用。

4. 超声波流量计

2000年以后，进口品牌高压超声波流量计成为长输管线、城市门站首选。近几年，中低压超声被广泛接受，进入多家全国性燃气集团和地方性公司采购名录。

二、涡轮流量计

涡轮流量计是速度式流量计之一，在用量上是仅次于孔板流量计的计量仪表，气体涡轮流量计已成为天然气主要计量仪表。可直接测量气体的工况体积，可与多种修正仪配套，实现气体体积转换并满足用户其他要求，如物联网通信、防盗气监控、预付费等，产品已大量应用于城市燃气和工业气体流量计量与检测等领域，也可选配各类高端体积修正仪或流量计算机，实现在天然气输送干线、城市门站等高压场合的高精度计量应用，是石油、化工、电力、冶金等行业天然气及其他气体计量与检测和城市燃气计量的理想仪表。

气体涡轮流量计具有结构紧凑、精度高、重复性好、量程比宽、反响迅速、压力损失小等优点，但轴承耐磨性与其安装要求较高。涡轮流量计始动流量比较大，在一些单一的用气设备如燃气锅炉、燃气空调等大流量用气设备中。涡轮流量计有着量程范围大、计量精度很高、可以计量大流量燃气（可以到达6000m³/h以上）等优点，国产的涡轮流量计价格也比较合理。但是在使用涡轮流量计的时候必须要求始动流量也要大，当用气设备小流量地使用燃气时对其精度有很大的影响，且涡轮流量计必须有足够长度的前后直管段，以及带温压补偿的体积修正仪。

涡轮流量计其流体物性对流量特性有较大影响，不适于高黏度液体测量，随着黏度增大，流量计测量下限值提高，范围度缩小，线性度变差；要求被测介质洁净，减少对轴承磨损，并防止涡轮被卡住，应在变送前加过滤装置；不能长期保持校准特性。

1. 涡轮流量计工作原理与结构

气体涡轮流量计属于速度式计量仪表。当气流进入流量计时，通过整流器得到整流并加速，推动涡轮克服阻力矩和摩擦力矩开始转动，当力矩达到平衡时，转速稳定，在一定的流量范围内，涡轮的转速与气体流速成正比。涡轮的转动通过减速传动机构和磁耦合联结器输出给安装在壳体外部的机械计数器读数单元实现计数，同时通过高低频信号模块，输出高频或低频流量脉冲信号。

涡轮流量计由传感器和流量显示积算显示仪两部分组成，也可做成整体式。传感器主要由壳体、计量芯组件、机械计数器组件和油泵四大部分组成（见图2-9-1）。

图2-9-1　涡轮流量计传感器结构原理图

2. 流量计安装

流量计水平安装如图2-9-2所示。

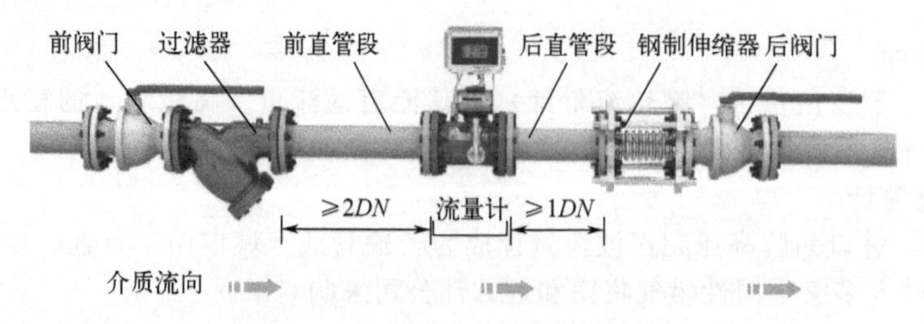

图2-9-2　流量计水平安装示意图

① 严禁流量计在线焊接管道法兰。

② 安装流量计前应将管道内的杂物、焊渣、粉尘清理干净。

③ 为了便于维修，不影响流体正常输送，建议设置旁通管道。

④ 为防止杂质进入流量计，必须配置过滤器且过滤网目数应不低于120，过滤器安装在流量

计前直管段上游，有配套的过滤器。

⑤ 流量计本身配置性能优良的内藏式整流器，对于如标准 GB 18940—2003/ISO 9951：1993《封闭管道中气体流量的测量 涡轮流量计》所述的低水平扰动情况，须保证前直管段>2DN，后直管段>1DN；对于标准所述的高水平扰动，须保证前直管段≥10DN，后直管段≥5DN；对于超强扰动源如产生强烈偏心出口喷射流的调压器等，建议在流量计上游安装整流器（整流器符合 GB 2624 要求），整流器出口到流量计入口连接端≥4DN，如图 2-9-3 所示。

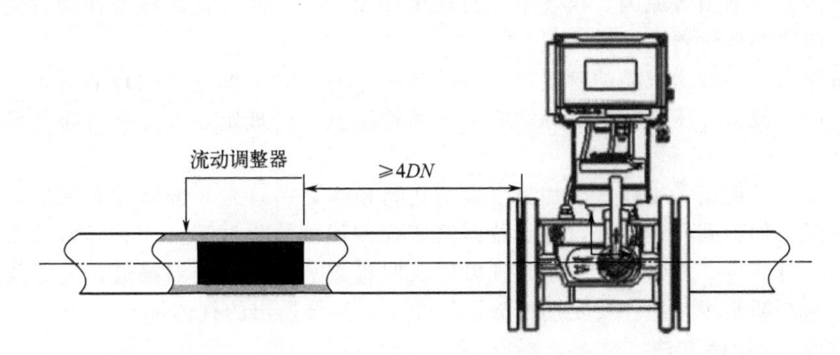

图 2-9-3　超强扰动源安装示意图

⑥ 流量计应水平安装。（须垂直安装时应注明，产品需做相应的配置；安装使用时，气流方向应从上至下。）

⑦ 流量计水平安装时，建议在流量计后直管段下游安装钢制伸缩器（补偿器），伸缩器必须符合管道设计的公称通径和公称压力的要求（伸缩器是作为管道应力的补偿及方便流量计的安装与拆卸）。

⑧ 流量计应与管道及密封垫片同轴安装，安装后允许偏差和检验方法应符合 CJJ 94—2009《城镇燃气室内工程施工及质量验收规范》，并应防止密封垫片和油脂进入管道内腔。

⑨ 流量计安装在室外使用时，建议加配防护罩，以免雨水浸入和烈日暴晒而影响流量计使用寿命。流量计周围不能有强的外磁场干扰及强烈的机械振动。流量计需可靠接地，但不得与强电系统地线共用。

3. 使用注意事项

（1）投入运行的启闭顺序

未装旁路管的流量传感器，先以中等开度开启流量传感器上游阀，然后缓慢开启下游阀。以较小流量运行一段时间（如 10min），然后全开上游阀，再开大下游阀开度，调节到所需正常流量。

装有旁路管的流量传感器，先全开旁路管阀，以中等开度开启上游阀，缓慢开启下游阀，关小旁路阀开度，使仪表以较小流量运行一段时间。然后全开上游阀，全关旁路阀（要保证无泄漏），最后调节下游阀开度到所需的流量。

（2）低温和高温流体的启用

低温流体管道在通流前要排净管道中的水分，通流时先以很小流量运行 15min，再渐渐升高至正常流量。停流时也要缓慢进行，使管道温度和环境温度逐渐接近。高温流体运行与此相类似。

（3）其他注意事项

启闭阀应尽可能平缓，如采用自动控制启闭，最好用“两段开启，两段关闭”方式，防止流体突然冲击叶轮甚至发生水锤现象损坏叶轮。

被测流体若为易气化的液体，为防止发生气穴，影响测量精确度和使用期限，传感器的出口端压力应高于公式（1）计算的最低压力 p_{min}。

$$p_{min} = 2\Delta p + 1.25 p_v \qquad (1)$$

式中　p_{min}——最低压力，Pa；

Δp——传感器最大流量时压力损失，Pa；

p_v——被测液体最高使用温度时饱和蒸汽压，Pa。

检查流量传感器下游压力。当管道压力不高，在投入运行初期观察最大流量下传感器下游压力是否大于公式（1）计算的 p_{min}，否则应采取措施以防止产生气穴。

流量传感器的仪表系数是经过标准装置校验后，供给用户校验单上写明的，谨防丢失。传感器长期使用时因轴承磨损等原因，仪表系数会发生变化，应定期进行离线或在线校验。若流量超出允许范围，应更换传感器。

有些测量对象，如输送成品油管线更换油品或停用时，需定期进行扫线清管工作。扫线清管所用流体的流向、流量、压力和温度等均应符合涡轮流量计的规定，否则会引起其精确度降低甚至损坏。

为保证流量计长期正常工作，要加强仪表的运行检查，一旦发现异常及时采取措施排除。监测叶轮旋转情况，如听到异常声音，用示波器监测检测线圈输出波形，如有异常波形，应及时卸下检查传感器内部零件。如怀疑有不正常现象应及时检查。保持过滤器畅通，过滤器可从出入口压力计的压差来判断是否堵塞。要定期排放消气器中从液体逸出的气体等等。

4. 常见故障及处理方法

涡轮流量计常见故障及处理方法见表 2-9-1。

表 2-9-1　涡轮流量计常见故障及处理方法

故障现象	可能原因	消除方法
流体正常流动时无显示，总量计数器字数不增加	① 检查电源线。熔丝、功能选择开关和信号线有无断路或接触不良； ② 检查显示仪内部印刷板、接触件等有无接触不良； ③ 检查检测线圈； ④ 检查传感器内部故障，上述①～③项检查均确认正常或已排除故障，但仍存在故障现象，说明故障在传感器流通通道内部。可检查叶轮是否碰到传感器内壁，有无异物卡住，轴和轴承有无杂物卡住或断裂现象	① 用欧姆表排查故障点； ② 印刷板故障检查可采用替换“备用板”法，换下故障板再做细致检查； ③ 做好检测线圈在传感器表体上位置标记，旋下检测头，用铁片在检测头下快速移动。若计数器字数不增加，则应检查线圈有无断线和焊点脱焊； ④ 去除异物，并清洗或更换损坏零件，复原后气吹或手拨动叶轮，应无摩擦声，更换轴承等零件后应重新校验，求得新的仪表系数
未做减小流量操作，但流量显示却逐渐下降	按下列顺序检查： ① 过滤器是否堵塞，若过滤器压差增大，说明已堵塞； ② 流量传感器管段上的阀门出现阀芯松动，阀门开度自动减小； ③ 传感器叶轮受杂物阻碍或轴承间隙进入异物，阻力增加而减速减慢	① 清除过滤器杂物； ② 从阀门手轮调节是否有效判断，确认后再修理或更换； ③ 卸下传感器并清除杂物，必要时重新校验
流体不流动，流量显示不为零，或显示值不稳	① 传输线屏蔽接地不良，外界干扰信号混入显示仪输入端； ② 管道振动，叶轮随之抖动，产生误信号； ③ 截止阀关闭不严泄漏所致，实际上仪表显示泄漏量； ④ 显示仪内部线路板之间或电子元件变质损坏、产生的干扰	① 检查屏蔽层，看显示仪端子是否良好接地； ② 加固管线，或在传感器前后加装支架防止振动； ③ 检修或更换阀； ④ 采取“短路法”或逐项逐个检查，判断干扰源，查出故障点

续表

故障现象	可能原因	消除方法
显示仪示值与经验评估值差异显著	① 传感器流通通道内部故障如受流体腐蚀磨损严重，杂物阻碍使叶轮旋转失常，仪表系数变化，叶片受腐蚀或冲击，顶端变形，影响正常切割磁力线，检测线圈输出信号失常，仪表系数变化；流体温度过高或过低，轴与轴承膨胀或收缩，间隙变化过大导致叶轮旋转失常，仪表系数变化； ② 传感器背压不足，出现气穴，影响叶轮旋转； ③ 管道流动方面的原因，如未装止回阀出现逆向流动，旁通阀未关严，有泄漏，传感器上游出现较大流速分布畸变（如因上游阀未全开引起的）或出现脉动液体受温度引起的黏度变化较大等； ④ 显示仪内部故障； ⑤ 检测器中永磁材料元件时效失磁，磁性减弱到一定程度也会影响测量值； ⑥ 传感器流过的实际流量已超出该传感器规定的流量范围	①～④查出故障原因，针对具体原因寻找对策 ⑤ 更换失磁元件 ⑥ 更换合适的传感器

三、腰轮流量计

腰轮流量计又称罗茨流量计，是一种结构十分紧凑的容积式流量计。容积式流量计结构简单、性能稳定、精度高、易于直观维护管理，并且价格低廉。

腰轮流量计的起始流量低，量程比宽，在安装、维护以及清理上都比较方便，能够实现在线温、压智能补偿，在高、中压计量中适用较广泛。

1. 腰轮流量计工作原理与结构

腰轮流量计是一种基于容积置换原理的计量气体体积的流量计。测量腔室中有两个腰轮转子被设计成“8”的形状，把计量腔室分成 4 个等分，气体推动转子每转一周就排出一定体积的气体。在使用过程中，每次旋转，计量腔室被周期性地填充和清空，转子的转速与通过的气体体积成正比关系，回转体积$=4V_e$。这种运动以机械方式传到指示器，根据旋转次数直接显示排出的体积。

计量室位于表体与两块前后端盖之间；计量室内的两个 8 字形腰轮由后端内经过精密加工的调校齿轮进行定位，以保证腰轮转子的正确相对位置；前后端盖内储存有润滑油，通过齿轮上装有的甩油装置润滑齿轮与轴承；计数器显示流过流量计的气体体积，该体积值由腰轮的旋转次数转换而来，如图 2-9-4 所示。

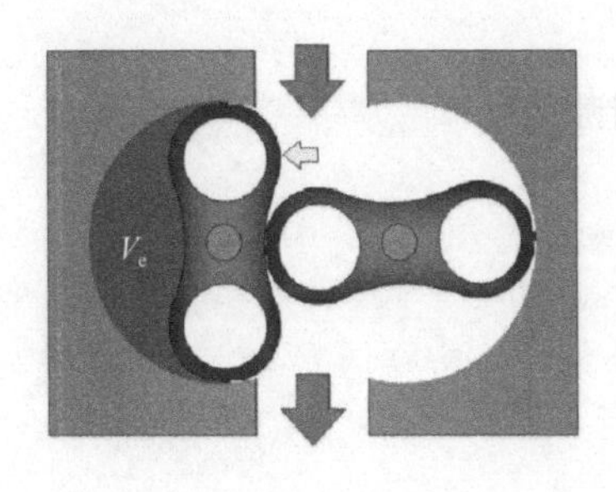

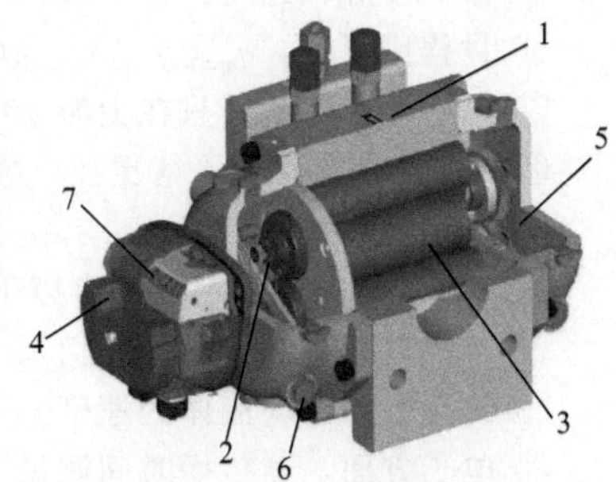

图 2-9-4　腰轮流量计结构

1—表体；2—压盖；3—8 字形转子；4—智能型脉冲发生器；5—后端盖；6—观察孔；7—计数器

2. 腰轮流量计参数与适用条件

腰轮流量计测量燃气流量的量程十分宽广，上下流量同样适用，主要参数如下：

公称流量（m^3/h）：16，25，40，65，100，160，250，400，650，1000，1600，2500，4000，6500，10000，16000，25000；

公称压力（MPa）：1.6，2.5，6.4；

累计流量精度：±1%，±1.5%，±2.5%；

量程比（q_{min}/q_{max}）：1/10～1/20。

腰轮流量计一般适于燃气流量大于 25m^3/h 的中低压的用气设备中，并且其始动流量小，测量范围较大，适用于大型的商业用户。当用气设备的最大流量大于 30m^3/h 时，建议采用腰轮流量计。另外，气体压缩会影响腰轮流量计计量的准确性，计算结果见表 2-9-2。

表 2-9-2　腰轮流量计气量损失

压力/Pa	气量损失/%	压力/Pa	气量损失/%
3000	2.9	5000	4.7
4000	3.8	6000	5.6

气量损失是随着额定压力的升高而增大的，所以采用流量补偿仪也有必要；但从另一个角度来说，增加流量补偿仪会对市场开发有一定影响。经过权衡分析，确定如果商业用户的用气设备额定使用压力超过 5000Pa 时，必须采用流量补偿仪。另外，腰轮流量计属于精细仪器，因此其价格相当昂贵。同时由于腰轮流量计受燃气干净程度的影响，必须安装过滤器。

四、超声波流量计

超声波流量计是通过检测流体流动对超声束（或超声脉冲）的作用，测量体积流量的速度式测量仪表，天然气超声波流量计的测量原理是传播时间差法。在测量管安装一组超声波传感器，同时测量彼此之间的声波到达时间。

1. 超声波流量计特点

由于是全电子式，无机械局部，不受机械磨损、故障影响，产品的可靠性和精度进步很多。体积小、重量轻，重复性好，压损小，不易老化，使用寿命长；特殊功能是微小流量可测，有管道泄漏感知功能，压力损失为零。

主要特点：

① 能实现双向流束的测量；

② 过程参数（压力、温度等）不影响测量结果；

③ 无接触测量系统，流量计量过程无压力损失；

④ 可准确测量脉动流；

⑤ 重复性好，速度误差≤5mm/s；

⑥ 量程比很宽，q_{min}/q_{max}=1/40～1/60；

⑦ 可不考虑整流，只在上游 100mm，下游 50mm 余留安装间隙即可；

⑧传感器可实现不停气更换，操作维修方便。

影响超声波测量因素：

超声波测量的不确定来源有以下三种因素：

① 机械方面，与管段的几何尺寸有关；

② 物理方面，与流体的速度分布有关；

③ 电子方面，与传播时间测量有关。

影响超声波信号的主要原因：

① 严重的电子噪声；

② 超声声学噪声；

③ 严重的信号衰减；

④ 测量段出现的多向流动；

⑤ 换能器受到污染；

⑥ 测量段出现严重的测量梯度；

⑦ 严重的紊流。

总体来说：

超声波流量计相比于传统的孔板、涡轮流量计，在结构、计量精度、压力损失、量程比等指标上都具有较大的优势。超声波流量计在应用上的主要问题在于气体输送过程中存在很多对提高信噪比不利的因素，特别是压力调节装置带来的噪声影响，超声波在气体中的快速衰减和安装效应等。

超声波流量计的适用范围很广，但由于性价比和使用环境的影响，更适用于大口径、高压力、输送距离长的主干道管网。

针对城市燃气及小工商服用户的计量可采用云技术远程控制器（集远程抄表、过程监控和控制管理于一体的智能化设备）。安装于用户现场，通过 GPRS（通用分组无线业务）、Wi-Fi 及未来的 NB-IOT 物联网技术连接流量计及其他仪表终端与云端，通过互联网的 WEB 或手机等手持终端运行 APP 软件即可方便查阅燃气公司辖区内所有仪表设备的运行状况，并能够实时推送报警信息及管线巡查运维的调度排班，方便燃气公司实现智能化、科学化的运维，减少人力成本的投入，如图 2-9-5 所示。

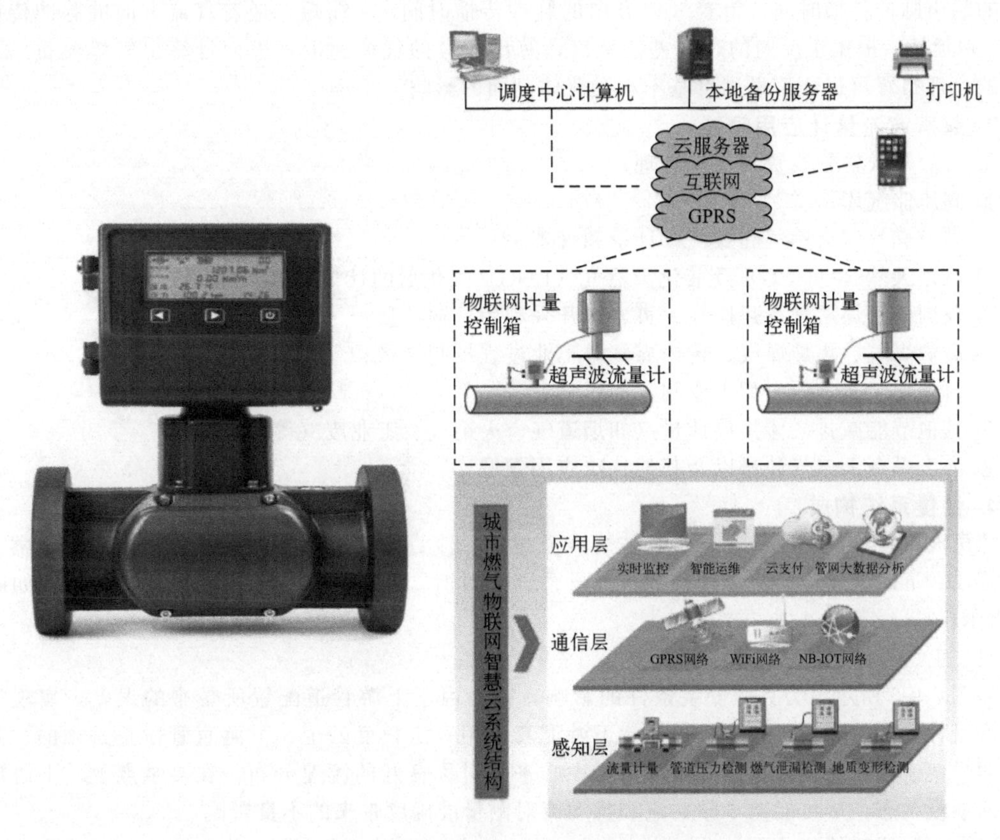

图 2-9-5　超声波流量计及云技术远程控制器

2. 气体超声波流量计测量原理

气体超声波流量计原理是超声波时差法，即利用声波在顺流与逆流中传播的时间差来计算流量，如图 2-9-6 所示。

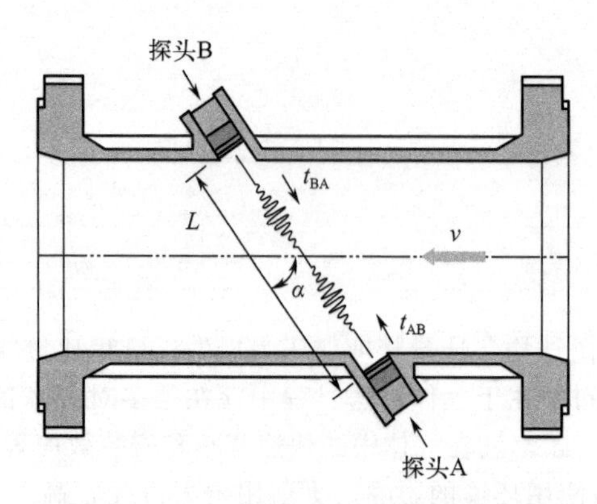

图 2-9-6　气体超声波流量计工作原理图

假设声波顺气流方向的传播时间为 t_{AB}，逆方向的传播时间为 t_{BA}，声速为 c。

$$t_{AB}=\frac{L}{c+v\cdot\cos\alpha}\qquad t_{BA}=\frac{L}{c-v\cdot\cos\alpha}$$

可消除声速 c 得到流速：

$$v=\frac{L}{2\cdot\cos\alpha}\left(\frac{1}{t_{AB}}-\frac{1}{t_{BA}}\right)$$

相应的声速 c 的计算公式为：

$$c=\frac{L}{2}\left(\frac{1}{t_{AB}}+\frac{1}{t_{BA}}\right)$$

将测得的多个声道的流体流速 v_i，$i=1$，2，…，k；利用数学的函数关系联合起来，可得到管道平均流速的估计值 $\bar{v}$，乘以流道截面积 A，即可得到流量 q：

$$\bar{v}=f(v_1，\cdots，v_k)$$

$$q=A\bar{v}$$

式中　k——声道数

两个成对的超声波传感器工作时可交替作为发射器和接收器。气流的加速和减速效应则导致不同的超声脉冲传播时间，沿着气流方向的脉冲传播时间 t_{AB} 缩短，逆着气流方向的脉冲传播时间 t_{BA} 则延长。根据正反向的时间差，可以计算出相应的气流速度，进而计算出气体流量。多个声道的合理布置可保证流量测量基本不受流体剖面的影响。

3. 超声波流量计应用领域

① 天然气长输管线贸易计量管理；

② 高压储气库；

③ 城市燃气（天然气和煤气）计量和管理；

④ 压缩天然气（CNG）及液化天然气（LNG）气化后的计量；

⑤ 煤制气、煤层气、瓦斯气、页岩气开采利用分输计量；

⑥ 高炉煤气、焦炉煤气、转炉煤气等工业过程控制计量；

⑦ 石油化工及其他大型工业制气和用气；

⑧ 其他节能减排气体排放计量（如烟道气、火炬气、工业废气等）；

⑨ 海上平台天然气计量以及其他特殊应用领域。

4. 计量系统构成

超声波流量计计量系统主要由气体超声流量计、流量计算机、压力变送器、温度变送器、上游直管段、下游直管段、流动调整器、计量系统控制柜、上位机软件及诊断软件等构成，如图 2-9-7 所示。

（1）上、下游直管段

如图 2-9-8 所示，为克服安装条件的影响，减小由于上游管道配置所带来的误差，实现气体超声流量计的准确计量，在流量计上、下游配套使用一定长度的上、下游直管段是必须的。其主要目的是使流体在测量管段内获得沿管道中心平行对称良好的流速分布，在测量点上、下游形成较好的紊流状态，尽可能减小脉动流和扰动流对测量准确度带来的不良影响。

（2）流动调整器

一般来说，安装流动调整器可以在一定程度上改善气体超声流量计的测量条件，有助于提高测量结果的准确性，尤其是在上游存在弯管或其他扰流设备的使用场合。

一个充分发展的轴对称流速分布对于流量计的准确测量是至关重要的，如受现场安装环境等因素的限制，在上下游直管段与流量计组成的测量管段内的气体无法获得充分发展的速度分布，

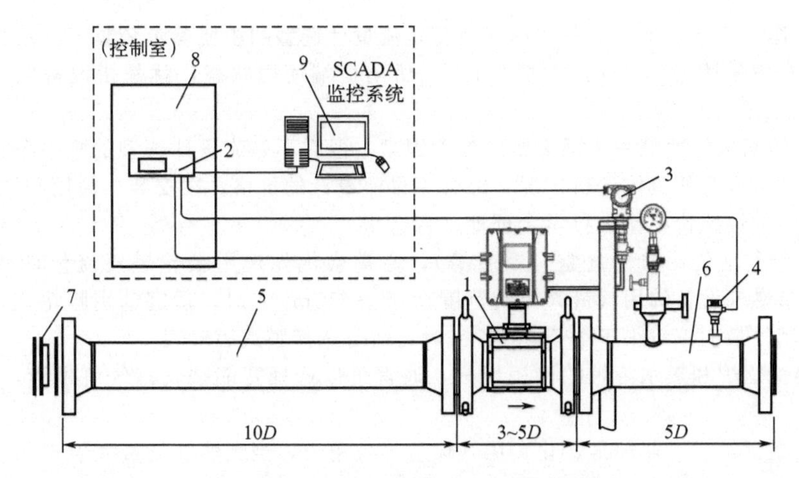

图 2-9-7 超声波流量计计量系统构成

1—气体超声流量计；2—流量计算机；3—压力变送器；4—温度变送器；5—上游直管段；6—下游直管段；7—流动调整器；8—计量系统控制柜；9—上位机软件及诊断软件

图 2-9-8 超声波流量计计量系统安装图

特别是对于小流量有苛刻要求的工艺条件，则需考虑安装流动调整器。

板孔式流动调整器，密封方式与 RF 和 RJ 两种法兰相配套，如图 2-9-9、图 2-9-10。

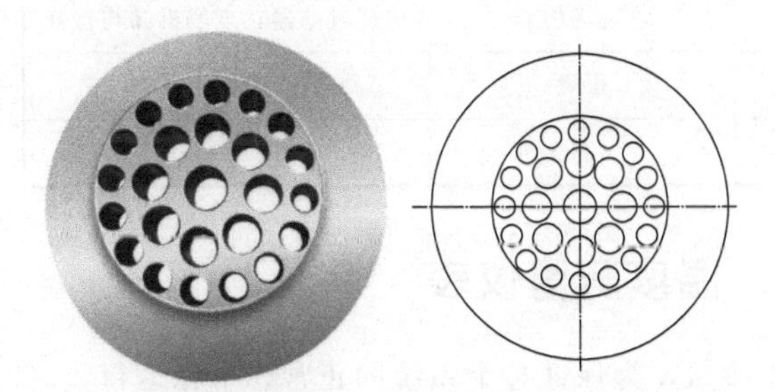

图 2-9-9 超声波流量计流动调整器 RF 连接面

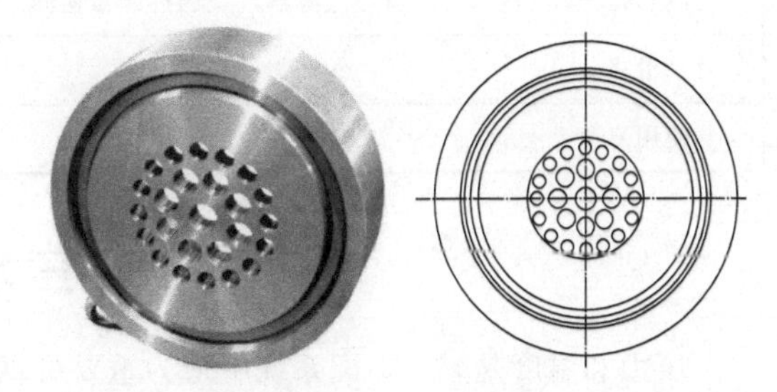

图 2-9-10 超声波流量计流动调整器 RJ 连接面

五、三种流量计比较

① 腰轮流量计、涡轮流量计和超声波流量计三种计量计的相对误差都是±2%，被测天然气流量值在流量计的测量量程范围内才能够被准确测量，用户的正常用气量最好在流量计量程的 20%～85%之间。在确保测量精度的条件下，需结合被测天然气的真实流量范围，合理地选择相适应的流量计规格与型号，特别是对于天然气流量的下限需要重点关注。

② 正常工作条件下，用气设备的用气负荷是流量计选型的主要参考依据。极端使用状态情况下，燃气负荷在流量计选型上仅作为参考依据。所谓极端使用状态，就是指设备较少出现的使用状态。

③ 流量计的测量精度是一个很重要的参考因素，但它不是流量计选型的唯一条件，实际的选型过程中，要结合设备的具体运行工况，综合考量流量计的价格，在安装、使用和维护上的本钱，综合考虑流量计的性能价格比，科学合理地进行选型。

④ 对于餐饮行业的用户（食堂、饭店等），通常会优先选用腰轮燃气流量计和膜式燃气表（第五章）。如果燃气设备的用气最大流量范围在 65～650m^3/h 时，适宜选用腰轮燃气流量计，假设燃气设备的用气最大流量小于等于 65m^3/h 时，适合选择膜式燃气表。

⑤ 对于类似锅炉和热水茶炉的使用用户，通常可以选择智能腰轮燃气流量计，并要求带温、压补偿装置。

⑥ 对于大型锅炉、工业炉窑、化工用气设备等大用户，当天然气流量大于 650m^3/h 时，通常会选用涡轮流量计，并尽量在各个设备上单独安装流量计，对智能化程度要求较高，可以实现远程化和自动化，从而方便对用户的实际用户状况进行在线监测等。

⑦ 对于管径较大，压力较高，需要对流量进行准确测量的，适合使用超声波流量计。

三种流量计主要性能比较见表 2-9-3。

表 2-9-3　三种流量计的主要性能比较

项目	涡轮流量计	超声波流量计	腰轮流量计
量程比	1/10～1/20	1/40～1/60	1/10～1/20
计量精度	高	高	高
始动流量	大	较小	较小
压力损失	较小	无	大
智能温压补偿	有	无	有
对流速分布敏感	较敏感	不敏感	很敏感
气质要求与影响	高	高	中
安装要求	前后直管段有要求，管道吹扫，装过滤器	一般	管道吹扫，装过滤器
维护与检修	清理过滤器，现场拆卸与检修	可现场检修	清理过滤器，现场拆卸与检修
价格	较贵	很贵	较廉价
使用寿命	高	高	中

单元 2.10　压力、温度测量仪表

压力和温度是燃气输配系统中最为重要的两个参数，为保证整个系统的正常、平稳运行，需对这两项参数进行实时监测。燃气站场中选用的压力、温度仪表既有就地指示的普通型仪表，也有具有远传功能的变送器，具体包括弹簧管压力表、差压表、差压/压力变送器、双金属温度计、温度变送器等。

一、弹簧管压力表

弹簧管压力表属于就地指示型压力表，它利用弹簧管作敏感元件，在被测介质的压力作用下，敏感元件产生相应的弹性变形，再通过表内机芯的转换机构将弹性形变传导至指针，引起指针转动来显示压力，具有结构简单、使用可靠、价格低廉、测量范围广、有足够的精度等优点。

弹簧管压力表主要由弹簧管、拉杆、扇形齿轮、中心齿轮、指针、刻度盘、游丝、调节螺栓、接头、外壳等几部分组成，如图 2-10-1 所示。

工作原理：

弹簧管 1 是一根弯成圆弧形的空心金属管子，其截面做成扁圆或椭圆形，它的一端封闭（称自由端，即弹簧管受压变形后的变形位移的输出端），另一端（称固定端，即被测压力的输入端）焊接在固定支柱上，并与接头 9 相通。当被测介质通过接头引入弹簧管后，呈椭圆形的弹簧管截面在介质压力的作用下有变圆的趋势，弯成圆弧形的弹簧管随之产生向外挺直的扩张变形，从而使弹簧管的自由端产生位移。此位移借助拉杆 2 扇形齿轮 3 和中心齿轮 4 所组成的传动机构，转变成中心齿轮的旋转角度。中心齿轮的旋转又带动装在中心齿轮轴上的指针转动，指针在刻度盘上指示出压力值。在弹性限度内，弹簧管受压后产生位移与压力成正比。弹簧管在承受最大压力时的位移角一般为 5°～20°。游丝的作用是克服扇形齿轮和中心齿轮的传动间隙所引起的仪表变差。调节螺钉可以改变拉杆和扇形齿轮的连接位置，即可改变传动机构的传动比（放大系数），以调整仪表的量程。

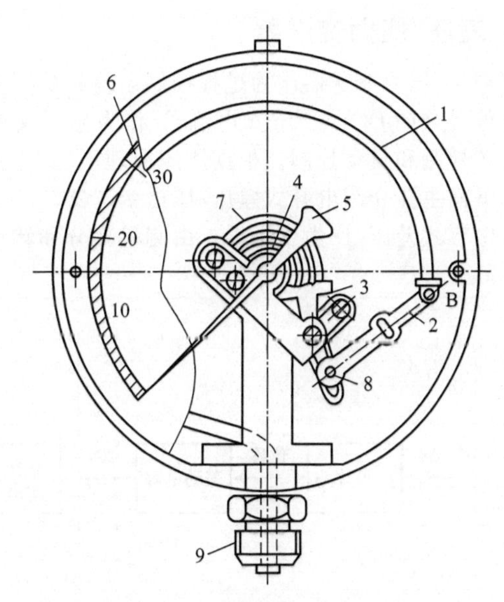

图 2-10-1 弹簧管压力表的结构

1—弹簧管；2—拉杆；3—扇形齿轮；4—中心齿轮；5—指针；6—刻度盘；7—游丝；8—调节螺栓；9—接头

二、差压表

在燃气输配系统中有时需要测量两个点的压差，如判断过滤器是否堵塞，可观察其进出口压力差，此时，可使用差压表直接测量进出口压差。

常见的双针双管差压表由两套各自独立的测量系统和指示装置组成，其测量原理与弹簧管压力表相似。如图 2-10-2 所示，将两个测点的压力分别通过正、负导压管导入，较高的压力由正导压管导入，较低的压力由负导压管导入；导入的压力使测压元件产生弹性变形，在两个测压元件（弹簧管）末端各自产生相应的位移，再通过拉杆传动机构的传动予以放大，由固定于齿轮轴上的红、黑指针将所测值分别指示在度盘上，同时在中间小盘上显示出二者压力之差。

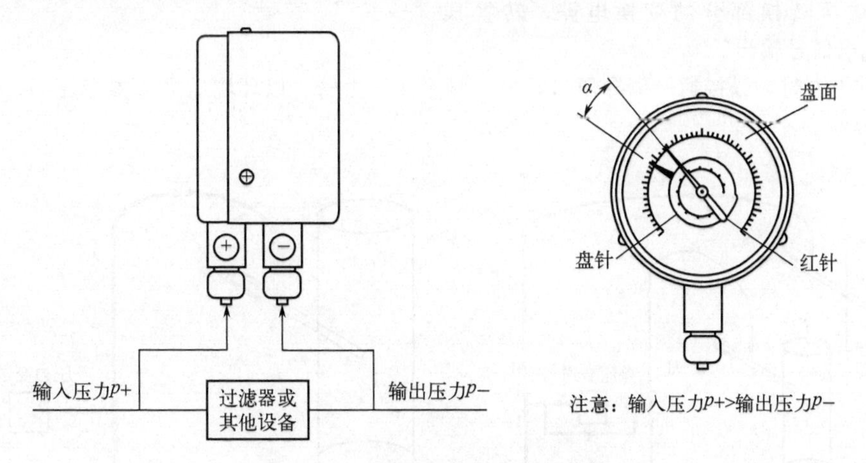

图 2-10-2 双针双管差压表的结构

三、差压/压力变送器

差压/压力变送器作为过程控制系统的检测变换部分，可将天然气的差压、压力转换成统一的标准信号（如 DC4～20mA 电流），作为显示仪表、运算器和调节器的输入信号，以实现生产过程的连续检测和自动控制。根据测压原理不同，可分为应变式、电容式、压阻式、电感式、压电式等。下面主要介绍电容式差压/压力变送器。

电容式差压/压力变送器，由测量部分和转换部分组成，如图 2-10-3 所示。

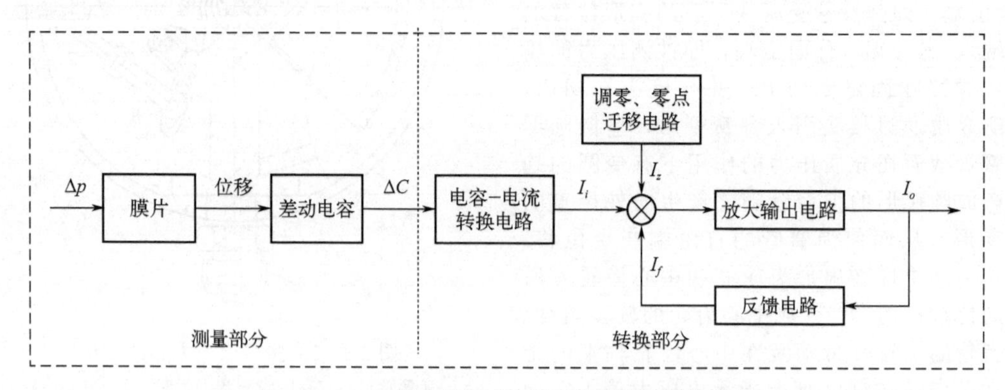

图 2-10-3　电容式差压/压力变送器测量转换电路

测量部分常采用差动电容结构，如图 2-10-4 所示。中心可动极板与两侧固定极板构成两个平面型电容 C_H 和 C_L。可动极板与两侧固定极板形成两个感压腔室，介质压力是通过两个腔室中的填充液作用到中心可动极板。一般采用硅油作为填充液，隔离膜片既可传递压力，又可避免电容极板受损。

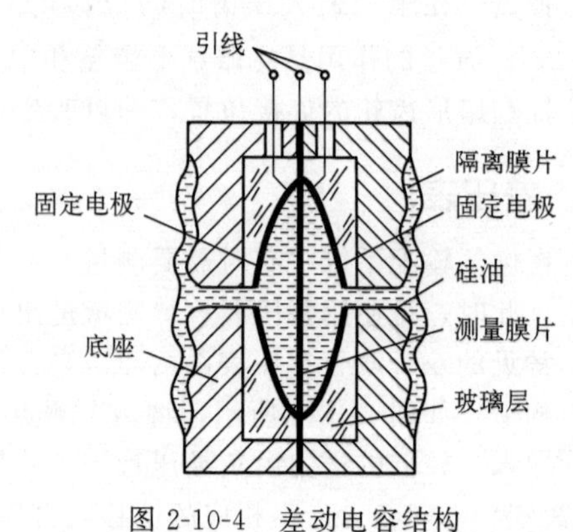

图 2-10-4　差动电容结构

在测量压差时，高、低压分别从膜盒两侧导压口引入至隔离膜片，再通过腔室内硅油液体传递到中心测量膜片，中心测量膜片感压产生位移，凸向压力较小的一侧，使可动极板和左右两个极板之间的间距发生改变，由此改变了两侧电容量。电容的变化量与被测压差成正比，两者成线性关系。通过引线，电容的变化量传输至转换部分的变换电路，转换成 4～20mA 标准电信号输出。

在测量压力时，只接通一侧导压口，另一侧不接压力管，以环境压力为参考压力，如图 2-10-5 所示。

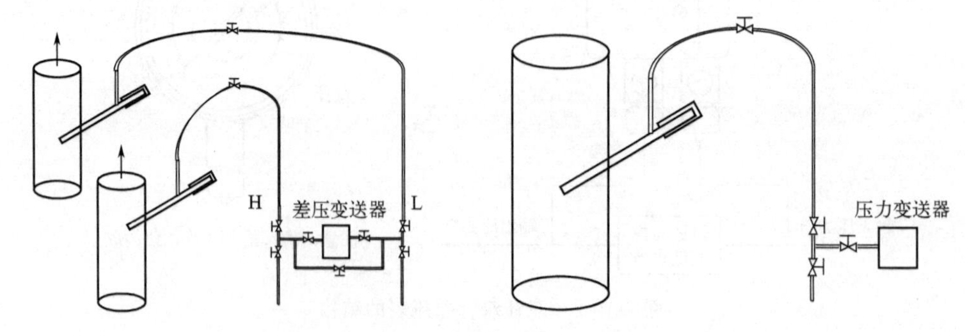

图 2-10-5　差压/压力变送器取气管道连接图

四、双金属温度计

双金属温度计用膨胀系数不同的两种金属（或合金）片牢固结合在一起组成感温元件，为提高测温灵敏度，一般绕制成螺旋形，如图 2-10-6 所示，其一端固定，另一端（自由端）装有指针。当温度变化时，感温元件曲率发生变化，自由端旋转，带动指针在度盘上指示出温度数值。

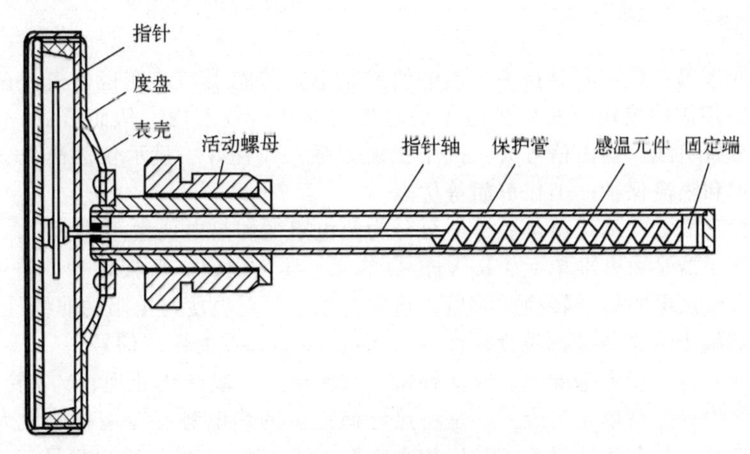

图 2-10-6　双金属温度计结构

膨胀系数大的金属片称为主动层，一般采用锰镍铜合金、镍铬铁合金，膨胀系数小的金属片称为被动层，通常采用 Ni34%～50%的因瓦型镍铁合金。当温度升高时，主动层膨胀量大于被动层膨胀量，由于两者紧固结合在一起，金属片朝膨胀量小的一侧弯曲。

按照指针表盘与保护管的连接管方向不同，可将双金属温度计分成轴向型、径向型、万向型，如图 2-10-7 所示。

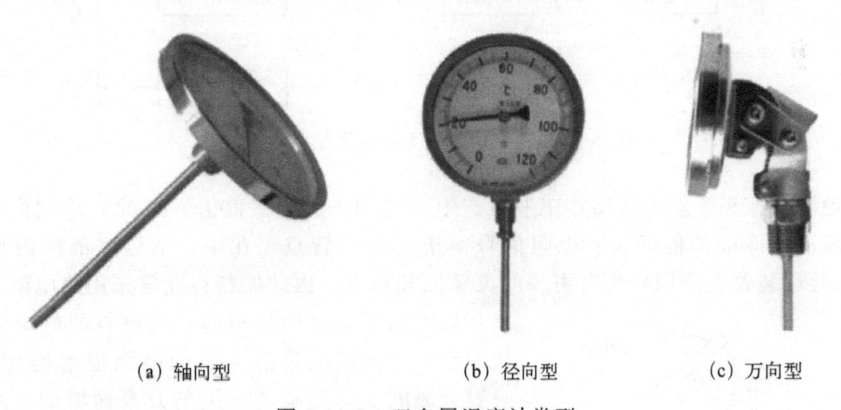

(a) 轴向型　(b) 径向型　(c) 万向型

图 2-10-7　双金属温度计类型

双金属温度计的主要尺寸系列及安装固定装置，包括保护管直径、插入长度、螺纹安装尺寸等，为了达到通用和互换，尽可能与热电阻、热电偶取得一致。

一般保护管直径（mm）：Φ4、Φ6、Φ8、Φ10、Φ12。

指示外壳直径（mm）：Φ60、Φ100、Φ150。

精度等级分为：1.0、1.5、2.5。

内外螺纹安装尺寸：M16×1.5 或 M27×2。

日常维护：

对双金属表面进行擦拭，检查仪表内部是否进水，表盘是否模糊，表壳是否完好，耐振双金属温度计内油品是否浑浊，是否影响数值查看，仪表量程是否符合，还需查双金属温度计表示值与站控机或同条件下温度表示值是否相符或在允许误差范围内。

如果发现温度计出现数值错误，需将温度计拆下，拆卸前确认温度计是否含有套管，如无套管勿将其拆卸。拆卸后检查温度计传感器是否变形，仪表指针是否松动，对其进行升温或降温检查，查看温度是否变化，指针走动是否平稳。检查套管内是否含有大量水或者出现冰堵杂质，并对其进行清理或更换。

五、温度变送器

一体化温度变送器一般由测温探头（热电偶或热电阻传感器）和变送器模块两部分组成，如图 2-10-8 所示。采用固体模块形式将测温探头直接安装在接线盒内，从而形成一体化的变送器，具有结构简单、节省引线、输出信号大、抗干扰能力强、线性好、显示仪表简单、固体模块抗振防潮、有反接保护和限流保护、工作可靠等优点。

根据测温元件不同，一体化温度变送器可分为热电阻型和热电偶型两种。

热电阻温度变送器是由基准单元、R/V 转换单元、线性电路、反接保护、限流保护、V/I 转换单元等组成。测温热电阻信号转换放大后，再由线性电路对温度与电阻的非线性关系进行补偿，经 V/I 转换电路后输出一个与被测温度成线性关系的 4～20mA 的恒流信号。

热电偶温度变送器一般由基准源、冷端补偿、放大单元、线性化处理、V/I 转换、断偶处理、反接保护、限流保护等电路单元组成。它是将热电偶产生的热电势经冷端补偿放大后，再由线性电路消除热电势与温度的非线性误差，最后放大转换为 4～20mA 电流输出信号。

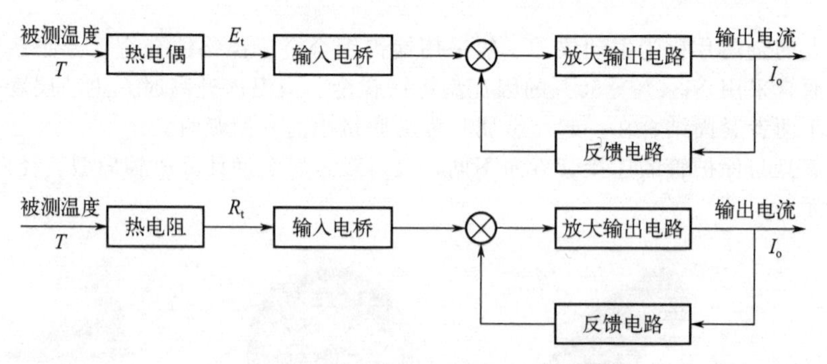

图 2-10-8　一体化温度变送器结构方框图

对于两种测温探头，热电阻型在工业生产中一般用来测量－200～＋500℃范围内的温度，具有测量精度高、无冷端补偿问题、电阻信号便于远传的特点，在中、低温度范围内比热电偶型（主要在高温处理装置上使用）具有更高的灵敏度和精度，因此燃气行业常采用热电阻测温探头。

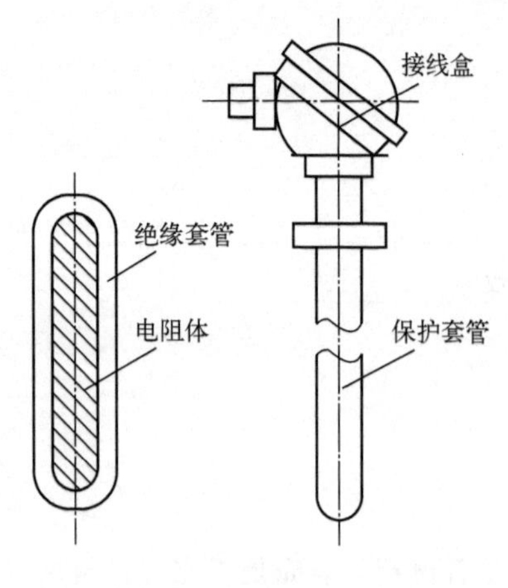

图 2-10-9　普通型热电阻的结构

热电阻测温原理是利用一些材料的电阻随温度而变化的性质，通过测量热电阻的电阻值来确定被测温度。一般金属的电阻值随着温度的升高而增加，且近于线性关系。大多数金属在温度每升高 1℃时，其电阻值要增加 0.4%～0.6%。常见的金属热电阻种类包括铂热电阻和铜热电阻，我国最常用的铂热电阻有 $R_0=10\Omega$、$R_0=100\Omega$ 和 $R_0=1000\Omega$ 等几种，它们的分度号分别为 Pt10、Pt100、Pt1000；铜热电阻有 $R_0=50\Omega$ 和 $R_0=100\Omega$ 两种，它们的分度号为 Cu50 和 Cu100。

热电阻的结构有普通型和铠装型两种形式。

普通型热电阻的结构如图 2-10-9 所示，主要由热电阻体、绝缘套管、保护套管和接线盒等部分组成。普通热电阻的结构外形与热电偶基本相同，除了电阻体外其他部件都是通用的。热电阻体是由细的铂丝或铜丝绕在绝缘支架上构成的。

铠装型热电阻的结构如图2-10-10所示，主要由金属套管、绝缘粉末填充物和内引线组成，前端与微型铂电阻体连接，外部焊接短保护管，组成铠装热电阻。铠装热电阻外径一般为2～8mm。其特点是体积小、热响应快、耐振动和冲击性能好，除感温元件部分外，其他部分可以弯曲，适合于在复杂条件下安装。

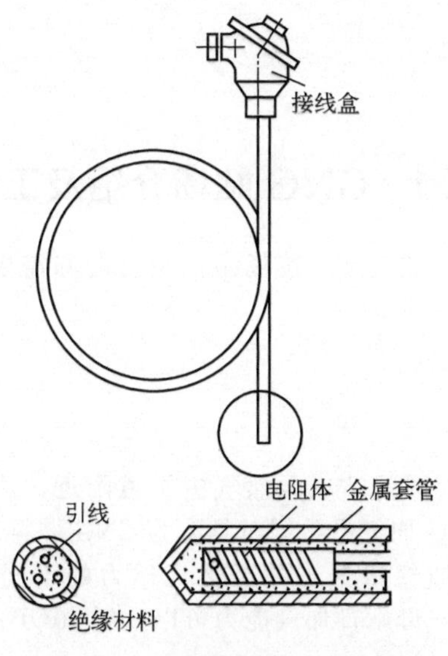

图2-10-10　铠装型热电阻的结构

单元2.11　ESD紧急停车系统

大多石油和化工生产过程具有高温、高压、易燃、易爆、有毒等危险。当某些工艺参数超出安全极限，未及时处理或处理不当时，便有可能造成人员伤亡、设备损坏、周边环境污染等恶性事故。这就是说，从安全的角度出发，石油和化工生产过程自身存在着固有的风险。ESD是Emergency Shutdown Device的简称，中文的意思是紧急停车装置，它用于监视装置的操作，如果生产过程超出安全操作范围，可以使其进入安全状态，确保装置具有一定的安全度。ESD主要应用于生产过程的联锁保护控制和停车控制以及装置的整体安全控制；火焰和气体检测控制；锅炉安全控制，燃气轮机、涡轮机、压缩机的机组控制；化学反应器控制；电站、核电站控制；铁路、地铁控制等领域。

在正常情况下，ESD系统是处于静态的，不需要人为干预。作为安全保护系统，凌驾于生产过程控制之上，实时在线监测装置的安全性。只有当生产装置出现紧急情况时，直接由ESD发出联锁保护信号，对现场设备进行安全保护，避免危险扩散造成巨大损失。

根据有关资料，人在危险时刻的判断和操作往往是滞后的、不可靠的，当操作人员面临生命危险时，要在60s内做出反应，错误决策的概率很高。因此设置独立于控制系统的安全联锁是十分有必要的，这是做好安全生产的重要准则。该动则动，不该动则不动，这是ESD系统的一个显著特点。

燃气输配站场、CNG站场等设备运行的事故隐患主要是压力超高、天然气泄漏及火灾造成的二次事故，处理方式都是关断ESD阀门，进行站场隔离和放空。因此，ESD系统的控制内容就是确保压力超高时的紧急停车，保护站场和下游用户的人身和财产安全。

模块三

压缩天然气站场设备

单元 3.1 CNG 站场介绍及工艺流程

压缩天然气加气站也称 CNG 加气站，按场站使用目的和需求可以分为：标准站（常规站）、母站、子站。

一、母站

1. 简介

CNG 母站通常建设在城市管网门站或天然气主干道附近，从天然气管线直接取气，主要为 CNG 拖车充装天然气，部分 CNG 加气母站同时具有为 CNG 燃料汽车加气的功能和为居民小区以及工商业供气。CNG 加气母站加气根据进站天然气压力的不同，日加气能力从 3 万 m^3 到 30 万 m^3 不等，有的地方建设的加气母站日加气能力可以达到 50 万 m^3。

2. 工艺流程

CNG 加气母站天然气引自站外高压管道，工作压力为 0.6～1.6MPa，经进站阀组（设置超压切断装置）、过滤、计量后，进入干燥脱水装置进行脱水干燥处理，将气体常压露点降至 −60℃，然后加臭后的气体通过缓冲罐进入压缩机加压，一路经过加气柱计量后，为 CNG 拖车充装压缩天然气，另一路通过顺序控制盘进入高、中、低储气瓶，储气瓶里的 CNG 可以通过加气机给 CNG 燃料汽车加气，流程图如图 3-1-1 与图 3-1-2 所示。

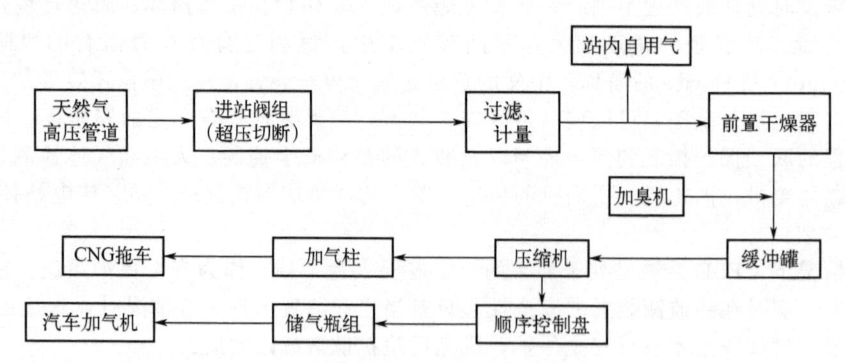

图 3-1-1　CNG 加气母站工艺流程示意图

3. 工艺参数

（1）设计压力

进站管道至调压器进口设计压力：2.5MPa。

调压器进口至压缩机进口设计压力：1.6MPa。

压缩机出口至拖车、汽车加气设计压力：25.0MPa。

（2）运行压力

进站管道至压缩机进口运行压力：0.6～1.6MPa。

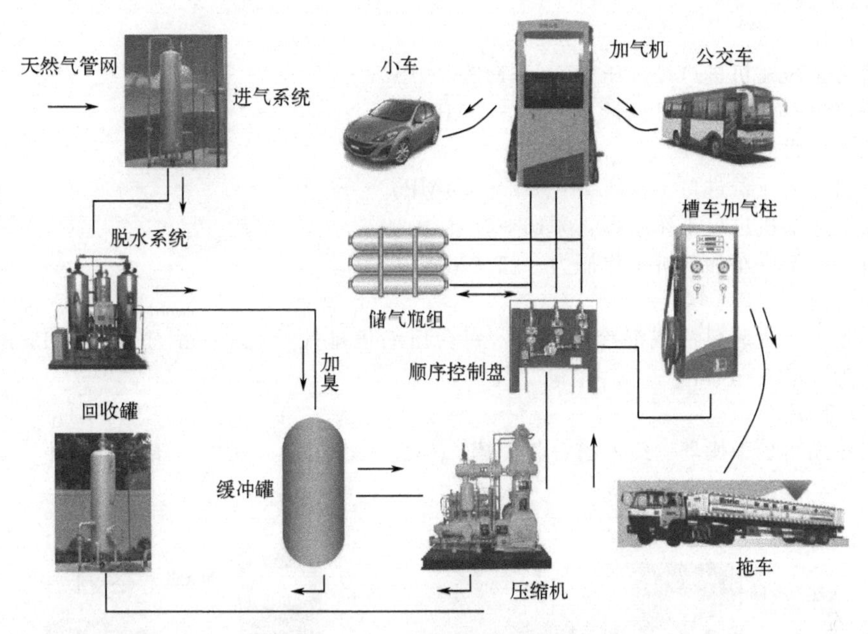

图 3-1-2　CNG 加气母站工艺流程图

压缩机出口至拖车运行压力：20MPa。

压缩机出口至储气设施及加气机运行压力：25MPa。

（3）加气能力

加气母站的日加气能力一般在 3～30 万 Nm^3，如果进站压力在 1.2～1.6MPa，日加气能力在 10～15 万 m^3，按照此条件站内设置 3 台撬装压缩机，日加气能力为 13.4 万 m^3/d。

4. 主要设备

活塞式压缩机、干燥器、缓冲罐、CNG 拖车、收集罐、加气柱、储气瓶（井）组、顺序控制盘、过滤器、调压器、流量计等。

二、标准站

1. 简介

CNG 标准站也称常规站，一般建设在城市天然气管网附近，直接从城市天然气管网中吸取气体，经过净化、压缩后充入储气设施，通过加气机为 CNG 燃料汽车加气。CNG 常规站的日加气能力一般在 2 万到 3 万 m^3 之间。

2. 工艺流程

天然气引自站外中压天然气管道，工作压力为 0.2～0.4MPa，过滤、调压计量后进入干燥器进行脱水处理，将原料气常压露点降至-60℃，干燥后的气体通过缓冲罐进入压缩机加压至 25MPa，通过顺序控制盘，直接输送至加气机为 CNG 燃料汽车充装 CNG，或进入储气瓶组，再通过加气机给 CNG 燃料汽车充装 CNG，流程图如图 3-1-3 与图 3-1-4 所示。

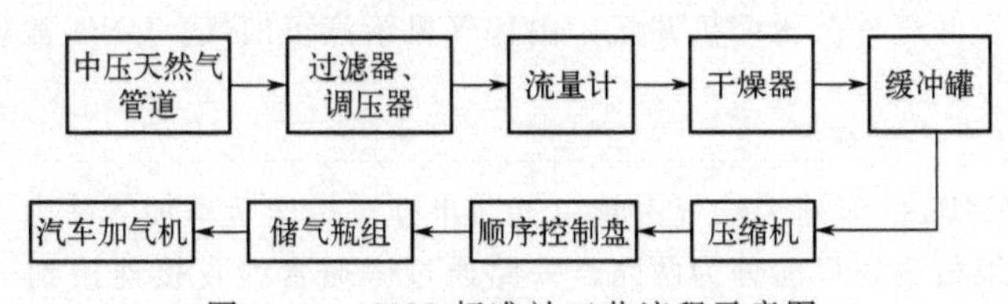

图 3-1-3　CNG 标准站工艺流程示意图

3. 工艺参数

（1）设计压力

进站管道至压缩机进口设计压力：0.6MPa。

压缩机出口至汽车加气机设计压力：27.5MPa。

（2）工作压力

进站管道至调压器进口工作压力：0.2～0.4MPa。

调压器至压缩机进口工作压力：0.15～0.3MPa。

压缩机出口至汽车加气机工作压力：25.0MPa。

（3）加气能力

站内设置2台撬装风冷或混冷压缩机，每台压缩机排气量为850m^3/h（0.3MPa进气压力），日加气能力为2×10^4 m^3/d。

4. 主要设备

活塞式压缩机、干燥器、缓冲罐、收集罐、CNG三线双枪加气机、储气瓶（井）组、顺序控制盘、过滤器、调压器、流量计等。

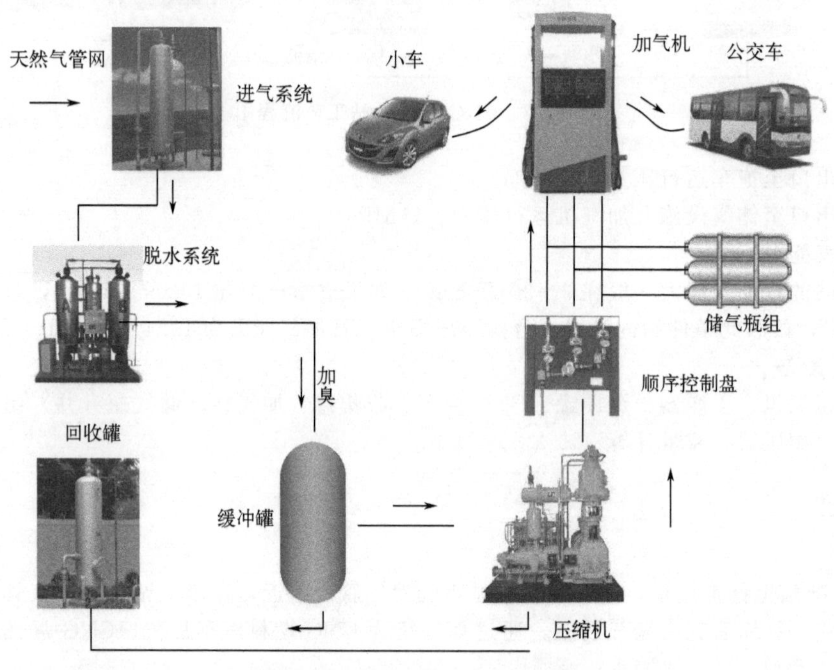

图3-1-4　CNG标准站工艺流程图

三、子站

1. 简介

常规子站主要是为了满足没有管输气的城镇建设加气站的需要，通过子站拖车从母站将天然气转存到子站内，通过卸气柱及压缩机卸气，由售气机给汽车加气。CNG常规子站的日加气能力一般在1万至2万m^3/d之间。

2. 工艺流程

首先从母站将20MPa的压缩天然气由管束气瓶半挂车拉运至本加气站内，经过卸气柱进入加气站进气系统，在压缩机进气口前分为两路，一路通过旁通管线直接连接到三线加气机的低压管路系统，如果有加气需求，加气站半挂车将作为低压储气瓶组，首先给三线加气机的低压管充气。另一路连接到压缩机进口管路上，当高压储气井压力低于22MPa（可调）时，压缩机系统进入工作状态。当半挂车上的气体压力为3～20MPa之间时，半挂拖车上的压缩天然气通过压缩机上的气动阀门自动切换进入压缩机气缸压缩到25MPa，经压缩机上由PLC控制的优先顺序控制阀首先向高压储气瓶充气，然后向中压储气瓶充气，直到全部达到25MPa时停机。随着半挂拖车上的压缩天然气被不断抽出，气体压力也在不断下降，当半挂拖车上的气体压力低于3MPa时压缩机自动停机，半挂拖车返回母站进行充气，工艺流程图如图3-1-5与图3-1-6所示。

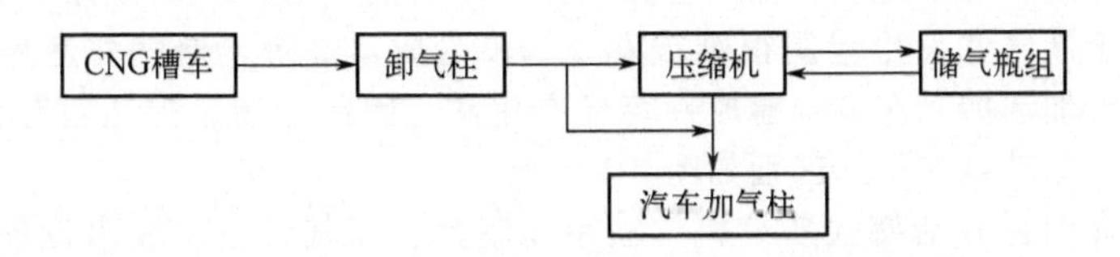

图3-1-5　CNG子站工艺流程示意图

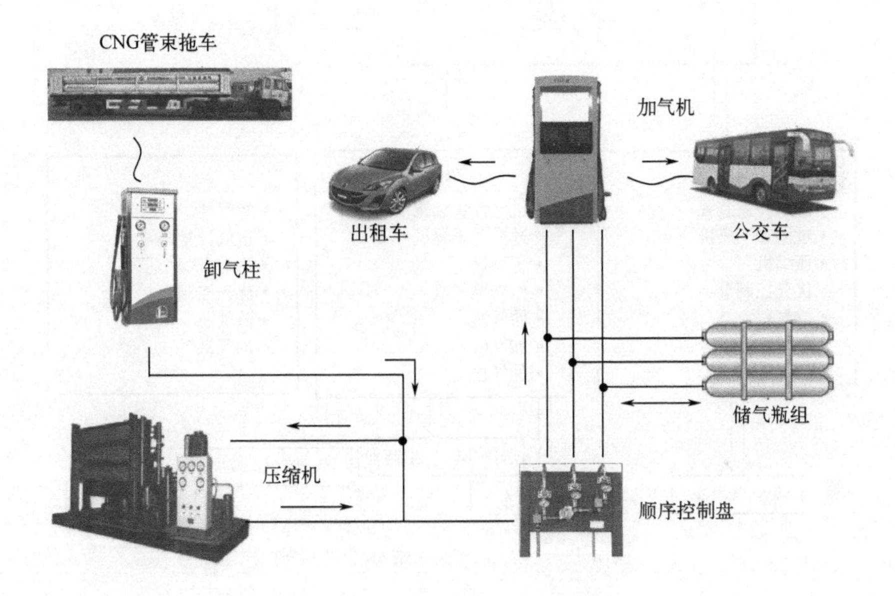

图3-1-6　CNG子站工艺流程图

在加气机给CNG汽车加气时，优先顺序控制系统按照以下优先级顺序进行取气：CNG管束气瓶半挂车—中压储气瓶—高压储气瓶。

压缩机出口气体另外一路经过调压器调压至0.003～0.005MPa后去燃气锅炉间供燃气锅炉用。

压缩机排污管线引至新建废机油池集中处理。储气井出口设置超压泄放安全阀，超压气引至站外放散管放空。

3. 工艺参数

（1）设计压力

卸气柱至压缩机进口设计压力：27.5MPa；压缩机出口至汽车加气机设计压力：27.5MPa；压缩机出口至储气井组设计压力：27.5MPa。

（2）运行压力

卸气柱至压缩机进口运行压力：20.0MPa；压缩机出口至汽车加气机运行压力：25.0MPa；压缩机出口至储气井组运行压力：25.0MPa。

（3）加气能力

站内设置2台压缩机，每台压缩机排气量为500～1500m^3/h，日加气能力为20000m^3/d。

4. 主要设备

压缩机（活塞式压缩机、液压式压缩机）、卸气柱、CNG 三线双枪加气机、储气瓶（井）组等。

综上所述，标准站、母站、子站的区别在于：标准站和子站主要任务是给天然气汽车加气；而母站一般给长管拖车加气，有的给工商业供气，很少直接对天然气汽车加气；标准站和母站的气源来自管道，标准站来自中压或者低压管道，母站来自高压管道；而子站气源来自母站充装后的拖车。另外，由于储气井发生泄漏很难被发现，校验成本高等，储气井逐步被储气瓶所替代；根据最新标准，要求加油加气充电合建成一套标准化站，因此，场站内还建有自动充电、自动洗车等建筑物，母站、标准站和子站区别如图 3-1-7 所示。

在本章中主要介绍往复活塞式压缩机、顺序控制盘、储气设备、脱水设备、拖车、卸气机、充气柱、加气机、可燃气体检测探头及控制箱、ESD 急停装置等设备。

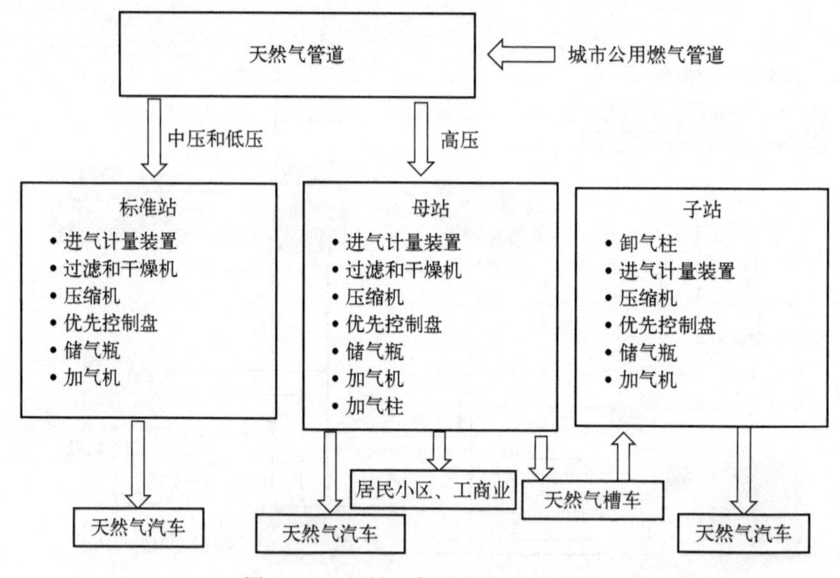

图 3-1-7 母站、标准站和子站区别

单元 3.2 天然气脱水

CNG 加气站的原料气一般为来自输气管道的商品天然气，在加气站中增压至 20～25MPa 并冷却至常温后，再在站内储存与加气。充装在高压气瓶（约 20MPa）中的 CNG，用作燃料时须从高压减压至常压或负压，再与空气混合后进入汽车发动机中燃烧。由于减压时有节流效应，气体温度将会降至－30℃以下。为防止气体在高压与常温（尤其是在寒冷环境）或节流后的低温下形成水合物和冻堵，故必须在加气站中对原料气进行深度脱水。

CNG 加气站中的天然气脱水虽也采用吸附法，但与 LNG 回收装置中的脱水系统相比，它具有以下特点：①处理量很小；②生产过程一般不连续，而且多在白天加气；③原料气已在上游经过处理，露点通常已符合管输要求，故其相对湿度小于 100％。

据了解，CNG 加气站中气体脱水用的干燥剂在美国多为分子筛，俄罗斯以往多用硅胶，目前也用分子筛，我国则普遍采用分子筛。至于脱水后干气的露点或水含量，则应根据各国乃至不同地区的具体情况而异。我国 GB 18047—2017《车用压缩天然气》中规定，汽车用压缩天然气的水露点在汽车驾驶的特定地理区域内，在最高操作压力下，水露点不应高于－13℃；当最低气温低于－8℃，水露点应比最低气温低 5℃。CNG 的脱水深度通常也可用其在储存压力下的水含量来表示。

1. 天然气脱水装置在加气工艺流程中的位置

当进加气站的天然气需要脱水时，脱水可在增压前（前置）、增压间（级间）或增压后（后置）进行，即根据其在CNG加气工艺流程中的位置不同，前置脱水安装在压缩机前，其后的压缩机要能保证不污染气质（务必注意：前置脱水装置不是压缩机的过滤器）；级间脱水安装在压缩机的2、3级压缩缸之间，一般不推荐此种方式；后置脱水安装在无油润滑压缩机或有除油能力的少油润滑压缩机之后（务必注意：后置脱水装置不是压缩机的过油器）。

脱水又可分为低压脱水（压缩机前脱水）、中压脱水（压缩机级间）及高压脱水（压缩机后）三种。

脱水装置通常设置两塔即两个干燥器，一套系统在脱水，一套系统在再生。交替运行周期一般为6～8h，但也可更长。脱水装置的设置位置应按下列条件确定：①所选用的压缩机在运行中，其机体限制冷凝水的生成量，且天然气的进站压力能克服脱水系统等阻力时，应将脱水装置设置在压缩机前；②所选用的压缩机在运行中，其机体不限制冷凝水的生成量，并有可靠的导出措施时，可将脱水装置设置在压缩机后；③所选用的压缩机在运行中，允许从压缩机的级间导出天然气进行脱水时，宜将脱水装置设置在压缩机的级间。此外，压缩机气缸采用的润滑方式（无油或注油润滑）也是确定脱水装置在流程中位置时需要考虑的因素。

在增压前脱水时，再生用的天然气宜采用进站天然气经电加热、吸附剂再生、冷却和气液分离后，再经增压进站的天然气脱水系统。再生用的循环风机应为再生系统阻力值的1.10～1.15倍。

在增压后或增压间脱水时，再生用的天然气宜采用脱除游离液（水分和油分）后的压缩天然气，并应由电加热控制系统温度。再生后的天然气宜经冷却、气液分离后进入压缩机的进口。再生用天然气压力为0.4～1.8MPa或更高。

低、中、高压脱水方式各有优缺点。高压脱水在需要深度脱水时具有优势，但由于高、中压脱水需要对压缩机进行必要的保护，否则会因含水蒸气的天然气进入压缩机而导致故障。

天然气脱水装置设置在压缩机后或压缩机级间时，压缩天然气进入脱水装置前，应先经过冷却、气液分离和除油过滤，以脱除游离的水分和油分。

2. CNG加气站天然气脱水装置工艺流程

目前国内各地加气站大多采用国产天然气脱水装置，并有低压、中压、高压脱水三类。其中，低压和中压脱水装置有半自动、自动和零排放三种方式，高压脱水装置只有全自动一种方式。半自动装置只需操作人员在两塔切换时手动切换阀门，再生过程自动控制。在两塔切换时有少量天然气排放。全自动装置所有操作自动控制，不需人员操作，在两塔切换时也有少量天然气排放。零排放装置指全过程（切换、再生）实现零排放。经这些装置脱水后的气体的水露点小于－60℃。干燥剂一般采用4A或13X分子筛。

半自动和全自动低压脱水工艺流程见图3-2-1。图3-2-1中原料气从进气口进入前置过滤器，

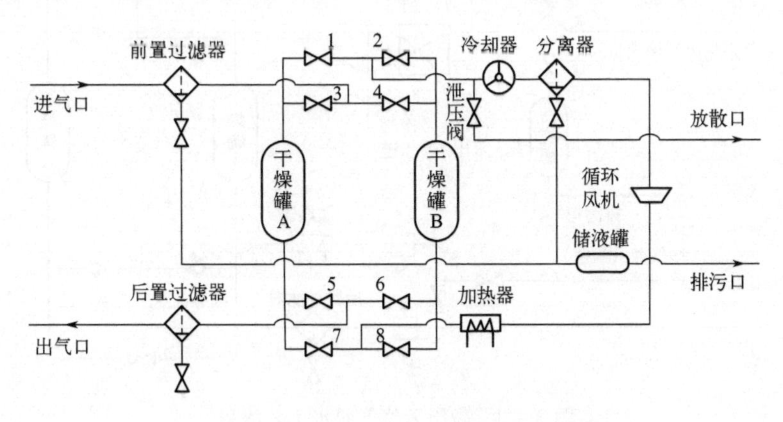

图3-2-1　低压半自动、全自动脱水工艺流程

除去游离液和尘埃后经阀 3 进入干燥罐 A，脱水后经阀 5 去后置过滤器除去吸附剂粉尘后至出气口。再生气经循环风机增压后进入加热器升温，然后经阀 B 进入干燥罐 B 使其再生，再经阀 27 进入冷却器冷却后去分离器分出冷凝水，重新进入循环风机增压。

零排放低压脱水工艺流程见图 3-2-2。图 3-2-2 中原料气从进气口进入前置过滤器，除去游离液和尘埃后经阀 1 进入干燥罐 A，脱水后经止回阀和后置过滤器至出气口。再生气来自脱水装置出口，经循环风机增压后进入加热器升温，然后经止回阀进入干燥罐 B 使其再生，再经阀 4 进入冷却器冷却后去分离器分出冷凝水，重新回到脱水装置进气口。

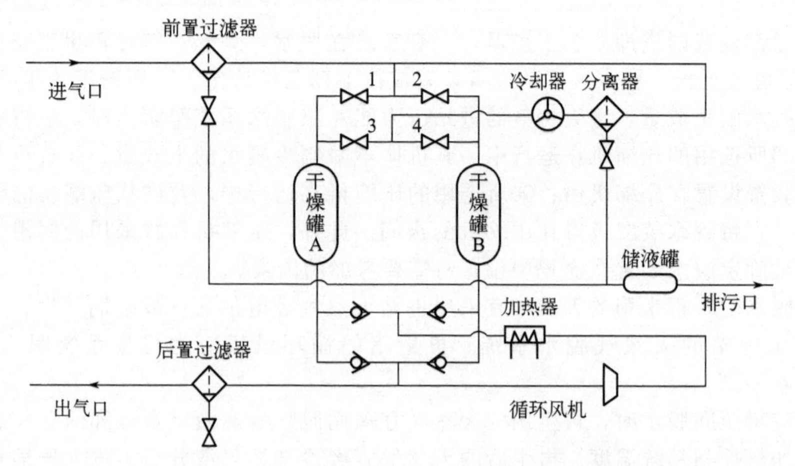

图 3-2-2　零排放低压天然气脱水工艺流程

半自动、全自动和零排放中压脱水流程与图 3-2-1、图 3-2-2 基本相同，只是进气口来自压缩机一级出口（或二级出口，但工作压力不宜超过 4MPa），出气口去压缩机二级入口（或三级入口）。

高压脱水装置工艺流程见图 3-2-3。图 3-2-3 中的气体依次进入前置过滤器、精密过滤器，除去游离液和尘埃后经阀 1 进入干燥罐 A 脱水，然后经后置过滤器和压力保持阀送至顺序盘入口。再生气从装置出口或低压气井（或低压气瓶组）引入，经减压后进入加热器升温，然后进入干燥罐 B 使其再生，再经阀 4 进入冷却器、分离器分出冷凝水后，进入压缩机前的低压管网或放空。

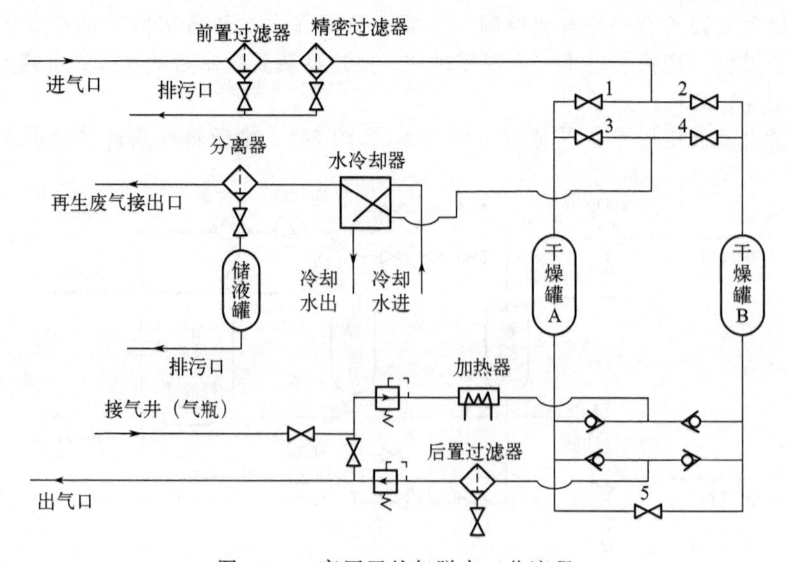

图 3-2-3　高压天然气脱水工艺流程

由于四川、重庆地区气温较高，川渝地区的商品气中有一部分在管输前未经脱水，其水含量可达4.25g/m³（露点约为0℃）。针对这一特点，为了减少CNG加气站脱水装置负荷和降低能耗，该地区CNG加气站普遍采用高压脱水装置。至于其他地区加气站，当其采用来自长庆气区输气管道或西气东输管道天然气为原料气时，由于原料气进站时有一定压力，而且已在上游经过处理，因而普遍选用低压脱水装置。

当加气站规模较小时，其天然气脱水装置也可采用1台干燥器，间断脱水与再生。

必须说明的是，当选用成套天然气脱水装置产品时，如果其干燥剂床层高度和直径是某一定值的话，则应按照原料气流量、实际水含量和该脱水装置干燥剂床层的装填量、有效湿容量和高度等核算一下实际脱水周期和达到透过点（转效点）的时间，并比较实际脱水周期是否小于达到透过点的时间。

下面以低压前置脱水为例讲解天然气干燥器结构原理、操作方法与故障排查。

一、天然气干燥器结构简述

天然气干燥器主要包括吸附塔（塔1和塔2）、切换阀（阀1、阀2、阀3、阀4）、再生压缩机、加热器、液气分离器、控制系统、前后置过滤器等。以塔1工作为例，将阀1、阀2、阀3、阀4按要求操作，天然气通过前置过滤器、阀1进入塔1（分子筛床层），塔1工作开始。分子筛将天然气中的水分吸附分离，干燥后的天然气通过切换阀2、后置过滤器到达用气点。塔1工作开始后，将分离器排污阀、排液阀打开，排除分离器中的水。然后，启动干燥器的再生压缩机、加热器，塔2再生开始。再生气体在再生压缩机的推动下，经过加热器被加热，再通过阀4、塔2分子筛床层，将分子筛床层中的水分驱除。然后，含有大量水分且温度较高的再生气体通过阀3进入冷却器冷却，冷却后的再生气体，进入液气分离器分离水分；再经过再生压缩机、加热器、塔2进行循环再生，当加热阶段完成后，加热器停止工作，未被加热的循环再生气体将塔2分子筛床层的余热不断带出，用冷却器吹冷，再次进入下一个循环直至塔2冷却。塔1工作到设定的周期后，停止压缩机。将阀1、阀2、阀3、阀4严格按要求切换到塔2工作状态，天然气通过阀1进入塔2干燥。启动干燥器，再生压缩机、加热器通电工作。启动压缩机，塔2工作开始。

二、天然气干燥器工作原理

如图3-2-4所示，吸附塔1和吸附塔2交替进行干燥和再生，以达到不间断生产、连续供气的目的。

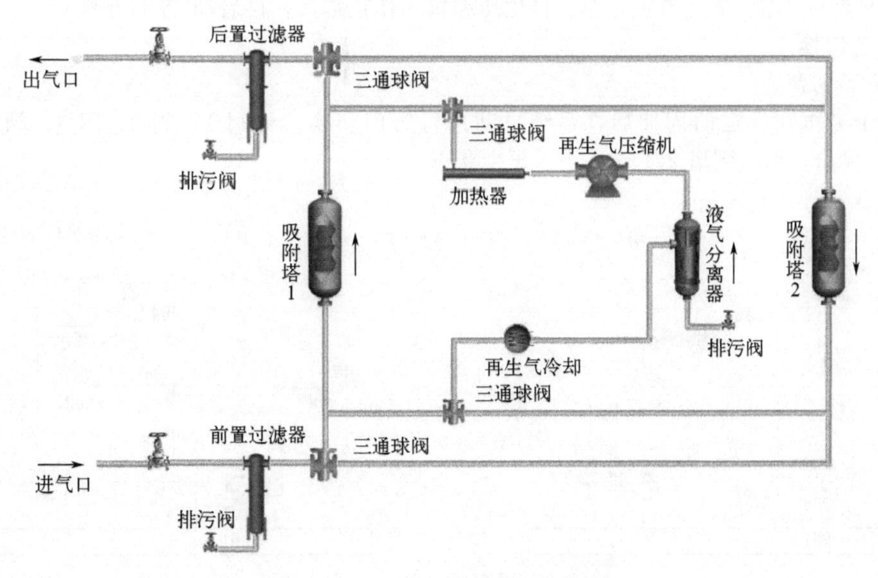

图3-2-4　天然气干燥器工作原理

1. 再生流程（再生回路）

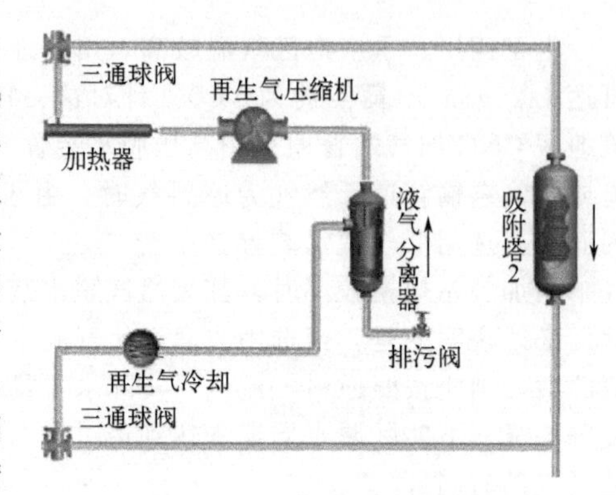

图 3-2-5　再生流程原理图

在塔 1 进行干燥的同时，在阀体的控制下，加热器、吸附塔 2、冷却器、液气分离器和再生压缩机形成闭式再生回路。回路中气体由压缩机加压鼓动流至加热器，在加热器的作用下，温度迅速升高，将热量带到干燥塔 2，使塔内的分子筛温度升高到一定程度，析出已被吸附的水分，由流动的高温干燥气体带至冷却器，在冷却器的作用下温度急速降低至 40℃左右，其中的水气凝结成水，由液气分离器分离，从排污阀中排出。如此循环往复一定时间，饱和吸水的分子筛被活化再生，再次具备吸附水分的能力，如图 3-2-5 所示。

2. 干燥流程（干燥回路）

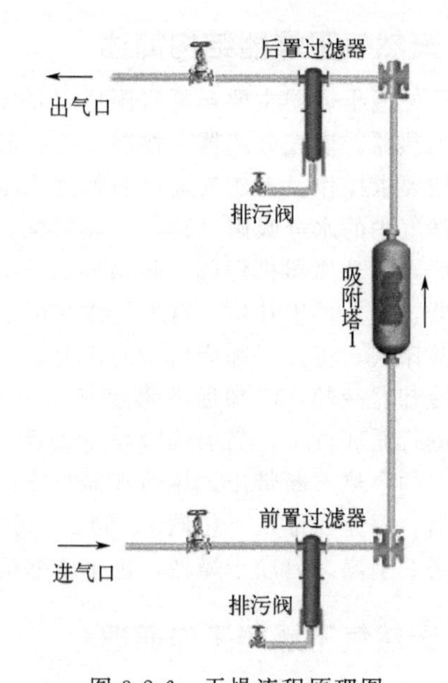

图 3-2-6　干燥流程原理图

当天然气进入干燥器后，首先在前置过滤器中进行过滤，再进入吸附塔 1 内，天然气中水分被塔内的分子筛吸附成为干燥的成品气，由后面的后置过滤器精滤后由输出管道输出，实现干燥功能。所以前置过滤器用于过滤液态水和颗粒杂质。后置过滤器用于过滤尘粒和吸附剂粉尘，如图 3-2-6 所示。

三、天然气干燥器使用及维护

1. 开机

① 以塔 1 工作，塔 2 再生为例。严格按图 3-2-7 执行，阀 1、阀 2、阀 3、阀 4 的通道状态“⊥”，如图 3-2-7 所示。

② 盘动再生压缩机的皮带，应无卡滞现象。

③ 将电控箱内开关 QF0～QF5 全部拨至 ON（向上）。

④ 准备就绪后，点击“启动按钮”，启动干燥器，
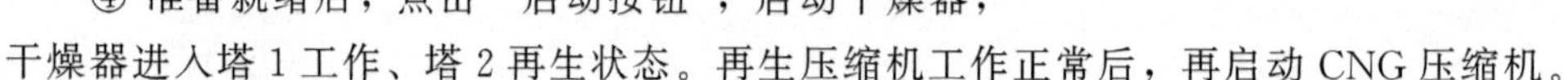
干燥器进入塔 1 工作、塔 2 再生状态。再生压缩机工作正常后，再启动 CNG 压缩机。

2. 双塔切换

（1）自动切换

① 塔 1 工作到设定的周期后，系统自动进行阀门切换，将阀 1、阀 2、阀 3、阀 4 切换至（图 3-2-8）要求，切换到塔 2 工作、塔 1 再生状态。

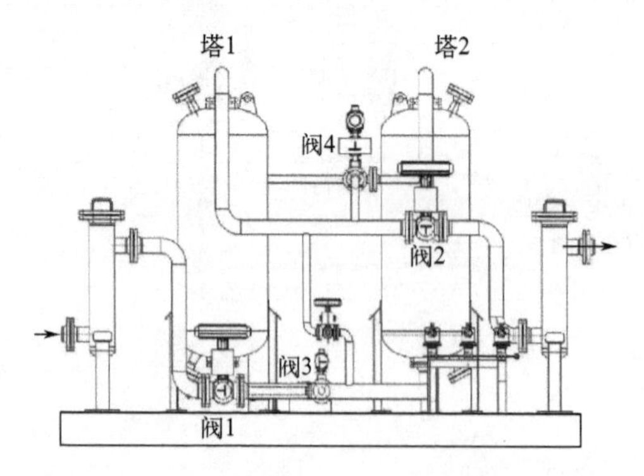

图 3-2-7　塔 1 工作、塔 2 再生时阀门的状态

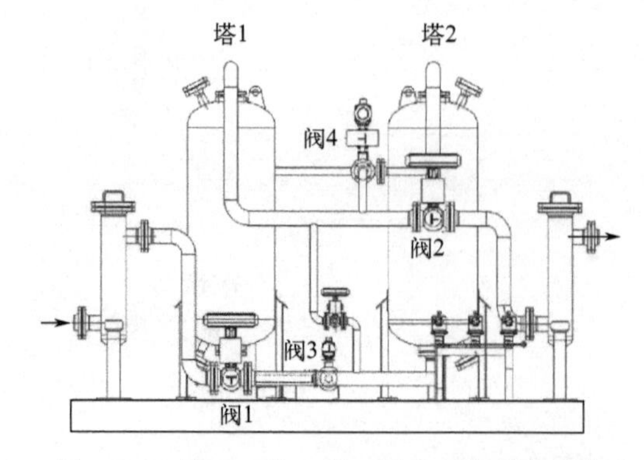

图 3-2-8　塔 2 工作、塔 1 再生时阀门的状态

② 准备就绪后，自动启动干燥器，再生压缩机、加热器等将通电工作。塔 2 开始工作，塔 1 再生开始。再生压缩机工作正常后，再启动 CNG 压缩机。

(2) 手动切换

① 塔 2 再生完成后，系统自动停止，塔 1 继续工作，当塔 1 中分子筛吸附功能降低后手动点击塔 1 启动按钮，系统将自动进行阀门切换，将阀 1、阀 2、阀 3、阀 4 切换至（图 3-2-8）要求，切换到塔 2 工作、塔 1 再生状态。

② 准备就绪后，自动启动干燥器，再生压缩机、加热器等将通电工作。塔 2 开始工作，塔 1 再生开始。再生压缩机工作正常后，再启动 CNG 压缩机。

注意：严禁在干燥器和 CNG 压缩机工作过程中切换阀 1、阀 2、阀 3、阀 4 的工作状态。

3. 触摸屏操作指南

天然气干燥器控制系统采用 PLC 控制器，随时对采集的温度信号进行集中分析、控制。控制器主要对再生气进塔前的温度（加热温度）、出塔后的温度（再生温度）及加热管表面温度（监控温度）进行实时监控。控制柜为非隔爆设计，应安装于非防爆要求的控制室。

各控制元件功能描述如下。加热温度：显示加热器出口处再生气体的温度。在加热器通电工作的情况下，温度控制器自动控制再生气体温度在 150～230℃之间。再生温度：显示再生气体通过分子筛床层后的温度。此温度最低为环境温度，最高为 120℃。监控温度：显示加热器中加热管表面温度。在加热器工作的情况下，此温度不应超过 250℃。启动按钮（绿色按钮）：控制开机，启动再生压缩机、冷却风机、加热器等。停止按钮（红色按钮）：控制停机。再生压缩机电机或冷却风扇电机出现过流保护时，系统将出现故障报警。故障原因必须查明、排除后，才能重新启动，投入运行。

在控制系统控制下，可在触摸屏下操作。

(1) 工艺流程

点击“流程”显示出吸附和再生工作时的实时状态。当塔 1 吸附，塔 2 再生时，“塔 2”文字下方会显示再生。同时可以显示再生过程中的监控温度、加热温度和再生温度，如图 3-2-9 所示。

(2) 工作状态

点击“状态”可以观察到干燥器电气元件的工作状态（当前面圈内绿灯亮时表示其当前状态)，实时采集输入点的状态和输出点的状态，如图 3-2-10 所示。

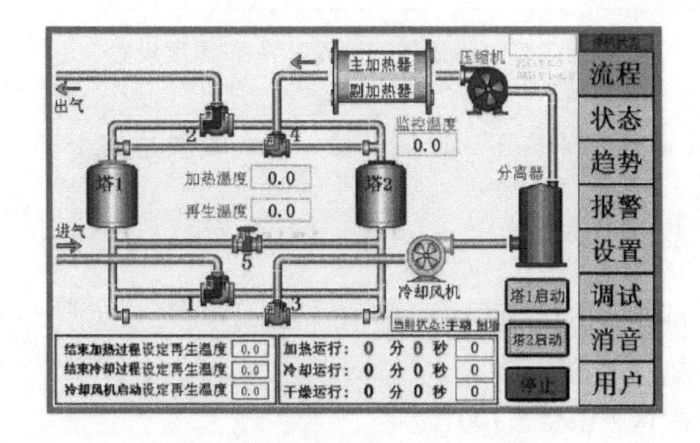

图 3-2-9　触摸屏“流程”界面

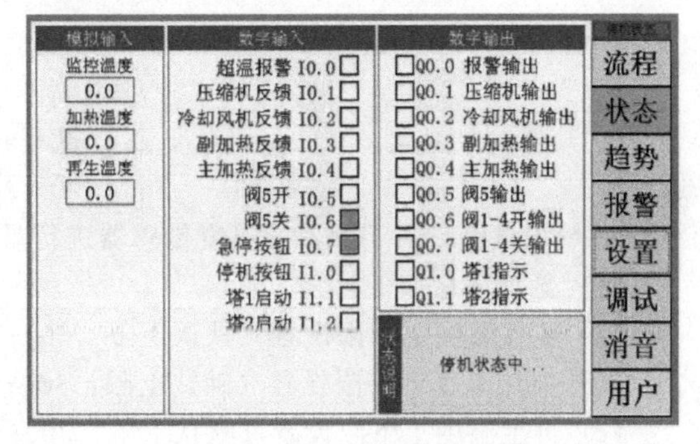

图 3-2-10　触摸屏“状态”界面

(3) 温度趋势

点击“趋势”可以观察到再生过程中的监控温度、加热温度和再生温度等变化曲线。其中监控温度是加热器的内部温度，加热温度是再生塔的入口温度，再生温度是再生塔的出口温度。当再生温度达到设定值时，加热器停止加热，系统进入冷却阶段，再生温度降到冷却设定值时整个系统停止，整个再生过程完成，如图 3-2-11 (a)、(b) 所示。

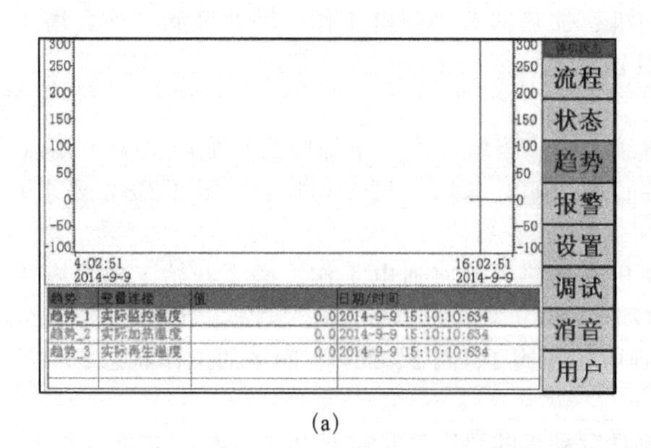

(a)

最近 5 次再生参数一览

次别	结束加热	结束冷却
最近一次	□时间先到 ■温度先到 结束加热时再生温度:120.0	□时间先到 ■温度先到 结束冷却时再生温度: 40.0
前2次	□时间先到 ■温度先到 结束加热时再生温度:120.0	□时间先到 ■温度先到 结束冷却时再生温度: 40.0
前3次	□时间先到 ■温度先到 结束加热时再生温度:120.0	□时间先到 ■温度先到 结束冷却时再生温度: 40.0
前4次	□时间先到 ■温度先到 结束加热时再生温度:120.0	□时间先到 ■温度先到 结束冷却时再生温度: 40.0
前5次	□时间先到 ■温度先到 结束加热时再生温度:120.0	□时间先到 ■温度先到 结束冷却时再生温度: 40.0

流程 状态 趋势 报警 设置 调试 消音 用户

(b)

图 3-2-11 触摸屏“趋势”界面

(4) 设置参数

① 时间设置。点击“设置”后可以对加热时间、冷却时间、阀门切换时间、手动或自动倒塔等根据现场工况进行设置，如图 3-2-12 所示。

② 温度设置。点击温度设置可以对各项温度控制点进行参数设置（画面中的参数值为出厂默认值，可根据现场实际工况修改参数)，如图 3-2-13 所示。

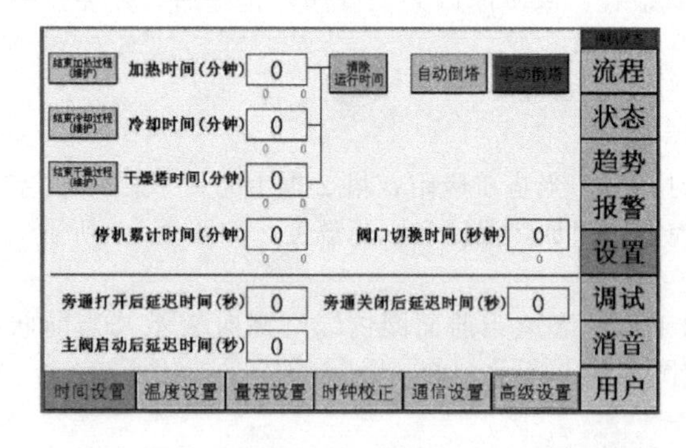

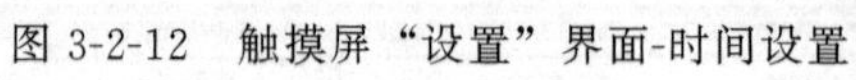
图 3-2-12 触摸屏“设置”界面-时间设置

图 3-2-13 触摸屏“设置”界面-温度设置

③ 其他参数设置。在“设置”下还有量程设置、时钟校正、通信设置、高级设置这四个子选项。

a. 量程设置：对干燥器的温度传感器进行量程上下限设置。

主要显示信息如下：

(a) 监控温度上下限设置（默认上限：300；默认下限：－100)。

(b) 加热温度上下限设置（默认上限：300；默认下限：－100)。

(c) 再生温度上下限设置（默认上限：300；默认下限：－100)。

(d) 露点温度上下限设置（默认上限：20；默认下限：－100)（需要露点才显示)。

注：传感器量程若与默认不一致时，可在量程上、下限进行设置，如图 3-2-14 所示。

b. 时钟校正：对触摸屏显示时间进行设置。

点击方框修改数字，然后点击“设置时钟”确认即可修改成功。主要是校正系统时间，在查询时方便记录准确的运行时间段或出现故障的具体时间等，如图 3-2-15 所示。

c. 通信设置：一般情况无须更改，如图 3-2-16 所示。

d. 高级设置：该功能可以设定是否使用主加热或副加热、露点等功能（绿色表示选中)，一般情况无须修改，如图 3-2-17 所示。

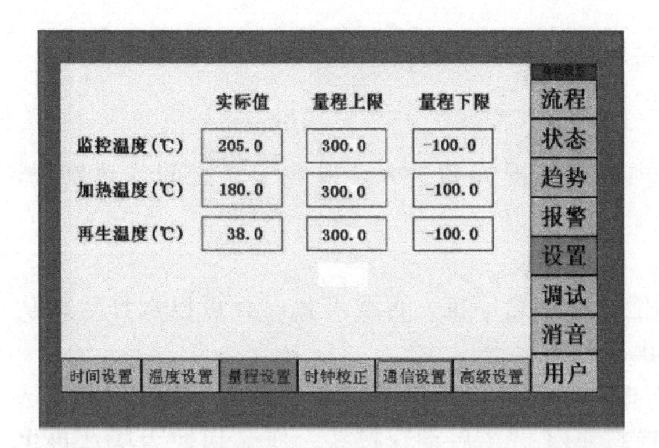

图 3-2-14　触摸屏“设置”界面—量程设置

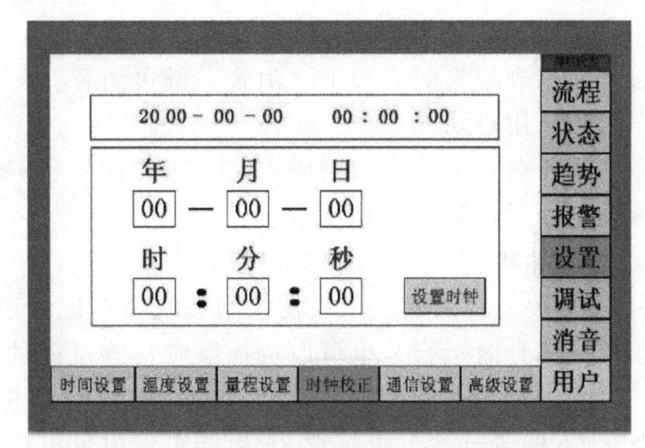

图 3-2-15　触摸屏“设置”界面—时钟校正

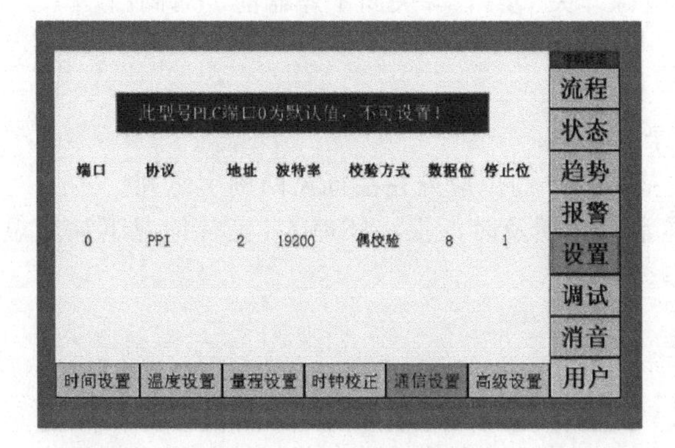

图 3-2-16　触摸屏“设置”界面—通信设置

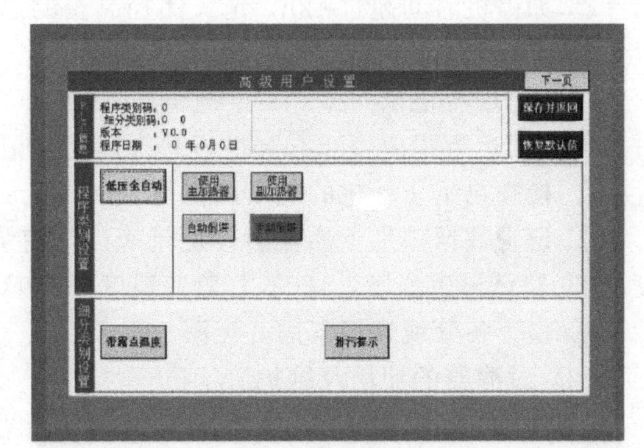

图 3-2-17　触摸屏“设置”界面—高级设置

（5）调试功能

点击“调试”图标后需要输入用户名及密码。用户名：×××；密码：×××。进入后可对再生压缩机、冷却风机、加热器等进行单独点动（切勿在运行过程中进入调试界面），如图 3-2-18 所示。

（6）报警

点击“报警”可以显示出报警记录，以便于诊断和故障的排除，方便操作和售后工作；当出现故障时声光报警器会启动，点击“报警”，会显示出故障原因，点击“消音”，报警器停止报警，检查故障原因，排除故障后方可重新运行。

主要显示信息如下：①报警时间和报警事件。②报警数量（画面左上角三角感叹号图形，点击也可进入到“报警”选项），报警解除并确认该标识才能消除，如图 3-2-19 所示。

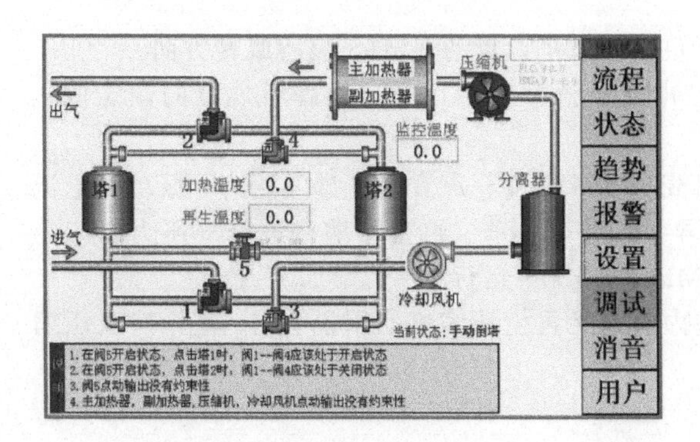

图 3-2-18　触摸屏“调试”界面

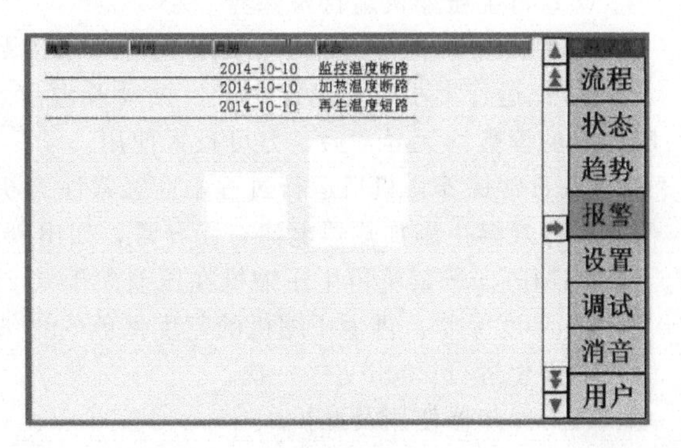

图 3-2-19　触摸屏“报警”界面

(7) 消音功能

当出现报警时，按下“消音”键可消音。

(8) 用户功能

用户名：×××；密码：×××。注：此选项一般情况无须进入，避免无意之间修改密码，导致不能对设备进行相关设置。

4. 关机

① 关机：天然气干燥器控制系统设有记忆功能。如中途停机，再次开机时，可以选择重新从加热开始计时运行，也可以选择继续从停机前的状态开始运行。

例如：当再生设定时间为8h，塔1再生到5h时如停机，再次按下“塔1启动”按钮，可以选择从5h时刻开始，再持续3h后结束；也可以选择按下“塔2启动”按钮，使其切换为塔2再生状态并从0h开始，再生运行8h后停止。

② 如停机时间超过12h，请关闭控制箱的总电源开关QF1，并关闭干燥器前、后阀门。

5. 运行及保养

(1) 巡查与记录

干燥器运行中应每60min进行一次巡查、记录。

① 检查再生压缩机的润滑油位是否在规定的范围内，油位应处在油标尺两刻度之间。

② 记录数据项见干燥器运行记录表。如有异常，必须及时汇报、处理。(正常情况下加热温度≤230℃；再生温度≤120℃；监控温度≤250℃。)

③ 检查各管线连接牢固，无漏气现象。

(2) 过滤器的使用及维护

① 开机或停机时，应缓慢地升高或降低压力。避免由于压力的突然变化而导致滤芯损坏。

② 前后置过滤器进出口的压差达到0.1MPa时，应清洗或更换滤芯；建议一年以上在没有压差时，也需要打开前后置过滤器检查或吹扫滤芯。

③ 更换滤芯时，滤芯上的O形圈应装入壳体卡座内，以免气体泄漏影响气体质量。

④ 用户须定时排污，以免液体积聚过多，影响脱水效果。排污间隔时间与进气口气体的含水量有关，用户应根据实际情况决定。推荐：一次/1h。注：分离器内水位过高，不仅会影响干燥器的脱水效果，还会对循环压缩机造成损害，影响其使用寿命。

⑤每次停机时应将过滤器内部残液排放干净。若停用时间超过一周，应采取延长排污时间的办法将其内部吹干，之后关闭排污阀。

(3) 干燥器的前置过滤器和再生压缩机前的分离器的排污时间

推荐：一次/1h。

(4) 分离器

分离器内设有过滤滤芯，当滤芯堵塞时，应更换滤芯；无特别情况，一年以上需检查。

(5) 再生压缩机运行及保养

① 使用分离器下部的手动排污阀泄压，在无负荷状态下，点动KM1，核实旋转方向。

② 试运行半小时，确定声音、振动及温度、电流表读数（不可超过铭牌所规定的额定值）、压力表的读数均无异常后，方可投入使用。

③ 日常保养：机组运行过程中应经常注意机壳、轴承温度、声音、进排气压力、振动和电流情况，并观察主副加热器电流有无异常，如出现异常应停车检查。再生压缩机进排气压力差应小于0.05MPa。严禁将再生压缩机在压差大于0.2MPa的情况下运行！

④ 年度保养：再生压缩机的年度保养的详细内容请见再生压缩机使用说明书。注：建议压缩机机油再生运行200h更换一次。

(6) 冷却器使用及维护

如冷却器出口温度≥60℃或使用时间超过两年，应对冷却器内、外表面进行清洗。

（7）吸附剂使用

吸附剂使用一年后，或无法脱水，须进行更换。新购入的干燥器以及更换了吸附剂的干燥器在使用一年后，吸附剂会有所下沉。此时应旋开吸附塔上部的填料口螺帽，加入吸附剂将干燥塔填实。警告：填加吸附剂时一定要在停机后进行，且必须将吸附塔内的压力卸放至零后，方可松开填料口螺帽进行加料。严禁带压操作！

（8）压力容器的使用、管理及维护

压力容器及附件的使用、管理及维护必须按相关国家标准执行。

（9）电器部分的使用及维护

应定期（6个月）对电器部分各元件的电气特性进行检查，如加热器的绝缘性、功率阻值。

6. 年终保养（一年大修一次）

① 检查前后置过滤器滤芯有无损坏，吹扫更换；

② 检查再生压缩机（气阀、活塞环、缸体、十字头、轴瓦、电机轴承），如有磨损需更换；

③ 检查再生压缩机皮带有无裂纹，盘动皮带，无卡滞现象，张紧度合适，检查润滑油是否足够；

④ 检查吸附剂是否变色发黑，如有需更换；

⑤ 检查电气元件空气开关、继电器、交流接触器、进出线接线端以及加热器各个加热元件是否正常，如异常需更换；

⑥ 检查控制部分（PLC、触摸屏）是否正常。

四、天然气干燥器故障与排除

天然气干燥器的故障现象与原因及排除方法见表3-2-1。

表3-2-1　故障现象与原因及排除方法

故障现象	原因及排除方法
（1）再生循环系统压差过高	a. 再生回路，阀3、阀4的阀门状态未完全达到要求状态。 b. 干燥过程，1、阀2的阀门状态未完全达到要求状态
（2）加热器无温度或温度偏低	a. 接触器损坏。更换相同型号的接触器。 b. 热电阻损坏。更换损坏热电阻。 c. 加热管损坏过多。更换相同型号的加热器
（3）加热温度超高或监控温度过高	a. 再生压缩机工作不正常。检查、修理或更换再生压缩机。 b. 冷却器风扇电机故障。检查风扇电机和控制系统。 c. 再生压缩机风量不够或热电偶损坏。故障查明及排除后，报警才能解除
（4）出气露点偏高	a. 吸附剂未干燥好。 b. 吸附剂中毒或被污染。更换吸附剂。 c. 进气温度过高。干燥器前增设冷却器。 d. 进气夹带冷凝水，在干燥器前增设液气分离器
（5）排出气体含尘量过大	a. 塔体内出口滤网损坏。更换相同型号的滤网。 b. 后置过滤器滤芯破损。更换相同型号的滤芯
（6）干燥器压力降过大	a. 前置过滤器滤芯堵塞。清洗或更换相同型号的滤芯。 b. 后置过滤器滤芯堵塞。清洗或更换相同型号的滤芯。 c. 吸附剂破碎严重。更换吸附剂。 d. 塔内过滤网堵塞。清洗过滤网
（7）无干燥气体流出	塔进、出气阀（阀1、阀2）阀门未按要求关闭
（8）报警，冷却风机、加热器不工作	再生压缩机电机或冷却风扇电机出现过流保护时，系统将出现故障报警。故障原因必须查明、排除后，才能重新启动，投入运行
（9）再生压缩机故障	请参阅再生压缩机的相关使用说明书

单元 3.3 压缩机

压缩机组是加气站最关键、最重要的核心设备，对整个加气站运行的可靠性及成本有决定性影响。选择不当的压缩机组会给加气站业主带来无法弥补的后患和不可小视的经济损失。

压缩机因应用场合的不同而有很多种形式，如往复式、离心式、螺杆式、涡旋式等。天然气汽车加气站使用的大都是具有曲柄连杆的往复活塞压缩机，简称往复压缩机或活塞压缩机，是容积型压缩机的一种，它是依靠气缸内活塞的往复运动来压缩缸内气体，从而提高气体压力，达到工艺要求。活塞压缩机主要用于一些流量不太大但压力相对较高的场合，这种压缩机对运行参数改变的适应能力较强，可较好适应加气站频繁变化的工作参数。往复活塞压缩机主要有以下特点：

① 压力范围广。活塞式压缩机从低压到超高压都适用；

② 效率高。由于工作原理不同，活塞式压缩机比离心式压缩机的效率高得多；

③ 适应性强。活塞式压缩机的排气量可在较广泛的范围内选择，特点是在较小排气量的情况下，做成速度型往往很困难。此外，气体重度对压缩机性能的影响也不如速度型显著，所以同一规格的压缩机，将其用于不同压缩介质时，较易改造；

④ 其主要缺点是外形尺寸和重量较大，需要较大基础，气流有脉动性，以及易损零件较多。

一、基本结构

往复活塞式压缩机主要由运动机构、工作机构及机体组成。此外，为保证机器正常工作，还设有润滑、冷却、气路、调节等辅助系统。

运动机构——曲柄连杆机构，把驱动机的旋转运动转变为活塞的往复直线运动。包括：曲轴、连杆、十字头、轴承、联轴器。其中连杆大头与曲轴相连，小头与十字头连接，十字头与活塞杆连接，如图 3-3-1 所示。

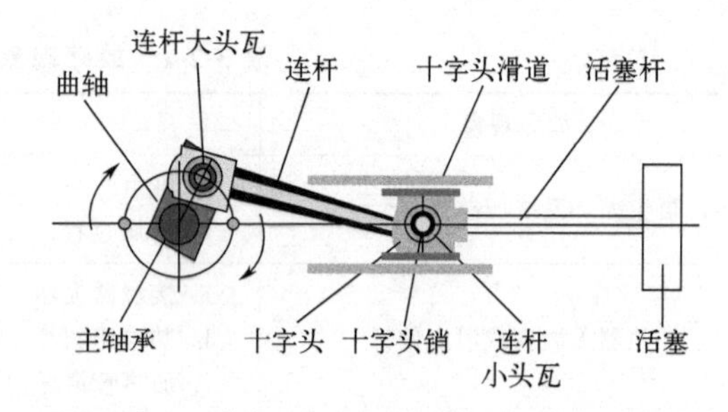

图 3-3-1 单极单作用往复活塞式压缩机结构图

工作机构——实现气体压缩的主要部分。包括：气缸组件、活塞组件、气阀组件及填料组件等。

机体——支承和安装整个运动机构和工作机构，此外还可能安装其他辅助设备，又兼作润滑油箱用。包括：机身、机座、曲轴箱等部件。

辅助系统有润滑油系统、冷却系统、调节系统、气路系统。润滑油系统包括传动机构润滑、气缸内工作部位润滑；冷却系统包括中间冷却器、后冷却器、润滑油冷却器、气缸水套冷却；调节系统包括满足压缩机空载启动以及实现排气量的调节设置；气路系统包括安全阀、滤清器、缓冲器、止回阀、分离器等。

如图 3-3-2 所示，是一个两列对称平衡型往复活塞式压缩机，驱动机驱动曲轴旋转，通过连杆、十字头和活塞杆带动活塞进行往复运动，对气体进行压缩，出口气体离开压缩机进入冷却器后，再进入油水分离器进行分离和缓冲，然后再依次进入下一级进行多级压缩。

二、工作原理

往复活塞式压缩机的工作过程由若干连续的循环组成。由电动机带动曲轴旋转，并通过连杆等机构将曲轴的运动转变为活塞在气缸内的往复运动，使气缸储存气体的容积（工作容积）作周期性变化，从而依次完成膨胀、吸气、压缩、排气四个工作循环，达到气体增压的目的。

1. 膨胀过程

当活塞从外止点（即活塞离曲轴旋转中心最远距离处）开始向右运动时，活塞气缸内的工作

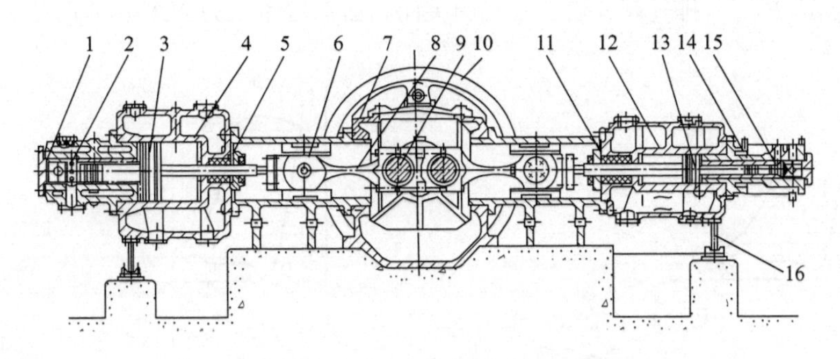

图 3-3-2　2D 6.5-7.2/150 型压缩机

1—Ⅲ段气缸；2—Ⅲ段组合气阀；3—Ⅰ～Ⅲ段活塞；4—Ⅰ段气缸；5—Ⅰ段填料盒；6—十字头；7—机体；8—连杆；9—曲轴；10—V 带轮；11—Ⅱ段填料盒；12—Ⅱ段气缸；13—Ⅱ～Ⅳ段活塞；14—Ⅳ段气缸；15—Ⅳ组合气阀；16—球面支承

腔容积逐渐增大。由于缸内还有上一循环中没有排尽的气体（余隙容积内残余气体），这部分气体开始膨胀降压。此时，缸内压力大于外部吸气管道内压力，吸气阀关闭，而缸内压力又低于排气管内压力，排气阀关闭，即两阀都处于关闭状态，缸内气体随活塞右移而不断膨胀降压，称为膨胀过程，如图 3-3-3 所示的 *CD* 段 P_d 为排气压力，P_s 为吸气压力。膨胀过程中 $P_{吸入管}<P_{气缸}<P_{排出管}$，吸排气阀均关闭，曲柄转角 α 为 0°～40°。

2. 吸气过程

活塞继续右移，盖侧容积继续增大，缸内压力继续下降，直至略低于吸气管压力时，吸气阀被顶开，新鲜气体不断被吸进气缸，直至活塞达到内止点（即活塞离曲轴旋转中心最近距离处）时为止，称为吸气过程，如图 3-3-4 所示的 *DA* 段。吸气过程中 $P_{气缸}<P_{吸入管}<P_{排出管}$，吸气阀开启，排气阀关闭，曲柄转角 α 为 40°～180°。

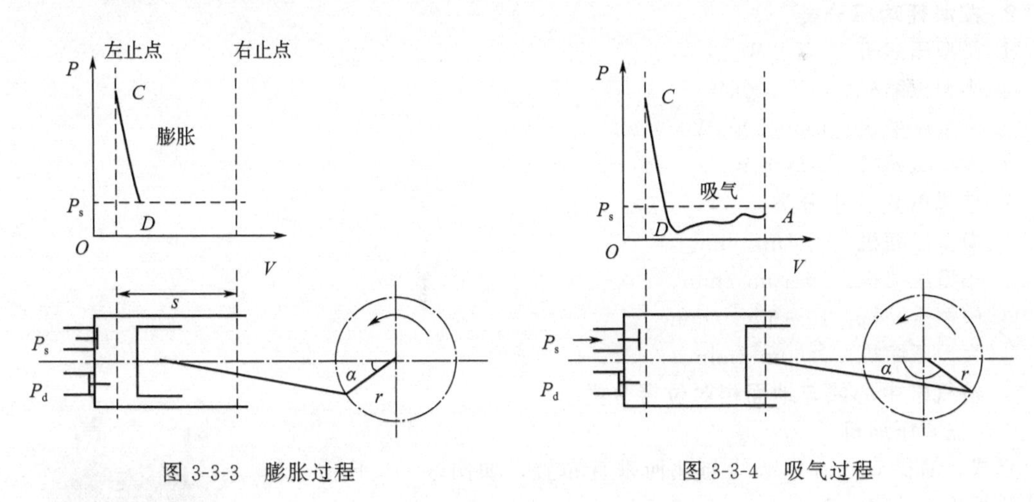

图 3-3-3　膨胀过程　　　　图 3-3-4　吸气过程

3. 压缩过程

活塞继续旋转，活塞自内止点开始向左运动，盖侧工作容积逐步减小，吸入的气体被压缩升压。此时，由于气缸内压力已高于吸气压力而又低于排气压力，吸气阀关闭，排气阀关闭，故缸内气体随活塞左移而不断被压缩升压，称为压缩过程，如图 3-3-5 所示的 *AB* 段。$P_{吸入管}<P_{气缸}<P_{排出管}$，两阀关闭，曲柄转角 α 为 180°～280°。

4. 排气过程

活塞继续左移，盖侧缸内压力继续升高，直到略高于排气管压力时，排气阀被顶开，压缩气体不断被排出，直到活塞运行到外止点为止，称为排气过程，如图 3-3-6 所示的 *BC* 段。排气过程

中 $P_{吸入管}<P_{排出管}<P_{气缸}$，排气阀开启，吸气阀关闭，曲柄转角 α 为 280°～360°。

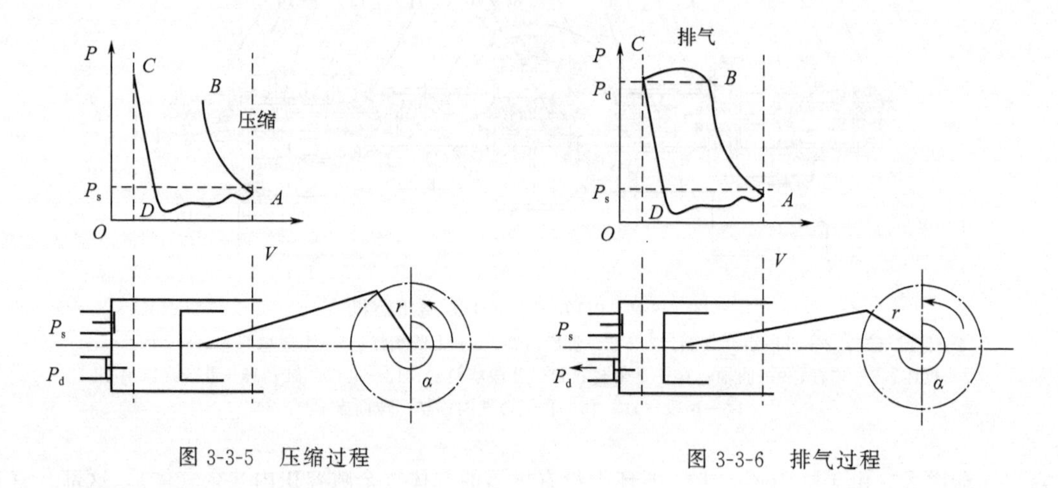

图 3-3-5 压缩过程

图 3-3-6 排气过程

三、压缩机种类与型号

（一）压缩机种类

1. 按排气压力分类

① 低压压缩机。排气压力≤1MPa。

② 中压压缩机。1MPa＜排气压力≤10MPa。

③ 高压压缩机。10MPa＜排气压力≤100MPa。

④ 超高压压缩机。排气压力＞100MPa。

2. 按消耗功率分类

① 微型压缩机。＜10kW。

② 小型压缩机。10～100kW。

③ 中型压缩机。100～500kW。

④ 大型压缩机。＞500kW。

3. 按排气量大小分类

① 微型压缩机。＜ $1m^3$/min。

② 小型压缩机。1～$10m^3$/min。

③ 中型压缩机。10～$60m^3$/min。

④ 大型压缩机。＞$60m^3$/min。

4. 按气缸中心线与地面相对位置分类

（1）立式压缩机

立式压缩机其气缸中心线与地面垂直布置，如图 3-3-7 所示。立式压缩机，其优点在于：

图 3-3-7 立式压缩机

① 气缸中心线垂直于地面，气缸壁面不承受活塞组件的重力，十字头滑道不承受十字头组件的重力，润滑油膜不会因重力而偏聚一侧，能沿润滑油面周向均布，气缸、活塞环及填料磨损小且均匀，气缸密封条件最佳，寿命长。

② 多列压缩机曲柄错角均匀（两列呈 180°均布，三列呈 120°均布，四列呈 90°分布），一个曲拐配一列气缸，往复惯性力及旋转惯性力机内平衡，维护方便，机组运行平稳，振动小。

③ 气缸、填料采用无油润滑结构和无油润滑材料，不需注油，

对天然气无污染，运行成本低，日产 1 万 m^3 天然气的标准站年节约润滑油 1800kg 以上；

④ 压缩机组整体橇装，占地面积较小，电动机通过弹性联轴器直接驱动，运输方便、快捷；

⑤ 因为载荷使机身主要产生拉伸和压缩应力，所以机身的形状简单，重量轻；

⑥ 往复运动部件的惯性力垂直作用在基础上，而基础抗垂直振动的能力较强，所以尺寸较小。

其缺点在于：由于气缸分布在曲轴一侧，活塞力、惯性力不能得到平衡，因此机器倾覆力矩较大，机器振动不易消除，机器转速及气量的提高难度较大。所以，立式压缩机现仅用于中、小型及微型，使机器高度均处于人体高度便于操作的范围内，且中型压缩机主要用于无油润滑结构——活塞无须支承而仅需导向。此外，级数以少为宜，以避免管道布置的麻烦。

(2) 卧式压缩机

卧式压缩机的气缸中心线与地面平行，气缸布置在曲轴一侧，如图 3-3-8 所示。

图 3-3-8　卧式压缩机

卧式压缩机大都制成气缸置于机身两侧的结构，其优缺点恰好和立式压缩机相反。卧式压缩机的级间设备甚至可配置在压缩机的上方或下方，中、大型压缩机宜采用卧式结构。在三种类型的卧式压缩机中，一般单列卧式压缩机应用较少。

在卧式压缩机中，相对列活塞相向运动的对称平衡式压缩机，也即一般简称为 D 形的压缩机，其动力平衡性能特别好，并因为相对列的作用力能全部或部分地相互抵消，使主轴承仅受相对列力矩转化的力，故轴承受力情况改善，且不论奇数列还是偶数列都可做成对称平衡式结构，所以现在应用最普遍。对称平衡式压缩机的缺点主要是：两相对列中，总有一列十字头上作用的侧向力向上，而在两止点位置侧向力小时，其重力又向下，因此造成十字头在运动中有敲击，并导致活塞杆随之摆动，从而影响填料的密封性及耐久性；仅两列的对称平衡式压缩机，其总切向力曲线很不均匀，由此使飞轮矩要比角度式结构大。

(3) 角度式压缩机

气缸中心线与地面成一定角度［V 形、W 形、L 形、扇形（S 形）、星形等］，称为角度式压缩机。L 形压缩机相邻两列气缸中心线夹角为 90°，分别作垂直和水平布置，如图 3-3-9 所示。V 形压缩机当两列往复运动质量相等且气缸中心线夹角为 90°时平衡性最佳，当夹角为 60°时结构紧凑，如图 3-3-10 所示；W 形压缩机当两列往复运动质量相等且气缸中心线夹角为 60°时动力平衡，如图 3-3-11 所示。星形是较少应用的，因为星形的润滑问题较难解决，当多于一个曲拐时，连杆的安装也很困难；其余几种形式，应视气量及级数等情况选用。角度式压缩机中应用最多的是 V 形和 L 形，但其管道和中冷器等附件安装布置也不大方便。角度式压缩机的动力平衡性也比较好，结构紧凑。

图 3-3-9　L 形压缩机

图 3-3-10　V 形压缩机

图 3-3-11　W 形压缩机

L 形压缩机其优点在于：

① 各列的一阶惯性力的合力，可用装在曲轴上的平衡重达到大部分或完全平衡，因此机器可

取较高的转速；

② 气缸彼此错开一定角度，有利于气阀的安装与布置，因而使气阀的流通面积有可能增加（相对于立式机），中间冷却器和级间管道可以直接装在机器上，结构紧凑；

③ 曲拐数较少，机器的轴向长度较短，主轴颈能采用滚动轴承；

④ 当两列往复运动质量相等时，二阶往复惯性力作用力与水平成45°夹角的方向，所以机器运转平稳；

⑤ 大直径气缸成垂直布置，小气缸成水平布置，避免了较重的活塞对气缸的磨损影响；

⑥ L形一般适用于作两列压缩机。

（4）对称平衡式压缩机

压缩机相对两列气缸的曲错角为180°，惯性力可完全平衡，转速能提高，相对列的活塞力能互相抵消，减少了主轴颈的受力与磨损。多列结构中，每列串联气缸数少，安装方便，产品变型较卧式和立式容易。多列时零件的数目较多，机身和曲轴较复杂。

在对称平衡型压缩机中，电动机布置在曲轴一端的称为M形，电动机布置在列与列之间的称为H形，如图3-3-12、图3-3-13所示。

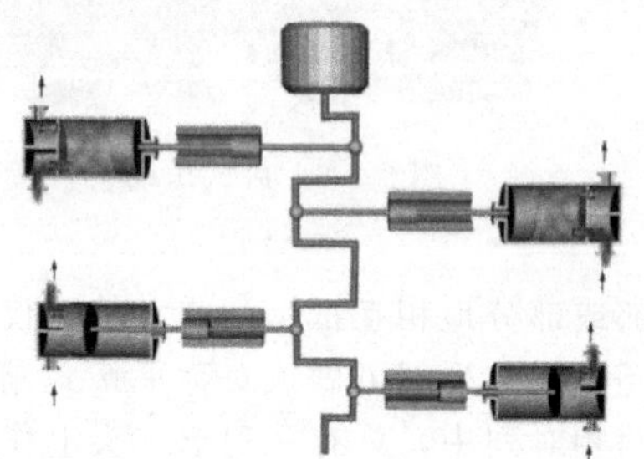
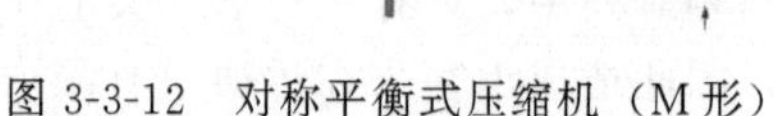

图3-3-12　对称平衡式压缩机（M形）

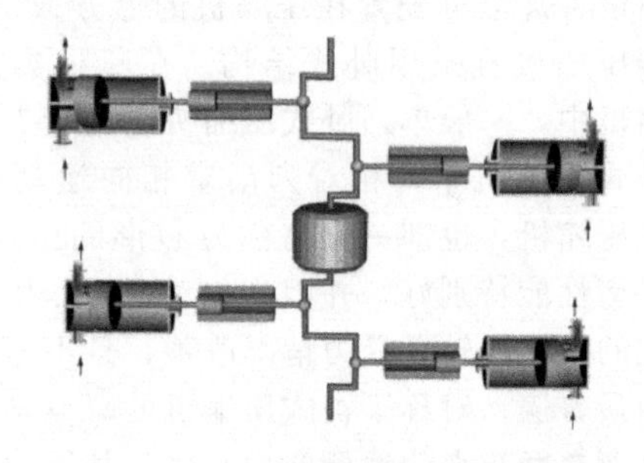

图3-3-13　对称平衡式压缩机（H形）

对称平衡型压缩机，其优点在于：

① 管理维护方便，曲轴连杆的安装、拆卸较为方便；

② 压缩机厂房可以较立式的低，占地面积较立式机稍大；

③ 两列对称平衡型（D形），两曲拐互成180°均布，往复惯性力和旋转惯性力内部平衡，机组运转平稳振动小。四列对称平衡型（M形），四列曲拐成90°，惯性力（一阶和二阶惯性力）可以完全平衡，惯性力矩也很小，甚至为零。因此机器运转极其平稳，转速以及气量也可以大大提高，使得机器、驱动机和基础的尺寸、重量都能减小；

④ 气缸水平对称布置，气缸、填料无油润滑结构，少油润滑；

⑤ 压缩机组整体橇装，电动机通过弹性联轴器直接驱动，运输方便、快捷；

⑥ 由于相对两列的活塞力方向相反，能互相抵消，因此改善了主轴颈的受力情况，减小了主轴颈与主轴承之间的磨损；

⑦ 采用较多的列数（M形），使得每列串联的气缸数较少，压缩机每一列只有一个气缸，维护活塞环、填料及易损件均不需要拆卸气缸，安装维修方便。

其缺点在于：运动部件和填料数量较多，机身和曲轴的结构比较复杂，两列对称平衡压缩机（D形）切向力的均匀性较差，由于气缸、填料需注油使得介质气体中含油量增加。M形机身和曲排的刚度不如H形，且机身和曲轴的制造比H形困难。H形列数只能成4列、8列或12列配置，变形不如M形方便，机身安装校正困难，如果基础产生不均沉降时则影响较大。

（5）对置式压缩机

压缩机相邻两列曲柄错角不等于180°，根据气缸布置的不同又分为两种。一种是相对的气缸中心线不在一条直线上，制成3、5、7、9等奇数列。另一种是曲柄两侧的气缸中心线在一条直线上，十字头为框架式结构，运动机构为两侧气缸所共用，两端柱塞分别固定在十字头两侧，这种结构用在超高压压缩机上，如图 3-3-14 所示。

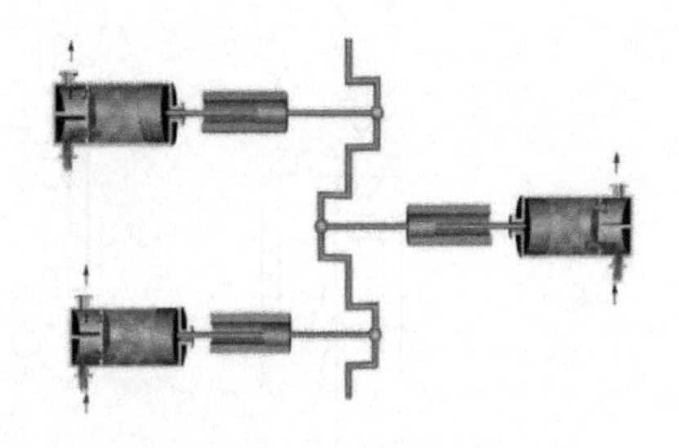

图 3-3-14　对置式压缩机

天然气压缩机以上形式都有应用。立式结构多为两列，也有三列结构，一般用于标准站和子站，较少用于母站，因为其排量不适于做得太大。卧式压缩机主要用对称平衡式结构，母站、标准站、子站都有应用，母站多为 2～4 列（M形），标准站和子站一般为 1～2 列（D形）。角度式压缩机主要应用的是 V 形、W 形和 L 形，也有双重 V 形和 W 形结构，但同其他几种形式比较而言，就显得有些复杂了。角度式结构中 L 形应用在中国也较多，这是因为传统的动力用压缩机均为 L 形结构，许多工厂有生产此种结构的基础。压缩机结构形式示意图如图 3-3-15 所示。

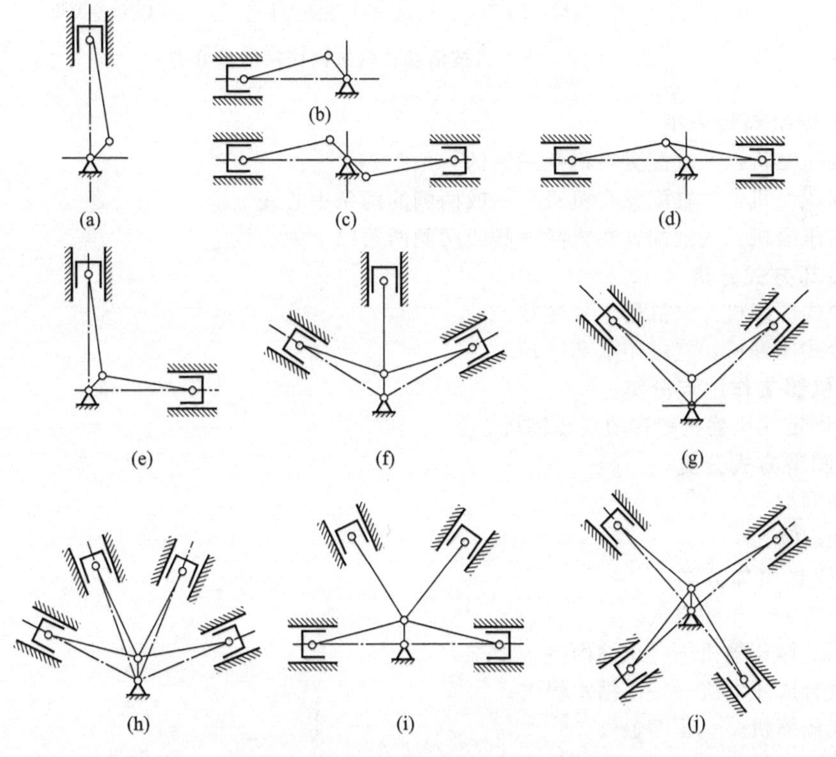

图 3-3-15　压缩机结构形式示意图

a—立式；b—卧式；c—对称平衡式；d—对置式；e—L 形；f—W 形；g—V 形；h、i—扇形；j—星形

5. 按曲柄连杆机构分类

可分为有十字头压缩机和无十字头压缩机。

6. 按活塞在气缸内作用情况分类（如图 3-3-16 所示）

① 单作用式：气缸内仅一端进行压缩机循环。

② 双作用式：气缸内两端都进行同一级次的压缩循环。

③ 级差式：气缸内一端或两端进行两个或两个以上不同级次的压缩循环。

7. 按压缩机级数分类

① 单级压缩机：气体经一级压缩达到终压。

② 两级压缩机：气体经两级压缩达到终压。

③ 多级压缩机：气体经三级以上压缩达到终压。

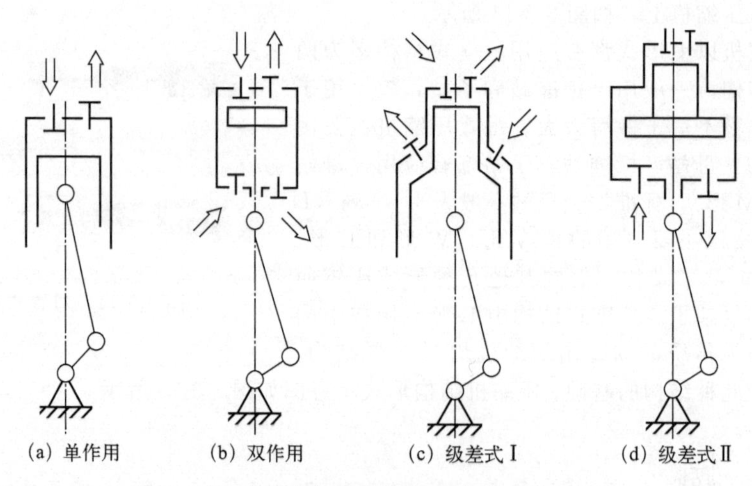

图 3-3-16　压缩机按活塞在气缸内作用情况分类

8. 按压缩机列数分类

① 单列压缩机：气缸配置在机身一侧的一条中心线上。

② 双列压缩机：气缸配置在机身一侧或两侧的两条中心线上。

③ 多列压缩机：气缸配置在机身一侧或两侧两条以上中心线上。

9. 按冷却方式分类

① 风冷式压缩机：气缸用空气冷却。

② 水冷式压缩机：气缸用水套冷却。

10. 按机器工作地点分类

可分为固定式压缩机和移动式压缩机。

11. 按润滑方式分类

① 有油润滑。

② 无油润滑。

12. 按输送气体分类

① 空压机——压缩空气。

② 石油气体压缩机——压缩丙烷、丁烷。

③ 煤气合成压缩机——压缩水煤气。

④ 氢气压缩机——压缩氢气。

⑤ 氨冷冻压缩机——压缩氨气。

⑥ 氮气压缩机——压缩氮气。

⑦ 氧气压缩机——压缩氧气。

（二）往复活塞式压缩机的型号

活塞式压缩机的型号命名如下，由结构、特征、公称容积流量、压力与差异 5 部分组成，如图 3-3-17 所示。有的在结构代码前加数字，表示列数。压力为阿拉伯数字，对于常压进气的压缩机，只标注排气压力；对于在一定压力下进气的压缩机，标注在额定工况下的进气压力和排气压力，单位为 10^5 Pa。如：P-3/285-320 型。活塞式压缩机的结构代码与特征代号如表 3-3-1 与表 3-3-2 所示。

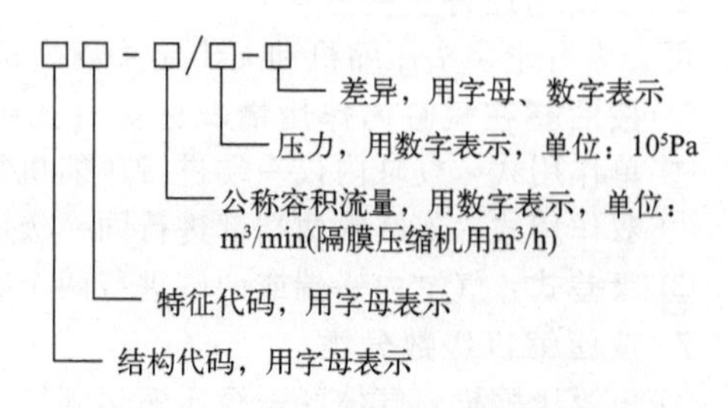

图 3-3-17　往复活塞式压缩机型号构成

表 3-3-1　活塞式压缩机的结构代号

结构代号	结构代号的含义	结构代号	结构代号的含义
V	V形	M	M形
W	W形	H	H形
L	L形	D	两列对称平衡型
S	扇形	DZ	对置型
X	星形	ZH	自由活塞型
Z	立式	ZT	整体型
P	卧式		

表 3-3-2　活塞式压缩机的特征代号

特征代号	W	WJ	D	B	Y
代号涵义	无润滑	无基础	低噪声罩式	直连便携式	移动式

示例：

① WD-0.8/10 型：往复活塞式，W形，无润滑，低噪声罩式，公称容积流量为 $0.8m^3/min$，公称排气表压力为 10×10^5Pa。

② VY-6/7 型：往复活塞式，V形，移动式，公称容积流量为 $6m^3/min$，公称排气表压力为 7×10^5Pa。

③ L-22/7 型：往复活塞式，L形，公称容积流量为 $22m^3/min$，公称排气表压力为 7×10^5Pa。

④ P-3/285-320 型：往复活塞式，卧式，公称容积流量为 $3m^3/min$，公称吸气表压力为 285×10^5Pa，公称排气表压力为 320×10^5Pa。

⑤ H-140/320 型：往复活塞式，H形，公称容积流量为 $140m^3/min$，公称排气表压力为 320×10^5Pa。

⑥ M-285/320-C 型：往复活塞式，M形，公称容积流量为 $285m^3/min$，公称排气表压力为 320×10^5Pa，第C种变形产品。

⑦ D-1.3/40-220 型：往复活塞式，两列对称平衡型，公称容积流量为 $1.3m^3/min$，公称进气表压力为 40×10^5Pa，公称排气表压力为 220×10^5Pa。

⑧ M-2.6/18-250-JX 型：往复活塞式，M形，公称容积流量为 $2.6m^3/min$，公称进气表压力为 18×10^5Pa，公称排气表压力为 250×10^5Pa。

⑨ 2DZ-12.2/250-2200 型：往复活塞式，2列对置式，公称容积流量 $12.2m^3/min$，公称进气表压力为 250×10^5Pa，公称排气表压力为 2200×10^5Pa。

四、往复活塞式压缩机主要零部件

1. 机身

机身是压缩机传动机构定位和导向并承受作用力的部分，作为气缸的支承座并连接压缩机其他辅助部件，组成整台机器。

根据压缩机不同的结构形式，机身可分为卧式机身、对置机身、立式机身、角度式机身。

① 立式压缩机采用立式机体，一般由三部分组成。在曲轴以下的部分称为机座（无十字头的立式压缩机的机座习惯称曲轴箱）。机座上有主轴承座孔，在机座以上，中体以下的部分称为机身，位于机身与气缸间的部分，称为中体。对于中、小型的立式机体，为了简化结构，常把机身与中体铸在一起。对于微型无十字头的立式压缩机，机体常铸成一体。中体、机身、机座铸成一体的机体统称为曲轴箱，如图 3-3-18～图 3-3-20 所示。

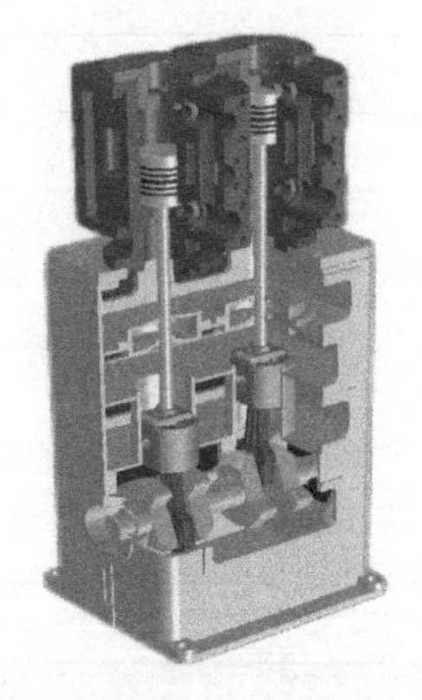

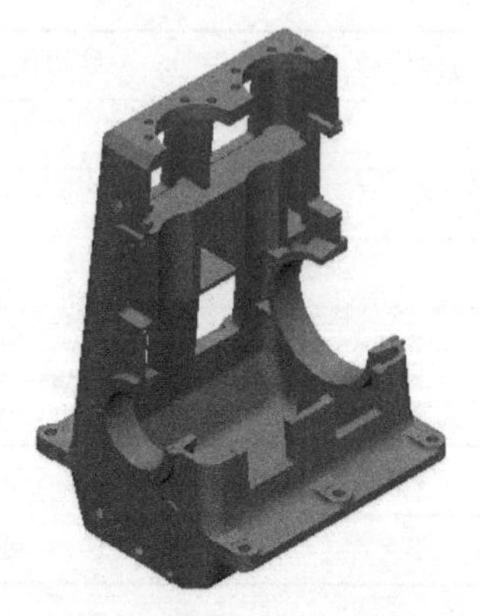

图 3-3-18　ZW 形机组（2ZW）　图 3-3-19　ZW 形机组（3ZW）　图 3-3-20　立式机体

② 卧式压缩机采用卧式机体，由机身与中体组成，常铸成整体的。卧式机体分为刺刀形机身与叉形机身。安装曲柄轴的刺刀形机身与安装曲拐轴的叉形机身的不同点仅是后者比前者多了一个主轴承。

③ 对称平衡与对置式压缩机采用对置机体（图 3-3-21）。机体一般由机身和中体组成，中体配置在曲轴的两侧，用螺栓与机身连接在一起。机身可做成多列的，如两列、四列、六列等，如图 3-3-22～图 3-3-24 所示。

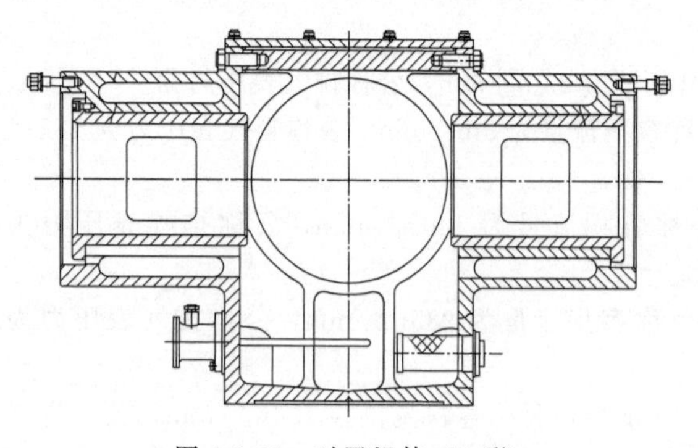

图 3-3-21　对置机体（D 形）

图 3-3-22　M 形机组

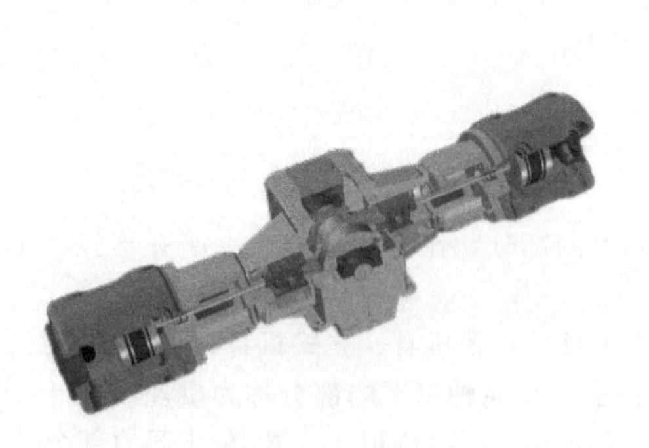

图 3-3-23　D 形机组

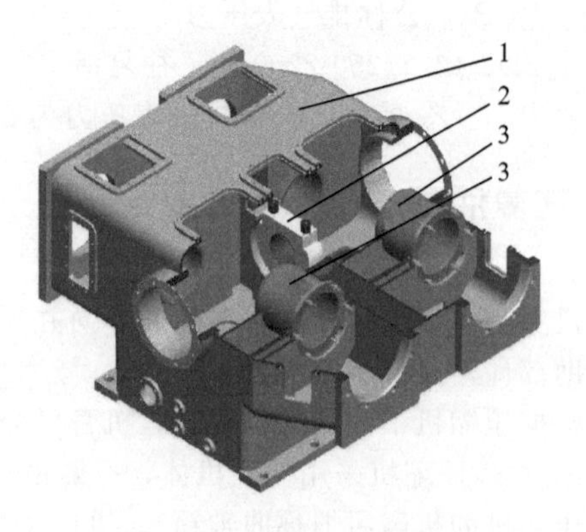

图 3-3-24　JM 形机身示意图

1—机身部件；2—滑动轴承支承；3—滑道

某 M 形机身用钢板焊接而成，机身两侧连接气缸，下部为润滑油箱，中间装有曲轴，曲轴两端为双列向心球面滚子轴承支承，中间为滑动轴承支承。

某D形机身，机身和滑道分体铸造，材料为HT250耐磨铸铁，内部布置加强筋，保证足够的刚性。使用一定年限，滑道磨损超标时，可以单独更换，无须更换机身。可以降低维修成本。机身两侧的滑道端面有法兰面供安装缸体用。两列滑道部位开有侧窗用于装拆十字头和连杆小头。机身顶部装有呼吸器，使机身内部与大气相通，降低油温和平衡机身内部压力。机身下部的容积储存循环润滑油，底部最低处有回油口，使流回机身的润滑油很快进入循环润滑系统。滑道与中体铸在一起，分成上下两块，并有若干纵向和横向的筋条作支承。

④ 角式压缩机采用L形（图3-3-25）、V形、W形、扇形等机体。V形、W形与扇形压缩机，传动机构多为无十字头结构，机体也多采用曲轴箱形式。L形压缩机，传动机构多为有十字头结构。机体的主轴承都采用滚动轴承。

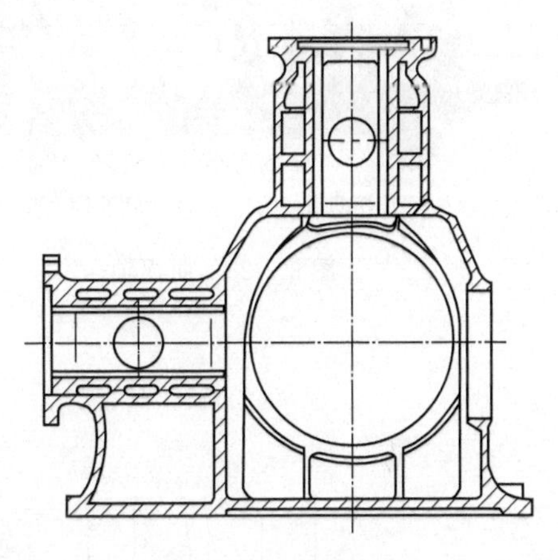

图3-3-25 L形机身

另外还有一些厂家生产的特定机型，如图3-3-26、图3-3-27所示，如图3-3-27所示的机身上有呼吸器，呼吸器的作用是保持机身内腔与大气相通，防止机身内腔压力过高影响压缩机正常工作，为了防止灰尘、污物等落入机身内，呼吸器内设有滤清装置。清洗呼吸器滤网的方法是：

a. 取下呼吸器盖子。

b. 将滤芯取出，用煤油冲洗，并用压缩空气吹干。注意，取出滤芯后，将出口处盖好，严防污物、灰尘落入机身内。

c. 将清洗干净的滤芯重新装入呼吸器内，盖好盖子。

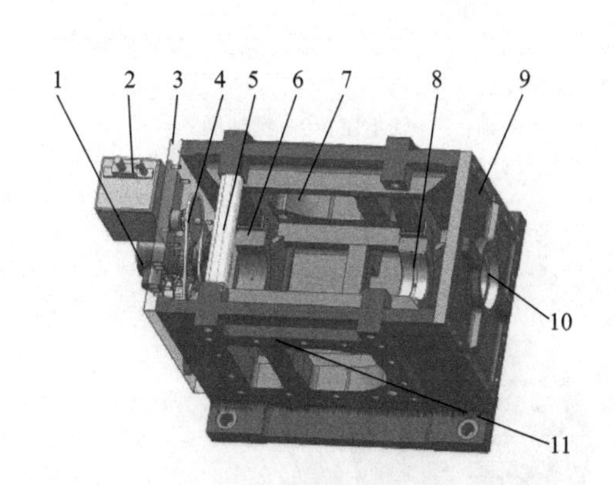

图3-3-26 某厂A2机身示意图

1—油泵（主油泵）；2—注油器；3—辅助端盖板；4—传动系统；5—支撑梁；6—主轴承座；7—中体安装定位孔；8—主轴承；9—功率输入端盖板；10—油封安装孔；11—中体安装面

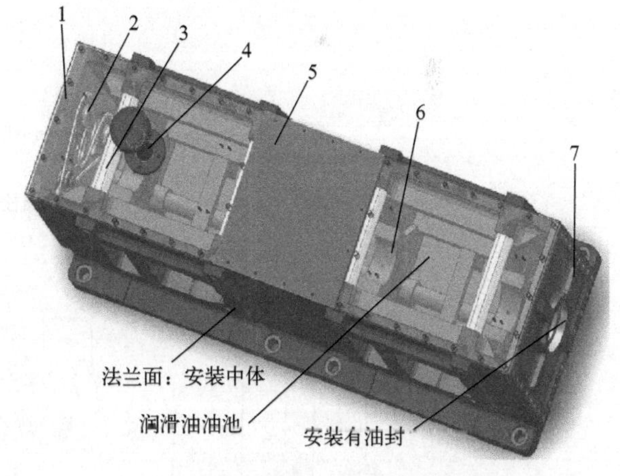

图3-3-27 某厂A4机身示意图

1—辅助端盖板；2—传动部件；3—支撑梁；4—呼吸器；5—机身盖板；6—主轴承座；7—功率输入端盖板

2. 曲轴

曲轴是往复式压缩机的主要部件之一，传递着压缩机的全部功率。其主要作用是将电动机的旋转运动通过连杆改变为活塞的往复直线运动。往复式压缩机曲轴有两类：一种是曲柄轴（开式曲轴)，一种是曲拐轴（闭式曲轴）。曲柄轴大多用于旧式单列或双列卧式压缩机，这种结构现在已很少使用。曲拐轴的结构如图 3-3-28 所示。现在大多数压缩机都采用这种结构。

曲轴的基本结构如图 3-3-29～图 3-3-31 所示。每个曲轴由主轴颈（用来安装主轴承）、曲柄销（与连杆大头相连）、曲柄、轴身及平衡块所组成。根据气缸数目不同，可以是单拐曲轴或多拐曲轴。

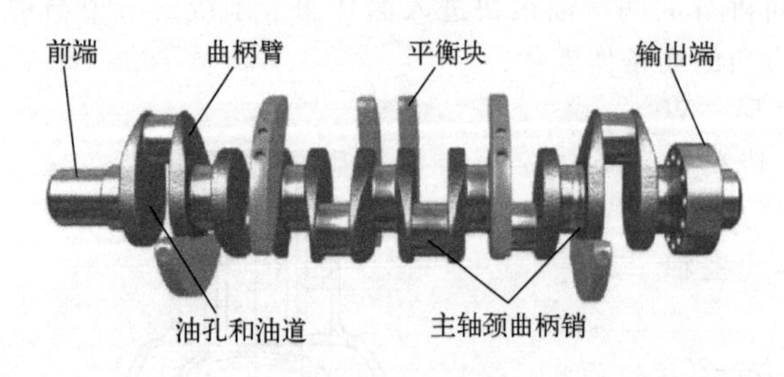

图 3-3-28 曲拐轴

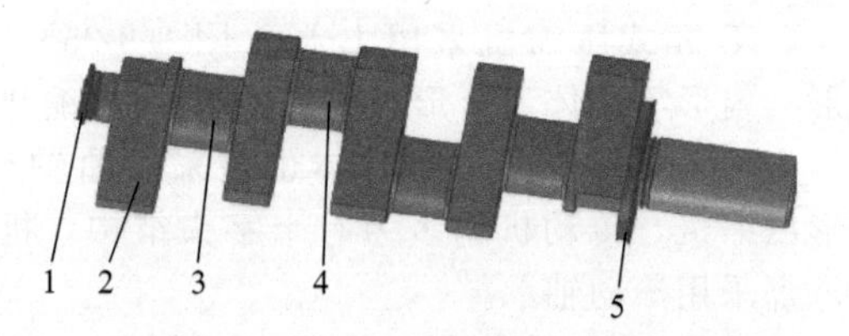

图 3-3-29 2 列曲轴示意图

1—曲轴链轮；2—平衡块；3—主轴颈；4—曲柄销；5—挡油盘

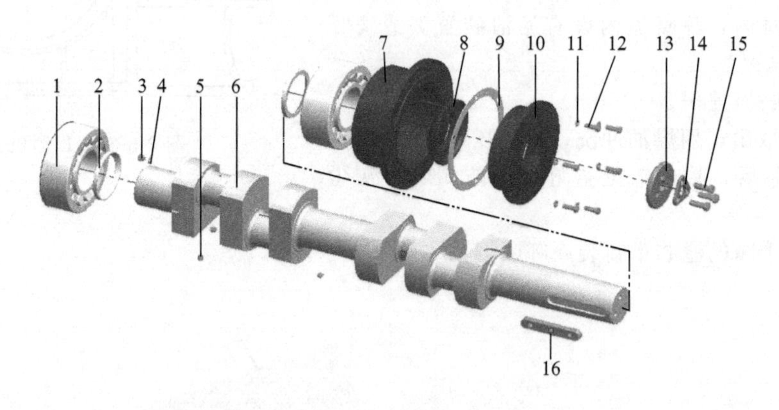

图 3-3-30 4 列曲轴示意图

1—轴承；2—垫环；3—管堵；4，9—垫；5—螺塞；6—曲轴；7—轴承座；8—抛油圈；10—轴承盖；11—垫圈；12，15—螺栓；13—压板；14—止退垫；16—键

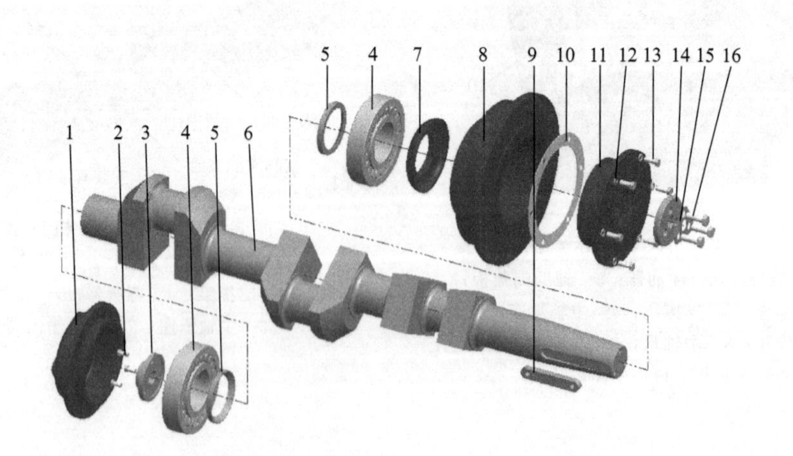

图 3-3-31 3 列 Z 形曲轴示意图

1—轴承盖；2，13，16—螺栓；3—连接板；4—轴承；5—垫环；6—曲轴；7—抛油圈；8—轴承座；9—键；10—垫；11—轴承盖；12—垫圈；14—压板；15—止退垫

① 主轴颈　主轴颈装在主轴承中，它是曲轴支承在机体轴承座上的支点，每个曲轴至少有两个主轴颈。对于曲拐的曲轴，为了减少由于曲轴自重而产生的变形，常在其中再加上一个或多个主轴颈，这种结构使曲轴长度增加。

② 曲柄销　曲柄销装在连杆大头轴承中，由它带动连杆大头旋转，为曲轴和连杆的连接部分。因此，又把它称为连杆轴颈。

③ 曲柄　也叫作曲柄臂，它是连接曲柄销与主轴颈或连接两个相邻曲柄销的部分。

④ 轴身　曲轴除曲柄、曲柄销、主轴颈这三部分之外，其余部分称轴身。它主要用来装配曲轴上其他零件、部件，如齿轮油泵等（一般装在轴端，轴端设计成1∶10的锥度或设计成圆柱形，或带有法兰等）。

曲轴可以做成整体的，也可以做成半组合和组合式的。现在，大多数压缩机均采用整体式曲轴。

近年来，大多数压缩机的曲轴常常被做成空心结构，这种空心结构的曲轴非但不影响曲轴的强度，反而能提高其抗疲劳强度，降低有害的惯性力，减轻其无用的重量。实践证明，空心曲轴比实心曲轴抗疲劳强度约提高50%。

此外，为了抵消曲轴不平衡质量所引起的回转惯性力，曲柄下端通常配有平衡块，如图3-3-28所示。

曲轴运转中，轴颈与轴瓦间、曲柄销与连杆大头瓦间，由于相对运动而产生磨损，故应有良好的润滑。所需压力润滑油的油道，多在曲轴内钻成通道。由曲轴轴头润滑油泵将压力润滑油分别送到轴瓦和曲柄销处。曲轴轴颈表面是压缩机的主要摩擦面之一，不允许存在拉伤、裂纹和锈痕；并应定期检查其磨损情况。在每一个轴颈两个横截面上，沿两个相互垂直的方向测量其直径尺寸，当轴颈配合间隙过大时，应更换轴瓦。如因各种原因导致曲轴轴颈磨损严重，则应对曲轴进行修理甚至更换新的曲轴。

3. 连杆及连杆螺栓

（1）连杆的基本结构形式

连杆是将作用在活塞上的推力传递给曲轴，又将曲轴的旋转运动转换为活塞的往复运动的机件。连杆体在工作时承受拉、压交变载荷，故一般用优质中碳钢锻造或用球墨铸铁（如QT40-10）铸造，杆身多采用工字形截面且中间钻一长孔作为油道。

连杆包括杆体、大头、小头三部分，如图3-3-32所示。连杆与曲轴相连的部分称为大头，做旋转运动；与十字头销相连的部分称为小头，做往复运动；中间部分称为杆体，做摆动。杆体截面有圆形、环形、矩形、工字形等。圆形截面的杆体，机械加工最方便，但在同样强度时，具有较大的运动质量，适用于低速、大型以及小批生产的压缩机。工字形截面的杆体在同样强度时，具有较小的运动质量，但其毛坯必须模锻或铸造，适用于高速及大批量生产的压缩机。连杆实物图如图3-3-33所示。

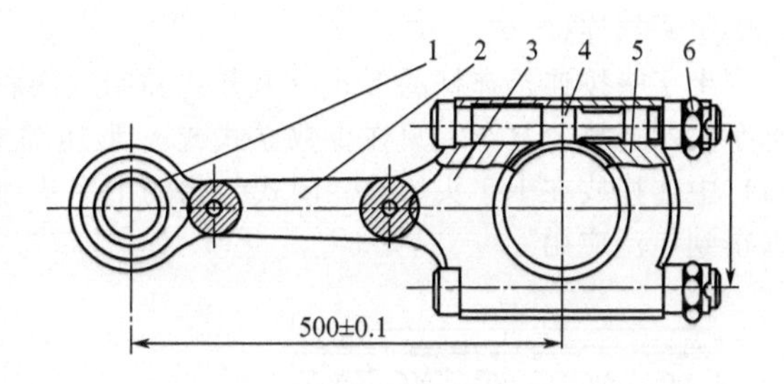

图3-3-32　连杆

1—小头；2—杆体；3—大头；4—连杆螺栓；5—大头盖；6—连杆螺母

使用曲拐时，大头都采用剖分的结构。大头盖与连杆体用螺栓连接。连杆螺母锁紧后，必须加上防松装置，以防止在工作时松动。如用曲柄轴时，大头常采用闭式的结构。大头为闭式结构的特点是不要连接件，结构大为简化，强度增大，而且尺寸可以缩小。小型压缩机为了采用滚动轴承，也有把大头制成闭式的。大头孔内镶入滚动轴承，装配时必须从轴的特定端装入。

连杆瓦为薄壁精密轴承，当需要更换新的时，原则上不得对内孔进行刮削，但如发现内表面的硬点则必须清除。

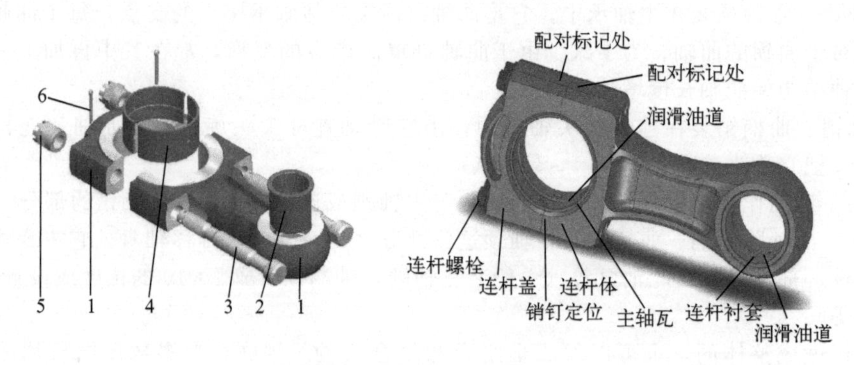

图 3-3-33　连杆实物图

1—连杆体；2—衬套；3—连杆螺栓；4—轴瓦；5—连杆螺母；6—销

如需更换连杆衬套，应先取出衬套，注意不得伤及连杆体，退出衬套后如发现连杆小头孔内有轻微损伤，可用细砂纸或油石打磨光滑。

将新的衬套放入盛装液氮的容器中，液氮应能完全淹没衬套，待衬套完全冷却后（不能再发现衬套冒泡），利用钳子等工具将衬套放入连杆小头孔，注意油孔的方向。在此过程中，因利用到深冷液体——液氮，切记注意人身安全，身体任何部位不得接触液氮或未采取合格的保温措施的盛装液氮的容器及被冷却过的零部件，以免发生安全事故。

将取下的十字头销着色，与尺寸合格的连杆小头衬套配合，检测接触应均匀且接触面积不小于85%。

(2) 连杆螺栓

连杆螺栓是连杆上非常重要的零件。影响连杆螺栓强度的重要因素有结构、尺寸、材料以及工艺过程。通常连杆螺栓的断裂是由应力集中的部位上材料的疲劳而造成的。

4. 十字头及十字头销

(1) 十字头的基本结构形式

十字头是连接做摇摆运动的连杆与做往复运动的活塞杆的机件，具有导向作用。与活塞杆常采用螺纹连接，为闭式整体结构；十字头体为球墨铸铁，滑履镶有巴氏合金。十字头与连杆常通过十字头销连接。

十字头按连接连杆的形式分为开式和闭式两种。开式结构的连杆小头处于十字头体外。开式十字头制造比较复杂，只在少数立式或V形压缩机中，为降低高度而采用。闭式十字头（图 3-3-34）中连杆放在十字头体内。闭式结构的十字头刚性较好，与连杆和活塞杆的连接较为简单，所以得到广泛应用。

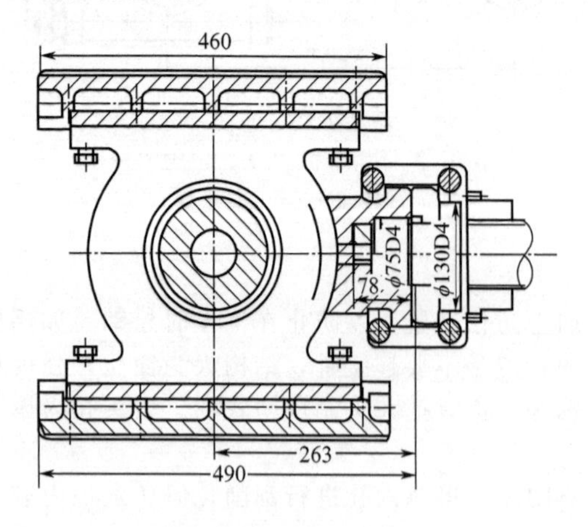

图 3-3-34　闭式十字头

十字头按十字体与滑履的连接方式可分为整体式与分开式两种。对于小型压缩机的十字头常做成整体的，近年来在高速大型压缩机上为了减轻运动部件的重量，也有采用在滑履上镶有巴氏合金的整体十字头。对于一般的大、中型压缩机的十字头则常采用十字头体与滑履分开的结构（图 3-3-34），以利于调整。整体十字头结构轻巧，制造方便；其缺点是磨损后，十字头与活塞杆的同轴度公差增大，不能调整。而分开式的特点恰与整体式相反，特别适用于大型压缩机。

十字头与活塞杆连接形式又分为螺纹连接、连接器连接、法兰连接和楔连接四种。如图 3-3-

35 所示，螺纹连接结构简单，重量轻，使用可靠，但每次检修后要重新调整气缸与活塞的余隙容积。目前常采用的就是螺纹连接形式。它大都采用双螺母并拧紧后，用防松装置锁紧。有些结构具有调整垫片，在每次检修后，不必调整气缸余隙容积，弥补了螺纹连接的缺点。

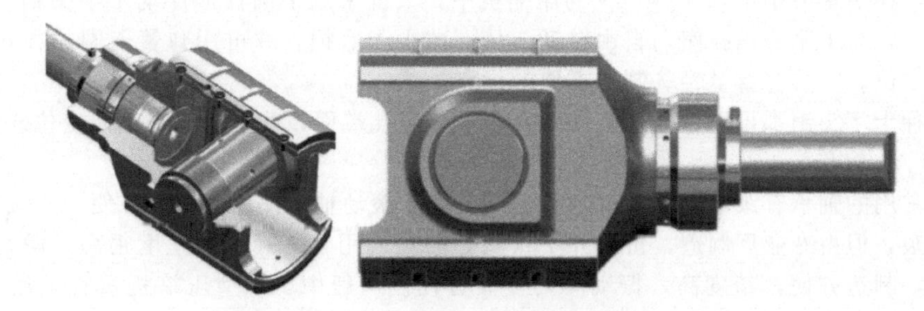

图 3-3-35 十字头与活塞杆的连接

连接器连接和法兰连接结构使用可靠，调整方便，使活塞杆与十字头容易对中，不受螺纹中心线与活塞杆中心线偏移的影响，而直接由两者的圆柱面的配合公差来保证。其缺点是结构笨重，故多用在大型压缩机上。

还有一种是楔连接的结构。其特点是结构简单，可以利用楔（用比活塞杆软的材料，如 20 钢制作）容易变形的特点，把楔作为整个运动系统的安全销使用，防止过载时损坏其他机件。它的缺点是不能调整气缸余隙容积。这种结构常用于小型压缩机上。

（2）十字头销

十字头（图 3-3-36～图 3-3-38）与连杆通过十字头销连接。十字头销有圆锥形、圆柱形以及一端为圆柱形而另一端为圆锥形三种形式。十字头销一般固定在十字头上。

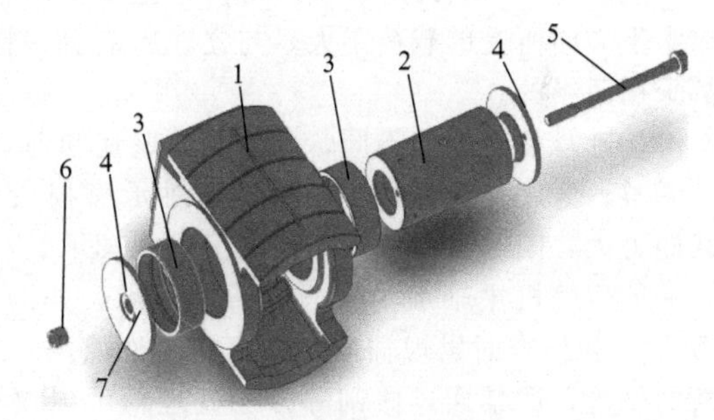

图 3-3-36 A 系列高速机十字头示意图

1—十字头；2—十字头销；3—十字头衬套；4—十字头销盖；5—压盖紧锁螺栓；6—压盖紧锁螺母；7—弹性圆柱销

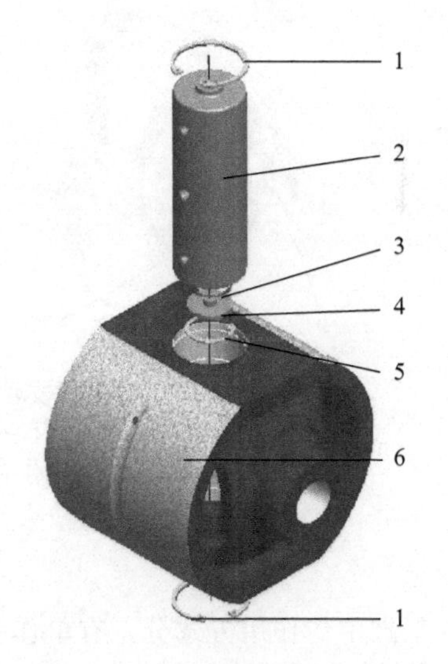

图 3-3-37 JM 十字头示意图

1—挡圈；2—十字头销；3—O 形密封圈；4—端盖；5—挡圈；6—十字头体（滑履）

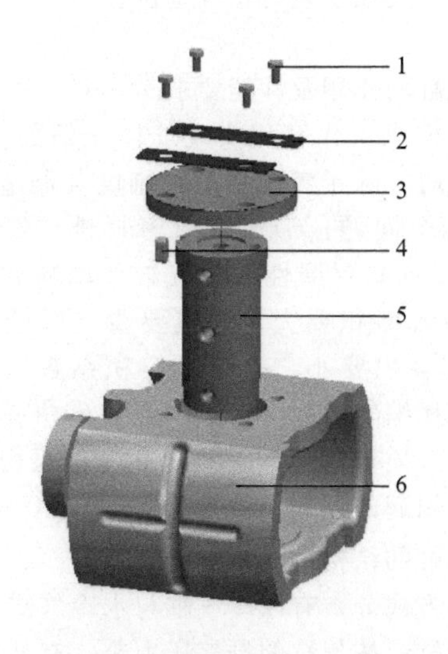

图 3-3-38 Z 形机十字头示意图

1—螺栓；2—止动垫片；3—盖板；4—键；5—十字头销；6—十字头体

圆锥形销用于活塞力大于 5.5×10^4N 的压缩机上，锥度取 1/10～1/20。锥度大，装拆方便，但过大的锥度将使十字头销孔座增大，以致削弱十字头体的强度。锥面上的键主要是防止销上径向油孔的移位而起定位作用，其次也可防止十字头销在孔座内的转动。借助于螺钉可使锥面贴紧。

近年来，在活塞力小于 5.5×10^4N 的压缩机中，大都采用了圆柱形浮动十字头销。浮动销可以在连杆小头孔与十字头销孔座内自由转动，从而减少了磨损，并可用弹簧卡圈扣在孔座的凹槽内进行轴向定位。它具有重量轻、制造方便的优点。

上述各种十字头销都可以用压板盖固定在十字头座孔端面，使十字头销轴向定位。

5. 轴承

压缩机常用的轴承有滚动轴承和滑动轴承两大类。滚动轴承使用、维护方便，机械效率较高，结构虽然复杂，但由专业厂制造，价格并不很贵，而且通用化、标准化程度很高。滑动轴承的结构简单紧凑，制造方便，精度高，振动小，安装方便。一般中、小型压缩机适宜采用滚动轴承，大型压缩机及多支承的压缩机普遍用滑动轴承。

① 滚动轴承。滚动轴承在各种机器中应用很普遍，压缩机用的滚动轴承只是其中的几种，在此不做介绍。

② 滑动轴承。滑动轴承的轴瓦大都制成可分开的。立式压缩机主轴轴承的轴瓦一般分为两半；卧式压缩机（刺刀形或叉形机身）主轴承的轴瓦常分为四瓣；对称平衡型压缩机中，曲轴轴承在水平方向所受的载荷不大，与立式压缩机一样，轴瓦由水平剖分的两部分组成。连杆大头轴瓦都采用两半的。

滑动轴承按壁厚的不同，可分为厚壁瓦和薄壁瓦。厚壁瓦一般都带有垫片，轴承磨损后可以进行调整；薄壁瓦一般都不带垫片，轴承磨损后不能调整。但薄壁瓦贴合面积大，导热性能好，承载能力大，因此目前趋向于使用薄壁瓦轴承。

一般压缩机主轴承为剖分式滑动轴承，如图 3-3-39 所示。如检查时发现轴承间隙不在允许值内，需更换新的轴承；严禁通过修刮等方法处理轴承以调整间隙。轴承内径上有油槽并钻有油孔，以便润滑油对各轴承进行润滑，同时通过曲轴、连杆和十字头的油通道将油送至运动机构各摩擦面。主轴承和轴承盖上均钻有销孔，以便在安装时正确定位。

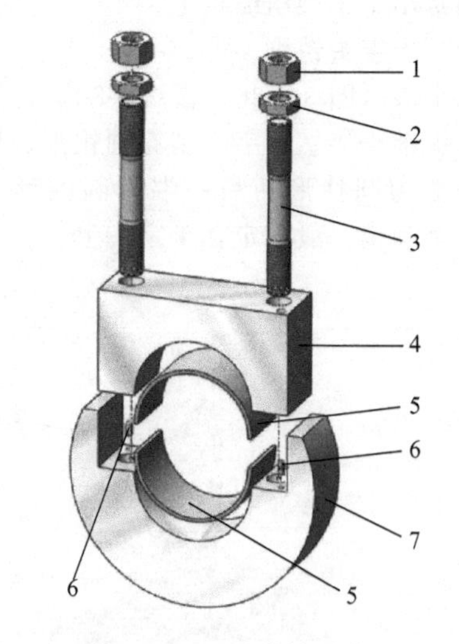

图 3-3-39 滑动轴承支承

1—螺母；2—螺母；3—螺柱；4—轴承盖；5—轴瓦；6—定位销；7—轴承座

6. 气缸

（1）气缸的作用及性能要求

气缸是构成工作容积实现气体压缩的主要部件。在气缸设计时，除了考虑强度、刚度与制造外，还应注意以下几个问题：①气缸的密封性、气缸内壁面（又称气缸镜面）耐磨性以及气缸、填料的润滑性能要好；②通流面积要大，弯道要少，以减少流动损失；③余隙容积要小，以提高容积系数；④冷却要好，以散逸压缩气体时产生的热量；⑤进排气阀的阀腔应被冷却介质分别包围，以提高温度系数；⑥应避免温差应力引起的开裂等。

（2）气缸的结构形式

按冷却方式分，有风冷气缸与水冷气缸；按活塞在气缸中的作用方式分，有单作用、双作用及级差式气缸；按气缸的排气压力分，有低压、中压、高压、超高压气缸等。

① 低压微型、小型气缸。排气压力小于 0.8MPa，排气量小于 $1m^3/min$ 的气缸为低压微型气缸，多为风冷式移动式空气压缩机采用。排气压力小于 0.8MPa，排气量小于 $10m^3/min$ 的气缸为低压小型气缸，有风冷、水冷两种。

微型风冷式气缸结构如图 3-3-40 所示。为强化散热，它在缸体与缸盖上设有散热片，气缸上部温度高，散热片应长一些。散热片在一圈内宜分成三、四段，各缺口错开排列，缺口气流的扰动可以强化散热。设计时还应注意防止排气道对进气道的加热，以免影响温度系数。为了增强冷却，还可以加上导风罩。

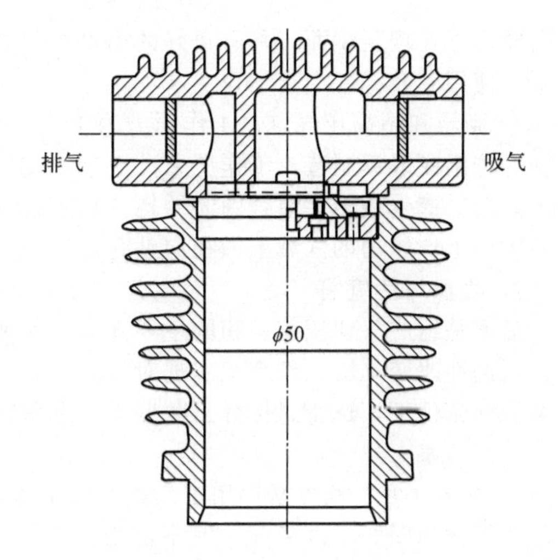

图 3-3-40　风冷式气缸

大多数低压小型压缩机都采用水冷双层壁气缸，如图 3-3-41 所示。

② 低压中、大型气缸。低压中、大型气缸多为双层壁或三层壁气缸，图 3-3-42 则为一个水冷三层壁双作用铸铁气缸，内层为气缸工作容积，中间为冷却水通道，外层为气体通道，它中间隔开分为吸气与排气两部分，冷却水将吸气与排气阀隔开，可以防止吸入气体被排出气体加热，填料函四周也设有水腔，改善了工作条件。

图 3-3-41　两层壁结构铸件空冷双作用气缸示意图

1—缸体；2—缸套；3—填料箱；4—阀罩；5，6—O 形圈；7—缸盖；8—阀盖

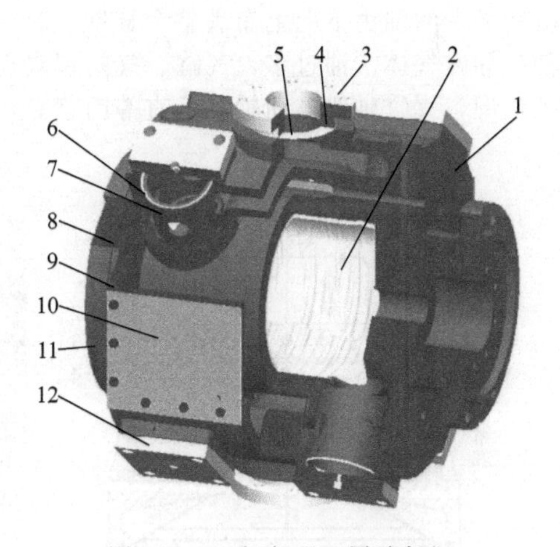

图 3-3-42　短行程三层壁气缸

1—缸体；2—缸套；3—法兰；4—钢环；5—密封垫；6—斜口垫；7—压阀罩；8，9—垫；10—盖板；11—阀盖；12—压阀罩

由于金属向水散热远高于向空气散热，所以它不但克服了上述问题，而且仍能起到防止吸入气体被排出气体加热的作用。

③ 级差式气缸。图 3-3-43 为分体的级差式气缸，高压力端，从强度考虑采用锻钢制作，气阀通道由若干小孔组成。中间是平衡容积，低压力端，由铸钢制成，气阀通道为大圆孔。由于铸钢的铸造工艺性差，所以形状力求简单，水套用钢板围成。如某对称平衡型往复活塞式三级压缩机，一级气缸为双作用结构气缸，二三级气缸为倒级差气缸。气缸内压入干式气缸套，气缸套内孔

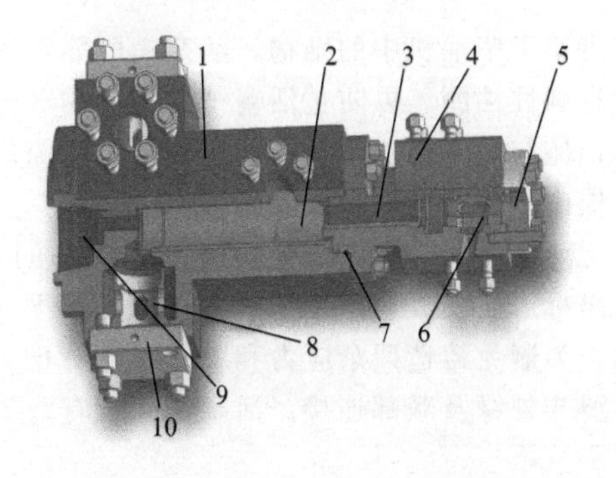

图 3-3-43　顺级差单作用串联结构气缸示意图

1—轴侧缸体；2—轴侧缸套；3—盖侧缸套；4—盖侧缸体；5—缸盖；6，8—阀罩；7—O 形圈；9—填料箱；10—阀盖

表面经珩磨处理至镜面，具有很好的耐磨性和密封性。气缸按少油润滑设计，提高气缸内气阀、活塞环使用寿命。

④ 高压和超高压气缸。工作压力为 10～100MPa 的气缸为高压气缸，它们可用稀土合金球墨铸铁、铸钢或锻钢制造，工作压力大于 100MPa 的气缸为超高压气缸，设计时主要应考虑强度与安全，气缸壁采用多层组合圆筒结构。超高压气缸常沿气缸中心线布置组合阀，以避免在气缸上承受脉动工作压力的区域上做径向钻孔。

7. 活塞与活塞杆

活塞是组成气体压缩容积的主要部分，在曲柄连杆机构的驱动下，活塞在缸内做往复直线运动，周期性改变气缸工作容积实现对气体的压缩。对活塞的要求是在保证强度、刚度及连接和定位可靠的条件下，选密封性好、摩擦小、重量轻的活塞。

（1）活塞

① 筒形活塞。筒形活塞用于小型无十字头的单作用低压压缩机中，通过活塞销与连杆直接相连接，结构如图 3-3-44 所示。其下部为裙部，它与气缸紧贴，起承受连杆侧压力及为活塞导向的作用。活塞的上部为环部，一般设置有 2～3 道活塞环及 1～2 道刮油环。筒形活塞靠飞溅润滑将油溅至气缸镜面上，活塞上行时，刮油环起着布油的作用，下行时刮油环将多余的油刮下，经回油孔流回曲轴箱中。活塞上下运动时，活塞环一般会相对于环槽做往复运动，依靠这种运动可以将气缸镜面上的油由下向上布满整个缸壁，起到润滑作用。当刮油环失效时，大量润滑油进入活塞上部，导致气体带油过多，气缸、气阀积炭严重。刮油失效的原因除了刮油环失效外，还有气缸磨损失圆，气缸轴线与曲轴不垂直等因素。

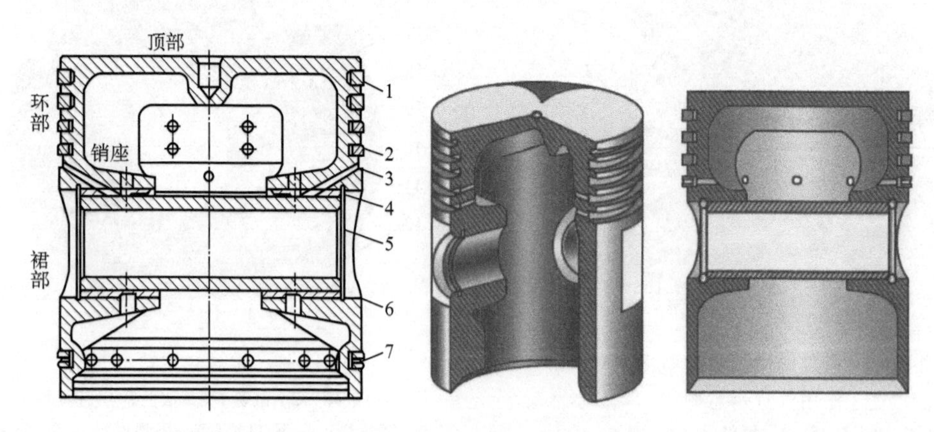

图 3-3-44 筒形活塞

1—活塞环；2，7—刮油环；3—活塞；4—衬套；5—挡圈；6—活塞销

它借鉴了柴油机中的结构，活塞销既能在连杆小头中又能在活塞销座中自由转动，活塞销座两端设有弹性挡圈，以防止活塞销跑出刮伤气缸镜面。在浮动连接中，活塞与连杆间的轴向间隙为活塞销座与活塞销、活塞销与连杆两个间隙的叠加，所以每个间隙必须很小而且差值不大，这对加工提出了较高的要求。

② 盘形活塞。盘形活塞适用于有十字头的双作用缸，是否带活塞杆是区别筒形活塞与盘形活塞的突出标志。图 3-3-45 为一铸铁的盘形活塞，为减轻重量又保证端面的刚度，做成了中空带筋板结构。为避免铸造残余应力和缩孔，以防止工作中因受热而造成不规则的变形，铸铁活塞的筋最好不要与外缘及毂部连接。活塞端部设有清砂孔，在清除内部砂芯并经水压试验后，用螺栓封死并车平。

直径较大的活塞可用钢板焊制，其筋板不仅与端面而且也与毂部焊接，以保证足够的强度。卧式缸盘形活塞的下部承受了活塞组的重量，为减少摩擦与磨损，可用轴承合金制造承压面，直径大时，只浇铸在 90°～120°的范围内，直径不大时，可浇铸成整圈的。承压环应与气缸紧贴，它

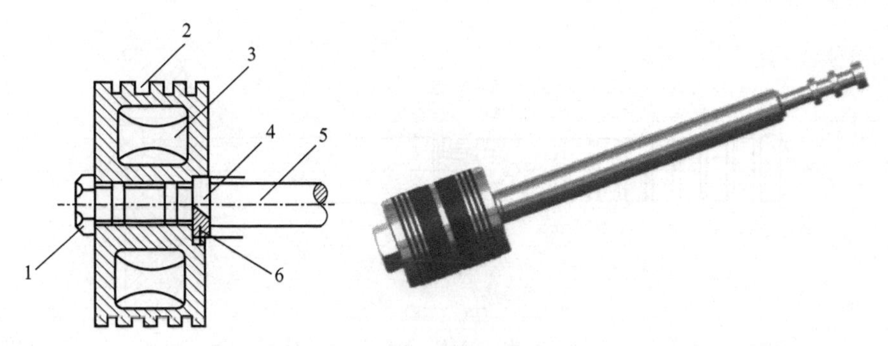

图 3-3-45 铸铁盘形活塞

1—螺母；2—环槽；3—筋板；4—台阶；5—活塞杆；6—防转销

的边缘应开有坡口，以利于润滑油楔入，在环面上可开环槽，以利于形成油膜。

无油润滑压缩机中，无论卧式、立式缸都设有用塑料制的承压环（对立式缸又叫导向环）。

直径 1m 以上的活塞可采用贯穿活塞杆和端部滑块结构，活塞杆的两端都穿出气缸，都有填料函，活塞悬挂在活塞杆上，与气缸四周间隙均匀，密封好，磨损小，但增加了端部填料函，结构要复杂些。

③ 级差式活塞。级差式活塞为两个以上不同直径活塞的组合，用于级差式气缸中，如图 3-3-46 所示，其低压级下部有承压面，高压级活塞用球形关节与低压级活塞相连，高压级相对于低压级既可径向移动又可转动，使小活塞可以沿气缸表面自由定位。当承压面磨损后，大活塞会相对球形关节自由落下，避免了大活塞压在小活塞上的情形。小活塞刚性小易弯曲，为了防止它与气缸摩擦，其直径应比气缸小 0.8～1.5mm。

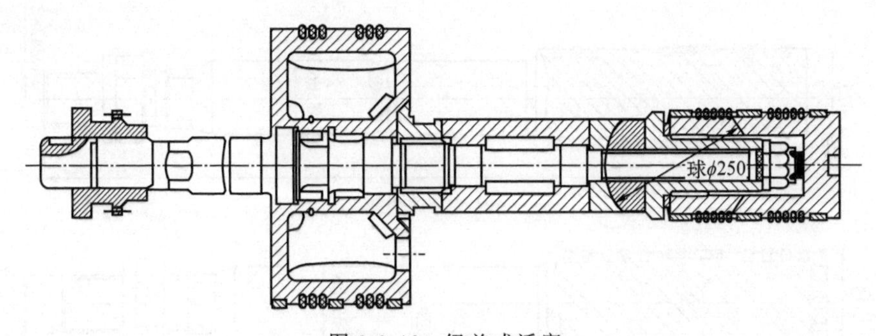

图 3-3-46 级差式活塞

④ 组合活塞。图 3-3-46 的右端为用隔距环组成环槽的组合型活塞，活塞环不用扳开即可装入，在高压级中，活塞环的径向厚度与直径之比较大，若扳开装入则易折断，所以采用这种结构。组合活塞的缺点是加工复杂，隔距环端面研磨不好则会泄漏。

⑤柱塞。当活塞的直径很小时，采用活塞环密封在制造上是很困难的，所以多采用柱塞式活塞，图 3-3-47 为带环槽的柱塞，它靠柱塞与气缸的微小间隙及柱面上的环槽形成曲折密封。另一种柱塞仅为一光滑圆柱体，气体之密封靠填料实现。柱塞工作表面应精磨，圆柱度要求很严。采用双球形关节可以保证它与气缸自动对中。

(2) 活塞杆

活塞杆一端与活塞另一端用十字头连接，它起传递连杆力带动活塞运动的作用，如某三级压缩机活塞杆如图 3-3-48 所示。它与活塞的连接方式常见的有两种，即凸肩连接与锥面连接。一般都采用圆柱凸肩和锁紧螺母连接方式。锁紧螺母的防松采用制动垫圈和销钉固定。

凸肩连接方式是活塞用键固定于活塞杆上，螺母压住活塞，用翻边锁紧在活塞上，或用开口销锁在活塞杆上，以防螺母松动造成严重事故。

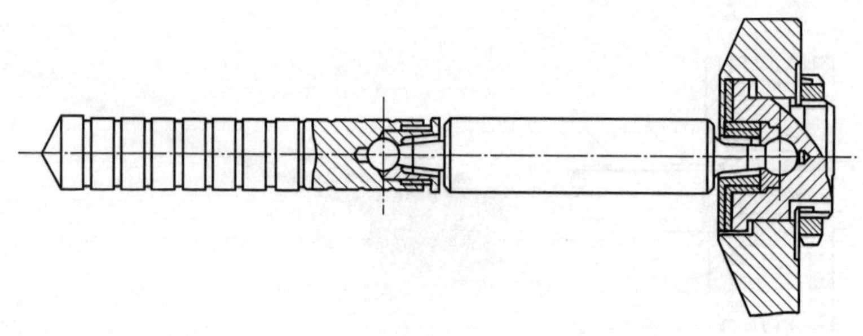

图 3-3-47　压力为 40MPa 的曲折密封柱形活塞

锥面连接方式，其优点是拆装方便，不需键定位，其缺点是加工精度要求高，否则难以保证活塞与活塞杆垂直，且不易压紧。

一种较新的连接方式，它的活塞只到凸肩处，活塞用弹性长螺栓固定在凸肩上，其优点是：弹性螺栓的刚性小，所以活塞杆承受的脉动负荷小；活塞杆的形状简单；高压级活塞可制成凸肩与活塞等直径，故螺栓受的气体力很小，提高了活塞杆的疲劳寿命。

活塞杆与填料接触表面进行高频淬火，具有良好的耐磨性和密封性。

活塞杆是在拉压交变载荷下工作的，杆又较细长，故设计时应进行：①在最大活塞力下的压杆稳定校核与强度校核；②螺纹或截面变化较大处的静强度与疲劳强度校核；③活塞与活塞杆接触处的比压校核，具体请参见有关手册。

图 3-3-48 为 D 形三级压缩的活塞杆。

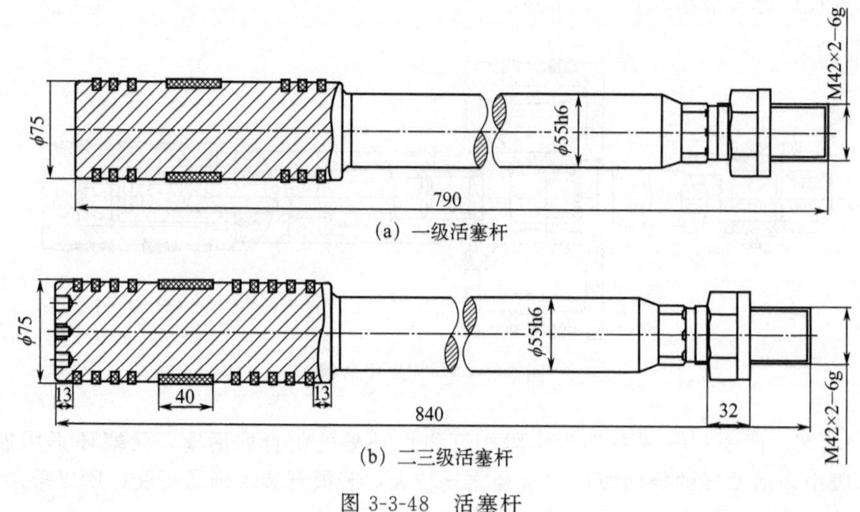

图 3-3-48　活塞杆

8. 活塞环与支承环

在活塞上有活塞环与支承环，活塞环起到密封活塞与气缸之间的间隙，从而达到压缩气体的目的；支承环起到支承活塞及活塞杆的重量并且导向活塞的作用，但不起密封作用，如图 3-3-49 所示。

(1) 活塞环

① 结构形式。由于活塞环需要靠本身弹力产生贴向气缸镜面的预压力，所以活塞环不能制成整体环形，是一个开口的圆环，用金属材料如铸铁，或用自润滑材料如聚四氟乙烯制成。自由状态下其直径大于气缸直径，自由状态的切口值为 A，装入气缸后，环产生初弹力，该力使环的外圆面与气缸镜面贴合，产生一定的预紧密封压力，在切口处还应该留有周向热胀间隙 δ，如图 3-3-50 所示。

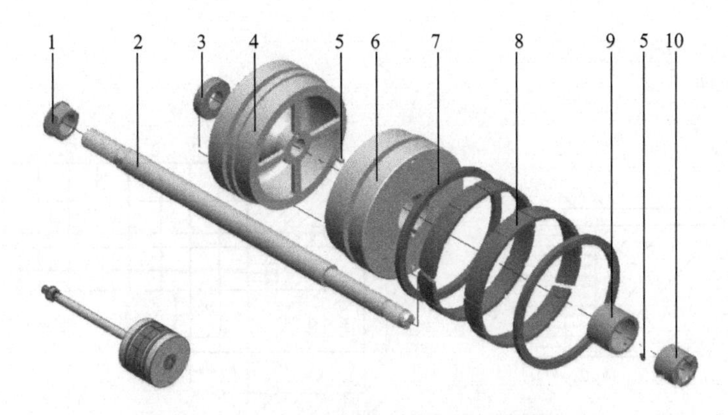

图 3-3-49　低压级活塞组件示意图

1—背帽；2—活塞杆；3，9—垫；4，6—活塞体；5—圆柱销；7—活塞环；8—支承环；10—锁紧螺母

活塞环的切口形式有直切口、斜切口和搭切口三种，如图 3-3-51 所示。从制造角度来看，直切口最简单，斜切口次之，搭切口较复杂。但从减少泄漏的观点来看，搭切口最佳，因为气体泄漏要通过两次转折。为减少切口间的泄漏，安装活塞环时，必须使相邻两环切口互相错开 180°左右。斜切口是常用形式，但脆性材质不能用，易旋转，铝质活塞不适用；搭切口适用于轻质气体。

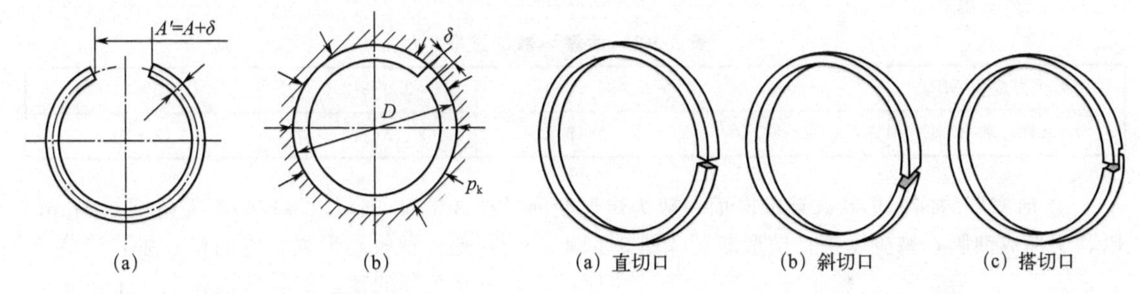

图 3-3-50　活塞环有关尺寸参数图示

图 3-3-51　活塞环切口形式

② 密封原理。活塞环是依靠阻塞与节流来实现密封的，如图 3-3-52 所示，气体的泄漏在径向由于环面与气缸镜面之间的贴合而被阻止，在轴向由于环端面与环槽的贴合而被阻止，此谓塞；由于阻塞，大部分气体经由环切口节流降压流向低压侧，进入两环间的间隙后，又突然膨胀，产生漩涡降压而大大减少了泄漏能力，此谓节流。所以活塞环的密封是在有少量泄漏情况下，通过多个活塞环形成的曲折通道，形成很大压力降来完成的。

活塞环的密封还具有自紧密封的特点，即它的密封压力主要是靠被密封气体的压力来形成的。其工作过程与特点可用图 3-3-53 说明。在环的初弹力作用下，环与境面贴合，形成预紧密封，活塞向上运动时，环的下端面与环槽贴合，所以压力气体主要经过环切口泄漏，产生压降，压力分布从 p_1 逐渐减少到 p_2；在环槽上侧隙及环的内表面（背面），因间隙很大，气体压力可视为处处为 p_1，这样便形成了一个径向的压力差（背压）与一个轴向的压力差，前者使环涨开，使环压紧在气缸镜面上，后者使环的端面紧贴环槽，两者都阻止了气体泄漏，由于这密封压紧力主要是靠被密封气体的压力来形成的，而且气体压差愈大则密封压紧力也愈大，所以称之为“自紧密封”。通过采用多个活塞环并限制切口的间隙值，可产生很大的阻塞与节流作用，使泄漏得到充分的控制。

实验表明，活塞环的密封作用主要由前三道环承担，第一环产生的压降最大，起主要的密封作用，当然磨损也最快，当第一道环磨损后，第二环就起主要密封作用，以此类推。在低压级中，由于排气压力小，环承受的压力较小，所以环的磨损较慢；而同一机的高压级中，环承受的压力较大，所以环的磨损较快，为了使高压级与低压级活塞环的维修周期相同，所以高压级采用较多的环数。

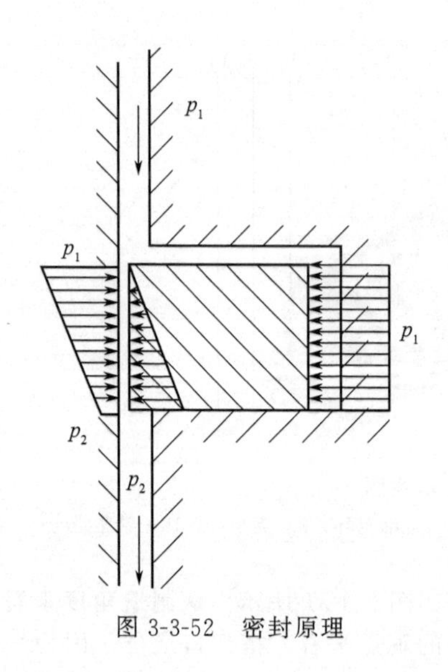

图 3-3-52　密封原理

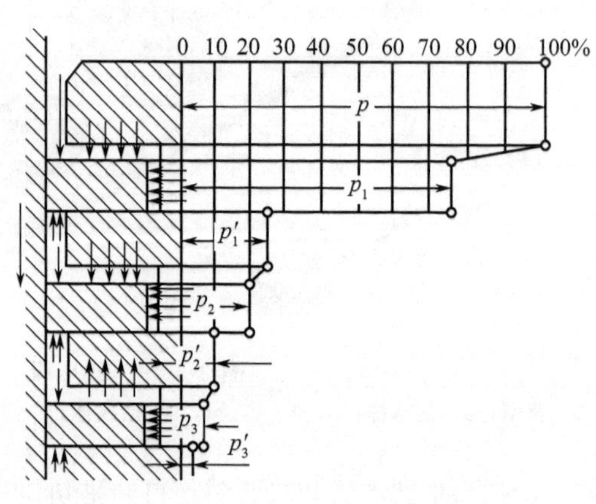

图 3-3-53　气体通过环系的节流压差

③活塞环的数目。一般铸铁活塞环的数目可根据被密封的压差 Δp 按表 3-3-3 选取，但它还与环的耐磨性、切口形式等有关，故在实际压缩机中并不一致。

表 3-3-3　活塞环数的选取

密封压力差 p/MPa	−0.5	0.5～3.0	3.0～12.0	12.0～24.0
活塞环数 Z	2～3	3～5	5～10	12～20

④ 活塞环的断面形状。环的断面一般为矩形断面［图 3-3-54（a)］，将外圆面尖角倒 0.5mm，以利于形成油膜，减少摩擦；桶形断面［图 3-3-54（c)］，是一种较新形式，它的优点是：活塞产生摇摆时，可避免环的棱边刮伤气缸镜面，上下运动时均易产生油膜。图 3-3-54（d）为在中央嵌入硬度较高、磨合与耐磨性都很好的锡青铜的活塞环，多用于高压气缸中。另外还有锥形环、外阶梯环等，它们的刮油性好，适合装于最后一道环槽中。

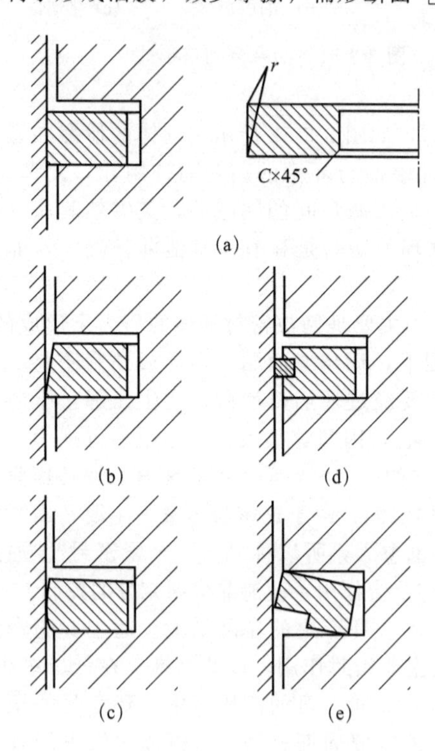

图 3-3-54　环的断面形式

⑤提高活塞环寿命的措施。采用合适的断面形状，在环的外圆上镀多孔铬，喷多孔钼以增加含油量，容纳磨屑，避免干磨等等。

⑥活塞环的材质要求。金属活塞环常用材料为灰铸铁，其金相组织为软质珠光体。灰铸铁活塞环的硬度为 89～107HRB。

活塞环和气缸均有硬化与非硬化之分，活塞环表面硬化处理有镀硬铬、喷涂钼等等，气缸有渗氮、渗硼等。

球墨铸铁环热处理后，金相组织为贝氏体时，耐磨性更好，同合金铸铁一样，用于制造中高压级活塞环。高压级也可采用耐磨青铜环。

低压级的活塞环若用填充聚四氟乙烯制作，在有油条件下运行时寿命是金属环的 2～3 倍，而且由于它在气缸表面上形成覆膜，使气缸的寿命也得到延长。

（2）支承环

支承环，如图 3-3-55 所示，支承活塞及活塞杆的重量，并且导向活塞，但不起密封作用。斜切口环，带侧向及表面减压槽，具有充分减少气体力对环的作用的特点，卸压槽的方向相互错列，防止环的转动，减少磨损，应用于标准支承环设计的场合；直切口环带侧向减压槽，具有减少气体力对环的作用的特点，

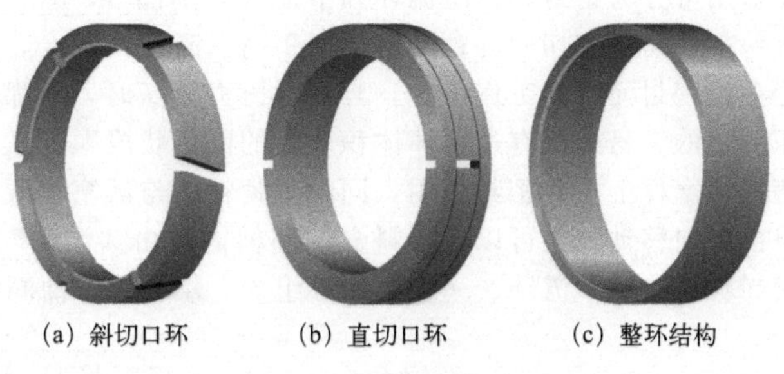

（a）斜切口环　（b）直切口环　（c）整环结构

图 3-3-55　支承环形式

常用于环的径向尺寸受局限时；两片结构直切口环带侧向及表面减压槽，具有减少气体力对环的作用的特点；整环结构环，用油浴等加热后安装，当活塞运动到止点时，支承环会越出缸套连续长度，进入阀窝或扩孔的时候，用此环。

9. 填料密封

（1）填料密封材料

过去的填料环材料是铜。然而，铜对酸性气体是不适用的（气体中含有硫化氢）。如今，PEEK、铸铁和特氟龙材料以其卓越的耐酸性和在非酸性气体中的优良性能，已经成为标准的填料环材料。通常的填料环由 PEEK 材料的减压环，特氟龙/铸铁材料的单作用填料环，完全由特氟龙材料制作的双作用填料环和铸铁材料的刮油环组构成，特氟龙材料中掺入玻璃纤维增强塑料和二硫化钼，压力侧双环一级放空口供油，三到五个密封环密封在曲轴箱侧，这可以使材料减低摩擦力及磨损。

（2）填料密封组成

填料函是包在活塞杆上的密封件，填料由一个或多个环组成，包容在填料盒内，运行时提供润滑、清洗、冷却、密封、温度和压力等功能，填料函内部结构组成如图 3-3-56 所示。填料盒，如图 3-3-57 所示，形式有主填料盒和中间填料盒。主填料盒布置在压缩机气缸与中体之间，密封压力从真空到 3000bar（1bar＝0.1MPa），根据需要可以设置润滑、冷却、保护气和漏气回收，如图 3-3-58 所示。中间填料盒安装在压缩机两中体之间的隔板上起辅助密封作用，通常没有冷却水、不设润滑点，如图 3-3-59 所示。填料盒内装配有密封环，每个环都是为了阻止或限制气流进入大气或隔离室。填料盒位置如图 3-3-60 所示，每组填料环分别装配在单独的填料函中。填料环

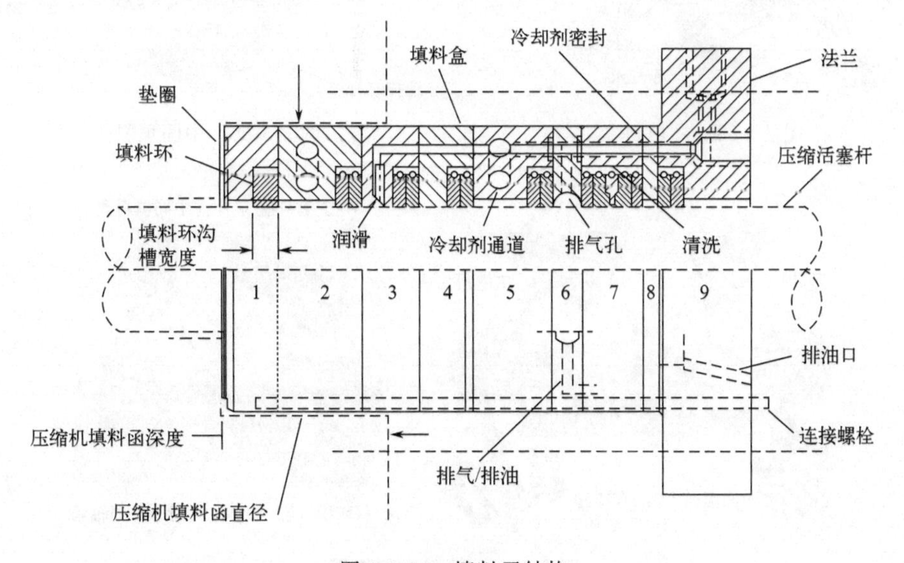

图 3-3-56　填料函结构

按照作用可分为密封环，阻流环和节流环，如图 3-3-61、图 3-3-62 所示。密封环起密封作用，密封环包括径向环和切向环；阻流环用于高温高压的场合，防止非金属密封环变形流失；节流环为减轻各组密封元件的工作负担，当密封压力较高时，在靠近气缸侧处设有节流环，通过阻流达到减压的目的，另外还有过滤掉体积较大的固体状或颗粒状的杂质进入填料盒的目的。每个密封环紧箍在活塞杆上达到密封作用，同时紧紧粘住与活塞杆成直角的填料函槽面。密封环可以沿活塞杆自由横向移动，也可以在填料盒的环槽内自由“浮动”。如某对称平衡式 D 形压缩机填料由八组密封环、一组节流环、一组刮油环组成，填料为少油润滑方式。

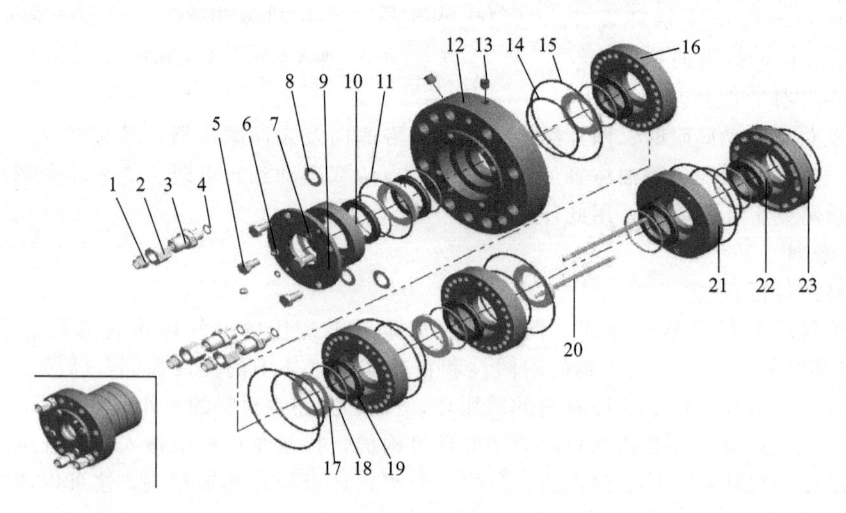

图 3-3-57　填料盒结构图

1—管套；2—螺母；3—接头；4，7—垫；5，6—螺栓；8，11，14，15—O 形圈；9—压盖；10—隔板；12—法兰；13—管堵；16—填料盒；17—阻流环；18—拉簧；19—密封环；20—拉杆；21—填料盒；22—节流环；23—底盒

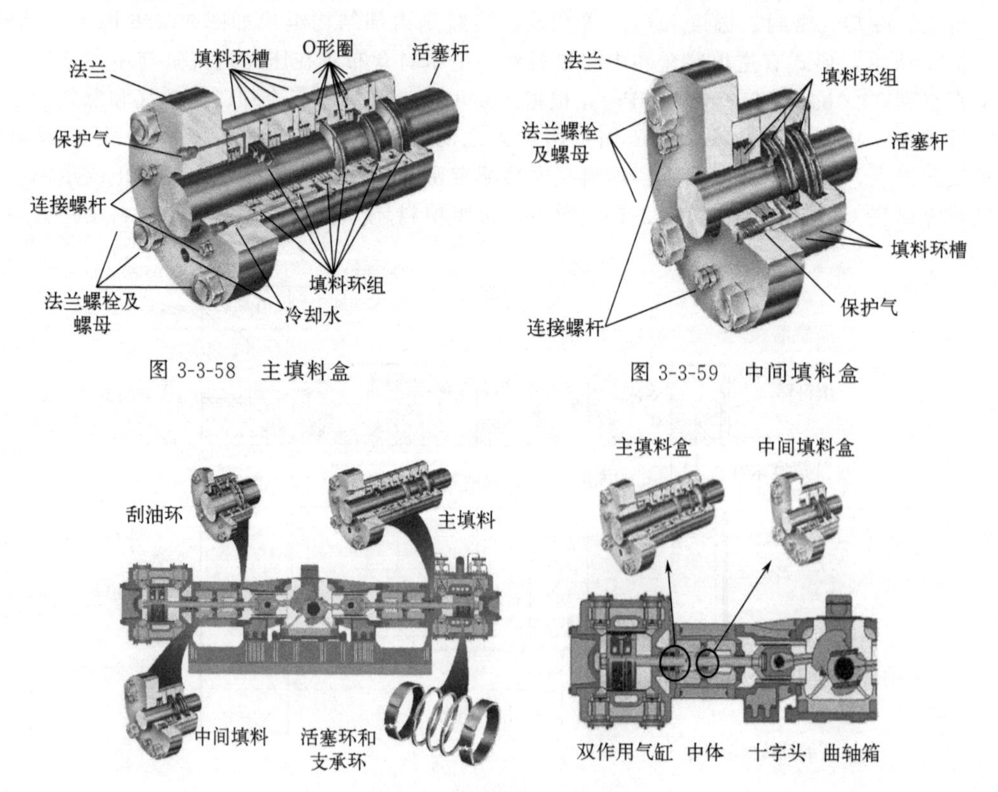

图 3-3-58　主填料盒

图 3-3-59　中间填料盒

图 3-3-60　填料盒位置图

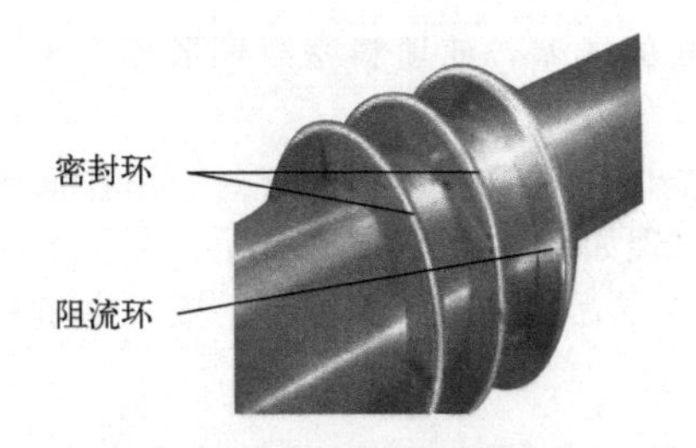

图 3-3-61　密封环和阻流环

图 3-3-62　节流环

(3) 填料密封工作原理

通常情况下，常说的填料密封环是一种动密封环，即只有在压缩机工作时才起密封作用（一般的压力工况），而压缩机停机时或者其他特殊情况下，它并不能起密封作用。而在不工作情况下起密封作用的密封环，通常称为静密封环。这里的动密封指作用到填料密封环上的压力随着活塞的往复运动而成明显的周期变化， 也即压力为脉动压力，如通常的双作用气缸，这种脉动变化的压力是填料密封环密封气体所必需的。为了便于说明，下面以最常用的填料密封环（如图 3-3-63 所示）来解释实际的工作原理，该环由一片径向切口环和一片切向切口环组成，为典型的单作用环。

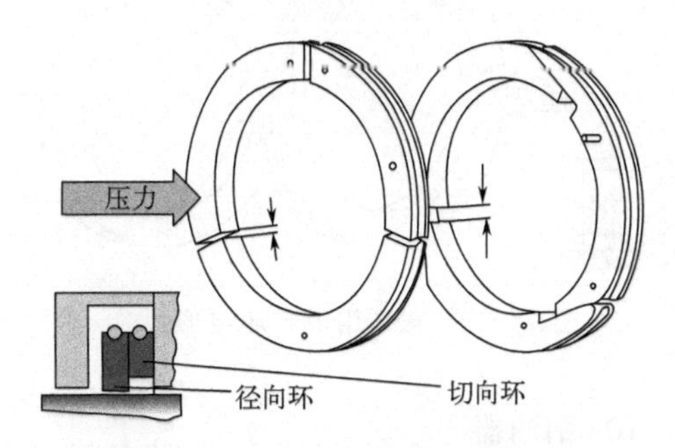

图 3-3-63　单作用填料环组形式

如图 3-3-64 所示，状态一为所需密封的工作气缸端被压缩时，填料密封环由于受气体力的作用靠向低压侧，气体从填料密封环与填料盒杯槽之间的轴向间隙和径向环的切口间隙中进入填料的外侧，在气体力的作用下形成三个密封面：径向环与切向环切口错开形成密封面、切向环与活塞杆表面形成密封面、切向环与杯槽侧面形成密封面，这样就阻止了气体的泄漏，从而起到密封作用。当气缸吸气时［如图 3-3-64（b）所示］，气体通过径向环的切口间隙部分回流进气缸。

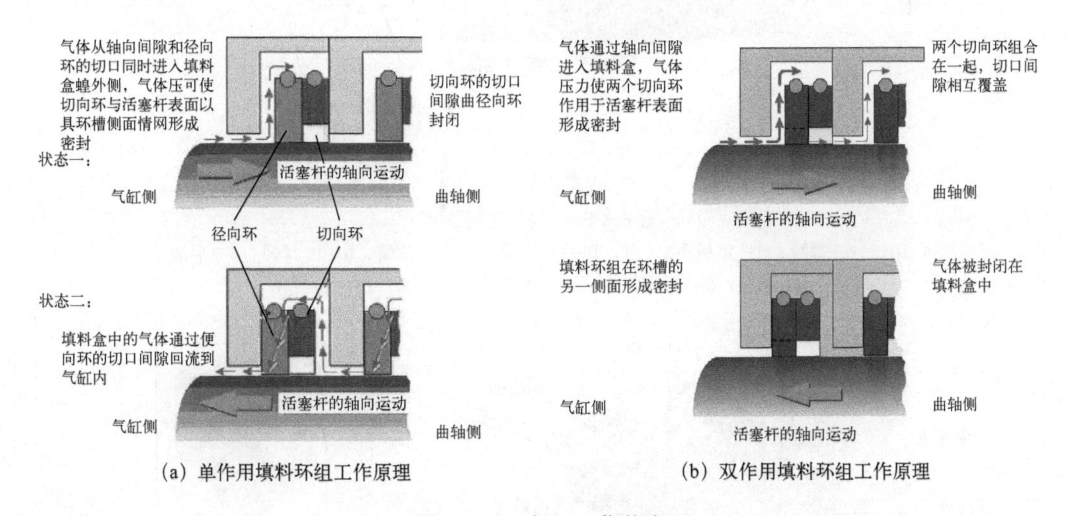

(a) 单作用填料环组工作原理　　(b) 双作用填料环组工作原理

图 3-3-64　气缸工作状态

在压缩机的往复运行周期内：在压缩阶段，气缸内的高压气体作用在填料密封环上，在填料密封环前后形成压差，各密封面在气体压差的作用下能够很好地工作，气体逐步泄漏到随后的填料杯槽里并形成类似的密封形式，最终保证整个填料盒的密封效果；在吸气阶段，由于气体通过填料密封环组中径向环的切口回流到气缸，填料杯槽内的气体压力逐渐下降，这样就可以保证在下一个压缩过程中，填料密封环的前后又能建立起新的压差，使填料密封环形成三个密封面，起到密封作用。

双作用填料环组形式，如图 3-3-65 所示，由两个切向环组成双作用密封，用在低压和真空工况、中间填料环与刮油环组中的脉动密封。其工作原理如图 3-3-64（b）所示。

脉动密封环组形式，如图 3-3-66 所示，具有轴向分力，用于低压密封，置于主填料盒法兰侧作漏气密封和刮油填料盒法兰侧的脉动密封。

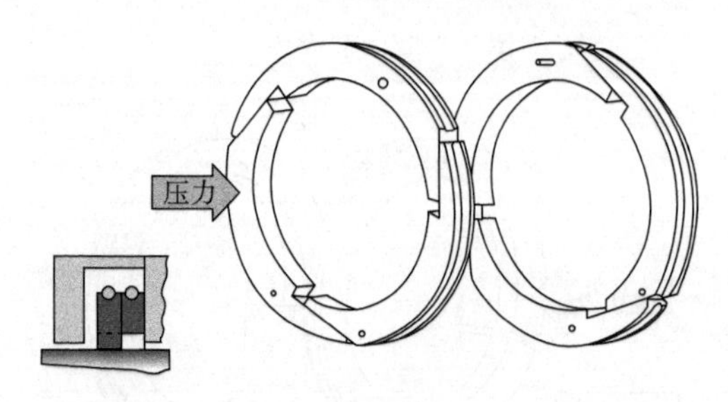

图 3-3-65　双作用填料环组形式

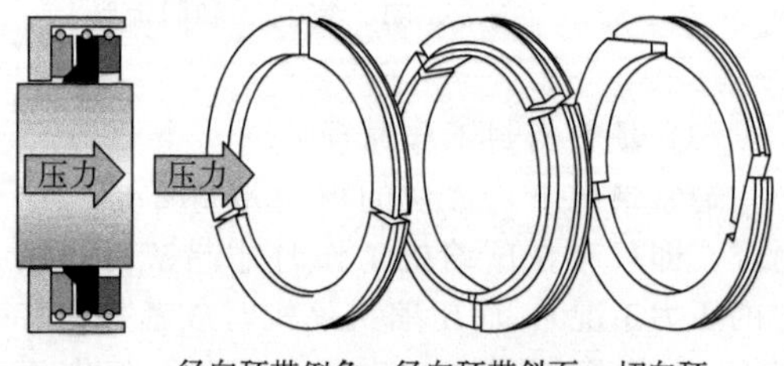

图 3-3-66　脉动密封环组形式

10. 刮油器

刮油器，如图 3-3-67 所示，在靠近十字头方向装有阻油环，如图 3-3-68 所示，用以阻挡大量的润滑油，随后安装的斜切口刮油环将活塞杆上附着的润滑油刮尽。注意：阻油环与刮油环的刃口应朝十字头方向。

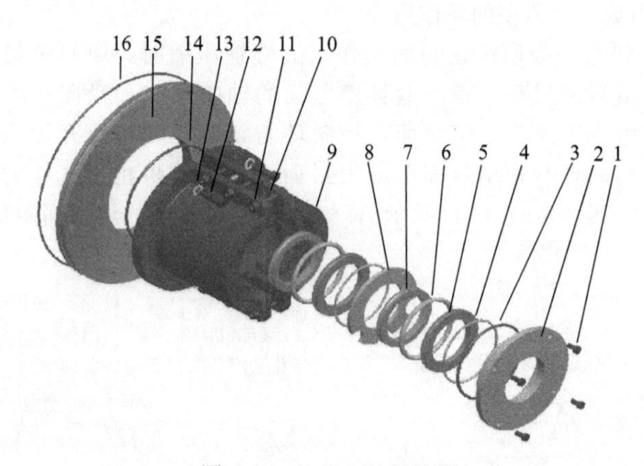

图 3-3-67　JM 型刮油器

1，10，12—螺栓；2—盖板；3，14，16—O 形圈；4，6—拉簧；5—密封环；7—刮油环；8—挡板；9—刮油器体；11—螺母；13—垫圈；15—连接板

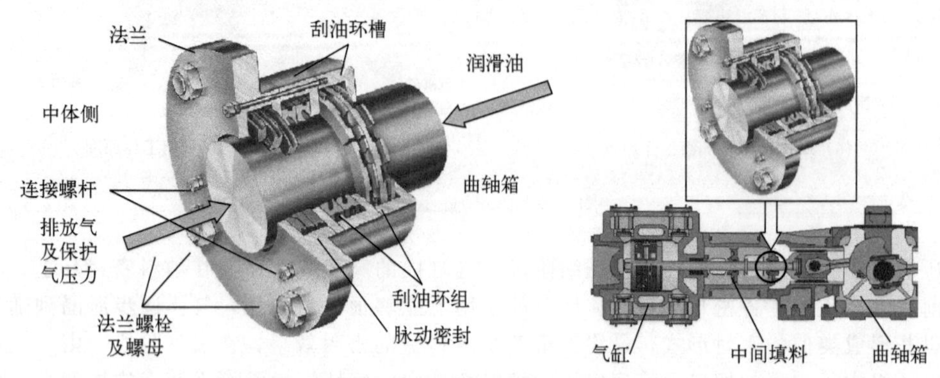

图 3-3-68　刮油填料盒结构

刮油环形式如图 3-3-69 所示，两个刮油环通过销孔结构组合在一起，切口相互错开，防止润滑油泄漏。

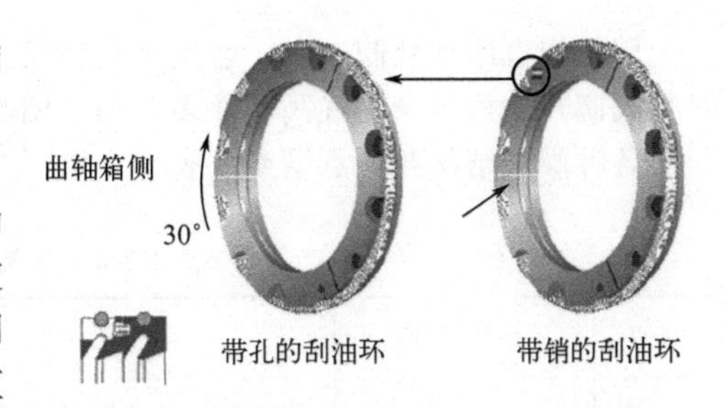

图 3-3-69　刮油环形式

11. 气阀

气阀包括吸气阀和排气阀，活塞每上下往复运动一次，吸、排气阀各启闭一次，从而控制压缩机并使其完成吸气、压缩、排气、做功四个工作过程。气阀是压缩机的一个重要部件，它的质量及工作的好坏直接影响压缩机的输气量、功率损耗和运转的可靠性。气阀是压缩机向高速发展的主要障碍，也是噪声的主要来源。因此，提高气阀的维护质量显得尤为重要。活塞式压缩机一般采用“自动阀”，就是气阀的开启与关闭是依靠阀片两边的压力差实现的，没有其他的驱动机构。

气阀在气缸上配置有三种基本方式：

一种是配置在气缸盖上；另一种是配置在气缸体上；再一种是混合布置，常用于双作用气缸。

对于小型无十字头压缩机，为简化气缸结构，可用组合气阀安装在缸盖上。组合阀比单个阀更好地利用端盖面积，且余隙容积也较小。

气阀主要有环状阀、网状阀、碟阀、孔阀、直流阀等形式。

（1）环状阀

环状阀由阀座、阀片、弹簧、升程限制器、连接螺栓、螺母等组成，如图 3-3-70 所示。

① 阀片：是圆环形片，作为环形通道的密封件，一般有 1～5 环。

② 阀座：由几个同心的环形通道组成，由筋条连成一体，气体可经环形通道流过。

③ 升程限制器：对阀片的启闭起导向及升程限制作用。

优点：适用于各种压力、转速的压缩机。

缺点：阀片的各环彼此分开，在开闭运行中很难达到步调一致，因而降低了气体的流通能力，增加了额外的能量损失。

（2）网气阀（无油润滑压缩机）

网状阀在结构上与环状阀的区别在于阀片各环连在一起，呈网状，阀片与升程限制器之间设有一个或几个与阀片形状基本相同的缓冲片。图 3-3-71 为网状阀的组合图。

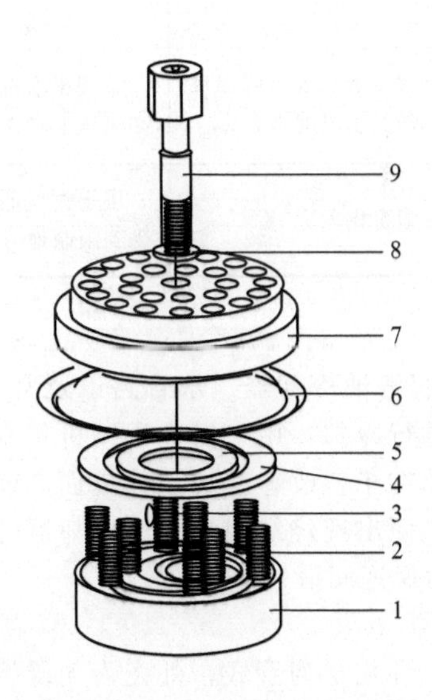

图 3-3-70　环状气阀（吸气阀）

1—限制器；2—弹簧；3—销；4—阀片；5—阀片；6—垫；7—阀座；8—垫圈；9—螺栓

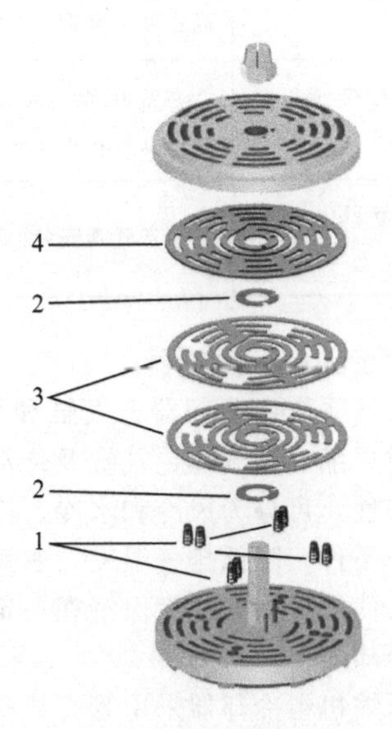

图 3-3-71　网状阀

1—弹簧；2—升程垫片；3—缓冲片；4—阀片

网状阀也同环状阀一样，适用于各种操作条件，在低、中压范围内应用较为普遍。但是由于网状阀阀片结构复杂，气阀零件多，加工困难，成本高，阀片任何一处损坏都导致整个阀片报废。

各种阀的结构与特点请参见表 3-3-4。

表 3-3-4　各种气阀的特点及适用场合

阀型	结构特征	优点	缺点	适用场合
环状阀	阀片呈环状	形状简单，应力集中部位少，抗疲劳好，加工简单，成本低，环可单独更换，经济性好	各环动作不易一致，阻力大，无缓冲片，寿命差，导向部位易磨损	用于大、中、小气量，高低压压缩机。不宜用于无油润滑
网状阀	阀片呈网状图	阀片动作一致，阻力比环状阀小，有缓冲片，无导向部分磨损，弹簧力适应阀片启闭的需要	形状复杂，易引起应力集中，结构复杂，加工困难，阀片上有一点坏，即全部报废，经济性差	同环状阀，但适用于无油润滑
碟形阀	阀片呈碟形	结构强度高，圆弧形密封口，阻力损失小，加工简便	通流面积小，不适用大气量，运动件质量大，影响及时启闭	用于高压或超高压压缩机，小型压缩机
条状阀	阀片呈条状	阀片本身有弹性不需弹簧，运动质量小，升程低适应高速要求	阀片材料及制造要求高	使用较少
直流阀	阀片安装方向与气流方向一致	通道面积大，流向不变，阻力小。阀片轻，有利于及时启闭	阀片厚度小，受压低，寿命差	用于低压高速压缩机
塑料阀	阀片材料用尼龙，填充聚四氟乙烯等	阀片轻，有利于及时启闭，冲击力小，寿命长。升程大，阻力小，密封性好，可节省高强度合金钢	强度低，热变形大，耐温性差	目前吸气阀用得较多
组合阀	吸排气阀组合在一起	在高压级上可省去较大的锻造缸头，余隙容积小	结构复杂，吸气阀温度高。降低了温度系数 λ_T	小型压缩机的高压级或超高压压缩机
多层环状阀	环状阀片多层结构	节省气阀安装面积	余隙容积大	用于大型低压，安装面积受到限制地方

12. 冷却系统——冷却器

压缩机冷却系统由冷却器、气缸和填料的水套、润滑油冷却器、水管路以及其他附件组成。其目的就是对压缩后的气体、气缸及传动系统润滑油进行冷却，用来保证压缩机正常运行和提高安全性、经济性，可分为风冷和水冷。冷却气缸的目的在于：改善气缸工作表面的润滑条件，改善气阀的工作条件，降低排气温度，避免活塞环因受热而出现烧结现象。油冷却器的作用是降低润滑油温度，使润滑油的黏度保持在一定范围内，从而保证润滑效果。

（1）水冷却器

水冷式压缩机组冷却器采用管壳式冷却器，结构为卧式小列管式，外壳为无缝钢管，内部为多根小列管，管内走气、管外走水，具有结构紧凑、传热效率高，使用寿命长等优点。气与水流动方向属纯逆流，冷却效果好。管壳式水冷却器（中、低压示例）如图 3-3-72 所示，管壳式水冷却器（高压示例）如图 3-3-73 所示。

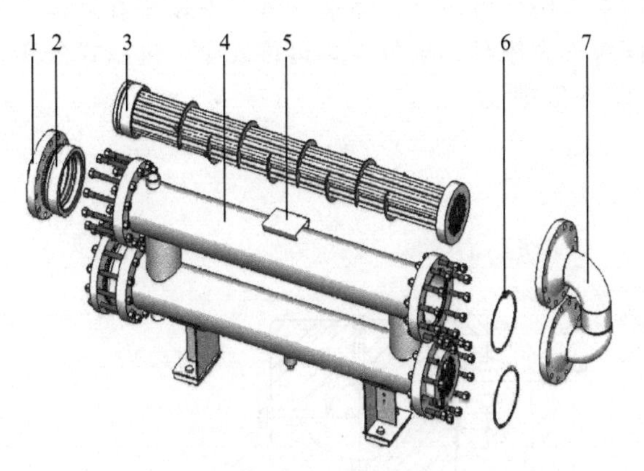

图 3-3-72　管壳式水冷却器（中、低压示例）
1—法兰；2—隔环；3—管束部件；4—壳体部件；
5—铭牌；6—O 形圈；7—弯头

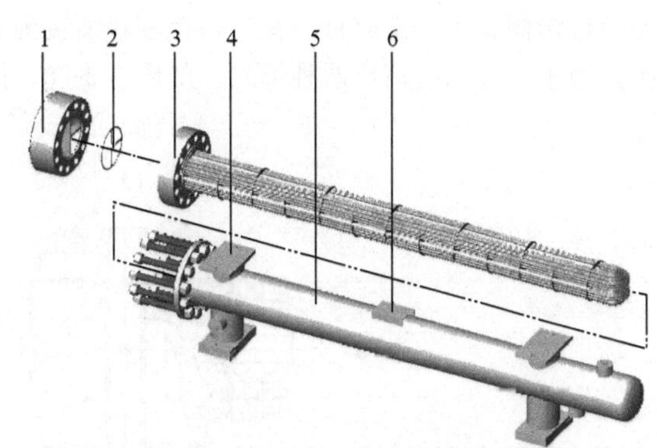

图 3-3-73　管壳式水冷却器（高压示例）
1—管箱部件；2—垫；3—管束部件；
4—底板；5—壳体部件；6—铭牌

（2）空冷器

压缩机级间气体和气缸、填料及润滑油的循环冷却液采用空冷器进行强制冷却。空冷器利用流体和空气传热原理，载热介质的流体在特制的管制式换热器管内流动，换热器管外利用风机使空气流动，两种温度不同的介质通过换热管进行热量交换，达到强制冷却目的，如图 3-3-74 所示。

图 3-3-74　M 形风冷机组

空冷器进风面设置有手动调节的百叶窗，可以根据环境和压缩机运行需要调节进风量，顶部装有喷淋装置使压缩机在炎热的气候环境下能正常运行。

空冷器冷却液箱应加入足够的用于气缸、填料和润滑油冷却的冷却水或防冻液。

空冷器出风口外与房顶、墙或其他障碍物的距离保证不少于 5m，防止空冷器热风倒流，影响空冷器的冷却效果。顶置引风式空冷器如图 3-3-75 所示，水平放置鼓风式空冷器如图 3-3-76 所示。

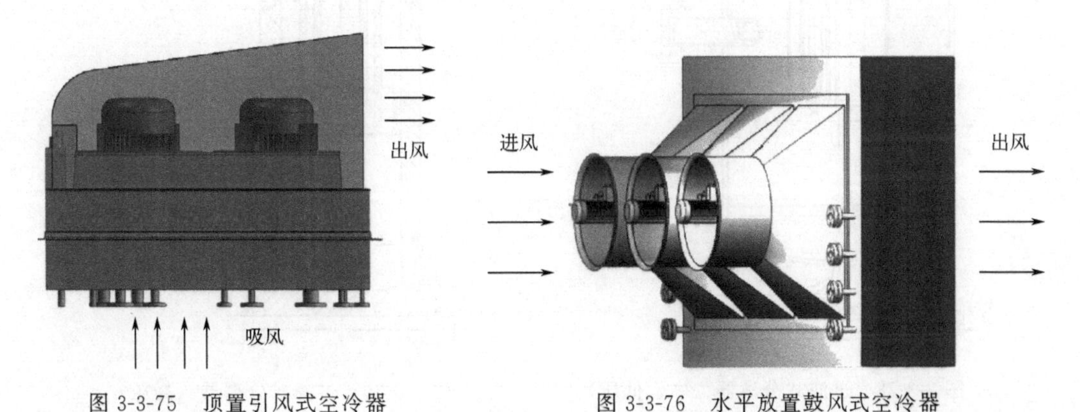

图 3-3-75　顶置引风式空冷器

图 3-3-76　水平放置鼓风式空冷器

13. 油水分离器

油水分离器一般为立式，多采用旋风分离，如图 3-3-77 所示。也有采用重力沉降加丝网除沫器或精密滤芯结构；对于析出液较多的工况，分离器也会采用卧式分离器，利用重力沉降和丝网除沫器进行分离。分离器除用作分离相应级的油、水或其他凝析液外，还可作为下一级的进气缓冲器，减少气流脉动，此时分离器应尽可能地靠近下一级气缸设置。油水分离器上设置有电控气动的排污阀，进行定时自动排污；顶部设有安全阀等安全附件，确保设备运行安全。过滤式分离器分为中、低压与高压两种形式，如图 3-3-78、图 3-3-79 所示。

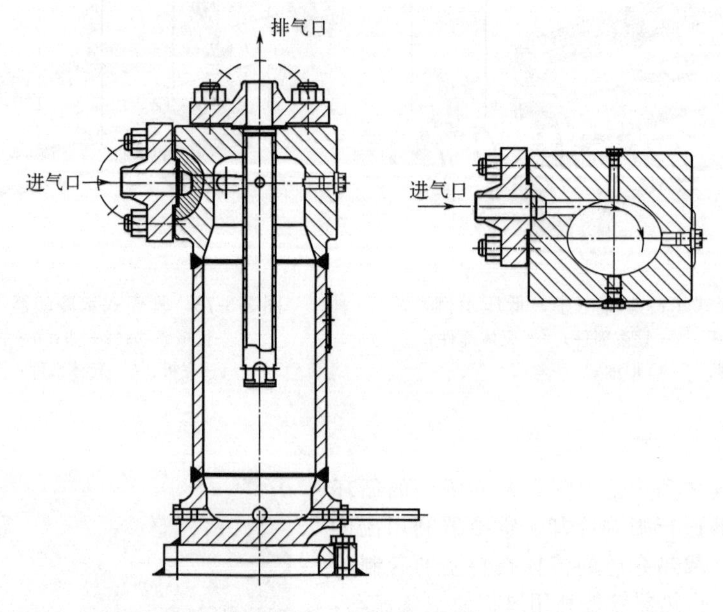

图 3-3-77　旋风式分离器

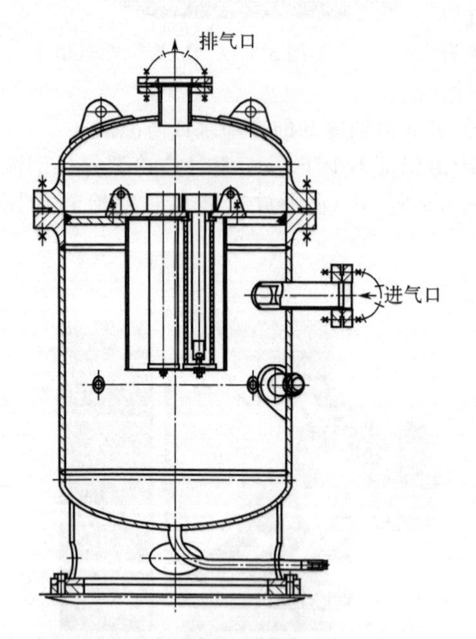

图 3-3-78　过滤式分离器（中、低压）

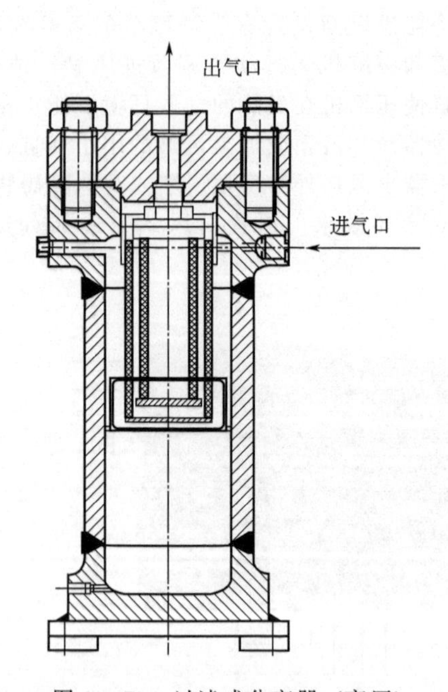

图 3-3-79　过滤式分离器（高压）

14. 缓冲器

一般来说，缓冲器为圆筒形或是球形，有足够的缓冲容积。在安装空间允许的情况下，进、排气缓冲器尽可能地与气缸直连；否则也尽可能地使缓冲器靠近气缸，以最大程度地发挥缓冲器的作用，减少气流脉动，如图 3-3-80、图 3-3-81 所示。

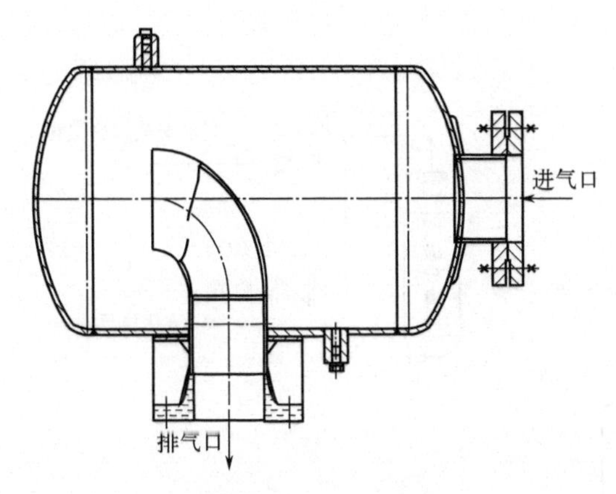

图 3-3-80　卧式缓冲器

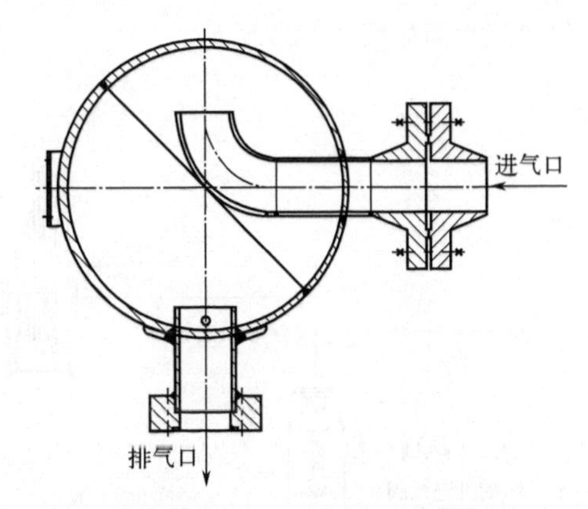

图 3-3-81　球型缓冲器

15. 管路

压缩机的管路系统包括气管路、冷却水管路（全空冷机型除外）、循环油管路、注油管路、仪表管路等，配备齐全各种符合相应压力等级的管件、阀门及仪表等。

（1）气管路

气管路组件是指从一级进口阀门起至末级排气阀门出口间的管段及其附属元件。各级冷却器的出口管段上均设有安全阀，各安全阀排放的气体汇总后放空。安全阀已由制造厂调节好，并用铅封封闭。按照使用情况，必要时可由安全阀检定机构重新调整后予以铅封，操作人员一般不得自行启封或随意调整。气管路设有一、末级排气回一级进气回路及各油水分离器排污阀，供压缩机紧急停车卸压和检修时放出机内的气体。在进行压缩机外部管道安装时，必须对外部管道进行清洗，以避免压缩机运行时（中）焊渣、铁锈、碎屑等东西进入到压缩机内损坏设备。清洗工作应该认真完成，如果有必要，应该用酸性溶液洗去铁锈和碎屑等污垢。清洗时会用到化学酸性清洗液，主要的目的是清洗掉管线内部的铁锈和渣子等杂质。（在管线安装前做此项工作。）由于这些液体是有毒的，要做好保护工作。当第一次启动压缩机的时候，建议在设备入口处安置一个临时过滤器，在设备正常投产运行一段时间后（建议 6 个月），拆掉此过滤器。部分机组设置有进气过滤器，进气过滤器带有滤网或滤芯，并设置有末级分离器或末级精除油过滤器，其内部装设有滤芯。根据现场气质条件及使用实际情况，应注意定期清洗、更换，使用时间建议不超过 1000h。

采用一次抽空停机流程的压缩机，其进气压力一般较低（2.0MPa 以下）。

当压缩机收到停机信号后，将首先关闭进气阀，随后将 1 级进气管道和集油器（如有）内的压力抽到设定值（抽空压力）或者时间到后，顺序打开各级排污以及回路阀，达到压缩机内部均压。

部分橇装机组进气缓冲器与集油器（或回收罐），两容器间连接管路设置有手动阀门，其作用为长时间停机时关闭阀门，防止集油器内气体通过活塞杆间隙缓慢泄漏，减小气损，机组运行时该手动阀门应保持常开！

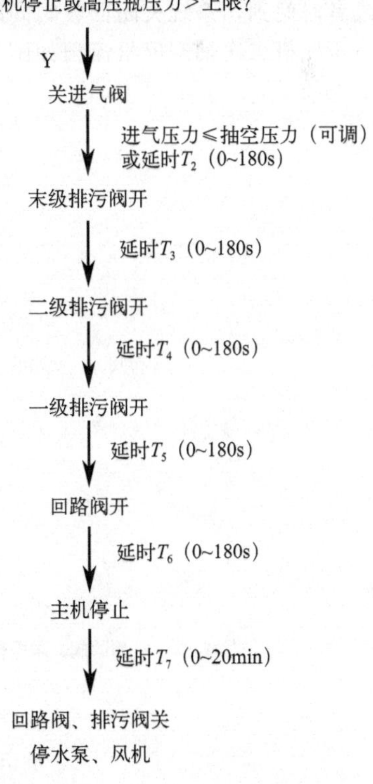

图 3-3-82　一次抽空停机流程

压缩机一次抽空停机流程如图 3-3-82 所示，一次抽空停机流程图如图 3-3-83 所示。

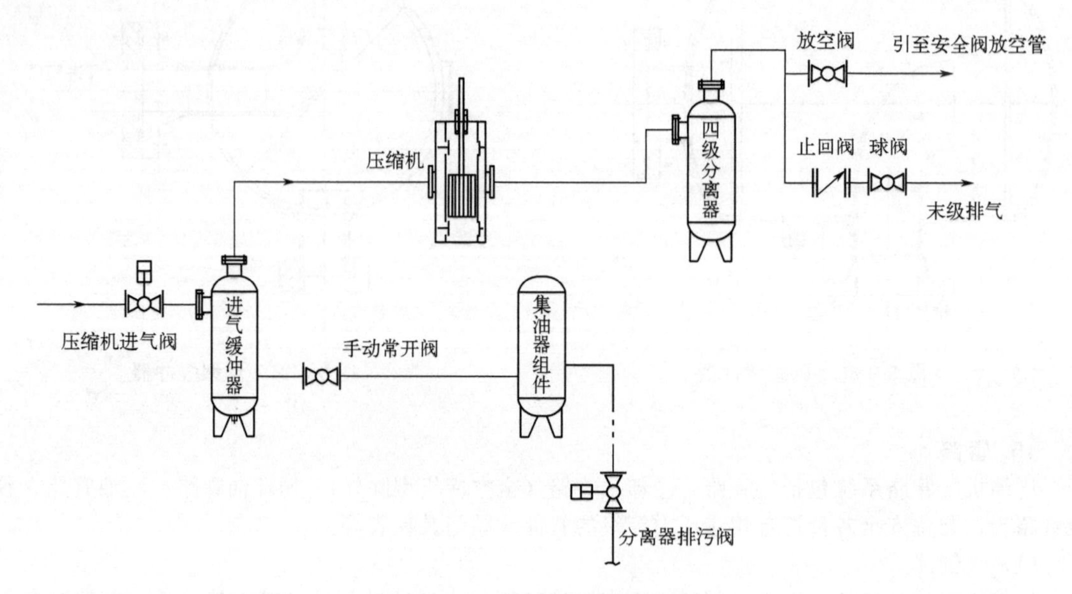

图 3-3-83　一次抽空停机流程图

采用二次抽空停机流程的压缩机，其进气压力一般较高（2.0MPa 以上）。

当压缩机收到停机信号后，将首先关闭进气阀，随后将 1 级进气管道和集油器（如有）内的压力抽到设定值（一次抽空压力）或者时间到后，关闭卸荷阀，同时打开回收阀，将压缩机 1 级进气管道内的气体打到集油器中，此时压缩机背压为集油器压力，故此压缩机进气压力可以抽得更低（甚至接近常压），当 1 级压力抽到设定值（二次抽空压力）或者集油器中的压力上升到设定值或者时间到，系统关闭回收阀同时打开回路阀，达到压缩机内部均压。

压缩机二次抽空停机流程如图 3-3-84 所示，二次抽空停机流程图如图 3-3-85 所示。

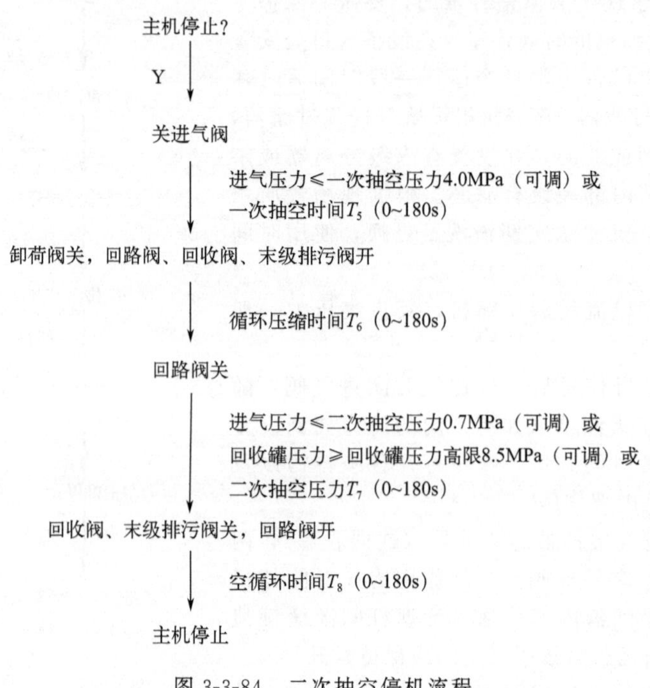

图 3-3-84　二次抽空停机流程

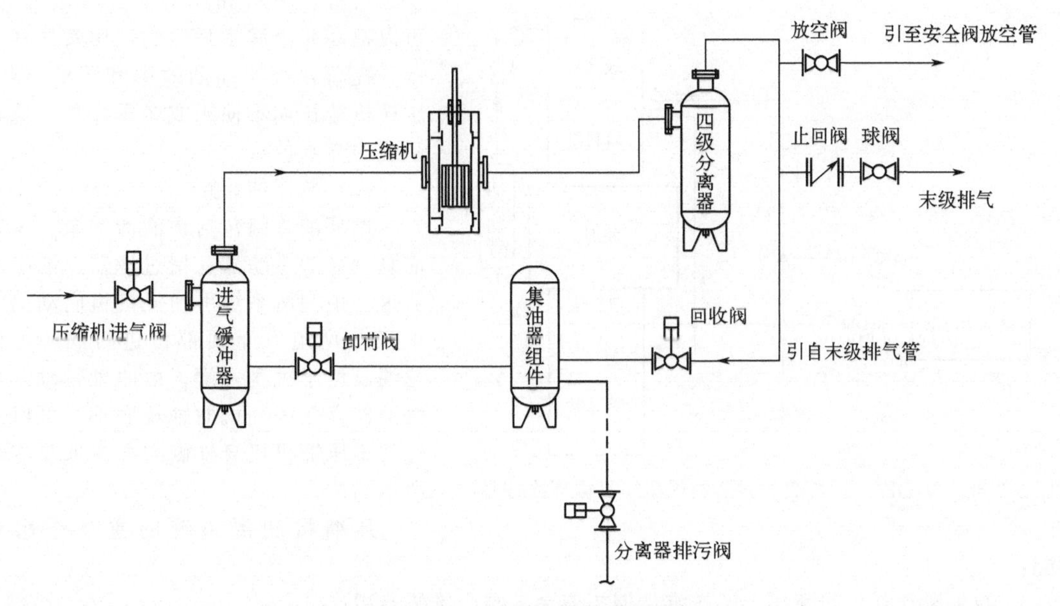

图 3-3-85 二次抽空停机流程图

对压缩机抽空停机流程的要求：

首先，不论是采用一次抽空方式还是二次抽空方式，压缩机采用抽空流程的目的在于：①降低下次压缩机启动的负荷；②减少压缩机停机后的泄漏。

其次，由于压缩机本身工况条件所限，压缩机在排气压力基本不变的情况下，其进气压力不可能无限地低，所以，无论是程序上设置的一次抽空压力值还是二次抽空压力值，以及集油器（回收罐）的压力值，都经过了设计师的严格计算。请不要轻易更改抽空压力的设定值，否则会出现压缩机活塞力增加、排气温度增高、压缩比增大等问题，将引起压缩机易损件寿命减短、活塞杆断裂、基础件振动加剧等故障！

（2）水管路

冷却水由总进水管分别进入填料、各级气缸及冷却器，总进水管上装有测水压的引压管线，正常工作时压力为 0.3MPa，进、排水总管压差≥0.15MPa，各支路的出水汇集到一条总排水管上。

压缩机组冷却用水在循环冷却过程中应采取合理的措施，避免受到来自空气的污染（泥沙、粉尘、微生物及孢子）和微生物滋生的危害。否则易导致冷却水的浊度上升、水质恶化，这些物质长期在压缩机冷却水系统（如冷却器、填料冷却水通道等）中堆积，将降低机组换热效率，可能危及压缩机的安全运行。水冷式压缩机每个冷却器壳体底部均设置有放水口，如压缩机使用现场水质无法避免上述影响，用户应拆除冷却器壳体底部接口的管堵，自行加装放水阀门，并定期（可根据实际使用情况合理调整）进行放水清洗。

当环境温度低于 0℃时，应把冷却水置换成防冻液，以防冷却水结冰冻裂设备，防冻液可按至少低于当地最低环境温度 5℃选取。压缩机长期不使用时，应把水管路中的冷却水放掉，以防结冰冻裂设备。

如某 DF-1.3/40-220 型天然气压缩机，如图 3-3-86 所示，压缩机冷却系统由空冷却器、气缸和填料水套、润滑油冷却器、水管路、球阀以及其他附件组成。冷却系统采用并联形式，各级冷却器进水温度均为最低，系统各部位彼此独立，容易判断损坏的部位。冷却水在管道内为有压流动，应按压缩机所需循环水量配置合适的水泵。冷却水（防冻液）通过水泵加压后进入进水总管，然后分别通至每一冷却部位，完成热交换后从出水总管流出。出水总管上设有截止阀，可以根据需要调节冷却水的压力。

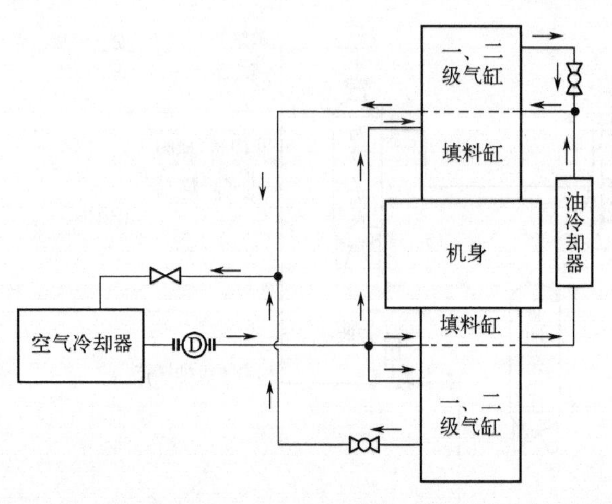

图 3-3-86 某 DF-1.3/40-220 型天然气压缩机循环冷却系统

气缸、填料和润滑油的有效冷却，可以提高非金属密封件的使用效果和寿命，提高各级压缩的效率和降低能耗。压缩机若长期不使用或冬季停机，应将系统内存水放尽。

(3) 循环油管路

循环油管路包括预润滑油泵、齿轮油泵、吸油过滤器、精过滤器、油冷却器等。预润滑系统可确保机组启动前对十字头-滑道等重要部位进行润滑。齿轮油泵位于机身一端，由曲轴带动。润滑油储存在压缩机曲轴箱底部，可以通过位于压缩机机身外侧的视窗来观测润滑油油位。

压缩机润滑系统的主要作用和功能：

① 减小滑动部位的磨损，延长零件期望寿命，减少维修费用；

② 带走摩擦热量，冷却摩擦表面，保持正常配合间隙，有利于润滑零件的正常运转；

③ 和机械密封结构相结合，对气缸中的气体起密封作用；

④ 防止零件表面锈蚀，提高零件工作寿命；

⑤ 减小摩擦和摩擦热，减少能量损失和降低摩擦功耗，提高压缩机效率；

⑥ 带走磨屑清洗摩擦表面，提高运动面的工作质量。

在每次开车前，必须先启动预润滑油泵润滑各摩擦部位直至各点有油流出。当油压低于规定值时，驱动机将不能启动。

向油池内加入经过滤干净的润滑油，最高油位为不碰曲轴和连杆，最低油位必须保证在油标的最低警戒线以上，如图 3-3-87 所示。

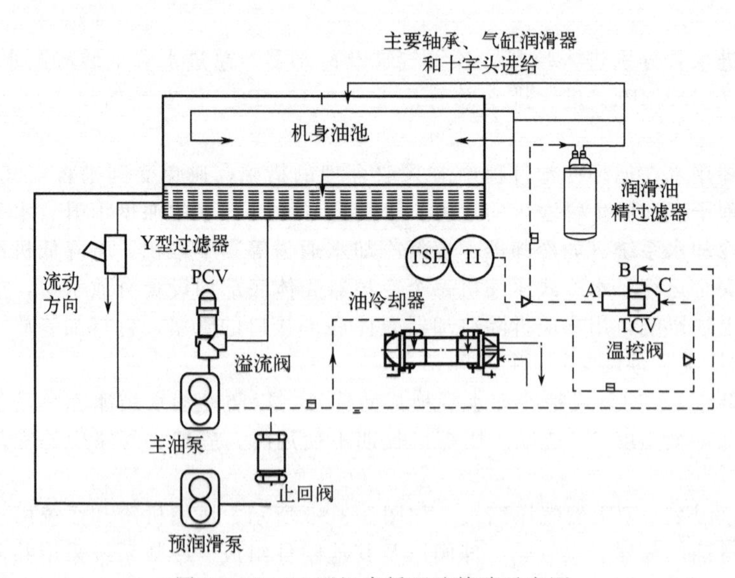

图 3-3-87 M 型机身循环油管路示意图

机身循环油管路是指油泵供油口至机身进油总管以及机身油池出至油泵吸油口之间的管路，选用不锈钢或铜管件。循环油是指从油池来的润滑油，进入机身流经主轴承、曲轴、连杆大头轴承、连杆小头铜套、十字头衬套、十字头滑履和滑道等运动机构摩擦部位，然后流入机身油池。它的功用是润滑各运动机构摩擦部位，并带走摩擦所产生的热量，使机器安全正常地运行。

M型机身循环油管路示意图如图3-3-87所示。DF-1.3/40-220型压缩机气缸润滑图如图3-3-88所示。

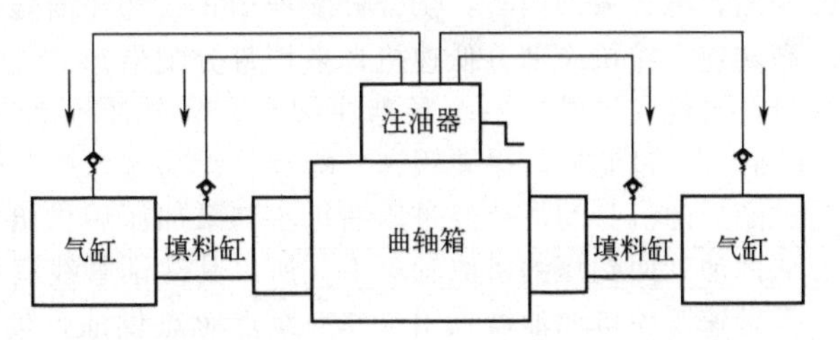

图3-3-88　DF-1.3/40-220型压缩机气缸润滑图

润滑油的选择：

① 高转速压缩机（1500r/min），其循环油应是洁净的润滑油，一般使用ISO 100润滑油，润滑油的性质应符合相应牌号的规定。

高速机的循环油工作压力为0.4～0.5MPa，油泵溢流阀调压范围为0.35～0.65MPa，低油压报警值停机值为0.3MPa，低油压停机值为0.24MPa。正常工作油温为66℃，过滤器入口处润滑油报警温度≤85℃，停机温度≤88℃，最小启机油温为25℃。

② 普通压缩机（≤1000r/min），其循环油应是洁净的润滑油，不允许使用耐磨液压油，劣质润滑油对于主机运动部件有极端恶劣的影响，尤其是容易造成曲轴及轴瓦损伤。运行时，可以观察运行时油位高度是否在视窗中心线，如果低于视窗中心线可以通过机身上部呼吸口加油，必须确保压缩机运行时油位不低于机身油箱游标中心线。

由于矿物质润滑油容易变质，为保证机组的良好运行，建议在首次换油后每2000小时或3个月（先到为准）更换一次润滑油。

高速机单室结构中体油位控制器的安装要求：单室结构中体回油到机身采用的是外接管道的方式，如图3-3-89所示，这样做是由于中体自身的回油孔位置过高，会导致中体内腔积油量过大，并超出气缸止口面，导致渗漏严重。而双室结构中体则不会出现该问题。所以，在安装油位控制器时，应保证油位控制器视窗中心与机身油位视窗中心在同一水平面！

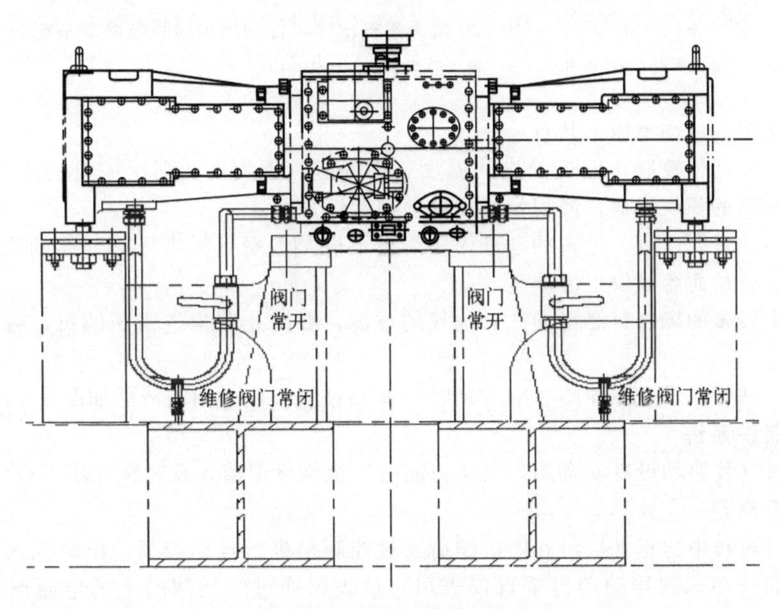

图3-3-89　外接管道的方式

油位控制器视窗中心高于机身油位视窗中心，将导致中体积油漫过气缸止口，甚至超过填料活塞杆过孔，且有机身油位偏高淹没曲轴轴拐的可能。这些情况会导致机身异响、呼吸器漏油、气缸串油、止口渗漏等危害！

（4）强制注油管路

为增加活塞环、密封环的使用寿命，配备了一套给气缸、填料少量注油的装置。压缩机强制注油管路，一般采用两类：①带分配器形式；②注油器采用单柱塞泵点对点供油。

高转速压缩机及部分低速机，采用带分配器形式注油管路。根据缸径、压力等确定气缸注油点数量，常规气缸具有一个顶部注油点。强制注油系统主要由安装于机身辅助端面上的注油器（带注油泵）、过滤器、爆破阀、分配器、无油流开关、周期显示器（选配）、单向阀、注油管线组成。过滤后的机身润滑油经过压缩机主油泵加压后供给到注油器泵头吸入口，注油器内多余润滑油可从回油管回到压缩机曲轴箱中，所以其注油管线润滑油牌号与循环油一致。

低转速压缩机注油器采用单柱塞泵点对点供油，包括注油器、止回阀、溢流阀和管线等。一个注油点每分钟注油4～5滴。

某DF-1.3/40-220型天然气压缩机强制润滑系统由润滑油过滤器、齿轮油泵、油冷却器、润滑油滤清器、油箱、油位开关及管线等构成。该系统为连杆轴瓦、连杆衬套、十字头销、十字头提供润滑油。曲轴轴承采用飞溅润滑，如图3-3-90所示。

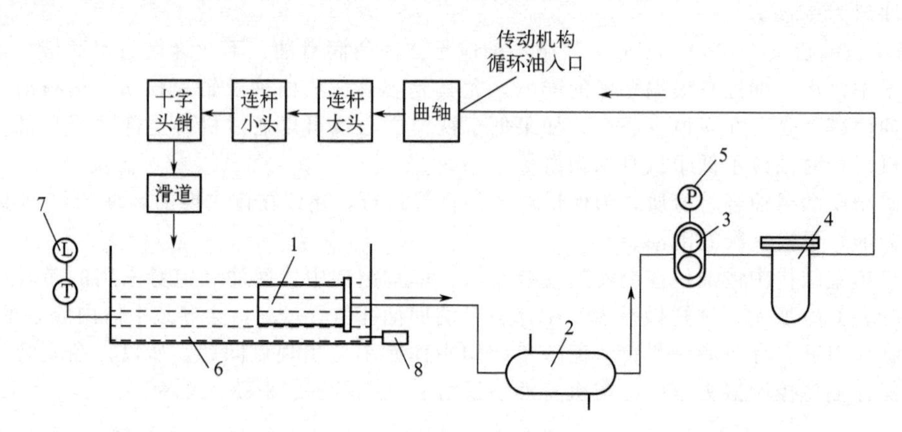

图3-3-90　某DF-1.3/40-220型天然气压缩机传动机构的强制润滑系统

1—粗过滤器；2—油冷却器；3—齿轮泵；4—精过滤器；5—压力表；6—曲轴箱；7—温度液位计；8—电加热器

压缩机油使用时应注意以下几点：

在使用中，应严格控制压缩机的进气温度，因为进气温度高，则压缩机的排气温度也就高，这样易促使压缩机的积炭生成，使积炭增加，易引起爆炸。

压缩机的给油量要适宜，过多的油进入压缩机不仅是浪费且污染压缩气体的质量，更严重的是会使积炭增加，从而容易发生爆炸。

在空气灰尘较多的场合，要特别注意空气的过滤，要防止灰尘进入压缩机，否则会影响压缩机的正常运转。

某高速机注油管线示意图如图3-3-91所示，某高速机强制注油润滑器如图3-3-92所示。

16. 安全保护系统

压缩机各级气管路均设有安全阀，当压力超过安全阀设定值，及时释放压力以保护设备。

17. 仪表风系统

压缩机运行过程中的正常排污和停机卸荷通过控制柜进行自动控制。压缩机入口和各级油水分离器排污口的气动球阀推动动力来自仪表风，仪表风通过气动球阀上的电磁阀开闭控制。仪表风的来源可直接由空气压缩机提供，也可用压缩机内部管道的天然气减压到要求后供气动球阀使用。

压缩机内部管道的天然气压力与气动球阀需要的仪表风压力不同，可通过仪表风系统进行处理。仪表风系统由减压阀、过滤器、压力表、仪表风管路、管夹等组成。根据仪表风系统入口压力调节减压阀，使出口仪表风压力满足气动球阀需要。直接由空气压缩机提供的仪表风可不通过

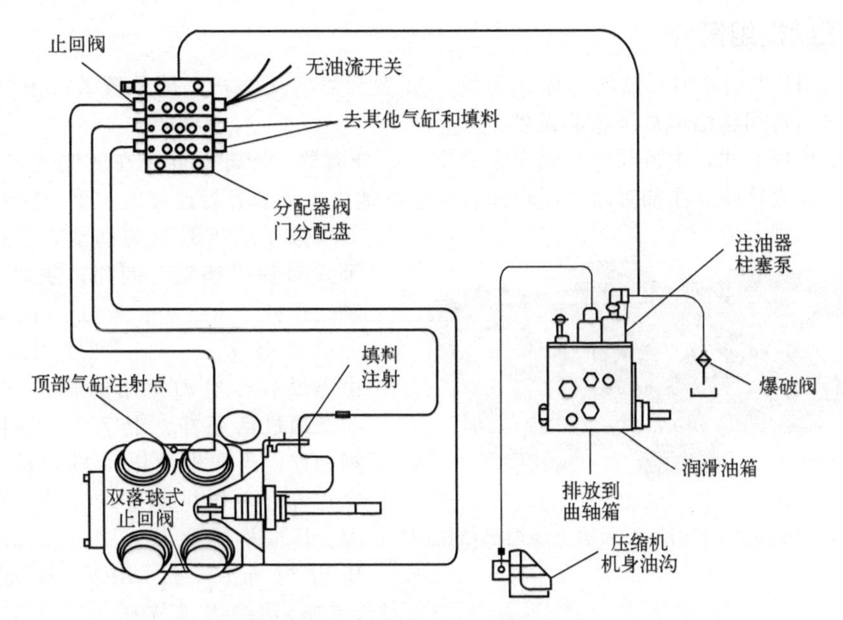

图 3-3-91　某高速机注油管线示意图

仪表风系统。

仪表风应无杂质、油污及水，否则影响减压阀、气动球阀的使用寿命。

18. 控制系统

压缩机控制系统由控制柜、仪表柜、防爆接线盒、温度变送器、压力变送器、润滑油液位开关和各类电缆等组成，与压缩机采用一对一方式控制。

压缩机通过控制系统实现对主电机、注油器电机、循环水泵电机、风扇电机的启动与停止控制；实现对压缩机各温度检测点、压力检测点、润滑油液位的实时监控；实现主电机、注油器电机、水泵电机和风扇电机的故障监控。

控制柜上的触摸屏可以显示变送器传来的温度、压力等数据和其他运行参数。仪表柜上设有进气压力、各级排气压力、润滑油压和冷却水压的压力表。压缩机主电机的电流、电压通过控制柜上的电流电压表显示。控制柜和仪表柜上均设置有启动、停止和紧急停车按钮。

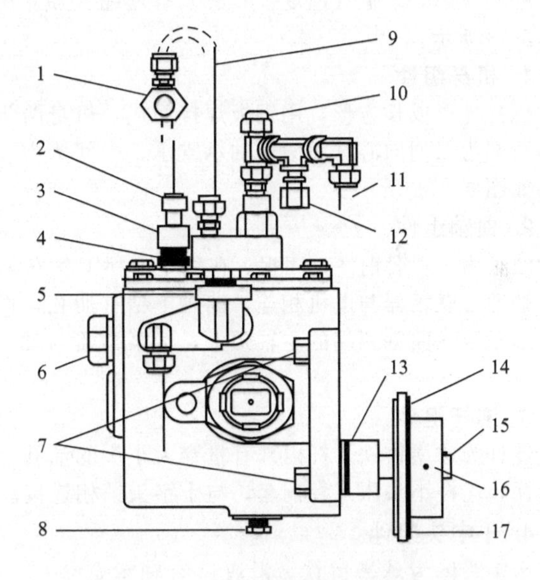

图 3-3-92　某高速机强制注油润滑器

1—进油集合管；2—手动注油杆；3—柱塞行程调整螺钉；4—锁紧螺母；5—润滑油加注接头；6—油位视镜；7—安装法兰带帽螺钉（4 个）；8—排污管堵；9—油泵吸入口；10—油泵出口；11—通往分配块的泵出油口；12—爆膜片总成；13—O 形密封环（在安装前要涂抹润滑油）；14—链轮；15—204 号半圆键；16—止动螺钉；17—链轮面对面厚度

控制柜以可编程控制器（PLC）为核心，通过触摸屏实现人机对话功能，完成对变送器量程、报警停机值等参数进行修改设置；并将相关执行元件的手动控制程序写入 PLC，通过触摸屏实现手动控制功能；并可根据用户要求提供与上位机的通信，供上位机或中控使用。

压缩机具有较高的自动控制程度，通过对控制柜面板上按钮的操作，使控制系统按预先编好的程序自动完成对压缩机的启动与停止。

五、典型压缩机组简介

以 M-2.6/18-250JX 型天然气压缩机为例。M 型天然气压缩机，排量较大，主要用于母站，是压缩天然气站选用压缩机最理想的设备。

机组为整机橇装式，主机和电机固定在底座上，分离器、冷却器固定在底座适当位置，气管路、水管路、仪表管路、注油管路、循环油管路紧凑地将主机和容器连接成一个完整的压缩机组。

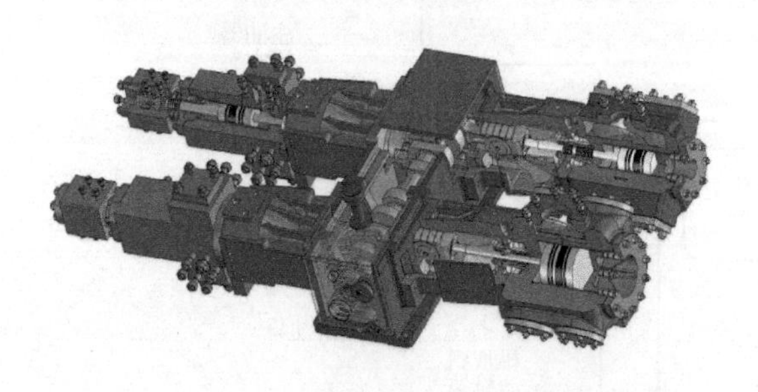

图 3-3-93　M-2.6/18-250JX 型天然气压缩机结构图

该压缩机为少油润滑，其结构形式为卧式对称平衡型，四列。主要由机身、曲轴、连杆、十字头、气缸、活塞及冷却器、分离器组成。一二三四级气缸为双作用，由隔爆异步电动机用联轴器与曲轴相连，活塞通过活塞杆、十字头、连杆与曲轴曲拐相连。当曲轴由电动机带动回转时，活塞在气缸中作往复直线运动实现对气体压缩。压缩机排量为 1380～3010m^3/h，吸气压力为 0.7～2.0MPa。各级排气压力（表压）：一级排气压力为 1.7～3.8MPa，二级排气压力为 3.5～7.3MPa，三级排气压力为 9.1～15.6MPa，四级排气压力＜25.2MPa。吸气温度：≤30℃。输气温度：≤68℃。压缩介质：天然气，润滑油温度：≤70℃。结构示意图如图 3-3-93 所示。

1. 机身组件

机身外形成长方形，用钢板焊接而成，机身两侧连接气缸，下部为润滑油箱，中间装有曲轴，曲轴两端为双列向心球面滚子轴承支承，中间为滑动轴承支承。机身如图 3-3-24 所示。滑动轴承支承如图 3-3-39 所示。

2. 曲轴组件

曲轴为 45# 锻钢件，四拐。在每个曲拐上各安装一根连杆，曲轴一端装有齿轮油泵的主动轴，另一端通过联轴器与电机相连，曲轴上钻有油孔，作为运动部件润滑油通道，两个双列向心球面滚子轴承装在曲轴两端的主轴颈上，油泵端盖与轴承留 0.5～0.8mm 热膨胀间隙。曲轴如图 3-3-30 所示。

3. 连杆组件

连杆为球墨铸铁，杆内部有贯穿大小头的油孔，大头为分开式，采用钢背浇锡锑轴承合金的薄壁瓦，连杆小头压入青铜套，与十字头销相连接。连杆组件如图 3-3-33 所示。

4. 十字头组件

十字头体为球墨铸铁，滑履镶有轴承合金的整体结构，十字头销为 20 钢表面渗碳的圆柱销，十字头采用背帽与活塞杆连接。如图 3-3-37 所示。

5. 联轴器组件

联轴器组件由飞轮和联轴器用橡胶弹性圈连接，飞轮为铸铁件与曲轴相连，联轴器为球墨铸铁件与电机相连，如图 3-3-94 所示。

图 3-3-94　联轴器组件

1—螺母；2—垫圈；3—飞轮；4—挡圈；5—半联轴器；6—弹性套；7—柱销

6. 气缸组件

气缸内镶特殊材料的耐磨缸套，缸壁外有水道，水道壁将吸气阀和排气阀的气道隔开，缸体按压力等级的不同分别有灰铸铁、球墨铸铁和锻钢件，缸套材料选用耐磨性极好并经预膜处理的材质。气缸如图 3-3-42 所示。

7. 活塞组件

根据不同压力等级，活塞体材质分别为铸铝件或锻钢件。活塞杆采用优质合金钢，均经过调质处理，表面经高频淬火或氮化处理，既耐磨又具有足够的刚度及强度。如图 3-3-49 所示。

8. 填料组件

各级填料均通有水冷却，密封环均为碳纤维增强 CFRP 塑料，自润滑性能好，强度高。各级填料均设有漏气回收口和注油口。如图 3-3-57 所示。

9. 刮油器组件

刮油环为双唇三瓣，外用拉簧箍紧，紧抱活塞杆，内径具有锋利的刀刃，方向朝十字头侧进行刮油，刮下的油经泄油通道流回机身，减少润滑油损耗。如图 3-3-67 所示。

10. 气阀组件

气阀为噪声小、寿命长的环片气垫阀，由阀片、阀座、升程限制器、阀弹簧、螺栓组成。阀片用不锈钢板制造；阀弹簧用不锈钢丝绕制。阀座和阀片的密封面加工精度较高，安装、拆装时注意不得损伤其密封面。升程限制器的气垫槽是阀片气垫的保证，要保持完整，切勿损伤。如图 3-3-70 所示。

11. 冷却器组件

压缩机各级均设有冷却器，用以冷却被压缩后的高温气体，保证进入压缩机下一级（或系统）的气体温度在规定的范围内。

水冷压缩机组冷却器为卧式小列管式、外壳为钢管，内部为多根小列管，管内走气、管外走水，具有结构紧凑、传热效率高，使用寿命长等优点。气与水流动方向属纯逆流，传热效果好。

混冷压缩机组冷却器为空冷器，空冷器由各独立的冷却单元组合而成，能自由拆卸，外壳亦为可拆式结构。风机电机为两挡调速，在冬天可开低速挡。被冷却介质为压缩后的高温天然气和冷却气缸、填料、润滑油的冷却液（夏天冷却液为软水，冬天冷却液为防冻液）。

12. 各管路组件

（1）气管路

气管路为进气口阀门到Ⅰ级气缸进口段至末级冷却器出口到压缩机出口段。各级冷却器的出口管上设有安全阀，各安全阀排放的气体汇总放空。安全阀已由制造厂调节好，并用铅封封死。按照使用情况，必要时可重新调整后予以铅封，操作人员一般不应自行启封或随意调整。设有一、末级排气回一级进气回路，各级油水分离器排污阀，供压缩机紧急停车卸压和检修时放出机内的气体。

进入压缩机的气体应符合以下要求：a. 应不含游离水；b. 硫化氢含量应小于 $20mg/m^3$；c. 低热值不小于 $34MJ/m^3$；d. 含尘量不大于 $5mg/m^3$，颗粒直径小于 $10\mu m$；e. 总硫（以硫计）含量小于 $200mg/m^3$；f. 二氧化碳含量小于 3%（V/V）。

（2）水管路

水管路由总进水管分别进填料、各级气缸及冷却器，总进水管上装有测水压的引压管线，正常工作时压力为 0.3MPa，各支路的出水汇集到一条总排水管上。

为控制循环冷却水因水质引起的结垢、污垢和腐蚀，保证设备的换热效率和使用寿命，压缩机组冷却用水必须符合 GB/T 50050—2017《工业循环冷却水处理设计规范》中规定的循环冷却水的水质标准要求：a. pH 值 8.0～9.2；b. $\varphi(Ca^{2+}) \leqslant 72mg/L$ 即暂时硬度≤10 度（1 度＝10mgCaO/L）；c. $\varphi(Cl^-)$ 含量：≤300mg/L。冷却水因不符合上述要求会使换热设备积垢，使热流密度大于 $58.2kW/m^2$ 及腐蚀加速，造成换热设备过早失效，将危及压缩机的正常运行。

当环境温度低于 0℃时，应把冷却水置换成防冻液。压缩机长期不使用时，应把水管路中的冷却水放掉，以防结冰、冻裂设备!!!

（3）循环油管路

循环油管路包括预润滑油泵、齿轮油泵、吸油过滤器、精过滤器、油冷却器等。预润滑系统可确保机组启动前对十字头、滑道等重要部位进行润滑。齿轮油泵位于机身一端，由曲轴带动。当电动机启动后，机身油池内的润滑油经吸油过滤器过滤后被吸入油泵加压到0.2～0.4MPa，然后经精过滤器精滤后进入油冷却器去曲轴油孔润滑连杆大头轴承，再通过连杆的油孔到十字头销润滑十字头销和滑道。齿轮油泵的油压可由泵体上的溢流阀调节，油压过高时，油推开溢流阀门后流回油池，精过滤器上装有过滤前油压表和过滤后油压接点，过滤后的油压表安装在控制室操作台上。本机使用时在润滑油中加入抗磨剂，可大大提高摩擦件的使用寿命，所以每次加油时请用户必须按要求加入抗磨剂。

（4）注油管路

在注油管路中，本机为增加活塞环、密封环的使用寿命，配备了一套给气缸、填料少量注油的装置，包括注油器、止回阀、溢流阀和管线等。一个注油点每分钟注油4～5滴。润滑油采用19#压缩机油。

（5）仪表管路

压缩机配有检测压力和温度的全套仪表和管线。设计了远程控制操作台，各级进排气压力通过开关柜内的压力变送器将气压转换为电信号引至控制室操作台，总进水压力及油泵压力也引至操作台。设有双金属温度计，可以就地显示观察进、排气温度。压缩机末级设有铂热电阻，对末级排气冷却后温度进行控制。

为确保压缩机安全正常运行，电机配有启动控制柜和自控保护联锁，当压缩机处于非正常工况时，能发出声光报警信号及停机。本机电机起动选用先进的软起动器，具有起动电流小、平稳迅速可靠等特点。维护操作应遵守电控柜使用说明书的规定。M-2.6/18-250JX型天然气压缩机工艺流程图如图3-3-95所示。

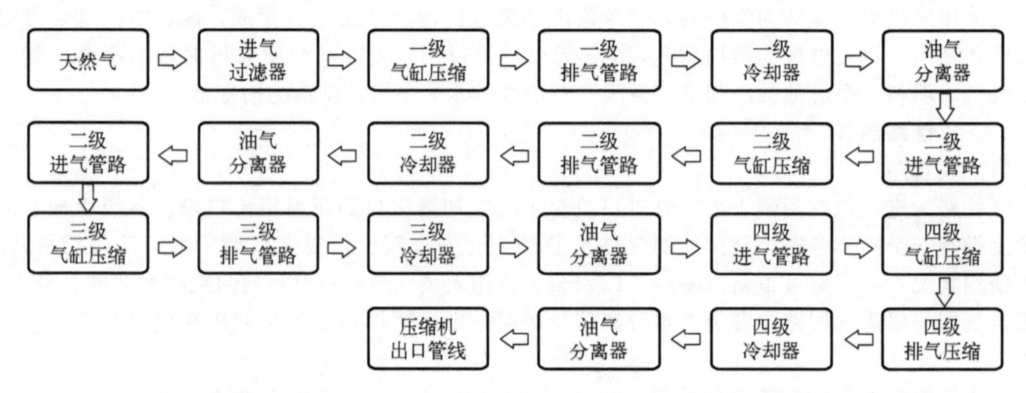

图3-3-95　M-2.6/18-250JX型天然气压缩机工艺流程图

六、国产三种天然气子站压缩机分析

当前国内天然气子站建设中，系统核心设备压缩机主要分为三种类型：传统机械式压缩机、液压平推式压缩机、液压活塞式压缩机。

（一）传统机械式压缩机子站设备系统（机械往复式压缩机）

1. 设备系统

传统机械式压缩机子站设备系统主要由普通八管运输槽车、卸气柱、橇装机械式压缩机组、废气回收系统、顺序控制盘、储气井或站用储气瓶组（水容积4m³以上）、售气机等组成。

传统机械式压缩机技术成熟，由于机械压缩机不能频繁启动，需要较大容量的储气瓶组或储气井，电机功率一般在75～90kW，机组故障率相对国外较高，维护量大。

2. 工作原理

机械式与液压式CNG子站压缩机的不同之处在于传递电动机的动力方式不同。电机带动曲轴旋转，通过连杆、十字头、活塞杆，带动活塞在气缸内做往复运动，实现气体的压缩过程，实现增压的目的。

3. 传统机械式子站压缩机技术参数（表 3-3-5）

表 3-3-5 传统机械式子站压缩机技术参数

<table>
<tr><th>序号</th><th>技术参数</th><th colspan="2">性能说明</th></tr>
<tr><td>1</td><td>产品型号</td><td colspan="2">DF-0.55/40-250 型</td></tr>
<tr><td>2</td><td>形式</td><td colspan="2">D 型二列（对称平衡型往复活塞式、一级双作用，二三级倒级差结构）</td></tr>
<tr><td>3</td><td>压缩级数</td><td colspan="2">标站三级压缩，子站二级压缩</td></tr>
<tr><td>4</td><td>额定供气量（标准状态下）</td><td colspan="2">子站：平均 1400m³/h；标准站：1300m³/h</td></tr>
<tr><td>5</td><td>公称容积流量</td><td colspan="2">0.3～0.16 m³/min（一级吸入状态）</td></tr>
<tr><td>6</td><td>进气压力</td><td colspan="2">子站：3.0～20.0MPa；标准站：2.0～5.0MPa</td></tr>
<tr><td>7</td><td>进气温度</td><td colspan="2">≤35℃</td></tr>
<tr><td>8</td><td>排气压力</td><td colspan="2">25MPa</td></tr>
<tr><td>9</td><td>排气温度</td><td colspan="2">≤45℃（或不高于环境温度 15℃）</td></tr>
<tr><td>10</td><td>行程</td><td colspan="2">140mm</td></tr>
<tr><td>11</td><td>轴功率</td><td colspan="2">子站：53.9～82.6kW；标准站：102.5</td></tr>
<tr><td>12</td><td>转速</td><td colspan="2">740r/min</td></tr>
<tr><td rowspan="3">13</td><td rowspan="3">冷却方式</td><td>压缩气体</td><td>风冷（闭式循环）</td></tr>
<tr><td>气缸、填料</td><td>防冻液冷却（闭式循环）</td></tr>
<tr><td>润滑油</td><td>风冷（闭式循环）</td></tr>
<tr><td rowspan="4">14</td><td rowspan="4">润滑方式</td><td>气缸</td><td>少油润滑</td></tr>
<tr><td>填料</td><td>少油润滑</td></tr>
<tr><td>传动机构</td><td>强制循环润滑</td></tr>
<tr><td>曲轴主承</td><td>飞溅润滑</td></tr>
<tr><td>15</td><td>润滑油耗</td><td colspan="2">≤0.15kg/h</td></tr>
<tr><td>16</td><td>主电机功率</td><td colspan="2">110kW</td></tr>
</table>

（二）液压平推式压缩机子站设备系统（液压撬）（图 3-3-96）

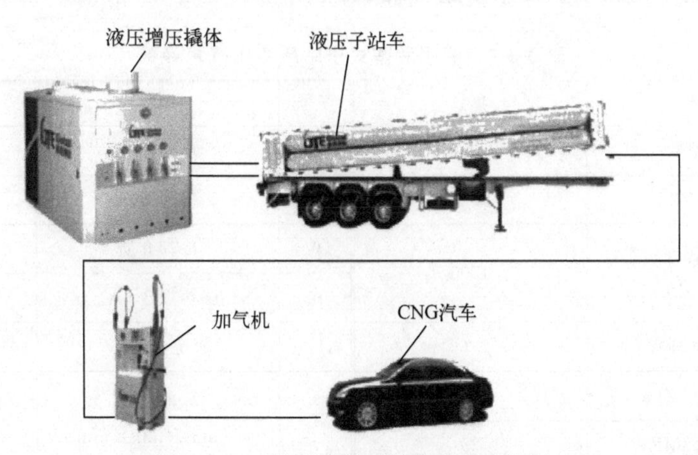

图 3-3-96 液压平推式设备系统实物图

1. 设备系统

由专用八管运输槽车、液压工作橇、售气机组成。

2. 工作原理

液压工作橇推动专用液压油进入运输槽车中的气管，通过压力油将气体推出槽车（理论上油气不相溶，是专用进口液压油），进入加气机加气。现生产的主要机型有1000m³/h排量的机型（电机功率30kW）和2000m³/h排量的机型（电机功率60kW）。液压平推式压缩机技术参数如表3-3-6所示。

表3-3-6 液压平推式压缩机技术参数

序号	项目	参数	序号	项目	参数
1	排气压力/MPa	22	5	排量/（m³/h）	1000
2	工作温度/℃	≤45	6	CNG拖车	改装专用拖车，每车比普通槽车贵约30万
3	工作介质	专用液压油			
4	额定功率/kW	35	7	重量/kg	6000

（三）液压活塞式压缩机子站设备系统

液压活塞压缩机，是一种新型CNG加气子站卸车增压设备，是压缩机的一种新形式。与传统机械活塞式压缩机相比，它摈弃了传统机械活塞式压缩机原动机（如电动机）驱动曲轴、连杆、十字头、活塞运动的刚性传动，取之以高压液压流体直接驱动活塞运动做功完成气体的吸气、压缩做功的柔性传动。

1. 设备系统

液压活塞式压缩机子站设备系统（山东万泰）由普通八管运输槽车、卸气柱、液压橇装压缩机、2m³储气瓶组、加气机组成。

2. 工作原理

液压活塞CNG加气子站，结合了机械活塞子站和液压平推子站共同的优点，利用液压系统直接驱动活塞运动做功，将拖车气瓶内天然气抽出，经过液压活塞压缩机压缩加压，注入储气瓶组（井），再经售气机计量计费后对CNG汽车加气。目前国内主要生产的机型的平均排气量为1200Nm³/h（电机功率22kW）。

压缩机采用液压往复式双作用结构设计，并配置活塞位置传感系统。利用电机作为驱动，带动恒功率液压油泵供油，通过换向集成系统进行换向，推动活塞往复运动，压缩天然气。

3. 液压活塞式子站压缩机技术参数（表3-3-7）

表3-3-7 液压活塞式子站压缩机技术参数

序号	项目	参数	序号	项目	参数
1	机组型号	WT750-A2	7	压缩级数	二级四缸
2	润滑方式	无油润滑	8	冷却方式	水循环风冷却
3	平均流量（标准状态）/（m³/h）	1500	9	冷却介质	防冻液
			10	噪声/dB（A）	≤70
4	额定功率/kW	30×2（两台）	11	额定电压/V	额定电压
5	吸气压力/MPa	1.5～20.0	12	外形尺寸/（mm×mm×mm）	5000×2300×2460（长×宽×高）
6	排气压力/MPa	25			

4. 加气工艺流程

由子站槽车将压缩天然气运到加气子站，通过由子站槽车、橇装压缩机组、储气瓶组、售气机及控制系统构成的加气系统实现给燃气汽车充装。

首先，由子站槽车直接为燃气汽车充装，当流量降到一定值时，由站体储气瓶组为燃气汽车充装，如果仍不能将燃气汽车钢瓶充至20MPa，启动压缩机，由压缩机直接为燃气汽车充装，如图3-3-97所示。

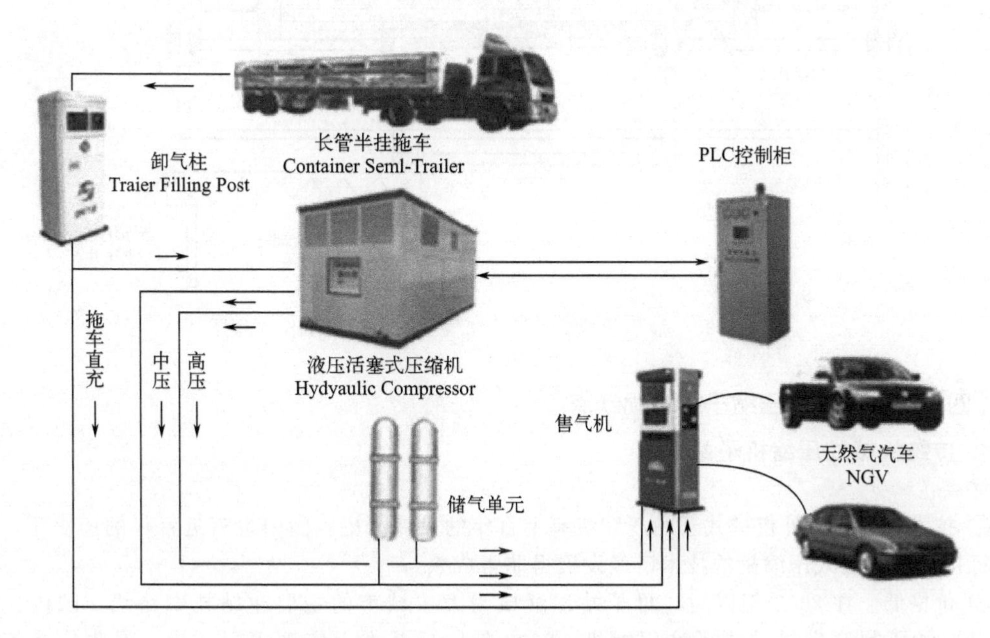

图3-3-97 液压活塞子站的系统组成和工艺流程

5. 液压活塞式CNG加气子站压缩机工作原理

① 来自液压泵的高压液压油，自A口进入液压缸左腔，活塞向右运动，液压缸右腔液压油经B口回油箱。槽车内气体由C口进入左边气缸的一级腔（一级进气），而右边一级腔的气体则被压缩并经E口流出，进入一级冷却器，完成一级压缩过程；同时，冷却后的气体由J口进入二级腔（二级进气），左边气缸二级腔内的气体则压缩后经G口流入二级冷却器，然后排出。

② 活塞换向向左运动（液压油自B口进入，经A口回油）时，槽车内气体由F口进入右边气缸的一级腔（一级进气），而左边一级腔的气体则压缩后经D口流出，进入一级冷却器，完成一级压缩过程；同时，冷却后的气体由H口进入二级腔（二级进气），右边气缸二级腔内的气体则压缩后经I口流入二级冷却器，然后排出。

③ 系统在储气瓶组设顺序控制阀，压缩机排气口设置压力传感器（预设定23MPa或按用户需求，最高不得高于23.5MPa）。

④ 当开始启动设备或PLC控制系统监测到排气口压力低时，系统可根据压力反馈自动控制启动油泵工作。

⑤ 当排气口压力达到高限23MPa（或用户设定值）时，两主电机停止工作，设备进入待机状态。

⑥ 当排气口压力降至底限18MPa（或用户设定值）时，液压泵根据压力反馈自动控制工作。

⑦ 当前一辆拖车的天然气卸载完成后，由人工调换快装接头到第二辆拖车（换接时间在3min左右）。

⑧ 设备运行时，除更换拖车时由人工操作外，整套设备的所有动作均由设备自带的PLC控制，无须人为干预。液压活塞式CNG加气子站压缩机工作原理如图3-3-98所示。

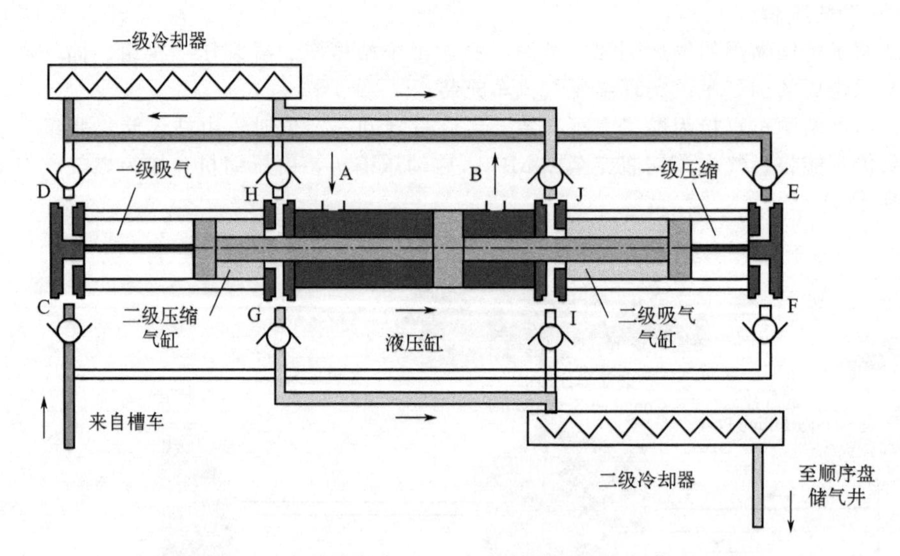

图 3-3-98 液压活塞式 CNG 加气子站压缩机工作原理图

（四）三种天然气压缩子站的优缺点

1. 传统机械式压缩机子站

优点：

① 技术成熟。国外机械式子站压缩机有上百年的发展历史，国内也有近百年的历史了，曲柄连杆机构往复活塞式压缩机的技术已经发展得非常成熟。

② 价格低。在 2003 年以后，母子站逐渐成为大中城市的主要建站技术路线，国内厂家从 2003 年开始研制开发机械式子站压缩机，2007 年以后基本上实现了国产化，因此价格相对较便宜。

③ 维修方便。机械式子站压缩机的技术成熟，对于压缩机出现的大部分问题都有针对性的解决方案，因此出现问题时能及时解决问题。由于实现了国产化，机械式子站压缩机的配件能够大量供应，客户维修时能够很容易采购到所需配件或者预备配件。

缺点：

① 泄漏率高。曲柄带动活塞高速运转，在机体设计中填料、活塞环必须要有间隙，高压状态下天然气泄漏不可避免。

② 电机功率大。电动机的定转速难以适应子站压缩机的变工况，因此供气量波动大，无功损耗多。尤其是在高压进气状态下，电机的无功损耗较大，并且在停机时要经过降压和卸荷才能再次启动，增加了单位气体的生产成本。虽然现在有了变频器，但是整个设备的制造成本增加，而且变频器本身也需要消耗功率，因此在目前来说还不经济。

③ 易损件多。气体高速压缩过程中，活塞环、活塞、气阀、连杆轴瓦、填料甚至缸体都易损坏。

④ 机组不能频繁启动。由于机组不能频繁启动，所以需要大容积的站用储气瓶组或储气井，增加了建站费用。

⑤ 运转噪声大。电动机的高转数带动曲柄机构产生的机械运动，以及气流脉动产生的震动，产生的运转噪声大，容易产生扰民投诉。

2. 液压平推式压缩机子站

优点：

① 工艺流程简单，不需要储气井或站用储气瓶组，无废气回收系统，电机功率小，排气量是恒定值。

② 节能效果较机械活塞式要好一些，系统补压速度快，系统始终保持在比较高且稳定的工作压力、排量状态下，因此加气速度快。

③ 设备安装简便，用户更快见效益，系统自动化控制程度高，主要通过系统自带的PLC控制系统控制，液压子站系统的启动和关闭等都由控制系统自动完成，操作简便，工作稳定性好，维护方便。

④ 系统设备振动小，由于橇体采用了隔噪结构，设备噪声低于75dB（1m处），即使在离居民居住区较近的地方也可正常工作不会扰民，在站址选择上具有优势，较之传统式加气子站所用气体压缩机噪声污染严重的情况，其环保优势显著。

⑤ 占地面积小，设备体积小，便于进行油气合建站加气。

缺点：

① 一次性投资大。仅专用槽车、液压橇、单线加气机、管系阀门等主要设备购置费用大约为450万元。

② 排气量恒定，不适应子站加气需求量波动大的特点。

③ 特制槽车，与普通车不通用，比普通八管运输槽车贵30万元左右。

④ 专用液压油直接与天然气接触，污染工艺系统中阀门等精密设备，也污染下游设备，影响设备的正常使用。液压工作橇中的专用液压油因损耗需要经常补油，专用液压油比较贵。

⑤ 高压柱塞泵易磨损和损坏。

⑥ 液压油温升过高、过快。

⑦ 溢油冒油带来安全隐患。

3. 液压活塞式压缩机子站

优点：

① 明显减少建站投资，可以免去废气回收系统和储气井。使用通用的天然气拖车，无须进行任何改造，减少设备投资。

② 电机功率小，泄漏率低（≤0.03%），耗电量少，降低了子站的运行成本；具有低能耗、低泄漏、低噪声的显著特点。

③ 压缩机运行全部实现自动控制，系统采用PLC全自动控制，无须日常维护，无须人工操作。

④ 安全性能可靠：箱体内设有可燃气体检测装置，油位、油温、箱体环境温度检测装置，安全阀等。压缩机内电气系统全部采用防爆设计。

⑤ 入口压力范围大：它最大的优点是输入气体的压力可以是一个很大的范围，无须稳压、调压，减少设备投入，提高了工作效率。

⑥ 无须卸载，随时启动：液压驱动式压缩机由于压缩机气缸采用液压驱动，启动时可以不必排空压缩机气缸内的高压气体，可随时启动，节省了能量，提高了压缩机的工作效率。

⑦ 气缸活塞采用无油润滑方式：气室密封和油室密封均采用多级密封，可以避免油对天然气的污染，减少了油污对压缩机、加气机管路、汽车管路和发动机的损害。

⑧ 气缸活塞由液压系统驱动，振动小、噪声低（≤70dB）：电机带动高压油泵再作用于压缩缸体，电机负荷平稳，工作状况平稳，延长了压缩缸体与电机的工作寿命。

⑨ 设备数量少，占地面积小，有利于加油站的扩建、改建，易于安装与搬迁。

⑩ 一橇双机，一套压缩机系统橇内实际由两套压缩机（1500和2400排量机型）并联组成，可根据加气量多少自动开启单套或者双套系统工作，更大节省功耗，且在设备维护和故障时，确保单系统正常运转，实现加气站全年365天不停业。

缺点：

① 液压阀组换向不稳定。液压式CNG子站压缩机是一种新型压缩机，到技术成熟还需要一段实践的路程。特别是换向装置的可靠性是整个液压式CNG子站压缩机运行的关键，目前使用的换向装置主要有两种方式：行程开关与液控换向。而换向装置使用频率高，用一段时间就会出现

换向失灵或换向缓慢等问题。

② 密封材料。由于液压式CNG子站压缩机的往复次数很少，因此对于低线速度的活塞环与填料的密封要求就要高得多，密封材料的选择就有所限制。

③ 气阀设计要求高。液压式CNG子站压缩机的活塞线速度很低（某厂家为0.08m/s），对于如此低线速度的气阀的开启与关闭过程就会相对延长，对于气阀的密封性就有很大的挑战，而且子站压缩机的进气状态又是变工况，因此对于此类型的气阀设计要求要相对更高，弹簧的选择更考究。三种压缩机产品的优势比较见表3-3-8。

4. 总结

① 传统机械式压缩机建站工艺虽然能耗较高，管理点多，易损件多，但长期运行以来积累了丰富的管理、运行经验，且主要设备已实行标准化，通用性好，仍是主流工艺。

② 液压活塞式压缩机、液压平推式压缩机主要是利用液压油进行驱动，都具有节能效果明显等特点，但液压平推式建站工艺，需采用专用拖车，与其他子站的拖车兼容性差，因而投资最高。

③ 液压系统对制造精度要求较高，关键设备仍需进口，液压活塞式子站相比液压平推式子站克服了专用拖车的不足，接受了其工艺流程简单、节能的优点，但由于该工艺属于新技术、新工艺，虽引起了广泛关注，但由于运行、管理经验尚缺乏，与液压平推式子站工艺一样，目前所占市场份额较少。综上所述，三种建站工艺技术均可行，在国内均已使用，各有其优缺点，如何选择应结合用户已建加气母站、子站、自控现状、运行管理、投资等因素进行综合考虑确定。

表3-3-8 三种压缩机产品的优势比较

	液压活塞式压缩机	机械活塞式压缩机	液压橇
压缩缸结构	一套压缩缸内两级四缸对称布置，一橇双机布置	两级四缸对称布置	单级单缸压缩
电机功率	1500排量设备30kW×2	1200排量设备75kW	1600排量设备67kW
驱动方式	液压驱动	电机直连或带轮传动	液压驱动
润滑形式	无油润滑	有油或少油润滑	不需润滑
油气混合可能	无混合	油气混合	油气直接接触混合
密封件使用寿命	立式无偏磨，寿命长	活塞线速度快，密封磨损较快	油气混合，油推气出，无密封件
日常维护主要消耗及易损件数量、种类	极少，密封件损耗5000小时更换	润滑油、气阀、填料、轴瓦、刮油环等损耗	液压油损耗
场站配置	单级储气设备，不需要优先顺序控制盘	三级较大储气设备，优先顺序控制盘	不需储气设备
可否将储气设备内气体再次压缩加气	可以	不可以	—
余隙影响	极小	较大	—
压缩效率	高	中等	高
运动部件线速度	小	大	小
启动是否需要卸载	否	是	否
日常使用天然气损耗	无	1%～3%	更换槽车需排气
天然气拖车类型	普通	普通	液压橇专用槽车，贵30万
排量随入口压力变化	较大	大	不变
压缩机整机振动、噪声	振动小，噪声低	振动大，噪声高	振动小，油泵噪声高

续表

	液压活塞式压缩机	机械活塞式压缩机	液压橇
是否可根据排量调节总功率	可根据排量确定单、双缸运行	不可以“大马拉小车”，新变频系列可节省部分电量	恒定功率，始终保持高压高功耗
机组可否频繁启动	可以	不可以	可以
不同入口压力适应性	强	弱	强
故障后应急措施	一橇双机，一套设备出故障，另一套设备可单独运行，确保全年365天不停业	故障后停业	故障后停业

七、压缩机操作

以M-2.6/18-250JX型天然气压缩机为例，介绍启动操作、停止操作、放空和排污操作，压缩机常见故障与处理以及维护保养内容。具体设备及流程见“五、典型压缩机组简介”。

1. 启动前检查

(1) 机械检查

开车前，停机超过4h，人工盘车30min以上，机组转运应灵活，无卡阻、异响等不正常现象和感觉。

开机前应单独检查电动机，观察其转向是否正确，并盘动飞轮数圈，检查运行是否灵活，确认无障碍后方可开机。

(2) 工艺管路系统

① 检查入口阀门是否开启。

② 检查出口阀门是否开启。

③ 检查排污阀门是否关闭。

④ 检查放空阀门是否开启。

⑤ 检查进气压力是否在0.7～2.0MPa之间。

⑥ 检查回收罐压力是否在0.6～4.5MPa之间。

(3) 润滑油系统检查

① 检查油箱内的润滑油位在油位视窗1/2 ～2/3处。

② 开机前应手动盘车必须见到传动部件的各摩擦面上（如十字头滑道）有油注入。

③ 主机启动前都必须进行机组的预润滑。

④ 检查注油器油位在油位视窗1/2 ～2/3处。

⑤ 检查注油器柱塞泵注油量5～10滴/min。

(4) 水路系统

① 检查压缩机水位是否视窗1/2～ 2/3处。

② 检查压缩机启动水压是否在0.15～0.35MPa之间。

(5) 仪表系统

① 检查各仪表是否正常显示，各主要参数的停机设定值是否正确。

序号	仪表名称	参数标准	操作结果
1	进口工作压力	0.7～2.0MPa	允许启机
2	出口工作压力	0.6～1.0MPa	允许启机
3	进口工作温度	25℃	允许启机

② 检查控制柜上各种显示，控制仪表及安全保护装置是否正常，可靠。

③ 检查开关，按钮操作是否灵活。

2. 启动操作

操作步骤	操作说明	操作要求	风险说明	安全操作要点
1	打开压缩机进口阀	全开	1. 过度开启； 2. 阀芯泄漏	1. 阀门全开后，回转两圈； 2. 用检漏液检查阀芯泄漏情况。若存在泄漏，必须在处理完漏点后启动
2	开启仪表风阀门	0.6～1.0MPa	启动气动执行器压力不足，造成压缩机进气压力低，报警停机	检查确认仪表风压力在0.6～1.0MPa范围内。 风险说明：启动气动执行器压力不足，造成压缩机进气压力低，报警停机
3	检查压缩机注油器润滑油油位	视窗2/3	1. 缺油拉缸、拉活塞杆。 2. 缺油磨损设备	观察油位
4	检查压缩机润滑油油位	视窗2/3	高温报警	观察油位
5	工艺管线畅通	打开压缩机出口阀	憋压	确认阀门开启
6	检查电源电压	380（1+5%）V	损坏电机	观察电压处在380V
7	打开PLC控制柜开关	处于“打开”状态	误操作	检查电源三相电压以及PLC控制柜、急停按钮，确认三相电压380（1−5%～1+10%）V，PLC工作正常未报警，压缩机处于待机状态
8	启动压缩机	打开压缩机“自动”旋钮	漏油漏气	按下压缩机仪表柜处的“启动”按钮，CNG压缩机将按照设定的控制程序自动启动和运行
9	检查润滑油系统	有无漏油现象	漏油	油泵运行压力在0.15～0.45MPa范围内
10	检查各级排气压力	压力在正常范围内，参考现场参数指示牌	漏气	运行初始，各级排气压力应处于缓慢升高状态。如发现20s内压力快速提升到18MPa，须紧急停机，并排除故障
11	压缩机自动停机	将压缩机开关旋至“自动”状态	超压	压缩机运行中，排气达到或超过设定的停机压力值时将自行停机
12	压缩机手动停机	将压缩机开关旋至“手动”状态	超压	压缩机运行中，需要手动停机时，按压“停机”按钮，压缩机将按程序停机
13	压缩机紧急停机	拍“紧急”按钮	1. 电机因扭力惯性造成损坏 2. 电机因反向励磁造成击穿绝缘层	压缩机运行中，突发或即将发生事故时（如电机因扭力惯性造成损坏，或因反向励磁造成击穿绝缘层），应按压压缩机“急停”按钮，压缩机将断电停机

3. 停止操作

步骤	操作说明	参数要求	风险说明	安全操作要点
1	关闭压缩机进口阀	全开	1. 过度开启； 2. 阀芯泄漏	1. 阀门全开后，回转两圈； 2. 用检漏液检查阀芯泄漏情况。若存在泄漏，必须消漏后启动
2	关闭压缩机出口阀	全开	1. 过度开启； 2. 阀芯泄漏	1. 阀门全开后，回转两圈； 2. 用检漏液检查阀芯泄漏情况。若存在泄漏，必须消漏后启动

4. 放空操作

步骤	操作说明	参数要求	风险说明	安全操作要点
1	打开放空阀门	缓慢打开	1. 开启过快 2. 全数依次开启	1. 软管要放空，以防崩脱 2. 完全开启，以防管段憋压伤人

5. 排污操作

步骤	操作说明	参数要求	风险说明	安全操作要点
1	打开排污阀门	缓慢打开	1. 开启过快 2. 全数依次开启	1. 软管要放空，以防崩脱 2. 全数排污，避免污染气缸及气阀

6. 常见故障的原因及排除方法（表 3-3-9）

表 3-3-9 压缩机常见故障的原因及排除方法

故障特性	主要原因	排除方法
循环油压力降低	1. 油泵磨损 2. 油管连接处密封不严 3. 油管堵塞 4. 滤油器脏污 5. 润滑油温度过高 6. 摩擦面配合间隙过大	1. 修理或更换油泵 2. 紧固油管各连接部位 3. 清洗疏通油管 4. 清洗滤油网 5. 查清原因并消除 6. 检查并调整
循环油温度过高	1. 循环油过脏 2. 运动机构配合间隙过小或摩擦面拉毛 3. 润滑油不足 4. 油冷器结垢 5. 油冷器供水不足	1. 换油 2. 检修摩擦面 3. 添加油 4. 检查、清洗 5. 加大水量
冷却水温升高	1. 水压低，流量小，水管漏水或堵塞、结垢 2. 气体泄漏（水中有可见气泡）	1. 开大水量，清洗水管 2. 检查气、水间密封情况，使之完全密封
排气温度过高	1. 气温偏高 2. 活塞工作不正常 3. 吸气温度超过规定值 4. 排气阀泄漏 5. 冷却器结垢	1. 提高风机投入数和转速 2. 检查活塞与气缸的间隙，调整到规定范围，检查活塞环磨损情况并及时更换 3. 检查吸气阀垫片阀片及其密封面以及弹簧是否完好，并消除其影响 4. 检查排气阀并消除泄漏原因 5. 检修冷却器

续表

故障特性	主要原因	排除方法
气缸内有异常声响或异常振动	1. 活塞止点间隙小 2. 活塞杆连接螺母松动 3. 气阀工作不正常，阀片、弹簧损坏 4. 配管引起的振动 5. 阀体压阀筒破裂或松动 6. 缸套松动或断裂 7. 活塞或活塞环严重磨损 8. 活塞紧固螺母松动或活塞杆断裂 9. 支承不当 10. 垫片松动	1. 检查调整止点间隙 2. 紧固连接部位 3. 检查清洗气阀，更换损坏的零件 4. 改变配管设计，消除振动原因 5. 重新压紧或更换 6. 检查更换缸套 7. 检查修理或更换 8. 重新紧固螺母或更换活塞杆 9. 调整支承间隙 10. 调整垫片
气体压力不正常	1. 气阀、填料、活塞泄漏过大 2. 压力表失灵 3. 压力过高	1. 检查并更换磨损过大的零件 2. 更换压力表 3. 本级排气阀或后一级吸气阀损坏，更换气阀
填料漏气	1. 节流环、密封件失效 2. 活塞杆磨损、拉毛 3. 冷却效果不好 4. 油、气太脏 5. 装配不良	1. 修复更换内件 2. 检修活塞杆 3. 检查冷却水道是否堵塞 4. 除脏 5. 重新装配
活塞杆、填料发热	1. 活塞杆与填料配合间隙不合适 2. 活塞杆与填料函装配时发生偏斜 3. 填料冷却水供应不足 4. 组装填料时进入灰尘	1. 适当调整间隙 2. 重新装配 3. 加大供水量或疏通供水管线 4. 清洗
安全阀	1. 安全阀不能开启 2. 安全阀密封不严 3. 安全阀开启后开启压力升高	1. 吹洗并重新校准 2. 清洗污物或重新研磨并重新校准 3. 拆卸清洗，检查起落，调整再予以安装、校准
排气量达不到要求	1. 吸排气阀坏 2. 气缸余隙容积过大 3. 活塞环磨损 4. 气管路密封不严，漏气 5. 进气缓冲过滤器阻塞 6. 气缸磨损 7. 填料漏气 8. 进气压力低	1. 检查吸排气阀 2. 调整余隙容积 3. 更换活塞环 4. 更换密封垫 5. 清洗和更换过滤器芯 6. 更换气缸或缸套 7. 检查更换填料 8. 检查进气
排气压力低	1. 活塞环漏气 2. 气阀漏气	1. 检查更换活塞环 2. 检查更换阀片
运动机构响声异常	1. 连杆螺母松动 2. 连杆大头瓦、小头衬套间隙过大 3. 十字头与滑道间隙过大 4. 活塞体松动 5. 气缸异响	1. 紧固连杆螺母 2. 以备件更换 3. 更换十字头 4. 紧固活塞体 5. 检查气缸内有无异物
管路发生不正常振动	1. 管卡太松或断裂 2. 支撑刚度不够 3. 管架或吊架不牢 4. 管路系统发生气柱共振或管路机械共振	1. 紧固或更换管卡 2. 加固支撑 3. 加固管架或吊架 4. 重新配制管路系统

续表

故障特性	主要原因	排除方法
主机振动加大	1. 地脚螺栓松动，基础倾斜，或有裂纹 2. 电机与压缩机对中变坏 3. 管道振动对主机造成影响	检查与检修
连杆螺栓拉断	1. 预紧力过大 2. 紧固时产生偏斜或螺栓松动，承受过大冲击和不均负荷 3. 轴承发热，活塞卡死，超负荷运行连杆承受过大应力	1. 调整预紧力 2. 螺母端面与连杆应紧密贴合，定期检查螺母和开口销 3. 检查，不得超负荷运行
功耗增大	1. 气阀阻力太大 2. 吸气压力过低 3. 阀间内漏	1. 检查气阀弹簧和通道 2. 检查冷却器和管道阻力 3. 检查进、出口压力和温度
中间排压升高	1. 一级气阀损坏 2. 本级排气阀至后一级进气阀之间的系统阻力增加 3. 后一级排气阀损坏 4. 第一级吸入压力太高	1. 修理后一级气阀 2. 清除阻力 3. 修理后一级排气阀 4. 降低第一级吸气压力

气阀故障：压缩机气阀共振不正常（阀片、弹簧损坏），会导致气体压力、温度等发生变化。比如某一级吸气阀泄漏，会使前一级排气压力升高，该级排气温度升高。如果排气阀泄漏，会使该级的排气压力及温度升高，气阀故障可从下列原因分析查找予以消除：

① 气阀松动垫片不能密封；

② 气阀螺栓松动；

③ 阀片、阀座密封面损坏；

④ 阀片弹簧损坏等。

测量仪表故障：定期校验或更换检测仪表。

安全阀故障：安全阀如果失灵，当压缩机超载时不能卸荷，易造成重大事故，未到规定的压力而卸压则影响到正常使用。

7. 维护内容周期（表 3-3-10）

表 3-3-10　压缩机维护内容周期

序号	维护内容	维护周期							
		每日	每两周	500小时	1000小时	2000小时	4000小时	8000小时	每年
1	启机前检查曲轴箱和注油器的油位、冷却器的水位是否正常	▲							
2	启机前检查主电机电压是否在（380＋10）V范围内								
3	测听压缩机和主辅电机运转是否有异常情况	▲							
4	压缩机运行时每隔两小时查看和记录一次润滑油的温度和压力及水压是否在正常范围内，如有异常紧急关机	▲							
5	压缩机运行时每隔两小时检查和记录压缩机每一级进、排气压力和温度是否在正常范围内，如有异常紧急关机	▲							

续表

序号	维护内容	维护周期							
		每日	每两周	500小时	1000小时	2000小时	4000小时	8000小时	每年
6	检查站内压缩机、连接管线、阀门是否有泄漏，如发现有泄漏及时停机和修复	▲							
7	压缩机各级缸、排污罐、安全阀集中放散罐进行排污	▲							
8	检查站内所有气路系统、油路系统和水路系统是否有异常现象		▲						
9	查看和测听压缩机各轴承位、电机在运转时是否有异常的声音，如发生及时停机查找原因，异声消除后压缩机重新运行		▲						
10	检查压缩机的所有球阀和执行器工作是否正常，如有异常，排除故障后机器重新投入运行		▲						
11	检查压缩机仪表风系统是否有异常现象		▲						
12	检查所有接头及阀门是否泄漏，若有泄漏应及时处理		▲						
13	检查所有紧固件是否松动，若有松动应停机卸压后予以紧固			▲					
14	检查所有安全阀是否有效，如发现明显的失效或泄漏现象，及时更换和送检校验			▲					
15	更换压缩机曲轴箱内机油和机油过滤器，检查废油中是否有异常颗粒			▲					
16	检查和校验所有仪表（气压表、温度表、流量计等）。与设置值比较，如出现测量差，请送检调校或更换				▲				
17	在压缩机的运行过程中，检查回收罐内压力降到入口压力值的时间，与设计值比较				▲				
18	润滑主电机轴承				▲				
19	打开并清理压缩机阀，检查是否有裂纹或磨损。用溶剂检查泄漏，如内部有明显的磨损或泄漏，拆下阀更换					▲			
20	检查各级活塞环、填料和压缩机进排气阀。如有过度磨损应更换						▲		
21	检查活塞和活塞杆，如有过度磨损应更换						▲		
22	检查热交换器及风扇运转情况						▲		
23	检查压缩机润滑油，根据要求更换合适牌号的油						▲		
24	检查和测量各级气缸参考面及活塞端面的间隙并与标准值比较，如超出标准范围，更换新的缸套或气缸						▲		
25	检查活塞环与气缸壁的磨损情况，测量缸套的圆度和圆柱度，视情况予以修复、更换						▲		

续表

序号	维护内容	维护周期							
		每日	每两周	500小时	1000小时	2000小时	4000小时	8000小时	每年
26	检查压缩机各缸各级气阀完好性并处理不合格的气阀							▲	
27	检查压缩机各级活塞杆、连杆磨损情况，如超出标准范围，更换新件							▲	
28	更换各个缸填料盒密封件和O形圈							▲	
29	校检压缩机和主电机同轴度、对中测试							▲	
30	压缩机主电动机、冷却器风扇电机拆开作保养，检查定子绝缘值，必要时上校车台校验（由专业电机厂家进行）							▲	
31	检查所有仪表传感器的设置值（压力、温度、油位、流量计等）与标准设置值是否吻合，如有变化及时调整							▲	
32	检查曲轴轴承瓦、曲轴前后轴承，如间隙过大或磨损损坏需更换							▲	
33	重新标定所有压力表、安全阀，通常由省内安全部门标定								▲

单元 3.4　顺序控制盘

在CNG加气站中，储气设施通常分高压、中压、低压三组进行布置。在向储气设施充气时，按照高压组、中压组、低压组的顺序进行充装；在向车辆售气时，则是按照低压组、中压组、高压组的顺序进行充装。顺序控制盘是完成充气、售气过程中不同压力组间顺序切换的自动控制系统。

顺序控制盘由阀门组及电气控制系统构成。

如图3-4-1所示，其工作原理如下：首先启动压缩机工作，向高压组充气，当达到一定压力

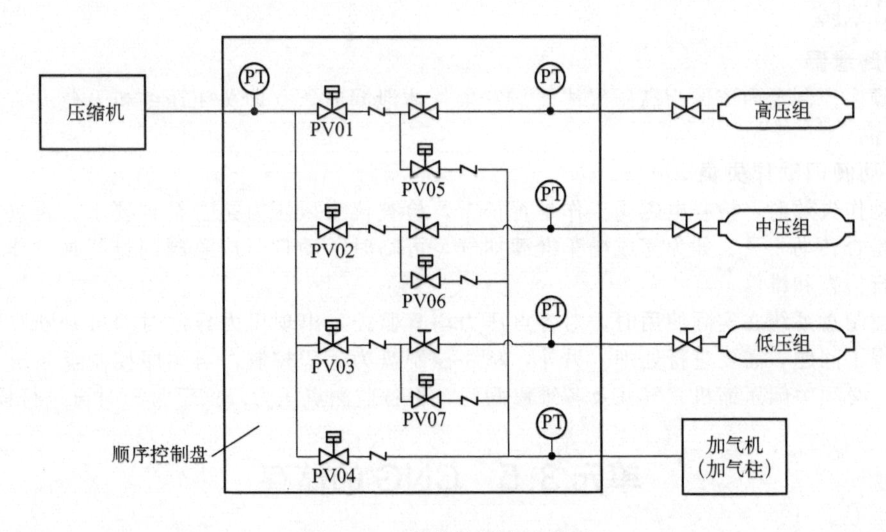

图3-4-1　顺序控制盘流程图

(如20MPa)后，停止对高压组充气，自动切换到中压组充气，达到中压组设定的最高压力(如16MPa)后，停止对中压组充气，切换到低压组充气，低压组达到设定压力(如12MPa)后，对三组同时充气到25MPa。这种充气方法使得每一组储气瓶内的气体都能得到冷却，从而使储气瓶能达到可能的最高压力，对储气瓶组充气完成后，压缩机自动停机。当加气站为汽车进行加气时，储气瓶组中的气体压力会降低，为提高加气速度，加气时，先用低压组气瓶的压缩天然气，其次是中压组，最后是高压组，这样能给车载瓶三次高压差加气，大大缩短了加气时间。加气完成后，压缩机将自动对各储气瓶进行补偿充气，直到达到各自的最高设定压力时停机。

一、性能与技术参数

加气站中高压储气瓶(罐)组充气管线的压力受顺序控制盘的控制。充气时，经过高压气化器气化后的LNG已基本变成气态，也即CNG，但此时的CNG不可直接充装，需要加臭后再灌入储气井(瓶组)缓冲后才可充装，储气井(瓶组)一般有3个，分低、中、高压，由程序控制盘实现分压，其主要组成部件有顺序阀、球阀、单向阀、三通接头、90°弯头、压力表、连接部件、机架等。

1. 车用瓶充气控制

站用储气设备至车用瓶的控制，应先从接近车用瓶压力的低压储气设备取气，当车用瓶压力与储气设备压力较接近且不能保证充装速度时，再切换到上一级压力储气设备或高压储气设备。

2. 储气设备组补气控制

高压气化器出口至站用储气设备的控制，使压缩后的天然气按高压、中压、低压储气设备顺序补气，使每个储气井压力一致，直至达到各个储气设备的额定压力，并可在CNG的使用过程中随时向压力低的储气设备补充气体，以保证储气设备保持压力。

3. 高压气化器直充气

当储气设备中高压储气组的压力低于最低设定压力时，仍然有车用瓶需要充气时，应保证高压气化器出口气体优先对车用瓶直接充气。

4. 主要技术参数

加气站用顺序控制盘主要技术参数要求如下：

① 设计压力不得低于27.5MPa。

② 最大工作压力不得超过25MPa。

③ 流量范围为2500m^3/h(标准状态)。

④ 高、中、低压组设定压力不可高于27.5MPa。

二、常见故障

1. 管路泄漏

由于顺序控制盘内流体为高压气体，当发生气体泄漏时，立即关闭压缩机及气井，查找泄漏点进行紧固。

2. 自动阀门动作失灵

阀门动作失效时，检查电磁阀工作是否正常，检查仪表风压力是否符合要求。再进一步检查柜内阀门是否转动失灵。如为完成槽车继续加气，可临时手动打开应急阀门进行加气作业，等待停运时再行检查和维修。

顺序控制盘系统在实际使用时，对各点压力均有监控，出现压力异常时即可判断顺序控制盘某部位出现了问题，需要进行处理。另外，顺序控制盘为远程控制，当顺序控制盘系统某部位出现故障时，必须关闭压缩机、气井及各维修阀门，将各监测点压力降低至常压时再进行检修。

单元3.5 CNG的储存

为平衡CNG供需在数量和时间上的不同步和不均匀性，同时可起到快速充气的作用，有必要在站内设储气装置，这对于加压站或加气站都是工艺流程中重要的中间环节设备。

储气系统根据输出天然气的方式不同可分为单级储存和分级储存两类。

单级储存采用一级储存系统，当对车辆加气时，所有储气容器中的压力下降速度相同，即各容器压力同时从25MPa降到20MPa。这种方式的储气容器中压缩天然气利用率约为20%。

分级储存采用三级储气系统，即将储气容器分为高压、中压、低压三组。压缩机启动充气时，先对高压组容器充气，当压力达到22MPa时，关闭高压组，转而对中压组容器充气，当压力也达到22MPa时，关闭中压组，转而对低压组容器充气，当压力也达到22MPa时，三组容器都打开同时充气至压力为25MPa，压缩机停止口对车辆加气时，先用低压组容器，其次是中压组容器，最后是高压组。

分级储气系统的工作由程序自动控制，比单级储气系统复杂，一般来说，体积也要大些，但是储气系统中的压缩天然气利用率达到30%，有的甚至达到58%。

分级储气系统是目前CNG加气站的主要储气方式。

CNG加气站储气方式主要有两种，地上储气的储气瓶储气和地下储气井，见图3-5-1。两者区别在于储气井为埋地气井，其安全性能更高，但造价相当高；而储气瓶组安装相对方便，机动性较好，造价相对便宜，但其安全系数没有储气井的安全系数高，给外来人员带来一个潜在危害的感觉，而且要求与周围建筑物的安全距离也较高。大容量高压容器储气是指用水容积为2m³以上的钢制压力容器储气，由于容器的水容积较大，其壁厚相应较大，材质选用和制造工艺都会要求更高，因而工程费用要高于上述两种储气方式。

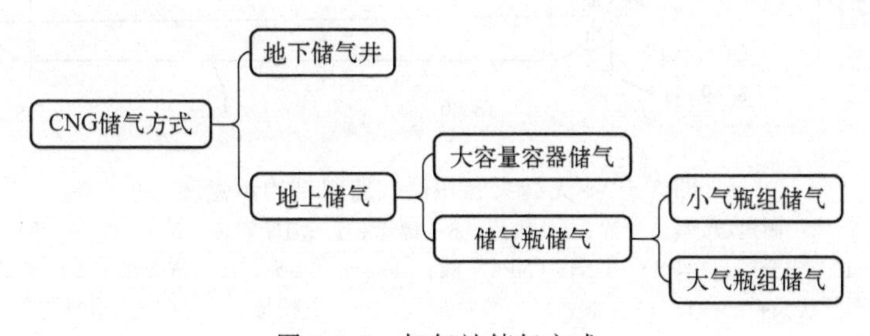

图3-5-1　加气站储气方式

一、CNG储气瓶组

气瓶是一种公称容积不大于1000L，用于盛装压缩气体的，可重复充气而无绝热装置的移动式压力容器。我国气瓶监察规程规定：$V\leqslant 12$L为小容积气瓶；12L$<V\leqslant$100L的为中容积气瓶；$V>$100L的为大容积气瓶。

CNG储气瓶是一种高压无缝钢质气瓶，最大允许工作压力为25MPa，设计压力为27.5MPa，设计使用环境温度为−40～60℃，国内常用的气瓶材质为35CrMo钢。相对于小气瓶组储气方式，由于大容积气瓶相对来讲具有瓶阀少、接口少、安全性高、快充性能较好、容积利用率较高等特点，并由于气瓶数量显著减少，因而具有系统可靠性较高和维护费用较少等优点，因此，天然气加气站应选用同一规格型号的大容积气瓶。单瓶水容积为900～1500L，是专门用于CNG及L-CNG加气站地面储气的无缝压力容器。一般只需设置3～9个即可满足大多数加气站的储气需求。

1. 功能与结构

无缝大容积储气瓶组结构如图3-5-2所示，现场安装极为方便、迅速，通常为卧式安装，占地为5～7m²；整体结构坚固、刚性好，能更好地承受冲击载荷及地震波动；运行过程中，只需定期进行外观检查和测厚检查，不需拆除连接件进行其他检测，运行维护费用低。设置时，一般采用6个气瓶为一组，高、中、低压比例为1∶2∶3，即高压1只瓶，中压2只瓶，低压3只瓶。也有一些站采用1∶1∶2的方案。根据规范要求：一级站，储气瓶组总容量≤12m³；二级站，储气瓶组总容量≤9m³；三级站，储气瓶组总容量≤8m³。加气站用储气瓶组由压力容器、框架、装卸阀、螺纹法兰、连接螺栓等组成。压力容器为高压气体瓶式压力容器，它由瓶体、螺塞、安全阀、装卸阀构成。瓶体为无焊缝直圆筒，两端球形封头，并设有大开口颈缩直段，颈缩直段内设有螺塞，并通过螺纹、O形密封圈与瓶体相连。一端螺塞外依次设有球阀、安全阀，另一端螺塞外依次设有三通、装卸阀，其内设有导液管，并通过三通与排污阀相连。框架由相对应的两立板构成，两端立板上设有与高压气体瓶式压力容器颈缩直段数量大小相对应的孔。高压气体瓶式压力容器可成束装设在两立板上，其数量至少为两排、一列，两端缩颈直段外设有螺纹，其两端缩颈直段穿过两端立板上的孔，并通过螺纹法兰、连接螺栓与框架两端立板相连。具有安装快捷、移动方便、校验简单等优点。瓶组布置以占地面积小、优化组合方便、安装简单方便为原则，布置方式推荐两列三排，储气瓶组安装图如图3-5-3所示。

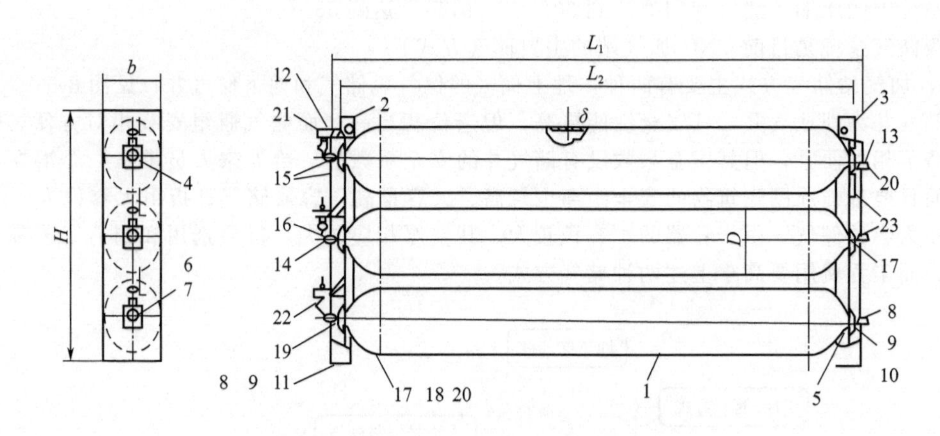

图3-5-2　无缝大容积储气瓶组结构示意图

1—无缝气瓶；2，3—固定板；4—锁箍；5—垫片；6—螺母；7—加厚螺母；8—“O”形环；9—支撑环片；10，11—出口旋塞；12—安全阀；13，14—DN15（NPT）阀；15—螺纹接头；16—弯管接头；17—DN15六角螺纹接头；18—DN15弯管接头；19—DN15角阀；20—塑料旋塞；21—支撑架；20—DN25塑料旋塞；23—铭牌

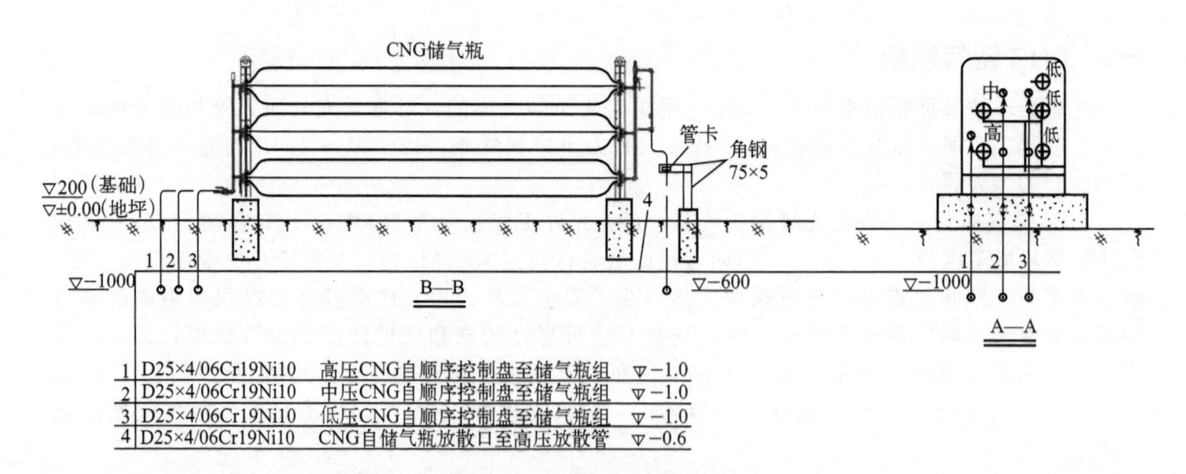

图3-5-3　储气瓶组安装图

2. 储气瓶组的充装

① 储气瓶组的充装应符合《气瓶安全监察规程》中的有关规定。

② 储气瓶组必须专用，只允许充装瓶体钢印所标明的介质。

③ 安全阀的排空管道和排污口的管道应引导至安全地点。

④ 储气瓶组有以下情况不得充装：

超过定期周检的；

介质不符合要求的；

瓶内无余压的；

外部有损伤的；

对其安全性有怀疑的。

⑤ 储气瓶组充气后 20℃时的压力不得超过大容积钢质无缝气瓶的公称工作压力。

3. 储气瓶组的使用

① 储气瓶组必须具有锅炉压力容器安全监察机构监检合格的质量证书和监检钢印。

② 储气瓶组在使用前应进行安全状况的检查，充装的天然气应符合 GB 18047—2017《车用压缩天然气》的要求。

③ 储气瓶组不得靠近热源和明火，并应保证井体的干燥。

④ 严禁敲击、碰撞储气瓶组及连接管线。

⑤ 严禁在瓶体上用火焰、等离子切割挖补或焊接修理。

⑥ 瓶内气体不得用尽，井内剩余压力不应小于 0.05MPa。

⑦ 储气井的使用单位应有安全操作规程、事故应急措施，并配置必要的防护用品。

⑧ 充装人员应经安全技术培训，持证上岗。

⑨ 应根据充装的天然气的含水量和洁净状况定期排污，以保证设备的安全。

4. 储气瓶组的操作维护和定期检验

① 在正常操作条件下，应保持安全阀上游球阀及压力表阀处在全开位置，并设置禁止随意关闭的警示标志。

② 在正常操作条件下，气体进出口球阀应处于全开状态，不得处于半开状态，以避免损坏球阀。

③ 应定期排污。

④ 应经常检查各密封面状况，如有泄漏应及时报告维修人员进行检修。

⑤ 设备的定期检验按当地质监部门的有关规定。

二、储气井

储气井，是采用地下井储存高压天然气的一种方式，是按石油钻井规程通过钻井、下套管、固井等程序完成的一套石油钻井工艺成果，其设计思想源于对天然气开采工艺过程的逆向思维。储气井由井口装置、井底封头、井筒与中心管组成，每口井的水容积通常为 2～4m^3。

CNG 加气站储气井井身结构：井深 80～200m，储气井筒上、下底封头与套管采用管箍连接，封头采用优质碳素钢材，套管底封头腐蚀裕量大于 5mm，套管与井底、井壁空间用水泥浆固井；储气井井口设进出排气口和压力表；井内积液通过气压经排液管排出储气井。储气井结构如图 3-5-4 所示。

储气井钻井程序：第一次开钻到

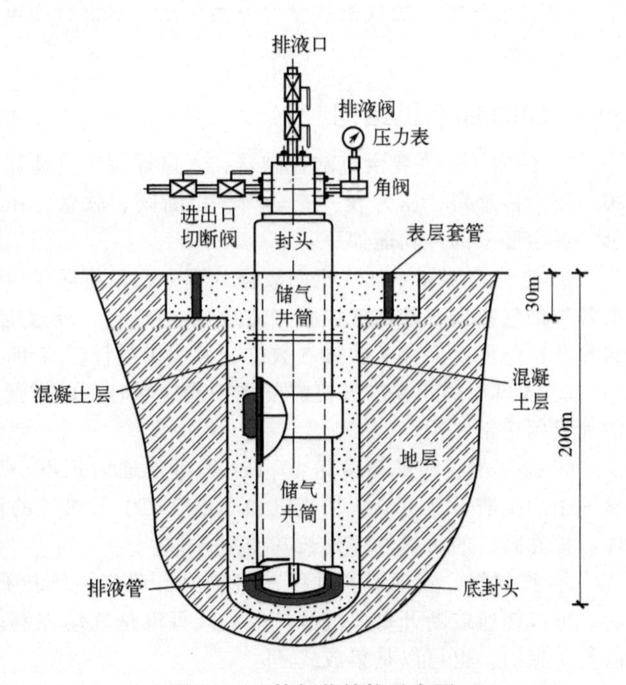

图 3-5-4　储气井结构示意图

10～30m（视地表层坚固程度确定钻井深度），下入表面套管，进行第一次固井，以防继续钻井过程中地层坍塌；接着进行第二次开钻，钻至150～200m井深（加气站优化设计深度）完钻，下入优质防硫套管，套筒下井对接上扣时不允许错扣，确保井筒螺纹密封无渗漏，井筒居中；采取加装表层套筒等措施确保储气井封固，并根据地质条件确定固井工艺，井筒与井壁间的环形空间使用水泥进行全井筒封固，选配硅酸盐水泥或油井水泥，固井水泥浆用量不少于理论计算量，装好上下封头，进行第二次固井；安上井口装置，进行质量检测与评价，经37.5MPa的液压强度试验与25MPa的气密性试验合格后交井，确保长期安全生产。

为提高储气井的利用效率，常规储气井分3组设置，分别为高压组、中压组、低压组；设计压力32MPa，额定工作压力25MPa。储气井容积通常按照1∶2∶3的比例进行优化设置，高压组工作压力为20～25MPa，中压组工作压力为16～25MPa，低压组工作压力为8～25MPa。

储气井具有以下优点：无焊点，漏点少，操作简单可靠；安全程度高，接入地下，不受环境污染、不受人为影响，即使发生爆炸，由地层吸收其轰烈冲击和能量，在地面只有轻微感觉，不会造成大的损失和危害；深埋于地下，保持输出气体恒温、均压，储气量和供气计量不随地面气温的变化而受影响；井内排液技术，排污方便快捷，可对储存气体进行二次脱水，即利用通到井底的排液管，将干燥器未脱尽的水分从排液管排出，使井内气体始终保持洁净、干燥、恒温，从而不产生冰堵等异常现象，减少容器内腐蚀，并使容积保持不变，不因残液增加而减少。但是由于储气井检测周期长，影响作业等缺点，现在使用较少。

单元3.6 CNG加气机

CNG加气机是指以压缩天然气形式向天然气汽车提供燃料的加气设备，由压缩机组将压力由0.1～1.0MPa压缩到25MPa，最后通过CNG加气机给车辆加气。其主要功能有：计量功能，主要是进行精确可靠的计量；控制功能，实现顺序取气，保证取气比例控制加气的目标压力，保证加气效率和安全性。

CNG加气机是用于加气站贸易结算的终端设备，可实现CNG充装、加气量计量计费、打印凭条、税控、插卡结算、交易数据存储、查询、传输等功能。

CNG加气机按加气枪数量可分为单枪、双枪、四枪加气机；按流量可分为标准流量、大流量加气机；按进气管线可分为单线、双线、三线加气机。

一、 CNG加气机结构

CNG加气机主要由电脑控制器、入口球阀、过滤器、电磁阀、单向阀、质量流量计、应急球阀、压力传感器、压力表、安全阀、拉断阀、软管、枪阀、加气枪等零部件组成，如图3-6-1所示。各主要零部件功能如下：

① 电脑控制器：加气机的数据处理中心，将质量流量计传入的信息经过转换、处理、计算得出各种加气数据，如加气体积（质量）、金额等；通过电脑控制器也可设置单价、密度、压力等控制参数；还可以保存各次加气数据，并提供累计、查询、远程通信接口等数据管理功能。

② 入口球阀：在加气机需要维护或检修时可以方便地切断加气机的气源，不影响加气站其他加气机的正常使用。

③ 过滤器：过滤精度为40μm，有效流通面积不小于管道横截面积的5倍。过滤器可过滤天然气中的杂质，保持流入加气机和车用气瓶中天然气的清洁，有效保护加气机内各种阀门的密封件，提高阀门的可靠性并延长其使用寿命。

④ 控制阀：实现加气过程三组压力自动切换的执行机构，在控制阀接到电脑控制器的指令后，可以接通或断开每段气源。控制阀可以是气动控制阀，也可以是高压电磁阀，三组控制阀可以是单独的，也可以是集成式的。

⑤ 单向阀：确保在加气过程中气体只朝一个方向流动，防止三条进气管线窜气。

⑥ 质量流量计：加气机的计量核心部件。通径 $DN15$，质量流量计的质量传感器检测流经加气机的气体的质量、密度等参数，并经过其自带的变送器转换成电流信号或脉冲信号输出，或由核心处理模块输出信号。由于它一般采用科里奥利质量原理，内置温度传感器，且无可移动部件，所以有较高的测量精度和较长的使用寿命。

⑦ 压力传感器：在加气过程中检测加气机出口的压力，并将压力参数传递给电脑控制器，以实现压力控制，保证加气安全。

⑧ 压力表：一般设在加气机出口附近，全过程显示加气的实时压力，可以让用户直观地观察到当前压力值。

⑨ 应急球阀：一般设在加气机靠近出口、操作者便于操控处，当出现软管破损、三通枪阀失效等紧急情况时，可以用它迅速地断开加气机与汽车气瓶的连接。

⑩ 拉断阀：加气机的安全保护装置之一，在加气枪未与汽车脱开以前，如果汽车意外开动，拉断阀会被动脱开，同时脱开的两端带有单向阀，气体不会泄漏；工作压力在 20MPa 时，拉断力控制在 400 ～ 600N 之间，拉断阀的脱开不会影响加气机的整体安全，拉断后拉断阀两端自行密封。

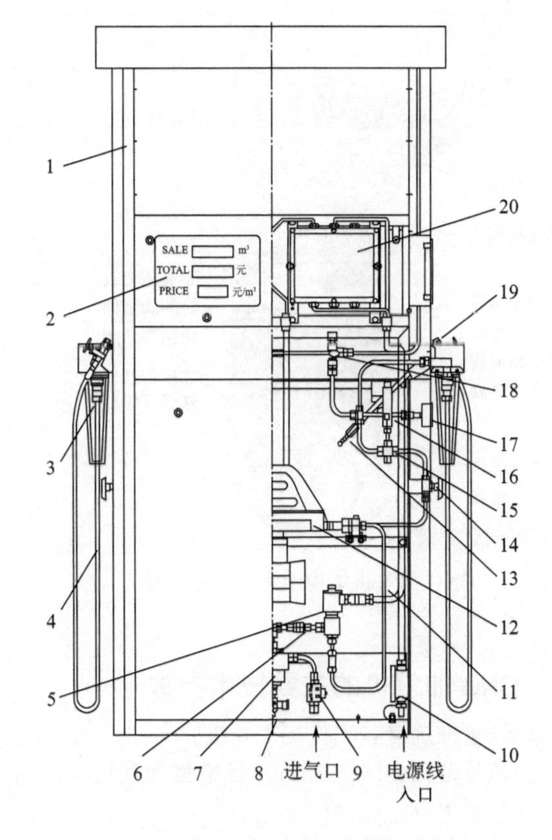

图 3-6-1　加气机结构

1—壳体；2—电脑控制器；3—拉断阀；4—软管；5—电磁阀；6—单向阀；7—过滤器；8—排污阀；9—入口球阀；10—防爆接线盒；11—不锈钢管；12—质量流量计；13—加气枪头；14—应急球阀；15—卸压接头；16—压力传感器；17—耐震压力表；18—压力安全阀；19—枪阀；20—防爆电源盒

⑪ 高压软管：连接加气机与汽车的加气管道。在汽车停靠的位置不同时，拖动软管也能保证与加气机与汽车的连接。导静电性能应符合 GB/T 10543—2014 的要求，电阻值小于 1MΩ/m，软管长度不大于 8m。

⑫ 三通枪阀：控制加气与放空的操作，在加气完成后，转动三通枪阀的手柄，可以排出三通枪阀与汽车间一短截软管中的高压气体，实现枪头可以从汽车中取下的操作。

⑬ 加气枪：用于连接汽车车瓶加气口，给车用气瓶充装天然气的手工操作专用装置。由加气嘴、三通阀和连接件组成。

⑭ 安全阀。全启封闭式弹簧安全阀，整定压力为 26.25MPa。

CNG 加气机主要有液晶屏和触摸屏两种形式。如图 3-6-2 和图 3-6-3 所示。

液晶屏形式具有以下功能：高亮背光液晶显示屏双面显示单价、金额、气量；操作界面采用液晶显示屏，可显示车辆瓶检日期、加气状态、IC 卡信息、车型、加气流量、压力、IC 卡余额等信息。

触摸屏形式具有以下功能：系统人机交互界面为双面同时显示，并且左右分屏可独立操作；系统主界面可实时显示当前加气量、加气金额、单价、车型、车号、卡号、状态、有效期、消费方式、余（总）额、流量、压力等信息；可手动输入车牌和公交路数及编号，主界面具有通信指示灯，能实时指示加气机通信状态。

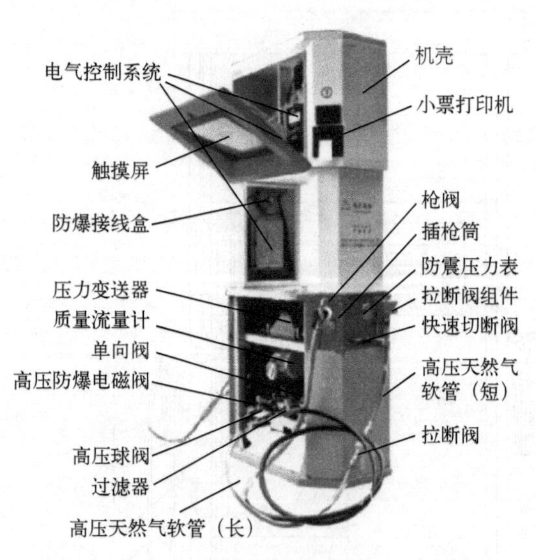

图 3-6-2　CNG 加气机结构示意图（触摸屏）

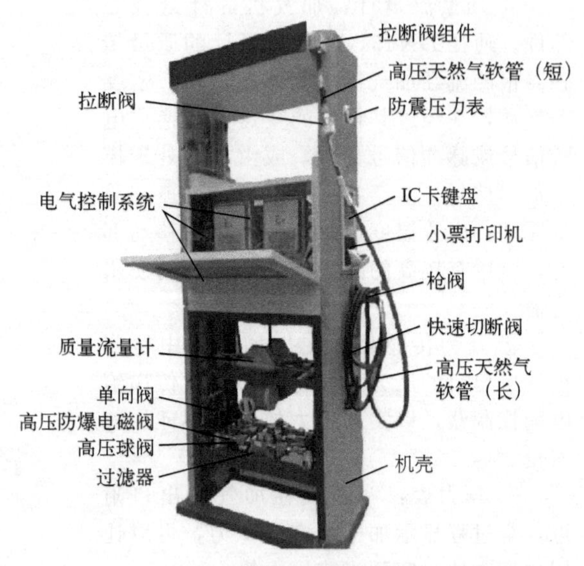

图 3-6-3　CNG 加气机结构示意图（液晶屏）

二、 CNG 加气机的主要技术参数

① 计量准确度：不低于 1.0 级。

② 流量范围：30m^3/min（标准型加气机）、40m^3/min（大流量加气机）。

③ 计量单位：m^3 或 kg。

④ 适用压力范围：系统设计压力为 27.5MPa，最大工作压力为 25MPa，额定工作压力为 20MPa。

⑤ 环境温度：－40～55℃。

⑥ 环境湿度：30％～90％。

⑦ 电源适应能力：220（1±15％）V；50Hz±1Hz。

⑧ 功率：小于 200W。

⑨ 防爆等级：Exdemib Ⅱ AT4。

⑩ 进气方式：高、中、低压三路进气。

⑪ 加气控制方式：三路顺序控制加气。

⑫ 控制及显示系统：具有 IC 卡及售气计算机管理功能；液晶显示屏（显示数据包括单价、加气量、金额）；带可用于计算机连接的通信接口。

三、 CNG 加气机工作原理

CNG 加气机顺序控制加气工作原理：高、中、低压储气设备中的 CNG 经三路管线输送到加气机，由计算机控制器按工作状态分别自动打开低压、中压和高压电磁阀，压缩天然气经过输送管道进入加气机，依次流经入口球阀、过滤器、单向阀、电磁阀（低压、中压或高压）、质量流量计、应急球阀、拉断阀、高压软管、枪阀（三通球阀）、加气枪头，最后流入被充气汽车的气瓶。质量流量计测出流经加气机的气体的密度、质量等参数的物理信号由信号转换器转换成电脉冲信号传送到电脑控制器，电脑经自动计算得出相应的体积（质量）、金额，并由显示屏显示给用户，从而完成一次加气计量过程。如图 3-6-4 所示。

四、 CNG 加气机主要性能

① 计量准确，能精确地计量天然气的体积，并能自动计算出计量值的金额。

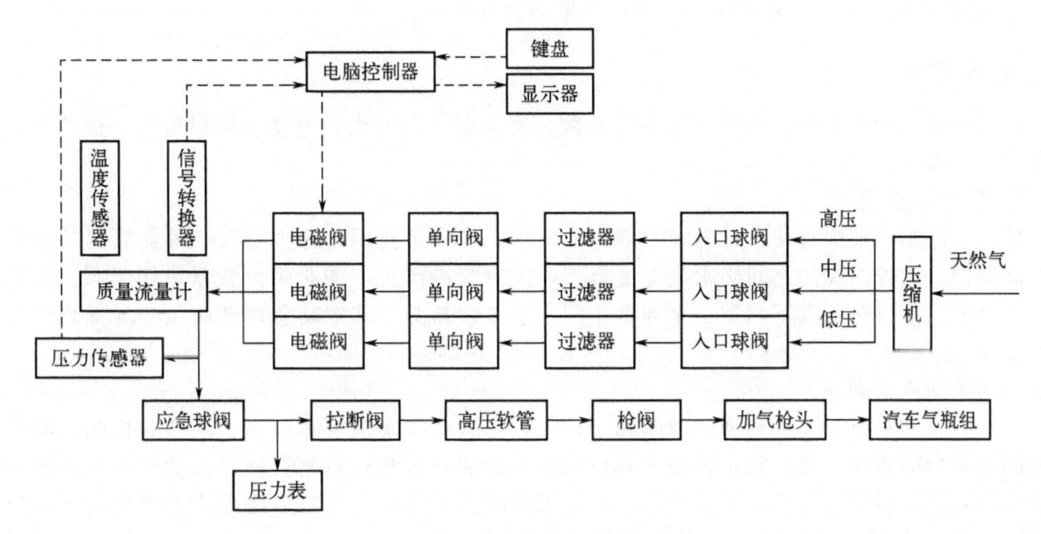

图 3-6-4　加气机工作原理

② 在加气过程中自动控制，在充气过程中能双面自动显示加气量、加气金额及单价。

③ 三线压力自动切换，采用电磁阀，保证对三组储气井的准确合理取气。

④ 配套计算机后，可以随时查询历史某天、某月总累计量，可以查询当日某次累计量，并可复现最近的加气数据。

⑤ 具有手动紧急切断阀。

⑥ 具有排气收集汇管及排空阀。

⑦ 压力保护功能：当加气压力超过规定压力值，自动停止加气。

⑧ 监控系统：监测充气过程的温度、压力和流量，控制充气速度。

⑨ 加气控制系统：对储气井组进行取气控制，以保证最大的充气流量。

⑩ 具有卸压及在线排污功能；在线清洗过滤器，而不必拆卸过滤器。

⑪ 配置进口拉断阀、入口球阀；加气软管有拉断保护功能。

⑫ 具备断电数据保护、数据延时显示功能。

⑬ 要求配置电子安全锁，操作人员、管理人员分级凭卡作业。

⑭ 加气机所有电气设备选型和施工必须满足相应的防爆标准（防爆等级 1 区），内部的供电电缆和信号电缆从材质到连接方式上均满足防雷、防爆及防护的要求。电缆通过镀锌钢管和防爆挠性连接管与现场安装的仪表和自控设备进行连接。

⑮ 具有自动检测故障功能，能自动显示故障代码。

⑯ 加气机带单向阀。

⑰ 加气机及加气枪的设计、制造及质量验收应符合《汽车用压缩天然气加气机》及《压缩天然气加气机加气枪》的要求。

⑱ 若加装 IC 卡接口，IC 卡系统要有防爆证。

⑲ IC 卡及管理系统主要功能及要求。

a. 对加气机的每一步操作都有汉字提示；

b. 具有脱机解灰和联机解灰功能；

c. 具有黑卡识别功能，并能对发现的黑卡进行报警；

d. 只有经过授权的卡才能修改机器参数；

e. 在 IC 卡读卡器出现故障时，加气机通过设置可以不使用 IC 卡加气；

f. 可以使用员工卡对加气机上、下班，机器在下班时不能工作；

g. 带 RS485 通信接口，可与计算机连接；

h. 管理系统具有自动采集加气机上的数据信息的功能。

五、安全附件

加气站用到的安全附件主要有紧急切断阀、安全阀、压力表、可燃气体报警器、拉断阀、单向阀、阻火器等。

1. 紧急切断阀

根据《汽车加油加气站设计与施工规范》要求，加气站使用的压力管段，其前后两端均需设有控制阀门，两控制阀门之间必须设置安全阀，压力管段源头一端必须设置紧急切断阀。这里讲述的控制阀门主要分为以下两类：手动截止阀、紧急切断阀。其中紧急切断阀又分为紧急停车阀和气动阀。

（1）手动截止阀

手动截止阀需要有人手动操作控制阀门开关，利用球阀实现管道封堵。手动截止阀的阀杆轴线与阀座密封面垂直。截止阀一旦处于开启状态，它的阀座和阀瓣密封面之间就不再有接触，因而它的密封面机械磨损较小，由于大部分截止阀的阀座和阀瓣比较容易修理或更换密封元件时无须把整个阀门从管线上拆下来，这对于阀门和管线焊接成一体的场合是很适用的。介质通过此类阀门时的流动方向发生了变化，因此截止阀的流动阻力高于其他阀门。阀杆轴线与阀座密封面垂直，阀杆开启或关闭行程相对较短，并具有很好的切断动作，手动截止阀的阀瓣一旦处于开启状况，它的阀座和阀瓣密封面之间就不再接触，并具有可靠的切断动作，使得这种阀门非常适合作为介质的切断或调节及节流使用。

手动截止阀主要特点如下：

① 结构比闸阀简单，制造与维修都较方便。

② 密封面不易磨损及擦伤，密封性好，启闭时阀瓣与阀体密封面之间无相对滑动，因而磨损与擦伤均不严重，密封性能好，使用寿命长。

③ 启闭时，阀瓣行程小，因而截止阀高度比闸阀小，但结构长度比闸阀长。

④ 启闭力矩大，启闭较费力，启闭时间较长。

⑤ 流体阻力大，因阀体内介质通道较曲折，流体阻力大，动力消耗大。

⑥ 介质流动方向公称压力＜16MPa 时，一般采用顺流，介质从阀瓣下方向上流；公称压力为 20MPa 时，一般采用逆流，介质从阀瓣上方向下流，以增加密封性能。使用时，截止阀介质只能单方向流动，不能改变流动方向。

⑦ 全开时阀瓣经常受冲蚀。

（2）气动截止阀

气动截止阀的启闭件是塞形的阀瓣，密封面呈平面或锥面，阀瓣沿流体的中心线做直线运动。阀杆的运动形式，有升降杆式（阀杆升降，手轮不升降），也有升降旋转杆式（手轮与阀杆一起旋转升降，螺母设在阀体上）。截止阀只适用于全开和全关，不允许作调节和节流，气动截止阀一般为全开全闭式。从流量特性考虑，截止阀和球阀具有启闭行程短、速度快、密封可靠、启闭静态力矩小等特点，因而两类产品都得到应用。但从可靠性考虑，主流产品仍然是气动截止阀。

气动截止阀的气缸为定型产品，依作用方式可分单作用和双作用两种。单作用产品带复位圆柱弹簧，具有失气自动复位功能，即失气时气缸活塞（或膜片）在弹簧作用下，驱动气缸推杆恢复到气缸初始位置（行程的原始位置）。双作用气缸无复位弹簧，推杆进退须依靠变换气缸气源的进出口位置。气源从活塞上腔进时，推杆向下运动。气源从活塞下腔进时，推杆向上运动。由于不带复位弹簧，双作用气缸对比同径单作用气缸具有更大的推力，但不具备自动复位功能。显然不同的进气位置使推杆有不同的方向运动。当进气位置在推杆的背腔时，进气使推杆前进，这种气缸称为正作用气缸。反之进气位置在推杆同侧时，进气使推杆后退，这种气缸称反作用气缸。气动截止阀因为一般需要失气保护功能，通常选用单作用气缸。

气动阀工作原理：电动弹簧紧急切断阀在通电后，电机电动执行器里面的卷簧把扭矩力传导至卷簧上，在断电时卷簧释放里面储存的扭矩力，带动阀门迅速地关闭或者打开。它的优点是关闭迅速，关闭时间只需 1～2s。一般气动阀使用压缩空气作为动力源的阀门，大部分采用远程控制，由主控室手动或自动触发动作指令，使进、排气电磁阀动作，向执行机构内供、排压缩空气。压缩空气作用在活塞或隔膜上，克服阀门动作的摩擦力和阀杆上的弹簧弹力，从而压下（对于失气开阀门）或提起（对于失气关阀门）阀杆，带动阀芯上下动作，使阀门打开或关闭。在阀门失气、驱动头内无压缩空气时，阀门会按照系统的要求处于全开或全关的安全位置。在进入到阀门之前，首先通过过滤器将压缩空气过滤、净化，然后通过减压阀减压。压力调整是能通过调节安装在减压阀顶部的调节螺钉来实现的，调节前要先拧松保护盖。

（3）紧急停车

加气站目前在加液（气）机、罐槽泵橇仪表盘上设有紧急停车装置，根据各地要求，各加气站于各自营业室或办公室均设置紧急停车装置，以实现多重保护。另外，根据《汽车加油加气站设计与施工规范》要求，加气站在 LNG 储罐根部管段及卸车端液相口设有气动阀，为实现气站的智能控制，目前在用加气站于泵橇上各管段均设置了气动阀，以实现管段之间智能转换，主要使用在各种工艺的切换中。

加气站用气动阀利用类似电磁阀原理，截断阀中轴部分使用压缩空气顶住弹簧开关，当断电后压缩空气会释放，弹簧开关切换状态，再通电后将再充注压缩空气，以此实现紧急切断阀的开关。而加气机、卸车端紧急停车，则是同时断掉 LNG 源头和电源，双重保护。

2. 安全阀

安全阀是启闭件受外力作用下处于常闭状态，当设备或管道内的介质压力升高超过规定值时，通过向系统外排放介质来防止管道或设备内介质压力超过规定数值的特殊阀门。安全阀属于自动阀类，主要用于锅炉、压力容器和管道上，控制压力不超过规定值，对人身安全和设备运行起重要保护作用。其工作原理为当管道压力达到指定值时将冲开弹簧片泄放压力，当压力恢复到指定值以下时，安全阀弹簧片复位。安全阀是需要定期校验的设备设施，其校验期限为 1 年。安全阀必须经过压力试验才能使用。

安全阀的强检，要求省内有资质单位检测才算有效，省外或无资质单位的检测均不承认，原因为安全阀为精密元件，运输过程的振荡可能对其内部结构造成破坏。另外，由于弹簧片受使用寿命限制，且常年使用在低温的环境当中，因此其损坏率相对压力表来说非常高，一般高压的安全阀强检损坏率可达 50%，低压则为 30%，而压力表仅为 5%不到，安全阀强检不合格具体表现为阀芯内漏或排放压力不达标；压力表、温度计不合格表现为精度失准。

安全阀主要技术指标如下：

① 公称压力。表示安全阀在常温状态下的最高许用压力，高温设备用的安全阀不应考虑高温下材料许用应力的降低。安全阀是按公称压力标准进行设计制造的。

② 开启压力。也叫额定压力或整定压力，是指安全阀阀瓣在运行条件下开始升起时的进口压力，在该压力下，开始有可测量的开启高度，介质呈可由视觉或听觉感知的连续排放状态。

③ 排放压力。阀瓣达到规定开启高度时的进口压力。排放压力的上限需服从国家有关标准或规范的要求。

④ 超过压力。排放压力与开启压力之差，通常用开启压力的百分数来表示。

⑤ 回座压力。排放后阀瓣重新与阀座接触，即开启高度变为零时的进口压力。

⑥ 启闭压差。开启压力与回座压力之差，通常用回座压力与开启压力的百分比表示，只有当开启压力很低时才用两者压力差来表示。

⑦ 背压力。安全阀出口处的压力。

⑧ 额定排放压力。标准规定排放压力的上限值。

⑨ 密封试验压力。进行密封试验的进口压力，在该压力下测量通过关闭件密封面的泄漏率。

⑩ 开启高度。阀瓣离开关闭位置的实际升程。

⑪ 流道面积。指阀瓣进口端到关闭件密封面间流道的最小截面积，用来计算无任何阻力影响

时的理论排量。

⑫ 流道直径。对应用于流道面积的直径。

⑬ 帘面积。当阀瓣在阀座上方时，在其密封面之间形成的圆柱面形或圆锥面形通道面积。

⑭ 排放面积。阀门排放时流体通道的最小截面积。对于全启式安全阀，排放面积等于流道面积；对于微启式安全阀，排放面积等于帘面积。

⑮ 理论排量。是流道截面积与安全阀流道面积相等的理想喷管的计算排量。

⑯ 排量系数。实际排量与理论排量的比值。

⑰ 额定排量系数。排量系数与减低系数（取 0.9）的乘积。

⑱ 额定排量。指实际排量中允许作为安全阀适用基准的那一部分。

⑲ 当量计算排量。指压力、温度、介质性质等条件与额定排量的适用条件相同时，安全阀的计算排量。

⑳ 频跳。安全阀阀瓣迅速异常地来回运动，在运动中阀瓣接触阀座。

㉑ 颤振。安全阀阀瓣迅速异常地来回运动，在运动中阀瓣不接触阀座。

因为涉及压力泄放，安全阀的更换需要专门厂家进行更换，或者在厂家指导下，由熟练的安全设备管理员进行操作，操作前确认该管段两端的控制阀门已完全关闭，穿戴好防护用品后使用防爆工具才可进行拆装。

3. 压力表

压力表是指以弹性元件为敏感元件，测量并指示高于环境压力的仪表，应用极为普遍，它几乎遍及所有的工业流程和科研领域。在热力管网、油气传输、供水供气系统、车辆维修保养厂店等领域随处可见。尤其在工业过程控制与技术测量过程中，由于机械式压力表的弹性敏感元件具有很高的机械强度以及生产方便等特性，使得机械式压力表得到越来越广泛的应用。加气站压力表作用为显示管道上的工况参数，以便巡检人员能直观看到压力管道的运行情况，压力表主要设置在关键位置上，如泵前泵后、储罐储气井、加气机等。

压力表的主要构成：

① 溢流孔。当发生波登管爆裂的紧急情况时，内部压力将通过溢流孔向外界释放，防止玻璃面板的爆裂。

注：为了保持溢流孔的正常性能，需在表后面留出至少 10mm 的空间，不能改造或塞住溢流孔。

② 指针。除标准指针外，其他指针也是可选的。

③ 玻璃面板。除标准玻璃外，其他特殊材质玻璃，如强化玻璃、无反射玻璃也是可选的。

④ 性能分类。普通型（标准）、蒸汽用普通型（M）、耐热型（H）、耐振型（V）、蒸汽用耐振型（MV）耐热耐振型（HV）。

⑤ 处理方式。禁油/禁水处理指在制造时除去残留在接液部的水或油。

⑥ 外装指定。壳体颜色除标准色以外，须特别注明。

⑦ 节流阀（选用）。为了减小脉动压力，节流阀安装在压力入口处。

压力表种类很多，它不仅有一般（普通）指针指示型，还有数字型；不仅有常规型，还有特种型；不仅有接点型，还有远传型；不仅有耐振型，还有抗震型；不仅有隔膜型，还有耐腐型等。压力表系列完整，它不仅有常规系列，还有数字系列；不仅有普通介质应用系列，还有特殊介质应用系列；不仅有开关信号系列，还有远传信号系列等等。它们都源于实践需求，先后构成了完整的系列。压力表的规格型号齐全，结构形式完善。从安装结构形式看，有直接安装式、嵌装式和凸装式，其中嵌装式又分为径向嵌装式和轴向嵌装式，凸装式也有径向凸装式和轴向凸装式之分。直接安装式，又分为径向直接安装式和轴向直接安装式。其中径向直接安装式是基本的安装形式，一般在未指明安装结构形式时，均指径向直接安装式。轴向直接安装式考虑其自身支撑的稳定性，一般只在公称直径小于150mm 的压力表上才选用。所谓嵌装式和凸装式压力表，就是常说的带边（安装环）压力表。轴向嵌装式即轴向前带边，径向嵌装式是指径向前带边，径向凸装式（也叫墙装式）是指径向后带边压力表。从量域和量程区段看，正压量域分为微压量程区段、低压量程区段、中压量程区段、高压量程区段、超高压量程区段，每个量程区段内又细分出若干种测量范围（仪表量程）；在负压量域（真空）又有3种负压（真空表）；正压与负压联程的压力表是一种跨量域的压力表。其规范名称为压力真空表，也有称之为真空压力表。它不但可以测量正压压力，也可测量负压压力。压力表的精度等级分类十分明晰。常见精度等级有4级、2.5级、1.6级、1级、0.4级、0.25级、0.16级、0.1级等。精度等级一般应在其度盘上进行标识，其标识也有相应规定，如"①"表示其精度等级是1级。对于一些精度等级很低的压力表，如4级下的，还有一些并不需要测量其准确的压力值，只需要指示出压力范围的，如灭火器上的压力表，则可以不标识精度等级。

就常规而言，纯LNG站有5～10个安全阀和6～12个压力表，L-CNG站则有安全阀、压力表共计超过60个，因此，加气站需要建立专门的、一对一的台账，记录此类型设备，确保每件设备均在强检日期内使用。

4. 可燃气体报警器

可燃气体报警器也称气体泄漏检测报警仪器。当工业环境、日常生活环境（如使用天然气的厨房）中可燃性气体发生泄漏，可燃气体报警器检测到可燃性气体浓度达到报警器设置的报警值时，可燃气体报警器就会发出声、光报警信号，以提醒采取人员疏散、强制排风、关停设备等安全措施。可燃气体报警器可联动相关的联动设备，如在工厂生产、储运中发生泄漏，可以驱动排风、切断电源、喷淋等系统，防止发生爆炸、火灾、中毒事故，从而保障安全生产，经常用在化工厂、石油、燃气站、钢铁厂等或者产生可燃性气体的场所。天然气正常状态下无色无味，泄漏后正常人用肉眼无法观察到，因此需要用专门的仪器进行检测，可燃气体探头就是用来检测天然气泄漏的设备，由于其安装是以点带面的，因此建议尽量靠近泄漏源即可。因为泄漏点附近的浓度是最高的，探头越靠近漏点就越先检测到。可燃气体探头按照规范要求每年强检一次。

可燃气体报警器是对单一或多种可燃气体浓度响应的探测器。可燃气体探测器有催化型、红外光学型两种类型。催化型可燃气体探测器是利用难熔金属钳丝加热后的电阻变化来测定可燃气体浓度。当可燃气体进入探测器时，在钳丝表面引起氧化反应（无焰燃烧），其产生的热量使钳丝的温度升高，而钳丝的电阻率便发生变化。红外光学型是利用红外传感器通过红外线光源的吸收原理来检测现场环境的碳氢类可燃气体。

可燃气体报警控制系统是站内控制系统中最简单但必不可少的组成部分。系统对站内燃气泄漏实时检测，并实现必要的联锁控制。系统主要由可燃气体报警控制器和隔爆探测器组成。探测器室外有效检测半径宜为15m。压缩机间探测器的间距设置为6m，室外12m。探测器安装位置宜设在用气设备附近、法兰连接处、阀门组和泄漏源处。压缩机间探测器环墙壁四周和距顶棚0.3m处设置，每台加气机、储气井组处设置探测器，其高度为2.5m，且保证探测器周围不小于0.3m的净空。控制器显示每一路探测器的报警地址、时间和浓度。系统设计为二级报警系统。可燃气体一级报警（高限）设定值宜为LEL20%，燃气泄漏浓度达到一级设定值时，控制器声光报警，联动轴流风机进行空气置换；可燃气体二级报警（高高限）设定值宜为LEL50%，燃气泄漏浓度达到二级设定值时，控制器声光报警，停止所有工作压缩机。

5. 单向阀

单向阀是防止各类管路或设备上流体介质逆流的单向启闭阀，流体只能沿进水口流动，出水口介质却无法回流，又称止回阀或逆止阀。用于液压系统中防止油流反向流动，或者用于气动系统中防止压缩空气逆向流动。单向阀有直通式和直角式两种。直通式单向阀用螺纹连接安装在管路上。直角式单向阀有螺纹连接、板式连接和法兰连接三种形式。液控单向阀也称闭锁阀或保压阀，它与单向阀相同，用以防止油液反向流动。但在液压回路中需要油流反向流动时，又可利用、控制油压打开单向阀，使油流在两个方向都可流动。液控单向阀采用锥形阀芯，因此密封性能好。在要求封闭油路时，可用此阀作为油路的单向锁紧而起保压作用。液控单向阀控制油的泄漏方式有内泄式和外泄式两种。在油流反向出口无背压的油路中可用内泄式，否则需用外泄式，以降低控制油压力。旋启式止回阀安装位置不受限制，通常安装于水平管路，但也可以安装于垂直管路或倾斜管路上。单向阀关闭时，会在管路中产生水锤压力，严重时会导致阀门、管路或设备的损坏，尤其对于大口管路或高压管路，故应引起止回阀选用者的高度注意。

6. 拉断阀

因操作失误或溜车原因，在还没有与软管（或设备）分开的情况下即驶离工作区，拉断连接管造成原料大量外泄引发特大安全事故；或槽车正在装卸，如现场突然失火等原因需要槽车迅速逃离现场，不能用正常的方法将槽车和装卸臂分开，也会酿成重大人身和财产安全事故，造成经济损失和环境污染。为防范偶然，减小事故损失，装卸设备配装紧急脱离拉断阀是在原料储运过程中保证安全和环保的重大举措。正常工况下，在一定的拉力作用下，紧急脱离拉断阀会自动安全断开，并且两端会自动封闭，无流体泄漏，保护管路、设备安全。

拉断阀基本特点：

① 使设备能够自动、快速脱离。

② 脱离后两部分能有效密封。

③ 拉断力稳定、易维修、需人工复位并可重复拉断使用。

④ 拉断力来自于机械部分本身，无须电、液等外加动力。

⑤ 法兰和内螺纹两种连接方式。

7. 阻火器

阻火器一般安装在输送可燃气体的管道中，或者安在通风的槽罐上，由阻火芯、阻火器外壳及附件构成。阻火器是用来阻止易燃气体和易燃液体蒸汽的火焰蔓延的安全装置。

① 阻火器的工作原理主要有两种：一是基于传热作用；二是基于器壁效应。

a. 传热作用。燃烧所需要的必要条件之一就是要达到一定的温度，即着火点。低于着火点，燃烧就会停止。依照这一原理，只要将燃烧物质的温度降到其着火点以下，就可以阻止火焰的蔓延。当火焰通过阻火元件的许多细小通道之后将变成若干细小的火焰。设计阻火器内部的阻火元件时，则尽可能扩大细小火焰和通道壁的接触面积，强化传热，使火焰温度降到着火点以下，从而阻止火焰蔓延。

b. 器壁效应。燃烧与爆炸并不是分子间直接反应，而是受外来能量的激发，分子键遭到破坏，产生活化分子，活化分子又分裂为寿命短但却很活泼的自由基，自由基与其他分子相撞，生成新的产物，同时也产生新的自由基再继续与其他分子发生反应。当燃烧的可燃气通过阻火元件的狭窄通道时，自由基与通道壁的碰撞概率增大，参加反应的自由基减少。当阻火器的通道窄到一定程度时，自由基与通道壁的碰撞占主导地位，由于自由基数量急剧减少，反应不能继续进行，也即燃烧反应不能通过阻火器继续传播。随着阻火器通道尺寸的减小，自由基与反应分子之间碰撞概率随之减少，而自由基与通道壁的碰撞概率反而增加，这样就促使自由基反应减少。当通道尺寸减小到某一数值时，这种器壁效应就造成了火焰不能继续传播的条件，火焰即被阻止。因此器壁效应是防止火焰的主要机理。

② 阻火器的主要性能有：

a. 阻爆性能合格，阻火器连续 13 次以亚音速火焰试验，每次都能阻止火焰的通过；

b. 耐烧性能合格，耐烧试验 1h 无回火现象；

c. 壳体水压试验合格，水压试验 2.4MPa 无渗漏；

d. 结构合理，重量轻、耐腐蚀，易检修，安装方便；

e. 阻火器芯子采用不锈钢材料，耐腐蚀易于清洗。

六、加气机的操作

（一）加气操作

加气操作可分为非定量加气、定量加气、非常规加气三种。

非定量加气：将加气枪插入汽车气瓶接口中，打开气瓶上的阀和枪阀，按加气机键盘上的加气键即可加气（IC卡加气机需刷卡），当气瓶压力达到20MPa时加气机自动停止加气，也可按停止键手动结束加气。

定量加气：首先通过键盘设定需加的气量（m^3 或 kg）或金额，然后按加气键开始加气（IC卡加气机需刷卡），当达到设定值时自动结束加气。

非常规加气：当加气站气库压力严重不足时，可通过键盘上换班键手动控制低、中、高三组电磁阀切换，加快充气速度，节约时间。

1. 一般规定

（1）操作人员

此项操作人员应熟悉操作规程、危害因素管控措施、应急处置，且需持气瓶充装证（P证）上岗。

（2）防护要求

正确穿戴防静电工作服、防静电工作鞋、手套、工作帽。

（3）工（器、用、量）具要求

检漏喷壶、可燃气体检测仪（冬天）、电子标签手持机、棉质抹布若干。

（4）环境检查

① 禁止在雷暴天气下操作。

② 禁止在现场有动火、挖掘、吊装等危险作业时操作。

③ 禁止在现场有天然气泄漏、充装车辆检查有泄漏时操作。

④ 禁止在动力电网电压波动频繁且幅差大于10%以上时操作。

⑤禁止在加气机出现计量异常、不显示、冰堵、漏气等故障时操作。

⑥严禁携带火种、手机。

2. 操作程序

（1）设备操作前检查

① 加气车辆进站引导并检查作业。进站前安全检查，指引车辆到位，司乘人员下车，检查车辆气瓶充装证，查看证件与气瓶上信息是否一致并登记。

② 加气前车辆检查作业。作业人员站立在售气机旁，引导加气车辆停靠在指定位置。加气车辆停靠到位后，作业人员须提示司机拉手刹、熄火、断电，司机下车。工作人员使用电子标签手持机扫描车辆信息并上传至电子标签系统工控机，申请加气。

由司机打开车辆前盖并用支架支起前盖，确保前盖支撑稳定后离开。作业人员按要求提示司机不要站在车辆前后位置。

作业人员须察看车辆加气装置外观有无损坏，管线是否有断裂，连接卡套是否松动漏气（前盖）。

作业人员须察看车辆加气装置及气瓶外观有无损坏，是否为合格产品，是否在检验有效期内，管线是否有断裂，连接卡套是否松动漏气（后盖）。

作业人员对车辆加气嘴离车辆电瓶距离过近的或电瓶接线位置裸露的车辆，需放置绝缘胶垫隔离。当确认具备加气条件后才能进行加气。

检查加气口开关是否完好，拔下防尘帽检查有无漏气现象。

③ 加气前售气机检查作业。加气前，作业人员须双手从售气机上取下加气枪，检查枪头是否完好、密封圈是否损伤、阀门手柄是否完好、松动、压力表压力是否在规定范围之内。

（2）售气机操作程序

① 作业人员站立在车辆旁，固定好防脱挂钩。双手握住加气枪，枪杆对正加气嘴，垂直下压枪杆插入加气嘴，确认连接到枪头根部后，右手慢慢将加气管线轻放在加气车辆的侧面。确认加气枪安装到位后，一手握住枪身，另一只手将加气枪阀门开关手柄按顺时针方向缓慢旋转180°至“加气位置”，操作时应保持枪身垂直，扳动手柄时用力要均匀。人员应侧身站在加气软管侧面，不得跨越管线站立。按逆时针方向缓慢旋转车上加气阀门，此时可听见加气枪内有气体流动的声

音，继续旋动阀门手柄直至全开状态。

② IC 卡加气用户。在 IC 卡插入后，加气机显示出相应的卡信息，在用户确认无误后，点击控制面板上“启动”按键开始加气。在车辆加气的过程中不得随意抽取 IC 卡和更改面板参数。

③ 无卡加气用户。在确认用户加气数量或加气金额后，依次点击加气机操作面板上“定量”按键，“*”按键，选择加气车辆的车牌号，再按“启动”按键进行加气。

④ 加气结束后，加气工顺时针旋动车上加气阀门手柄，使其完全关闭。一手扶住加气枪身，另一只手逆时针扳动加气枪阀门手柄，关闭枪阀并放空卸压；注意操作时应平稳过渡，放空嘴不允许朝向人。右手拖住加气枪开关处，左手抓住枪头根后向上缓缓拔出加气枪头，取下防脱绳转身面向售气机双手平举向前将加气枪放回悬挂位置。作业人员转身面向加气车辆，右手将防尘帽插入车辆加气嘴，绝缘胶片，加气完毕。加气作业完毕后应对车辆气瓶及气瓶管线及附件进行检查，确认无泄漏、无超压。

（3）收银作业

加气完毕后，使用 IC 卡加气的，充装工应读报本次消费金额及卡内余额，取出 IC 卡交还给司机，示意加气结束。无卡加气用户，应读报加气金额与气量进行告知确认。

收银完毕后加气工顺时针旋动车上加气阀门手柄，使其完全关闭。然后一手扶住加气枪身，一手逆时针扳动加气枪阀门手柄，关闭枪阀并放空卸压；注意操作时应平稳过渡，不允许将放空嘴朝向人。右手托住加气枪开关处，取下防脱绳，左手抓住枪头根部，向上缓缓拔出加气枪头；右手将防尘帽插入车辆加气嘴，取下绝缘胶片，加气完毕。转身面向售气机，双手向前平举，将加气枪放回悬挂位置。加气作业完毕后，应对车辆气瓶、气瓶管线及附件进行检查，确认无泄露、无超压。

（4）加气车辆离站引导作业

加气车辆加气完毕后，作业人员须确认现场安全无误，作业人员示意司机启动车辆离站。

注意事项：

① 为延长加气机高压软管的使用寿命，应避免让其长期处于高压膨胀状态，在每天工作结束或较长时间停止工作时，应关闭加气机的应急球阀，然后打开枪阀，排空软管中的高压天然气。

② 再次使用加气机时，应先排净软管中的空气，以保证充入汽车的天然气的纯度。

（二）排污和滤芯更换

排污的步骤：

① 缓慢打开排污阀约 1s，然后关闭，重复三次。

② 关闭入口球阀，打开排污阀直到气体排完，关闭排污阀，然后打开入口球阀。

更换滤芯的步骤：

① 关闭入口球阀，打开排污阀排空过滤器中的气体。

② 用扳手卸下螺栓（如果排污阀下连接有管道，应先拆下），移开下壳体，拆下分流圈，取出滤芯，如壳体内壁附着有杂质，应用棉布擦拭干净。

③ 检查过滤器密封圈是否完好，如有损伤或胀大，应予以更换。按原样装回新滤芯和分流圈，最后装配好下壳体，关闭排污阀，打开入口球阀，如图 3-6-5 所示。

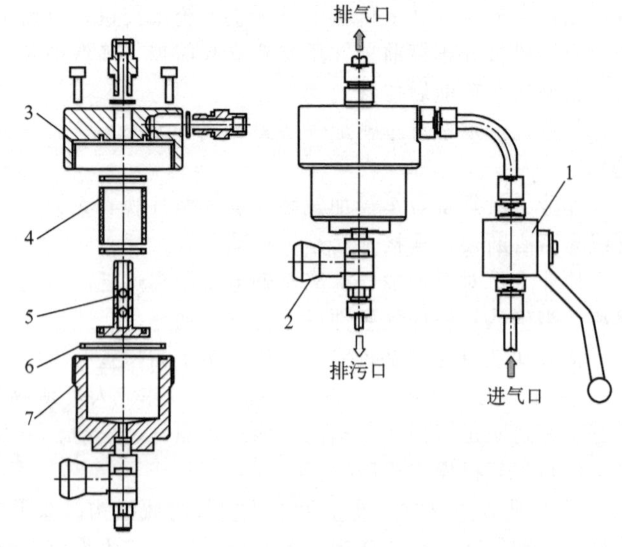

图 3-6-5　压缩天然气加气机过滤器结构图

1—入口球阀；2—排污阀；3—上壳体；4—滤芯；5—分流圈；6—过滤器密封圈；7—下壳体

（三）拉断阀脱开后的装配

① 打开枪阀，排空高压软管中的气体。

② 关闭应急球阀，用扳手拧松卸压接头，排空拉断阀上端的气体。

③ 用右手握住软管，左手将拉断阀支架向下压，顶开拉断阀下端的锁紧装置，然后整体向上套入拉断阀上端，将拉断阀上端和下端组合在一起，装配好后定位板和拉断阀支架应紧贴，如图 3-6-6 所示。

④ 检查软管和各接头是否完好，拧紧卸压接头，关闭枪阀，缓慢打开应急球阀，逐步升高压力，检查各处结合部位是否有泄漏现象。

七、加气机的维护与保养

（一）加气机的日常检查作业

① 看。检查加气机入口高、中、低压管线，阀门，滤芯，加气机内部管线，高、中、低电磁阀门，安全阀及各连接点处有无结霜现象，检漏液喷洒处有无气泡产生；检查压力表读数；检查加气机加气枪及加气机各管线、阀门、开关及外观有无异常，开启是否正常；检查加气机显示屏、IC 卡机传输、卡机显示屏工作是否正常；检查静电接地连接有无脱落。

② 听。检查加气机入口管线、阀门及滤芯连接点处，检查加气机内部各连接卡套有无泄漏声响；检查管线内气体流动声音是否流畅。

③ 摸。检查电磁阀、管线连接点、各触点开关接头、紧固点有无松动脱落；检查有无异常振动情况。

④ 闻。检查有无气体泄漏的异味、电气设施有无异常味道。

⑤ 比。将检查到的情况与正常情况或规范标准进行比较，找寻异常，及时整改。

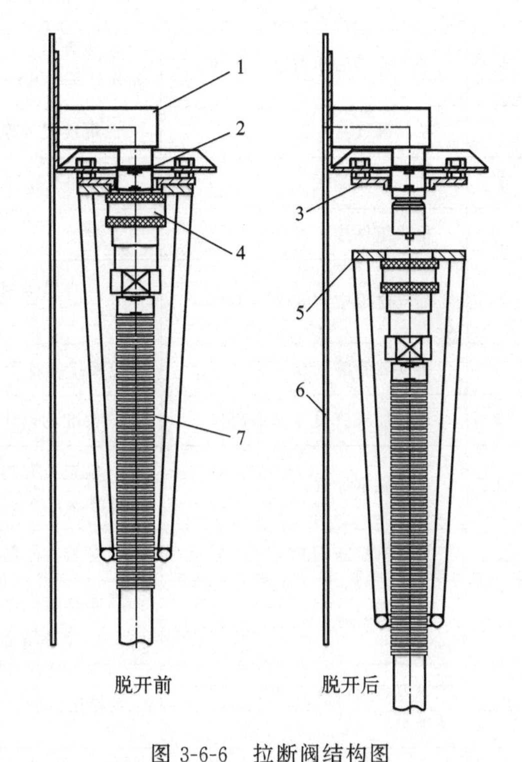

图 3-6-6　拉断阀结构图

1—穿板直角弯头；2—拉断阀上端；3—定位板；4—拉断阀下端；5—拉断阀支架；6—机壳；7—高压软管

（二）加气机的日常维护保养作业

① 清洁：每日交接班前及日常检查时，作业人员须对加气机表面及各内部管线、部件发现的油污、灰尘等脏物随时进行清洁。日常清洁的标准：加气机周围、表面及加气枪部件无明显油污灰尘等脏物，设备见本色。

② 紧固：每日交接班前及日常检查时，须对加气枪软管、两位三通阀、加气枪头、重要部件进行紧固检查。

（三）加气机定期维护作业

① 作业人员每周须对加气机内、外部进行一次综合检查，检查加气机入口、各连接管线、阀门及各连接点处有无泄漏；检查加气机各管线、阀门及外观有无锈蚀变形等异常；检查静电接地连接是否牢固。检查加气机显示屏、IC 卡机显示屏、数据采集系统是否正常，发现问题及时进行整改。

② 每周检查后，作业人员须对加气机内外部进行彻底清洁，保证加气机内外部及各管线部件无油污灰尘等任何脏物，每周检查入口滤芯并进行排污。

（四）加气机常见故障处置

加气机常见故障处置方法见表 3-6-1。

表 3-6-1 加气机常见故障处置方法

序号	不正常现象	排除方法	备注
1	加气枪阀漏气	a. 更换密封端面；b. 更换球面；c. 压紧紧固螺母	
2	电磁阀关闭不严	a. 清理电磁阀；b. 更换主阀芯；c. 更换胶圈；d. 更换或清理副阀芯	
3	电磁阀打不开	a. 检查电源；b. 检查控制主板工作情况；c. 检查电源电路板；d. 检查电磁阀保险；e. 检查电磁阀线包；f. 检查主、副阀芯以及更换主阀芯胶圈；g. 清洗电磁阀	
4	加气完毕后压力表往下降	a. 检查压力表；b. 检查管路是否有漏气现象；c. 检查二位三通和软管是否漏气；d. 检查单向阀是否有漏气	
5	总阀漏气	a. 更换或清理密封面；b. 更换总阀并清理过滤器	
6	加气软管漏气	更换加气软管	
7	枪头组件接头漏气	更换接头	
8	加气过程中声音大	a. 检查电磁阀主阀芯；b. 检查电磁阀弹簧或更换；c. 检查单向阀或更换	
9	排气软管漏气或损坏	更换排气软管	
10	还没加气流量计显示走数	a. 校准流量计零点；b. 更换流量计	
11	加气机不加气	a. 检查所有阀门是否打开；b. 检查进气源；c. 检查过滤器，清洗过滤器；d. 检查电磁阀和电磁阀供电电源；e. 检查单向阀	
12	加气机拉断阀漏气或被拉断	a. 更换拉断阀密封圈；b. 更换拉断阀	
13	过滤器漏气	a. 更换过滤器胶圈；b. 清理针型阀或球阀；c. 更换针型阀或球阀；d. 滤芯堵塞或损坏、更换、清洗	
14	压力表不回零、漏液、漏气、显示不准	更换压力表	
15	电磁阀接头漏气	更换密封圈	
16	加气机没有加满自动停机	根据停机状态判断停止原因，并正确设置相应参数	
17	加气过程不限压或者限压不准确	a. 检查压力传感器测量值是否正确；b. 检查压力传感器、压力传感器电源和压力传感器的设置；c. 调整限压值；d. 调整压力系数	

（五）加气机零部件维护保养

1. 阀门部件保养维护

（1）过滤器

定期对过滤器进行排污，如图 3-6-7 所示，一般排污周期为 3 个月，视情况而定。需要看压缩机出气中的油污成分多少决定，油污多的情况，要控制好压缩机漏油，然后半个月或一个月排一次过滤器油污；过滤器的滤芯按正常使用的寿命一般为 1 年左右，每隔一年需要更换滤芯，保证过滤性能最佳，减少设备其他阀件故障。针对于频繁的排污，排污阀会受到不同程度的损伤，要用把握好开关阀门的力度，不能太大劲，容易出现排污口关不严

图 3-6-7 过滤器

漏气。

（2）电磁阀

电磁阀，如图 3-6-8 所示。一个频繁使用的一个电磁阀件，其电磁阀阀芯容易损坏，一般要控制好气体里面的油污和杂质，油污积累过多会导致电磁阀阀芯长期腐蚀，磨损就更大，会出现不提阀，或者电磁阀关不严漏气等现象。只要电磁阀阀座没有损坏，利用维修包就能处理好电磁阀问题，主阀芯的正常使用寿命一般为 1 年。

图 3-6-8　电磁阀

（3）单向阀

单向阀，如图 3-6-9 所示。单向阀的损坏，主要是内部阀芯损坏或阀芯上的 O 形圈损坏，导致加气时发出异响和不能起单向阀作用。一般单向阀损坏是无法维修的，唯一的办法是更换整体。主要用来保证管道气质洁净，没有异物。

图 3-6-9　单向阀

（4）安全阀

安全阀，如图 3-6-10 所示，要每年按照国家规定进行送检，一旦安全阀出现起跳漏气，现场无法维修，只能送检维修，无法校正的安全阀只能更换新安全阀。出现这种情况的原因是安全阀内部有杂质和油污，以及安全阀内部弹簧疲劳。主要用来控制管道压力，应避免安全阀频繁起跳，否则将减少使用寿命。

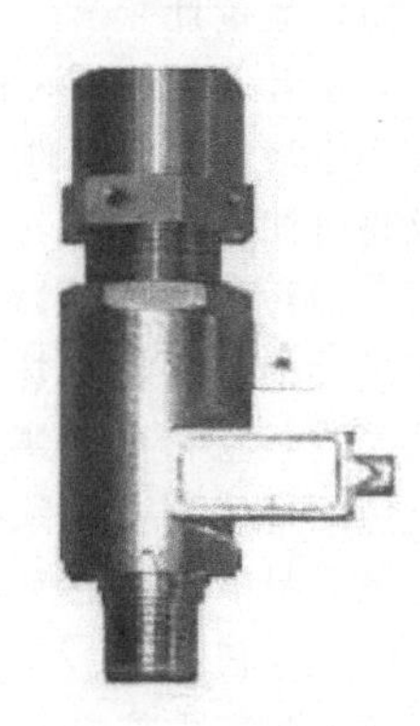

图 3-6-10　安全阀

（5）拉断阀

拉断阀，如图 3-6-11 所示，拉断阀每周检查一次出气嘴与拉断阀主体的配合是否过紧。检查方法：抓住拉断出气嘴，旋转拉断阀主体，看拉断阀主体旋转时有无卡涩或转不动的情况，如果出现卡涩或转不动的情况应拆开拉断阀清洗内部的杂质或更换新的拉断阀。O 形圈为易损件，正常使用寿命为 1 年，平时注意控制 CNG 气质里面的油污。

（6）枪阀（二位三通阀）

枪阀，如图 3-6-11 所示，密封端面和球头为易损件，密封端面正常使用寿命为 3 个月，球头正常使用寿命为 6 个月。增加过滤器的排污频率，减少进入枪阀的杂质、油污能大幅提高密封端面和球头的使用寿命。更换球体或密封端面后重装枪阀时应注意：碟形垫片应按一正一反的方向安装。

图 3-6-11　枪阀

（7）插销枪头

主要作用是插在汽车接口上加气。该枪头一般是半年或 3 个月换一次，因为每次加气时加气机与汽车接口之间的磨损很大，容易出现加气中爆圈漏气等情况。

（8）NGV 枪头

NGV 枪头，如图 3-6-12 所示，要定期用油污清洗剂清洗里面积存的油污，以免内部的密封圈长时间受腐蚀导致枪头漏气以及内部钢珠和弹簧活动不灵活以致无法使用，出现漏气后，需要更换内部密封圈。

图 3-6-12　NGV 枪头

（9）加气高压软管

加气高压软管，如图 3-6-13 所示，平时需要对加气高压软管外部做防摩擦保护，防止软管外部胶皮与地面和金属物摩擦，把软管磨穿后漏气或鼓包。出现破裂伤人等严重情况，内部的气体压力处于 20MPa 左右。高压软管长时间受高压影响和使用摩擦以及弯曲影响，一般 1 到 2 年需更换一次，保证安全生产。

长时间不使用设备需要将加气软管内部的高压气体泄放，避免软管长时间受压！软管的静电接地必须符合要求与地接通。

图 3-6-13 加气高压软管

（10）压力表

压力表，如图 3-6-14 所示，应保持压力表表面的清洁，不能用物体敲击表盘外壳，每年需要按国家规范进行校检。

（11）对内部管路接头检查

每周需要对加气机内部管件接头（如卡帽连接）以及管件进行检查，需要对接头进行检漏操作，查看管件有无裂纹和漏气现象，出现了应立即更换处理，并作好检查记录和维修处理记录。

图 3-6-14 压力表

2. 电气电控部件保养维护

需要定期测试加气机的接地是否良好，接地电阻一般小于 4Ω，以保证设备工作的稳定。应保证加气机电气箱内部的干燥，不能受潮气，防止电控系统出现受潮故障。

（1）流量计

流量计，如图 3-6-15 所示，是加气机电控系统仪表中最核心的部件之一，对于流量计的保养，需要将过滤器内部油污控制好，否则流量计内部黏附了油污污垢后会影响流量计计量误差，甚至使流量计的传感器损坏；不能对流量计外部封装的铁壳进行重物和金属物体的敲击，这样会损坏流量计的传感器，导致流量计不能使用而无法维修，最后只能选择更换新流量计。

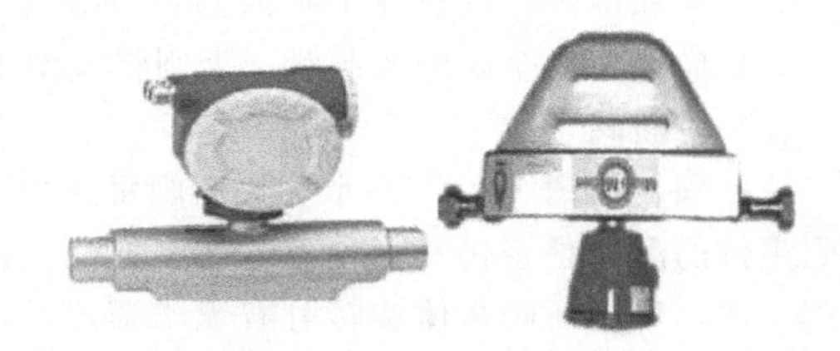

图 3-6-15 流量计（左为 E+H，右为罗斯蒙特）

（2）主板

防止机壳内部进水受潮，对容易进水的地方做防水处理，做好防尘处理。在雷雨天气时应关闭加气机电源以及上位机电脑的电源，防止雷击。

（3）液晶屏

防止机壳内部进水受潮，对容易进水的地方做防水处理，做好防尘处理。不能用重物敲击显示板。

（4）触摸屏

防止机壳内部进水受潮，对容易进水的地方做防水处理，做好防尘处理，不能用尖锐物体划屏。

（5）压力变送器

控制管道气质中的油污或杂质，避免损坏压力传感器。定期进行送检。

（6）小票打印机

热敏打印头为易损元件，正常使用寿命为 50000 次左右，严禁开盖打印，严禁向下撕纸，违规操作造成打印头损坏不能保修。为使打印更为清晰，环境温度过高时调淡打印字迹，环境温度过低时调浓打印字迹，对打印机定期做除尘保养。

八、加气机的强检与防作弊措施

1. 环境影响

环境温度对充装量的影响是加气站用户经常会遇到的问题：同样的车瓶、同样从空瓶充装至 20MPa，在夏天和冬天加气机显示的充装量会有明显的区别，冬天的充装量多于夏天。这主要是由环境温度的变化引起的，根据气态方程式：

$$PV=nRTz$$

式中　P——压力；

V——气瓶几何容积；

n——气体的摩尔数（可简单理解为充装量）；

R——气体的常量；

T——气体温度；

z——压缩系数。

从上式可以看出，在同一种介质、同一个容器、充装量 n 与温度 T 成反比，夏天和冬天参数 P、V、R、Z 均未改变，冬天温度低，所以充装量多，夏天温度高，所以充装量少。

2. 防作弊措施

防作弊措施主要有两个方面：一是漏气检测报警，二是防止修改密度及计量系数。要防止加气机计量的作弊行为，必须要管理好密度和计量系数两个主要参数。目前一般性的做法及国内大多数地区的计量监督部门的要求是：加气机键盘不能直接提供修改这两个参数的方法，必须采用专用手操器进行修改，同时对加气机主板上手操器接口进行铅封。手操器由计量监督管理部门保存，加气站不能持有。加气机主板及质量流量计等可能调整或影响计量准确度的零部件必须铅封，防止人为改动。

3. 加气机强检

CNG 加气机必须严格按照计量检定规程要求进行强检，强检内容主要如下：流量计检查、电子计控器检查、辅助装置检查、限压传感器试验、铅封完整性检查。

加气机现场检定有三个：

① 加气车辆钢瓶压力达到（19.5～20MPa）时，加气机应能自动停止加气。

② 将加气机管道压力升高至不低于 21MPa，关闭加气机所有进、出口阀门，保压 5min，压力指示下降不超过 0.2MPa。

③ 密封性试验示值误差重复性最大允许误差不超过±1.0%，按流量区检定不超过 0.5%。

④ 加气机安全问题及技术：

a. 充装压力控制防止过度充装，消除安全隐患。

b. 气瓶检测技术的应用杜绝不合格气瓶使用。

c. 拉断阀及二次拉断保护技术的应用。

d. 加气枪充装锁定装置防止伤人。

e. ESD 紧停系统及应急开关使用。

f. 加气机爆炸危险区域的划分。

⑤加气机加注时应注意的问题。防止过充避免安全隐患。由于加气机内压力测量点距离车瓶至少 6m，充装过程中测量点与车瓶必然存在压力差，为防止过度充装或充装压力不足，研究充装压力控制技术显得十分必要。

a. 加注操作之前，先测量车瓶内压力，然后根据目标压力值计算压缩产生的热量，根据压缩热量影响来调节最大加注压力。

b. 根据燃气车辆车瓶内起始燃气压力与流动的燃气压力之差来确定加气机与车用瓶之间的燃气通路特性。

c. 在充装加气进行的同时，加气机控制系统进行反向运算，利用新的燃气流压力和脉冲频率来计算车内压力，当车内压力达到上述计算的最大压力时加气机才停止加气。

单元 3.7　CNG 加气柱

压缩天然气（CNG）加气机是指为车用储气容器充装压缩天然气，并带有计量、计价和智能控制的专用设备，由质量流量计、电子计控器、快速切断阀、拉断阀、加气枪等组成。

中流量加气机（加、卸气柱）指加气流量为（3～70）kg/min的加气机。

加气机分限压型加气机［限定加气压力（19～20）MPa，俗称：加气柱］和非限压型加气机（俗称：卸气柱）。

电子计控器指加气机的计算和控制装置。可接收流量计传输来的信号和限压传感器传输来的压力信号，并按设定和预置的加气机参数进行运算和处理，并可进行数据的显示和传送，智能判断和控制气体的流动。电子计控器主要包括：控制主板、显示板和防爆电源等。

快速切断阀指加气机上的保护装置。在紧急情况下能够通过人工操作快速切断加气源，终止加气操作。阀门从全开至全关，阀门的手柄转动小于一圈。

调整装置指用于调整加气机示值误差，保证示值误差在最大允许误差之内的装置。主要包括：加密板、铅封盒。

辅助装置指用于实现加气机特殊功能的装置，包括IC卡键盘、小票打印机、IC卡读卡天线板。

加气枪指用来充装或卸出压缩天然气，由快充接头、加气枪头、加气软管、拉断阀等组成的专用装置。

在加气过程中因掉电而中断加气时，加气机掉电保护和复显功能应能完整保留所有数据。当故障发生时，当次已加气量和付费金额的显示时间不少于30min；或者在故障发生后1h内，手动控制单次或多次复显的时间之和不少于20min。

限压型加气机（加气柱）：应用于CNG加气站，包括CNG加气站母站、CNG加气站标准站、L-CNG加气站等。

非限压型加气机（卸气柱）：应用于CNG加气站，包括CNG加气站子站等。

加气柱和卸气柱按类型配置分类如表3-7-1所示。

表3-7-1　按类型配置分类表

名称	中流量加气机（触摸屏和液晶屏）					
类型	单线	双线	三线	单枪	双枪	四枪
加气柱	√	√	×	√	√	×
卸气柱	√	×	×	√	√	×

一、加气柱结构、组成和原理

加气柱由进气阀、电磁阀、单向阀、压力表、质量流量计、限压加气装置、快速切断阀、放散阀、拉断阀、快充接头、加气枪头、电子计控器等主要部件组成，如图3-7-1所示。工作原理如图3-7-2所示。

加气柱可大致分为以下几部分：

1. 主要流体部分

含有单向阀、球阀、流量计、各种接头。

2. 控制部分

控制部分分为两个区域。

（1）流体控制部分

一般通过电磁阀来控制带气动执行器的球阀从而来控制流体部分的开与关，有的也会采用带电动马达的球阀来控制，主要元件有：调压阀、针阀、安全阀、电磁阀、各种接头。

（2）电气控制部分

采用控制程序来控制，带有显示器，显示体积、单价等信息。主要元件有PLC控制系统、压力传感器等。

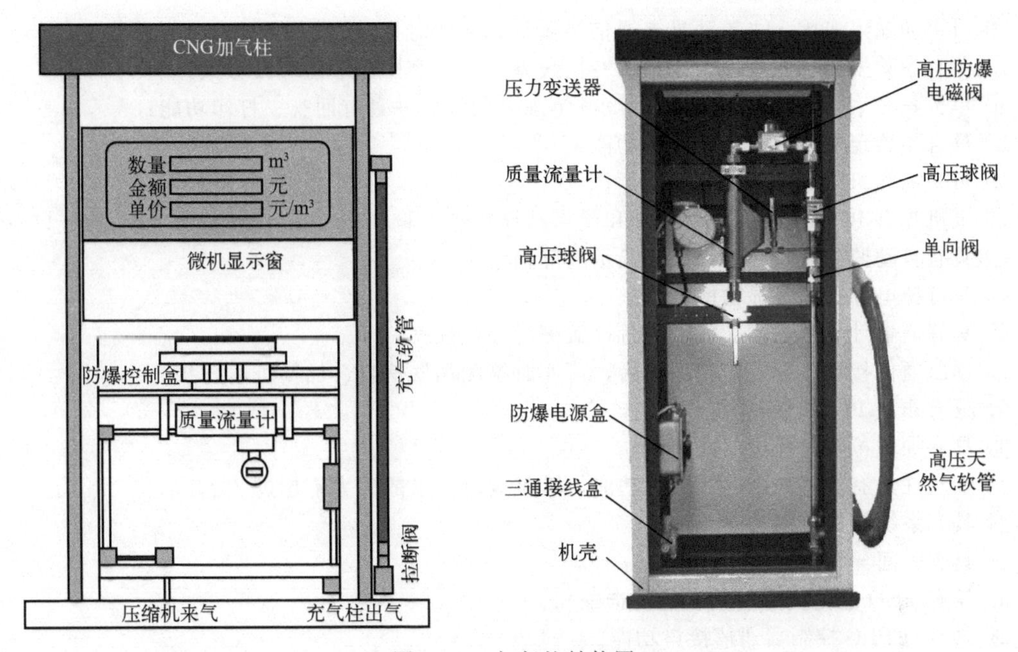

图 3-7-1　加气柱结构图

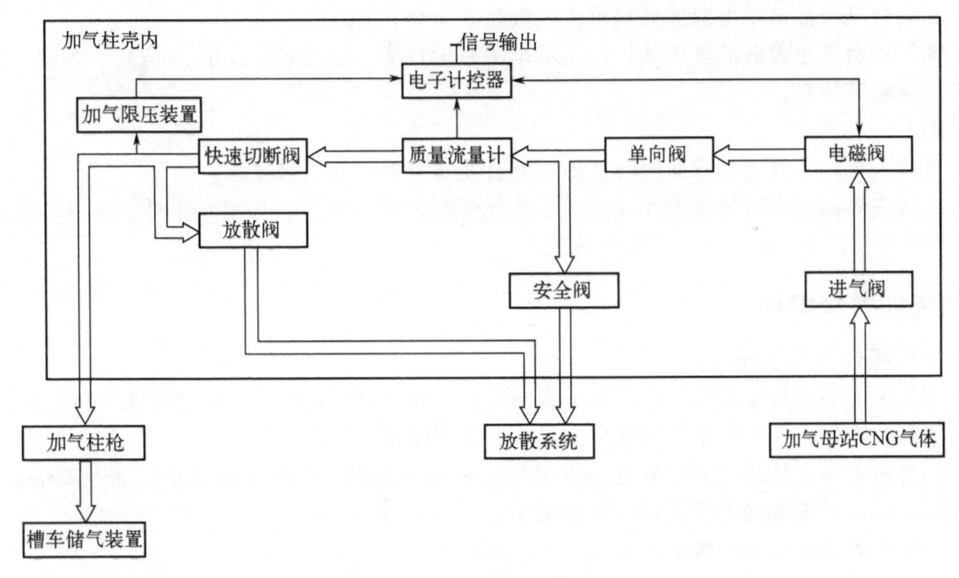

图 3-7-2　加气柱工作原理

（3）防爆电路部分

一般都是采用本安电路设计，带有紧急按钮。

将加气软管快速接头连接到运输车，关闭加气柱排空阀；打开运输车的进气阀；打开加气柱加气阀门；启动加气柱电控系统；压缩天然气通过进气阀、电磁阀、单向阀、质量流量计、切断阀、快速接头注入拖车储气罐，同时电脑测控系统计算并显示已加气量及金额；待加气完毕，先关闭加气柱加气阀门，然后关闭运输车进气阀门，按停止键停止电控系统，最后打开排空阀；取下加气软管，放回原位；关闭排空阀；完成一次加气过程。

二、主要功能

① 系统查询和参数设置采用菜单模式，可直接通过智能显示终端操作完成；

② 可手动输入车牌，主界面具有通信指示灯，能实时指示加气机通信状态；
③ 所有参数采用加密设置，必须用专用设备并输入密码后才能修改参数；
④ 单枪具有大容量内存，可保存 6000 笔加气明细，并具有回查、打印功能；
⑤ 具有预置定气量、定金额加气功能；
⑥ 可查询当班加气累计气量、金额；
⑦ 气机具有 IC 卡消费、自动结算和优惠结算功能（非 IC 卡加气机预留 IC 卡功能接口）；
⑧ 具有自动监测故障功能，文字显示故障信息；
⑨ 具有掉电保护和复显功能；
⑩ 具有流量计异常检测功能，流量计故障时停止加气；
⑪ 预留通信接口，配备监控系统后，可实时检测加气信息、加气机运行状况；
⑫ 具有非法 IC 卡识别功能；
⑬ 具有加气枪拉断保护功能；
⑭ 加气柱具有加气中准确的限压功能，满足规范要求的压力不超过 20MPa；
⑮ 具有系统维护模式功能；
⑯ 具有时间异常检测功能；
⑰ 具有 ESD 急停信号对接功能（选配）；
⑱ 具有与 PLC 控制器通信接口功能。

液晶屏：
① 高亮背光液晶显示屏双面显示单价、气量、金额；
② 操作界面采用大液晶显示屏，可显示车辆瓶检日期、加气状态、IC 卡信息、车型、加气流量、IC 卡余额等信息。

触摸屏：
① 系统人机交互界面为双面同时显示，并且左右分屏可独立操作；
② 系统主界面可实时显示当前加气量、加气金额、气体单价、车型、车号、卡号、状态、有效期、消费方式、余（总）额、流量等信息。

三、加气柱安全操作

1. 加气操作人员安全

① 加气站为易燃易爆场所，设备属于高压装置，在站内工作的人员必须遵照、执行本规程；
② 加气站工作人员经过培训后方可上岗，必须有端正的工作态度和高度的工作责任心；
③ 加气站工作人员必须穿防静电工作服和防静电工作鞋，严禁穿戴其他服装（裙装、短裤、背心、拖鞋等），严禁赤身和严禁穿带铁钉的鞋；
④ 工作时集中应精神，禁止闲聊、吵闹、玩耍；
⑤ 加气站工作人员必须了解站内设备的技术状况、运行工况，熟练掌握操作技术；
⑥ 未经站长许可，不得将自己的工作交给他人，也不得操作他人的装置；
⑦ 加气站运行人员、维修人员和检修人员必须两人以上同时工作，并指定一个负责人；
⑧ 发现电气异常时，应立即采取有效措施及时处理并逐级上报；
⑨ 严禁携带各种无线通信设备进入站区；
⑩ 运行装置需进行检修时，必须报告上级主管部门，待批准后方可检修处理；
⑪ 装置运转时严禁擦拭装置，装置附近不得堆放任何物品；
⑫ 加气完毕后应按操作规程取下加气枪头并做好记录；
⑬ 要牢记“十不充装要求”管理制度。

2. 装置操作人员安全

① 装置操作人员应经过专业安全培训（应急处理培训等），并取得安全操作资格证，方可上岗。

② 装置操作人员应经过对设备的操作专业培训合格后，并能熟练操作装置和简单的维修处理，方可上岗。

③ 装置操作人员上岗必须穿戴防静电服、防爆鞋、安全帽，配备专业的防爆工具以及专用手套。设备操作现场禁止打打火机、打电话、吸烟等。

四、加气柱系统使用方法

（一）液晶屏系统使用方法

1. 系统上下班

第一步：插入班组卡如图 3-7-3 所示。

第二步：按“7”键和“8”键，进行上下班操作，如果上下班画面上出现“7：上班　没有上班”，那么就按“7”键上班，此时画面上会显示“8：下班，1 班在上班”，即上班成功，代表 1 号班组在上班；反之，如果需要下班，插入班组卡后，上下班画面会出现“ 8：下班，1 班在上班”，按“8”键后，上下班画面显示“7：上班　没有上班”，即下班成功。下班状态下，系统是无法启动加气的。

2. 无卡加气方法

首先确认系统是处于无卡加气状态还是有卡加气状态，如果处于有卡加气状态，需要切换到无卡加气状态，判断处于哪一种状态的方法是：先按键盘上面的“查询”键，再按“清除”键。出现系统主界面，如果界面上第三排文字，显示的是“上班中”就是无卡加气状态，如果显示的是“上班中请用卡加气”就是有卡加气状态。

3. 定量加气

（1）定气量操作

第一步：保证加气枪与汽车钢瓶连接牢固后，按一次“定量”键，显示画面显示出“定气量：0000”内容，如图 3-7-4 所示，输入需要定量的数字，比如需要定量 3m³ 气，就输入 3，按“确定”，此时画面显示出“定气量：0003”和“定量成功”，如图 3-7-5 所示。

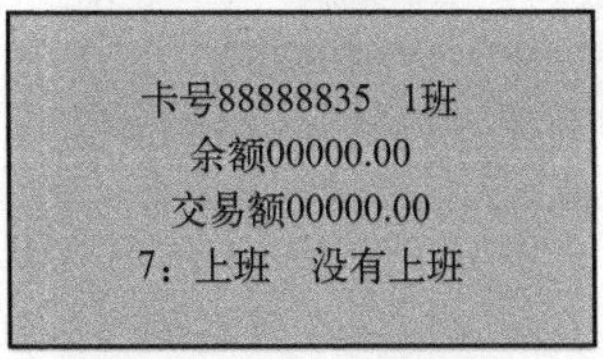

卡号88888835　1班
余额00000.00
交易额00000.00
7：上班　没有上班

图 3-7-3　上下班画面

定气量：0000

图 3-7-4　定量输入

定气量：0003
定量成功

图 3-7-5　定量确认

第二步：定量成功后，按“加气”键加气，显示画面显示加气界面，如图 3-7-6 所示。加到定量的数字后系统自动停机。

（2）定金额加气

第一步：保证加气枪与汽车钢瓶连接牢固后，连续按两次“定量”键，显示画面显示出“定金额：0000”，如图 3-7-7 所示，输入需要定量的数字，比如需要定量 3 元钱，就输入 3，按“确定”，此时画面显示出“定金额：0003”和“定量成功”，如图 3-7-8 所示。定量操作只能定量整数，不能定量小数部分。

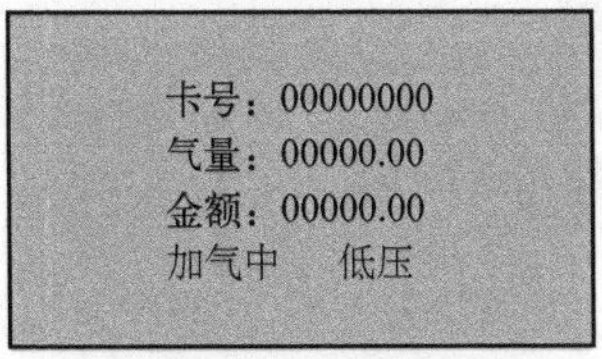

卡号：00000000
气量：00000.00
金额：00000.00
加气中　　低压

图 3-7-6　加气界面

定金额：0000

图 3-7-7　定量输入

定金额：0003
定量成功

图 3-7-8　定量确认

第二步：定量成功后，按“加气”键加气，显示画面显示加气界面，如图 3-7-6 所示。加到定量的数字后系统自动停机。

4. 非定量加气

第一步：保证加气枪与汽车钢瓶连接牢固。

第二步：需要输入车牌号的，按“*”键，画面显示车型选择界面，里面可以选“1. 出租车 2. 公交车 3. 中巴车 4. 单位车 5. 其他车”，如图 3-7-9 所示，如果选出租车，请按 1，出现“出租车 车牌号：000000”画面，如图 3-7-10 所示。

第三步：输入车牌号后按“确认”键，画面显示“出租车 车牌号：000023 输入正确，请加气”，如图 3-7-11 所示不需要输入车牌号的，跳过第三步。

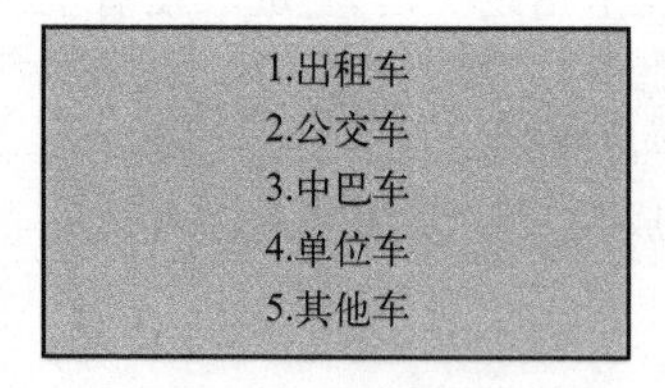

图 3-7-9　车型选择界面

图 3-7-10　输入车牌号界面

图 3-7-11　车牌号界面

第四步：按“加气”键加气，界面显示如图 3-7-6 所示，系统将压力加至国家标准要求的压力（19～20MPa）后自动停机，同时发出提示声音。

注意！在此操作下，不能输入英文字母和中文字，例如：车牌号为川 A12111，那么加气输入车牌号为 12111，加完气后小票上的车牌号为 012111，车牌号有字母的用 0 代替。以此类推。

（二）触摸屏系统使用方法

1. 系统上下班

第一步：插入班组卡，界面显示如图 3-7-12 操作界面，如果系统在上班中，上面会显示“下班”和“取消”按钮，如果系统处于上班中，上面会显示“上班”和“取消”按钮。

第二步：点击“上班”或“下班”，就可以完成上下班操作。

注意！下班状态下，系统是无法启动加气的！不同班组不能交接班。

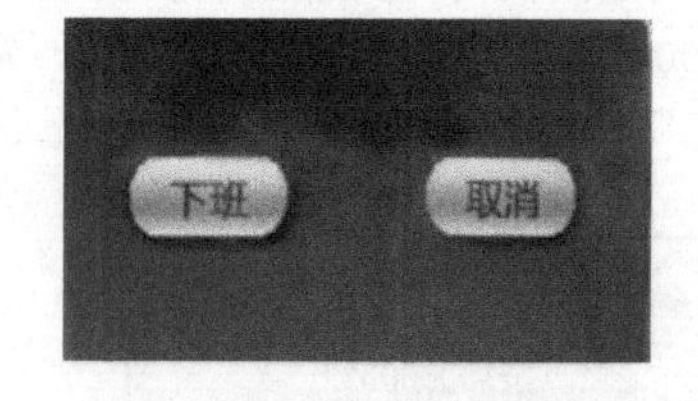

图 3-7-12　上下班界面

2. 无卡加气方法

首先确认系统是处于无卡加气状态还是有卡加气状态，如果处于有卡加气状态，需要切换到无卡加气状态。加气操作画面如图 3-7-13 所示。

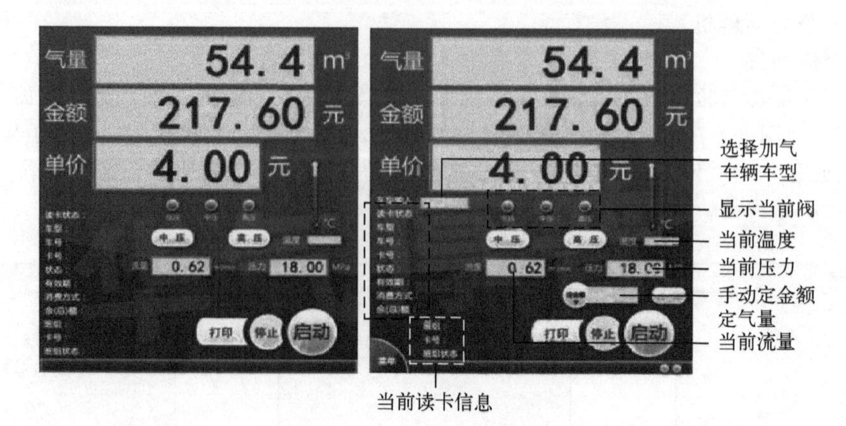

图 3-7-13　加气操作画面

3. 定量加气

（1）定气量操作

第一步：保证加气枪与汽车钢瓶连接牢固后，在界面上选择菜单，选择“定气量”。

第二步：点击在后面的黄色输入框内输入需要定量的数字，点击“确定”。如果定量输入错误，可以点击“清除”，重新定量。

第三步：定量成功后，按“启动”按钮加气，加到定量的数字后系统自动停机。

注意！定量操作只能定量整数，不能定量小数部分！

（2）定金额操作

第一步：保证加气枪与汽车钢瓶连接牢固后，在图 3-7-14 所示的界面上选择菜单，选择“定金额”，在后面的黄色输入框内输入需要定量的数字。

第二步：点击在后面的黄色输入框内输入需要定量的数字，如图 3-7-15 所示，点击“确定”。如果定量输入错误，可以点击“清除”，重新定量。

定金额
输入框
元
清 除

图 3-7-14　定量选择

密码输入
1 2 3 4
5 6 7 8
9 0 ← C
确定

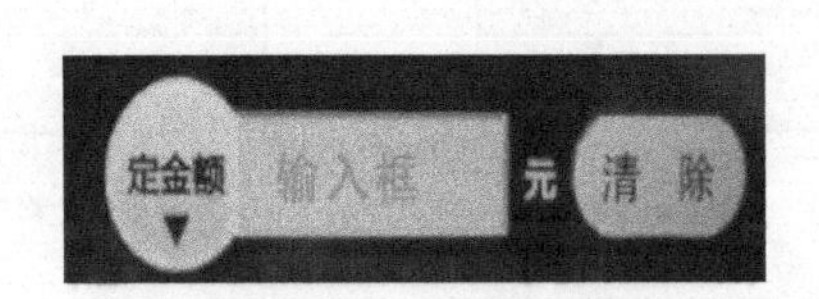

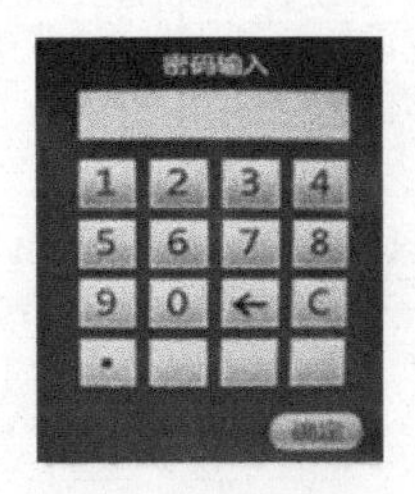

图 3-7-15　定量输入界面

第三步：定量成功后，按“启动”按钮加气，加到定量的数字后系统自动停机。

注意！定量操作只能定量整数，不能定量小数部分！

4. 非定量加气

第一步：保证加气枪与汽车钢瓶连接牢固。

第二步：需要输入车牌号的，选择车型输入，选择车型，里面可以选“出租车 公交车 中巴车 单位车 其他车”。

第三步：输入车牌号后，确定。

第四步：按“启动”按钮加气，系统将压力加至国家标准要求的压力（≤20MPa）后自动停机，同时发出提示声音。

注意！在此操作下，不能输入英文字母和中文字，例如：车牌号为川 A12111，那么加气输入车牌号为 12111，加完气后小票上的车牌号为 012111，车牌号有字母的用 0 代替。以此类推。

五、加、卸气柱参数的设置及说明

1. 系统显示主界面

系统开机显示主界面如图 3-7-16 所示。

2. 输入操作金属键盘

输入操作金属键盘按键分为数字键和功能键，如图 3-7-17 所示。

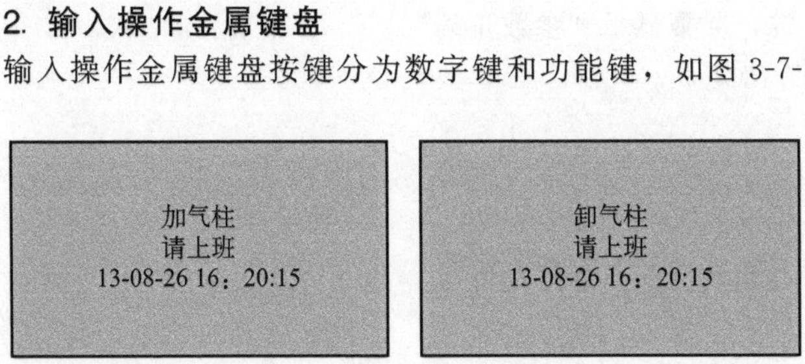

加气柱
请上班
13-08-26 16：20:15
卸气柱
请上班
13-08-26 16：20:15

图 3-7-16　开机主画面

金属键盘

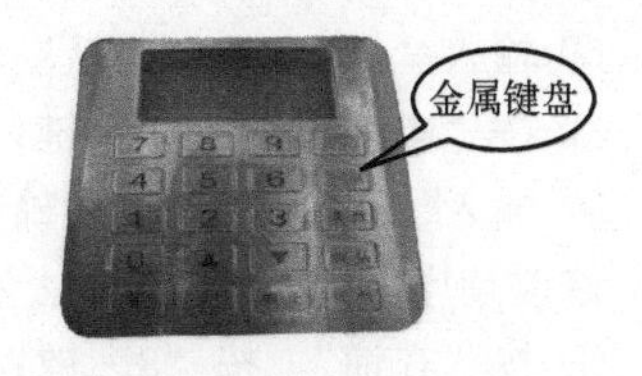

图 3-7-17　金属键盘画面

数字键：0～9；

功能键：“停止”键、“加气”键、“*”键、“查询”键、“清除”键、“定量”键、“F1”键、“确认”键、“▲”键、“▼”键。

3. 参数修改方法

举例说明参数修改方法，例如修改参数单价、枪号、读序号，流程如下。

第一步：插入随机配备的用户维护卡，卡上有出厂时设置的6位密码，此时界面会出现输入密码框，输入正确的用户维护卡密码后，按“确认”键进入系统维护状态；如果输入密码的过程中输入错误后可以按“清除”键，按一下清除一位密码，然后再输入正确的密码。

第二步：按“查询”键，进入系统画面，如图3-7-18所示。

第三步：按数字键“8”键后，进入密码画面，如图3-7-19所示。输入单价的参数代码“1”后，按“确认”键后进入图3-7-20所示画面。

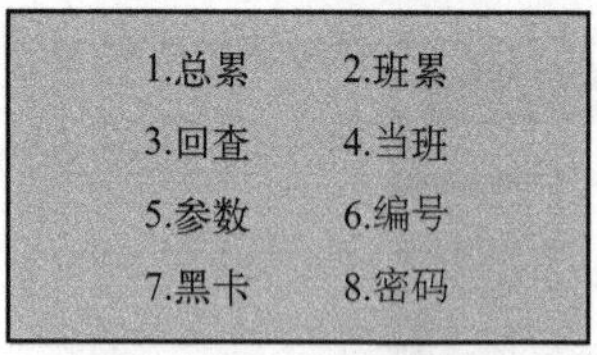

图3-7-18 系统画面

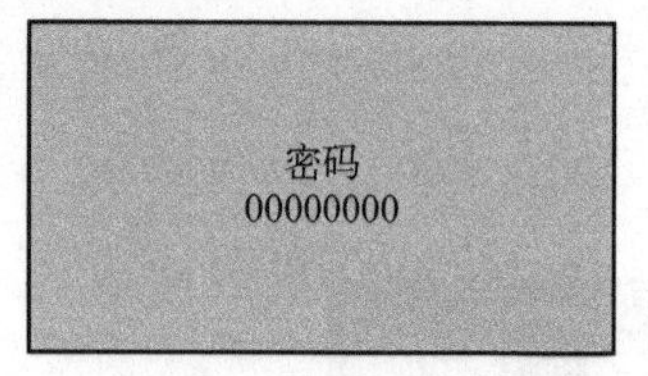

图3-7-19 输入密码

图3-7-20 确认画面

第四步：按“查询”键，进入系统画面，按数字键“9”，进入图3-7-21所示画面，修改单价。

第五步：通过键盘数字键（0～9）输入需要修改的单价后，按“确认”键后界面显示“参数正确”，如图3-7-22所示，表示修改成功，此时把用户维护卡拔出，系统退出维护状态后，侧面显示板上的单价就自动变为修改后的单价。修改单价的时候，如果单价为4.50元。在第五步操作的时候输入450，后面两位代表小数点后的数字。

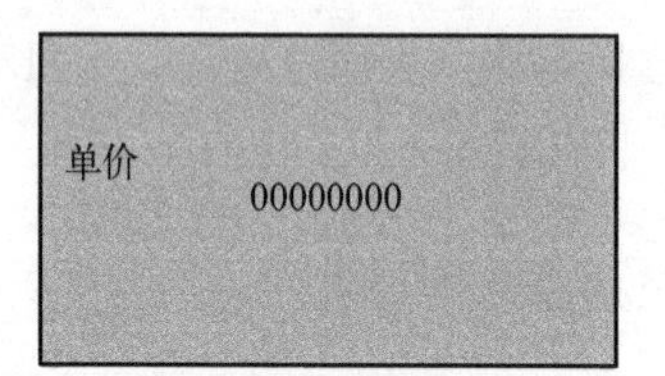

图3-7-21 修改单价画面

图3-7-22 参数正确画面

修改日期参数为2022年1月1日方法如下：

① 按“查询”，按“8”键；

② 输入“21”，按“确认”键；

③ 按“查询”，按“9”键；

④ 输入“20220101”，按“确认”键，屏幕显示“参数正确”。

修改时间参数为17点00分00秒方法如下：

① 按“查询”，按“8”键；

② 输入“22”，按“确认”键；

③ 按“查询”，按“9”键；

④ 输入“170000”，按“确认”键，屏幕显示“参数正确”。

修改读序号参数为50方法如下：

① 按“查询”，按“8”键；

② 输入“5”，按“确认”键；

③ 按“查询”，按“9”键；

④ 输入“50”，按“确认”键，屏幕显示“参数正确”。

如果需要修改其他参数，只需要重复以上4个操作步骤，其中在第二步输入的参数代码和第四步输入的参数代码不一样。

查看班累：按“查询”，按“2”键，界面上显示班累数；查看总累：按“查询”，按“1”键，界面上显示总累数。

查看当前班组号：按“查询”，按“4”键，界面上显示当前班组号和上班时间。

液晶屏加气柱参数定义见附录A。

六、加气作业操作

1. 操作安全要求

① 尽量不使用手指以外的物体操作屏幕，且操作时请保持手指清洁；

② 操作屏幕时，使用点击方式，不要划过屏幕，严禁使用坚硬物体给屏幕留下划痕；

③ 在充装过程中，不要操作已锁定的控件；

④ 在小票打印没纸时，尽量不让其空转，如不用，可在充装后，不按打印按钮；

⑤ 请定期检查设备进风口处的海绵，布满灰尘时应及时更换；

⑥ 加气断电情况下，系统将保持5min左右的运行时间，其间，应尽快记下最后数据后，关闭系统。

2. 作业前检查与准备

（1）防护要求

正确穿戴防静电工作服、防静电工作鞋、安全帽和棉质手套，巡检压力表时应戴护目镜，噪声大于85dB时应戴耳塞作业。

（2）工（器、用、量）具要求

可燃气体检测仪1台、检漏壶1把、防爆手电筒1支、防爆对讲机2台、防爆螺丝刀1把、防爆活动扳手1把、防溜器1副、警示牌1张、充装状态指示牌1张、棉质抹布若干。

（3）环境检查

① 雷暴天气下禁止作业。

② 现场有动火、挖掘、吊装等危险作业时禁止作业。

③ 使用检漏仪及检漏壶对现场天然气工艺管线、阀门处进行检漏；按拖车充装检查表对拖车工艺管线、阀门处进行检漏，发现泄漏点则禁止充装作业。

④ 动力电网电压波动频繁且幅差大于10%以上时禁止作业。

⑤ 加气柱出现计量异常、不显示、冰堵、漏气等故障时禁止作业。

（4）检查准备工作

① 连接静电接地线并检查静电接地仪状态是否良好。

② 确认车辆防火罩关闭，灭火器、主支腿完好。

③ 确认车头内无违禁物品，提示司机锁好车门。在挂车显著位置（一般尾部）放置“正在充装”提示牌。

④ 打开拖车后舱门挂好风钩，确认舱内工艺管线、压力表完好，钢瓶内余压大于0.5MPa，拖车充气阀块压力为0MPa。确认拖车舱门风钩固定牢靠，防止风吹舱门摇摆使风钩失效、舱门异常受力关闭伤人或损伤充装软管。

⑤ 检查充气软管无鼓包、破损的情况，加气柱放空阀为关闭状态。

⑥ 检查确认拖车前舱各钢瓶根部充气阀门为开启状态。

⑦ 检查发现故障或子站反映有故障的拖车禁止充装。

⑧ 填写拖车充装检查记录。

（5）充气软管连接

充装工拿起软管，侧身将CNG软管快装接头与拖车快装接头连接牢靠，当听到清脆的“咔哒”声后，回拉充气软管无松动，表明快装接头已连接到位，将防脱装置安装在软管快装接头上。

（6）阀门开启操作

依次缓慢开启小球阀，打开拖车主球阀，打开加气柱主球阀。钢瓶根部充气阀要缓慢开关。发现个别钢瓶为满瓶时，关闭该瓶充气阀，了解情况，确认拖车无故障后再对其余钢瓶进行充装。提示：液压型拖车各钢瓶根部充气阀一般为常开状态，不用手动开启。

（7）充装操作

将加气柱旋钮至“自动”，启动CNG压缩机，拖车开始充装，确认加气柱计量正常。当拖车充装压力达20MPa时，压缩机自动停机。充装过程中应对拖车工艺管线进行检漏和检查。检查加气柱放空阀处于关闭状态。充气过程中发现漏气、突发雷电或其他危险情况，应立即停止充装作业。

（8）充装停止操作

拖车充满，CNG压缩机自动停机后方可将旋钮旋至“手动”键。关闭加气柱进气阀门，关闭罐车总阀，从上到下从、左到右依次关闭罐车的分组阀门。提示：非液压型拖车需关闭后舱各钢瓶根部球阀。

（9）拆卸充气管操作

开启加气柱放空阀后，放空充气软管内气体至压力为0MPa，取下防脱装置，回拉快装接头卡套，取下快装接头，关闭加气柱放空阀。将充气软管放回原处，并填写拖车充装记录。

（10）更换指示牌

将车前放置的“正在充装”指示牌更换为“满罐”指示牌。

（11）车辆驶离

① 押运员指挥连接牵引车头，将主支腿摇起，移走垫木并放置在指定位置，确认拖车刹车处于行车状态。

② 押运员和当班班长共同确认拖车后舱内仪器仪表完好，当班班长关闭后舱门，移走防溜器和静电接地夹并放置在指定位置，移走挂车悬挂放置的充装状态提示牌。移走防溜器时应确认车辆为静止状态。

③ 押运员引导牵引车驶离，拖车驶离前押运员及班长应围绕拖车检查一遍，确认拖车无障碍、与现场无连接，拖车刹车气阀处于“行驶”部位。

七、加气柱维护保养规程

加气柱出厂时均经严格的出厂检验，进行了耐压试验、气密性试验、计量精度测试、加气柱的外观及标示检验。但要保证加气柱的正常运行，必须对其进行正确的维护和保养。日常维护、维修人员必须熟悉和遵守加气柱运行、维修、管理等方面的安全技术规章制度和规程；掌握加气柱的工作原理及维修方法；定期检查加气柱的使用情况，及时处理出现的故障。常见故障处置措施见表3-7-2。

表3-7-2　常见故障处置措施

<table>
<tr><th>序号</th><th>故障描述</th><th>处理措施</th><th>序号</th><th>故障描述</th><th>处理措施</th></tr>
<tr><td>1</td><td>充气接头漏气</td><td>1. 更换密封断面
2. 更换球面
3. 压紧紧固螺母</td><td rowspan="2">3</td><td rowspan="2">电磁阀打不开</td><td rowspan="2">1. 检查电源
2. 检查控制主板工作情况
3. 检查电源电路板
4. 检查电磁阀保险
5. 检查电磁阀线圈
6. 检查主、副阀芯以及更换主阀芯胶圈
7. 清洗电磁阀</td></tr>
<tr><td>2</td><td>电磁阀关闭不严</td><td>1. 清理电磁阀
2. 更换主阀芯
3. 更换胶圈
4. 更换或清理副阀芯</td></tr>
</table>

续表

序号	故障描述	处理措施
4	充气过程声音大	1. 检查电磁阀主阀芯 2. 检查电磁阀弹簧或更换 3. 检查单向阀或更换
5	加气柱不加气	1. 检查所有阀门是否打开 2. 检查进气源 3. 检查过滤器 4. 检查电磁阀供电 5. 检查单向阀
6	罐车没有加满自动停机	检查设置参数是否正常
7	充气过程不限压，或限压不准确	1. 检查压力传感器测量值是否正确 2. 检查压力传感器电源 3. 调整限定值 4. 调整压力系数
8	过滤器漏气	1. 更换过滤器胶圈 2. 清理针型阀或球阀 3. 更换滤芯
9	拉断阀漏气	1. 更换拉断阀密封圈 2. 更换拉断阀
10	总阀漏气	1. 更换或清洗密封面 2. 更换总阀并清理过滤器
11	没加气流量计走数	1. 校正流量计 2. 更换流量计

1. 首次运行一周后首检

① 加气柱过滤器积垢程度检查；

② 加气柱管路外漏检查；

③ 加气柱出口压力检查。

2. 每月例行检查

① 加气软管磨损程度；

② 加气柱管路、配件外漏检查；

③ 检查拉断阀能否正常工作；

④ 加气柱快速接头是否完好；

⑤ 检查加气柱有无外力损坏。

3. 每3~6个月定期检查、维修

① 加气柱的维修分为故障维修和定期检查维修；

② 定期检查维修时间应视具体情况而定，它与天然气的气质及清洁度以及加气柱的可靠性要求有关；

③ 至少每个月对加气柱进行一次检查；

④ 至少每三个月对拉断阀进行一次检查；

⑤ 至少每六个月对加气柱内部零件进行清洁维护，对其易损件（如：阀门密封件、O形圈等）进行检查，及时更换已溶胀、老化、压痕不均匀的密封件；

⑥ 检查关键零件的磨损及变形情况，必要时更换。

4. 注意事项

① 加气柱维修前必须先断电，再将加气柱进气阀门关闭，并泄压，才能打开加气柱；

② 维修总装完毕后，应检查各活动部件能否能灵活运动，再进行气密性试验，加气柱电控部分检查、设定值检查合格后才能重新使用；

③ 根据气质和使用情况，适当调整检查维护周期，及时对加气柱密封件进行检查、更换，以保证安全、正常供气。

附录 A　液晶屏加气柱参数定义

序号	参数名称	参数意义	序号	参数名称	参数意义
1	默认单价	默认系统出售单价	28	是否置灰	是否对 IC 卡置灰
2	枪号	加气机设备号，不得重复	29	保留	—
3	密度	仅供法定计量部门更改	30	保留	—
4	当量	监管部门设置，不能更改	31	传感额定压力	传感器额定压力
5	读序号	说明传输了多少数据	32	班组卡代扣费	是否允许用班组卡 0：班组卡可以加气 2：班组卡不能加气
6	写序号	说明了一共有多少数据，用户不能更改	33	允许锁机	是否允许上位机锁机
7	自动确认（自动消费）	0：始终等待手动消费 1～99：等待此时间消费 99：永远等待卡消费	34	银行模式	使用银行联网模式
8	允许无卡	0：必须用卡加气 1：可以无卡加气	35	流量计检测	1：流量计检测允许
9	卡金额上限	到此额不能加气	36	告警关闭	1：关时间异常 16384：关电磁阀漏气
10	卡金额下限	低于此值，自动停止	37	存储异常标志	0：清存储异常告警
11	打印方式	0：不自动打印，可重复打印 1：自动打印，可重复打印 2：手动打印上下班，可重复打印 3：手动打印，重复打印必须使用用户维护卡	38	传感器类型	0：电压型 1：电流型
			39	开阀参数设置	0：先开阀后启动 1：先启动后开阀
			40	黑名单偏移	根据需要修改 0～10
			41	LCD 驱动	0：显示板 1 1：显示板 2
12	低压限流值	流量低于此设定值换阀	42	加气柱模式	0：无储气井 1：有储气井
13	中压限流值	流量低于此设定值换阀			
14	高压限流值	流量低于此设定值停机	43	显示交换	0：显示不交换 1：显示交换
15	压力系数	校准测量压力的系数			
16	限压值	钢瓶加满后的压力 如设置 20MPa，设置为 2000	44	数据覆盖检测	0：不检测 1：检测
17	过流限制值	最大流量，当流量大于此值时过流停机	45	系统语言选择	0：中文 1：英文 2：闪烁（显示板 2 单价闪烁，用于加气中提醒）
18	脉冲标志	0：脉冲 1：罗斯蒙特 MODBUS 2：E+H MODBUS	46	优惠单价	—
			47～50	保留	—
19	123 线标志	管线数目	50～59	保留	—
20	主区域号	IC 卡区域号	60～69	单价 1～单价 10	单价，根据 IC 卡指定选择对应单
21	日期	年月日			
22	时间	时分秒	70	掉电复位检测	0：不检测 1：检测
23～27	站名	打印的站名			

续表

序号	参数名称	参数意义	序号	参数名称	参数意义
71	总累上传类型选择	0：上传停止总累 1：上传总累	74～78	副区域号	IC卡区域号
72	总累班累显示使能	0：显示 1：不显示	79	手动换阀设置	0：不可手动换阀 1：可以手动换阀
73	急停信号类型	0：常开 1：常闭	80	加气时间上传设置	0：上传开始时间 1：上传结束时间

单元 3.8　CNG 卸气柱

一、卸气柱结构、组成和原理

卸气柱不设置气体过滤器、限压加气装置和安全阀，其余与加气柱相同，如图 3-8-1 所示，卸气柱工作原理如图 3-8-2 所示。

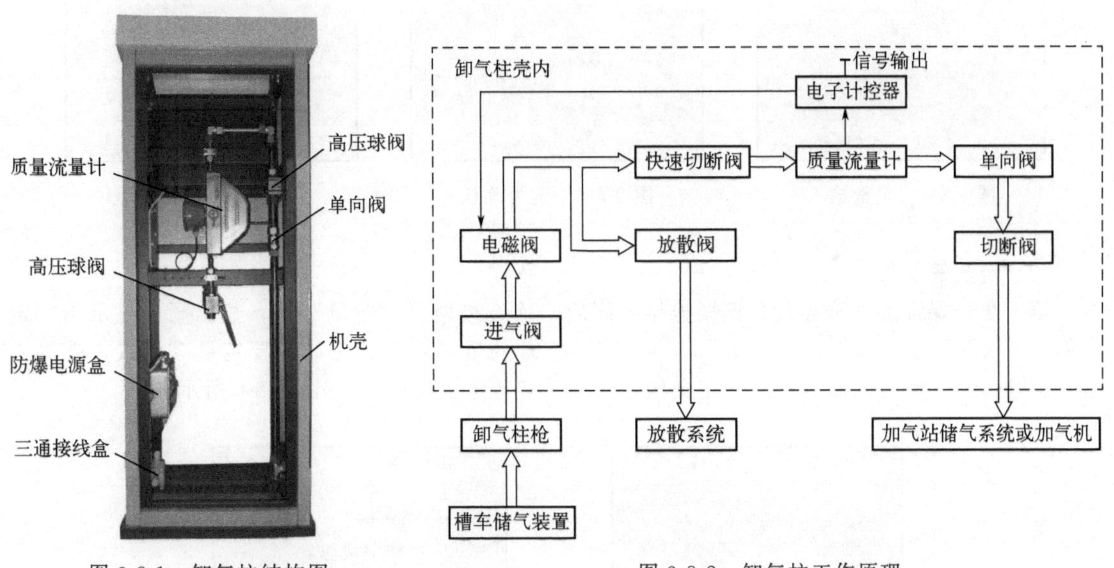

图 3-8-1　卸气柱结构图　　图 3-8-2　卸气柱工作原理

将卸气软管快速接头连接到运输车，关闭卸气柱排空阀；打开运输车的进气阀；启动卸气柱电控系统；打开卸气柱加气阀门；待卸气完毕，先关闭卸气柱加气阀门，然后关闭运输车进气阀门，按停止键停止电控系统，最后打开排空阀；取下加气软管，放回原位；关闭排空阀；完成一次卸气过程。

二、卸气柱系统使用方法

（一）液晶屏系统使用方法

1. 系统上下班

第一步：插入班组卡如图 3-8-3 所示。

卡号88888835 1班
余额00000.00
交易额00000.00
7：上班 没有上班

图 3-8-3　上下班画面

第二步：按“7”键和“8”键，进行上下班操作，如果上下班画面上出现“7：上班没有上班”，那么就按“7”键上班，此时画面上会显示“8：下班，1班在上班”，即上班成功，代表1号班组在上班；反之，如果需要下班，插入班组卡后，上下班画面会出现“ 8：下班　1班在上班”，按“8”键后，上下班画面显示“7：上班 没有上班”，即下班成功。

注意！下班状态下，系统是无法启动加气的。

2. 无卡加气方法

首先确认系统是处于无卡加气状态还有卡加气状态，如果处于有卡加气状态，需要切换到无卡加气状态，判断处于哪一种加气状态的方法是：先按键盘上面的“查询”键，再按“清除”键。出现系统主界面，如果界面上第三排文字，显示的是“上班中”就是无卡加气状态，如果显示的是“上班中请用卡加气”就是有卡加气状态。

3. 定量加气

（1）定气量操作

第一步：保证加气枪与汽车钢瓶连接牢固后，按一次“定量”键，显示画面显示出“定气量：0000”内容，如图3-8-4所示，输入需要定量的数字，比如需要定量3m^{3}气，就输入3，按“确定”，此时画面显示出“定气量：0003 ”和“定量成功”，如图3-8-5所示。

第二步：定量成功后，按“加气”键加气，显示画面显示图3-8-6所示加气界面。加到定量的数字后系统自动停机。注意！定量操作只能定量整数，不能定量小数部分。

定气量：0000

图3-8-4　定量输入

定气量：0003
定量成功

图3-8-5　定量确认

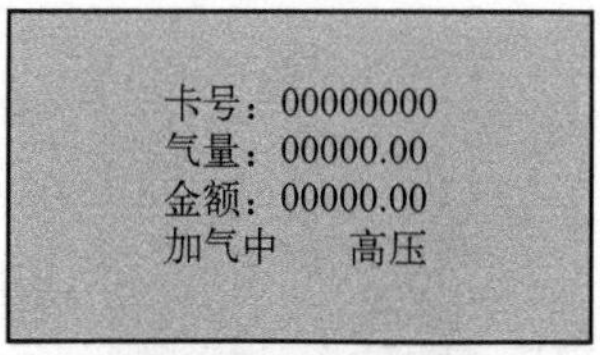

卡号：00000000
气量：00000.00
金额：00000.00
加气中　　高压

图3-8-6　加气界面

（2）定金额加气

第一步：保证加气枪与汽车钢瓶连接牢固后，连续按两次“定量”键，显示画面显示出“定金额：0000”内容，如图3-8-7所示，输入需要定量的金额数字，比如需要定量3元钱，就输入3，按“确定”，此时画面显示出“定金额：0003”和“定量成功”，如图3-8-8所示。

定金额：0000

图3-8-7　定量输入

定金额：0003
定量成功

图3-8-8　定量确认

第二步：定量成功后，按“加气”键加气，显示画面显示图3-8-6所示加气界面。加到定量的数字后系统自动停机。注意！定量操作只能定量整数，不能定量小数部分。

4. 非定量加气

第一步：保证加气枪与汽车钢瓶连接牢固。

第二步：需要输入车牌号的，按“*”键，画面显示车型选择界面，里面可以选“1. 出租车 2. 公交车 3. 中巴车 4. 单位车 5. 其他车”，如图3-8-9所示。如果选出租车，请按1，出现“出租车 车牌号：000000”画面，如图3-8-10所示。

第三步：输入车牌号后按“确认”键，画面显示“出租车 车牌号：000023 输入正确，请加气”，如图3-8-11所示。注：不需要输入车牌号的，跳过第三步。

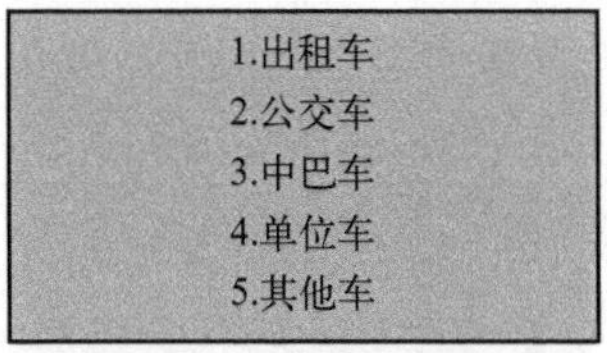

1.出租车
2.公交车
3.中巴车
4.单位车
5.其他车

图 3-8-9　车型选择界面

出租车
车牌号：000000

图 3-8-10　输入车牌号界面

出租车
车牌号：000023
输入正确，请加气

图 3-8-11　车牌号界面

第四步：按“加气”键加气，界面显示如图 3-8-6 所示，系统将压力加至国家标准要求的压力（≤20MPa）后自动停机，同时发出提示声音。

注意！在此操作下，不能输入英文字母和中文字，例如：车牌号为川 A12111，那么加气输入车牌号为 12111，加完气后小票上的车牌号为 012111，车牌号有字母的用 0 代替。以此类推。

（二）触摸屏系统使用方法

1. 系统上下班

第一步：插入班组卡，界面显示图 3-8-12 所示操作界面，如果系统在上班中，上面会显示“下班”和“取消”按钮，如果系统处于下班中，上面会显示“上班”和“取消”按钮。

图 3-8-12　上下班界面

第二步：点击“上班”或“下班”，就可以完成上下班操作。

注意！下班状态下，系统是无法启动加气的！不同班组不能交接班。

2. 无卡加气方法

首先确认系统是处于无卡加气状态还是有卡加气状态，如果处于有卡加气状态，需要切换到无卡加气状态，如图 3-8-13 所示。

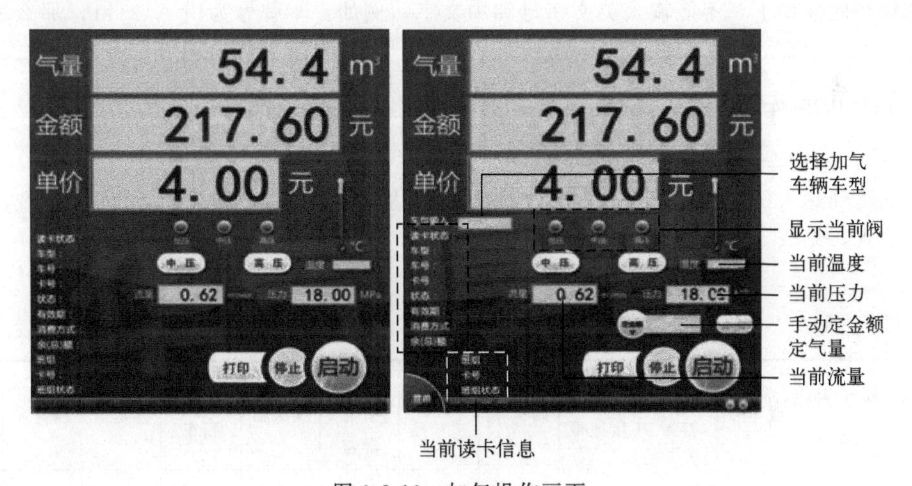

图 3-8-13　加气操作画面

3. 定量加气

（1）定气量操作

第一步：保证加气枪与汽车钢瓶连接牢固后，在界面上选择菜单，选择“定气量”。

第二步：点击后面的黄色输入框，输入需要定量的数字，点击“确定”。如果定量输入错误，可以点击“清除”，重新定量。

第三步：定量成功后，按“启动”按钮加气，加到定量的数字后系统自动停机。

注意：定量操作只能定量整数，不能定量小数部分！

(2) 定金额操作

第一步：保证加气枪与汽车钢瓶连接牢固后，在图 3-8-13 所示的界面上选择菜单，选择“定金额”，如图 3-8-14 所示。

第二步：点击在后面的黄色输入框内输入需要定量的数字如图 3-8-15 所示，点击“确定”。如果定量输入错误，可以点击“清除”，重新定量。

图 3-8-14 定量选择

图 3-8-15 定量输入界面

第三步：定量成功后，按“启动”按钮加气，加到定量的数字后系统自动停机。

注意！定量操作只能定量整数，不能定量小数部分！

4. 非定量加气

第一步：保证加气枪与汽车钢瓶连接牢固。

第二步：需要输入车牌号的，选择车型输入，选择车型，里面可以选“出租车 公交车 中巴车单位车 其他车”。

第三步：输入车牌号后，确定。

第四步：按“启动”按钮加气，系统将压力加至国家标准要求的压力＜＝20MPa 后自动停机，同时发出提示声音。

注意！在此操作下，不能输入英文字母和中文字，例如：车牌号为川 A12111，那么加气输入车牌号为 12111，加完气后小票上的车牌号为 012111，车牌号有字母的用 0 代替。以此类推。

三、卸气作业操作

1. 车辆入站安全检查

管束拖车到达入站口后，站区作业人员须立即到达现场迎候拖车进行入站安全检查，依据检查表进行检查，见表 3-8-1。

表 3-8-1 长管拖车入站安全检查记录

记录编码：BZCSRQ-QHSE-JL-SC-056

序号	进站时间	牵引车号	罐车号	服装穿戴	静电接地带	防火罩	有无违禁品	罐车有无异常	灭火器	轮胎刹车	押运员	检查人	备注
1													
2													
3													

2. 引导泊车

指挥拖车驶入指定车位，车辆拉手刹、熄火、断电，用防溜器固定车轮，固定舱门，挂舱门风钩，拉断气刹。

3. 卸气前检查

① 随车规定携带的文件和资料应当齐全有效，并且装卸的介质应与铭牌和使用登记资料、标

志一致；

② 随车作业人员应当持证上岗，资格证书有效；

③ 罐车铭牌与各种标志（包括颜色、环形色带、警示性、介质等）应当符合相关规定，充装的介质与罐体或者气瓶涂装标志一致；

④ 罐车应当在定期检验有效期内，安全附件应当齐全，工作状态正常，并且在校验有效期内；

⑤ 压力、温度、充装量（或者剩余量）应当符合要求；

⑥ 各密封面的密封状态应当完好无泄漏；

⑦ 随车防护用具，检查和维护保养、维修等专用工具和备品、备件应当配备齐全、完好；

⑧ 易燃、易爆介质作业现场应当采取防止明火和防静电措施；

⑨ 罐体与车头连接应当完好、可靠。

未经检查合格的罐车不得进入装卸区域进行装卸作业。

4. 车头与满罐分离

一切正常后，罐车垫枕木，伸支腿，拉牵引托盘销，司机将牵引车与罐车分离。

5. 填写气量交接单，确认签字

6. 停运空罐拖车

① 停运压缩机：将压缩机 PLC 控制面板上“手/自动”开关调至“手动”状态（防止压缩机自动起机），状态运行牌调至“停机”状态。

② 停运卸气柱。点击卸气柱上的停止按钮停运卸气柱，再按确定—查询—1，登记总气量。

③ 空罐与卸气软管分离工艺操作。关闭罐主总阀，从上到下、从左到右依次关闭罐车的管束球阀，关闭卸气柱进气阀门，打开卸气柱排空阀放空，取下防脱装置，断开卸气软管，放回原位，取下静电接地夹，关闭断气刹，关好车门，悬挂“空罐”标识牌。

7. 启运满罐拖车

① 满罐与卸气软管连接工艺操作。

a. 连接静电接地夹，并检查静电接地仪状态良好。

b. 连接卸气软管。检查卸气软管完好后，将卸气软管快速接头，与罐车接头连接，安装防脱装置，关闭卸气柱排空阀。

c. 开启阀门，从上到下，从左到右，依次缓慢打开罐车的分组阀门，再打开罐车总阀，打开卸气柱进气阀门。

② 启动卸气柱。确认罐车与卸气柱之间工艺流程正常后，点击卸气柱上的启动按钮启动卸气柱。悬挂“正在卸气”标识牌。

③ 启动压缩机。根据压缩机电机“运行”和“停止”两种状态进行操作。

a. 压缩机处于换车运行状态时：点击压缩机 PLC 面板上的“换车”按钮，压缩机自动转入运行状态，状态运行牌调至“运行”状态。对压缩机运行状态进行检查，确认压缩机运行正常。

b. 压缩机处于“停止”手动状态时：启动压缩机前要按照操作规程对压缩机进行启动前检查。检查正常后，将压缩机 PLC 控制面板上的“手/自动”开关旋转至“自动”状态，状态运行牌调至“运行”状态。待压缩机启动正常后，对压缩机运行状态进行检查，确认压缩机运行正常。

8. 车头与空罐进行连接

引导车头与空罐对接，升起支腿，收回枕（垫）木，摘除“空罐”标识牌。

9. 引导车辆离站

检查车辆正常后，引导车辆离开。

四、卸气柱的巡检、维护与保养作业

（一）卸气柱的日常巡检作业

① 规定：作业人员每日须按公司巡检制度规定的巡检时间及频次对卸气柱进行巡检。

② 卸气柱巡检的内容：

a. 看。检查卸气高压软管外观是否完好，有无磨损、鼓包；检查快装接头O形密封圈有无破损；检查拖车管线、拖车阀门、卸气柱外部管线、阀门及各连接点处有无结霜现象，检漏液喷洒处有无气泡产生；检查压力表读数；检查拖车及卸气柱各管线、阀门及外观有无异常；检查静电接地连接有无脱落；检查拖车门有无脱固。

b. 听。检查拖车及卸气柱各外部管线、阀门及连接点处有无泄漏声响；检查管线内气体流动声音是否流畅。

c. 摸。检查拖车、卸气柱各外部连接点、紧固点有无松动；检查振动情况有无过激。

d. 闻。检查有无气体泄漏异味。

e. 比。将检查到的情况与正常情况或规范标准进行比较，找寻异常，及时整改。

f. 记录。将检查到的拖车压力参数、拖车及卸气柱的运行状态及异常情况按巡检记录规范要求及时记录。

（二）卸气柱的日常维护保养作业

1. 日常维护保养规定

卸气柱每次巡检时及每日交接班前，作业人员须对卸气柱表面及各外部管线、部件进行清洁、紧固、润滑、防腐检查等维护保养。

2. 日常维护保养内容

① 清洁作业内容：对管束拖车与卸气柱外部各处、压力表、阀门、管线、操作台、压力传感器、放空阀等重点部位发现的油污、灰尘等脏物随时进行清洁；清洁的标准：设备表面及管线部件无明显油污、灰尘等脏物，设备见本色。

② 紧固作业内容：对管线管卡、重要部件支撑等处进行紧固检查。紧固作业操作：根据紧固点类型选取相应工具（内六方、扳手、螺丝刀等），紧固时使用相应工具卡紧紧固点，向顺时针方向用力旋转。施较大力无法转动时，视为紧固。

③ 润滑作业内容：对卸气快装接头进行润滑保养，反复沿轴向拉动快装接头母头的卡环，并到露出滚珠的位置检查操作是否灵活，如操作不便则在滚珠部位添加适量的润滑脂。

④ 防腐除锈作业内容：检查静电接地连接点的锈蚀情况，如发现有锈蚀，用细砂纸打磨至现出金属本色后紧固连接点，然后在外部涂抹少量中性凡士林或润滑脂防锈。

（三）卸气柱的定期维护作业

① 每周维护内容：对卸气柱内、外部进行综合检查与彻底清洁，检查卸气柱各连接管线、阀门及各连接点处有无泄漏；检查卸气柱各管线、阀门及外观有无锈蚀变形等异常；检查静电接地连接是否牢固。发现问题及时进行整改。

② 每半年维护内容：对静电接地装置进行接地电阻检测，阻值低于10Ω为合格。

③ 根据卸气高压软管的使用周期进行更换。

（四）设备维护保养

1. 阀门部件保养维护

（1）电磁阀

电磁阀，如图3-8-16所示，是一个频繁使用的电磁阀件，其电磁阀阀芯容易损坏，一般要控制好气体里面的油污和杂质，油污积累过多会导致电磁阀阀芯长期腐蚀，磨损就更大，会出现不提阀，或者电磁阀关不严漏气等现象。只要电磁阀阀座没有损坏，利用维修包就能处理好电磁阀问题，主阀芯的正常使用寿命一般为1年。

图3-8-16　电磁阀

（2）单向阀

单向阀，如图3-8-17所示，它的损坏，主要是内部阀芯打坏或是阀芯上的O形圈损坏，导致加气时发出异响和不能起单向阀作

图3-8-17　单向阀

用。一般单向阀损坏是无法维修的，唯一的办法更换整体。主要用来保证管道气质洁净，没有异物。

（3）安全阀

安全阀，如图 3-8-18 所示，要每年按照国家规定进行送检，一旦安全阀出现起跳漏气，现场无法维修，只能送检维修，无法校正的安全阀只能更换新安全阀。出现这种情况的原因是安全阀内部有杂质和油污，以及安全阀内部弹簧疲劳。主要用来控制管道压力，应避免安全阀频繁起跳，否则将减少使用寿命。

图 3-8-18　安全阀

（4）拉断阀

拉断阀，如图 3-8-19 所示，每周检查一次出气嘴与拉断阀主体的配合是否过紧。检查方法：抓住拉断出气嘴，旋转拉断阀主体，看拉断阀主体旋转时有无卡涩或转不动的情况，如果出现卡涩或转不动的情况应拆开拉断阀清洗内部的杂质或更换新的拉断阀。O 形圈 1、O 形圈 2、O 形圈 3 为易损件，正常使用寿命为 1 年，如果拉断阀被拉断则必须更换 O 形圈 3。平时注意控制 CNG 气质里面的油污。

图 3-8-19　拉断阀

（5）快速接头

快速接头，如图 3-8-20 所示，是一种不需要工具就能实现管路连通或断开的接头。操作完成后用专用的盖子将枪头盖住，避免进水，防止内部钢珠出现锈蚀现象。如果发现连接比较费力或卡塞时，请在钢珠上涂抹润滑油。

图 3-8-20　快速接头

（6）加气高压软管

加气高压软管，如图 3-8-21 所示，平时需要对加气高压软管外部做防摩擦保护，防止软管外部胶皮与地面和金属物摩擦，把软管磨穿后漏气或鼓包。出现破裂伤人等严重情况，内部的气体压力处于 20MPa 左右。高压软管长时间受高压影响和使用摩擦以及弯曲影响，一般为 1 到 2 年需更换一次，保证安全生产。长时间不使用设备需要将加气软管内部的高压气体泄放，避免软管长时间受压！软管的静电接地必须符合要求与地接通。

图 3-8-21　加气高压软管

（7）压力表

压力表，如图 3-8-22 所示，应保持压力表表面的清洁，不能用物体去敲击表盘外壳，每年需要按国家规范进行校检。

图 3-8-22　压力表

（8）对内部管路接头检查

每周需要对加气机内部管件接头（如卡帽连接）以及管件进行检查，需要对接头进行检漏操作，查看管件有无裂纹和漏气现象，出现了应立即更换处理，并作好检查记录和维修处理记录。

2. 电气电控部件保养维护

对设备电气部件维修或更换处理时，必须切断电源，禁止带电操作，避免发生人身触电意外伤害！需要定期测试加气机的接地是否良好，接地电阻一般小于 0.1Ω，以保证设备工作的稳定。应保证加气机电气箱内部的干燥，不能受潮气，防止电控系统出现受潮故障。

（1）流量计

流量计，如图 3-8-23 所示，是加气机电控系统仪表中最核心的部件之一，对于流量计的保养，需要将过滤器内部油污控制好，否则流量计内部黏附

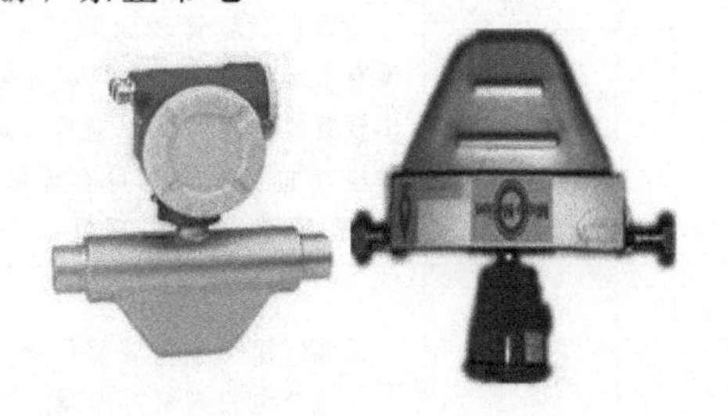

图 3-8-23　流量计

了油污污垢后会影响流量计计量误差，甚至使流量计的传感器损坏；不能对流量计外部封装的铁壳进行重物和金属物体的敲击，这样会损坏流量计的传感器，导致流量计不能使用而无法维修，最后只能选择更换新流量计。

（2）主板

防止机壳内部进水受潮，对容易进水的地方做防水处理，做好防尘处理。在雷雨天气应关闭加气机电源以及上位机电脑的电源，防止雷击。

（3）液晶屏

防止机壳内部进水受潮，对容易进水的地方做防水处理，做好防尘处理。不能用尖锐物体划屏或用重物敲击显示板。

（4）触摸屏

防止机壳内部进水受潮，对容易进水的地方做防水处理，做好防尘处理。不能用尖锐物体划屏或用重物敲击屏幕。

（5）压力变送器

控制管道气质中的油污或杂质，避免损坏压力传感器。定期进行送检。

（6）小票打印机

热敏打印头为易损元件，正常使用寿命为50000次左右，严禁开盖打印，严禁向下撕纸，违规操作造成打印头损坏不能保修。为使打印更为清晰，环境温度过高时调淡打印字迹，环境温度过低时调浓打印字迹，对打印机定期做除尘保养。

以上设备检测方法、检测周期以及注意事项见表3-8-2。

表3-8-2　设备安全检查表

序号	检测部位	检测方法	检测周期	注意事项	是否合格	是否及时处理
1	拉断阀	检测出气嘴与拉断阀主体的配合是否过紧。（检查方法：抓住拉断出气嘴，旋转拉断阀主体，看拉断阀主体旋转时有无卡涩或转不动的情况，如果出现卡涩或转不动的情况应拆开拉断阀清洗内部的杂质或更换新的拉断阀。）拉断阀被拉断后，在重装前必须检查出气嘴有无被拉伤痕迹，如果有拉伤痕迹必须更换新拉断阀，没有被拉伤则可以更换出气嘴上的所有密封件后重装拉断阀	每周检测一次或中断工作3天及以上检测	不按照检测方法检测可能导致拉断阀误断开或拉不断		
2	压力传感器	加气时看加气界面显示的压力值，将其与压力表进行对比，如果不一致，再参照储气井或其他加气机同等压力下的压力表，参照准确的压力值调节参数，使加气机测得压力准确。如果压力表无法在线校正准确，那么更换压力传感器	每周检测一次，按照国家规定送检	不按照检测方法检测可能导致加气机加气压力超压		
3	加气软管	检查加气软管表面的护套或耐磨O形圈有没有被地面磨穿，如果出现被磨穿的现象（露出软管红色橡胶层）就应及时更换新的护套。并检查加气软管本身有无漏气、鼓包、打火（接地不良）等异常现象	每天检查一次	不按照检测方法检测可能导致软管漏气或爆破		
4	电磁阀	将加气机排空，观察压力表读数是否上升，否则检查电磁阀是否内漏	每天检查一次	不检测，会导致开枪阀就有气出来		

续表

序号	检测部位	检测方法	检测周期	注意事项	是否合格	是否及时处理
5	过滤器	每周在线排污一次，新安装的加气机或气质差的加气站应两天在线排污一次。每半年将滤芯取出清洗检查一次。滤芯正常使用寿命为两年，使用两年后应及时更换过滤器滤芯	定期排污，每半年清洗滤芯，每两年更换滤芯一次	故障可能导致加气机阀件损坏		
6	加气机接地	用摇表（或万用表）检测加气枪头是否可靠接地，否则检查加气机接地线和软管接地线	每月检测一次	故障可能导致静电火花		

五、卸气柱常见故障处置与维修作业

（一）存在的风险和防控措施

1. 存在的风险

① 车速过快或行驶不当对操作人员造成的挤压、碰撞等伤害。

② 车辆违规移动对加气设备造成拖拽损坏、管线拉断等，导致天然气泄漏、火灾、爆炸等。

③ 卸气软管卸气过程中断裂、脱开伤人。

④ 空压仪表风接头脱落、漏气造成压缩机超压停机，损伤压缩机设备。

2. 采取的措施

① 限速、限行并设立指示牌进行提示。

② 定期检测并更新卸气软管，加强日常巡检，发现软管鼓包、龟裂现象，及时更新处理。

③ 按检查表规定内容检查仪表风管路及连接部位，发现松动、漏气等隐患及时处理或更换。

（二）常见故障处置

卸气流程工艺管线发生冰堵、气体泄漏故障的维修作业指导。

1. 管线连接点出现泄漏故障的维修作业

① 对泄漏点所在管线段进行排空。

② 丝口连接点泄漏，须对泄漏丝口处进行紧固或重新涂抹密封胶紧固。如丝口出现损坏无法紧固密封，则须进行更换。

③ 卡套连接点泄漏，须先检查卡套是否完好，如确认无损坏则进行紧固，按规范实施水压实验确认其强度符合要求，如卡套有损坏情况，还须更换卡套。

④ 泄漏点进行紧固修复及经过强度确认后，通气注压，用检漏液测试其气密性。

2. 管线、管线变径口等无法拆卸点处冰堵故障维修作业

① 现象：管线、阀门等部件发现结霜或前后端压差过大。

② 根据部件前后端压力表压差异常情况确认冰堵点或冰堵管线范围。

③ 使用热水浇注冰堵点，融化结冰。如仍无法排除冰堵，进行拆卸除冰。

（三）卸气柱维修的作业指导

1. 维修作业规定

对带压部件进行维修前必须将压力卸空后方可操作，严禁带压作业。

2. 卸气柱管线卸压排空操作作业指导

① 关闭正在卸气的管束拖车的各分管束阀门、总阀门及卸气柱截止阀。

② 开启卸气柱连接软管的排空阀，可排空卸气柱截止阀到管束拖车总阀门间管线段的压力。

③ 关闭压缩机出口阀，开启压缩机排空阀可排空卸气柱截止阀后所有管线的压力。

3. 阀门、压力表等部件拆卸、维修、更换的操作规范

① 对需拆卸件所在管线进行排空。

② 确认连接点的类型（一般均为螺纹丝扣连接），根据连接点类型选取工具（一般为开口扳手或活动扳手）。

③ 一只手用扳手固定住连接点一端，另一只手用扳手卡紧连接点，沿逆时针方向均匀用力旋转，平稳拆卸。

④ 拆卸完成后，检查部件损坏情况，可修复，则修复完毕后重新安装使用。不可修复，更换新部件安装使用。

⑤安装完成后，缓慢通气加压，用检漏液检查部件连接点有无泄漏，确认工作状态良好。

六、卸气柱常见代码分析

1. 液晶屏常见故障代码分析

故障代码和故障中文信息显示查询方法举例：设备停机后，显示屏幕上显示“加气 完成(03)”，从这个上面就能看到“03”数字就是停机代码，然后按“查询”键，再按“7”键，在屏幕的最下面一排中文显示就是“限压停止”，此代码有助于分析加气机故障，见表3-8-3。

表3-8-3 故障代码表

代码	代码说明	解析
00	复位停止或待扣费状态复位	加气过程中断电或是主板电源电压低
01	定气量或卡预购气量不足	定气量操作或IC卡里余额气量不足导致
02	定金额或卡金额不足	定气量操作或IC卡里余额金额不足导致
03	超压	钢瓶压力高于系统设置值，如果是故障停止，可能是压力传感器损坏或主板损坏导致
04	过流	主板损坏或者流量计损坏导致
05	非换阀失压	没有换阀时，压力突然变低，不可调，可能是主板损坏导致
06	换阀失压	无
07	小流量停止	加气的流量已经低于设置值，修改参数12\13\14；或者电磁阀没有打开；或者主板采集数据问题，主板损坏；或者流量计本身问题
08	阀状态异常	主板损坏或电源板有问题
09	手动停止	加气过程中手动按的停止
10	加气过程中不走气	阀开时，始终不走气，可能是主板问题或流量计问题
11	计算错误	主板计算错误；流量计参数设置出现问题
12	IC卡异常	加气的过程中读不出卡，或者卡被人拔走，或者是卡信号差
13	电接点控制停止	可能是主板损坏，也可能是电接点压力表损坏
14	流量计异常停机	流量计通信信号异常
15	置灰失败停止	写灰卡失败停止，一般是读卡信号不好导致

2. 触摸屏常见故障分析

触摸屏常见故障分析见表3-8-4。如在设备停机后，显示屏幕上显示“时间异常”。可能是主板上电池电量用完。

表 3-8-4 触摸屏常见故障

显示故障	解析
复位停止或待扣费状态复位	加气过程中断电或是主板电源电压低
定气量或卡预购气量不足	IC卡里余额气量不足导致
定金额或卡金额不足	IC卡里余额金额不足导致
超压停止	钢瓶压力高于系统设置值，如果是故障停止，可能是压力传感器损坏或主板损坏导致
过流停止	主板损坏或者流量计损坏导致
非换阀失压	没有换阀时，压力突然变低，不可调，可能是主板损坏导致
换阀失压	无
小流量停止	加气的流量已经低于设置值，修改参数12\13\14；或者电磁阀没有打开；或者主板采集数据问题，主板损坏；或者流量计本身问题
阀状态异常	主板损坏或电源板有问题
手动停止	加气过程中手动按的停止
加气过程中不走气	阀开时，始终不走气，可能是主板问题和流量计问题
计算错误	可能是主板计算错误或流量计参数设置出现问题
IC卡异常	加气的过程中读不出卡，或者卡被人拔走，或者是卡信号差
电接点控制停止	可能是主板损坏，也可能是电接点压力表损坏
流量计异常停机	流量计通信信号异常
时间异常	加气过程中断电或是主板电源电压低
置灰失败停止	写灰卡失败停止，一般是读卡信号不好导致

七、紧急情况处理预案

① 本设备发生故障异常时，迅速关闭紧急切断阀和设备总电源开关。

② 设备故障无法自行排除时，请不要自行拆开修理，应由具有资格的专业维修人员修理，或致电经销商或生产公司维修。

③ 如果气体从设备管道中泄漏，则不能再继续使用该设备，应处理后才可以使用。

④ 若遇到火灾或爆炸时，应按照紧急安全预案处理，迅速切断气源。

⑤ 如果使用中发生火灾、爆炸等重大事故，除按照紧急安全预案处理外，还应立即拨打110、119、120等社会支援，处理事故。

单元 3.9 CNG 长管拖车

CNG长管拖车（图3-9-1）是储存、运输CNG的专用车，是加气子站的气源，也可为民用燃气系统运输天然气，是管道燃气输送的有效补充手段，工艺简单，占地少。专门为城市加气站、工业气体生产企业、气体使用单位而服务。

天然气（主要成分为甲烷CH_4）标准状况下的密度为0.717kg/m^3，对空气的相对密度为0.5544，因此，如果容器发生泄漏，天然气很容易扩散，使用较为安全。但天然气聚集在密闭建筑物的顶部时，则易形成爆鸣性气体。天然气在空气中的爆炸极限为5%～15%，在标准状况下，其沸点为−161.45℃，熔点为−182.5℃，临界温度为−82.45℃。天然气是一种碳氢化合物，它与空气或氧气混合，都能形成爆鸣性气体。

天然气的化学性质比较稳定，一般条件下不与氧气发生反应，也不与浓酸、浓碱溶液及氧化

图 3-9-1　CNG 长管拖车

剂反应，但与氯气只要在日光照射下或加热时就能发生反应，与氟化氢混合能发生自燃。

压缩气体长管拖车所装天然气应符合 GB 18047—2017《车用压缩天然气》规定，商品天然气应符合 GB 17820—2018《天然气》规定。

一、 CNG 长管拖车结构介绍

CNG 长管拖车按其结构形式分为框架式拖车（图 3-9-2）和捆绑式拖车（图 3-9-3）两种，其中框架式拖车在国内数量最多，应用最广泛。捆绑式拖车直接将气瓶固定在拖车底盘上，减少了框架质量。与框架式拖车相比，可以装配更多的气瓶，因此，同等整备质量的拖车，捆绑式比框架式的运输量更大、运输效率更高、运输成本更低。鉴于捆绑式拖车的诸多优点，国家对车辆管理越来越规范，预计捆绑式拖车会越来越受到用户的青睐。

图 3-9-2　框架式 CNG 长管拖车半挂罐车的底盘和集装管束

图 3-9-3　捆绑式 CNG 长管拖车半挂罐车的底盘和集装管束

CNG 长管拖车主要由牵引车和 CNG 半挂罐车组成。其中，仅 CNG 半挂罐车自重就高达 30～35t，核载一般为 3～5t，和常规油品运输车辆有较大不同。半挂罐车主要由骨架式半挂车底盘及集装管束等组成。

1. 牵引车

牵引车是半挂列车的主要组成部分之一，它起着承担部分载荷和行驶的作用。牵引车的技术性能，如发动机功率、牵引和载重能力、制动和转弯性能、轴距以及重心位置等，都直接关系到列车的动力性、机动性、安全性与经济性。因此，牵引车的选择非常重要，一定要选择与半挂车相匹配的牵引车，牵引车应符合《机动车运行安全技术条件》(GB 7258—2017）的各项规定。

合理驾驶与精心维护是保持牵引车技术性能处于良好状态的重要途径。牵引车的技术状态关系到整车的技术状态，因此，必须了解牵引车的构造和功能，熟悉掌握其使用方法与维护保养要领，严格按照牵引车说明书的要求，进行驾驶与维护，确保牵引车处于良好状态，保证整车的安全和合理使用。

2. CNG 半挂罐车

CNG 半挂罐车主要由底盘（也称行走机构）和 CNG 集装管束组成。

CNG 集装管束的主要组成部件——集装管束：可将大钢瓶固定在集装箱框架/特定的骨架底盘内，实现 CNG 的公路运输。

集装管束由框架、大容积无缝钢瓶、前端安全仓、后端操作仓四部分组成，大容积无缝钢瓶两端瓶口均加工内外螺纹，两端外螺纹与安装法兰用螺纹连接，将安装法兰用螺栓固定在框架两端的前后支撑板上；瓶口内螺纹上旋紧端塞，在端塞上连接管件，前端设有爆破片装置构成安全仓，后端设有进出气管路、排污管路、测温仪表、测压仪表、快装接头以及爆破片装置等构成操作仓，如图 3-9-4、图 3-9-5 所示。

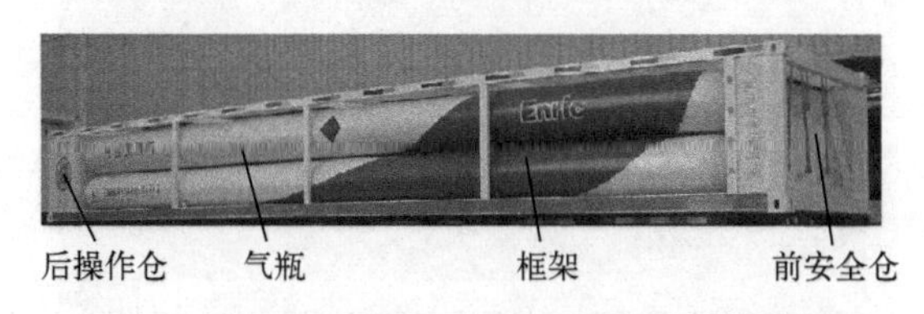

图 3-9-4　框架式 CNG 长管拖车集装管束结构图

图 3-9-5　捆绑式 CNG 长管拖车集装管束结构图

3. 主要组成部件介绍

（1）骨架式半挂车底盘

骨架式半挂车底盘是运输标准集装箱的专用底盘。

（2）集装管束

集装管束是车辆的专用功能部件，由专用框架、钢瓶组件、进出气体管路、安全泄放装置及排空管路组成。集装管束允许单独使用，集装管束单独使用并固定放置时，4 个角件底面为承载面；当放置在自备标准集装箱半挂车底盘上作为运输装备使用时，应当注意使集装管束四个角件和底部横梁成为载荷传递区。

（3）大容积无缝钢瓶

CNG 长管拖车，一般为高压气体运输车，其最重要、最特殊的组成部分是大容积钢质无缝气瓶。《大容积钢质无缝气瓶》（GB/T 33145—2016）中给出的定义为：水容积大于 150～3000L，用于可重复重装压缩气体或液化气体的移动式钢质无缝气瓶。

使用单位应对所充装的天然气进行定期抽样分析，重点分析硫化氢、总硫量和水露点等关键指标，如发现气体中杂质含量长期超过上述标准规定，为避免钢瓶由于腐蚀造成安全隐患，应对钢瓶提前进行定期检验。

不符合标准的天然气中所含的杂质会对钢瓶造成腐蚀，其中硫化氢对气瓶的腐蚀影响最大。在湿硫化氢环境下钢瓶有可能出现应力腐蚀裂纹及扩展现象，对钢瓶安全运行造成重大威胁。

（4）集装管束后操作仓

基本管路系统由安全泄放管路、气体进出管路和排污管路组成，如图 3-9-6 所示。

① 安全泄放管路由后端爆破片安全装置和排空管组成；

② 气体进出管路由分瓶球阀、弯管、汇总管、温度计、压力表、主控阀及快装接头组成；

③ 排污管路由分瓶排污阀、排污汇管及排污总阀组成。

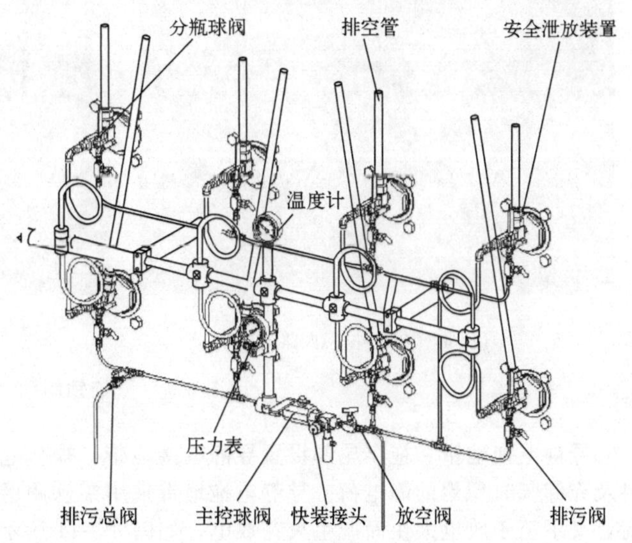

图 3-9-6　集装管束后操作仓

根据不同的管路配置，具体结构会在上述基本管路系统的基础上有所变动，如图 3-9-7、图 3-9-8 所示，集装管束后操作仓根据装卸口数量分为单装卸口式和双装卸口式。

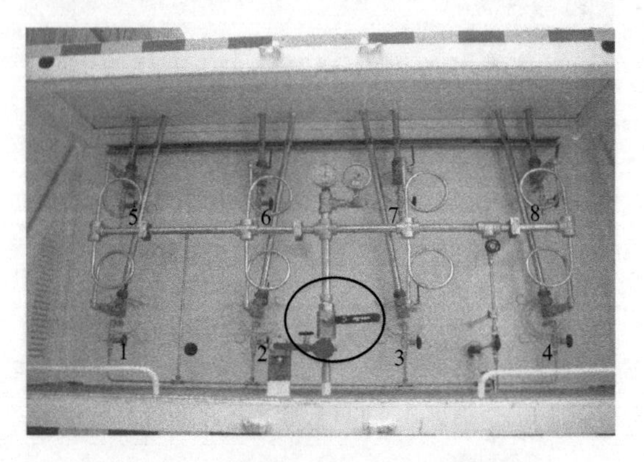

图 3-9-7 单装卸口式 CNG 长管拖车实物图（后操作仓）

图 3-9-8 双装卸口式 CNG 长管拖车实物图（后操作仓）

（5）集装管束前安全仓

安全仓设在集装管束前部，由前端爆破片安全装置和排空管组成，如图 3-9-9 所示。

图 3-9-9 集装管束前安全仓

（6）其他辅助装置

① 连锁制动。拖车设有驻车连锁装置，该装置安装在拖车尾部的操作仓内，当后仓门打开进行装卸作业时，该装置将自动起到刹车作用，如图 3-9-10（a）所示，此时，即使发动牵引车的电动机，整个拖车也不能移动，最大限度地保证了装卸作业时的安全运行。当装卸作业完成后，将其恢复通路状态，如图 3-9-10（b）所示。

(a) 断气刹车制动（断路）

(b) 解除刹车制动（通路）

图 3-9-10 连锁制动

②导静电拖地带。拖车尾部设置导静电接地带，操作仓管路上设置导静电片，可随时导出运行时及充卸气时积聚的静电荷。导静电拖地带采用柔软耐磨的导静电橡胶拖带，既能充分泄放静电荷，又不至于放电太快而产生火花放电，如图 3-9-11 所示。

③ 灭火器。拖车两侧各配一只 5kg 干粉灭火器，以备发生火灾险情时急用，如图 3-9-12 所示。

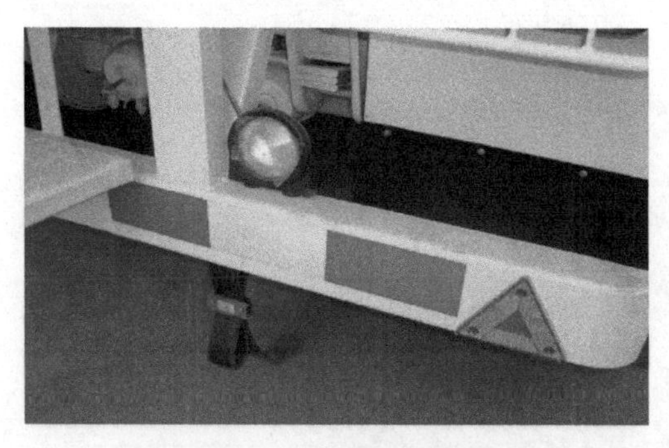

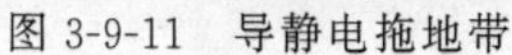

图 3-9-11　导静电拖地带

图 3-9-12　灭火器

④ 设置爆破片装置。气瓶的两端均设置爆破片装置。爆破片装置较安全阀体积小、重量轻，但密封可靠，其泄放面积较同体积的安全阀泄放面积要大得多。

⑤ 设置压力表。气瓶充卸气管路上设置压力表一块，量程取 1.5～3 倍的工作压力，精度 1.5 级。压力表采用防震型，其前端设置压力表阀，便于更换拆卸。

⑥ 设置温度计。考虑到工作环境温度及充气时气体温度升高、卸气时气体温度降低等因素影响，温度计测量范围应覆盖最低和最高工作温度，测量范围应取－40～60℃。温度计可采用双金属型，读数方便，坚固耐用，且采用防护套管与介质隔开，易于更换拆卸。

二、 CNG 长管拖车启用前的准备

1. 注册登记

从车辆管理和气瓶管理两个业务范围区分，半挂车分为车辆和集装管束两部分：前者受公安交通管理部门管理，后者属质量技术监督部门管理。所以，列车在使用前，须备齐牵引车资料和半挂车技术资料（合格证、质量证明书、总图和使用说明书等），分别到当地公安交通管理部门和质量技术监督局特种设备安全监察机构办理注册登记，领取危险货物运输许可证、危险品准运证、移动式压力容器使用证等，方可投入使用。

2. 置换

新车（或检修后的车），在充装天然气前应对气瓶内的空气进行置换处理，严禁直接充装，否则可能使气瓶内空气与天然气混合达到爆炸极限浓度，同时在充装时又可能产生静电火花，极易发生爆炸。

置换可采用抽真空或氮气置换等方法，要求每个气瓶内真空度不低于 650mm 汞柱（约 86.66kPa）或每个气瓶内含氧量不大于 3%为合格（应由有资质的置换单位出具证明文件），若采用氮气置换，气瓶内应留有 0.1MPa 以上的余压。置换完毕后，各瓶口球阀及主控阀均处于关闭状态。

CNG 长管拖车在出厂时已进行氮气置换，用户在首次充装压缩天然气前应进行含氧量和氮气压力检测，若含氧量检测值大于 3%，氮气压力检测值小于 0.1～0.2MPa，应重新进行氮气置换。

三、 CNG 长管拖车的使用和操作

（一）后操作仓结构

后操作仓结构如图 3-9-13 所示，主要由快速接头、装卸主控阀、操作仓放空阀、分瓶阀、安全装置等组成。

（二）充装作业步骤

1. 准备工作

① 将半挂车停放在充装站指定的安全作业地点，熄灭牵引车发动机，打开后操作仓门，挂好

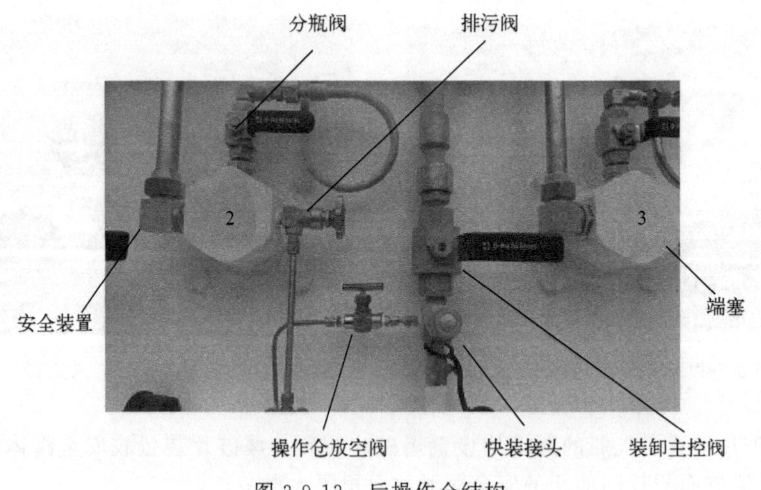

图 3-9-13　后操作仓结构

风钩，对挂车实施驻车制动，如图 3-9-14 所示。

② 将充装站的静电接地线与半挂车操作仓内的导静电片连接，如图 3-9-15 所示。

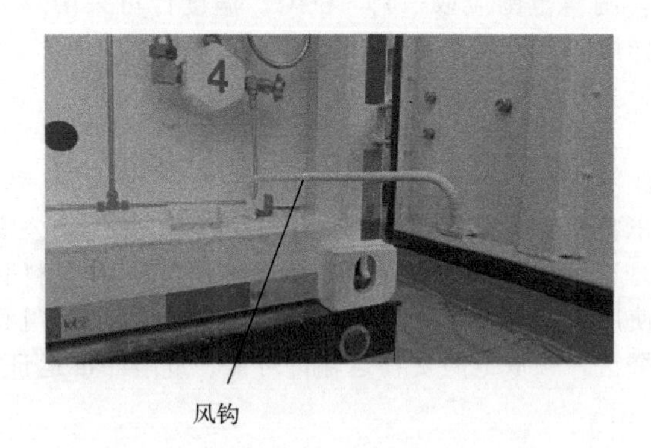

图 3-9-14　风钩

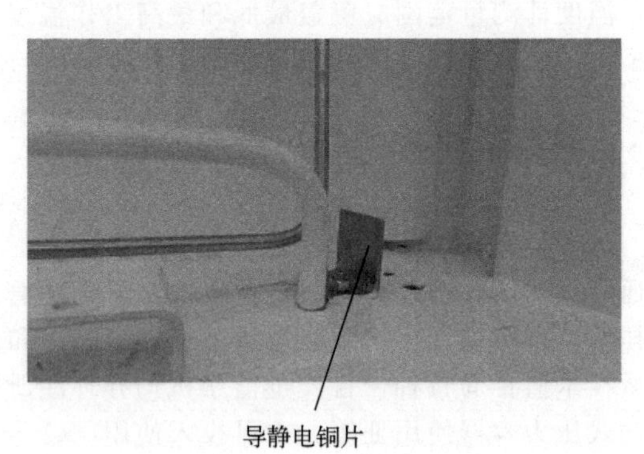

图 3-9-15　导静电铜片

2. 首次充装

① 首次充装包括新车的第一次充装和检修后的第一次充装，因为这时钢瓶内充有一定压力的氮气，充装前应将其放空。

② 充装前应检查阀门是否处于关闭状态，检查是否有氮气余压并用仪器检测确认含氧量不大于 3%。

③ 保持气体管路主控球阀处于关闭状态，依次开启各瓶口球阀。然后，缓慢开启主控球阀，将钢瓶内封装的氮气放空，待压力卸尽后关闭主控球阀。将站上充装软管与快装接头进行连接，确保连接到位。

④ 置换软管空气：开启充装站的充气阀，使天然气进入软管，压力平衡后关闭，然后，开启放空阀将软管内天然气放空，关闭放空阀。

⑤ 开启主控球阀，然后，缓慢开启充装站的充气阀进行充气作业。

当阀门发生泄漏时，应立即停止充气，关闭其他阀门进行检查。

在充装过程中密切注意压力、温度变化情况，并进行各连接部位的密封检查，有泄漏情况时立即停止充装作业。当温度高于 60℃时，应降低充装速度。

⑥ 当达到充装温度对应的充装压力时（如表 3-9-1 所示），关闭充装站的充气阀，关闭各瓶口球阀及主控球阀，开启放空阀，将软管内的气体排出，确认软管内无压力后断开快装接头的连接。

表 3-9-1　充装温度与充装压力对照表

公称工作压力/MPa	充装温度/℃							
	−10	0	10	20	30	40	50	60
	充装压力/MPa							
19	14.6	16	17.5	19	20.4	21.9	23.3	24.8
20	15.2	16.8	18.4	20	21.5	23.1	24.6	26.2

注：以上数据基于甲烷 95.9494%、乙烷 0.9075%、丙烷 0.1367%、二氧化碳 3%、硫化氢 0.0002%、水 0.0062%的天然气组分。

⑦ 检查各阀门有无泄漏，确认无泄漏后，取下门站接地线夹，解除制动，关闭操作仓门，车辆驶出充装站后，打开防火帽。

充装后，在 20℃时的压力不得超过钢瓶公称工作压力。

3. 正常充装

正常充装同首次充装的③～⑦步骤。

（三）卸气作业步骤

1. 准备工作

① 将半挂车停放在卸气站指定的安全作业地点，熄灭牵引车发动机，打开后操作仓门，挂好风钩，对挂车实施驻车制动。

② 将卸气站的静电接地线与半挂车操作仓内的导静电片连接。

2. 卸气操作

① 检查各阀门状态，卸气前，操作仓内除压力表控制阀为开启状态，其余阀门皆处于关闭状态。

② 将站上装卸软管与操作仓内的快装接头进行连接，确保连接到位。

③ 开启操作仓内主控球阀，5s 后关闭，然后开启放空阀，将软管内大部分气体放空，关闭放空阀。

④ 先打开各瓶口球阀，然后打开操作仓内主控球阀，缓慢开启卸气柱主阀门进行卸气。

当阀门发生泄漏时，应立即停止装卸，关闭其他阀门，进行检查维修。

⑤ 卸气完毕时，关闭卸气柱主阀门，关闭操作仓主控球阀及瓶口阀，开启放空阀将软管内的气体排出，确认软管无压力后断开快装接头的连接，关闭放空阀。

⑥ 卸气过程中应时刻注意温度计的变化，卸气时温度不应低于−40℃，温度超出此范围时，应适当降低充卸气速度。

⑦ 卸气完毕后，收起静电接地线，解除制动，关好操作仓门。

3. 注意事项

瓶式压力容器内的气体不得用尽，容器内剩余压力不应小于 0.1MPa，以防空气进入（防止发生事故），避免再次置换。

4. 重要提示

① 启动车辆前，务必检查装卸软管与车辆的接合状态，在确认软管与车辆断开后，方可启动车辆。

② 阀门开闭时，务必缓慢开闭。当阀门发生泄漏时，应立即停止装卸，关闭其他阀门，进行检查和维修。

③ 主控球阀内漏，致使球阀与快装接头之间有压力，快装接头连接困难时，可打开放空阀卸压，卸压后连接快装接头，关闭放空阀。主控球阀内漏应及时维修或更换。

④ 所有球阀应全开或全闭，不得处于半开半闭状态，否则高速气流极易损坏球阀密封阀座，导致球阀泄漏。

（四）排污作业步骤

在正常运行状态下，CNG罐车各瓶口处的排污阀门和排污总阀处于关闭状态。用户应根据气质的清洁情况，定期对瓶式压力容器进行排污，以减少污物中所含残留硫化氢对瓶体的腐蚀。

① 气瓶内残留气压应在0.4～0.6MPa。

② 半挂车应处于后部稍低状态。

③ 连接好排污管路，将排污管引至安全地点。

④ 应单瓶进行排污，不得多瓶同时排污。

⑤ 当瓶内压力降至不小于0.1MPa（压力表只测排污瓶体内压力）时，关闭瓶口排污阀及排污总阀，至此排污完毕。

⑥ 当不能正常排污时，应认真分析气源质量，如因气质差导致瓶内污垢堵塞排污管，应立即停止使用，并就近到各地检测服务站进行开瓶清理，保持瓶内清洁，避免污垢内硫化物及各种有害杂质对瓶体的腐蚀，降低气瓶的使用寿命。

（五）压力表、温度计（图3-9-16）

① 压力表和温度计应根据《计量法》规定，按照计量器具强检的周期，到当地计量所（院）进行检定。压力表检定周期一般为6个月，温度计一般为1年。

② 压力表下面安装有压力表阀，当压力表因损坏需要更换或因定期检验需要拆下时，应关闭压力表阀，拧松阀门上的放空螺钉（注意不要拧下来），放空压力表与阀门之间的气体，取下压力表，拧紧放空螺钉。换上新压力表，拧紧放空螺钉，再打开压力表阀门即可。

③ 温度计同介质并不接触，温度计因损坏或因定期检验时，可直接拆卸、更换。

以上操作，应使用防爆工具。

图3-9-16　温度表与压力表

（六）CNG长管拖车的检验

根据压力容器安全监察工作需要，国家市场监督管理总局制定了《长管拖车定期检验专项要求》，作为《压力容器定期检验规则》（TSG R7001）的补充规定。以《压力容器定期检验规则》第3号修改单的形式予以公布，并自2008年3月1日起施行。

① 年度检查和定期检验周期。

a. 年度检查，每年至少1次，选择在适当时机进行。

b. 按照所充装介质不同，定期检验周期如表3-9-2所示。

表3-9-2　充装介质检验周期表

介质类别	充装介质	定期检验周期/年	
		首次定期检验	定期检验
A	天然气（煤层气）、氢气	3	5
B	氮气、氦气、氩气、氖气、空气	4	6

c. 定期检验用声发射检测替代外测法水压试验时，充装A类介质的长管拖车定期检验周期为3年，充装B类介质的长管拖车定期检验周期为4年。

② 有下列情形之一的长管拖车，应当提前进行定期检验。

a. 发现有严重腐蚀、损伤或者对其安全使用有怀疑的。

b. 充装介质中腐蚀成分含量超过相关标准规定的。

c. 发生交通、火灾等事故，造成对安全使用有影响的。

d. 停用时间超过 1 年，启用前。

e. 年度检查发现问题，而且影响安全使用的。

③ 当年度检查、定期检验在同一年度进行时，应当依次进行定期检验、年度检查，其中定期检验已经进行的项目，年度检查时不再重复进行。

④ 年度检查一般由特种设备检测研究院检测人员到使用单位进行检查，定期检验应当由国家市场监督管理总局核准的具备长管拖车定期检验专项资格的检验机构进行。

⑤ 长管拖车使用单位应当与检验机构密切配合，做好检验前的准备工作。

四、 CNG 长管拖车安全管理要点

（一）操作注意事项

① 车辆运行应遵守交通法规及化学危险品运输的有关规定。行驶速度：平原高速公路不超过 75km/h；山岭高速公路不超过 65km/h；一级平原公路不超过 60km/h；一级山岭公路不超过 50km/h；二级公路不超过 35km/h。如有变化，以最新要求为准。

② 气瓶充装单位应有省级质量技术监督部门特种设备安全监察机构的注册登记。

③ 气瓶必须专用，不得改装其他介质。

④ 气瓶必须防止与助燃气体的混装、错装。

⑤ 严禁敲击、碰撞气瓶。

⑥ 严禁在瓶体上用火焰、等离子切割挖补或焊接修理。

⑦ 气瓶中的气体不得用尽，气瓶内剩余压力不应小于 0.1MPa。

⑧ 凡属于下列情况之一的，应先进行处理，否则不得对气瓶进行充装：

a. 钢印标记、颜色标记不符合规定，对瓶内介质未确认的。

b. 附件损坏、不全或不符合规定的。

c. 瓶内无剩余压力的。

d. 超过检验期限的。

e. 经外观检查，存在明显损伤，需进一步检验的。

f. 首次充装或定期检验后的首次充装，未经置换或抽真空处理的或未达到标准的。

⑨ 在充卸作业中发生软管破裂等导致介质大量外泄时，应立即关闭各球阀，严禁一切火种，警戒现场，进行应急处理。

⑩ 当发生火灾时，应关闭各球阀，终止作业，并使用随车的灭火器灭火，迅速将半挂车开出火场。

气体温度达到 240℃，钢瓶气体压力达到爆破片爆破压力 33.4MPa。260℃时，钢瓶气体压力达到钢瓶爆破压力 37.5MPa。

（二）安全操作要点

① CNG 长管拖车的管理人员、司机、押运员应对车辆的安全运行负责。

② 操作人员必须充分了解车辆的性能及各个装置附件的操作，并须掌握所运输介质的基本特性、公路运输安全规定及防灭火知识等，严格执行《气瓶安全监察规程》，能果断处理应急情况和各种事故。操作人员应经过培训并经考试合格后，持证上岗。

③ 在进行充卸作业时，操作人员不得离开现场，司机不得启动车辆。在公路上停车时，至少应留一人看守。

④ 充、卸作业现场及列车附近严禁烟火，并不得使用易产生火花的工具和物品，照明时只许使用有橡胶防爆外壳的照明用具。

⑤ 操作人员必须熟练掌握随车所配的灭火器使用方法。

⑥ 需要检修时，必须是空车，不得装有介质，且必须停放在无明火通风良好的地方。必须动火时，应彻底清除残余的介质，并报告有关安全技术部门，经认可后方可进行。

⑦ 凡出现雷击天气、附近发生火灾或检测出气体泄漏、压力异常及其他不安全因素时，应立即停止作业，并做妥善处理。

⑧ 禁止采用直接加热瓶体的方法卸气。

⑨ 应严格按照所使用CNG长管拖车钢瓶的公称压力进行充装，管束充装后在20℃时的压力不得超过公称工作压力。

⑩ CNG长管拖车车辆在充装介质后，不得在阳光下暴晒，避免升温过快，压力升高，必要时用水加以降温。

（三）操作人员的基本要求

① CNG长管拖车驾驶员和押运员必须经过专业知识培训并取得操作证方可上岗。

② CNG长管拖车驾驶员和押运员必须了解所驾驶的车辆的性能及结构，负责CNG长管拖车的日常运营、检查、维护和维修。

③ CNG长管拖车必须配备专用的防爆检修工具。

④ CNG长管拖车必须配备符合要求的安全防火、灭火装置、驾驶员和押运员要掌握其使用方法并能熟练使用。

⑤ CNG长管拖车驾驶员和押运员必须随车携带好充装、卸气和运输过程中的必要的证件和文件，并在长管拖车的充装、运输和卸气过程中遵守安全操作规程的要求。

五、 CNG长管拖车应急处理措施

（一）火灾引起的持续高温

车辆置于火灾现场环境无法移出时，长时间的火焰辐射会使气瓶温度持续上升导致气瓶压力升高，当瓶内压力达到33.4MPa时，设置在钢瓶两端的安全泄放装置会动作卸压，防止压力持续升高引起气瓶爆炸，但泄放出的可燃气体会加剧火势。这时，不应扑灭燃烧的气体，而应任其燃烧，直至燃尽。

（二）车辆交通事故造成燃气泄漏

公路运输不可避免地有发生交通事故的可能，交通事故虽然不会引起气瓶爆炸，但剧烈的后部追尾可能导致管路损坏引起燃气泄漏，泄漏的气体与空气混合达到爆炸极限，遇明火后会发生爆炸，因此，一旦燃气泄漏，应急处理人员应佩戴自给式呼吸器，穿防静电消防服，尽可能关闭分瓶球阀，无法关闭时，应警戒现场，严禁无关人员和车辆进入，迅速撤离泄漏区至上风处，禁绝火种，喷雾状水稀释，并隔离现场至气体散尽。

（三）窒息、冻伤危害

泄漏的燃气除可能导致爆炸外，人员置于燃气环境时可能会引起窒息。直接接触正在泄漏的燃气可能会导致冻伤。

（四）腐蚀导致的提前失效

充装质量不符合要求的天然气会加速对钢瓶的腐蚀，因此必须充装符合标准的天然气，并按有关规定，做好年度和定期检验，按照检验结论确定下一使用周期。

（五）其他情况

① 在充卸作业中管路发生破裂等导致介质大量外泄时，应立即关闭各球阀，严禁一切火种，警戒现场进行应急处理。

② 若发生火灾时，应关闭各球阀，终止作业并使用随车的灭火器灭火，可能的情况下迅速将半挂车开出火场。

③ 凡出现雷击天气、附近发生火灾或检测出气体泄漏、压力异常及其他不安全因素时，应立

即停止作业并做妥善处理。

④ 长管拖车当发生爆破片爆破后，应首先关闭其他瓶体并严禁一切火种，警戒现场，并进行应急处理。

⑤ 长管拖车气瓶及管路部分发生事故后，必须经特种设备检验部门检验，对损坏部分更换、修复后方可使用。

六、 CNG 长管拖车的日常检查维护

（一） CNG 长管拖车日常检查项目（表 3-9-3）

表 3-9-3　CNG 长管拖车的日常检查项目

检查项目		检查内容	检查情况说明	检查周期
半挂车底盘	牵引销	无伤痕、裂纹、过早磨损等缺陷，紧固无松动，直径不小于 48mm（DN50 牵引销）或 86mm（DN90 牵引销）		每次
	引销板	1. 无伤痕、歪曲及异物。 2. 应定期加润滑油		每次
	制动装置	1. 各管道、接头应无裂纹、破损漏气现象。 2. 紧急制动阀各部无漏气，制动灵活。 3. 制动解除时，从排气口应排出废气。 4. 制动鼓与制动蹄摩擦片间隙应在 0.5～0.7mm 内。 5. 制动摩擦片不应磨损过度，以铆钉头不低于摩擦片高度 1mm 为限		每次
	电气系统	1. 接线头无松弛，无下垂及损伤。 2. 车灯完好，无破裂		每次
	轮轴	1. 车轮、车轴、轮胎应无裂纹、损伤和变形。 2. 车轮螺母应坚固无松动。 3. 轮胎压力应保持规定胎压，轮胎横向摆动不大于 5mm，备用胎安装牢固		每次
	悬架	1. 钢板弹簧无断裂、不偏移，左右弹簧的挠曲程度基本相同。 2. 悬架上的各螺母应紧固无松动		每次
	支腿	1. 支腿升降灵活，变速箱内齿轮转动灵活无异声。 2. 支腿内外筒无裂纹及损伤。 3. 安装部位的螺母紧固无松动		每次
箱体压力容器部分安全附件	箱体框架	1. 框架无损伤、焊缝无裂纹、无明显变形。 2. 瓶体外壁无机械刮伤或碰伤，表面涂漆完好，标志清晰，紧固件无松动，瓶体无异常和明显变形。 3. 防震胶皮无断裂、滑落。 4. 瓶阀及其连接面无泄漏		每次
	管路系统	1. 焊路上各焊点无泄漏，管路与球阀连接点无泄漏。 2. 汇总固定用 U 形螺栓应紧固		每次
	装卸装置	1. 各球阀转动灵活、无泄漏及内漏。 2. 快装接头密封可靠，开闭良好		每次
	排污装置	各分瓶控制阀及主控阀密封可靠，开闭良好		每次

续表

检查项目		检查内容	检查情况说明	检查周期
箱体压力容器部分安全附件	安全附件	1. 爆破片安全放散装置：无损伤，连接处无泄漏，放散管无松动，防尘帽无丢失现象。 2. 压力表连接部位无泄漏，表体完好，无破裂或损伤，在规定使用期限内。 3. 温度计表体完好，无破裂损坏，在规定使用期限内。 4. 导电铜片和接地带完好，无破裂。 5. 灭火器完好且处于有效使用期内。 6. 操作仓内拖车制动装置完好。 7. 操作仓及安全仓内风钩齐全完好		每次

（二）检查泄漏方法

一般应采用可燃气体报警仪对操作仓和安全仓进行检漏。

必要时，可采用稀释的洗洁精水喷涂连接密封处，无泄漏为合格。检漏后必须将残留的检漏液擦拭干净。避免碱性液体对气瓶、支撑板、阀门、管路、密封件、油漆等的腐蚀。

（三）故障解决方法

① 大容积钢质无缝气瓶、压力表如发生泄漏、爆破片泄漏等，立即停止作业，关闭控制阀，打开放散装置，解除快装接头与充装或卸气站高压软管的对接，将车辆拖至安全通风无明火的开阔地带，尽快通知厂家。

② 管件、快装接头、阀门、高压软管如发生泄漏，立即停止作业，关闭控制阀，打开放散装置，及时通知厂家。

③ U形螺栓、管夹等固定夹持件与相应管件的垫片如发生松脱、老化或遗失，请及时紧固更新合适配件。

④ 快装接头连接不灵活，影响装卸作业，请尽快通知厂家。

模块四

液化天然气加气站设备

天然气加气站主要有CNG、LNG、L-CNG形式，LNG加气站的供应方式是通过低温泵把储罐中的LNG加压后通过LNG加气机向LNG汽车加气。L-CNG加气站则是将储罐中的LNG经过液相高压泵加压至约22MPa，进入高压气化器气化后，进入CNG储气设施，由CNG储气设施中的天然气通过加气机向CNG车辆加气；当CNG储气设施压力高于某一设定值时，LNG液相高压泵停止运作，当CNG储气设施压力低于某一设定值时，LNG液相高压泵自动启动运作，确保加气站高效、安全供应天然气。

单元4.1 LNG加气站工艺流程介绍

LNG加气站主要分为以下两种：橇装式LNG加气站、固定式LNG加气站。LNG的主要设备包括：LNG加气机、LNG储罐（立式、卧式）、调压增压器、EAG放散加热器、管路系统（含LNG潜液泵）、加气站PLC控制系统、仪表风系统、加气机管理系统。

以上两种LNG加气站在主要设备组成方面都基本一致，区别在于：LNG加气机、增压泵橇等设备是否集成在橇体上。

橇装式LNG加气站设备现场施工量小，安装调试周期短，适用于规模较小，对场地要求不高的LNG加气站；固定式LNG加气站的现场施工量大，周期相对较长，适用于规模较大的LNG加气站。

LNG加气站的主要工艺包括卸车工艺、调压工艺、加液工艺、仪表风系统工艺、安全泄放工艺。LNG加气站工艺示意图如图4-1-1所示，LNG加气站工艺流程如图4-1-1所示。

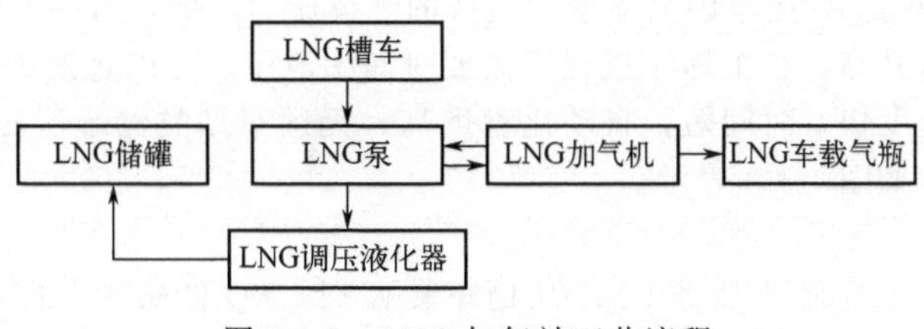

图4-1-1 LNG加气站工艺流程

一、 LNG加气站卸车工艺

LNG加气站的卸车工艺比油站的卸油工艺复杂得多。卸车涉及压力变化、温度变化、物质形态变化等方面，需要有专门的工艺来保障卸车作业的顺利开展。

LNG卸车方法有多种，可以根据加气站工艺设备的状况来灵活选择，常见的有自增压卸车和泵卸车，泵卸车又分为泵增压卸车和直接泵卸车等。

（一）自增压卸车

LNG槽车出液口与“液相口”用金属软管连接，槽车液相增压口与“增压口”金属软管连接，槽车气相口与“气相口”连接，打开增压口及气相口阀门，槽车开始增压，到了适合的卸车压力（0.6～0.7MPa），适当调节增压口及气相口阀门开度，打开卸液口，进入卸车模式，开始充装。查看液位计，达到储槽充装量后停止充装工作，关闭上述工作内容的已打开的阀门。如图 4-1-2 表示。

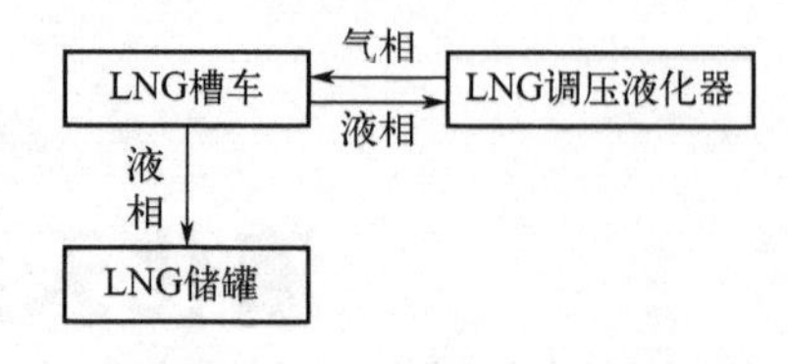

图 4-1-2 自增压卸车工艺

自增压卸车工艺的选用必须注意现场安全，在使用期间严格控制槽车压力，当压力接近安全阀启动压力时，必须调小或关闭槽车自增压阀门，防止槽车压力过高，启动安全阀排压。

自增压卸车工艺是通过液位高差进行自流的，如果槽车液位高度不够，自流到管线中的 LNG 在未到气化器期间气化形成气阻，自增压卸车将无法实现。

自增压卸车与潜液泵卸车采用相同内径的管道，自增压卸车方式的流速要低于潜液泵卸车方式，卸车时间长。随着 LNG 槽车内液体的减少，要不断对 LNG 槽车气相空间进行增压，如果卸车时储罐气相空间压力较高，还需要对储罐进行泄压，以增大 LNG 槽车与 LNG 储罐之间的压力差。给 LNG 槽车增压需要消耗一定量的 LNG 液体。

自增压卸车方式与潜液泵卸车方式相比，优点是流程简单，管道连接简单，无能耗；缺点是自动化程度低，放散气体多，随着 LNG 储罐内液体不断增多需要不断泄压，以保持足够的压力差。

（二）泵卸车

泵卸车可分为泵增压卸车与直接泵卸车两种方式。

1. 泵增压卸车

（1）潜液泵预冷

LNG 槽车来之前 1h 先进行泵体预冷：轻微开启一储罐的底部进液阀，将罐内部分 LNG 缓慢流经泵池，打开泵池溢流口处的阀门至储罐。泵入口与溢流口温度均低于－85℃，且两者相差小于 3℃，再延时 15min，则认为已达预冷状态。保持该状态，等液化天然气车到来后开始卸车。

预冷原则：预冷时储罐和管道温度要逐步降低，禁止急冷，防止温度骤降对设备和管件造成损伤。

（2）潜液泵卸液

潜液泵卸车方式是将 LNG 液体经 LNG 槽车卸液口进入潜液泵，潜液泵将 LNG 增压后充入 LNG 储罐。LNG 槽车气相口与储罐的气相口连通，LNG 储罐中的 BOG 气体通过气相管充入 LNG 槽车，一方面解决 LNG 槽车因液体减少造成的气体压力降低，另一方面解决 LNG 储罐因液体增多造成的气相压力升高，整个卸车过程不需要对储罐泄压，可以直接进行卸车操作。

该方式的优点是速度快，时间短，自动化程度高，无须对站类储罐泄压，不消耗 LNG 液体；缺点是需要消耗电能，如图 4-1-3 表示。

2. 直接泵卸车

该方式是通过系统中的潜液泵将 LNG 从槽车转移到 LNG 储罐中，LNG 卸车的工艺流程见图 4-1-4。潜液泵卸车方式是 LNG 液体经 LNG 槽车卸液口进入潜液泵，潜液泵将 LNG 增压后充入 LNG 储罐。LNG 槽车气相口与储罐的气相管连通，LNG 储罐中的 BOG 气体通过气相管充入 LNG 槽车，一方面解决 LNG 槽车因液体减少造成的气相压力降低，另一方面解决 LNG 储罐因液体增多造成的气相压力升高，整个卸车过程不需要对储罐泄压，可以直接进行整操作。

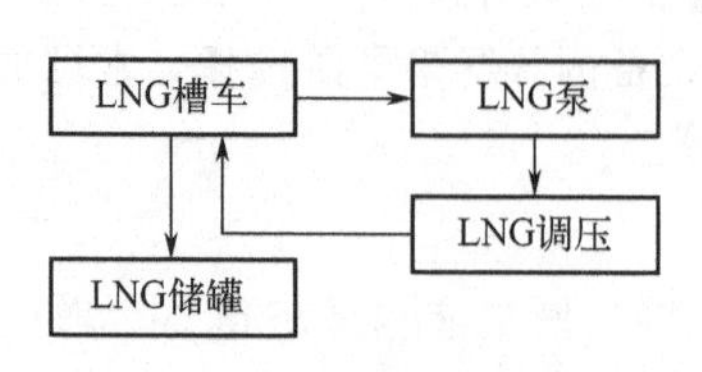

图 4-1-3 泵增压卸车工艺

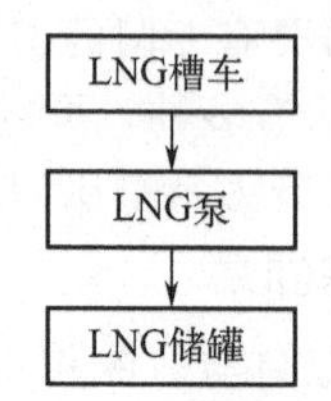

图 4-1-4 直接泵卸车工艺

直接泵卸车的优点是速度快，时间短，自动化程度高，无须对站内储罐泄压，不消耗LNG液体；缺点是工艺流程复杂，管道连接烦琐，需要消耗电能。

泵卸车期间，需要留意，槽车内LNG液体必须能够进入到潜液泵，管线过长会严重影响泵卸车工艺的应用，同时泵卸车需要考虑加液作业，如果LNG站仅一台潜液泵，卸车同时无法加液，当有汽车需要加液时必须暂停卸车作业，切换为加液模式，频繁地切换对泵的性能有很大的影响，因此需要合理安排卸车时间，避免边卸车，边发液。槽车LNG液位较低时，不可将泵临时切换至发液状态，否则将出现管线气阻，从而使槽车里剩余LNG无法卸尽现象。

二、 LNG加气站调压工艺

LNG加气站的调压工艺分为两种，一种是自增压调压，一种是泵增压调压。调压工艺主要用于调节储罐内LNG的饱和状态。

自增压调压是站用储罐内的LNG液体在压差作用下进入气化器中，经空温加热气化后回到储罐的顶部，增加储罐的压力（此功能可以在停电的情况下使用，保证停电的情况下也可以对汽车进行加气）。采用自增压方式增压速度相对较慢，但无须消耗电能。如图4-1-5表示。

泵增压调压是储罐内的液体流进泵池后（须先对泵池进行预冷），经潜液泵注入气化器，经空温加热气化后进入储罐的顶部或底部，增加站用储罐的压力。此工艺可以增加LNG的温度，以提高储罐的压力。如图4-1-6表示。

图4-1-5　自增压调压工艺　　　　图4-1-6　泵增压调压工艺

三、 LNG加气站加液工艺

LNG加气站加液工艺主要包括预冷、加气、待机过程。工艺流程图见图4-1-7。工作原理：液化天然气（LNG）进入加气机后，经过气动球阀、液相质量流量计、拉断阀、软管、加液枪注入汽车储液装置，汽车储液装置内气化的气体经气相质量流量计返回站用储液装置，完成加气工作。电脑控制器自动控制整个加气过程，并根据各个部件在工作过程中传输的信号进行监控、处理、显示。

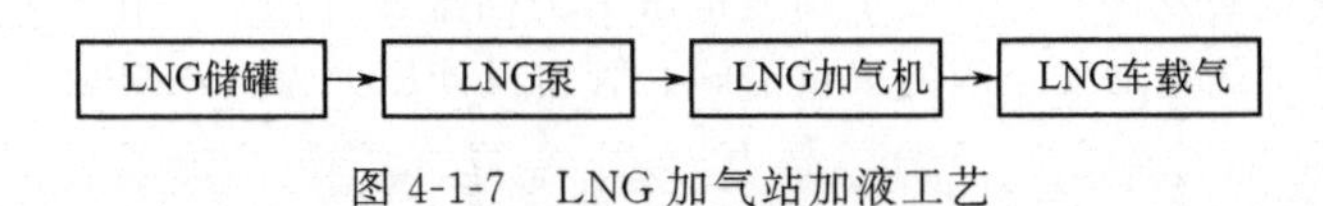

图4-1-7　LNG加气站加液工艺

预冷过程：凭借站用储罐和泵池的液位差，使液体从站用储罐进入泵池，完成泵池的预冷。泵池预冷完成后，泵启动，吹扫加气枪和售气机插枪口，把加气枪与售气机插枪口相连接，然后按下加气机面板上的“预冷”键，LNG从储罐液相—泵进口气动阀—泵—单向阀—质量流量计—售气机液相气动阀—加气枪—气相气动阀—储罐进行循环，当温度、密度、增益达到设定值时加气机预冷完成，这一过程也叫大循环预冷。

加气过程：加气机预冷完成后，便可以对汽车进行加气，按下加气机面板上的“加气”键，自动完成对汽车的加气。

待机过程：泵启动后，在没有加气机加气和预冷信号时，泵低速运行，液体在管道内循环，保持管道的温度，减少泵的启停次数，延长泵的工作寿命。在持续较长时间无加气机信号时，泵停止工作。

四、仪表风系统工艺

仪表风系统：以压缩空气作为动力风源，用来驱动所有气动阀门，从而达到自动控制阀门开和关目的的系统。

仪表风系统主要包括：前置过滤器、空气压缩机、气液分离器、后置过滤器、干燥器、阀门管道、气动执行器、控制柜等。

仪表风系统是为了防止LNG在日常运作过程因突然停电、设备突然故障等引发工艺过程失控的事故，而引入的气动控制系统。在仪表风系统中，LNG控制阀门的控制都是以气开阀门进行控制的，其工艺流程见图4-1-8。

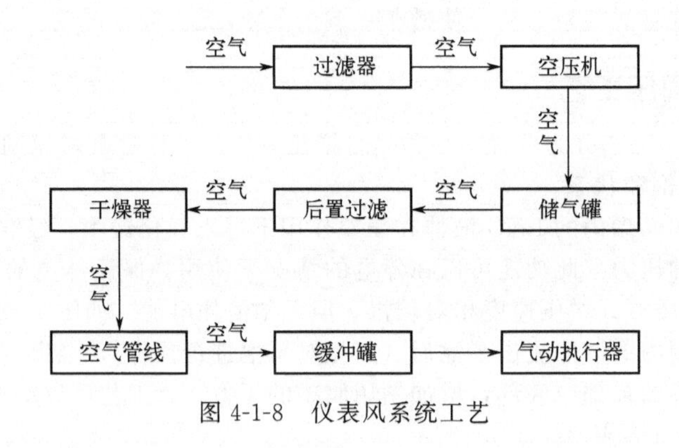

图4-1-8　仪表风系统工艺

五、安全泄放工艺

天然气是易燃易爆物质，在温度低于−120℃时，天然气密度大于空气，一旦泄漏将在地面聚集，不易挥发；而常温时，天然气密度远小于空气密度，易扩散。根据其特性，按照规范要求必须进行安全排放，设计一般采用集中排放的方式。安全泄放工艺系统由安全阀、爆破片、EAG加热器、放散塔组成。

设置EAG加热器，对放空的低温NG进行集中加热后，经阻火器后通过放散塔高点排放，EAG加热器采用500m^3/h空温式加热器。常温放散NG直接经阻火器后排入放散塔。阻火器内装耐高温陶瓷环，安装在放空总管路上。

为了提高LNG贮槽的安全性能，采用降压装置、压力报警手动放空、安全阀（并联安装爆破片）起跳三层保护措施。安全阀设定压力为贮槽的设定压力0.78MPa。

缓冲罐上设置安全阀及爆破片，安全阀设定压力为储罐设计压力。在一些可能会形成密闭空间的管道上，设置手动放空加安全阀的双重措施。管道设计压力为1.0MPa。

单元4.2　L-CNG加气站工艺流程介绍

L-CNG加气站CNG加注工艺是将储罐内的LNG通过低温高压泵（柱塞泵）把LNG送到高压空温式气化器，在气化器气化后进入顺序控制盘，依次充入低、中、高压的储气设施中，当有加气车辆时，加气机将从储气设施中取气。L-CNG加气站是由加气机、仪表风系统、PLC控制系统、EAG放散加热器和放散塔组成的，其工艺流程如图4-2-1与图4-2-2所示。其主要设备包括：LNG储罐、LNG柱塞泵、高压气化器、CNG储气设施、顺序控制盘。

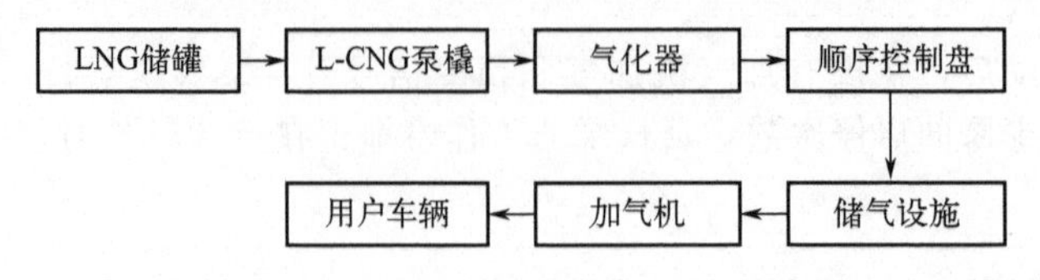

图4-2-1　L-CNG加气站工艺流程框图

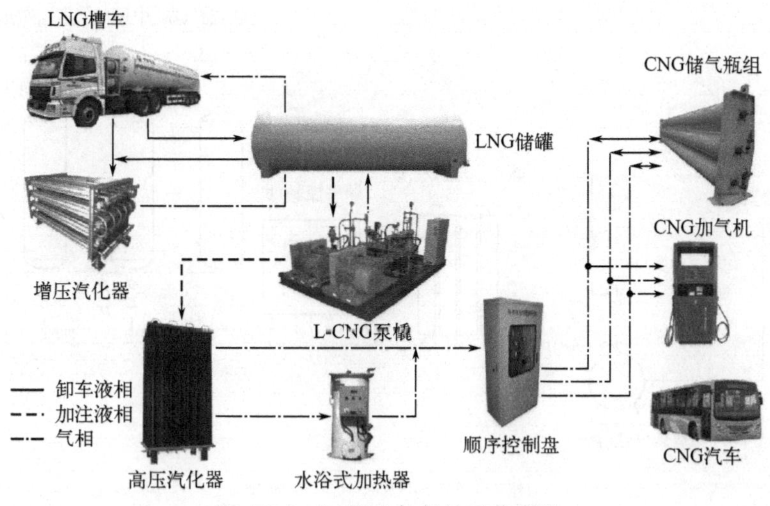

图 4-2-2 L-CNG 加气站工艺流程

一、 L-CNG 加气站加注 CNG 工艺流程

L-CNG 加气站加注 CNG 工艺流程如图 4-2-3 表示。

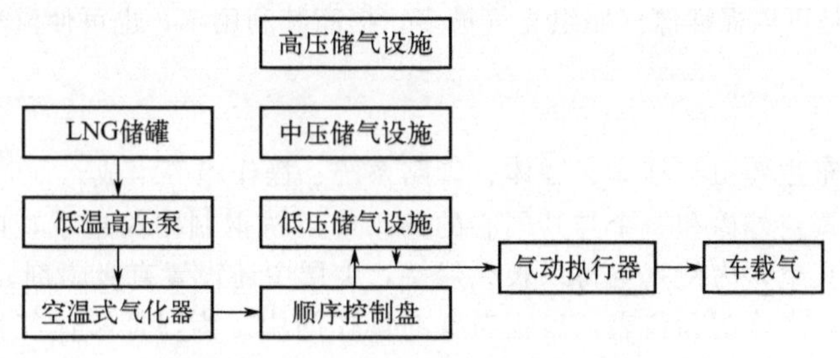

图 4-2-3 L-CNG 加气站加注工艺流程

储气瓶组中的 CNG 气体通过管道输送到加气机，加气机向出租车供气。当储气瓶组气压低于限定数值时，自动开启调压流程，给高压储气瓶组补压。

储罐内的 LNG 通过低温高压泵把 LNG 送到高压空温式气化器。在空温式气化器中，液态天然气经过铝翅片与空气换热，发生变相，转化为气态，并升高到适当的温度，空温式气化器一用一备共两台，两组空温式气化器的入口处均设有手动和气动切断阀，正常工作时两组空温式气化器通过手动切换或通过气动阀自动进行切换，切换周期时间根据环境温度和用气量的不同而不同。当温度出口低于 5℃时，低温报警，自动切换空温式气化器，同时除掉气化器上的结霜，保证使用的气化器达到换热的最佳效果。LNG 气化后的出口温度应超过 5℃，出口压力为 20MPa，当空温式气化器出口的温度达不到 5℃以上时，通过水浴式复热器使其温度达到 5℃以上，经顺序控制盘进入低、中、高三个储气井，CNG 加气机分别由低到高从储气瓶中取气给汽车加气。

二、顺序储气工艺

为避免压缩机频繁启动及在不需要进行充气时提供气源，CNG 加气站需设有储气装置。典型的设计是储气系统和售气系统通过优先顺序控制盘的顺序来实现高效充气和快速加气。通常加气站采用分级储存方式，将储气瓶组分为高压、中压和低压瓶组，由优先顺序控制盘对其充气和取气过程进行自动控制。充气时，先向高压组充气，当高压组的压力上升到一定值时，中压组开始充气，等到中压组压力上升到一定值时，低压组开始充气，随后三组气瓶一起充气，上升到最大储气压力后停止充气。如图 4-2-4 所示。

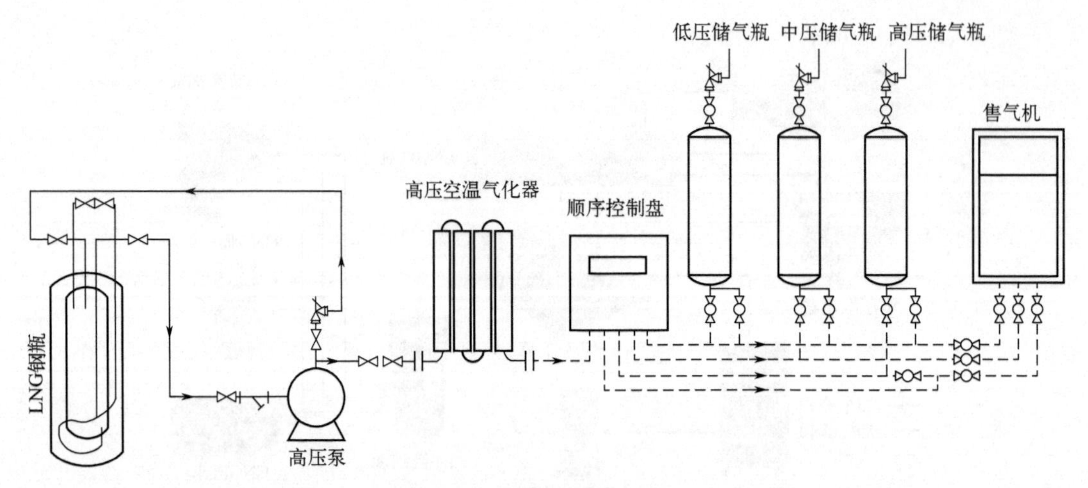

图 4-2-4　顺序储气工艺流程

取气时，先从低压组取气，当低压组的压力下降到一定值时，开始从中压组取气，等到中压组压力下降到一定值时，开始从高压组取气，随后从三组气瓶一起取气，直到三组储气瓶中的压力下降到与车载气瓶的最高储气压力相等时，停止取气。如果仍有汽车需要加气，则直接从压缩机排气管道中取气，等到汽车加气完成后，压缩机再按照充气顺序完成三组储气瓶组的充气，然后停机。这种工作方式的优点是可以保证储气瓶组充气最多，提高其利用率，也可使汽车加气的速度最快。

三、槽车简介

低温液体运输槽车主要由半挂车、罐体、管路系统、操作箱等组成。

罐体由一个碳钢真空外筒和一个与其同心的奥氏体不锈钢制内筒组成，内外筒之间缠绕了几十层铝箔纸并抽至高真空，为使真空得以长久保持，夹层中还设置有吸附剂。

罐体后有操作间，操作阀和仪表一般都布置在操作间中。为保证罐体能稳定安全地储存和运输低温液体，罐体设置有多重安全装置和仪表，槽车的管路系统如图 4-2-5 所示。

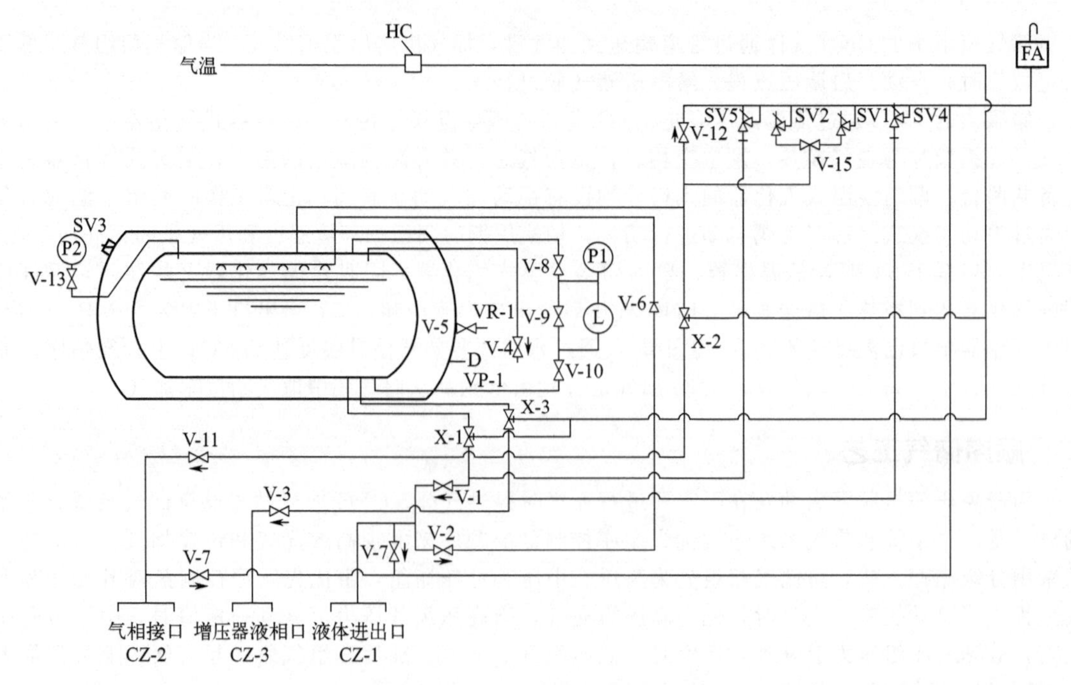

图 4-2-5　LNG 槽车系统管路工艺图

1. 操作系统

槽车主要工艺流程有三个：卸车流程、增压流程、放散泄压流程。LNG 槽车操作间如图 4-2-6 和图 4-2-7 所示。

图 4-2-6 LNG 槽车操作间示意图（一）

1—X-1 紧急切断阀；2—V-6 止回阀；3—V-1 底部进液阀；4—CZ-1 液相接口盲法兰；5—V-2 顶部进液阀；6—CZ-2 气相接口盲法兰；7—V-11 气体排放阀；8—X-2 紧急切断阀

图 4-2-7 LNG 槽车操作间示意图（二）

1—V-12 超压排放阀；2—CZ-2 气相接口；3—V-11 气体排放阀；4—X-2 紧急切断阀；5—X-3 紧急切断阀；6—V-3 增压器液相阀；7—CZ-3 增压器液相接口

卸车是液体由 X-1 紧急切断阀、V-1 底部进液阀、CZ-1 液相接口卸车。气体由 X-2 紧急切断阀、V-11 气体排放阀、CZ-2 气相接口回气体接收系统。

增压是液体由 X-3 紧急切断阀 3、V-3 增压器液相阀、CZ-3 增压器液相接口外接增压器从 CZ-2 气相接口、V-11 气体排放阀、X-2 紧急切断阀 2 回槽车，这个过程是液体经过气温加热后变成气体回到槽车逐步压缩，压力增加。当压力高时可以打开 V-12 超压排放阀排放压力。

放散泄压流程是当槽车罐体压力高时，打开 V-12 超压排放阀排放压力。

开启卸车流程时，考虑到紧急切断阀可能存在关不严的情况，应该先启动紧急切断阀，再启动手动截止阀；关闭流程则是相反，先关闭手动截止阀，再关闭紧急切断阀。

2. 安全系统

槽车在进行卸车操作时，由于人为疏忽或者其他外界因素导致槽车压力过高（高于 0.75MPa），或者充液过量（超过92%充装率）时，槽车安全系统（见图4-2-8）将自动启动。罐体操作间配置有压力表液位计组，夹层设有外筒防爆装置，内筒设有组合安全系统（双安全阀组合系统），安全阀的标定开启压力为0.75～0.8MPa，两套安全阀由一只三通切换阀控制。罐体内部空间的高压会触动一只安全阀起跳，考虑到安全阀自动回座时有可能被霜冻卡住，可用三通切换阀关闭正在工作的安全阀，强行使其回座，并使另一组安全阀处于待工作状态。罐体前另设有一个压力表，此外还有管路安全阀等。操作间内的管道排放通过阻火器进行排放。对底部出液管路、增压管路及装卸用气相管路设置了三重保护，分别是根部紧急切断阀、截止阀和盲法兰。

图4-2-8　LNG槽车安全系统

1—SV-1\2安全阀；2—V-13组合系统安全阀；3—SV-4\5安全阀；4—SV3外壳防爆装置；5—FA阻火器

（1）罐体安全系统

由V-13组合安全系统阀、SV-1安全阀1、SV-2安全阀2、FA阻火器组成。V-13组合安全系统阀可以自由切换控制任一安全阀，FA阻火器可以防止在气体排放时遇火保护槽车。

（2）管路安全系统

由V-7残液排放阀、SV-4安全阀4、SV-5安全阀5、FA阻火器组成。这个安全系统可以防止误操作而引起管路压力倍增。

防爆盖能自动打开，从而保护槽车。

（3）紧急停车系统

根据《液化气体汽车槽车安全监察规程》及省部级技监、公安、交通部门的有关规定，液化气体运输汽车必须在槽车车头或者车身某个部位安装紧急停车阀。紧急停车阀正常处于关闭状态，当遇到突发情况时，按下紧急停车阀可切断槽车出气气源及槽车电源。

3. 仪表监测系统

（1）监测

后操作箱压力显示由V-8液位计气相阀、P_1压力表1组成。前压力显示由V-14压力表阀、P_2压力表2组成。

（2）液位监测

液位测量由V-8液位计气相阀、V-9液位计平衡阀、V-10液位计液相阀组成。在正常情况下，V-8液位计气相阀、V-10液位计液相阀常开，V-9液位计平衡阀常闭；压力可以直接读出，液位可以根据液位对照表算出罐箱内有多少液体。注意：在关闭V-8或V-10时，必须先打开V-9。

LNG槽车仪表监测系统如图4-2-9所示。

四、储罐余液回收工艺

加气站在需要整改或者大修时，需要动火作业，此时需要清除储罐内的LNG，置换为液氮。常见做法是多加注LNG使储罐中的余液量尽量少，但储罐剩余2t左右的余液时，潜液泵将无法抽取储罐中的余液，此时需要利用槽车进行回收。

图 4-2-9　LNG 槽车仪表监测系统

1—L 液位计；2—V-8 液位计气相阀；3—V-10 液位计液相阀；4—V-9 液位计平衡阀；5—P_1 压力表；6—P_2 压力表；7—V-14 压力表阀

从气库出来的槽车（空车）到站上的压力控制在 0.1MPa，可通过压差实现储罐中余液倒灌至槽车。即在倒灌过程中，不断给储罐加压（调压工艺），理论上，可以回收储罐中全部液态介质。由于槽车回程时要求槽车罐体压力不超 0.3MPa（防止回程中压力升高导致安全阀起跳的应急事故），因此，储罐中的气态介质不可以排放至槽车中，常见的处理方法是将储罐中余气通过调压设备接入燃气管网，或者通过 EAG 加热器后经放散塔放空。

五、 BOG 回收工艺

LNG/L-CNG 加气站日常运营中由于气化产生的 BOG 常回收到储罐顶部，当压力达到指定压力时将经过放散塔放空。此外，站内所有安全阀在起跳时，所有超压气体同样经过放散塔放空。由于储罐中的 LNG 气化后的气体比较纯净，不含水及其他杂质，符合燃气管网回收要求。因此，实际运营中经常会在放散塔之前，EAG 加热器之后接一套调压设备，然后接入市政燃气管网。这样既避免直接放空造成的浪费和环境污染，还减少了放空可能带来的安全事故。

目前使用较多的调压设备是 BOG 调压计量加臭橇（见图 4-2-10），其设计、生产、测试都按有关标准进行。BOG 调压计量加臭橇是自动化程度较高的多功能设备，主要设备包括气动紧急切断阀、BOG 空温式加热器、BOG 电加热复热器、缓冲罐、一级调压装置、二级调压装置、计量装置、加臭装置等，具有燃气加热、缓冲、调压、计量、加臭等功能。其工作原理如下：

图 4-2-10　BOG 调压计量加臭橇

① 加气站的 BOG 经过 EAG 加热器加热后的气体，从入口总管进入 BOG 调压计量加臭橇，入口总管上配备紧急切断阀和压力现场显示，紧急切断阀信号可远传至集中控制室。

② 从入口总管出来后的气体进入空温式 BOG 加热器，其后管线上设置温度计以便观察加热后气体温度，然后进入 BOG 电加热器，电加热器出口设置温度变送器，温度信号可远传至集中控制室，并可与进气紧急切断阀实现联锁控制，若温度达到用气温度要求则出气直接进入下游，若温度低于用气温度要求则 BOG 电加热复热器启动加热，同时电加热复热器后设置温度计现场显示及压力表现场显示。

③ 气体从电加热复热器出来后进入缓冲罐，通过缓冲罐可储存气体并使其压力更平稳，以满足下游用气设备需求。

④ 从缓冲罐出来后的天然气进入调压段进行调压。调压管段由一路调压、一路旁通并联组成。在调压管段的出口管上设有安全放散阀，保证后级管路不超压，同时可防止切断阀不频繁动作。一路旁路可用于临时供气。

⑤ 调压后的气体进入智能气体涡轮流量计，流量计具有压力、温度的校正和补偿功能。具备在线检测气体的温度、压力和流量信号，并进行压缩因子自动修正和流量自动跟踪补偿，以及存储、显示、通信等功能。

⑥ 气体经流量计计量后进入加臭机，加臭机安装于出口管段，便于自动加臭（加臭功能及剂量可根据实际要求配比）。

单元 4.3 LNG 储罐

液化天然气储罐外管路及操作系统置于罐的下部，内筒体用来盛液化天然气，与其相连的各种管路通过夹层空间延伸到外管路系统。外筒体一方面与内筒体构成密闭的真空夹层绝热空间，同时对内筒体起保护和支承作用。内筒体与外筒体之间的支承采用绝热性能良好的玻璃纤维增强塑料材料，用于支持内筒体的轴向和径向载荷，以保证内筒体的稳定工作。

正常操作时 LNG 储罐的工作温度达到－162.3℃，第一次投用前要用－196℃的液氮对储罐进行置换与预冷，则储罐的设计温度为－196℃。内罐既要承受介质的工作压力，又要承受 LNG 的低温，要求内罐材料必须具有良好的低温综合力学性能，尤其要具有良好的低温韧性，目前内罐材料多采用 Cr18Ni9，相当于 ASME（美国机械工程师协会）标准的 304 不锈钢。而外罐作为常温外压容器，外罐材料选用低合金容器钢 16MnR。根据内罐的计算压力和所选材料，内罐的计算厚度和设计厚度分别为 11.1mm 和 12.0mm。外罐的设计厚度常为 10.0mm。

一、 LNG 储罐的工艺

LNG 储罐工艺流程如图 4-3-1 所示。

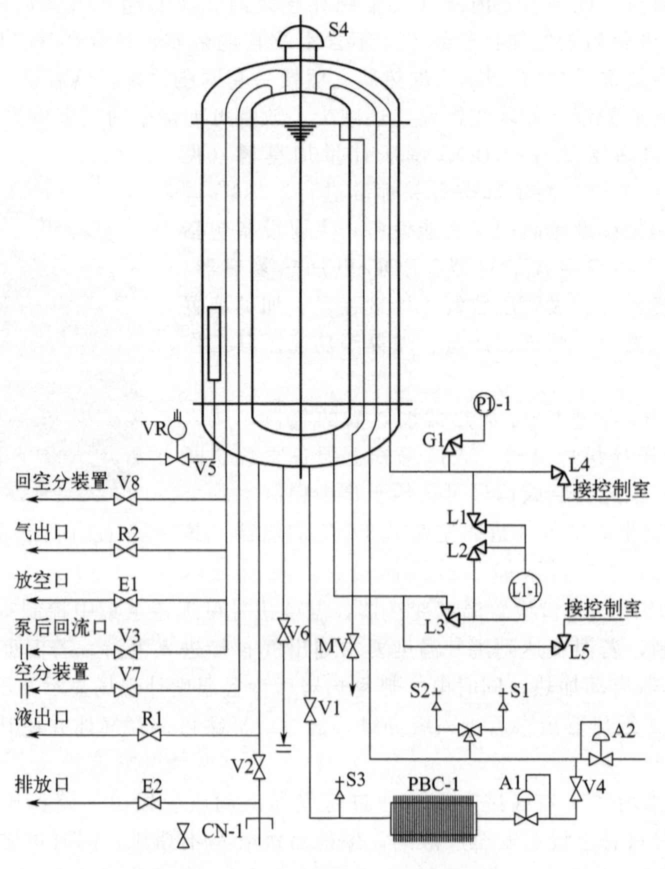

图 4-3-1 天然气储罐工艺流程示意图

LNG储罐底部设有加排系统、自增压系统、安全系统、液面高度及压力指示系统。当向罐内加注液体时，打开上下进液阀，并打开排气管路系统。液面经加液口进入罐内，由液位计读出液位高度，当测满口有液体流出时，结束加注。当需要排液时，打开自增压系统，储罐将保持稳压排液，液体由排液口流出，也可通过出液口由低温泵将液体排出。

二、LNG储罐的低温绝热形式

低温绝热可分为四种类型：

① 堆积绝热（容积绝热）；

② 高真空绝热；

③ 真空-粉末绝热；

④ 高真空多层绝热（包含多屏绝热）。

真空-粉末绝热结构形式是最常用的一种形式，其主要在绝热空间充填多孔性绝热材料（粉末或纤维），再将绝热空间抽到一定的真空度。研究与分析表明，在绝热空间填充多孔粉末和纤维，只要在低真空的情况下，就可以使气体分子的平均自由程大于粉末粒子（或纤维）之间的间距，从而消除气体的对流传热。而残余气体的热传导，也因为气压降低而显著下降。另外，多孔性材料对热射线的反射与吸收（包含散射），也起到了削弱辐射传热的作用。特别是添加一定数量的阻光材料（铜粉或铝粉）后，更有利于减少辐射传热。

由于上述几种因素，这种绝热形式的绝热性能，比单纯高真空绝热的更好，而且避免了获得和保持高真空所带来的许多困难。影响绝热效果的因素除真空度外，还有粉末的粒度、容重、添加剂的种类与数量、界面温度等。真空-粉末（或纤维）绝热的优点是：绝热性能好，优于堆积绝热两个数量级，优于高真空绝热一个数量级，而且真空度要求不高，一般为1.0～0.1Pa即可。这种绝热的缺点是：要求夹层间距大，笨重。适用于大、中型低温储槽和设备。

三、LNG储罐的技术参数

LNG储罐的技术参数见表4-3-1。

表4-3-1　天然气储罐主要技术参数

序号	项目	技术要求	序号	项目	技术要求
1	容积/m^3	60	6	外筒设计压力/MPa	0.1
2	类型	立式/卧式			
3	充装率/%	85	7	绝热形式	珠光砂/高真空缠绕
4	设计温度/℃	−196/50	8	日蒸发率/%	珠光砂（≤0.19）/缠绕（≤0.09）
5	内筒设计压力/MPa	1.3	9	净重/t	珠光砂（约25）/缠绕（约21）
			10	尺寸/mm	卧式：12650×3350×3000；立式：14000×3000×3000

LNG储罐还应配备相应的附属设备，如液位计、紧急切断阀、压力、温度传感器等，这些装置应符合下列规定：

① 应设置就地指示的液位计、压力表；

② 储罐应设置液位上、下限及压力上限报警，并远程监控；

③ 储罐的液相连接管道上应设置紧急切断阀；

④ 储罐应设置全启封闭式安全阀，且不应少于2个（1用1备），安全阀的设置应符合《固定式压力容器安全技术监察规程》的有关规定；

⑤ 安全阀与储罐之间应设切断阀，切断阀在正常操作时应处于铅封开启状态；

⑥ 与储罐气相空间相连的管道上应设置人工放散阀。

四、液位计

为防止储罐内 LNG 充装过量或运行中罐内 LNG 过少或过多危及储罐和工艺系统安全，LNG 储罐上常设有两套独立的液位测量装置，其灵敏度与可靠性对 LNG 储罐的安全至关重要。在向储罐充装 LNG 时，通过差压式液位计所显示的静压力读数，可从静压力与充装质量对照表上直观方便地读出罐内 LNG 的液面高度、体积和质量。当达到充装上限时，LNG 液体会从测满口溢出，提醒操作人员手动切断进料。储罐自控系统还设有低限报警（剩余 LNG 量为罐容的 10%）、高限报警（充装量为罐容的 85%）、紧急切断（充装量为罐容的 95%）。

目前 LNG 储罐主要使用的是差压式液位计，差压液位计是通过测量容器两个不同点处的压力差来计算容器内物体液位（差压）的仪表。

差压式液位计工作原理：利用容器内的液位改变时，由液柱产生的静压也相应变化的原理工作，如图 4-3-2 所示。

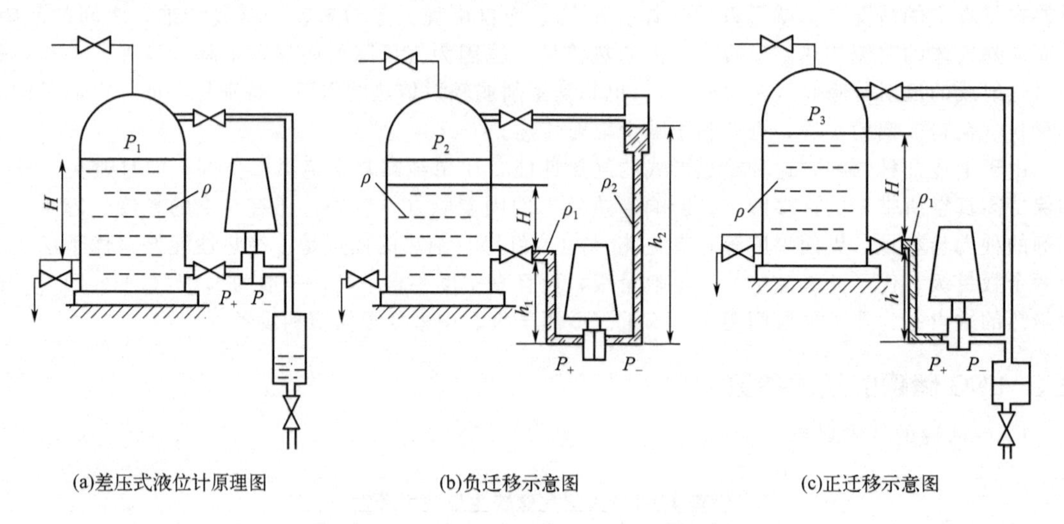

(a)差压式液位计原理图　　(b)负迁移示意图　　(c)正迁移示意图

图 4-3-2　差压式液位计工作原理示意图

通常被测介质（LNG）的密度是已知的，压差与液位高度成正比，测出压差就知道被测液位高度。当被测容器敞口时，气相压力为大气压。差压计的负压室通大气即可，此时也可用压力计来测量液位；若容器是密闭的，则需将差压计的负压室与容器的气相相连接。所以，平时在液位计上读取的数字是压差，如需转化为质量，还需要进行转化。因此在储罐的底部和顶部都设有引压管，液位高度的静压差在液位计上读出，再根据设计的液位体积换算表，可以比较精确地换算出储罐内剩余 LNG 的量。

单元 4.4　LNG 橇与潜液泵

一、潜液泵

潜液泵是低温浸没式离心泵，是在石油、空分和化工装置中用来输送低温液体（如液氮、液氨、液态硅和 LNG 等）的特殊泵，它的用途是将低温液体从压力低的场所输送到压力高的场所。其主要用于液体循环，也常用于储罐中抽取液体至终端或将其压入气化器，气化后送至终端。而在加气站中，其主要作用就是从 LNG 储罐中抽取 LNG 输送给 LNG 加气机。由于低温浸没式离心泵输送的介质都为低温液体，在输送介质过程中应保持低温，如果一旦从泵周围吸收了较多的热量，则泵内低温液体会大量气化，产生气体，从而影响泵的工作。所以低温泵在结构、材料、安装和运行等方面都有它的特殊要求。

以立式、四级、直接耦合的泵为例，其被直接安装在驱动电机上，所有这些组件都被容纳在一个承受泵吸入压力下的泵池内。因泵机组的电机设计成浸没在泵送液体中，故不需要使用轴封。被浸没的电机是机组标准供货范围内的一部分，所有部件都完全组装在一起。潜液泵可供的流量最大为 $20m^3/h$，这取决于泵驱动的转速。无密封型离心泵特别适合不能容忍通过轴封泄漏而造成产品损失的装置。此外，泵应使用变频器驱动，变频器制造厂家的说明书（如有提供）中有驱动的操作指南。特别说明一点，变频电机必须配置变频器。

常用潜液泵的主要技术参数如表 4-4-1 所示。

表 4-4-1　潜液泵的主要技术参数

<table>
<tr><th>序号</th><th>项目</th><th>技术要求</th><th>序号</th><th>项目</th><th>技术要求</th></tr>
<tr><td>1</td><td>流量范围/(L/min)</td><td>8～340</td><td>6</td><td>功率/kW</td><td>15</td></tr>
<tr><td>2</td><td>设计扬程/m</td><td>15～245</td><td>7</td><td>工作电源</td><td>3 相，380V，50Hz</td></tr>
<tr><td>3</td><td>设计温度/℃</td><td>−196</td><td>8</td><td>净重/t</td><td>单泵：约 2.0；双泵：约 3.0</td></tr>
<tr><td>4</td><td>转速范围/(r/min)</td><td>1500～6000</td><td rowspan="2">9</td><td rowspan="2">尺寸/mm</td><td rowspan="2">单泵：3000×2438×3600
双泵：3600×2438×2600</td></tr>
<tr><td>5</td><td>所需进口净正压头/m</td><td>1～4</td></tr>
</table>

每台泵在出厂前，都会采用液氮进行试验。泵如果不立即使用，必须将泵储存在干燥的环境中，并做好防护，防止受到油、灰尘、沙子及水的侵害。不要将包在泵外面的缠绕膜及其他保护物拆除，以便保护泵的内部零件不受污物和湿气侵害。只有在安装前，才可以将这些保护物拆除。要定期对存放的设备和备件进行检查，至少每隔 6 个月要检查一次。在使用之前，必须将湿气、灰尘等杂质除掉。

潜液泵主要的技术特点：

① 泵和电机都浸润在低温液体中，从而杜绝了产品损失。

② 可频繁启动，对泵寿命无影响。

③ 结构紧凑，便于安装维护。

④ 可通过变频调速，流量调节范围大。

⑤ 泵含有必要仪表、阀门、压力温度传感器、安全放散阀等。

⑥ 真空绝热套使冷损降至极限，创造了完全的工作条件。

⑦ 无密封及浸润型设计使维护要求降至最低。

⑧ 直立型的设计使泵运转更稳定，运转寿命更长。

二、潜液泵的安装与注意事项

1. 试车前检查

① 确认储罐是否有足够的液体进行预期的泵送作业。

② 泵本体装入有真空夹套的泵池前，应先将电机与变频器接线，3 根电线连接处分别绝缘包扎。

③ 设定变频器参数，参照泵体铭牌上的电机参数。

④ 管路附件如进/出口压力表、进/出口阀等按照泵的要求正确安装并经脱脂处理过。

⑤ 用氮气充分置换整个装置内部的空气等，确保系统内无水分和所有含氧物质。

2. 泵充分预冷

整个系统用氮气置换完成后，慢慢打开进液阀和回液阀，让泵池充满液体并冷却泵至少持续 15min，观察泵回气测点温度，确定泵预冷已达要求。

3. 启动泵

检查启动条件完全具备后，在额定工作转速的65%下启动泵。如果有异常的声音应立即停车检查。泵启动后如果压力上升，调节出口阀开度并调整变频器频率，使泵达到正常的工作状态。如果泵不能在10s内起压（压力表没有来回摆动），需要立即停泵并继续预冷泵3min后，再启动泵。如果两次都不能起压，需要通过变频器改变泵的转向后再启动。一旦泵正常启动后，泵的方向需要在变频器上确定，这样以后使用时就不用再更改泵的转向了。

4. 停泵

停泵以后，关闭进、出口阀，同时打开回流阀，将泵池内的压力释放。停泵后首先应确保泵池上的安全阀能正常工作。停泵后，一定要保持泵池内有轻微的正压力。如果泵池上的放空阀较长时间打开，泵内压力降到常压后，因为泵池内部和泵体仍然很冷，空气中的水分会进入泵池内，在泵体内凝结为水珠。这些附着在轴承、叶轮等处的水珠，很难通过置换吹扫出来。下次使用时，水珠会被低温液体冻成坚冰，导致轴承无法正常运转，严重时还可能烧坏电机。如果在运行中发现泵内有水，用户必须马上停车，并将泵吊出泵池。待泵和泵池复热后，先将泵池内的水擦拭干净，然后将泵放平，用热风长时间对泵进行吹扫置换约10h，将泵体内的水气蒸发吹出。吹除过程中，泵体需要加热到40℃，且每隔2～3h要改变泵体的方位和热风的入口方向。

三、 LNG橇体

（一）橇体的组成

LNG橇是实现将储罐中的LNG传输至LNG加气机的功能单元，其主要组成元件有潜液泵泵体、潜液泵泵池、变频器、泵出口压力监控与传送系统、温度监控与传送系统、防爆配电盒等，如图4-4-1所示。

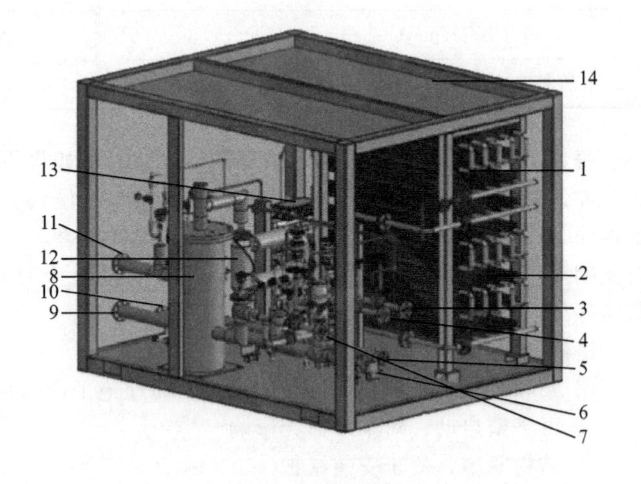

图4-4-1 潜液泵橇

1—EAG气化器；2—卸车/储罐增压器；3—卸车增压器气相口；4—卸车增压器液相口；5—接加气机回气口；6—接加气机进液口；7—卸车接槽车液相口；8—潜液泵与泵池；9—泵橇进液口；10—泵橇顶部/底部充装口；11—泵橇回气口；12—卸车流量计；13—就地仪表板；14—泵橇橇体

（二）潜液泵橇的特点

LNG泵橇将真空管道、控制阀门、低温潜液泵和泵池以及仪表柜等集中安装于块上，泵橇里面交错的管线是实现各种工艺的关键部位，例如，实现由卸车工艺转换为加注工艺，只需要于计算机控制端控制各管线开关，即可远程实现工艺转换。

LNG潜液泵橇具有以下特点：

① 高度集成，占地面积小；

② 橇装设计，便于运输转移；

③ 工艺管线短，预冷时间短，加注速度快；

④ PLC全自动控制，操作方便。

单元4.5 L-CNG橇与柱塞泵

一、柱塞泵

柱塞泵是将储罐中较低压的LNG，经过加压，使LNG压力达20～25MPa的高压，然后经过高压气化器气化成气体存储至储气设施后，再经过CNG加气机加注到车载钢瓶中。L-CNG柱塞泵橇如图4-5-1所示。

为提高柱塞泵使用寿命，柱塞泵橇建议采用一备一用模式，两台 CNG 柱塞泵需要定时更换使用，具体轮换时限由现场使用情况决定。

图 4-5-1　L-CNG 柱塞泵橇

（一）工作原理

当传动轴在电动机的带动下转动时，连杆推动柱塞在缸体中做往复运动，同时连杆的侧面带动活塞连同缸体一同旋转。三相异步电机带动偏心轮做往复式运动时，当活塞杆往后拉时，活塞压缩行程变长，工作腔内的空间变大，压力变小，当工作腔内压力低于进液腔的压力时，工作腔的单向阀打开，液体由进液腔进入工作腔。由于低温的液体是不能被压缩的，活塞杆往前运动时，对液体进行加压，所以活塞杆在做往复运动时，使机械能转化为液体的压力能，液体的压力越压越高，当压力高于出口压力时，出口处单向阀打开，液体排出去。柱塞泵如此往复地输送液体，将低温低压的液体加压成低温高压的液体。所以往复式低温柱塞泵前半个周期是吸入液体，后半个周期是排出液体，排液是间断式的，并非连续的。

工作时，在喷油泵凸轮轴上的凸轮与柱塞弹簧的作用下，迫使柱塞做上、下往复运动，从而完成打压任务，打压过程可分为以下三个阶段。

1. 进液过程

当凸轮的凸起部分转过去后，在弹簧力的作用下，柱塞向下运动，柱塞上部空间（称为泵油室）产生真空度，当柱塞上端面把柱塞套上的进油孔打开后，充满在油泵上体油道内的柴油经油孔进入泵油室，柱塞运动到下止点，进油结束。

2. 供液过程

当凸轮轴转到凸轮的凸起部分顶起滚轮体时，柱塞弹簧被压缩，柱塞向上运动，介质受压，一部分液体经孔口流回喷液泵上体液腔。当柱塞顶面遮住套筒上进孔口的上缘时，由于柱塞和套筒的配合间隙很小，使柱塞顶部的泵液室成为一个密封液腔，柱塞继续上升，泵液室内的液压迅速升高，泵液压力大于出液阀弹簧力与高压油管剩余压力之和时，推开出油阀，高压介质经出液阀进入高压液管。

3. 回液过程

柱塞向外供液，当上行到柱塞上的斜槽（停供边）与套筒上的回液孔相通时，泵液室低压通路便与柱塞头部的中孔和径向孔及斜槽沟相通，液压骤然下降，出液阀在弹簧力的作用下迅速关闭，停止供液。此后柱塞还要上行，当凸轮的凸起部分转过去后，在弹簧的作用下，柱塞又下行。此时便开始了下一个循环。

（二）柱塞泵组成

往复式低温柱塞泵主要由三部分组成：

① 三相异步电机（变频电机），是柱塞泵的动力驱动设备。

② 传动箱，采用油浸式的凸轮轴（偏心轮）及轴承结构，将电机输出的机械能传递给泵头做往复运动进行液体的压缩。

③ 低温真空泵头，由缸体、缸套、活塞组件、各类密封器、进出液单向阀等组成。

（三）柱塞泵主要技术参数

柱塞泵主要技术参数见表 4-5-1。

表 4-5-1　柱塞泵主要技术参数

序号	项目	技术要求	序号	项目	技术要求
1	流量范围/（L/h）	1500	6	电机功率/kW	22
2	额定出口压力/MPa	25	7	电机转速/（r/min）	1500
3	最大进口压力/MPa	1.5	8	工作电源	3相，380V，50Hz
4	设计温度/℃	−196	9	净重/t	约4.0
5	泵转速/（r/min）	411			

二、柱塞泵系统

往复式低温柱塞泵是一种正变量的体积泵，主要用于流量小，输出液体压力较高（20MPa以上）的不受污染的场合。往复式低温柱塞泵与其他泵相比，故障率较高，稳定性较差，其故障主要表现为：泵后压力上不去和效率不高（压力上升很慢）。

柱塞泵的运作系统主要有以下几个关键点：

1. 柱塞泵的进液管路

储罐液体的排放口到柱塞泵的进液口的管路布局尽量简洁，其间的距离尽可能得短（一般距离控制在5m以内），管路上尽量减少不必要的阀门，液体每经过一个阀门就会产生一个压损，故一般配一个低温截止阀和一个紧急切断阀即可。管路沿储罐液体排放口至泵进液口应有向下倾斜的坡度，避免产生虹吸管路现象，造成管路的进液不畅。同时管路要进行严格的保温措施，可以采用发泡保冷配以马蹄子和铝皮进行防水防腐处理。有条件的该段管路可采用真空管路，泵的进液管路的保冷效果直接影响到柱塞泵的使用效率，设计和布局时应该审慎考虑和认真施工。

柱塞泵输送的液体在大多数情况下是处于饱和状态的，在储罐向泵输送液体过程中，由于压损而使部分液体气化，形成气腔，慢慢形成汽蚀，直接影响到泵的工作效率和泵的使用寿命，因此泵的进液管路的正确安装就显得十分重要了。

2. 柱塞泵的回气管路

柱塞泵的回气管到储罐的气体排放口的管路布局同样需要布局简洁且距离尽可能短，泵回气口至储罐气相口管路有一个向上倾斜的坡度，避免产生虹吸管路现象，从而造成回气不畅，管路同样需要做保温措施。储罐在向泵输送液体的过程中，由于管路的黏性侵蚀、温差及阀门处的压损，会造成低温的液体气化形成气腔堆积在泵头进液腔内。合理的回气管路的布局能使液体在输送过程中形成的气腔顺利回到储罐内，从而避免泵头内的气腔形成汽蚀，造成对泵的伤害。可见柱塞泵回气管路的布局也至关重要。

3. 柱塞泵出液管路

柱塞泵的出液管路应有两路，一路是通往气化器，该段管路不建议进行保温处理，设计布局时尽量避免大的爬坡，从而造成压损。另一路配以紧急切断阀作为旁通卸压管路，维护时通过该段管路将泵后压力卸掉以保证操作安全，另外在泵由于汽蚀造成空车现象时，通过该段管路卸压将泵头工作腔内的气腔排出泵。泵的出液管内的压力较高（20MPa以上），管路上必须配置相应的安全阀和压力变送器，与电机进行联锁，保证系统的安全运行。

4. 主要特点

① 单缸，缸体倾斜布置的活塞泵。当储气井低于某一设定值时，由计算机控制系统选择1号或者2号柱塞泵，进液动阀自动开启（可手动开启）预冷。

② 柱塞泵预冷温度达到设定温度数值后，柱塞泵启动，自动排气阀开启。

③ 运行过程中，当柱塞泵出口温度高于设定温度时，计算机系统报警栏显示报警，开启自动或手动柱塞泵排气阀排气。

④ 当储气井高、中、低压达到计算机设定参数时柱塞泵自动停机，柱塞泵进液阀自动关闭，手动阀门复位。

三、柱塞泵橇

（一）柱塞泵橇组成

图 4-5-2　柱塞泵橇

柱塞泵可采用支座或者法兰安装，如果条件允许，柱塞泵和电机建议安装在一个基座上，结构要牢固，刚性好，并能充分吸收柱塞泵带来的振动。基座应能满足设备运输、吊装、安装的要求。橇体上的设备布局设计应便于操作、维护和检修，如图 4-5-2 所示。

柱塞泵橇 就是将柱塞泵、电机、相应管路、传动箱、缓冲罐等设备集成在一个基座，其上还配备压力、温度等重要参数传感器和传送系统，以及各主要管道的控制阀门和安全附件。

（二）缓冲罐

真空缓冲罐的作用是分离气体中的水分及稳定系统压力，一般设置在柱塞泵入口前。

当 LNG 进入缓冲罐后，利用气液分离的原理使气液充分分离，由于密度的差异，液体部分处于罐的底部，气体部分处于罐的顶部，从排气管线排出，在正常的工作中，由于连续进油，罐的压力始终相对平稳，液体就通过缓冲罐底部的集油筛管均匀地进入柱塞泵的进口，从而使输油泵平稳工作。

从储罐出来的液体，往往是气液两相混合的介质，若直接进入柱塞泵打压，柱塞泵会经常因为空载或压力集聚导致打压失败或压力异常情况，因此，在柱塞泵进液口前设置缓冲罐，其主要作用是缓冲稳流、稳压，实现气液分离，提高柱塞泵工作效率。缓冲罐进气口一般设在侧面，从切线方面配制，有利于气液分离。抽气口在罐的上部，液体从缓冲罐下部排出。

四、气化器

气化器是一种工业和民用的节能设备，由一组组低温翅片管串联而成，介质在管排翅片管内流动进行热交换，由液态转化为气态。其中涉及的液体很多，如：液氧、液氮、液氮、LNG 等。

（一）常见气化器种类

1. 直接加热方式

（1）浸没燃烧气化器

浸没燃烧气化器是一种利用燃料（如煤油、汽油等）燃烧后产生的热量加热液态气体，从而使得液态气体迅速转化为气态气体的一种气化器。

（2）固体导热式气化器

固体导热式气化器应用较少。常用的是防爆电加热器对液态气体间接加热。这种一般用于对使用气体的温度要求较高的场合。一般用于严寒地区。

2. 间接加热方式

（1）空温式气化器（也叫空浴式气化器、自然通风空温式气化器、空温气化器）

空温式气化器一般是用带翅片的铝管制作的，当“冰冷”的液态气体流入气化器时，气化器周围的空气跟翅片铝管内的冰冷液态气体产生热交换，温度降低，从而造成空气的流动，有新的“相对较热”的空气涌到气化器周围继续发生新的热交换。

当然，这是一种理想的状态，实际上空温式气化器一般都是放在室外的，风会将变冷的空气带走。当没有风的时候，可以开动一些辅助设备来“人工造风”。

（2）强制通风式气化器

这种气化器是在空温式气化器的基础上改进而来的，里面加装了通风装置，让热交换过程中变冷的空气迅速离开气化器周围，从而达到高效气化的效果。

(3) 循环热水水浴式气化器

这种气化器是使用富余热水来加热的，好处是热水多，而且是循环利用，效果非常明显。

(4) 蒸汽加热水浴式气化器

这种气化器一般被广泛用于各种化工厂和钢铁厂，一般是作为空温式气化器的一个备用设备。也就是天气冷了之后，空温式气化器的气化量达不到使用的要求的时候，会用到蒸汽加热水浴式气化器。优点是：气化能力比空温式气化器大几倍，而且不会产生结冰的现象。

(5) 电加热水浴式气化器

这种气化器是通过加热气化器中的水来加热液态气体的，很实用。但是对加热部分的自动控制一般都有要求，要防爆，而且现场要接自来水管，其技术含量不是特别高。

纯 LNG 加气站主要使用卸车气化器和 EAG 加热器，而 L-CNG 加气站常用高压气化器、卸车气化器和 EAG 加热器。

卸车气化器主要用于卸车操作时，给 LNG 槽车增压以满足卸车要求，此外，卸车气化器也常用于 LNG 储罐调饱和流程；EAG 加热器用于给放散气体加热；高压气化器是将高压 LNG 转化为 CNG 的设备。

(二) 高压气化器

1. 高压气化器工作原理

高压气化器，如图 4-5-3 所示，用于 LNG 转化成 CNG，将柱塞泵打压后出来的高压 LNG，经过高压气化器气化再输往下一程序。一台泵对应一个高压气化器，一般建于空旷处，以便气化器与空气充分接触更好散热。高压气化器原理跟集成于 LNG 泵橇里的气化器一样，由于高压气化器顶部有可能因换热导致形成冰块并高空坠落，因此作业时必须设置隔离区。

图 4-5-3 高压气化器

图 4-5-4 水浴式天然气气化器

2. 高压气化器的选择

加气站运作时，LNG 储罐内的压力随着 LNG 的输出而不断降低，当压力降到一定程度时，内外压力趋于平衡，储罐内的 LNG 将不再输出，所以必须给 LNG 储罐增压，维持压力，确保供应，此时需使用储罐增压气化器。

按 $100m^3$ 的 LNG 储罐装满 $90m^3$ 的 LNG 后，在 30min 内将 $10m^3$ 气相空间的压力由卸车状态的 0.4MPa 升压至工作状态的 0.6MPa 进行计算，假设 LNG 进增压气化器的温度为－162℃，气态天然气出增压气化器的温度为－145℃，每台储罐需选用 1 台气化量为 $200m^3/h$ 的空温式气化器为储罐增压。

在实际应用中，大多采用 1 台 LNG 储罐带 1 台增压气化器的设计模式。如需简化流程，减少设备，降低造价，也可多台储罐共用 1 台或 1 组气化器增压，通过阀门切换。每台气化器技术要求如下：

① 气化能力达 $100m^3/h$ 以上。

② 气化器设计压力不可低于 30MPa。

③ 气化器最高工作压力不高于 25MPa。

④ 气化器设计温度应达到−196℃。

⑤ 气化器材质可选用 304 不锈钢、铝翅片管。

(三) 卸车气化器

卸车气化器主要作用是使流经气化器的 LNG 受热气化，再通往储罐（槽车），达到增压目的。卸车气化器一般用于卸车时给槽车增压，另外也用于储罐调饱和工艺时给储罐增压升温。

LNG 加气站在卸车作业时常使用自增压卸车工艺，由于 LNG 罐车上本身不配备增压装置，通常需要 LNG 加气站配置卸车专用增压气化器。假设需要将罐车压力增至 0.65MPa 左右，以 LNG 进气化器温度为−162.3℃、气态天然气出气化器温度为−145℃为基础示例，站内需设置气化量为 $300m^3/h$ 的卸车增压气化器，以备卸车增压使用。卸车增压器气化器通常与储罐增压气化器共同设计，分组使用。卸车气化器技术要求如下：

① 气化能力达 $300m^3/h$ 以上。

② 气化器设计压力不可低于 1.92MPa。

③ 气化器最高工作压力不高于 1.6MPa。

④ 气化器设计温度应达到−196℃。

⑤ 气化器材质可选用 304 不锈钢、铝翅片管。

卸车气化器摆放位置比较灵活，可因地制宜进行设置，在土地资源比较紧张的地方，可将卸车气化器放置于储罐区内空余位置，如橇座基础上、储罐底部等。

(四) EAG (安全放散的低温气体)气化器

根据《汽车加油集气站设计与施工规范》中要求，低温天然气系统的放散应经过加热器加热后放散，放散天然气的温度不宜低于−107℃。因此站内所有需要放散位置均连接至 EAG 气化器后再经过放散塔集中排放。

LNG 是以甲烷为主的液态混合物，常压下的沸点温度为−162℃，密度约 $430kg/m^3$。当 LNG 气化为气态天然气时，其临界浮力温度为−107℃。当气态天然气温度高于−107℃时，气态天然气比空气轻，将从泄漏处上升飘走。当气态天然气温度低于−107℃时，气态天然气比空气重，低温气态天然气会向下积聚，与空气形成可燃性爆炸物。为了防止安全阀放空的低温气态天然气向下积聚形成爆炸性混合物，设置 1 台空温式安全放散气体加热器，放散气体先通过该加热器加热，使其密度小于空气，然后再引入高空放散。

EAG 加热器设备能力按 $100m^3$ 储罐的最大安全放散量进行计算。经计算，$100m^3$ 储罐的安全放散量为 $500m^3/h$，设计中选择气化量为 $500m^3/h$ 的空温式加热器 1 台。进加热器气体温度取−145℃，出加热器气体温度取−15℃。

对于南方不设 EAG 加热装置的 LNG 气化站，为了防止安全阀起跳后放出的低温 LNG 气液混合物冷灼伤操作人员，应将单个安全阀放散管和储罐放散管接入集中放散总管放散。

(五) 水浴式天然气气化器

水浴式天然气加热器（图 4-5-4）是通过热水与低温液态气体进行热交换，从而使低温液态气体气化成气态气体的一种设备。当环境温度较低，空温式气化器出口气态天然气温度低于 5℃时，常在空温式气化器后串联水浴式天然气加热器，对气化后的天然气进行加热。水浴式天然气加热器的加热能力按高峰小时用气量的 1.3～1.5 倍确定。

(六) 气化器的清洗方法

气化器长期运行会导致设备被水垢堵塞，从而使其效率降低、能耗增加、寿命缩短。如果不能及时清除水垢，就会面临设备维修、停机或者报废更换的危险。长期以来传统的清洗方式如机械方法（刮、刷）、高压水、化学清洗（酸洗）等在对气化器清洗时出现很多问题：不能彻底清除水垢等沉积物，并对设备造成腐蚀，残留的酸对材质产生二次腐蚀或垢下腐蚀，最终导致更换设备，此外，清洗废液有毒，需要大量资金进行废水处理。通常可采用高效环保清洗剂避免上述情况，其具有高效、环保、安全、无腐蚀特点，不但清洗效果良好，而且对设备没有腐蚀，能够保证气化器的长期使用。添加特有的湿润剂和穿透剂，可以有效清除用水设备中所产生的最顽固的水垢（碳酸钙）、锈垢、油垢、黏泥等沉淀物，同时不会对人体造成伤害，不会对钢铁、紫铜、镍、钛、橡胶、塑料、纤维、玻璃、陶瓷等材质产生侵蚀、点蚀、氧化等其他有害的反应，可大大延长设备的使用寿命。

单元 4.6　放散系统与排水设施

一、放散系统

放散系统作为 LNG 加气站天然气管道系统的最后一道安全防线，当工艺系统出现问题时，如压力超高时，安全放散系统能及时将系统压力降至设计允许范围内，从而确保整个加气站安全运营，因此站内必须设置天然气安全放散系统。

（一）放散气体的形成

目前在 LNG 和 L-CNG 加气站的日常操作中，经常遇到手动操作排放 BOG 气体的情况，而且有的加气站由于特有的情况，每天排放的总量相对较多，造成存量损失和环境危害。加气站内放散气体的形成主要有以下几个原因。

① 来源于加气车辆：每次加气时都有必要回收来自于加气车辆（LNG 类加气车辆）自用气瓶的气相，LNG 车辆自用气瓶在每次加气前，由于气化，部分 LNG 气化成气态，因此都有一定的压力存在，当气瓶中大部分都是气相时，如果不能有效地排出去，会影响加气速度。在加气过程中气相空间被压缩，压力会迅速升高，潜液泵的排压也被迫升高，最后达到加气机设定停机压力自动停机，导致车辆加气量不足，所以加气时，当有必要回收气相时，应连接回气管路进行气相回收。

② LNG 长时间储存后，LNG 储罐中部分 LNG 气化产生的 BOG，大量积存后导致储罐系统压力过高而不得不手动放散，其中 LNG 热量摄入途径主要有：

a. 从真空绝热的储罐外壁摄入，虽然可以控制在一定范围内，却也是不可避免的；

b. 从各种管道系统摄入的热量，包括潜液泵池、控制阀门、流量计、加气和卸液软管、加气枪等暴露在空气中的设备表面，都是热量摄入的途径；在为车辆加气和预冷的时候，热量被带回储罐；

c. 低温泵在运行过程中产生的热量也被 LNG 吸收。

d. 在卸车自增压操作时，需要操作阀门使少量 LNG 液体进入气化器中，LNG 吸热气化后被导入槽车中，以便于卸车，液体卸完后气相平压时气体又流回 LNG 储罐。

e. L-CNG 加气站中运用的高压低温柱塞泵停用后会从外界吸收热量而升温，每次运行前都必须对其预冷，否则无法正常工作；尤其是停用过长时间后，每次预冷时都会使大量 LNG 直接气化为低压气体，只能排入储罐中。

f. L-CNG 加气站中运用的高压低温柱塞泵要求空载启动，所以每次停用时必须将排出口管段的部分气液混合态 LNG 排放掉。

g. 槽车运输到站的 LNG 相对原加气站存量的 LNG 温度较高，卸入 LNG 储罐后，原储罐中的 LNG 吸收热量而气化。

h. 当一次 LNG 加气或卸液作业结束后，由于两端阀门关闭而被封闭在相应液相管线中 LNG 液体会因为温度升高而气化，直接从管道安全阀排出，经过 BOG 加温器放散。

i. 如果储罐内液体不足，接近饱和或已经饱和的液体介质将会在进入潜液泵吸口前达到饱和状态而气化，导致潜液泵的输送效率低下，甚至难以泄放压力，此时需要排放潜液泵中的气体以防潜液泵空转。

（二）放散系统原则

加气站须依照相关规范及行业标准，并参考国外标准设置放散系统，为确保放散系统的有效和可靠，加气站设置安全放散系统时，须满足以下基本原则。

① 若放散流量较小，如安全阀超压泄放的气体和设备释压泄放的气体，可用管线排出至安全

区或通过放空管排放；对泄放量大于$2m^3$或以上的，泄放次数平均每小时2～3次的操作排放，应设置专用回收装置。

② 加气站压缩机的每一级都应装置泄压装置，限制每一级的最大许用工作压力，以保护每一级的气缸和连接管线。根据经验，泄压装置中的安全阀的开启压力，设定为系统最大许用工作压力的0.90～0.95倍较宜。也可取系统工作压力的1.10～1.15倍。

③ 从压缩机各级活塞杆填料函等处泄漏的天然气，由于排放量较小，可经汇总后引出室外放散；压缩机的卸载排气宜采用回收装置。回收的天然气可输入压缩机进气管，不得外排放空。

④ 加气机加气嘴的泄压排放，小型加气站可以放散，大型加气站可采用回收装置回收，减少浪费和污染。

⑤ 回收到缓冲罐或回收装置中的气体，经过减压后可引入进站天然气管道内或压缩机进气管内，重复利用。缓冲罐顶部应设有安全阀，安全阀的开启压力应为缓冲罐设计压力值的0.90～0.95倍。

⑥ 储气瓶组的放散管，当采用人工操作控制放散时，放散气可引至天然气进气站管内回收；非人工控制的放散天然气，不宜直接引入进站天然气管道。因为事故放散气量大，会使邻近的天然气管道及燃具的压力急剧上升而引发事故。储气瓶组的放散管在阀后宜扩大管径2级以上，防止产生噪声。

⑦ 放散管建设高度根据《汽车加油加气站设计与施工规范》要求要高于以其中轴为圆心方圆12m建筑物2m以上，高于地面4m以上。

⑧ 安全泄放装置应具有足够的放散能力。压缩机各级管路中的安全阀的放散能力，不应小于压缩机的安全泄放量；各种压力容器上的泄压装置的最小排放速率，必须满足泄压装置标准，即不能低于容器安全排放的需要。

（三）放散管

放散管是一种专门用来排放管道内部的空气或燃气的装置。在管道投入运行时利用放散管排出管内气体。在管道或设备检修时，可利用放散管排放管内的燃气，防止在管道内形成爆炸性的混合气体。对下游设备进行超压保护，对压力较高、流速较快的气体进行放散，且放散与放空为同一管道，放散管上应设置阻火器。

加气站安全放散系统分为CNG放散和LNG放散系统两部分，需要设置放散的工艺设备包括LNG储罐、潜液泵、柱塞泵及管路系统、加气机、BOG回收系统。放散系统的组成包括各工艺设备上的安全放散阀门、配套控制阀门、放散管道、气化器、阻火器、排污装置及集中放散管。其中LNG放散管设计温度为－196℃，工作温度为－162℃；CNG放散管系统设计、工作温度均按站址所在地环境温度考虑。LNG放散系统中介质为低温天然气，存在气态、液态或者气液混合态，由于低温天然气温度大于－107℃时密度小于空气，为了保证放散出来的低温天然气能迅速上浮至高空，需要通过EAG气化器，使其完全成为气态后，再进入LNG集中放散管放散。低温部分放散管通常选用不锈钢无缝钢管，其技术性能符合现行国家标准《流体输送用不锈钢无缝钢管》的规定，材质为06Cr19Ni10。也有部分加气站选用20号无缝钢管。图4-6-1为一般放散管设计图。

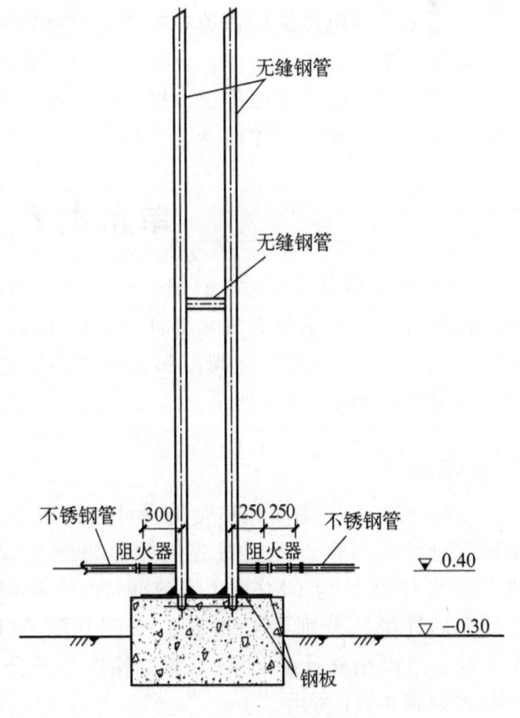

图4-6-1 一般放散管设计图

部分选用了20号无缝钢管的加气站发现，其无缝钢管放散管会出现变形、起拱，甚至出现放散管道断裂的情况。出现这种情况的原因是运营过程中手动放散低温天然气，造成放散系统出现大量气液混合物，远超EAG气化器的设计能力，这样天然气在经过EAG气化器后其温度升高不及时，或者升温幅度不够大，导致低温气液混合物来不及气化，而EAG气化器出口之后的管道材质为20号的放散管，其温度下限是－20℃，而天然气极限最低温度达－162℃，这样使放散管道出现明显的变形，甚至脆性断裂。因此，在选用放散管材质的时候，如条件允许，建议选用材质为06Cr19Ni10的不锈钢无缝钢管。

（四）排污系统

放散塔顶端端口开放，一般没有防雨措施，因此会有雨水等杂物掺杂进里面。若长时间不对放散管道进行杂物清除，有可能导致放散不畅，甚至整个放散系统瘫痪。因此需要定时对放散塔进行排污，排污周期视加气站日常运营情况而定，但清污周期一般不宜超过一个月。此外，在连续的雨雾天气或者严重风沙洗刷后，应当立即对放散管清污。

排污口在放散塔底端，由于清除出来的杂物有可能掺杂低温天然气混合物，操作时应注意防冻。且排污物宜集中处理，不可随意排放，建议有条件的可设置沟渠集中回收清污杂物，然后再进行统一处理。

二、 LNG储罐区潜水泵

根据规范要求，加气站地下或半地下LNG储罐应设置在罐池里面，俗称围堰。罐池应为不燃烧实体防护结构，应能承受所容纳液体的静压及温度变化的影响，且不应渗漏。而在雨水季节，特别是雨水充沛的南方地区，罐池内有积水的可能，当罐池内积水达到一定程度时，会影响罐池内设备的正常使用，所以，加气站一般设置潜水泵，预防洪涝时带来的不必要损失。

潜水泵种类非常多，但在加气站罐池中必须使用防爆的潜水泵。潜水泵必须加装漏电保护器；出水管尽可能不要弯曲，及时发现并修补输水管的破裂处，以减少功率损失；对杂物较多的水源抽水时要加过滤网；而且加气站用的潜水泵必须具有水位报警和自动排水功能。另外，从安全角度出发，建议备用一台潜水泵，且备用的潜水泵可以手动启动。考虑到罐池内也有杂物垃圾存在，因此如条件允许，建议安装排沙潜水泵，可确保罐池内的积水及时排走。

潜水泵的供电回路应该单独布置，与整站的供电回路分开。在雨水季节，一旦洪涝导致站内停电，潜水泵仍能正常工作，确保罐池内不积水。

潜水泵启动前校正电源正负极，以免水泵倒转，不出水；使用中发现异常情况时，及时切断电源，查明情况恢复后才能继续工作。

单元4.7　LNG加气机

LNG加气机是集加注、计量、显示于一身的设备。LNG加气机又叫加液机，有单枪加气机和双枪加气机。其主要组成元部件有：LNG加气枪（加液枪）、流量计、分类控制阀门和安全阀门、控制主板、显示屏幕等，如图4-7-1所示。

一、流量计

LNG加气机一般采用质量流量计，如图4-7-2所示，质量流量计是当今世界上最先进的流量测量仪表之一。卸车流量计型号为CMF200大流量LNG专用流量计，加液和回气量计分别为CMF100和CMF25的科里奥利流量计。可以精确计量LNG流量，精度为千分之一，技术参数如表4-7-1所示。

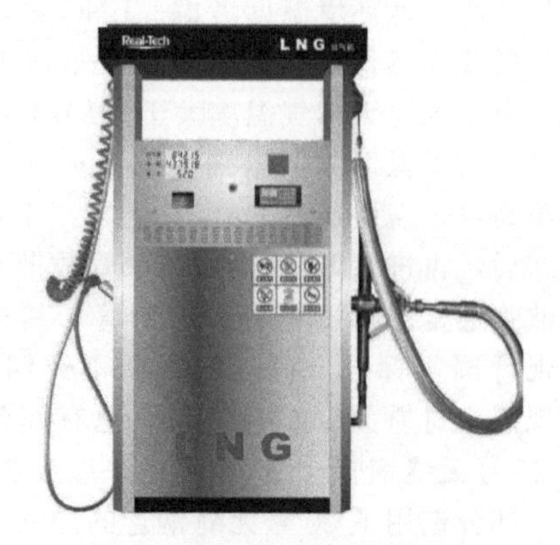

图4-7-1　LNG加气机外观图

表 4-7-1 质量流量计技术参数

序号	项目	单位	回气流量计 CMF025	进液流量计 CMF100	卸车流量计 CMF200
1	工作介质	—	LNG	LNG	LNG
2	最大流量	L/h	2180	27200	87100
3	最大工作压力	MPa	1.6	1.6	1.6
4	设计压力	MPa	2.5	2.5	2.5
5	充装压力	MPa	0.5～1.2	0.5～1.2	0.5～1.2
6	精度	kg	±0.1%	±0.1%	±0.1%
7	安装位置	—	加气机内	加气机内	泵橇

一台质量流量计的计量系统包括一台传感器和一台用于信号处理的变送器。根据牛顿第二定律，流量管扭曲量的大小完全与流经流量管的质量流量大小成正比，安装于流量管两侧的电磁信号检测器用于检测流量管的振动。当没有流体流过流量管时，流量管不产生扭曲，两侧电磁信号检测器的检测信号是同相位的；当有流体流经流量管时，流量管产生扭曲，从而导致两个检测信号产生相位差，这一相位差的大小直接正比于流经流量管的质量流量。

由于这种质量流量计主要依靠流量管的振动来进行流量测量，流量管的振动，以及流过管道的流体的冲力，致使每个流管产生扭转，扭转量与振动周期内流过流管的质量流速成正比。由于一个流管的扭曲滞后于另一流管的扭曲，质量管上的传感器输出信号可通过电路比较，来确定扭曲量。电路中由时间差检测器测量左右检测信号之间的滞后时间。这个“时间差”ΔT 经过数字量测量、处理、滤波以减少噪声，提高测量分辨率。时间差乘上流量标定系数来表示质量流量。由于温度影响流管刚性，扭曲量也将受温度影响。被测量的流量不断由变送器调整，后者随时检测粘在流管外表上的铂电阻温度计输出。变送器用一个三相的电阻温度计电桥放大电路来测量传感器温度，放大器的输出电压转化成频率，并由计数器数字化后读入微处理器。

二、加气枪

加气枪，如图 4-7-3 所示，具有加气连接速度快，密封性能好，使用寿命长等特点，可轻松胜任 LNG 加气站日常的加注任务。技术参数如表 4-7-2 所示。

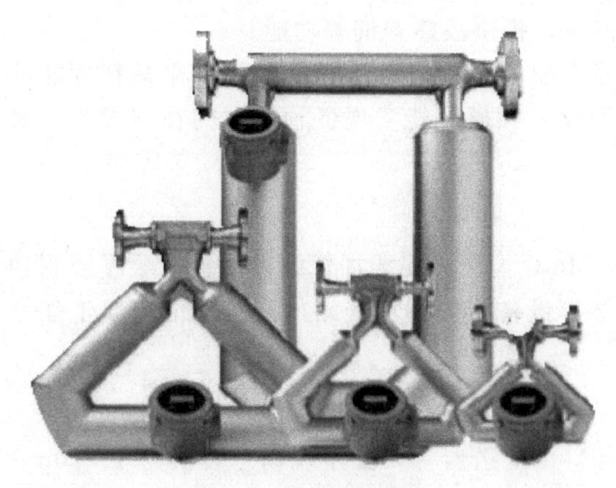

图 4-7-2 质量流量计

图 4-7-3 加气枪

表 4-7-2 加气枪技术参数

序号	项目	单位	技术参数	序号	项目	单位	技术参数
1	工作介质	LNG		6	设计压力	MPa	1.6
3	预计寿命	每次大修后循环使用15000次		7	充装压力	MPa	0.5～1.4
4	定额流量	L/min	180	8	口径	mm	DN25
5	最大工作压力	MPa	1.4				

三、LNG 加气机的主要功能

① 计算出计量值的金额，在加液过程中自动控制，在充液过程中能双面自动显示加气量、加液金额及单价（显示带夜光）。

② 配套计算机后，可以随时查询历史某天、某月总累计量，可以查询当日某次累计量，并可复现最近的加气数据。

③ 具有手动紧急切断阀，且具有压力保护功能：当加液压力超过国家规定压力值，自动停止加液。

④ 监控系统。监测充液过程的温度、压力和流量，控制充液速度。

⑤ 具有卸压功能。

⑥ 配置拉断阀，加液软管和回气软管有拉断保护功能。

⑦ 具备断电数据保护，数据延时显示功能。

⑧ 安全准确性能。配置单向阀，具有温度补偿功能的流量计。所有电气设备选型和施工必须满足相应的防爆标准（防爆等级 1 区），内部的供电电缆和信号电缆从材质到连接方式上均满足防雷、防爆及防护的要求。电缆通过镀锌钢管和防爆挠性连接管与现场安装的仪表和自控设备进行连接。

单元 4.8 电气控制系统

一、配电柜

（一）配电柜概述

电控柜由变频器、软启动器、低压电器系统、施耐德可编程控制器、I/O 模块、模拟量采集模块、信号隔离转换器、触摸屏、温度变送器、压力变送器等组成一套完整的 LNG 加气站设备控制、保护系统。具有对泵、阀、储罐的控制、检测报警、停机之功能，实现加气站设备的自动运行、控制和保护，出现故障时自动声光报警、自动停机，提供故障查询等功能。

PLC 采用模块化结构，易于扩展及根据工艺要求调整控制方式，12 位的模拟量采集精度能够实时、精确有效地检测各温度、压力、差压等值的变化；触摸屏能实现各种参数的在线设置、修改、调用以及监控各设备的工作情况。

（二）配电柜组成

电控柜由 PLC 控制柜和动力拖动柜两部分组成。PLC 控制柜完成加气站各设备的顺序控制功能，属于弱电部分，动力拖动柜完成潜液泵、柱塞泵等设备控制和加气站的配电功能，属于强电部分。

（三）配电柜工作原理

电控柜将现场各种模拟量信号（压力、温度信号）由变送器（安置于现场）转换为 4～20mA 的电流信号，经 PLC 的 A/D 采集模块，送入 CPU 处理。CPU 对实时信号和设定信号比较，并作相应报警处理，同时监控整个系统流程。触摸屏用于参数设置、实时信号显示以及故障报警显示。

（四）系统控制

合上主电源断路器后，加气站供电系统接通，控制系统的各种参数可根据实际情况进行调整。按控制柜面板上的“急停”按钮，可使整个控制柜和加气站断电。必须将此“急停”按钮旋转复位，主电源断路器才能合上。控制系统分为 LNG 部分和 L-CNG 部分，它们各自有相应的自动控制和手动控制。

（五）手动控制

1. LNG 部分

手动控制部分由触摸屏面板上的“手动/自动”切换按钮完成。

在手动控制方式下运行时，可手动打开或者关闭气化器入口阀、泵橇上进液阀、泵橇下进液阀、卸车阀、罐出液阀、罐上进液阀、罐下进液阀、潜液泵入口阀、潜液泵溢流口阀、潜液泵出口阀。手动模式下还可以启动或者停止变频器。

2. L-CNG 部分

手动控制部分由触摸屏面板上的“手动/自动”切换按钮完成。

在手动控制方式下运行时，可手动打开或者关闭柱塞泵进液阀、柱塞泵放空阀、柱塞泵出液阀、气化器入口阀以及启动或者停止软启动器。

泵和电磁阀运行时均有状态显示。

备注：手动控制模式仅用于系统的调试与维护。变频器只能在潜液泵预冷完成后进行启、停操作。

（六）自动控制

自动控制模式下，系统完成对储罐、低温泵、柱塞泵、站内工艺阀门和加气机等设备的监控，以及具有对卸车、储存、调压、加气等各种工艺过程的相关数据、状态进行采集、控制、显示、报警的功能，还具有参数查询、修改等功能。另外可对全站的安全状态进行监测，通过泄漏报警仪等监测设备及时发现泄漏等隐患，并报警、自动关闭紧急切断阀、各动力设备。

1. LNG 部分

LNG 自动控制分为卸车、调饱和、待机等运行模式，控制系统针对这几种不同的工艺运行模式分别自动进行切换和控制。

2. L-CNG 部分

L-CNG 的自动控制就只有一种，在自动控制模式下，L-CNG 橇上的阀门和柱塞泵按照一定条件自动动作完成 L-CNG 橇的需求。

合上电源，系统处于待机模式，只有触摸屏控制系统、加气机控制系统和上位机控制系统给出相关允许命令信号时，系统才能切换到其他运行模式。在待机模式状态下罐出液阀、罐气相阀、罐进液阀、卸车阀均打开。

以下三种方法可进入自动控制运行方式：

系统通电后直接进入自动控制运行方式。

按触摸屏面板上的“手动/自动”切换按钮可以进入自动控制运行方式。

按上位机面板上的“手动/自动”切换按钮可以进入自动控制运行方式。

二、配电柜操作与维护

（一）卸车运行模式

在触摸屏主画面中按下“运行模式”按钮进入运行模式选择画面，选择“卸车模式”进入卸车模式选择画面，点“卸车开始”按钮（可选择使用 1 号潜液泵或 2 号潜液泵）进入卸车模式，选择储罐进液阀（上进液还是下进液），打开槽车阀门进行压力平衡，压力平衡后，关闭气化器出口阀并打开手动阀门进行槽车增压，当槽车压力大于储罐压力时按确定键（表示压力平衡完成），打开气化器进口阀进行泵预冷完成后按下“起泵”按钮进行卸车。卸车时低温泵的转速可通过参数设置画面里的卸车电机频率进行修改。

（二）调饱和运行模式

在触摸屏主画面中按下“运行模式”按钮进入运行模式选择画面，选择“调饱和模式”进入调饱和模式选择画面，点“调饱和开始”按钮（可选择使用1号潜液泵或2号潜液泵）进入调饱和模式，选择需要的模式（增温、增压、减压）并按对应的模式开始按钮，进行启泵。调饱和低温泵的转速可通过参数设置画面里的调压电机频率进行修改。

（三）加液运行模式

加液前确认加液回路上各手动阀门处于开启状态，潜液泵处于自动模式下的待机状态，且潜液泵已预冷完成（如果触摸屏上“提示潜液泵需要预冷”时，点击触摸屏上点击“预冷潜液泵”按钮，进行潜液泵预冷操作，直到触摸屏上提示“泵预冷完成”）。按下加液机上“预冷/加液”按钮，PLC系统检测到加液机输出的加液信号后，进入加液模式；PLC自动开启加液回路各气动阀（储罐出液阀、储罐回气阀、储罐回液阀、泵橇加液阀）。加液时潜液泵的转速可通过参数设置画面里的加液电机频率进行修改。

（四）报警系统

系统一旦通电进入自动状态就开启报警系统，进入正常运行、监控状态。正常与不正常，主要是指检测的压力、温度是否在要求的范围内，变频器、电机是否有故障。在自动运行的任一状态任一时刻按下停止按钮，系统将停泵复位相关输出，并返回到待机状态。报警有声报警和光报警。

（五）正常停机

系统在卸车、调压、加气模式正常运行并完成相关动作后停机并返回到待机运行模式，等待下一次的启动。

（六）故障停机

当监控发现故障时，系统声光报警，同时在触摸屏上显示报警信息，根据故障性质分4种情况。

① 如果检测到压力、液位、温度超过报警值，系统报警，操作员根据具体情况进行处理。

② 如果检测到变频器故障，系统报警停机，返回到待机状态。

③ 如果检测到燃气浓度高，系统报警，操作员根据具体情况进行处理。如果检测到燃气浓度超高、火灾报警，系统断电急停。

④ 如果检测到潜液泵打压不足、电流偏低，系统输出相应的故障报警并停机。系统故障报警时，按“消音”按钮，声报警解除。故障解除后，按“复位”按钮后，光报警解除。

（七）紧急停机（突发故障）

按“急停”按钮，所有设备断电停止运行。重新开机前，必须复位“急停”按钮给主回路重新通电。

（八）实时数据、运行状态、故障查询、参数设置及显示

1. 数据显示

系统正常运行时触摸屏显示累计运行、单次运行时间等信息，具体操作方法参见触摸屏软件介绍部分。主电压在控制柜面板上显示，主要实时数据有：储罐压力、储罐液位、1号潜液泵进口压力、1号潜液泵出口压力、2号潜液泵进口压力、2号潜液泵出口压力、1号潜液泵进口温度、1号潜液泵出口温度、2号潜液泵进口温度、2号潜液泵出口温度、仪表风压力、柱塞泵进口压力、1号柱塞泵出口压力、2号柱塞泵出口压力、1号柱塞泵回气温度、2号柱塞泵回气温度、水浴气化器出口温度、气化器1出口温度、气化器2出口温度、高压储气瓶压力、变频器频率、电流参数、软启动器电流参数、潜液泵的运行时间等。

2. 状态显示

电源指示、系统故障（光报警）和声报警在控制柜面板上显示。

（1）LNG部分相关阀门

气化器入口阀、泵橇上进液阀、泵橇下进液阀、卸车阀、罐出液阀1号、罐出液阀2号、罐上进液阀、罐下进液阀、1号潜液泵入口阀、1号潜液泵溢流口阀、1号潜液泵出口阀、2号潜液泵入口阀、2号潜液泵溢流口阀、2号潜液泵出口阀共计14个阀门以及变频器的运行状态在触摸屏上显示。

（2）L-CNG部分相关阀门

1号柱塞泵进液阀、2号柱塞泵进液、1号柱塞泵出液放空阀、2号柱塞泵出液放空阀、1号柱塞泵出液阀、2号柱塞泵出液阀、1号气化器入口阀、2号气化器入口阀共计8个阀门以及1号软启动器、2号软启动器的运行状态在触摸屏上显示。

3. 故障查询

在触摸屏上可显示各报警值的详细信息，如：储罐压力低、储罐压力高、储罐液位低、储罐液位高、变频器故障、仪表风压力低、仪表风压力高、潜液泵溢流口温度高、气化器出口温度低、燃气浓度高等。

4. 参数设置

参数设置方法请参见触摸屏软件介绍部分。

（九）系统故障

系统故障包括各种压力、液位、温度超限和主机、辅机过载保护。通过触摸屏显示的报警信息可确定故障的位置，在故障排除后按“复位”按钮将该报警信息从触摸屏窗口中删除。系统出现故障后再次启动前，必须进行复位。

当监控发现故障时，系统报警、故障显示（报警内容具体，方便操作人员可以根据显示的内容迅速查找故障原因）。

（十）现场安装

① 根据外形尺寸及地脚螺钉孔打好地基，待养生期到后可进行设备就位、找平、埋妥地脚螺钉。水泥固化后可把紧地脚螺钉以固定设备。

② 按图接上电源线、输出线。检查进出线正确之后，应检查绝缘，用500V摇表在2MΩ以上方可送电，否则要检查原因并消除之后，方可送电。检查电机绝缘和电线连接性，转子转动灵活性，机械传动机构是否正常。

③ 以上均正常后，接通电源，并注意现场不能因电机转动而伤害人和设备。观察电机运转是否正常，包括电流大小，转速高低，以及旋转方向是否正确。

（十一）使用和维护

① 保证使用时不要超负荷运转。

② 定期进行维护保养，经常检查接线鼻子有无松动，尘埃太厚时应及时清理，否则，可能使绝缘性能降低引起短路或“放炮”。

③ 更换元件时，应核准元件参数，如耐压、电流、尺寸等，接线时注意极性。

三、空气压缩机与其系统

站内各个气动阀门以及LNG加注枪的配套设施——吹扫枪，都需要空气压缩机供以压缩空气，目前空气压缩机主要有以下三种。

（一）活塞式空压机

活塞式压缩机通过连杆和曲轴使活塞在气缸内向前运动。如果只用活塞的一侧进行压缩，则称为单动式。如果活塞的上、下两侧都用，则称为双动式。活塞式压缩机是唯一一种能够将空气和气体压缩至高压，以适合诸如呼吸空气压缩机等用途的设计。

（二）旋转螺杆式空压机

螺杆式空压机属于容积式压缩机，这是现今使用的最主要的压缩机类型之一。螺杆压缩元件的主要部件是凸形转子和凹形转子，这两个转子相互靠近移动，使它们之间及腔内的体积逐渐减小。螺杆式的压力比取决于螺杆的长度和外形以及排气口的形状，其没有装备任何阀门，不存在产生不平衡的机械力。因此可以在高的轴速下工作，而且可以兼顾大流量和小的外部尺寸压缩能力。

（三）旋转滑片式空压机

滑片式压缩机以非常低的速度（1450r/min）直接进行驱动，转子是唯一连续运行的部件，上面有若干个沿长度方向切割的槽，其中插有可在油膜上滑动的滑片。转子在气缸的定子中旋转。在旋转期间，离心力将滑片从槽中甩出，形成一个个单独的压缩室。旋转使压缩室的体积不断减小，空气压力不断增大。通过注入加压油来控制压缩产生的热量。高压空气从排气口排出，其中残留的油通过最终的油分离器予以清除。

单元 4.9　其他设施

一、操作平台与支撑架

加气站设备与设备之间采用管线连接实现介质传输，因此站内管线相互交错，人根本无法通过，因此需要借助操作平台（见图 4-9-1）。操作平台需要因地制宜，不同设备和不同工艺管线走向所需平台位置形状均不一样。围堰区内雾气比较重，因此一般建议操作平台采取防锈措施，有条件时可建设不锈钢平台过梯。

图 4-9-1　操作平台

二、监控系统

加气站附有监控设备，一方面用于监控财产和人员，另一方面也可监测站内设备使用状态安全与否。监控摄像头数量根据现场实际确定，一般来说，以下几个主要区域必须配备足够的摄像设备以保证有效监控。

1. 围堰区

围堰内主要有 LNG 储罐、LNG 潜液泵橇、L-CNG 柱塞泵橇及配套管线等。监控重点是 LNG 储罐根部位置，LNG 潜液泵橇进液管段、潜液泵橇、L-CNG 柱塞泵橇进液管段、柱塞泵、柱塞泵出液管段、卸车口接入 LNG 潜液泵橇管段。

2. 加气区

加气区主要设备有 LNG 加液机、CNG 加气机。监控重点是 LNG 加液机加液枪操作区域，CNG 加气机加气枪作业区域，还有潜液泵橇出液管至 LNG 加液机管段的管沟盖板。

3. 其他主要设备区

这个区域主要有卸车口、放散塔、高压气化器、储气设施、顺序控制盘等。监控重点是卸车口接管位置、放散塔管口、气化器进液口和出气口、储气井井口及排污管、储气瓶组罐身等。

4. 站控区域

站控区域主要有站内控制系统和视频监控主机，这两个设备监控都是为了防止恶意破坏及违规操作。

单元 4.10 LNG 和 L-CNG 加气站操作规程

一、置换

① 站内设备及连接管道投入运行前先使用液氮置换空气；当含氧量≤1%时，改用 LNG 直接置换。

② LNG 加气机出厂前已用液氮置换，投入运行前可直接使用 LNG 置换。

③ 用皮囊取适量置换放散气体，远离放散点进行点火试验（选择上风口），燃烧火焰以黄焰为合格。

二、潜液泵预冷操作规程

① 此工作应于卸车前 1h 进行；

② 管道流液轻微开启一储罐的底部进液阀，将罐内部分 LNG 缓慢流经泵池，打开泵池溢流口处的阀门至储罐；

③ 泵进口测温。

a. 观察控制柜上的显示温度，如泵入口与溢流口温度均低于－85℃，且两者相差小于 3℃，再延时 15min，则认为已达预冷状态；

b. 保持该状态，等液化天然气车到来后开始卸车。

三、卸车操作规程

① LNG 运输槽车到站后，操作人员应引导槽车至指定作业点停车、熄火、垫好三角木，车钥匙由操作员暂时保管。

② 操作人员应认真查验送货单据，核对品名、数量、质量报告，严禁不合格液体卸入储罐。

③ 操作人员应先摆放消防器材、采取警示措施、连接静电接地夹，并根据槽车与接收罐的压力及液位情况，确定卸车方案：当储罐压力高于槽车压力时，宜采用顶部进液；其余情况可以采用顶部或底部进液，也可同时进液。

④ 卸车前，应先检查卸车软管情况并连接至槽车接口，并对软管进行吹扫置换。

⑤ 操作员确认卸车台至储罐的所有阀门开关处于正确的状态。同时，记录槽车及储罐的压力、温度、液位，按情况选用泵或/和增压器进行卸车作业。

⑥ 卸车区至罐区的操作应由操作人员进行，槽车的操作应由槽车押运员进行。

⑦ 卸车过程中，操作人员应巡回检查所有工艺阀门、管线、仪表工况，并做好记录。观察槽车及储罐的压力及液位变化，保持压差在 0.2MPa 左右，储罐的液量不得超过储罐总容积的 90%。

⑧ 卸车结束后，操作人员关闭卸车台及工艺区其他相关的卸车阀门，并监督押运员关闭槽车内相关阀门，在安全排除卸车管内残液后卸下软管，收起静电接地夹及三角木。

⑨ 操作人员应将储罐顶部进液阀保留为开启状态，确认卸车液相管道内的残液回到储罐后，关闭储罐顶部进液阀。

⑩ 操作人员完成卸车后，应拆除警戒线，复位消防器材，双方签字并交接有关单据及车钥匙后，指导槽车驶离加气站。对液化天然气槽车压力、液位进行检查。LNG 罐车卸液前后安全检查记录如表 4-10-1 所示。

⑪ 下列情况不得从事卸车作业：

a. 雷雨天气。

b. 附近有明火或发生火灾。

c. 站内发生泄漏。

d. 液化天然气储罐压力异常。

e. 其他不允许卸车的情况。

表 4-10-1 LNG 罐车卸液前后安全检查记录

序号		日期： 年 月 日	LNG 罐车号：	
LNG 罐车卸液前检查				检查人
1	1	罐车外观、框架是否完好	是□ 否□	
	2	罐车液位是否符合要求	是□ 否□	
	3	罐车压力是否符合要求	是□ 否□	
	4	容器是否在检验有效期	是□ 否□	
	5	罐车安全附件是否完好	是□ 否□	
	6	罐车管线连接处、阀门是否泄漏	是□ 否□	
	7	确认牵引车已熄火并交出钥匙	是□ 否□	
	8	导静电装置是否完好并与罐车接好	是□ 否□	
	9	卸液法兰是否封堵并上封铅	是□ 否□	
	10	止遛器禁止移车标识是否放置	是□ 否□	
LNG 罐车卸液中检查				检查人
2	1	罐车卸液压力是否正常	是□ 否□	
	2	罐车 LNG 温度是否正常	是□ 否□	
	3	罐车 LNG 液位是否正常	是□ 否□	
	4	罐车安全附件是否正常	是□ 否□	
	5	卸液流速是否正常	是□ 否□	
	6	卸液过程是否正常	是□ 否□	
	7	阀门、法兰连接处是否有泄漏	是□ 否□	
	8	导静电装置是否正常	是□ 否□	
LNG 罐车卸液后检查				检查人
3	1	罐车压力是否符合要求	是□ 否□	
	2	罐车液位量是否符合要求	是□ 否□	
	3	罐车管线连接处、阀门是否泄漏	是□ 否□	
	4	罐车安全附件是否完好	是□ 否□	
	5	罐车阀门是否已关闭	是□ 否□	
	6	罐车是否与卸液软管已分离	是□ 否□	
	7	卸液法兰是否已封堵	是□ 否□	
	8	后箱面是否已关闭	是□ 否□	
	9	止遛器禁止移车标识是否撤除	是□ 否□	

四、 LNG 加液作业操作规程

① 进站车辆应限速 5km/h，严禁载人进入加气区。

② 充装工应引导加气车辆停靠在指定位置，将加气汽车钢瓶接地，并监督司机拉紧手刹，发

动机熄火，关闭车灯，取下车钥匙，离开驾驶室。

③ 应由驾驶员打开加气接口盖，充装工记录加气车辆的车牌号和钢瓶编号，并要求驾驶员签字确认。

④ 充装工应佩戴防护手套、护目镜，身着防静电工作服进行作业，禁止穿露臂服装进行加气作业。

⑤ 加液机停止加注时间超过一定时间（约 20min）后再进行加液作业前，应提前对加液机进行预冷操作。

⑥ 加液前，应使用吹扫枪吹扫加液枪头、回气枪头、加液及回气接口，吹除结霜及杂质，防止冰堵，保护密封面。

⑦ 充装工依次将加液枪插入受注车辆进液口，回气枪连接至回气口，开始加液作业。

⑧ 预冷及加液过程中，严禁用手触摸管道结霜部位。如遇紧急情况，应立即停止作业。

⑨ 加液结束，应依次关闭钢瓶上的回气阀门，拔下回气枪及加液枪，将加液枪归位。应使用橡胶锤敲击钢瓶上的回气口单向阀，将回气软管的气体排空，并采用吹扫枪对车载瓶进液及回气接口进行吹扫后，盖上防尘盖。

⑩ 应记录钢瓶的压力表压力、加液总量等参数，请驾驶员确认后，指引加气车辆驶离加气区域。

⑪ 加液过程应杜绝以下违规操作：

a. 加液机交给顾客操作。

b. 充装工在加气过程中离开现场。

c. 车辆未熄火进行加气。

d. 给存在明显安全隐患的车辆加气。

e. 加气时有漏气现象，未消除故障继续加气。

f. 将加液枪口对准人。

五、 CNG 加气作业操作规程

① 充装人员须持证上岗。

② 充装前的检查。

a. 检查车辆车用气瓶使用登记证，第一次入站车辆贴车辆检查标签。

b. 车内乘客全部下车，引导车辆停在充装区内，提醒司机熄火断电。

c. 检查管路是否漏气，检查钢瓶外观有无缺陷，检查车上剩余压力是否合格（不得低于 0.1MPa）。

d. 检查加气接口防尘塞是否完好。

e. 检查汽车加气接口清洁情况。

f. 检查加气枪 O 形圈磨损情况（视磨损程度更换）。

③ 充装操作。

a. 打开发动机盖，开启后备箱，检查气瓶情况，拔下防尘塞。

b. 取下加气枪，垂直将枪头插入阀嘴，拴好保险绳。

c. 一手按住枪头，另一手打开加气枪阀，确认无泄漏后，缓慢打开车上阀门，发现异常应立刻关闭。

d. 按下确认按钮，启动加气机充气。

④ 加气过程中操作人员应关注加气机和车辆状况，充装压力不得超过 20MPa，发现问题及时处理，不得远离加气机。

⑤ 充装完毕加气机自动停止，关闭车上阀门，关闭加气枪阀门，待管内余气排出后取下枪头，插入防尘塞，取下保险绳，将加气枪放回加气机插枪口。

⑥ 充装后操作。

a. 充装后对钢瓶外观、管路、阀门进行复查，填写充装记录。

b. 进行交易结算：读取加气数量和金额，并进行结算及单据处理。

c. 引导车辆出站。

d. 加气机安装了拉断阀，如果在加气过程中汽车启动，拉断阀会首先脱离并密封，终止加气。操作人员必须关闭加气机和车上的阀门，检查加气枪和拉断阀及O形圈，如有损坏及时更换，重新组装拉断阀恢复管线。

e. 如果出现紧急情况，可以将气机侧面的手动球阀旋至OFF的位置关闭气路，切断加气机电源。

六、 LNG储罐作业操作规程

① 储罐在首次使用前宜采用0.1～0.2MPa的氮气进行正压封存，否则应进行吹扫及氮气置换。

② 储罐在初次或使用过程中如有空气进入，须进行氮气置换。置换宜采用压力为0.2～0.4MPa的氮气，从储罐顶部充气，底部排放，排放至氧含量低于3%为合格。

③ 储罐在首次充装液体前应进行预冷，预冷宜采用液氮。首先采用低温气体从底部通入进行预冷，再采用液体从顶部通入进行预冷。

④ 储罐在进LNG前需先将液氮及氮气排空，并采用LNG槽车BOG对储罐内氮气进行置换，从顶部通入BOG，底部排放氮气。

⑤ LNG首次及停运后再充装时，应注意以下事项：

a. 首先打开储罐上、下进液阀，顶、底部同时充装，同时观察储罐液位，排放储罐内的气体，直至储罐有液位出现时，立即关闭排放阀，开始进液；

b. 充装至储罐的50%以上容积时，应关闭下进液阀；

c. 当充装到储罐容积的85%时，应关小进液阀缓慢进液，当液位接近90%时停止进液。

d. 储罐使用前，应检查储罐各阀门处于以下状态：

(a) 出液阀、气相阀、上下进液根部手动阀处于手动开启状态，根部气动阀处于手动关闭状态。

(b) 安全阀在有效检验期内，至少1只安全阀与储罐连通；放散手动阀及气动阀处于关闭状态；

(c) 液位计及液位变送器的平衡阀处于关闭状态，液相及气相阀处于开启状态。

⑥ 液位计及差压变送器阀门的操作：

a. 液位计及差压变送器的拆除及维修：操作前，应先关闭气相阀及液相阀，然后打开平衡阀后，才允许拆管道；

b. 液位计及差压变送器的恢复：先打开平衡阀，然后打开液相阀及气相阀，最后关闭平衡阀。

⑦ 储罐真空度的维护：储罐的真空度应定期检查及维护。

七、 LNG泵橇作业操作规程

① 设备运行前，应检查：

a. 压力表、安全阀处于有效检验期内；

b. 泵橇内所有法兰、接头处无泄漏，设备处于待机状态；

c. 确认储罐内液位不低于10%，储罐压力不低于0.2MPa。

② 潜液泵的启动：

a. 泵待机操作：从PLC控制界面启动加液模式，PLC程序自动打开泵池进液阀、泵循环阀、储罐下进液阀。首先进行泵池预冷，通过泵池的温度变送器、液位变送器检测泵池内温度及液位达到启泵条件后，泵进入待机状态。

b. 加液操作：当 PLC 系统 检测到 LNG 加液机的预冷或加气信号后，潜液泵启动，并自动打开泵出液阀，关闭泵循环阀，为 LNG 加液机供液。加液完成后，循环阀自动打开，潜液泵进入待机状态。

c. 增压操作：

(a) 储罐自增压：液体经储罐下进液口流入增压器气化后返回储罐气相，实现给储罐增压；

(b) 储罐泵增压：潜液泵将液体打入增压器，气化后经储罐上进液口返回储罐气相实现增压；

(c) 储罐调饱和压：潜液泵将液体打入增压器，气化后返回储罐液相来提高储罐的液温。

③ 为保证泵运行所需的净正压头要求，在储罐压力低于 0.4MPa 时，需对储罐进行增压，增压后能获取更大的 LNG 加注压力。储罐液位低于 3m 时，储罐压力宜增压到 0.6MPa 以上。

④ 日加液量大于 10t 且储罐压力长时间处于 0.2MPa 时，宜采用调饱和压方式，将储罐饱和压力调整到 0.4MPa 以上。

⑤ 潜液泵出现抽空报警时，可通过泵池顶部气相排放，加速回气。

⑥ 储罐压力达到 1.15MPa 时，为避免储罐安全阀起跳，通过储罐手动或自动放散阀对储罐进行降压，降压到 1MPa 以下关闭。

八、 L-CNG 泵橇作业操作规程

① 设备运行前，应检查：

a. 压力表、安全阀处于有效检验期内；

b. 泵橇内所有法兰、接头处无泄漏，设备处于待机状态；

c. 确认储罐内液位不低于 10%，储罐压力不低于 0.2MPa。

② 单泵/双泵模式的选择：在加气量小时采用单泵模式，在单泵运行时如储气瓶压力还在持续下降，切换为双泵模式。

③ 柱塞泵启动：首先开启进液、回气阀，对柱塞泵进行预冷，并打开气化器入口阀；预冷时间约为 10min（带进液缓冲的站为 5min），预冷完成后柱塞泵出口泄压并启动。

④ 柱塞泵停泵：当储气瓶组低压瓶压力升高至 22.5MPa（可根据实际需求调整）时，柱塞泵自动停止运行。

⑤ 柱塞泵再次启泵：当储气瓶组高压瓶压力降低至 18.5MPa（可根据实际需求调整）时，柱塞泵根据初次选择模式自动启动。

⑥ 柱塞泵运行过程中应随时关注柱塞泵声音及振动有无异常，如有异常，及时停泵检查。

⑦ 泵的运行过程中声音突然增大或泵出口管路有较大振动时，说明泵发生了空打现象，空打严重时会连锁停泵。当发生轻微空打时，应立即打开泵橇内回气管放散阀加速回气，或立即停泵，并重新预冷后启泵。

⑧ 为保证柱塞泵的最佳运行状况，建议在每天工作时间内持续冷却设备。

⑨ 设备运行过程中，如出现安全阀起跳，应立即停泵、关阀，查找原因。

⑩ 柱塞泵持续出现空打时，应检查泵的冷端填料及部件磨损情况，并关注进液回气管的压损及冷损情况。

⑪ 柱塞泵驱动端润滑油应定期进行更换，电机的润滑脂应注意检查并补充。

九、 L-CNG 气化橇作业操作规程

① 进入气化区必须穿防静电服，禁止穿化纤衣服及带钉鞋入内。

② 每个班次要认真检查各设备有无漏气、漏液现象。如有异常情况，立即采取维修措施，并把情况做记录。

③ 高压气化器连续工作时间不得超过 8h，当出口温度低于环境温度 10℃时应进行切换。

④ 高压气化器应定期进行除霜，保证气化效果。

⑤ 当气化器后温度低于 5℃时，启用水浴式电加热器。

⑥ 水浴式电加热器的启用：

a. 进行电气检查合格；

b. 进行加水至溢流口排出水为止；

c. 通电、开阀；

d. 水浴式电加热器的停用；

e. 关闭进出口气阀；

f. 切断水浴式加热器电源；

g. 排净筒体内的水；

h. 水浴式电加热器运行过程中水位下降后要及时补水，补水至溢流口排出水为止；

i. 水浴式电加热器宜加注防冻液，防止结冰；

j. 水浴式电加热器在投用前应进行电气检查，合格后再投入运行。

⑦ 顺序控制盘的高、中、低压电磁阀通过 PLC 控制系统进行调整设置，默认设置为低压 1MPa、中压 15MPa、高压 18MPa，可根据使用需求灵活设置。

⑧ 定期检查顺序控制盘电磁阀阀芯密封情况，出现直通时及时更换。

十、 L-CNG 储气瓶组作业操作规程

① 操作设备时必须穿防静电服，禁止穿化纤衣服及带钉鞋入内。

② 每个班次要认真检查各设备有无漏气、漏液现象。如有异常情况，立即采取维修措施，并把情况做记录。

③ CNG 瓶组运行时，应确保阀门处于正常状态。

④ 低、中、高压瓶进出口阀门处于常开状态。

⑤ 安全阀、压力表入口阀处于常开状态，安全阀、压力表应在有效检验期内。

⑥ 排污阀处于关闭状态。

⑦ CNG 瓶组首次使用前，应使用氮气进行置换，确保氧含量低于 3%。

⑧ 严禁在罐体上动焊，严禁敲打、碰撞容器外壁，以免受损。

⑨ 瓶组的排污应安全可靠，应定期进行排污，排出的污物进行集中收集处理。

⑩ 瓶组停用时，应避免将气体排尽，应保留 3～5MPa 的余压。如停用时间较长，宜采用氮气置换，并保持 3～5MPa 的余压。

⑪ 瓶组的外部支架、螺栓等，应注意日常的维护保养。

⑫ 瓶组的最大工作压力达到 25MPa，在对管道维修前应进行卸压。

十一、仪表风系统作业操作规程

① 开机前准备：

a. 检查空压机油位在油位线范围之内；

b. 检查空压机与电动机皮带松紧程度符合要求；

c. 检查电源状态及复位开关是否处于复位状态；

d. 检查干燥机、过滤器处于正常状态。

② 空压机应安装于室内，并应保持通风良好。

③ 每个班次要认真检查各设备运行状态，有无“跑、冒、滴、漏、异味、异响”等现象，否则应紧急停机。

④ 空压机储气罐、干燥机、过滤器要定时排污，并做好相关记录。

⑤ 确保仪表风压力处于 0.3～0.7MPa，确保仪表及气动阀能正常工作。

⑥ 确保干燥机运行参数正常，水露点满足环境温度需求，否则应维护干燥机或更换干燥剂。

⑦ 当过滤器的压损较大时，应进行吹扫或更换滤芯。

⑧ 定期对现场的仪表风管道进行吹扫及排污。

单元 4.11 LNG 加气站日常保养、维护与常见故障排除

鉴于 LNG 加气站的复杂性与特殊性，需对加气站重要部件及易损件做定期保养与维护，从而保障 LNG 加气站安全可靠地运行，LNG 加气站日常保养内容包括：压力表、安全阀的定期校验与更换，管路、阀门、法兰检漏，控制柜的日常保养，卸车过滤器的更换，空压机的定期维护与保养，加气机的定期维护与保养等内容

一、压力表、安全阀的定期校验与更换

压力表、安全阀作为特种设备的安全附件，需要定期进行校验与更换。压力表每隔 6 个月校验一次，安全阀每隔 12 个月校验一次。应当有计划地在安全附件下次检验日期到期前去当地锅检所进行校验更换。压力表、安全阀的更换方法：

① 关闭压力表、安全阀的根部阀，切断压力表、安全阀与管路的连接。

② 使用防爆活动扳手松开螺纹接头。

③ 将校验好的压力表、安全阀安装到位。

④ 使用防爆活动扳手紧固连接部位。

注意事项：

① 卸、装时，一定使两个活动扳手卡住接头及对应的下接头。

② 必须使用防爆工具。

③ 安装时，必须缠上生料带，避免漏气。安装完后要用肥皂水检查是否漏气。

④ 拆卸压力表时，周围环境不得有明火或其他火种。

二、管路、阀门、法兰检漏

LNG 加气站设备常年工作在冷热交替的环境下，因为热胀冷缩性，各连接部件的螺纹连接、卡套接头、螺纹连接处容易发生泄漏，如不及时紧固处理，容易引发安全隐患，因此需要根据现场情况定期对 LNG 加气站内各连接部件进行检漏。常用判断方法如下。

1. 观察法

LNG 具有非常大的气化率，LNG 暴露在空气中会剧烈气化，形成雾状气，通过观察现场雾状气的形成，可以初步判断有 LNG 泄漏。

2. 听声法

LNG 设备为承压设备，管道内均承有压力，当有燃气泄漏时，会发出明显的漏气声。

3. 辅助法

使用燃气检测仪对现场管路进行探测，可以快捷有效地判断现场管路是否有燃气泄漏，也可以使用中性发泡剂喷洒在接头处，根据接头处泡沫的产生情况即可判断是否有燃气泄漏。

处理方式：

① 使用两把活动防爆扳手对上下接头进行紧固处理

② 如若紧固后依然泄漏，则需要更换相应的密封垫片。更换时，先将待更换处的前后阀门关闭，放空管路内残留液体，待阀体冷却至常温后再进行更换垫片的操作。

三、卸车过滤器

LNG 卸车过滤器为液化天然气卸车口使用，工作介质为液化天然气（LNG）。LNG 在卸车过程中，槽车内的微小杂质会跟随 LNG 一起流入 LNG 储罐内，为防止微小杂质进入储罐内，在卸车口增加了一个锥形过滤器，精度为 200 目，有效地防止细小颗粒跟随 LNG 进入储罐系统。

1. 卸车过滤器安装使用注意事项

LNG 卸车过滤器安装使用前，应使用压缩空气将其上附着的杂质吹除干净，检查过滤器固定

螺栓是否安装严实，不能出现松动、脱落。而后检查滤网是否有破损，一旦发现滤网有变形或破损，严禁使用，并及时更换新过滤器。严格按照以上安装方式将过滤器安装于加气站卸车口，最后将法兰螺柱安装紧固。

2. 卸车过滤器使用后注意事项

LNG卸车过程结束后，拆除卸车口过滤器时严禁直接接触滤网部分，应持滤网底部圆盘，将其妥善保管等待下次卸车时使用。

3. 维护与安全

卸车过滤器应尽量保持洁净，严禁与布类物品放在一起，布类包裹很容易使过滤器表面滤网勾着布类纤维，拉扯过程中造成滤网变形破损。

严禁直接用手接触滤网部分，防止划伤。

严禁直接用手接触刚使用完的过滤器，防止冻伤。

发现过滤器损坏应更换新过滤器，以保证其功能的正常实现。

四、加气机的定期维护与保养

① LNG加气机：除尘、清洁表面、目视检查是否泄漏或者故障等（每周）。

② 加液枪：紧固枪头螺栓（每天），视检查情况更换外密封、内密封（每个季度）。

③ 紧急切断气动阀：除尘、清洁表面（每日），润滑气缸、阀杆（每月），视检查情况更换密封垫、O形圈（每年），视检查情况更换弹簧（每年）。

④ 电磁阀：对阀体清洁、润滑（每年），视检查情况更换密封圈（每年）。

⑤ 压力表、流量计：除尘、清洁表面并确保按期送检（每周），校准流量计（每月），送检后安装如漏气需更换密封垫（每个季度），油液里不应混有杂质或异物，使用一定时期后须更换新油（每个季度）。

⑥ 安全阀：检验不合格更换（每年）。

⑦ 防爆接线盒、绕线管：视检查情况更换生锈破裂螺栓、老化软管（每个季度）。

⑧ 加气枪头、吹扫枪头：视检查情况更换（每个季度）。

⑨ 接地线、接地排：检查有无断开、损坏等（每个月）。

⑩ 管线：检查不合格状态应及时处理，外保温层破损应及时修理（每年）。

⑪ 急停按钮：定期检测（每个季度）。

五、 LNG加气站常见故障排除

LNG加气站常见故障排除见表4-11-1。

表4-11-1 LNG加气站常见故障排除

序号	故障现象	排除方法
1	回气枪漏气	a. 检查枪插在枪座上是否漏气，如果漏气，需要将回气枪筒内卡槽拧开，检查或更换新的聚四氟乙烯垫片； b. 回气枪拔下来放地上枪头还是漏，需要将回气软管与枪头拆开，将枪头与软管连接处分离，检查或更换枪头单向阀上的垫圈或维修单向阀件及更换相应弹簧； c. 回气枪软管接头、螺帽有松动，需要现场紧固处理； d. 如果维修或更换配件后还是漏，有可能枪的机械部位有损坏，加气站需要采购新枪进行更换
2	回气软管拆掉后还漏气	a. LNG加气机内接回气软管处的单向阀有内漏，现场可以关闭LNG加气机进液管和回液管阀门，如果管内液体排放完以后不再漏，可以确定是单向阀漏，必须进行维修或更换； b. 更换或维修单向阀时，必须先关阀泄压，用内六角扳手拧开单向阀上的螺栓，依次取下单向阀盖、弹簧、密封件，分别检查各密封面是否杂物或损坏，找到原因后进行更换处理

续表

序号	故障现象	排除方法
3	加气枪闲置时走数	a. 检查加气枪是否存在单向阀关不严并漏液； b. 检查 LNG 加气机回液阀是否存在关不严，需要现场调试或维修处理； c. 检查仪表风压力是否达标； d. 检查仪表风管路是否有漏气或堵塞； e. 检查 LNG 加气机控制信号是否正常； f. 检查 LNG 加气机电磁阀及消音器是否工作正常
4	加气流量小	a. 检查储罐压力是否太低，导致泵池进液不足； b. 检查储罐液位是否太低，导致泵池进液不足； c. 检查泵池回气是否不畅； d. 检查 PLC 启泵频率是否正常和达到要求； e. 检查泵出口阀是否推不开或有堵塞； f. 检查 LNG 加气机气动阀是否工作不正常需要维修处理； g. 检查 LNG 加气机进口过滤器滤网上是否有较多的渣滓； h. 检查加气枪及钢瓶枪座是否存在枪推开不到位，导致流量小； i. 检查流量计参数设置及通信是否正常； j. 检查钢瓶压力是否太高或钢瓶内液体太多，导致加气速度慢，流量小
5	钢瓶加气量偏少	a. 检查 LNG 加气机内加气气动阀（阀 1）是否关不严，有漏液现象； b. 检查流量计是否存在零漂或报警； c. 检查 LNG 加气机计量单位与数值是否一致； d. 检查钢瓶压力是否太高或钢瓶是热瓶导致加不进液，需现场配合回气进行加气
6	单向阀内漏	a. 真空箱上单向阀如果内漏可能导致计量不准； b. 用吹扫枪将单向阀阀盖上水清理干净，打开阀盖取出单向阀密封件，维修或更换新配件； c. 检查是否有冰堵现象导致密封不严，需要去冰后重新还原安装
7	拉断阀漏气	a. 检查拉断阀铜件密封处是否没紧固到位，需要更换密封件或整体更换； b. 检查拉断阀阀体是否存在拉伤或有裂痕； c. 必须按照正规操作更换和维修拉断阀，防止人为原因导致在更换时引起相应的损坏
8	加气枪加气完成拔枪后泄漏	a. 检查加气枪单向阀聚四氟乙烯垫片是否损坏； b. 检查加气枪管筒内弹簧或导向环是否存在阻力大或弹力不足； c. 检查机械阀件是否有松动或脱落
9	加气枪加气时泄漏	a. 检查加气枪单向阀外密封垫是否有损坏； b. 检查加气枪枪座是否存在异常或有杂物导致密封不严； c. 检查机械阀件是否有松动或脱落
10	过滤器泄漏	a. 紧固过滤器螺母； b. 关阀排气后拆开过滤器，检查是否过滤网没装到位导致密封不严，需要重新安装或更换； c. 加气站稳定运行三个月以上可以将过滤器滤芯取掉，并将螺母紧固到位
11	截止阀内漏	a. 检查截止阀是否存在密封件紧固不到位； b. 关阀排气后，拆开阀体检查阀芯是否有冰堵或密封件脱落等现象； c. 更换密封垫片
12	流量计不振动	a. 检测流量计检测线圈的阻值； b. 检查流量变送器是否存在报警或供电不正常； c. 检查流量计安装是否存在应力或松动； d. 检查管路是否存在进液不畅导致流量计长期工作在不稳定状态； e. 用 prolink 软件重新配置相应的参数

续表

序号	故障现象	排除方法
13	压力表显示误差	a. 检查压力表是否能正常回零； b. 检查压力表引压管是否存在漏气； c. 重新检验压力表或更换新表
14	电磁阀消音孔有漏气声音	a. 检查包括吹扫枪在内的各处有无漏气现象； b. 检查泵橇上仪表风压力是否大于0.4MPa； c. 关闭LNG加气机电源，等待2min后再通电； d. 更换电磁阀； e. 检查LNG加气机电源板
15	气动阀不动作	a. 检查包括吹扫枪在内的各处是否有漏气现象； b. 检查泵撬上仪表风压力是否大于0.4MPa； c. 检查电磁阀是否有220V电源； d. 更换电磁阀； e. 检查气动阀是否气缸锁太紧
16	当监控发现故障时，系统声光报警，同时在触摸屏上显示报警信息	a. 如果检测到压力、液位、温度超过报警值，系统报警，操作员根据具体情况进行处理； b. 如果检测到变频器故障，系统报警停机，返回到待机状态； c. 如果检测到燃气浓度高，系统报警，操作员根据具体情况进行处理。如果检测到燃气浓度超高、火灾报警，系统断电急停； d. 如果检测到潜液泵打压不足、电流偏低，系统输出相应的故障报警并停机
17	储罐罐体表面异常结霜，且罐体内部压力、温度快速升高	储罐罐体内部真空失效。紧急故障须停止运营，启用紧急预案处理办法，遵照相关安全规程处理，同时联系厂家处理
18	储罐安全阀起跳	a. 打开储罐紧急排放阀，对储罐进行泄压，排放到储罐安全压力为止，且安全阀复位； b. 校验储罐安全阀； c. 更换新安全阀
19	储罐根部阀无法打开	用热水对阀体进行加温，或通知厂家派专业人员进行除冻处理
20	储罐上液位计显示不准确，并且指针波动较大	a. 联系厂家更换压差液位计； b. 检查压差液位计和压力表上相关阀门，具体方法如下：开启压差液位计平衡阀，关闭压差液位计和储罐压力表根部阀，待3min左右后再开启压差液位计和储罐压力表根部阀，再关闭平衡阀，观察压差液位计是否正常。如故障不能排除，请联系厂家
21	在PLC界面上显示泵前压力低报警信息	a. 采用增压流程，对储罐进行增压； b. 检查压力变送器针形阀门是否被关闭，若关闭，请打开针形阀门。检查线路是否松动或接触不良，检测压力变送器电源DC 24V是否工作正常以及压力变送器自身是否存在故障，如有，应立即维修更换； c. 检查安全栅或浪涌保护器是否损坏，若损坏，请购买配件更换。如不能解决，请联系厂家对相关硬件进行检查
22	在PLC界面上显示泵前压力高报警信息	a. 对储罐进行紧急泄压处理，及时打开放散阀放空处理；若液体温度很低，可以采用自降压功能进行降压处理； b. 检查压力变送器针形阀门是否被关闭，若关闭，请打开针形阀门。检查线路是否松动或接触不良，检测压力变送器电源DC 24V是否工作正常以及压力变送器自身是否存在故障，如有，应立即维修更换； c. 检查安全栅或浪涌保护器是否损坏，若损坏，请购买配件更换。如不能解决，请联系厂家对相关硬件进行检查

续表

序号	故障现象	排除方法
23	在加液、卸车时潜液泵无法启动	a. 点击控制柜触摸屏“手动预冷潜液泵”按钮（潜液泵预冷完成条件：遇冷时间达到系统设定时间；泵池进口温度和泵池溢流口温度差达到潜液泵预冷完成设定值）； b. 请检查系统急停按钮是否复位； c. 解除系统报警，同时点击控制柜面板复位按钮； d. 检查系统供电电压是否正常，线路是否缺相，或者检查变频器相关参数设置是否正常； e. 联系厂家进行泵的维修处理； f. 检查温度变送器、安全栅、浪涌保护器线路是否有问题
24	在PLC界面上显示潜液泵打压不足报警信息	a. 打开溢流口排空截止阀，排放泵池内气体后，再次启动潜液泵； b. 按照使用说明书中的增压流程对储罐进行增压； c. 检查泵出口压力变送器及其回路是否有问题，并及时更换
25	在PLC界面上显示潜液泵进口温度高报警信息	a. 将储罐的液体引入泵池内（类似于泵池预冷操作）； b. 检查线路是否松动或接触不良，同时更换温度传感器，若还不能解决问题，联系厂家对相关硬件进行检查
26	在PLC界面上显示潜液泵后压力过高报警信息	a. 调节系统“加液时变频器频率”参数设定； b. 检查出液管道阀门开启状态； c. 联系厂家检查管路是否有堵塞
27	在PLC界面上显示仪表风压力低报警信息	a. 检查空压机和干燥机是否工作运行，恢复空压机干燥机正常运行。注：运行前先将LNG加气机电源和现场所有气动阀关闭，待仪表风压力达到0.6MPa时，启动LNG加气机电源和现场气动阀； b. 检查线路是否松动或接触不良，同时及时联系厂家对相关硬件进行检查； c. 检查仪表风管路有无泄漏； d. 检查安全栅或浪涌保护器
28	泵后管路上安全阀或者其他管路安全阀起跳	a. 参见26“潜液泵泵后压力过高”处理； b. 管路压力过高，安全阀所在管路使用后未排空就关闭了两端的截止阀，气化后体积膨胀，压力升高，打开安全阀组排空截止阀、卸压； c. 校验安全阀或者更换安全阀
29	市网三相电源异常	停止加液，联系上级电力相关部门
30	在PLC界面上显示燃气浓度高报警信息	a. 现场检查漏点，将轻微漏点找出来后，处理即可； b. 联系厂家对相关硬件进行检查； c. 检查现场干扰源并做必要的屏蔽接地处理，断电后再供电复位
31	系统急停故障	查清急停被按下的原因并排除故障，恢复现场急停开关，重新通电和报警复位后即可
32	紧急切断阀无法打开	a. 检查仪表风压力是否达到紧急切断阀打开所需最低压力（0.4MPa）或者是否报仪表风压力低，如果有，请检测仪表阀气路是否有泄漏空气现象； b. 检查紧急切断阀是否已手动打开，而在自动启动时未将气动阀手动关闭； c. 检查仪表风管路是否存在泄漏或堵塞
33	潜液泵电机及配件异常，不起压，没有输送液体	a. 检查旋转方向； b. 通过增压流程，提高贮槽压力； c. 检测三相线路； d. 检查电流参数

续表

序号	故障现象	排除方法
34	工作时，潜液泵电机及配件异常，泵体振动	a. 检查低温泵池真空度； b. 检查橇体是否二次灌浆、橇体有松动； c. 检修； d. 降低原频率； e. 增加流量
35	空压机通电后，不启动	a. 检查空压机供电是否正常，正常值为三相380V； b. 旋起压差开关红色按钮； c. 空压机应参照使用说明书定期排水（启动频繁每8h排水一次，启动少则一天排一次）； d. 调节空压机启停调节阀
36	空压机排气量不足	a. 清洗； b. 紧固和维修漏气部分； c. 清洗或者更换配件； d. 更正安装位置； e. 更换活塞环； f. 调整间隙
37	空压机工作时，声音异常	a. 断电紧固松动部位； b. 联系厂家更换； c. 联系厂家更换或者加润滑脂
38	干燥机两筒不能正常切换	a. 按电器控制部分使用说明书检查接头和易损件，更换元件或线路板； b. 卸下消声器，若设备恢复正常切换，则应更换消声器或反吹清洗后再装上使用； c. 检查电磁头接线及吸引力，清除小孔通道异物； d. 检查阀腔内有无异物，在长期停机或过饱和情况下容易发生铝胶板结和阀件锈蚀； e. 拆下阀盖，更换膜片； f. 逆时针旋转节流阀，加大再生气量，直至两筒均压相等
39	气动阀无动作且控制系统上模拟信号量无变化或显示“*”“?”	a. 关闭控制柜QF0开关，对PLC断电使其复位； b. 检查电磁阀是否供电，电磁阀线圈是否损坏； c. 检查仪表风压力过低的原因并处理； d. 检查阀位开关及信号
40	变频器报故障	检查三相电源电压是否平衡，相序是否发生了改变，如果有上述情况请联系厂家
41	UPS异常，市电正常，UPS不入市电	手动使断路器复位
42	UPS异常，电池放电时间短	a. 检查负载水平并移去非关键性设备； b. 保持UPS持续接通市电10h以上，让电池重新充电； c. 更换电池，同供应商联系，以获得电池及其组件

模块五

民用、商用燃气设备

民用与商用燃气设施主要由燃气管道、燃气表、燃气阀门、燃气用具、调压箱与调压柜，可燃气体报警器、燃气检测仪等设备组成。

1. 燃气管道

户内燃气管道分为表前管（从进户主管道连接到燃气表这段距离的管道）和表后管（从燃气表连接到灶前阀门这段距离的管道），是连通燃气表、燃气阀门、燃气用具，输送燃气的设备。

2. 燃气表

燃气表是家庭商业使用燃气多少的计量设备。目前家庭使用的燃气表有：

① IC卡燃气表。

② 无线远传燃气表。

③ 物联网燃气表。

④ 超声波燃气表。

本章主要介绍民用物联网远传模式燃气表与商业超声波燃气表。

3. 户内阀门

包括大气门（用于截断或接通整栋楼或单个单元燃气管道中的燃气，其位置一般在一楼，二楼并设有分厅阀门）、表前阀（用于截断或接通住户家中燃气管道中的燃气，其位置在燃气表前端）、灶前阀（用于截断或接通住户家中燃气用具中的燃气，其位置在表后管末端）。本章主要介绍室内厨房减压阀。

4. 调压箱与调压柜

调压箱或者调压柜应用于燃气输配系统作楼栋或小型公服用户调压。

5. 可燃气体报警器

可燃气体报警器包括家用可燃气体报警器、工商用可燃气体报警器与便携式燃气检测仪。

6. 燃气检测仪

燃气检测仪就是可燃气体检测仪，是对单一或多种可燃气体浓度响应的探测器，可以用来检测工业环境、日常生活环境中可燃气体的含量。

单元 5.1　可燃气体报警器作用、分类与原理

一、可燃气体报警器作用

可燃气体报警器已经越来越广泛地出现在我们的生产生活中，可燃气体报警器内部安装有传感器，当它检测到气体浓度达到爆炸或中毒报警器设置的临界点时，就会发出报警信号，并且会同时驱动排风、切断气源、喷淋系统等装置，防止发生爆炸、火灾、中毒事故，从而保障安全生产。可燃气体报警器主要用于检测空气中的可燃气体，常见的如氢气（H_2）、甲烷（CH_4）、乙烷（C_2H_6）、丙烷（C_3H_8）、丁烷（C_4H_{10}）、乙烯（C_2H_4）、丙烯（C_3H_6）、丁烯（C_4H_8）、乙炔（C_2H_2）、丙炔（C_3H_4）、丁炔（C_4H_6）、磷化氢等。可燃气体报警器是工商业与民用建筑中安装使用的对单一或多种可燃气体浓度发出响应的报警器。可燃气体报警器在我们的生产生活中主要

有以下用途。

1. 预防家庭厨房火灾和爆炸事故

天然气早就在我们的生活中普及开来，很多厨房都使用天然气作为主要能源，尤其是新式的小区，由于天然气都是入户安装，通过室内管道连接到燃气灶上，这些管道或者阀门，在长期使用的时候会逐渐地老化，厨房就有了天然气泄漏的危险，一旦天然气泄漏达到一定的浓度，遇到明火（比如不小心开灯、金属摩擦等等）就会发生爆炸，造成不可估量的损失，所以如果厨房安装了可燃气体报警器，就能够有效地避免事故的发生，如果一旦发生泄漏，可燃气体报警器能够检测到管道附近的天然气浓度，及时发出报警信号警示，同时驱动紧急切断阀切断天然气的气源。

不只是天然气，很多家庭会在冬天烧蜂窝煤或者炭取暖，这就会导致厨房产生大量的煤质气，如果一旦通风措施做得不好，很容易造成煤质气中毒，这时候也可以通过安装煤质气的气体报警器来避免这类事故。

2. 预防工业生产的事故

在一些石油化工行业中，生产环境中时常会有可燃气体充斥，这时候就需要实时监控生产环境中的可燃气体浓度，这时候工业用固定式可燃气体报警器就能够符合要求。工业用固定式可燃气体报警器由气体报警控制器和气体探测器组成，控制器可放置于值班室内，主要对各监测点进行控制，气体探测器安装于可燃气体易泄漏的地点，其核心部件为内置的可燃气体传感器，传感器检测空气中气体的浓度。将传感器检测到的气体浓度转换成电信号（或其他信号），通过线缆传输到控制器，气体浓度越高，电信号越强，当气体浓度达到或超过报警控制器设置的报警点时，报警器发出报警信号，并可启动电磁阀、排气扇等外联设备，自动排除隐患。通过数据统计得知，安装可燃气体探测器能够有效地降低火灾和爆炸事故的发生的频率。

3. 检测可燃气体的微泄漏

当有些可燃气体大量泄漏的时候，人体能够通过气味能够明显感知到的，而当它们微泄漏的时人体是根本无法察觉的，甚至有些可燃气体即使大量泄漏达到危险浓度人体仍然无法察觉，因为它们是无色无味的。这时候就需要便携式的可燃气体检测仪，当对燃气管道、燃气设施进行检查的时候，通过便携式可燃气体检测仪就能够有效地检查出气体微泄漏的漏点，而且带软管的气体检测仪还可以检测固定式气体报警器无法安装的地方，检测微泄漏的漏点并及时处理，避免造成更多的气体泄漏。

由此可知，可燃气体报警器在我们的生活和生产中都有很重要的用途，它能够及时地告知危险是否降临，所以说不管是在生活中还是在工作生产中，配备一款气体报警器是非常重要的。

二、可燃气体报警器分类

可燃气体报警器分类按照使用环境可以分为工业用气体报警器和家用燃气报警器，按自身形态可分为固定式可燃气体报警器和便携式可燃气体检测仪。便携式可燃气体检测仪为手持式，工作人员可随身携带，检测不同地点的可燃气体浓度，便携式气体检测仪集控制器、探测器于一体，小巧灵活。与固定式气体报警器相比主要区别是便携式气体检测仪不能外联其他设备。家用可燃气体报警器主要用于检测家庭煤气泄漏，防止煤气中毒和煤气爆炸事故的发生。

三、可燃气体报警器结构组成

可燃气体报警器由检测和探测两部分组成，其检测部分的原理是仪器的传感器采用检测元件与固定电阻和调零电位器构成检测桥路。桥路以铂丝为载体催化元件，通电后铂丝温度上升至工作温度，空气以自然扩散方式或其他方式到达元件表面。当空气中无可燃性气体时，桥路输出为零，当空气中含有可燃性气体并扩散到检测元件上时，由于催化作用产生无焰燃烧，使检测元件温度升高，铂丝电阻增大，使桥路失去平衡，从而有一电压信号输出，这个电压的大小与可燃性气体浓度成正比，信号经放大、模数转换，通过液体显示器显示出可燃性气体的浓度。

探测部分的原理是当被测可燃性气体浓度超过限定值时，经过放大的桥路输出电压与电路探测设定电压，通过电压比较器，方波发生器输出一组方波信号，控制声、光探测电路，蜂鸣器发生连续声音，发光二极管闪亮，发出探测信号。从可燃气体报警器原理可以看出，如果出现电磁干扰会影响探测的信号，出现数据偏差；如果出现碰撞、振动会造成设备断路、探测失灵；如果环境过分潮湿或设备进水，也可能会引起可燃气体报警器出现短路，或线路电阻值发生变化，出现探测故障。

单元 5.2 家用可燃气体报警器

一、家用可燃气体报警器简介

家用可燃气体报警器用于检测甲烷、丙烷、一氧化碳等可燃气体，有的报警器可提供室内气温显示、数码管显示等功能。报警方式采用真人语音、声光报警，具有极好的灵敏度和出色的重复性。检测方式为自由扩散式。检测范围：甲烷：(0～10)%LEL、一氧化碳：0～300×10^{-6}（体积分数）、丙烷（0～100)%LEL。报警动作值：甲烷：7%LEL、一氧化碳：100×10^{-6}（体积分数）。爆炸下限（LEL）为可燃气体或蒸气在空气中的最低爆炸浓度；%LEL为爆炸下限的百分比。报警器有常规配置、NB配置、蓝牙配置，当选用NB配置和蓝牙配置产品时，厂家需提供联网及使用方法、应用程序、云平台或公众号操作说明。NB配置需要自行装入NB物联网卡。可连接电磁阀，且电磁阀处于开启状态，报警后，电磁阀将被吸合。下面将以某厂家家用可燃气体报警器为例介绍其功能与操作，报警器外观图如图5-2-1、图5-2-2所示。

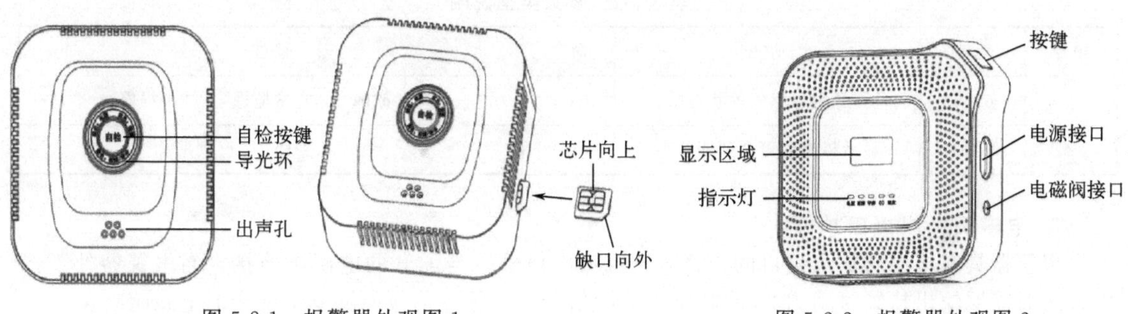

图5-2-1 报警器外观图1　　图5-2-2 报警器外观图2

二、功能与操作

1. 通电自检功能

将报警器通上电后，其红色指示灯、黄色指示灯、绿色指示灯依次闪烁三次，并且报警器的蜂鸣器发出声响，对报警器的指示灯和蜂鸣器进行通电检测。

2. 预热功能

报警器的预热时间约为90s，在预热期间，黄色指示灯长亮，指示报警器处于预热状态。当预热过程结束后，仅绿色指示灯处于长亮。

3. 手动自检功能

当报警器处于正常检测状态时，长按按键3s后，报警器对指示灯、蜂鸣器等外设进行自检，自检过程与开机自检基本相同。

4. 报警功能

当报警器周围空气中燃气浓度超过报警点浓度时，报警器会发出“嘀…嘀…”间断刺耳鸣叫，同时红色指示灯闪烁，提醒用户尽快进行现场处理。当报警状态持续3s以上时，报警器将控制相应的联动装置。若其连接有电磁阀，且电磁阀处于开启状态，报警后，电磁阀将被吸合。

5. 历史记录存储功能

报警器具有自动存储其通电记录、掉电记录、报警记录、报警恢复记录、故障记录、故障恢复记录、气体传感器失效记录等功能。当报警器发生以上事件时，自动存储该事件发生的实时时间。各种历时记录的最大记录条目如表 5-2-1 所示。

表 5-2-1 记录条目

序号	记录名称	最大记录条目	序号	记录名称	最大记录条目
1	通电记录	50 条	5	故障记录	100 条
2	掉电记录	50 条	6	故障恢复记录	100 条
3	报警记录	200 条	7	传感器失效记录	1 条
4	报警恢复记录	200 条			

6. 联网输出功能

报警器内部具有联网输出接口，与其配套的设备连接后，可以读取报警器的正常监视、故障、报警、传感器寿命状态等信号。该接口采用标准的 MODBUS 协议 RTU 方式进行传输，传输的字节格式为 1 个起始位、8 个数据位（低有效位在前）、校验位为偶检验、1 个停止位，数据帧的检验方式为 CRC（循环冗余校验）、串口的通信波特率为 4800，仅支持读参数指令（0X03）。

报警器读取参数的类型及说明如表 5-2-2 所示。

表 5-2-2 参数类型说明

序号	地址	功能	命令	备注
1	0x66	显示可燃气的状态	0x03	0：故障 1：正常监视　2：报警
2	0x10D	显示传感器寿命到期状态	0x03	0：未到期 1：已到期

7. 电磁阀输出接口功能

报警器具有电磁阀输出接口的，将电磁阀输出信号线与配套的电磁阀连接，当报警器处于报警状态时能够输出持续时间为 2s 的高电平脉冲信号，该脉冲信号能够驱动配套的电磁阀吸合。

三、安装说明

探测器的安装位置应根据所使用的燃气及燃气具的位置等实际情况具体分析决定，但要遵循以下原则：

① 探测器和燃料使用器具应位于同一房间；

② 请将探测器安装在距离燃气具或气源水平距离 4m 以内，2m 以外的墙面上；

③ 探测器安装在距天花板 0.3m 左右（因为天然气密度比空气轻），也可以选择以吸顶方式安装，具体如图 5-2-3、图 5-2-4 所示；

④ 如果房间内有隔离物，探测器要和潜在气源位于隔离物的同一侧；

⑤ 在有斜面天花板的房间，探测器要位于房间内高的一边，探测器应位于距居住者经常呼吸的区域非常近的地方。

安装前确认使用场所的装修工作是否完全结束（请一定注意，不要让报警器处于装修环境中，否则可能会损坏传感器）；确认安装位置的材质及强度，勿安装在土墙或强度弱的墙面上；报警器安装时，谨防报警器跌落，否则可能会导致传感器断线、报警器无法正常工作；禁止用湿手拔插产品，否则可能导致触电。

在选定的墙面位置，对应随机安装板上的两个安装孔位做好打孔标记（板上挂钩应水平朝上）；打好安装孔，放入随机安装胶塞，然后用随机自攻螺钉将安装板固定在墙面上；将机体背面的三个孔位对准安装板上的固定挂钩，挂好机体；连接相关输出信号线后，接通电源。

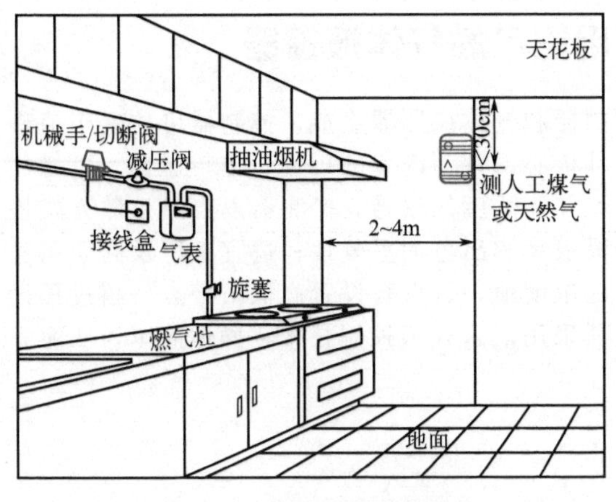

图 5-2-3　壁挂式安装方式

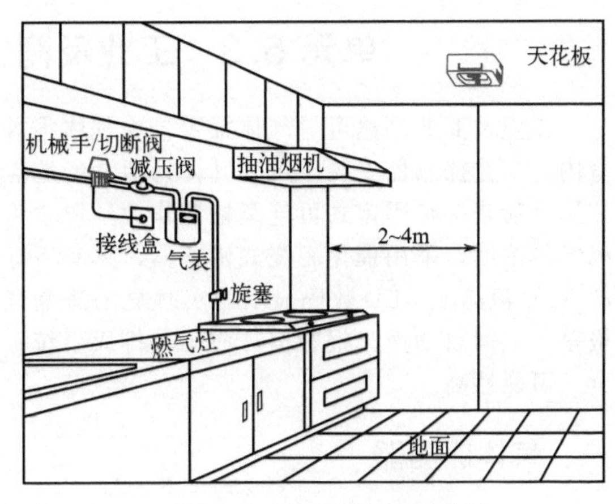

图 5-2-4　吸顶式安装方式

应避免安装的位置：

靠近门窗或任何可能受气流影响的地方等（如排风扇或通气孔）；有水雾或滴水的潮湿或湿润地方；炉具附近易被油烟、蒸汽等污染的地方或高温环境（如炉具正上方）；被其他物体遮挡的地方（如橱柜内）；冰箱、空调等振动物体旁；热水房及夜间断电的地方；污垢或尘土可能聚积堵塞报警器并阻止它工作的地方；在其易被碰撞、损坏或不经意被移动的地方；温度在－10℃以下或55℃以上的地方或室外。

正常情况下，报警器使用寿命为 5 年，寿命指示灯闪烁时及时更换。在正常使用期间，尽量避免油污或灰尘堵住进气孔，定期用干毛巾或软刷清理，勿使用清洁剂、洗衣粉等。

当报警器进入正常监测状态。将标准物质对准报警器的进气口，持续通气 5～10s 后报警器报警灯将闪烁，同时蜂鸣器发出声响。切勿自行使用压强过大的测试工具（如打火机、火机补充气等）进行测试，以免因为气体压强过大损坏传感器。

四、常见故障及处理

家用可燃气体报警器常见故障及处理方法见表 5-2-3。

表 5-2-3　家用可燃气体报警器常见故障及处理方法

故障现象	可能原因	解决方法
对检测气体无反应	延时未结束	等待延时结束
	电路故障	请联系经销商
开机后一直报警	断电时间过长	继续通电 2h 以上
	所处环境中存在大量油烟、汽油、油漆等挥发性气体	在洁净空气中试验
	电路故障	请联系经销商
电源指示灯不亮	电源线未正确连接	重新接好电源线
	电路故障	请联系经销商
故障灯和预热灯常亮	调零后未退出	长按复位键或断电
报警灯和预热灯常亮	标定后未退出	长按复位键或断电
设备无法连接服务器（NB 配置）	用户当地网络信号较差，或者仪器内置物联网卡处于欠费状态	请联系经销商

单元 5.3 工业及商业用途可燃气体报警器

工业及商业用途可燃气体报警器由气体报警控制器和气体探测器组成，控制器可放置于值班室内，气体探测器安装于可燃气体易泄漏的地点，其核心部件为内置的可燃气体传感器。可燃气体探测器是一种固定式可连续检测作业环境中可燃性气体浓度的仪器。探测器以自然扩散方式检测气体浓度，采用催化燃烧式传感器，具有极好的灵敏度和出色的重复性；适宜工厂及商业用途的 LCD 液晶或 LED 数码显示器实时显示泄漏气体的浓度值，可自行设置高低报警点，超过预设报警点立即启动声光报警信号或驱动排风系统；仪器采用嵌入式微控制技术，操作简单，功能齐全，可靠性高。

一、气体探测器

（一）探测器结构组成

探测器，如图 5-3-1 所示，由显示板、传感器模组、显示模块、主控模块、数字通信模块、防尘罩、标定罩等组成。

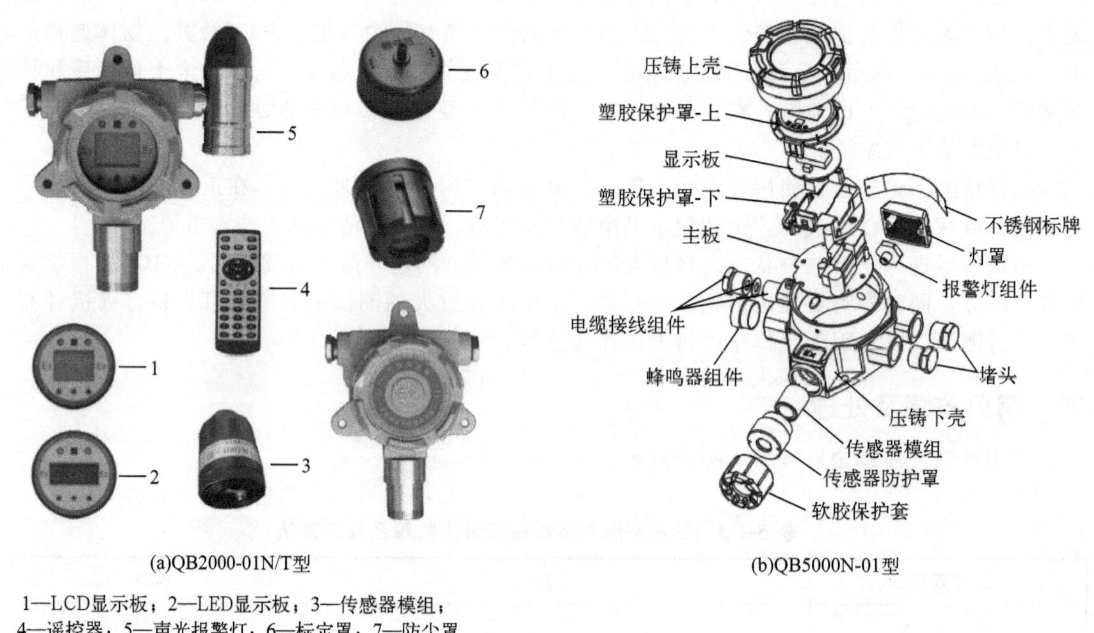

(a)QB2000-01N/T型

1—LCD显示板；2—LED显示板；3—传感器模组；
4—遥控器；5—声光报警灯；6—标定罩；7—防尘罩

(b)QB5000N-01型

图 5-3-1 探测器的结构

（二）探测器按键功能及操作

正常检测模式下，按确认键 3s 进入菜单项，菜单项为 12 项（在菜单模式下 10s 不进行任何操作，探测器自动退出至正常检测状态），如表 5-3-1 所示。

探测器有以下功能及操作：

1. 开机

探测器通电 10s 倒计时自检后，进入正常检测模式，待显示数据稳定后（不同种类气体稳定时间不同，一般为 5～30min），主窗口显示的数据即为当前气体浓度值。

2. 关机

探测器在正常检测模式下直接断开电源即可关机。

表 5-3-1 按键功能及菜单项显示

显示按键	功能	备注	显示按键	功能	备注
	上翻键	输入数字时为增加键	CAL0	标定	量程校准
	下翻键	输入数字时为移位键	Addr	地址	地址编码
	确认键	检测状态下长按 3s 输入密码“1111”进入菜单	bAud	波特率	波特率设置
				类型	显示气体类型
ESC	退出	退出		量程	显示气体量程
AL_L	低报	低报设置	-04-	I0 调零	输出 4mA 校对
__dL	回差 1	低报回差	-20-	I0 量程	输出 20mA 校对
AL_H	高报	高报设置		调显	显示探测器参数设置 1～11 项
__dH	回差 2	高报回差	rESt	恢复出厂设置	
2Er0	标零	零点校准			

3. 菜单项说明

正常检测模式下，按确认键 3s 进入菜单项，菜单项为 12 项（在菜单模式下 10s 不进行任何操作，探测器自动退出至正常检测状态），屏幕显示“- - - -”，输入密码“1111”，按确认键，进入菜单项。

4. 波特率设置

选择“波特率”键设置菜单项，按确认键屏幕波特率值如“4800”，通过上翻和下翻键修改波特率，按确认键确认，波特率设置成功后返回至波特率菜单设置项。按上翻和下翻键至退出，按确认键退出。

5. 通信地址设置

选择“地址”键设置地址，按确认键屏幕显示地址如“0001”，通过上翻和下翻键修改通信地址，按确认键确认。

6. 量程校准

将标气罩和传感器呼吸装置连接，通入标准气体，流量调节到每分钟 350～400mL 之间，按确认键 3s，或遥控器菜单键，屏幕显示“- - - -”，输入密码“1111”，按确认键进入菜单项如下：按上翻和下翻键选择标定键标定校准菜单项，按确认键屏幕显示输入校准值，如“0060”，通过上翻和下翻键将校准值修改为标准气体示值：按确认键开始 15s 倒计时，倒计时结束量程校准成功返回至检测模式。

注：该步骤可重复操作，直至数值稳定。

7. 零点校准

选择“调零”键设置零点校准，按确认键屏幕显示 10s 倒计时，倒计时结束零点校准成功返回至检测模式。

注：零点校准须在洁净的空气中或通入氮气时进行。

8. 高报回差设置

选择“回差 2”键高报回差设置菜单项，按确认键屏幕显示高报回差值如“0003”，通过上翻和下翻键修改高报回差，按确认键确认。

9. 高报设置

选择“高报”键设置高报值，按确认键屏幕显示高报值如“0050”，通过上翻和下翻键修改高报报警点，按确认键确认。

10. 低报回差设置

选择“回差1”键设置低报值，按确认键屏幕显示低报值如“0003”，通过上翻和下翻键修改低报回差，按确认键确认。

11. 低报设置

选择“低报”键设置低报值，按确认键屏幕显示低报值如“0020”，通过上翻和下翻键修改低报报警点，按确认键确认。

12. 调显

在正常检测模式下，按确认键或遥控器调显键，屏幕依次显示探测器设置参数：低报值、低报回差值、高报值、高报回差值、标定数值、地址编码、波特率、气体类型、量程。

13. 恢复出厂设置及（4～20）mA校准

在正常检测模式下，按确认键3s或按遥控器F1键，屏幕显示“- - - -”，输入密码，按确认键，选择“恢复出厂设置”键，按确认键确认，恢复出厂设置成功后返回。按上翻和下翻键至“退出”键，按确认键退出。

选择“I0量程”键校准20mA菜单项，按确认键进入菜单项，按“键”校准20mA输出，按确认键确认，按上翻和下翻键至“退出”键，按确认键退出。

选择“I0调零”键校准4mA菜单项，按确认键进入菜单项，按上翻和下翻校准4mA输出，按确认键确认，按上翻和下翻键至“退出”键，按确认键退出。

（三）探测器安装与接线

探测器支持三种安装方式：壁挂安装，横管安装和纵管安装，如图5-3-2～图5-3-4所示。

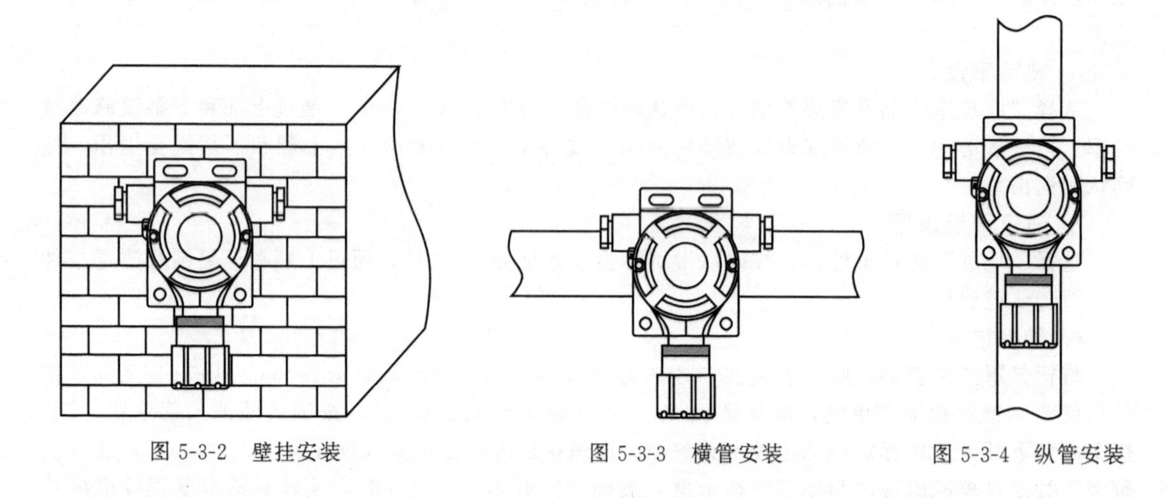

图5-3-2　壁挂安装　　图5-3-3　横管安装　　图5-3-4　纵管安装

探测器选点应选择阀门、管道接口、出气口或易泄漏处附近方圆1m的范围内，但不要影响其他设备的操作，同时尽量避免高温、高湿环境。

探测器安装高度：检测气体密度小于空气时，安装高度在2～3.5m；检测气体密度大于空气时，采用距地面0.3～0.6m安装。

探测器安装时应传感器朝下固定，电缆锁紧螺母和堵头都应完全拧紧，探测器盖应完全盖好，以达到防爆要求。探测器用于大面积气体检测时可采用30～50m^{2}一个来布置，即可达到检测报警效果。

传感器推荐不超过6个月标定一次，以保证仪器的准确性。探测器采用模块化的传感器，使用时请注意使用年限（可燃气体传感器寿命3～6年），到期后请及时更换传感器。

探测器固定牢后，将探测器的前盖旋下，将传输电缆从进线孔穿入，再穿过橡胶密封圈至壳体内。

探测器内部结构接线如图5-3-5所示，探测器驱动外设参考接线图如图5-3-6所示。将导线按颜色标记分别接到壳体内对应的接线端子上，检查接线正确无误后，再将壳体内多余的电缆线抽出，将锁紧螺母拧紧，压紧橡胶密封圈，抱紧电缆线（隔爆设计要求）。使用防爆软管时也可与本探测器直接连接，注意防爆软管与探测器的连接螺纹是否一致。探测器接地接线图（图 5-3-7），使用时需注意内接地、外接地，以确保使用安全。

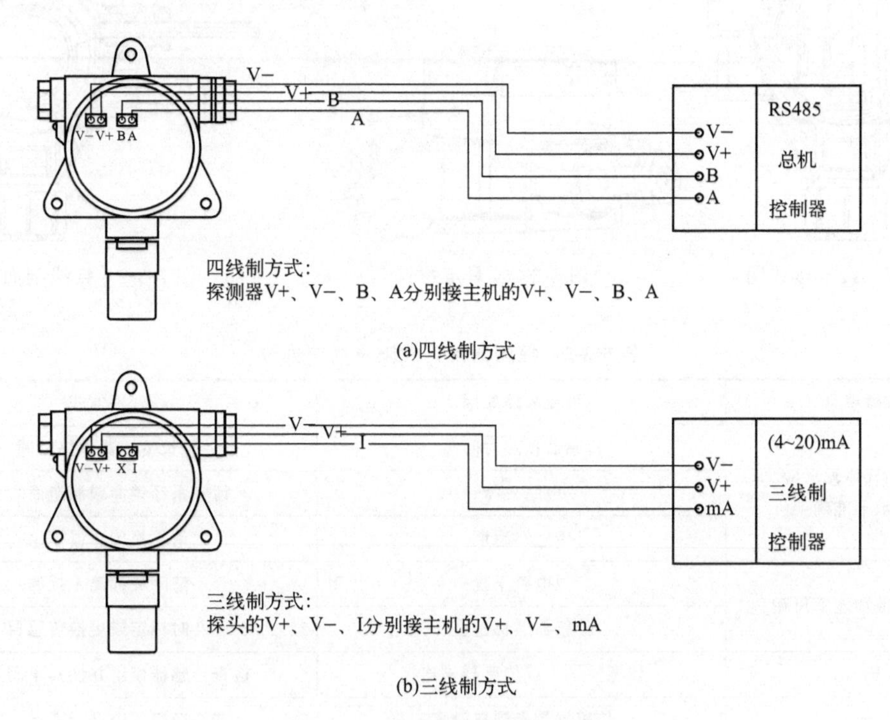

图 5-3-5　探测器内部结构接线图

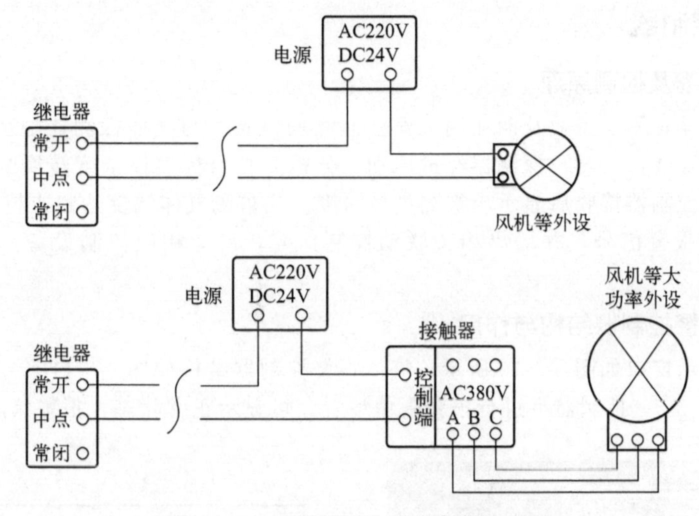

图 5-3-6　探测器驱动外设参考接线图

控制器和探测器之间，用线径不小于 1.5mm^2（<1000m）的屏蔽电缆连接。

各环节检查无误后，将前盖旋紧。根据用户现场条件，也可先把电缆接好，再将探测器固定。为防止误拆，设有紧定螺钉，请安装后/拆卸前注意锁紧/松开紧定螺钉（图 5-3-8），探测器的接线剖面图如图 5-3-9 所示。

（四）探测器常见故障及解决办法

探测器常见故障及解决办法如表 5-3-2 所示。

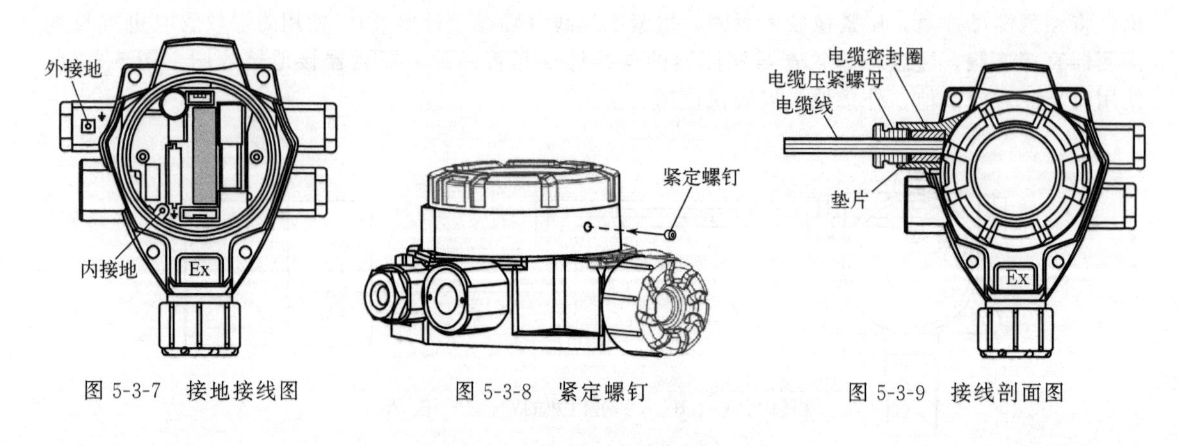

图 5-3-7 接地接线图　　图 5-3-8 紧定螺钉　　图 5-3-9 接线剖面图

表 5-3-2 探测器常见故障及解决办法

故障现象	可能故障原因	处理方式
对检测气体无反应 显示不准确	传感器预热时间短	延长传感器预热时间
	电路故障	请联系经销商或制造商维修
	传感器超期	请更换传感器模组
零点校准功能不可用	强电磁干扰	清除或远离干扰源
	传感器漂移过多	及时标定或更换传感器
Err1	传感器缺失或传感器未连接	检查传感器模组并使其牢固连接
Err2	传感器零点漂移过多	在洁净空气中进行零点标定

二、气体报警控制器

（一）主要用途及检测原理

气体报警控制器是用于工业及商业用气安全监测的设备，与气体探测器配套使用。当监测环境中有目标气体或液体挥发时，探测器经过识别、分析并将目标气体浓度转换为数字信号发送给气体报警控制器，控制器接收后显示出被测气体浓度。当被测气体浓度达到或超过报警设定值时，控制器将发出声光报警信号，并输出相关联动控制信号，启动相应控制设备，从而避免事故的发生。

（二）气体报警控制器结构与作用

面板及液晶显示窗口如图 5-3-10 所示，气体报警控制器结构如图 5-3-11 所示，界面功能及显示见表 5-3-3～表 5-3-5。控制器可进行报警限值设置，可显示正常状态，报警状态、故障状态等。

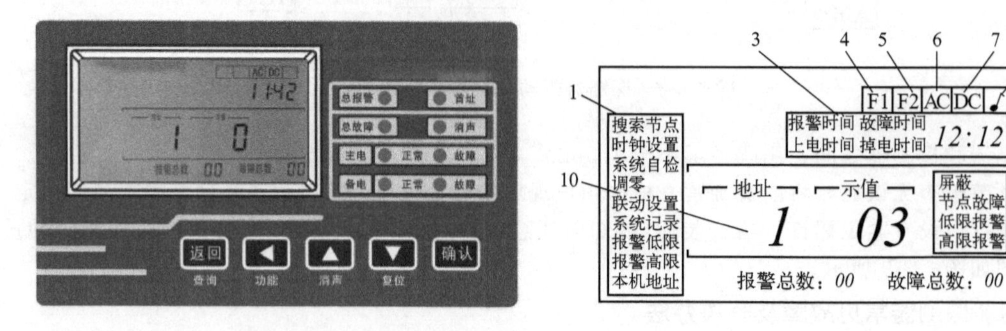

图 5-3-10 面板及液晶显示窗口

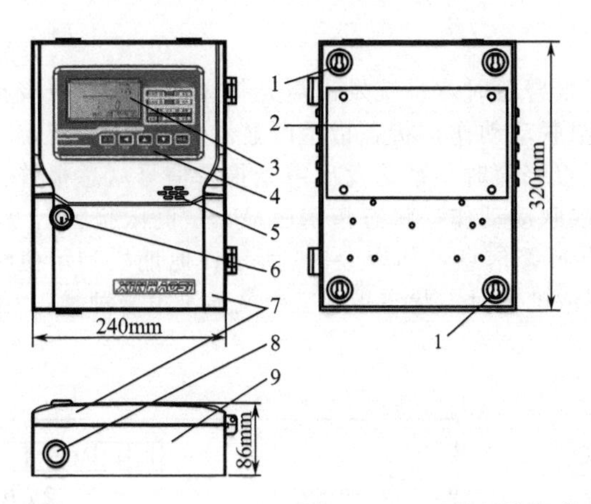

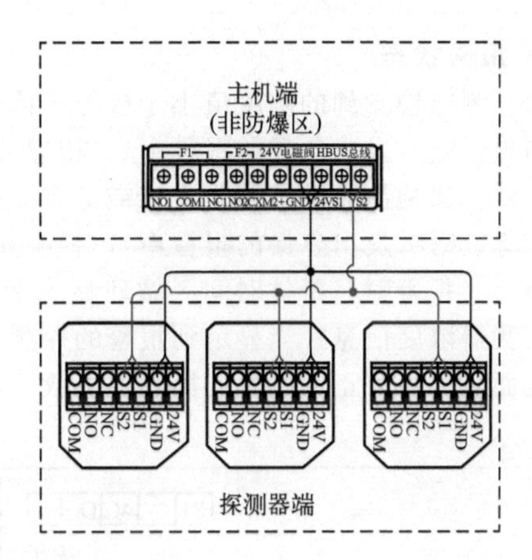

图 5-3-11　可燃气体报警器控制器与探测器

1—安装孔；2—安装挂板；3—液晶显示屏；4—操作面板；5—扬声器孔；6—机箱锁；7—机箱门；8—穿线孔；9—箱体

表 5-3-3　按键功能表

按键	正常监控状态下的作用	功能操作中的作用
查询 返回	查询实时报警及故障信息	返回
功能 ◀	短按：功能菜单 长按：本机信息查询	光标移位
消声 ▲	关闭故障声及报警声	短按：向上 长按：关闭故障声或报警声
复位 ▼	系统复位	短按：向下 长按：系统复位
确认 确认	手动外控输出	确认

表 5-3-4　指示灯状态表

指示灯名称		显示状态	状态说明
首址		红灯恒亮	指示当前显示地址为第一个报警的探测器
消声		绿灯恒亮	处于消声状态
总报警		红灯闪烁	系统总报警
总故障		黄灯闪烁	系统总故障
主电	正常	绿灯恒亮	主电正常
	故障	黄灯闪烁	主电未开启或主电故障
备电	正常	绿灯恒亮	备电正常
	故障	黄灯闪烁	备电未开启或备电故障

表 5-3-5　窗口显示定义表

序号	区域名称	显示定义	序号	区域名称	显示定义
1	功能名称	中文显示菜单功能	7	备电指示	备电开启
2	状态指示	当前探测器状态	8	消声	手动关闭报警/故障声音
3	事件时间	控制器时间及事件类型	9	信息统计	当前报警/故障总数
4	外控输出	F_1 外控启动	10	主值显示	显示探测器浓度和故障信息，以及功能操作等
5	外控输出	F_2 外控启动			
6	主电指示	主电开启			

1. 正常状态

指无报警、无故障的状态，主电正常、备电正常，指示灯绿色恒亮。如图 5-3-12 所示，地址栏循环显示所有探测器地址；示值栏对应显示该探测器浓度值；“报警总数”为 0；“故障总数”为 0。

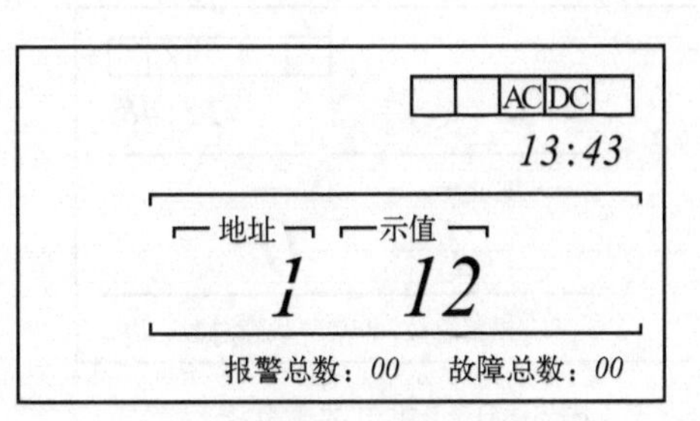

图 5-3-12　正常状态

2. 报警状态

当探测器检测到的浓度值小于或等于低限报警值时，系统发出声光报警信号（总报警指示灯红灯闪烁，喇叭发出急促的报警声），相应低限联动动作，状态指示区显示“低限报警”，如图 5-3-13 所示。当检测到的浓度值大于或等于高限报警值时，系统发出声光报警信号（总报警指示灯红灯闪烁，喇叭发出急促的报警声），相应高限联动动作，状态指示区显示“高限报警”，如图 5-3-14 所示。报警时，事件时间区循环显示所有报警信息，如表 5-3-6 所示；地址栏和示值栏循环显示探测器浓度信息；当显示到报警的探测器浓度值时，状态指示区中文显示报警种类；“报警总数”后面显示当前正在报警的探测器总数。

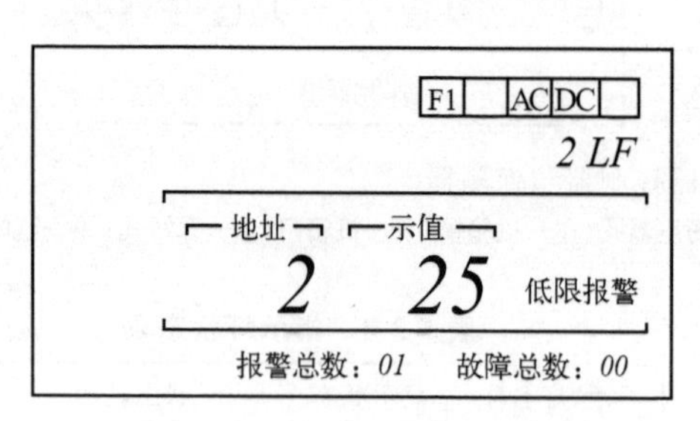

图 5-3-13“低限报警”状态

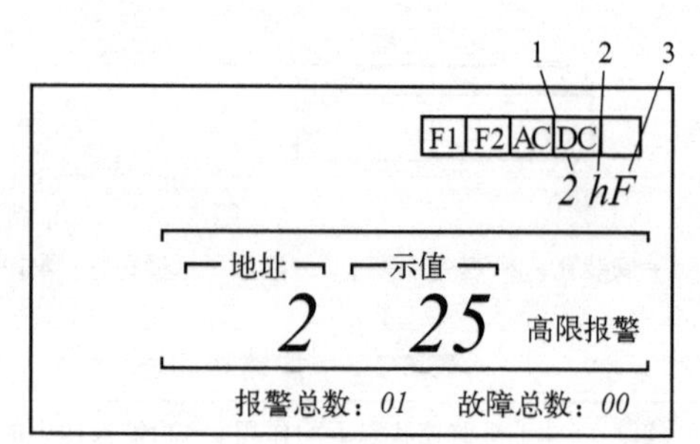

图 5-3-14“高限报警”状态

表 5-3-6 报警信息

序号	名称及意义	序号	名称及意义
1	报警地址：正在报警的探测器地址	3	报警首址：F 代表是第一个报警；未显示表示不是第一个报警
2	报警种类：H 代表高限报警；L 代表低限报警		

报警时，按▲键可以关闭声音，按▼键并输入正确密码后，可使系统恢复到正常状态；如果探测器检测到的浓度仍超过报警限值，将再次发出声光报警信号。

3. 故障状态

当系统检测到通信、传感器或电源等故障时，主机发出声光报警（总故障指示灯黄灯闪烁，喇叭发出拉长的报警声），主值显示区循环显示到有故障的探测器时；示值栏显示故障代码（例如 E23，E 代表故障，23 是故障代码），可了解故障详细信息，如图 5-3-15 所示。

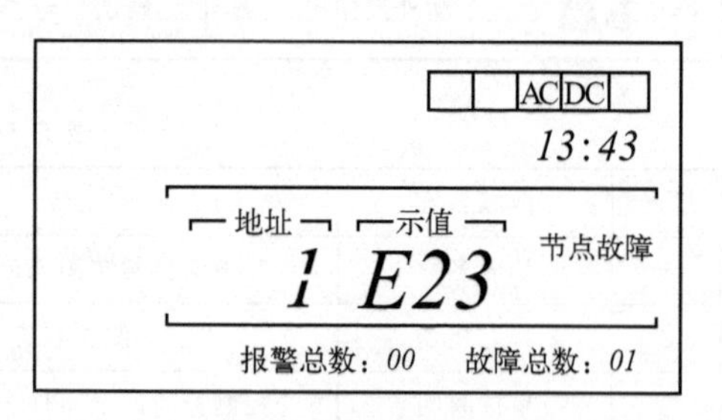

图 5-3-15 通信、传感器或电源等故障状态

当 AC 220V 主电故障时，主电指示灯绿灯熄灭，黄灯闪烁，喇叭发出故障报警声音，屏幕右上角“AC”标志消失，如图 5-3-16 所示。当备电故障时，备电指示灯绿灯熄灭，黄灯闪烁，喇叭发出故障报警声音，屏幕右上角“DC”标志消失，如图 5-3-17 所示。

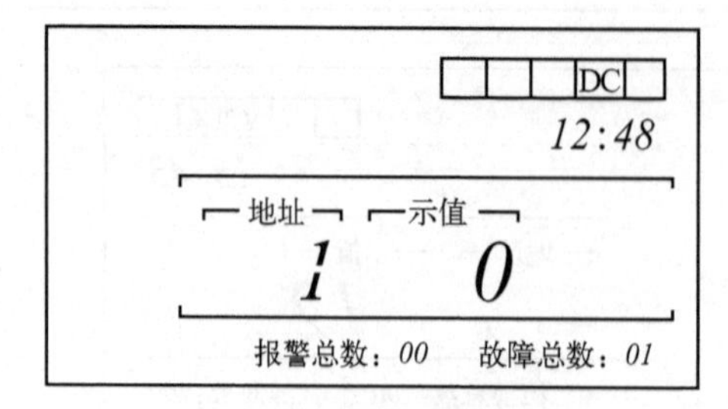

图 5-3-16 主电故障状态

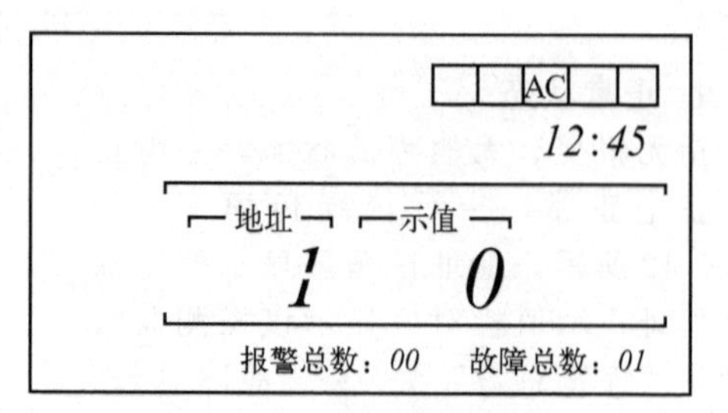

图 5-3-17 备电故障状态

如果需要查看故障、报警、浓度、屏蔽的详细信息，可在正常监控界面，按返回键切换查看。在报警状态和故障状态时，按▲键可关闭报警声音，并应根据主机提示，及时排查和排除气体泄漏和故障；待泄漏和故障排除后，请按▼键，使监控系统恢复到正常状态。按消声键可关闭报警声音。

(三)控制器维护与保养

设备不能安装在有水蒸气弥漫或长期有水淋的场所；探测器检测元件要避免人为的或频繁的高浓度可燃/有毒气体的冲击，这样可能降低灵敏度；避免经常断电，经常性的断电将导致探测器的气敏元器件工作不稳定；在长期使用过程中，要定期检查设备是否正常工作；控制器出现故障时，值班人员应观察其故障显示，并做好记录，然后重新开启主、备电源后，观察故障是否消失，并做好记录，如果故障未消失，请参照以下常见故障及处理方法，并立即与经销商或生产厂家联系维修，控制器故障及处理方法见表 5-3-7。

表 5-3-7　控制器故障及处理方法

故障现象	故障原因	处理方法
开机无显示	1. AC 220V 电源未正常接入 2. 主电开关未完全开启 3. 主电保险管损坏	1. 检查 AC 220V 是否接入主机 2. 重启主电开关 3. 更换主电保险管
主电故障	1. 主电开关未完全开启 2. 主电保险管损坏	1. 重启主电开关 2. 检查主电保险管
备电故障	1. 备用电池未接入 2. 备用电池欠压 3. 备电开关未完全开启 4. 备电保险管损坏	1. 装入备电或禁止备电管理 2. 电池损坏更换备用电池 3. 重启备用电池 4. 更换备电保险管
搜索不到探测器	1. 探测器未拨码 2. 探测器重码 3. 线路故障	1. 按探测器说明拨码 2. 排除重码探测器 3. 检查线路绝缘
通信故障	1. 线路短路或断路 2. 探测器重码 3. 未按标准安装布线	1. 检查线路短路/断路情况 2. 将故障探测器拨为其他地址 3. 检测线路绝缘是否良好
联动设备未启动	1. 线路连接不正确 2. 联动关系未按实际正确设置	1. 参考安装说明检查线路 2. 参考功能介绍设置输出类型

单元 5.4　便携式气体检测仪

便携式气体检测仪可用于管道天然气置换；天然气管道的管网查漏；惰性气体置换后的罐内或管道中的可燃气体浓度确认；检测高浓度的可燃气体泄漏浓度；探测用氦气作标示气体的地下电话电缆线的破损点；检测微量可燃性气体及可燃性有机溶剂的蒸气；船舶修理及燃气行业的检漏；检测柴油等。预设的报警通过闪烁的红色 LED、显示指示器以及声音指示。

一、气体检测仪的原理分类及优缺点比较

气体检测仪按照功能不同，其操作使用的效果也存在很大差异，其中决定气体检测仪功能差别的重要因素就是设计原理的不同。

1. 半导体式气体探测器

半导体式气体探测器的原理是某些金属氧化物半导体材料，在一定温度下，电导率随着环境气体成分的变化而变化。酒精传感器，就是利用二氧化锡在高温下遇到酒精气体时，电阻会急剧

减小的原理制备的。

半导体式气体传感器可以有效地用于甲烷、乙烷、丙烷、丁烷、酒精、甲醛、一氧化碳、二氧化碳、乙烯、乙炔、氯乙烯、苯乙烯、丙烯酸等很多气体的检测。尤其是这种传感器成本低廉，适宜于民用气体检测的需求。下列几种半导体式气体传感器的应用较为成功：甲烷（天然气、沼气）、酒精、一氧化碳（城市煤气）、硫化氢、氨气（包括胺类，肼类）。而高质量的传感器则可以满足工业检测的需要。

缺点：稳定性差，受环境影响较大；特别是，每一种传感器的选择性都不是唯一的，输出参数也不能确定。因此，不宜应用于要求计量精确的场所。

2. 催化燃烧式气体探测器

这种传感器是在铂电阻的表面制备耐高温的催化剂层，在一定的温度下，可燃性气体在其表面催化燃烧，燃烧使铂电阻温度升高，电阻变化，变化值是可燃性气体浓度的函数。

催化燃烧式气体传感器选择性地检测可燃性气体：凡是不能燃烧的，传感器都没有任何响应。催化燃烧式气体传感器计量准确，响应快速，寿命较长。传感器的输出与环境的爆炸危险直接相关，在安全检测领域是一类具有主导地位的传感器。

缺点：在可燃性气体范围内，无选择性。暗火工作，有引燃爆炸的危险。大部分元素有机蒸气可能会对传感器产生中毒影响。

3. 热导池式气体探测器

每一种气体，都有自己特定的热导率，当两个和多个气体的热导率差别较大时，可以利用热导元件，分辨其中一个组分的含量。这种传感器已经广泛地用于氢气、二氧化碳、高浓度甲烷的检测。

缺点：这种气体传感器可应用范围较窄，限制因素较多。

不同原理的气体检测仪的作用也存在很大差别，可以根据生产环境的需求，结合不同原理的气体检测仪的优缺点，来进行最佳化的选择。

二、便携式与固定式气体检测仪的根本区别

1. 便携式气体检测仪

便携式可燃气体检测仪分为扩散式和泵吸式两种。

扩散式气体检测仪是利用检测区域内的气体在空气中自由流动缓慢地流入仪表进行检测。这种方式受检测环境的影响，如环境温度、气流等。其特点是成本低。

泵吸式气体检测仪配置了一个小型气泵，其工作方式是电源带动气泵对待测区域的气体进行抽气采样，然后将样气送入仪表进行检测。其特点是检测速度快，对危险的区域可进行远距离测量，维护人员安全。

泵吸式与扩散式气体检测仪的工作原理基本一样，二氧化碳分析仪通过仪器的传感器对样气检测，然后通过电路放大整理转换成对应的数值显示在屏幕上。可燃气体检测仪常用催化燃烧型传感器，毒性气体检测仪常用电化学型传感器。

2. 固定式气体检测仪

固定式气体检测仪是在工业装置上和生产过程中使用较多的检测仪。例如，温湿度记录仪可以安装在特定的检测点上对特定的气体泄漏进行检测。固定式气体检测仪一般为两体式，由传感器和变送器组成的检测头为一体安装在检测现场，由电路、电源和显示报警装置组成的二次仪表为一体安装在安全场所，便于监视。在工艺和技术上更适合于固定检测所要求的连续、长时间稳定等特点。它们同样要根据现场气体的种类和浓度加以选择，同时还要注意将它们安装在特定气体最可能泄漏的部位，比如要根据气体的密度选择传感器安装的最有效高度等等。

三、便携式气体检测仪结构

下面以企业常用的两种便携式气体检测仪为例讲解其结构。

如图 5-4-1（a）所示，MS400S 系列便携式气体检测仪主要由菜单界面、状态指示灯、蜂鸣器、报警指示灯、泵吸式采样进气口、水汽/粉尘过滤器等部分组成。可同时检测 4 种气体，多方位立体指示报警状态，可声光报警、振动报警、视觉报警。报警方式可选低报警、高报警、区间报警与加权平均值报警。三种显示模式可切换，如图 5-4-1（b）所示。同时显示五种气体浓度，实时曲线各通道之间自动循环或手动循环可切换，可设置是否显示最大值、最小值、气体名称，可查看历史记录曲线图，可检测气体见表 5-4-1。

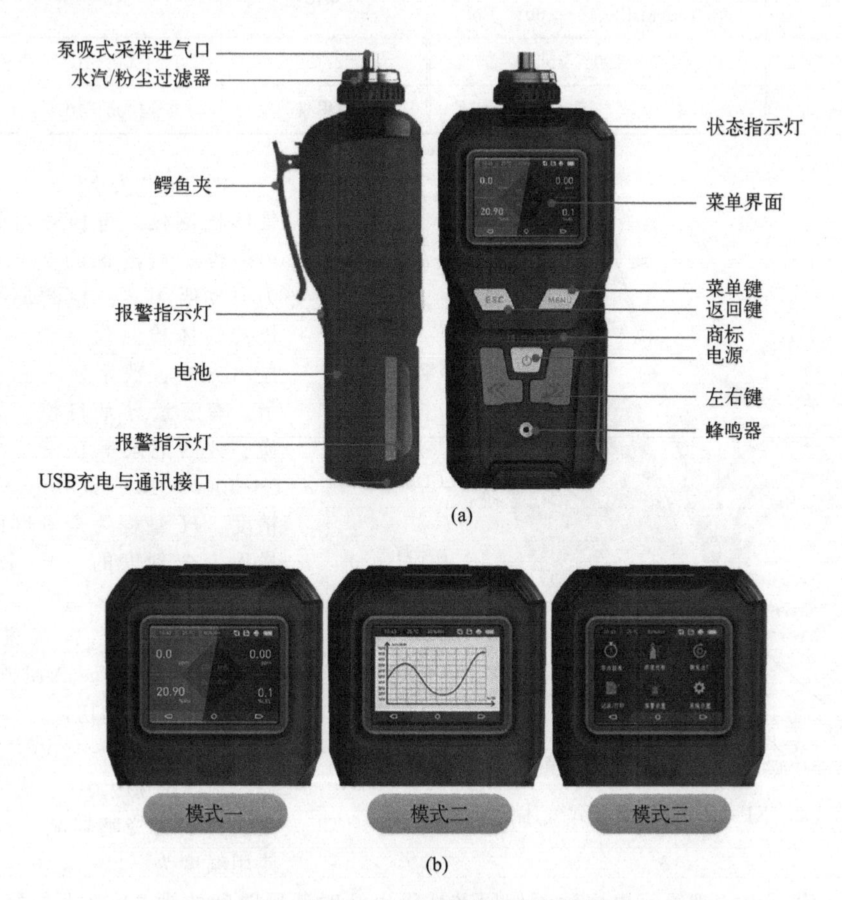

图 5-4-1 MS400S 系列便携式气体检测仪

表 5-4-1 可检测气体

气体名称	可选量程范围	气体名称	可选量程范围
二氧化碳	$0\sim5000\times10^{-6}$、$0\sim10000\times10^{-6}$、$0\sim100\%$Vol	二氧化氮	$0\sim100\times10^{-6}$、$0\sim1000\times10^{-6}$
可燃性气体	$0\sim100\%$LEL、$0\sim100\%$ Vol	氮氧化物	$0\sim1000\times10^{-6}$、$0\sim5000\times10^{-6}$
甲烷	$0\sim100\%$LEL、$0\sim100\%$ Vol	二氧化硫	$0\sim100\times10^{-6}$、$0\sim1000\times10^{-6}$
氧气	$0\sim30\%$Vol、$0\sim100\%$ Vol	氯化氢	$0\sim100\times10^{-6}$、$0\sim1000\times10^{-6}$
硫化氢	$0\sim10\times10^{-6}$、$0\sim1000\times10^{-6}$	氰化氢	$0\sim100\times10^{-6}$、$0\sim1000\times10^{-6}$
一氧化碳	$0\sim1000\times10^{-6}$、$0\sim5000\times10^{-6}$	磷化氢	$0\sim100\times10^{-6}$、$0\sim1000\times10^{-6}$
氮气	$0\sim100\times10^{-6}$、$0\sim1000\times10^{-6}$	硫酰氟	$0\sim1000\times10^{-6}$、$0\sim5000\times10^{-6}$
氯气	$0\sim20\times10^{-6}$、$0\sim100\times10^{-6}$	VOC	$0\sim100\times10^{-6}$、$0\sim1000\times10^{-6}$

续表

气体名称	可选量程范围	气体名称	可选量程范围
臭氧	$0\sim100\times10^{-6}$、$0\sim1000\times10^{-6}$	苯、甲苯、二甲苯	$0\sim100\times10^{-6}$、$0\sim1000\times10^{-6}$
甲醛	$0\sim10\times10^{-6}$、$0\sim100\times10^{-6}$	环氯乙烷	$0\sim100\times10^{-6}$、$0\sim1000\times10^{-6}$
氢气	$0\sim1000\times10^{-6}$、$0\sim40000\times10^{-6}$、、0～100%LEL、0～100% Vol	六氟化硫	$0\sim1000\times10^{-6}$
氩气、氦气、氙气	0～100%Vol	乙炔	$0\sim1000\times10^{-6}$、0～100%LEL
一氧化氮	$0\sim100\times10^{-6}$、$0\sim1000\times10^{-6}$	溴甲烷	$0\sim1000\times10^{-6}$、$0\sim200g/m^3$

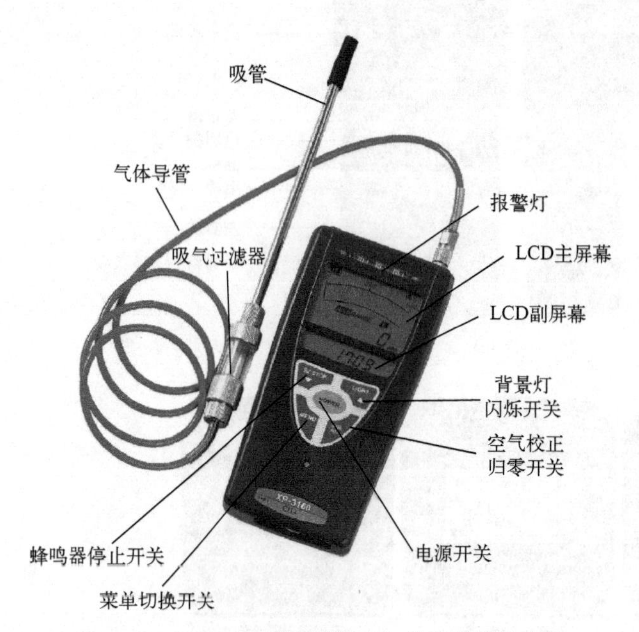

图 5-4-2　XP-3160 系列便携式气体检测仪结构图

图 5-4-2 为 XP-3160 系列便携式气体检测仪，可检测可燃性气体及可燃性有机溶剂的蒸气，检测方式为自动吸引式。检测原理和催化燃烧式气体检测仪相同。有两种浓度显示方式：数字显示和条形刻度显示。有流量异常自检、量程自动切换、数据记录等功能。检测范围为 $0\sim5000\times10^{-6}$ 或 0～1Vol%。指示精度：H 量程为全刻度的±5%，L 量程为全刻度的±10%。报警值为 $250\times10^{-6}/500\times10^{-6}$。显示方式：液晶数字显示（带背景照明）$0\sim5000\times10^{-6}$ 或 0～1Vol%；条形刻度显示：量程自动切换，L 量程为 $0\sim500\times10^{-6}$ 或 $0\sim1000\times10^{-6}$，H 量程为 $0\sim5000\times10^{-6}$ 或 0～1Vol%。报警方式为蜂鸣器响、红色灯闪烁。使用温度为－20～50℃。电源为 5 号碱性干电池 4 节或专用镍镉充电电池。使用碱性干电池时使用时间约为 20h（无报警、无背景照明时）。

四、便携式气体检测仪的使用注意事项

1. 术语

① 零位调整：环境变化时，在清洁空气中，对机器的零点进行手动校准。

② 自动零位调整：电源接通时，机器自动进行零位调整。

③ 防爆结构：不会成为点燃周围可燃气气体的点火源的电气设备结构

④ LEL：将可燃性气体的爆炸下限浓度设定为 100%LEL，以爆炸下限浓度的百分比显示可燃气体的浓度。

⑤ Vol：以体积比的百分比为单位显示气体浓度。

2. 操作注意事项（MS400S 系列）

① 主要风险：误报或漏报；泄漏的天然气遇明火或静电火花，造成火灾、爆炸；其他不安全因素造成的伤害。

② 严格按照检查制度进行 MS400S 系列便携式有毒有害气体检测仪的检查、定期校检，及时返厂维修；定期开展设备使用培训，避免操作人员误操作。

③ 设备操作前检查。检查检测仪外观是否干净、完整。检查检测仪是否在检验有效期内。检查探头是否通畅，是否需要清理或更换滤网（更换滤网时应先进行关机操作）。

④ 操作程序。

a. 启用。将电池装入主机内，长按电源键 5s 启动仪器。开机后 LED 屏幕显示公司信息、开机自检及传感器预热需要的倒计时。开机倒计时结束后，出现多种气体显示界面，按电源键进入单一气体分页显示画面。

b. 运行。将检测口对准需检测部位（避免在灰尘大或水分大的区域使用），检测完毕后在洁净空气区域内仪器自动归零，当传感器出现零点漂移过大，在测试界面按“MENU”键进入密码界面，初始密码“11111”，输入密码，按确认键进入菜单界面，选择“零点校准”菜单，按电源键确认。

c. 停机。在洁净空气中，待气体浓度下降到“0”后，长按电源键 5s，电源关闭。

d. 取下电池。

XP-3160 系列操作方法可参考相关说明书。

单元 5.5　民用物联网远传膜式燃气表

膜式燃气表属于容积式流量计，结构比较简单，测量原理是：通过测量组件隔膜在进出口燃气压力差的作用下产生交替运动，将充满计量室内的燃气分隔成单个的计量体积并排向出口，通过机械传动机构与计数器相连接，实现对单个计量体积的统计与运算传递，最终测得计量流通的燃气总量。

膜式燃气表的主要参数如下。

公称流量（m^3/h）：1.6，2.5，4，6，10，16，25，40，65，100，250，400，650。

公称压力（kPa）：3，5，10。

量程比（q_{min}/q_{max}）：1/30～1/60。

膜式燃气表一般最佳运行工况为额定流量计量范围的 20%～80%，膜式燃气表在使用的过程中对燃气的物理性质影响较小，可以实现 IC 卡预付功能，始动流量较小。膜式燃气表的量程比较宽，安装相对比较方便，由于其量程小，体积大，很容易受腐蚀，从而导致计量不准或泄漏等，日常维修很不方便，只能对工况流量进行计量，不容易实行智能温、压补偿，一般仅适用在低压计量中。而且其表面的膜比较容易老化，使得计量结果的误差大，使用的寿命也因此而大大缩短。但由于价格比较便宜、体积较小，一直是普通居民用户和小型商业用户首选的燃气计量表。

普通居民用户用气特点：一般用户的用气量较低，如仅使用一台双眼灶和一台热水器，用气量一般不超过 $2m^3/h$，但随着人民生活水平的不断提高，一些用户使用的燃气设备逐渐增多，如燃气灶、烤箱灶、热水器、壁挂炉等，用气量一般要超过 $4m^3/h$。

因此，膜式燃气表的选用应保证安全用气、准确计量。燃气表公称流量应略高于燃气设备的额定耗气量，最小流量和最大流量应能覆盖燃气设备的流量变化范围，确保计量准确；燃气表的压力范围应高于管道燃气的压力；应分户安装燃气表。

燃气表的设计安装方式有户内安装和户外安装两种，燃气表应当安装在遮风、避雨、防暴晒、通风良好、振动小、无强磁干扰、温度变化不剧烈、便于查表和检修的地方。

因膜式燃气表计量的是工况流量，与贸易标况流量结算存在量差，一般规定用气设备的燃气流量在 $25m^3/h$ 以内，燃气的使用压力小于 3kPa 的小型商业用户建议采用精度为 1.5 级及以上的膜式燃气表。

随着通信技术发展，4G、5G 应用的普及，燃气表智能计量行业得到较大发展，新的通信技术应用于燃气表后，使天然气用户及燃气公司都得到了很大的便利，无论是充值、抄表等，都可以通过电脑、手机 APP、微信等方式在线完成。现在无线远传燃气表以及物联网智能燃气表已逐步得到普及与应用。物联网燃气表指内置运营商通信模块的燃气表，每个表内部有一张流量 SIM

卡，用于表具通信，而无线远传燃气表一般指采用无线 RF 通信模式的燃气表。无线远传燃气表和物联网燃气表的区别在于以下几点：

① 首先是通信距离，无线远传燃气表的通信距离一般在 1～3km，而物联网燃气表则要远得多，理论上通信距离是不受限制的，只要有网的地方就可以接收到信号。

② 功耗大小：无线远传燃气表由于采用小功率的传输方式，相对物联网燃气表的功耗小很多，这也是无线远传燃气表可以实时在线唤醒的原因。而物联网燃气表则需要定期唤醒进行通信，长时间在线的功耗非常大，类似于手机所以无线远传燃气表的功耗低很多。

③ 可靠性：无线远传燃气表采用无线 RF 通信方式，此种方式可能会随着时间的递增而出现信号衰减的情况，而物联网燃气表只要内置通信模块内有费用，一般不会受到限制，只要有手机信号的地方就可以随时通信，所以物联网燃气表的通信可靠性更胜一筹。

物联网燃气表与无线远传燃气表的区别见表 5-5-1。

表 5-5-1　物联网燃气表对比无线远传燃气表

项目	物联网燃气表	无线远传智能燃气表
组网	不需要任何中间设备	需要中间设备，如采集器、集中器
燃气表实时监控	可以，自动，无须人工干预	可以，需要人工干预
内置锂电池	有	有
网上及手机 APP 购气	可以	可以
统计供销差率	准确	误差较小
信号稳定性	非常稳定	比较稳定
覆盖范围	不受限制	2km 以内
为用气预测提供准确数据依据	可以	可以
自动化程度	全自动	半自动

物联网远传膜式燃气表是一款基于移动运营商物联网专网，以膜式燃气表为计量基表，加装信号传感器、微控制器及物联网无线通信模块，可实现远程无卡预付、数据自动采集、远程管控的智能型燃气表。具有实时在线、远程管控功能，操作简便、数据安全，可满足燃气公司对用气数据的高效采集及智能化管理。结合手机应用程序软件可以完成远程充值、实时互动等功能。物联网远传系统如图 5-5-1 所示。

图 5-5-1　物联网远传系统

一、结构原理

每个厂家表键显示有所差别，但是功能基本一致，以某个厂家的表为例介绍其功能和使用方法。物联网燃气表的控制器主要由数据采集、液晶显示、阀门控制、移动通信、实时时钟、电源管理、报警器接口、功能按钮等模块组成，如图 5-5-2 所示。

二、主要功能及操作

1. 数据采集

采用双脉冲的采样方式，可自动采集机电传感器上的脉冲信号，利用专利的技术算法进行防抖，具有单边干扰和双边干扰防护功能。

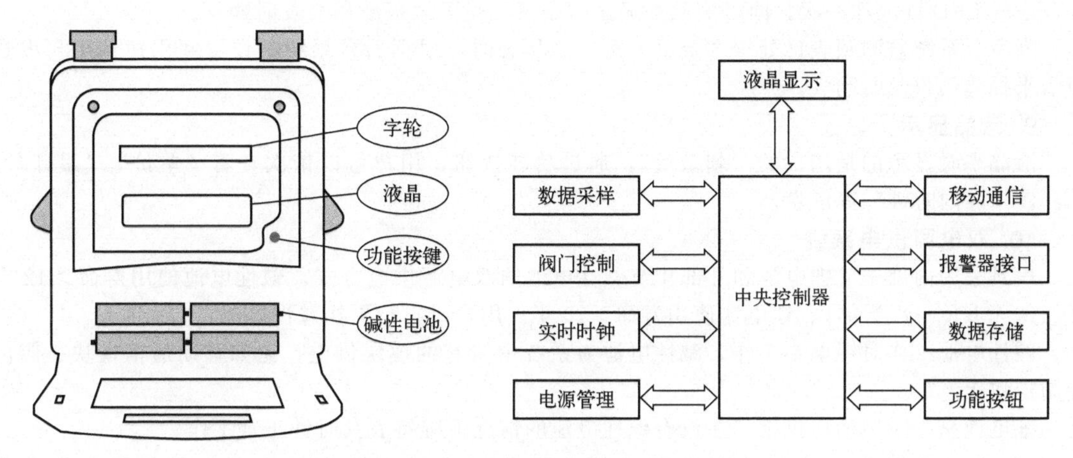

图 5-5-2 物联网燃气表机结构原理

当发生单边干扰或双边干扰时阀门会立即关闭，干扰状态解除后用户可以通过功能按钮开启阀门。

2. 数据上传方式

(1) 定时上传方式（自动抄表）

当物联网智能表内部时钟运行达到系统设置要求数据上传的时间点时，表具主动上传相关实时数据，并获取相关命令。

(2) 人工上传方式（实时充值）

在任何时间点，用户都可通过按物联网表具中的功能按钮，触发表具实时联网，上传数据并获取相关命令。

3. 防反接、防逆流

采用专利技术，当表计反接或出现逆流的情况下，气源会自动切断而与阀门是否开启无关从而实现防反接、防逆流的功能。

4. 远程关阀

可通过后台服务系统远程关闭阀门，当阀门关闭后，用户不能通过功能按钮来开启，只能通过“远程开阀”方式来开阀。

5. 远程开阀

可通过后台服务系统远程使能开阀，表具接收到使能开阀命令后不会自动开阀，必须通过人工触发功能按钮来开阀，从而保证用气的安全。

6. 防死阀

当遇到阀门故障时，阀门未能正常关闭，表具仍然能够保持数据采集和处理，并立即上传给后台服务系统。

7. 阶梯气价与调价

阶梯气价系统包括 4 级阶梯气量，5 个阶梯价格。在阶梯气价开启时，1 个周期内表内累积气量如果大于 1 级阶梯气量则使用价格 2，如果大于 2 级阶梯气量则使用价格 3，以此类推，当一个阶梯周期结束后自动进入一个新的周期。

阶梯周期以月为单位，当周期设置为 1 个月时，则实施月阶梯气价策略，当周期设置为 12 个月时，则实施年阶梯气价策略，客户可根据自身的需求设定周期长度、起始时间。

调价功能是通过修改后台的价格数据来实现的，支持批量的修改，也支持单台表的修改，方便、快捷、安全。

8. 余量不足报警

当表上的剩余量低于报警量时（根据需要，报警量可在后台系统设置合适的值），表计每用

0.1m^3 气 LED 灯闪烁一次，同时液晶上显示“余量不足”来提醒用户及时购气。

当后台系统监测到表计处于“余量不足”的状态时，根据后台系统的设置利用短信平台发送短信来提醒用户及时购气。

9. 液晶显示

液晶平时显示的是用户的“剩余量”，通过功能按钮，用户可以依次查看“单价”“累计量”“表号”“表内时钟”等信息。

10. 双电源供电系统

表具采用内部 1 节锂电池和外部 4 节碱性电池的双电源供电方式，碱性电池使用寿命>12 个月（每天上传一次数据）、锂电池使用寿命>10 年。用户可自行更换碱性电池。

碱性电池工作时锂电不工作，碱性电池为系统中所有的模块供电，比如移动通信模块、阀门控制模块等。

锂电池只为时钟模块供电，在没有碱性电池的情况下维持表具时钟正常工作。

11. 电池监控

当碱性电池电压低于设定的“欠压电压值”时，液晶面板会显示“电量不足”的字符，并自动地发送一次数据给后台系统，后台系统根据设置发送短信给用户，提醒用户更换电池。

当碱性电池电压低于设定的“关阀电压值”时，自动关闭阀门。更换碱性电池后恢复正常，按下功能按钮阀门开启。

拆掉碱性电池后，燃气表自动关闭阀门，同时关闭液晶显示。重新装上电池且电压高于规定阈值后，按下功能按钮阀门开启，恢复显示。

12. 历史数据保存

表具可保存连续 12 月每天的数据。

13. 获取指定月份的数据

客户根据需求通过后台软件在线获取指定月份的数据，如：现在是 9 月份，后台系统中 8 月份的数据部分丢失，客户可以通过这个功能获得 8 月份每天的数据。

14. 在线配置通信参数

客户可以通过后台系统，在线配置 GPRS（通用无线分组业务，内置于移动通信模块中）通信相关的参数如：IP 地址、数据端口等。

15. 在线配置数据上传时间

客户根据需求可通过后台系统在线配置数据上传的时间，上传时间设定有两种模式：在第一种模式下，燃气表会在规定的周期内于设定时间点自动联网，如一天一次上传；在第二种模式下，燃气表会在每个月的指定日期以及指定时间点自动联网，如在每个月 25 号上传。

16. 通电发送数据

当系统检测到碱性电池由无到有且达到了通电要求时自动上传一次数据，并对电池抖动或恶意频繁上下电做了充分防护。

17. 几天上传数据不成功关阀

当表具检测到连续 XX 天上传数据不成功则会自动关阀。用户不能通过功能按钮打开阀门，此功能可以通过后台系统在线设置。

18. 几天不用气关阀

当表具检测到连续 XX 天没有用气则会自动关闭阀门。用户可以通过功能按钮来打开阀门。此功能可以通过后台系统在线设置。

19. 防泄漏

表具可以与燃气泄漏报警器联动，当接收到报警器泄漏信号时会立即关闭阀门，并执行联网操作把报警信息直接上传到后台系统。

20. 内部时钟网络校时

表具内部采用精度为$\pm 5\times 10^{-6}$ 的硬时钟，保证了全年的时钟累积误差不超过 3min，另外每次登录系统时，表具都会进行网络校时，能够保证每个表具的时钟准确无误，不会出现偏差。

21. 数据保护

数据可以长期保存，不受外界干扰、低电压、掉电、更换电池等影响。

22. 数据安全

采用 64 位动态的加密方式（DES），保证了数据的安全可靠，不受外界干扰。

三、标识信息

物联网远传膜式燃气表标识信息如表 5-5-2 所示。

表 5-5-2　标识信息

图标	含义	图标	含义
	阀门关闭		通信中
	阀门开启	透支	剩余金额已经透支，请及时充值
	电池电量	不足	余量不足，请及时充值
	电磁干扰或过流		

四、信息查询

表具液晶点亮后 10s 熄灭，用户可以通过按下功能按键来触发液晶显示，主要显示内容如表 5-5-3 所示。

表 5-5-3　信息显示查询

内容	液晶显示	说明
余量		余量是表具的剩余金额，图例中液晶显示内容为：表具余量为 1.00 元，提示不足。 “不足”字符只在余量低于设定值时显示
单价		图例中液晶显示内容为：表具当前单价为 2.24 元/m^3
累计量		图例中液晶显示内容为：表具当前累计用气量为 100.00m^3
时间		图例中液晶显示内容为表具当前时间为 2016 年 01 月 01 日 14 时 16 分 18 秒
表号		图例中液晶显示内容为：表具表号为 999996238800。“--”字符分别表示表号的前六位和后六位

五、远程通信

表具采用GPRS与服务器远程通信，通信过程可分为启动通信、数据交互、显示通信结果3个阶段。手动启动通信步骤如图5-5-3所示。

六、开阀

阀门关闭时，短按功能按键可开阀，若不可开阀请查询如下内容：

① 余量不足，请及时充值；

② 电池电量不足，请及时更换电池；

③ 按键显示故障信息，请对照“表5-5-4　常见故障信息及处理方法”处理。

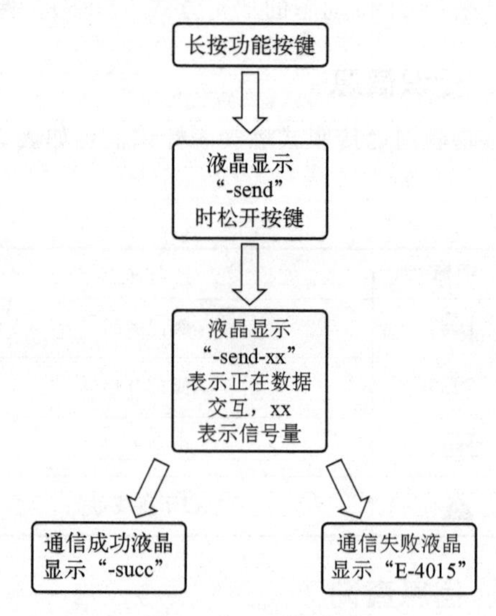

图5-5-3　通信步骤

七、更换电池

表具采用4节1.5V碱性电池供电。当显示电池电量格数只有一格或者按键液晶不显示时，请打开电池仓更换电池。

八、常见故障及处理

当表具出现故障或警告时，首次触发功能按键会显示故障信息，故障信息格式以字母E加数据组成，具体如表5-5-4所示。

表5-5-4　常见故障信息及处理方法

故障信息名称	产生原因	解决方案
E-1003	强制关阀，原因： 1. 通信异常 2. 阀门异常 3. 余额用完 4. 透支超限	1. 如果余额不足或透支超限，请及时充值 2. 手动启动通信或等待自动通信 3. 通信成功后，按键开阀 4. 通信成功后不能开阀，请联系维修人员
E-1005	外部报警器报警	1. 排除漏气等异常现象 2. 按键开阀
E-1007	内置锂电池电量不足	请联系维修人员更换内置锂电池
E-4001	频繁手动启动通信	等待20min再手动启动通信
E-4002	碱电池电量不足，不处理通信	更换碱电池
E-4003	正在通信，无法再次启动通信	等待本次通信结束
E-4015	通信失败	1. 请多次手动启动通信 2. 若一直通信失败，请联系维修人员
E-6008 E-6009	电磁干扰	1. 清除表具周围的电磁干扰源 2. 按键开阀 3. 如果仍多次报警，请联系维修人员
E-6015	用气流量过大	1. 使气体流量处于正常范围 2. 按键开阀

单元 5.6　商用超声波物联网燃气表

近几年超声波技术被广泛应用于民用、商业与工业计量，在未来有广阔的市场前景。民用超声波燃气表流量规格：G1.6～4，通信技术主要采用 IC 卡、无线和物联网。商用超声波燃气表流量规格：G6～65，通信技术主要采用 IC 卡和物联网。工业超声波气体流量计流量规格：G25～100。目前民用燃气计量以膜式表为主。

一、超声波燃气表的应用

（一）超声波技术及超声波燃气表特点

1. 超声波技术

采用安装于上下游的一对超声波传感器，相对发射、接收超声波，利用超声波信号沿顺流与逆流方向在气体介质中的传播时间差计算气体介质的流速，进而计算瞬时流量、累计体积。

2. 超声波燃气表特点

超声波燃气表体积小、质量轻，重复性好，压损小，不易老化，使用寿命长，具有智能化、全电子式的结构，可以扩展为预付费表或具有无线抄表功能。由于是全电子式，无机械部分，不受机械磨损等故障影响，故产品的可靠性和精度较高。

（二）物联网燃气表特点

物联网燃气表通过 GSM/GPRS/CDMA 无线网络与管理中心通信，构成物联网燃气表抄表系统。该系统无须采集器、集中器等中间设备即可实现网络抄表、远程控制、网络缴费、故障监测等功能。每只燃气表在出厂时已内置了一张物联网专用的 SIM 卡，并具有红外通信的功能。另外，物联网燃气表支持阶梯计价，可实现按月、季、年等多种分段方式计价。

（三）燃气表计量技术及通信技术对比

1. 燃气表计量技术对比

燃气表计量技术分为膜式计量和超声波计量，两种计量技术对比如下。

（1）膜式计量

膜式计量的量程比为 1∶160，优点是技术成熟、计量可靠、量程比较宽；缺点是结构复杂、体积大、故障率高、供销差较大、存在漏气危险、极易盗气。

（2）超声波计量

计量优势：极低启动流量，覆盖膜式燃气表 G1.6～4 三个规格；流量范围从 0.016～6m^3；极宽量程范围（量程比为 1∶1000）。

结构优势：没有可动件，维护量少；没有机械磨损，长期运行精度不变；没有精密结构，管道应力、粉尘油污、气锤冲击适应能力强。

智能优势：在线诊断、预诊断、在线校验。

用气安全：防止偷气。膜式表常见防盗手段：卡字轮、腔体打孔、反向安装、磁干扰。超声波表采用全电子计量，高新技术，防磁攻击、防灌水、防拆。具有小流量泄漏预警、恒流量报警、瞬时大流量报警、反向装表报警、非法拆表报警功能，如图 5-6-1～5-6-5 所示，但是其成本较高，处于初期发展阶段，技术成熟度有待提高。

2. 燃气表通信技术的对比

（1）IC 卡

优点为技术成熟、计量较准确、制造成本低，可以实现预付费功能。缺点为无法实时监控表具终端，不能及时准确统计用气量，浪费大量的人力资源，难以配合阶梯计价政策，芯片易被解密，安全性较低。

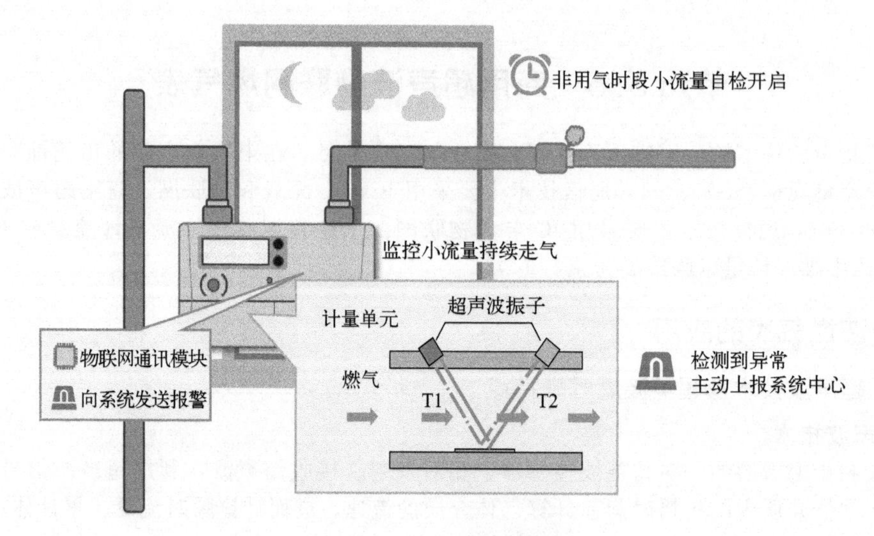

图 5-6-1　小流量泄漏预警

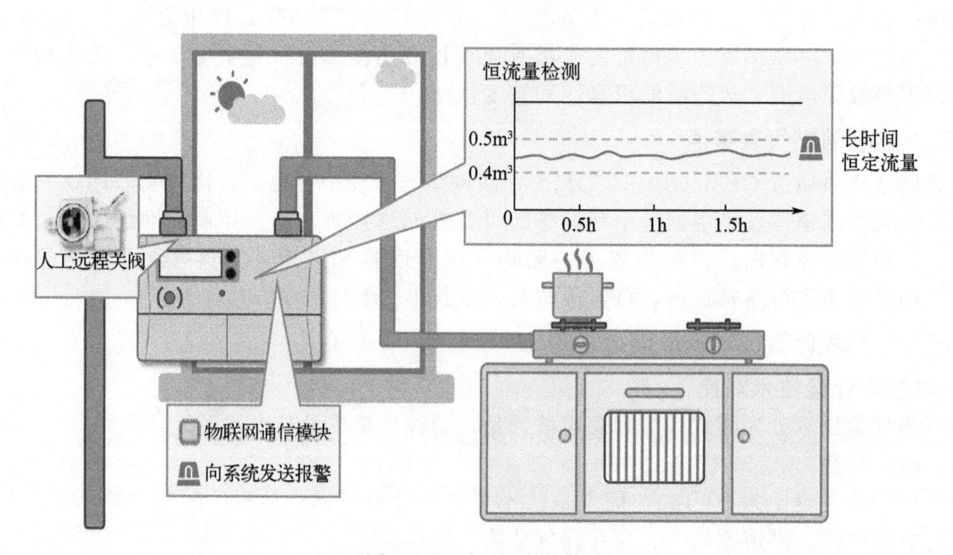

图 5-6-2　恒流量报警

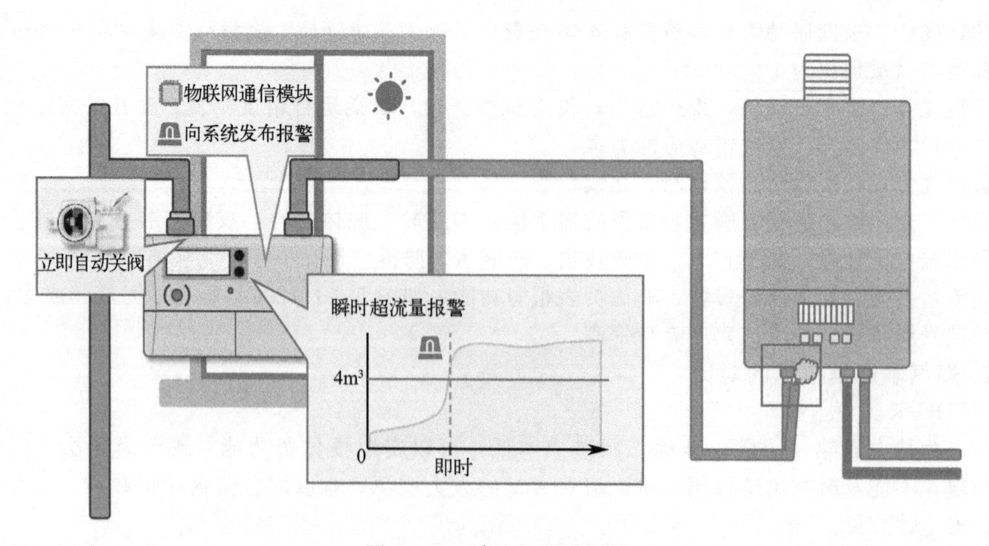

图 5-6-3　瞬时大流量报警

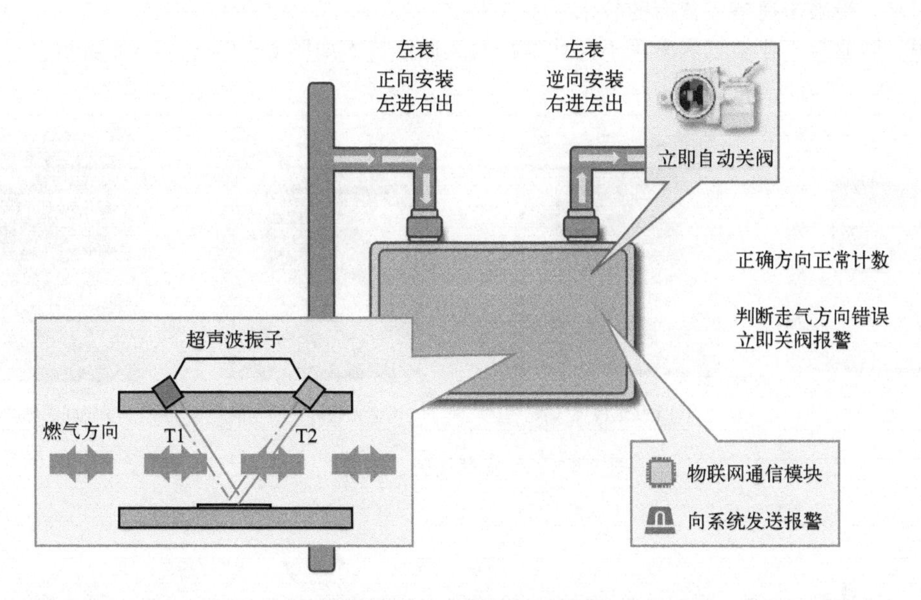

图 5-6-4　反向装表报警

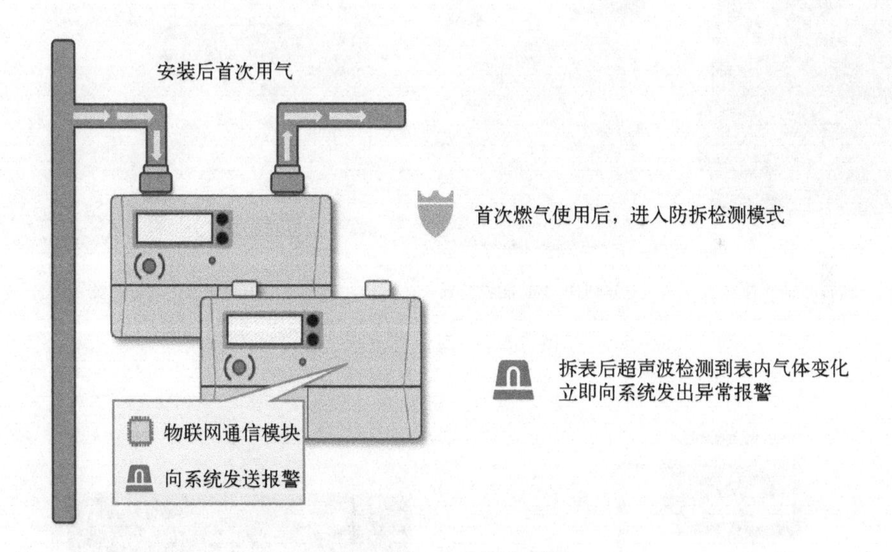

图 5-6-5　非法拆表报警

（2）有线远传

优点为抄表方便，抄表效率、准确率、成功率很高，性能可靠、抗干扰能力强，可户外控制阀门状态，适用于新建住宅和高层住宅。缺点为施工难度大、成本高，需配置采集器、集中器等中间设备，且需要敷设管线。数据传输线路易损坏，造成维护工作量大，费用高。需要外接电源，用户数据存在相互影响的风险。

（3）无线远传

优点为抄表方便，抄表效率、准确率、成功率很高，安装简单，可户外控制阀门状态，适用于普通表改造及新建工程。缺点为抄读成功率相对有线远传及 IC 卡通信技术较低，设备可靠性低，不能做到真正的实时监控，不能完全杜绝偷气行为，数据传输受环境因素影响较大。

（4）物联网

优点为实时监控、即时结算、阶梯计价、抄表方便等，继承了以上各种通信技术的优点。缺点为成本高，受限于通信运营商的技术水平。

民用、商业与工业燃气表采用不同计量技术及通信技术如图 5-6-6～图 5-6-8 所示。

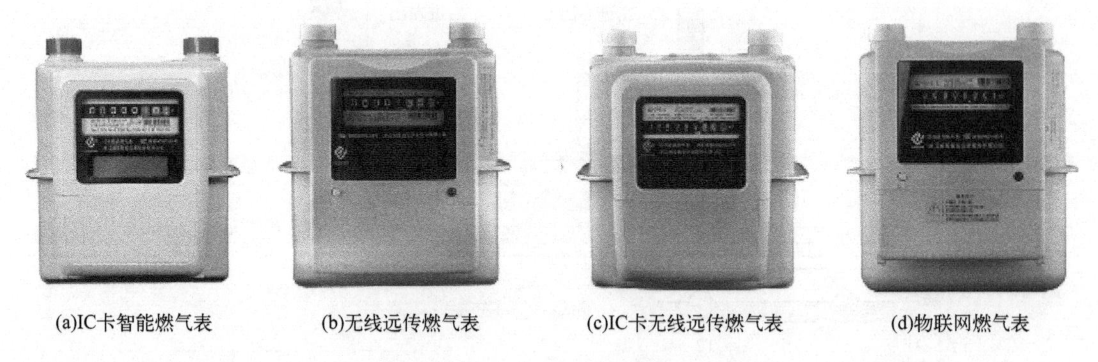

(a)IC卡智能燃气表　(b)无线远传燃气表　(c)IC卡无线远传燃气表　(d)物联网燃气表

图 5-6-6　民用燃气表（膜式）

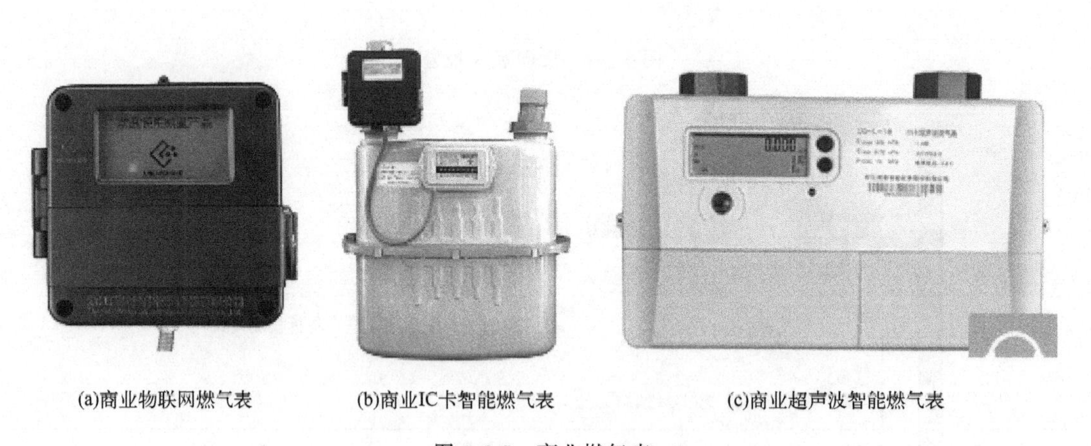

(a)商业物联网燃气表　(b)商业IC卡智能燃气表　(c)商业超声波智能燃气表

图 5-6-7　商业燃气表

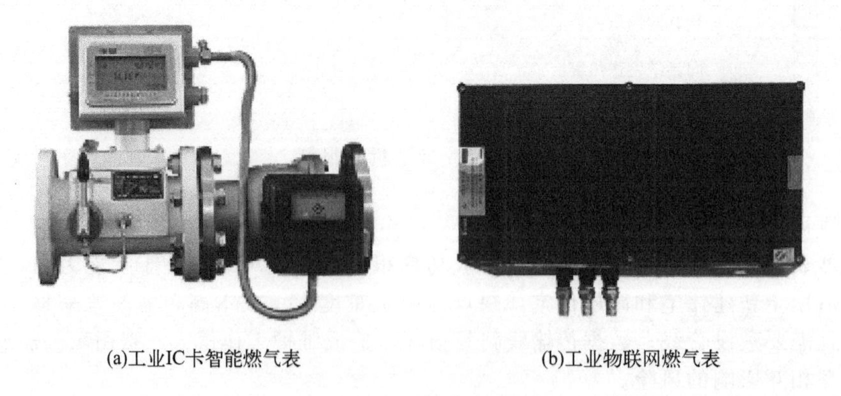

(a)工业IC卡智能燃气表　(b)工业物联网燃气表

图 5-6-8　工业燃气表

商用超声波燃气表主要采用的通信方式是 IC 卡和物联网形式，功能特点如下：

① 支持 IC 卡预付费功能；② 支持阶梯计费、调价；③ 支持实时温度补偿、压力补偿；④ 支持数据冻结、异常报警；⑤ 支持后付费抄表结算；⑥ 支持金额式表端阶梯计费结算，远程充值及调价（可选）；⑦ 支持远程自动抄表；⑧ 支持远程阀控；⑨ 支持远程参数配置；⑩ 支持设备故障

自动告警；⑪ 支持月数据冻结管理，最多1次/天数据主动上传。

二、商用超声波物联网燃气表介绍

商业无线远传超声波燃气表主要面向原使用6～25m^3商业膜式燃气表及小型罗茨流量计的客户群体，产品集超声波计量技术与物联网远传技术于一体，通过采用超声波计量技术，可全面提升燃气表的计量精度，且具有实时温压补偿功能，使用目前商业燃气表市场上普遍采用的物联网远传技术，可更安全便捷地将燃气表使用信息上传至后台管理系统，满足远程自动化智能管理需求。下面以某厂家商用超声波物联网燃气表为例介绍其原理、结构以及使用方法。

商用超声波燃气表产品参数如下：

1. 产品规格

G-6：0.06～10m^3/h。

G-10：0.1～16m^3/h。

G-16：0.16～25m^3/h。

G-25：0.25～40m^3/h。

G-40：0.40～65m^3/h。

G-65：0.65～100m^3/h。

2. 基本参数

压力损失：＜250Pa。

始动流量：0.01～0.04m^3/h。

工作温度：－25～55℃。

工作湿度：≤95%。

工作压力：＜10kPa。

3. 电池选择

2节锂电池。

4. 适用气源

石油液化气与天然气。

5. 通信技术

IC卡，物联网。

三、超声波燃气表工作原理

超声波燃气表采用超声波传感器通过测量超声波脉冲沿顺、逆流两个方向上传播时间的不同来测量气体流速和流量。流速测量与声速无关；理论上可以测量各种介质，并且和组分无关。

超声波燃气表主要由基表、阀门、温感模块、压力传感器、超声波传感器和控制模块组成，燃气表控制器负责处理流量计算、阀门控制以及使用过程的监控。

1. 时差计量法

如图5-6-9所示，超声波传感器形成一定的角度在计量通道内相对排列。上游的传感器发出超声波给下游的传感器并测量时间（T_1）。然后沿相反方向从下游的传感器向上游的传感器发出超声波，并测量时间（T_2）。当气体从左向右流动时，

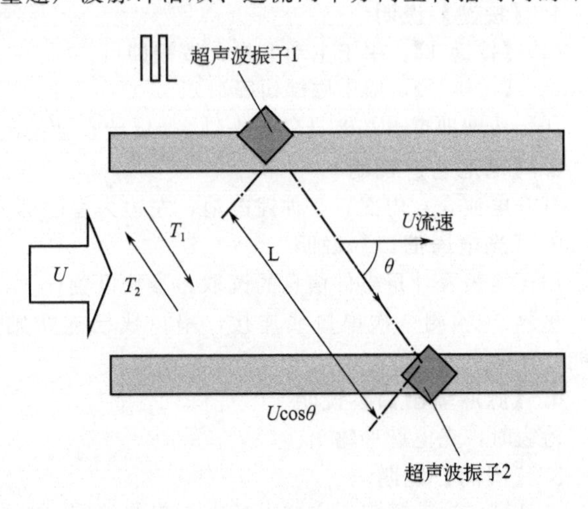

图5-6-9　超声计量原理

T_1 和 T_2 形成时差，通过时间差可以计算得出气体的流速（U）。

2. **计算公式**

（1）瞬时流量 Q

$$Q=K \cdot S \cdot U$$

（2）气体流速 U

$$U=(L/2\cos\theta)[(1/T_1)-(1/T_2)]$$

（3）传送时间 T_1、T_2

$$T_1=L/(C+U\cos\theta)(\text{上游}\rightarrow\text{下游})$$

$$T_2=L/(C-U\cos\theta)(\text{下游}\rightarrow\text{上游})$$

式中 L——传感距离；

C——介质中的声速；

S——腔体的截面积；

K——流量系数。

四、主要功能

商用超声波燃气表功能界面如图 5-6-10 所示。

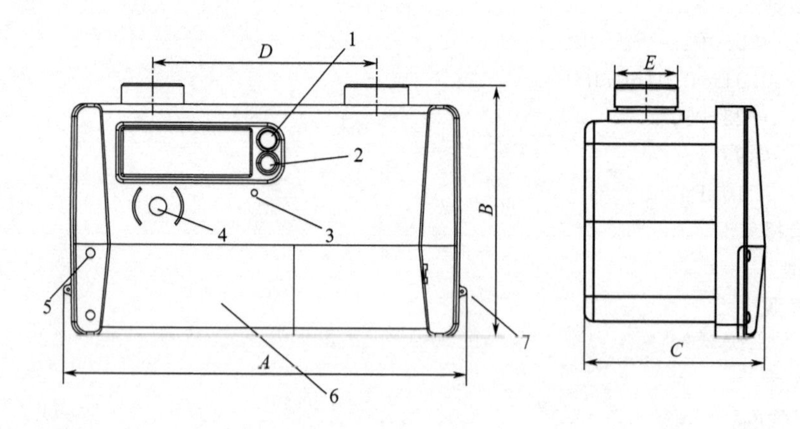

图 5-6-10　商用超声波燃气表（UG-WLW 型）功能界面

1—按键 1；2—按键 2；3—检测脉冲接口；4—光电串口；5—塑封；6—电池盒；7—铅封孔

1. **【按键】说明**

（1）【按键 1】：用于主动上告，按键即可。

（2）【按键 2】：用于按键切屏显示。

注：按键即可点亮液晶屏背光灯，10s 后自动关闭背光灯。

2. **【电池仓】说明**

打开电池仓，内部有 2 种锂电池，左边为智能部分电池，右边为计量部分电池。

3. **【光电通信口】说明**

用于检表及计量事件信息的读取、参数设置；

每隔 5s 检测一次串口线连接，串口线已连接则开启串口功能，串口线未连接则关闭串口功能。

4. **【脉冲输出口】说明**

检表时，光电脉冲输出。

5. **【阀门】说明**

表具可以选配阀门，实现本地和远程开关阀。阀门的控制逻辑可设置。

阀门是否安装，根据不同表型，需在出厂前完成。

6. 【数据存储】说明

表具内部可最多可存储 12 个月的小时冻结数据，包括：累计量、瞬时流量、温度、压力、时间等，可通过本地通信端口读取或通过网络方式上传读取；

7. 液晶显示说明

工作状态下显示界面如图 5-6-11 所示。

① 在液晶屏的右上角，温度、压力、瞬时流量值以 5s 间隔进行巡回显示。

② 液晶屏主界面中间部分，默认显示累计气量或剩余金额，可通过按键切换查询其他信息。

③ 工程模式：长按 3s“按键 2”，进入工程界面显示，如表 5-6-1 所示。特殊显示说明如表 5-6-2 所示。

图 5-6-11 工作状态下显示界面

表 5-6-1 液晶屏显示说明

定义	显示符号	备注
主界面显示	102.20 4	主界面显示累计气量，其中压力、瞬时流量、温度等信息在右上区域轮流显示
阀门状态符号	102.20 4	液晶屏左侧，显示当前阀门状态； 阀门状态：开或关
开通标识	102.20 4	开锁标志为开通状态，没看到则表示为未开通状态
电池符号	102.20 4	液晶屏左下角有电池符号显示，当电池符号显示 1 格时，表示欠压，需尽快通知燃气公司更换电池。 注：框内为智能控制电池
故障代码	19.56 Err-no	查询故障类型用，“Err-no”表示正常
主动上告显示		
上告显示	102.21 GPRS-	按上告键，屏幕上会显示“GPRS-”，“-”每隔 1s 闪 1 次，表示正在连接。“.ııll”表示信号强度
上告成功显示	102.21 SUCC	当显示“SUCC”时表示已成功连接服务器，正在发送数据。 “E.ııll”符号表示网络已连接
工程模式显示		
表规格	0.000 t-100 00	产品规格显示及状态显示
内置表号	0.000 Id20 16 10	内置表号显示，共 12 位，2 屏显示
上告地址	19.56 IP033 173	内置 IP 地址显示，共 12 位，2 屏显示
上告端口	19.56 Pt8020	内置端口显示

续表

定义	显示符号	备注
表内日期	19.56 16-11-03	内置日期
表内时间	10.2.20 135141	内置时间
版本号	10.2.20 U1-0-5	表内程序版本号
阶梯金额式运行模式（按键查看）显示及含义		
剩余金额	24.88 8888	表示该表剩余可使用金额
当前累计气量	3.086 6666	表示该表从使用到目前的累计用量
当前充值	101.68 8888	最近一次充值的金额
当前阶梯累计量	3.086 118	表内当前阶梯内使用气量
当前价格	3.086 3	表内当前执行的单价

注：工程界面下，液晶屏显示还包括5级阶梯价及量。

表 5-6-2　特殊显示说明

类型	错误代码	说明	类型	错误代码	说明
计量部分	Err-0	压力传感器损坏	主控部分	Err-93	计量传感器损坏
	Err-1	温度传感器损坏		Err-10	少额（预付费）
	Err-2	存储器损坏		Err-11	透支（预付费）
	Err-7	小流量泄漏预警		Err-12	透支用完（预付费）
	Err-8	大流量泄漏报警		Err-99	智能板与计量板读数不一致，相差大于 $1m^3$
	Err-90	计量传感器1损坏（针对G40/G65）			
	Err-91	计量传感器2损坏（针对G40/G65）		Err-98	FLASH芯片故障

警告：用户自行拆卸燃气表或改变内部元器件和结构将破坏燃气表防爆性能，除引起计量误差甚至不能正常工作外，还有引起燃气爆炸的危险。如发现燃气表漏气，请立即关闭表前阀，并通知燃气公司，由专业技术人员进行维修。

五、开通及使用流程

1. 信息登记

在上位管理系统中登记表具编号、付费类型、表具模板、价格模型及一些必要的运行参数等信息。

2. 上告开通

在电池供电及移动信号正常情况下，长按上侧按键3s，显示“NONE”启动上告，发送请求开通指令，并接收上位系统开通信息，提示“Up-SUCC”表示开通成功。

3. 信息查询

可通过下侧按键短按查询燃气表使用信息。后付费运用模式：使用总量可以直接通过液晶屏查看。后台预付费运用模式：使用总量可以直接通过液晶屏显示查询，账户余额（非实时）可以通过右侧按键查询。表端预付费运用模式：使用总量可以直接通过液晶屏查询，余额（实时）可以通过右侧按键在液晶屏上查询。

4. 缴费结算

只有当用户信息登记并与表具绑定后，才能进行相应结算。后付费运用模式时，阀门本身为开启状态，每月抄表生成账单后再缴费；在后台预付费运用模式下，系统账户中余额＞0时阀门才能开启，所以需提前至营业厅充值（账户充值）才能使用。表端预付费运用模式时，表端余额＞0（或可透支）的情况下，阀门才能开启，所以需提前到营业厅充值才能使用。

注：当余额不足或为零时，后台预付费运用模式表型将在下个结算周期时关阀，表端预付费表型将直接关阀，所以请及时充值。

六、安装注意事项

1. 安装要求及注意事项

由于超声波燃气表在计量原理上的不同，皮膜式燃气表和超声波燃气表两种表具在安装工作的细节中有一定的区别，注意事项如下：

① 超声波燃气表在安装至管道前，进出气口的防尘盖不能打开。超声波燃气表是速度式计量仪表，当安装前进出气口有气体流过，并持续一定时间时，表具会发生计量或者根据设定的保护功能对表具阀门进行关阀操作，以上的结果都会增加后续人员的现场工作。在大规模安装时，必然会增加安装工作以外的后续工作量，如因为新表出现计数，用户使用后因为使用费发生争议产生投诉等问题，增加客服体系等一系列的服务流程成本。

② 在农村煤改气项目或者工商业用户中，需要在室外进行安装时必须加装专用的燃气表室外表箱。注意防雨、防潮，避免阳光直射智能控制器部分，造成表具智能控制器过早老化出现故障。露天或者室外环境较为恶劣时，如果表具缺乏足够的防护，容易出现智能控制器渗漏、腐蚀，表具电池腐蚀及表具外观腐蚀等问题，造成表具失灵或者表体泄漏等问题，造成燃气公司供气损失或者用户用气安全问题。

③ 表具安装位置应同炉具、其他火源保持安全距离，最低不小于1.5m，有条件应加装隔热板。避免热辐射对表具的外观及密封造成影响，发生燃气安全事故。这是目前较为常见问题，工商业用户所用表具通常缺乏隔热防护，容易发生表具外观热熔，造成潜在危险。

④ 目前的超声波燃气表普遍带有物联网功能，除房屋结构原因外，表具高位安装可以有效优化物联网通信，应该尽量避免表具低位安装。低位装表，表具使用环境普遍湿潮，影响表具使用寿命，而且超声波燃气低位装表同灶具有高低差，极易发生“倒流”误报引起无法用气。对于因装修需要移表用户应该进行装表位置的宣传引导，为用户用气后表具数据抄收等问题做好规划，避免物联网不物联，成为失控表具。

2. 安装的要点及后果

① 安装前应该吹扫干净管道，清除管道内的铁锈、灰尘、水等杂质，超声波燃气表采用换能器计量，属于电子传感器，对杂质极为敏感。当表体内进入杂质，表具轻则精度受损，重则报废。在实际工作中，尤其是煤改气项目中，因为忽略管道杂质问题，管道不经过吹扫直接挂装超声波燃气表，曾经造成大量超声波表具表体内进入杂质报废，给燃气公司造成不必要的损失。燃气管道的压力测试应单独进行，不能同表具管道连通后一起打压测试。燃气主管道一般为中高压管道，而表具入户管道为低压管道，某些施工队为了赶楼盘交付工期或者煤改气等项目工期，经常连通全管道进行压力测试。造成的结果就是超声波表具严重受损，发生表体变形，严重的会发生表体爆裂危及人身安全。

② 安装后，表具到灶具端之间应该采用U形管压力计进行密封性测试，压力不能超过

35kPa。加压和卸压应该缓慢进行，实际工作中出现过因为加压、卸压时，手阀启动过快造成表具开裂的例子。

3. 其他要点

（1）管道调压设备

超声波燃气表对管道调压设备的调压效果比较敏感，如果调压设备调压不稳，造成管道压力波动较大，极易发生故障误报，引起表具关闭阀门影响用户用气。在实际工作中发生过管道调压设备长期超压造成超声波表具微泄漏的个例。

（2）气源含水率

在煤改气项目中，气源的含水率对用气会造成重大影响。煤改气地区燃气管普遍外露、跨度长，冬季缺乏保温层，如果气源含水率高，在0℃以下容易产生管道冻结，造成管道堵塞。春季解冻后，管道内大量积水及杂质顺管道进入超声波燃气表，造成季节性维修旺季。

（3）通信方式——2G、4G、NB

选择物联网通信方式应该有前期调研，选择最适合的方式。目前因为2G退网，国内大部分地区2G物联网已经不提供信号覆盖，原有2G通信表具失去物联网功能；NB是目前主流的物联网模式，但是基站的带宽不够或者存在覆盖盲区，需要同电信运营商进行沟通；4G通信功耗大，模块价格高，随着国内电信建设升级，不远的将来也面临退网的可能。所以在超声波燃气表的物联网制式的选择上应该有清晰的认知，需要同当地的电信运营商提前做好沟通，避免超声波燃气表安装后，却发现没有物联网信号可用。

（4）内外勾结的偷盗气

超声波燃气表作为全电子燃气表，在防偷盗气上较传统的皮膜燃气表有明显的优势，但是对从安装起始的内外勾结式偷盗气，暂时缺乏监控手段，只能依靠常规的巡检方式。在实际工作中，发现过数起燃气公司人员同用户勾结，利用手段造成表具阀门、通信模块等失灵、损坏，表具直通用气的案例。不难看出，虽然超声波燃气表较传统皮膜燃气表而言，在精度、量程、可重复性、体积、使用寿命等方面有无可比拟的优势，是传统膜式燃气表的最佳替代产品，是燃气公司提高管理和效益的优先选择。但是也需要燃气从业人员的传统认知做出调整，跳出表端计量的单一观点，从燃气计量管理上对超声波燃气表的安装、应用做出详细的管理实施方案，对安装、运维人员进行培训和要求。

单元5.7 调压箱、调压柜

调压箱或者调压柜应用于燃气输配系统作楼栋或小型公服用户调压。适用介质：天然气、人工煤气、液化石油气及其他无腐蚀性气体。

一、调压箱型号

调压箱型号一般由5部分组成，其构成方式见图5-7-1。

① 调压箱代号为RX。

② 公称流量，单位m^3/h。其值为设计流量的前两位流量值，多余数字舍去，如果不足原数字位数的，则用零补足，流量≤$300m^3/h$圆整到十位；流量>$300m^3/h$圆整到百位。对于有多路总出口的调压装置，工程流量采用将各路总出口的工程流量用“＋”连接表示。如：调压装置的设计流量为$4567m^3/h$，则型号标识的公称流量为$4550m^3/h$。

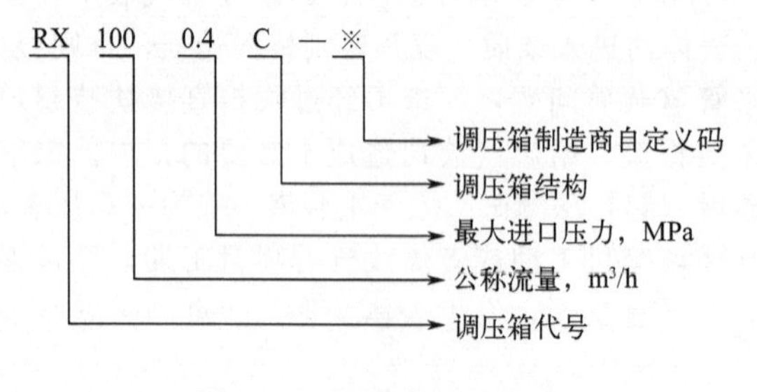

图5-7-1 调压箱型号构成

③ 最大进口压力，以其数值表示，优先选用0.01MPa、0.2MPa、0.4MPa、

0.8MPa、1.6MPa、2.5MPa、4.0MPa、6.3MPa、10MPa。

④ 调压箱结构形式可分为：A为单路调压（1+0）、B为一主调一旁通（1+1）、C为一主调一副调（2+0）、D为一主调一副调一旁通（2+1）、B+M型：1+1结构+计量、C+M型：2+0结构+计量、D+M型：2+1结构+计量。

调压箱管道结构代号见表5-7-1。

表5-7-1　调压箱管道结构代号

调压箱管道结构代号	A	B	C	D	E
调压箱管道结构	1+0	1+1	2+0	2+1	其他

注：调压管道结构中，“+”前一位数为调压路数，“+”后一位数为调压旁通数

⑤ 自定义功能，生产商根据实际情况自定义的功能，用大写字母表示，不限位数。

例如：

a. RX200/0.4C表示公称流量为200m³/h，最大进口压力为0.4MPa，带双路调压的调压装置。

b. RX1.6/60OEM表示公称流量为600m³/h，最大进口工作压力为1.6MPa，调压管道结构为其他，带后计量的调压箱；

c. RX 4.0/10000CM+300B-LY表示有两路出口：最大进口工作压力为4.0MPa，其中一路出口的公称流量为10000m³/h，调压管道结构为“2+0”，带后计量；另一路出口的公称流量为300m³/h，调压管道结构为“1+1”，其他自定义功能为“LY”的调压箱。

二、结构和原理

RB系列调压箱由进出口球阀、过滤模块、调压模块、箱体四大部分组成（见图5-7-2、图5-7-3）。调压模块包括切断、一级调压、二级调压和微量放散。

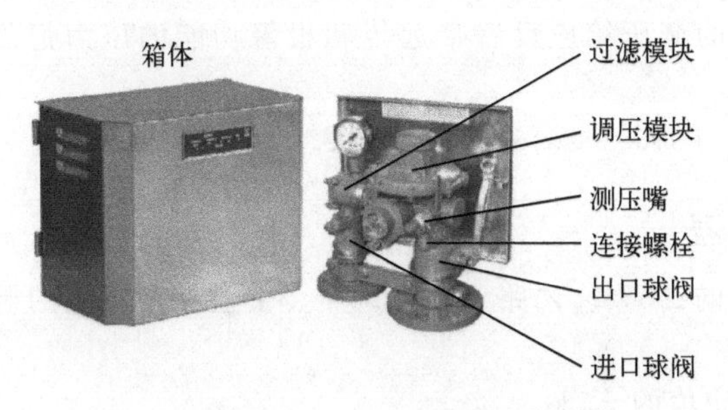

图5-7-2　RB系列调压箱结构

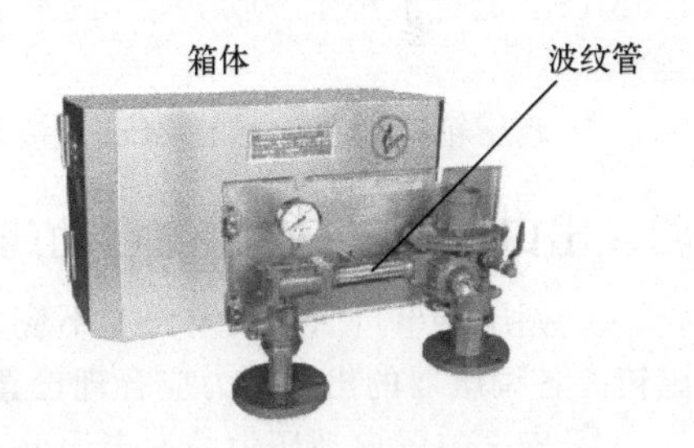

图5-7-3　RB系列调压箱波纹管

调压箱工作原理（见图5-7-4）：过滤后的介质经一级调压后形成稳定压力输入到二级调压单元，经二级调压输出所需的出口压力 p_2。

当出口压力 p_2 超过放散压力的设定值时，调压器就会通过放散机构向外微量放散，此放散只能用于释放因温差或其他原因产生的微小短时高压，应避免频繁切断。

当切断部分感应到 p_2 超过切断设定值时，使脱扣机构脱扣，切断阀瓣在关闭弹簧的作用下，迅速向阀口移动，与阀口紧密贴合，截断阀体中的气流，避免下游设备损坏。在排除故障后，向外拉动复位拉杆，使切断阀重新处于开启状态。

三、安全配置

① 在调压系统失效时，安全装置应能自动工作并防止下游压力超过允许值。安全装置应采用下列类型：

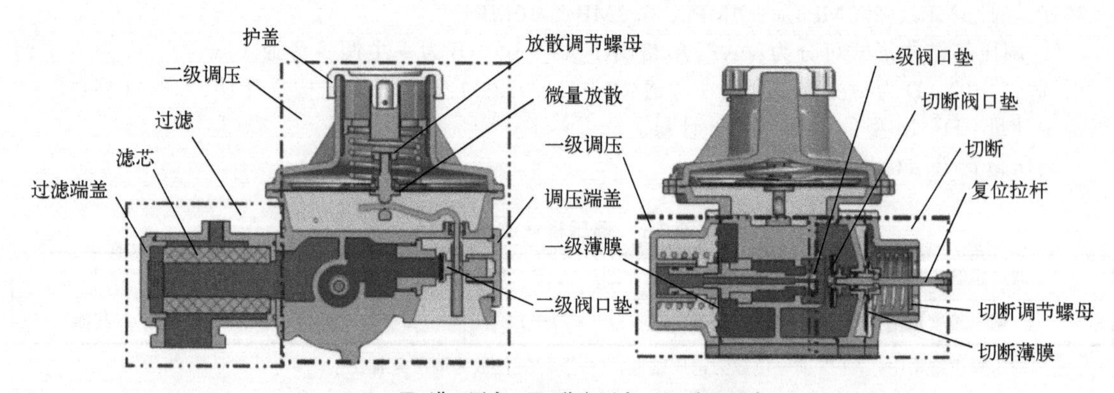

图 5-7-4 RB系列调压箱工作原理图

a. 非排放式，包含监控调压器、切断装置等；

b. 排放式，包含直接作用式和间接作用式的放散装置等。

② 调压箱应设置切断装置或放散装置。设计压力大于 2.5MPa 或不可中断供气时，应设置监控调压器。对有较高安全要求且可中断供气的情况下，应采用切断装置、放散装置、工作调压器的组合设置方式。

③ 全启式全流量安全放散装置不应单独使用，当必须使用时，应设置放散管将气体引出调压箱。

④ 调压器后的全启式全流量安全放散装置仅可作为二级保护系统，且应与非排放式安全装置一起使用。

⑤ 切断装置通常应采用超高压切断型。当需要失压监控时，还应配置超低压切断。

⑥ 除楼栋燃气调压箱外，无人值守的调压箱应设置压力记录装置。最大工作压力不小于 1.6MPa、流量不小于 $3000m^3/h$ 或重要场所使用的调压箱应设置带远传和报警功能的压力记录装置。

⑦ 调压箱应设静电接地端子，接地应符合 GB 50169—2016 的有关要求。

四、出口压力与安全装置启动压力设定误差

① 调压器出口压力设定误差不应大于设定值的±5%。两路及以上调压、带监控调压器的调压箱，各调压器的出口压力应合理设置。

② 安全装置启动压力的设定误差不应大于设定值的±5%。

③ 当调压器出口小于或等于 10kPa 时，调压器后安全装置启动压力应使与低压管道直接相连的燃气用具处于允许的工作压力范围内。

④ 当调压器出口压力小于 0.08MPa 时，启动压力不应超过出口工作压力上限的 50%。

⑤ 当调压器出口压力等于或大于 0.08MPa，但不大于 0.4MPa 时，启动压力不应超过出口工作压力上限 0.04MPa。

⑥ 当调压器出口压力大于 0.4MPa，但不大于 4.0MPa 时，启动压力不应超过出口工作压力上限的 10%。

⑦ 当调压器出口压力大于 4.0MPa 时，启动压力不应超过出口工作压力上限的 5%。

⑧ 装有微启式放散装置并且带切断装置的调压器的调压箱，其放散装置设定值应低于切断装置设定值。

⑨ 调压器前的安全阀整定压力不应大于管道的设计压力，整定压力偏差不应超过整定压力的±3%或±0.015MPa 中的较大者。

五、操作与使用

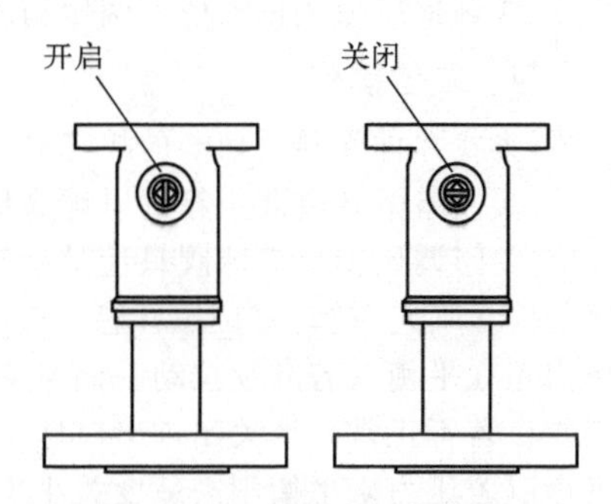

图 5-7-5　调压箱出口球阀状态

（一）初始运行操作程序

① 确保切断处于开启位置，用手柄略微开启调压箱出口球阀（红线竖直为开启，水平为关闭），如图 5-7-5 所示。

② 用手柄缓慢打开进口球阀；

③ 停留片刻直到气流稳定；

④ 将调压箱出口球阀全部打开。

（二）出口压力设定

若需改变调压箱出口压力，缓慢旋动护盖，使出口压力达到燃气用具要求的设定值。（顺时针调节，出口压力升高；逆时针调节，出口压力降低。）调节压力时注意不要超出弹簧的压力设定范围，否则可能导致人为损坏，如图 5-7-6 所示。

图 5-7-6　出口压力设定

注意：调压箱运行时禁止从测压嘴向外排气，这会导致下游压力升高。

（三）切断器和放散压力设定

若用户需自行调节切断动作压力时，请用手柄缓慢转动切断调节螺母（顺时针调节，压力升高；逆时针调节，压力降低），从测压嘴充气对设定压力进行验证检测，此时应保证进出口球阀处于关闭状态，且事先排空调压箱内燃气。切断器动作压力以保证下游设备安全为准，建议不超过调压箱运行压力的 1.5 倍，如图 5-7-7 所示。

若用户需自行调节放散压力时，请旋下护盖。用长柄套筒旋转调节螺母（顺时针调节，压力升高；逆时针调节，压力降低）。放散压力建议为运行压力的 1.3 倍，如图 5-7-8 所示。

图 5-7-7　切断压力设定

图 5-7-8　放散压力设定

注意：① 在旋动调节螺母，重新寻找所需要的切断压力设定点时，必须从弹簧放松状态缓慢压缩弹簧，直到调整到合适的弹簧压缩量，以免出现设定压力不准、过分压缩调节弹簧的情况。

② 在调整压力或正常使用调压箱时必须盖上主调和切断的护盖，以免压力不准。

（四）复位操作

① 查找并排除导致切断的故障；

② 缓慢略微开启调压箱进口球阀导入前压；

③ 关闭调压箱出口球阀只让微小气流通过（或者可以完全关闭调压箱出口球阀，适度开启调压箱的测压嘴）。拉动复位拉杆感觉有气流通过时请保持，此时内旁通副阀瓣打开，切断阀口垫前后压力正在平衡（若继续拉动手柄会感觉很吃力，则请不要继续拉动手柄），同时观察整个系统是否正常。若不正常，请关闭进出口球阀排空所有气体再次查找原因；若正常则进入下一步。等压力平衡（若压力未平衡则需适度关小出口球阀或测压嘴）感觉拉动复位拉杆很轻松时，切断阀上下游压力达到平衡状态，继续拉动复位拉杆使脱扣机构上扣；

④ 再按顺序缓慢开启进出口球阀。也可在排除故障后，直接将切断阀复位，再略微开启出口球阀，再缓慢开启进口球阀，若系统正常，则完全开启进出口球阀。

注意：切忌在调压箱进出口球阀都完全开启的状态下或/和未经平衡过程直接开启切断阀，以免造成人员不必要的损伤或零件的损坏。

六、调压箱维护

维修前应先将调压箱前后的进口和出口球阀关闭，保持切断阀处于开启状态，通过测压嘴泄掉调压器阀体内部压力；重装时应小心，以免损坏如阀口、平衡薄膜等零件；组装好后应检查各活动部件能否灵活运动；维修组装完后，按调压箱通气运行方法进行维修后的设定，并检查所有连接密封部位有无外泄漏。

调压箱的使用管理部门应根据气质和使用情况，确定维护周期，定期对调压箱进行清洁维护，以保证安全供气和正常使用。

1. 日常维护

① 用燃气报警仪器（或皂液）检查调压器有无外泄漏。

② 观察压力表读数，检查调压器的出口压力。

③ 对调压器外部进行清洁。

2. 定期检查

维护主要内容（按实际情况选检）：

① 关闭压力检查：在调压箱出口端检测口接水柱或压力表，并打开开关，缓慢关闭调压箱出口球阀，3min 后记录关闭压力值，检查是否在正常范围内。调压箱关闭压力正常的情况下无须对调压箱进行拆修。

② 切断启动压力设定值检查：关闭进出口球阀，排空调压器内气体，从测压嘴缓慢导入压缩空气观测切断时压力是否符合设定值。

③ 更换易损件：阀口垫、薄膜、O 形圈等易损橡胶件。

④ 清洗滤芯。

一般常见故障原因及维修见表 5-7-2。

表 5-7-2 一般常见故障原因及维修

故障现象	产生原因	排除方法
出口运行压力降低	前压过低 实际流量超过调压箱的设计流量 滤芯堵塞	升高前压 选用适合的调压箱 清洗滤芯
关闭压力升高	一级调压薄膜损坏 阀口垫溶胀、老化 阀口有杂质吸附或有损伤	更换一级薄膜 更换溶胀的阀口垫 清洗或更换阀口

续表

故障现象	产生原因	排除方法
直通	调压弹簧被超量程压并	更换较硬弹簧
切断阀不动作	膜片破裂 信号孔堵塞 切断弹簧压并	更换 清通阀体上的信号孔 降低切断压力或更换弹簧
切断压力不稳定	弹簧设定值不对 脱扣机构摩擦过大	重新设定 清除脱扣机构的灰尘
切断阀不能复位	引起切断的原因未排除 后压过高	排除原因 降低后压

3. 拆卸要点

① 箱体：开锁，将箱体旋转 90°，向上提出箱体。

② 滤芯：排空调压器内气体，用内六角扳手将过滤器端盖取下（有弹簧，注意压住端盖），向外拉滤芯头上的拉环就可取出滤芯。

③ 调压器：用十字改刀取下上抱卡，用两用扳手梅花端取下连接进出口球阀的螺栓，取下调压器，进行维修。如图 5-7-9 所示。

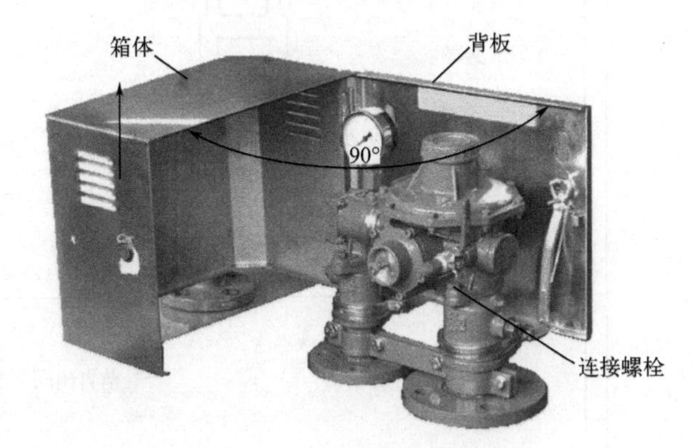

图 5-7-9　调压箱拆卸图

单元 5.8　城镇燃气调压器（减压阀）

城镇燃气调压器（图 5-8-1）具有优良的减压、稳压功能，常用于城镇燃气高层建筑室内。常用型号有 RTZ-15/0.01，RTZ-15/0.2，RTZ-15/0.3，RTZ-15/0.4 等。

一、工作原理及分类

气体沿壳体箭头方向进入调压器膜片下腔。当正常使用时，调压器自动调节并稳定输出压力。其结构原理是：膜片下腔压力变化通过连杆、杠杆带动推杆阀垫自动减小或加大调压阀口的开度（负反馈），从而实现自动减压稳压控制。

调压器分为普通型调压器、安全型调压器与安全型Ⅰ调压器。普通型调压器只有调压与稳压功能；安全型调压器具有调压功能、超压保护功能、欠压保护功能；安全型Ⅰ调压器具有调压功能、超压保护功能。

图 5-8-1　城镇燃气调压器结构图

二、安装、使用方法

1. 安装方法

① 应由专业人员安装。

② 吹扫管道内杂质，按要求装在入户总阀与过滤器之后，燃气计量表之前（注意缠绕生料带及检查进气端箭头，以免装反），连接完成后用肥皂水检查各连接接头的气密性，图 5-8-2 所示为城镇燃气调压器安装示意图。

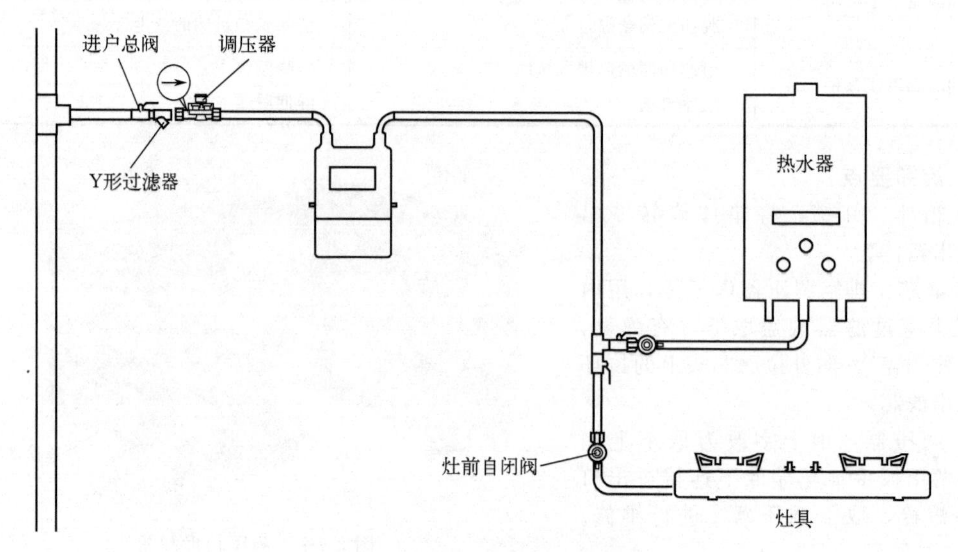

图 5-8-2　城镇燃气调压器安装示意图

2. 普通调压器方法

打开入户总阀即可正常使用调压器，无须任何操作。

3. 安全型调压器使用方法

① 打开入户总阀。

② 提拉黄色提钮，此时红色检验钮被顶起（未超出黄色提钮），调压器可正常使用。

③ 若红色检验钮吸回，须检查管道是否有漏点，然后重新提拉即可。

④ 若红色检验钮异常升高（超出黄色提钮），需要点灶排除阀腔里面的气体，然后重新提拉。

4. 安全型Ⅰ调压器使用方法

① 打开入户总阀，此时红色检验钮被顶起（未超出黄色提钮），调压器可正常使用。

② 若红色检验钮异常升高（超出黄色提钮），需要点灶排除阀腔里面的气体，然后按压红色指示钮即可正常使用。

三、安全注意事项

① 安全使用燃气应保持使用环境通风。

a. 燃气具有易燃、易爆、易使人中毒等特点，通风的使用环境可降低意外事故发生的概率和减小事故损害的程度。

b. 发现空气中有燃气臭味时应立即关闭入户总阀，打开门窗通风，禁止开灶、灯、换气扇，禁止使用电话。无法自行解决时，应远离泄漏区并立即向燃气公司打电话报修。

② 燃气使用环境应和生活区隔离。

③ 厨房应和卧室、休息室分开。

④ 禁止拆解或维修。

⑤ 新装或更换调压器时应保证连接可靠、无泄漏。

⑥ 燃气在使用中应有人看护。

⑦ 长期不用气应关闭户内总阀。

⑧ 调压器应在规定的寿命年限内使用。

⑨ 严禁在通气状态下按压红色检验钮。

⑩ 管路气密性检测。

a. 关闭灶具，打开入户总开关，按上述使用方法操作调压器，使调压器处于通气状态。

b. 关闭入户总开关，观察5min，若调压器上红色检验钮不掉落（处于升起状态），则说明管路气密性良好，否则调压器至灶具端有漏点，需用肥皂水进一步检查。

四、常见故障排查

城镇燃气调压器常见故障排查见表5-8-1。

表5-8-1　常见故障排查表

故障	原因	排除方法
红色检验钮掉落	超压切断后用户点灶	更换调压器
	管道燃气供气不足	检查管道或调压器入口是否堵塞
红色检验异常升高	阀口垫杂质导致调压器阀体内漏	更换调压器
	内磁铁吸附杂质导致切断值降低	更换调压器
	使用不当导致超压	按正确的方法使用
使用中切断	调压器与灶具不匹配	更换更大流量的调压器
灶具火苗太小	① 停气、供气压力太低； ② 灶具火孔油污堵塞	① 联系燃气公司，检查调压器前置供气压力是否符合要求； ② 更换或请专业人员检修灶具
灶具火苗太大	因管路杂质导致调压阀口关闭不严、不减压	联系燃气公司，检修气路，更换调压器

单元5.9　民用燃气金属软管

一、燃气金属软管简介

金属软管的应用极大地提高了燃气使用的安全性。这种连接管具有外形美观、耐腐蚀、弯曲性好、阻燃、耐温性好、安装方便、使用寿命长等优点；它完全消除了橡胶管容易老化、脱落、断裂、鼠咬等安全隐患，是燃气行业协会、燃气公司推广产品，胶管与金属软管区别如表5-9-1所示。燃气用金属软管包括燃气用具连接用金属包覆软管（用于固定及非固定安装的燃气用具）、不锈钢波纹软管（用于燃气用具至阀门间的连接）和燃气输送用不锈钢波纹软管，如图5-9-1所示，燃气输送波纹软管（非定尺）代替镀锌管，作为新型燃气输送管道之用；燃气用具连接用波纹软管（定尺）代替胶管，作为用具连接之用，两者以阀门为界。燃气输送用不锈钢波纹软管，如图5-9-2所示。

表5-9-1　胶管与金属软管区别

胶管	金属软管
端口为喉箍卡紧结构，抱紧力≤100N，隔火隔温性差，易脱落	螺纹锁紧，可充分隔离火源、热源，抗拉力高达800N，解决脱落问题
管体易老化，龟裂	不锈钢内管，耐腐蚀，耐老化，解决老化问题
老鼠一咬就破	老鼠咬不破，解决鼠咬问题

续表

胶管	金属软管
使用寿命为 2 年	使用寿命不少于 10 年，解决频繁更换问题
直接使用成本比波纹软管低，不过得费心记着何时换管，现在社会节奏快，容易遗忘。且每次换管都有风险，胶管质量参差不齐，得仔细辨认，安装时得仔细检查是否安装到位	初始成本稍高，但十年分摊后，成本很低。装灶时装管，换灶时换管，简单，安全，省时，省心，更让家人放心

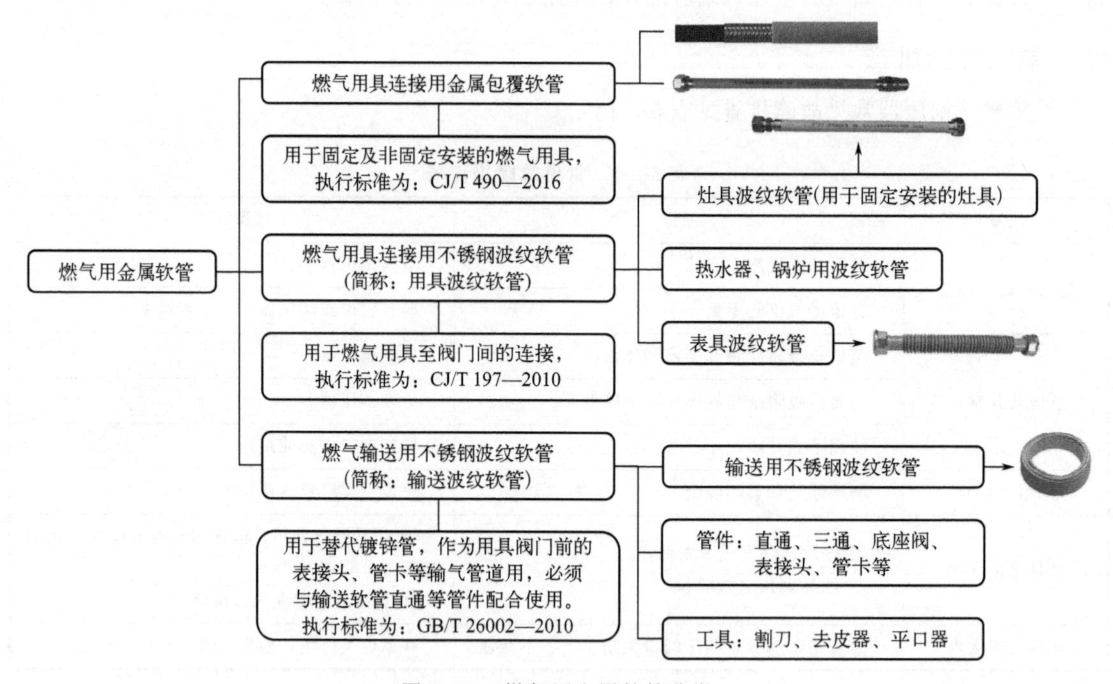

图 5-9-1　燃气用金属软管分类

二、燃气用具连接常用管件与工具

室内燃气设备连接主要用到的管阀件有燃气输送软管内牙直通、燃气输送软管外牙直通、燃气输送软管插口直通（插口直通实际上就是内牙直通加上直格林转换头）、外丝三通、铜（钢）异径内外丝、底座阀、管卡，如图 5-9-3～图 5-9-9 所示。常用工具有：割管刀、去皮器、平口器，如图 5-9-10～图 5-9-12 所示。

图 5-9-2　燃气输送用不锈钢波纹软管

图 5-9-3　燃气输送软管内牙直通

图 5-9-4　燃气输送软管外牙直通

图 5-9-5　燃气输送软管插口直通　　图 5-9-6　外丝三通

图 5-9-7　铜（钢）异径内外丝　　图 5-9-8　底座阀　　图 5-9-9　管卡

图 5-9-10　割管刀　　图 5-9-11　去皮器　　图 5-9-12　平口器

转换头安装使用方法：

① 旋松螺母，将格林转换头套入至燃具或管道格林口的根部（格林转换头必须套到位，否则会影响产品的安全），如图 5-9-13 所示。

② 用扳手夹紧螺母不动，用另一把扳手将紧固圈拧紧（用 30N·m 左右的力距）即可完成连接（切不可让螺母转动，否则容易造成螺母从格林口外滑甚至脱落，影响安全），如图 5-9-14 所示。

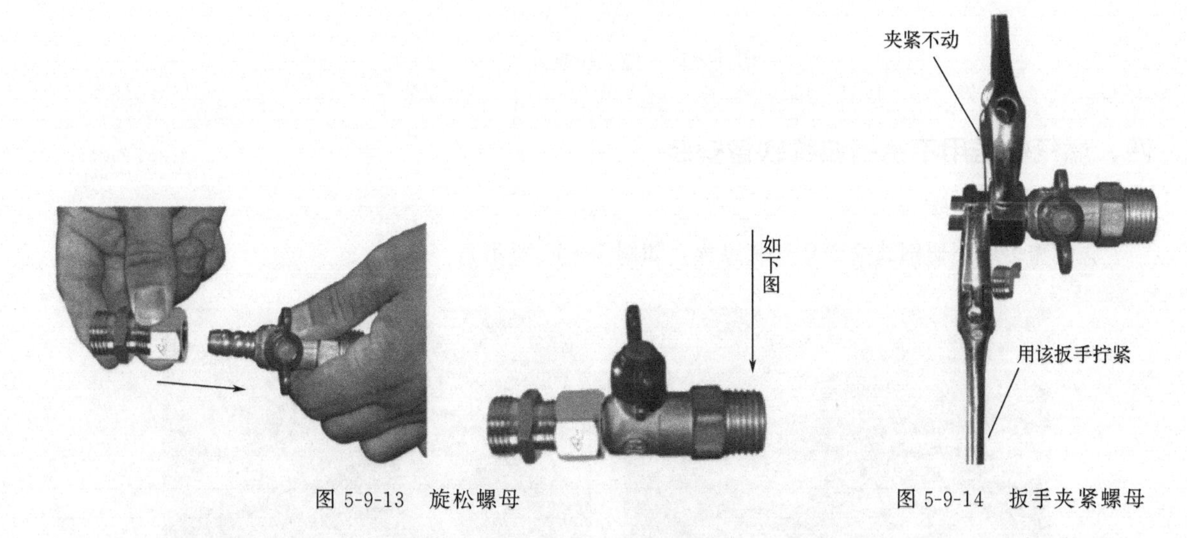

图 5-9-13　旋松螺母　　图 5-9-14　扳手夹紧螺母

③ 连接完成后，用手轻拉格林转换头螺母，看格林转换头与燃具或管道格林接口是否异常。若连接口发生外滑或脱落，则说明螺母与燃具或管道接口不匹配，应重新选择合适的螺母。转换

头不得在高温处（100℃以上）安放，严禁与火焰接触，以防密封圈过早损坏失效。如转换头投入使用的过程中拆装燃气具，建议更换密封圈，密封垫使用寿命不少于10年。格林转换头螺母如图5-9-15所示。

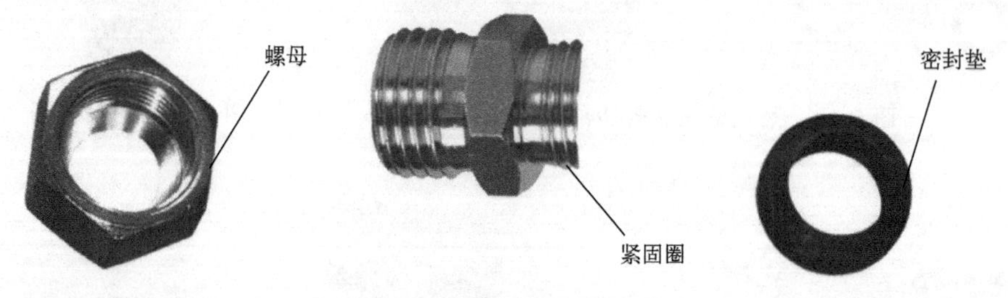

图5-9-15　格林转换头螺母

三、燃气用具连接方式

燃气用具波纹软管接口有螺纹（S）与插口（C）两种，经过组合有三种，具体根据阀门的接口及灶具的接口，螺纹接口优先。

① 双螺纹（SS）：螺纹＋螺纹，如图5-9-16（a）所示；

② 单插（CS）：螺纹＋插口，如图5-9-16（b）所示；

③ 双插（CC）：插口＋插口，如图5-9-16（c）所示。

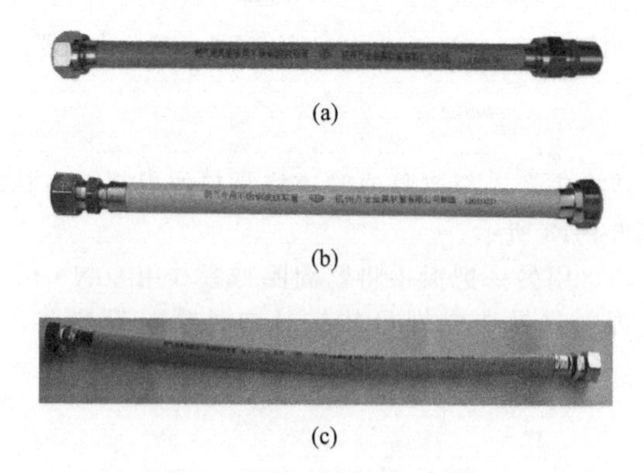

(a)

(b)

(c)

图5-9-16　燃气用具连接方式

四、燃气输送用不锈钢波纹软管安装

（一）操作步骤

燃气输送用不锈钢波纹软管安装过程，如图5-9-17所示。

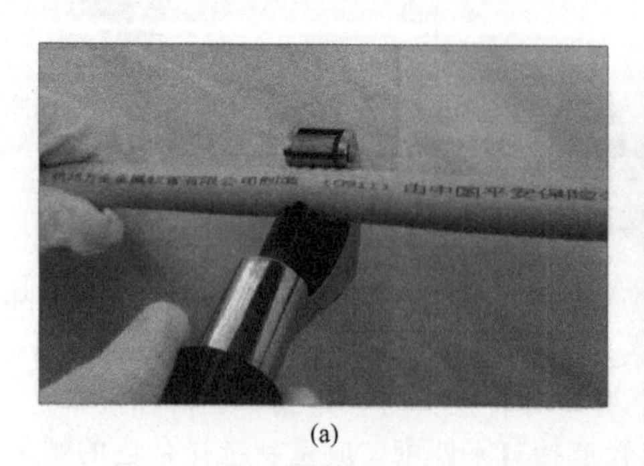

(a)

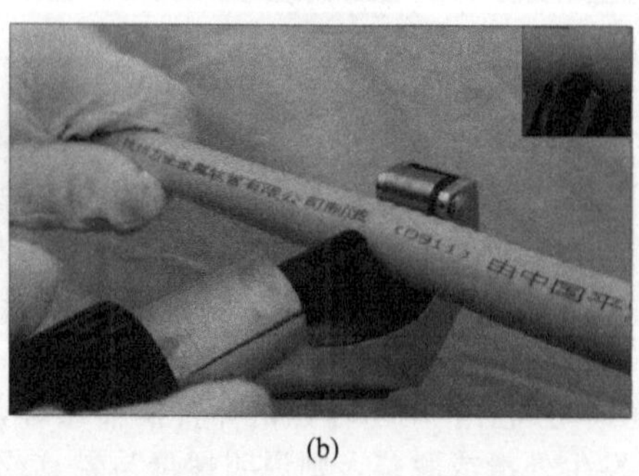

(b)

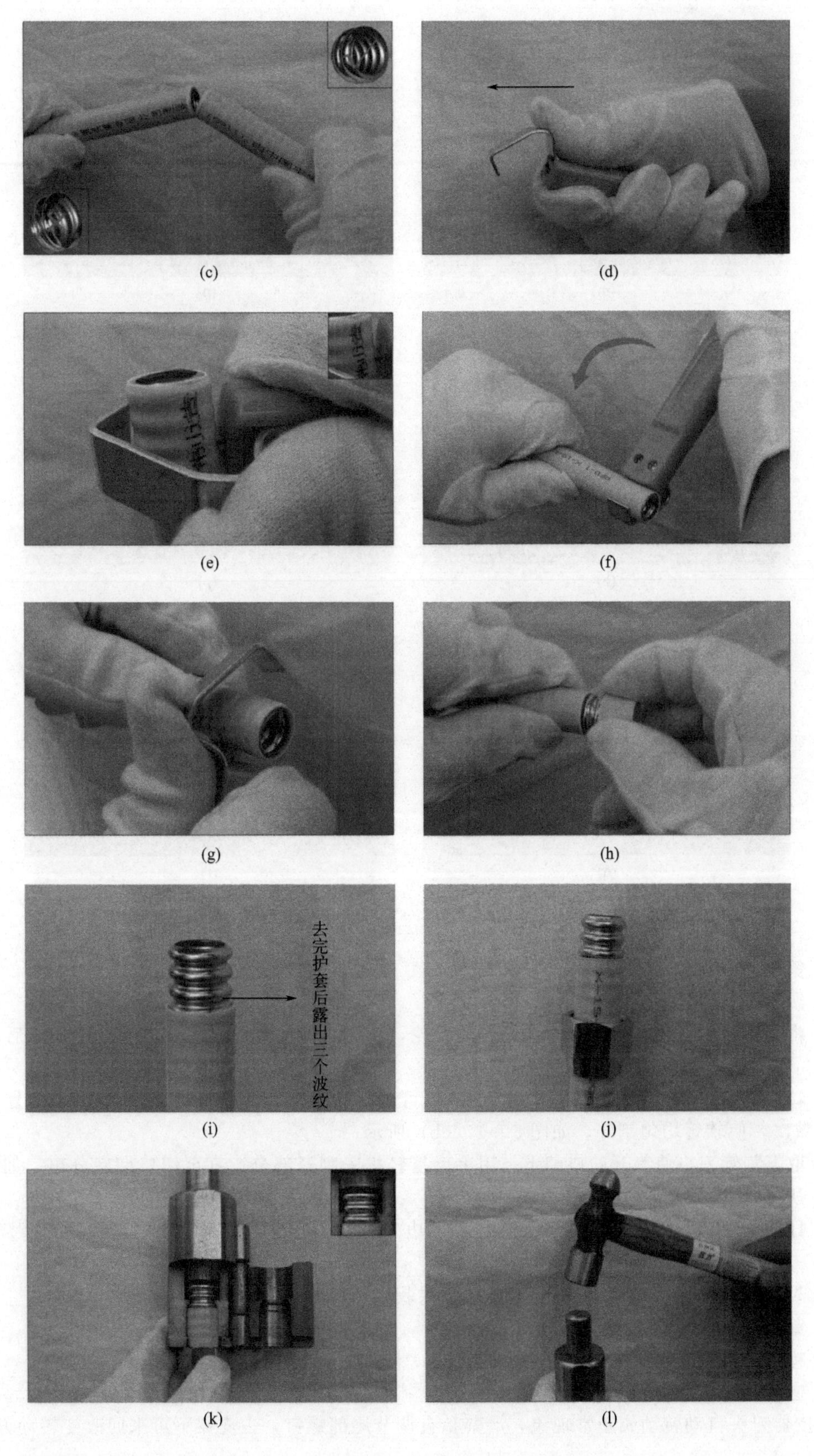

(c) (d) (e) (f) (g) (h) (i) (j) (k) (l)

图 5-9-17

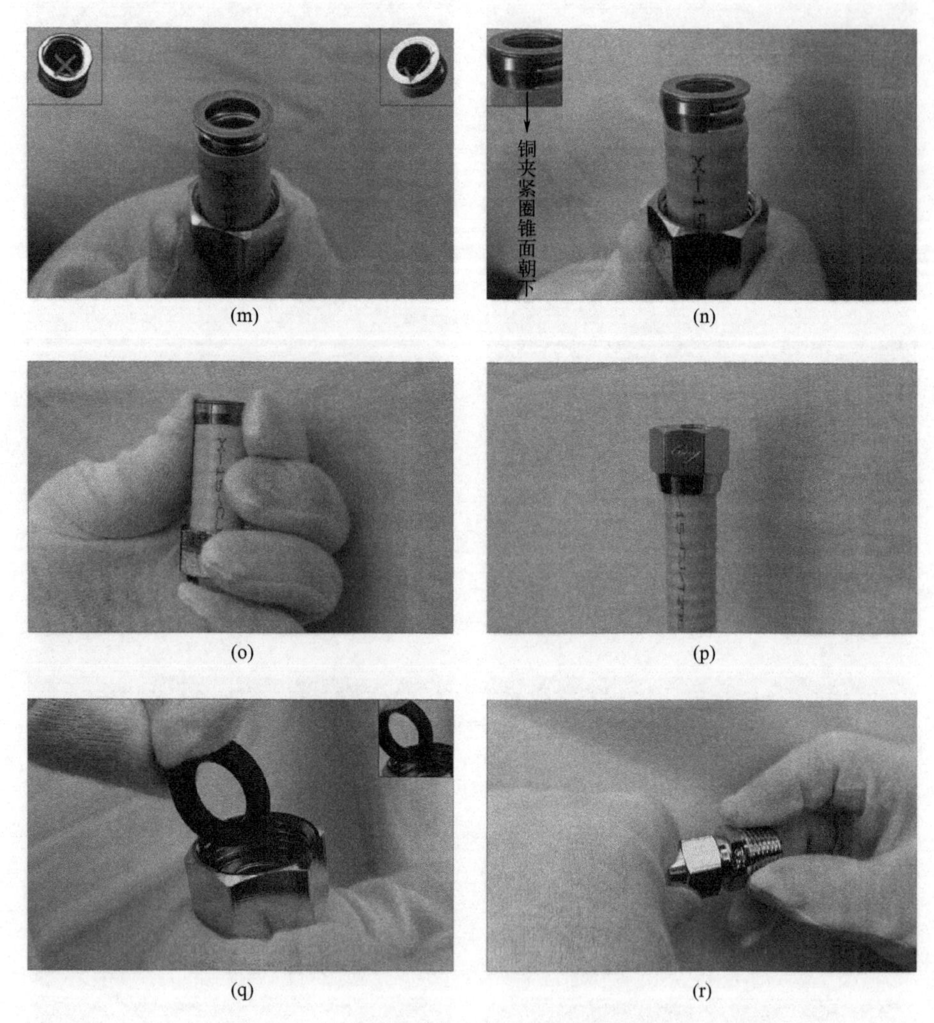

图 5-9-17　燃气输送用不锈钢波纹软管安装过程

1. 第一步——割管

① 测量所需软管的长度；

② 将割管刀置于软管待割点，轻轻转动手轮，使刀片顶住波谷（越靠近波谷，加工后的端口越平整），如图 5-9-17（a）所示；

③ 转动割管刀 3～5 圈，手轮进 1/5 圈（不可进得过多，否则容易使护套起皱），反复进行以上过程数次，使软管均匀割开，如图 5-9-17（b）所示；

④ 取下割管刀，使割开的口朝上，用手反复轻折未割开部分，直至切口彻底分离，如图 5-9-17（c）所示；

⑤ 仔细检查切割后的端面是否平整，无飞边、凹陷、毛边、椭圆等缺陷，否则需重新切割，如图 5-9-17（c）所示；

严禁变更割管位置，以免将割伤的波纹管误装，产生燃气泄漏！

2. 第二步——剥离多余护套

① 将去皮器的刀头顶在端口第三个波谷处，卡紧软管，如图 5-9-17（e）所示；

② 逆时针方向转动去皮器 1～2 圈，将护套剥离，如图 5-9-17（f）～（i）所示。

去皮器刀头自动转动属正常现象，严禁私自调节尾部螺钉，去皮器不可来回改变转动方向。

3. 第三步——平口

① 确认软管的切割端面符合要求，然后套入快装接头螺母，如图 5-9-17（j）所示；

② 在平口器的卡槽中卡入软管的两个波纹［如图 5-9-17（k）所示］，用榔头敲打平口活塞 5～6 下［如图 5-9-17（l）所示］。打开平口器，取出软管，检查端口是否平整，有无缺陷［如图 5-9-17（m）所示］，否则应重新加工端口（如多次返工，端口仍不平整，则需检查平口器是否损坏）。

严禁用管钳或直接将平口活塞往坚硬物上磤，任何一种不当的操作都将影响软管端口的质量，并引起平口器的过早损坏！

4. 第四步——安装输送软管直通接头

① 将分开的铜夹紧圈（锥面朝下）合拢卡入软管端口平口后的位置，如图 5-9-17（n）、（o）所示；

② 轻轻上拉软管直通接头螺母，将凹面垫（凹面朝上）放入［如图 5-9-17（q）所示］，与各类连接件拧紧即可［如图 5-9-17（r）所示］。输送软管及管件安装示意图如图 5-9-18 所示。

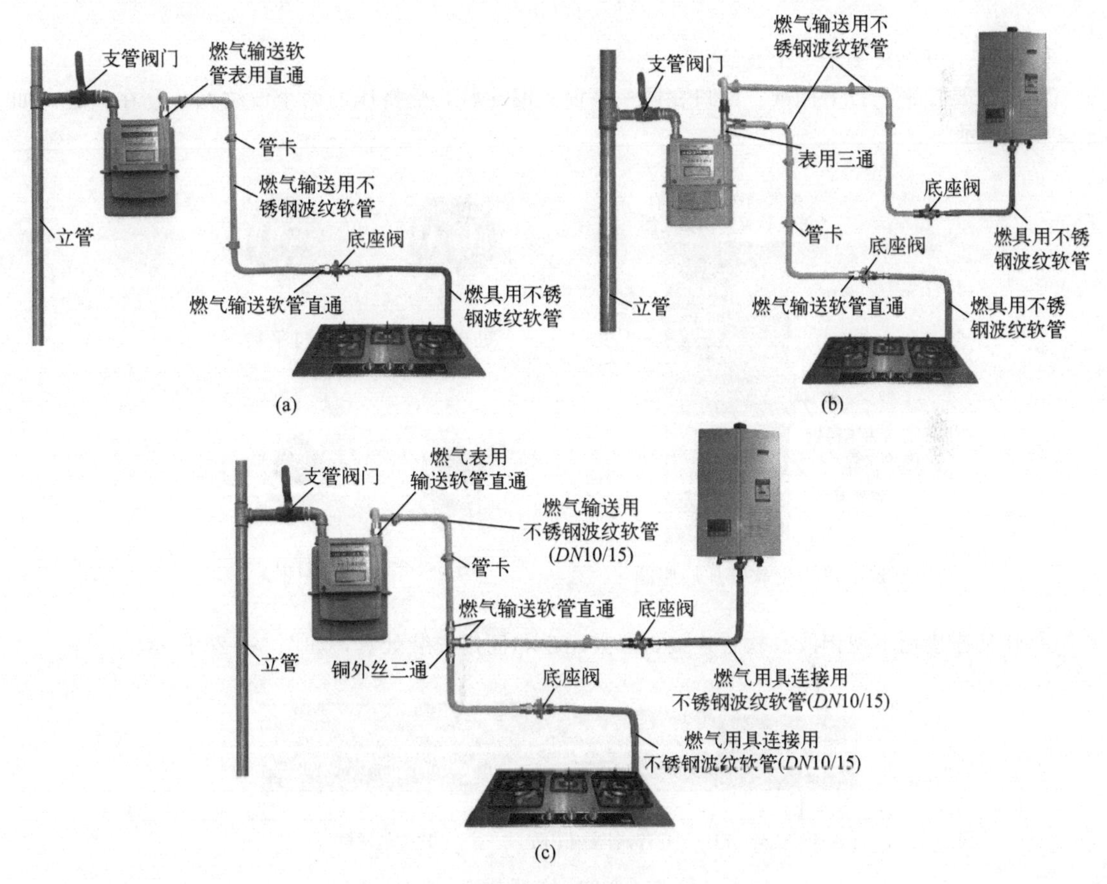

图 5-9-18　输送软管及管件安装示意图

（二）输送软管及管件安装注意事项

① 户内有多个燃气器具时加分路器走独立管线；如在燃气输送软管中间加三通时，在三通的 3 个方向均应设管卡，管卡离三通 10cm 之内为宜，如图 5-9-19 所示。

② 管卡设置。管卡每米设置 1 个，拐弯处加设。

③ 穿墙要加套管。

④ 阀门进出口均为软管时必须用底座阀，如图 5-9-20 所示。

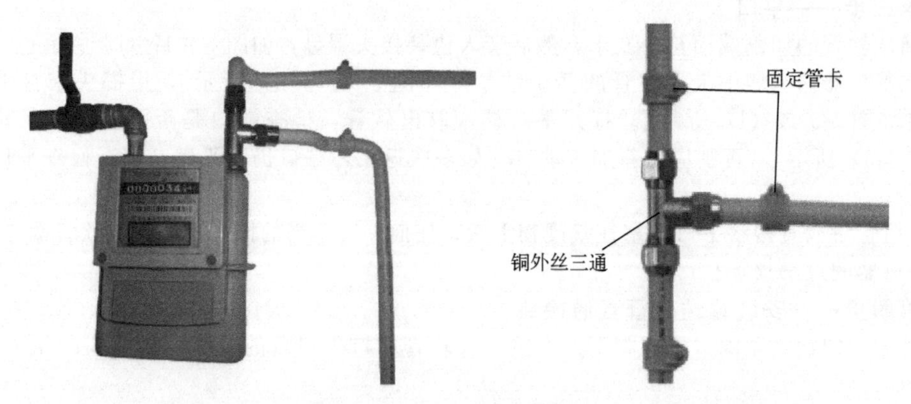

图 5-9-19　加分路器并设管卡

⑤ 割管端口要平整。割管时端口必须平整，无飞边、凹陷、毛边、椭圆等缺陷，如图 5-9-21 所示。

⑥ 护套不可剥离多于 3 个波纹。

⑦ 端口要打平，打平标准：端口在同一平面无漏斗状，受挤压的两个波纹充分叠在一起。如图 5-9-22 所示。

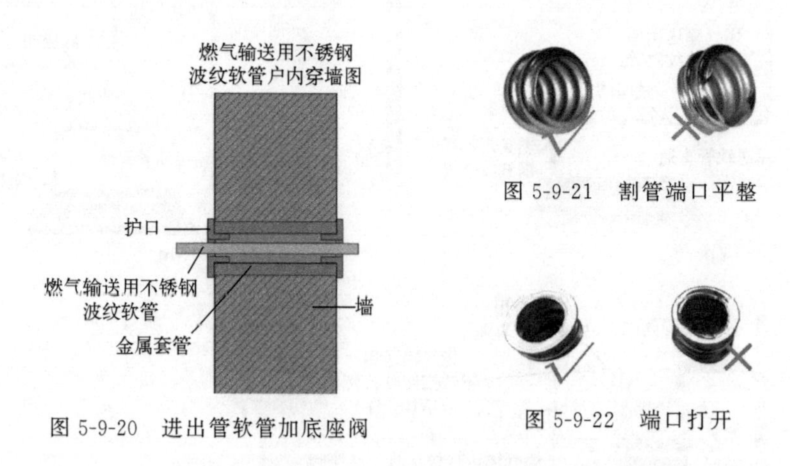

图 5-9-20　进出管软管加底座阀

图 5-9-21　割管端口平整

图 5-9-22　端口打开

⑧ 灶具连接用不锈钢波纹软管连接，严禁用于非固定安装灶具，如图 5-9-23 所示。

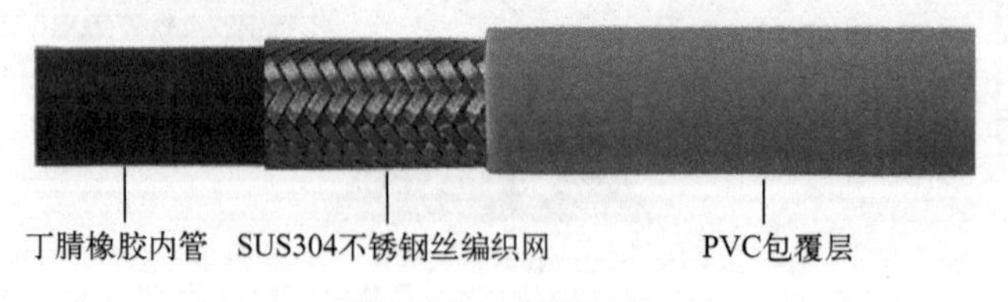

图 5-9-23　包覆软管

⑨ 灶具连接用不锈钢波纹软管最长不得超过 2m，严禁将软管串联使用或超长改管。

⑩ 插口式的软管必须套到格林口根部（没过红色停止线）。

⑪ 铁质胶管阀要换加大号格林口螺母。

⑫ 安装完成后要检查橱柜或抽屉。

⑬ 拉篮不得撞击软管。

⑭ 铁管卡子要装紧。

参考文献

[1] 王羽中，张飞飞，施汉龙，等.燃气调压站安全保护装置的设置及压力设定 [J]. 上海煤气，2021，No.348（02）：22-25.
[2] 董理．燃气调压器的压力调节浅析 [J]. 百科论坛电子杂志，2019（6）：712.
[3] 燃气经营企业从业人员专业培训教材编审委员会．压缩天然气场站运行工 [M]. 北京：中国建筑工业出版社，2017.
[4] 城镇燃气设计规范（附加条文说明）：GB 50028—2006（2020）[S]. 2006.
[5] 燃气工程项目规范：GB 55009—2021 [S]. 2021.
[6] 城镇燃气输配工程施工及验收标准（附加条文说明）：GB/T 51455—2023 [S]. 2023.
[7] 路学，马若侠，万阳．城市燃气技术的现状及发展趋势 [J]. 石化技术，2022，29（11）：197-199.
[8] 木台里甫江・阿布来提．如何做好城市燃气设备维护管理 [J]. 化工管理，2020，No.567（24）：145-146.
[9] 谭洪艳．燃气输配工程 [M]. 北京：冶金工业出版社，2009.
[10] 唐秀岐．燃气输配与运营管理 [M]. 北京：石油工业出版社，2012.
[11] 范小平．天然气加气站设备管理 [M]. 北京：中国质检出版社，2015.
[12] 郁永章．天然气汽车加气站设备与运行 [M]. 北京：中国石化出版社，2006.
[13] 中国石化销售有限公司．液化天然气加气站 [M]. 北京：中国石化出版社，2017.
[14] 中华人民共和国国家质量监督检验检疫总局．汽车加气站用往复活塞天然气压缩机：GB/T 25360—2010 [S]. 2010.
[15] 中华人民共和国国家质量监督检验检疫总局．燃气过滤器：GB/T 36051—2018 [S]. 2018.
[16] 中华人民共和国国家质量监督检验检疫总局．一般压力表：GB/T 1226—2017 [S]. 2017.
[17] 国家市场监督管理总局．汽车用压缩天然气加气机：GB/T 19237—2021 [S]. 2021.
[18] 输气管道工程过滤分离设备规范：SY/T 6883—2021 [S]. 2021.
[19] 中华人民共和国国家质量监督检验检疫总局．钢铁产品牌号表示方法：GB/T 221—2008 [S]. 2008.
[20] 中华人民共和国国家质量监督检验检疫总局．优质碳素结构钢：GB/T 699—2015 [S]. 2015.
[21] 国家市场监督管理总局．低合金高强度结构钢：GB/T 1591—2018 [S]. 2018.
[22] 中华人民共和国国家质量监督检验检疫总局．碳素结构钢：GB/T 700—2006 [S]. 2006.
[23] 国家市场监督管理总局．管道元件 公称压力的定义和选用：GB/T 1048—2019 [S]. 2019.
[24] 国家市场监督管理总局．管道元件 公称尺寸的定义和选用：GB/T 1047—2019 [S]. 2019.
[25] 中华人民共和国国家质量监督检验检疫总局．石油天然气工业 管线输送系统用钢管：GB/T 9711—2017 [S]. 2017.
[26] 中华人民共和国国家质量监督检验检疫总局．燃气用埋地聚乙烯（PE）管道系统 第 1 部分：管材：GB/T 15558.1—2015 [S]. 2015.
[27] 聚乙烯燃气管道工程技术标准（附条文说明）：CJJ 63—2018 [S]. 2018.
[28] 国家市场监督管理总局．弹簧直接载荷式安全阀：GB/T 12243—2021 [S]. 2021.
[29] 王朝前．压力容器操作工 [M]. 北京：中国劳动社会保障出版社．2008.
[30] 中华人民共和国住房和城乡建设部．城镇燃气切断阀和放散阀：CJ/T 335—2010 [S]. 2010.
[31] 中华人民共和国住房和城乡建设部．电磁式燃气紧急切断阀：CJ/T 394—2018 [S]. 2018.
[32] 国家市场监督管理总局．城镇燃气输配系统用安全切断阀：GB/T 41315—2022 [S]. 2022.
[33] 国家市场监督管理总局．城镇燃气调压器：GB 27790—2020 [S]. 2020.
[34] 国家市场监督管理总局．城镇燃气调压箱：GB 27791—2020 [S]. 2020.
[35] 城镇燃气加臭装置：CJ/T 48—2014 [S]. 2014.
[36] 清管器收发装置：NB/T 10616—2021 [S]. 2021.
[37] 中华人民共和国国家质量监督检验检疫总局．钢质管道内检测技术规范：GB/T 27699—2011 [S]. 2011.
[38] 中华人民共和国国家质量监督检验检疫总局．钢制对焊无缝管件：GB/T 12459—2005 [S]. 2005.
[39] 安全自锁型快开盲板：NB/T 47053—2016 [S]. 2016.
[40] 容器支座 第 1 部分：鞍式支座：NB/T 47065.1—2018 [S]. 2018.
[41] 简单压力容器 储气罐：T/ZZB 0584—2018 [S]. 2018.
[42] 中华人民共和国国家质量监督检验检疫总局．钢制球形储罐：GB/T 12337—2014 [S]. 2014.
[43] 高压液化气体管束式集装箱专项技术要求：T/CATSI 05002—2020 [S]. 2020.
[44] 气体涡轮流量计：T/ZZB 0108—2016 [S]. 2016.
[45] 国家市场监督管理总局．用气体涡轮流量计测量天然气流量：GB/T 21391—2022 [S]. 2022.

[46] 气体腰轮流量计：T/ZZB 0110—2016 [S]. 2016.
[47] 中华人民共和国住房和城乡建设部．超声波燃气表：CJ/T 477—2015 [S]. 2015.
[48] 中华人民共和国国家质量监督检验检疫总局．用气体超声流量计测量天然气流量：GB/T 18604—2014 [S]. 2014.
[49] CNG 母站及子站加气用增压压缩机：T/ZZB 0806—2018 [S]. 2018.
[50] 甘肃省质量技术监督局理局．天然气加气站高压储气瓶组在线检验规范：DB62/T 4397—2021 [S]. 2021.
[51] 国家市场监督管理总局．液化天然气（LNG）加液装置：GB/T 41319—2022 [S]. 2022.
[52] 汽车加气站用液压天然气压缩机：JB/T 11422—2013 [S]. 2013.
[53] 中华人民共和国国家质量监督检验检疫总局．汽车加气站用往复活塞天然气压缩机：GB/T 25360—2010 [S]. 2010.
[54] 甘醇型天然气脱水装置规范：SY/T 0602—2005 [S]. 2005.
[55] 天然气脱水设计规范：SY/T 0076—2008 [S]. 2008.
[56] 中华人民共和国国家质量监督检验检疫总局．压缩天然气加气机加气枪：GB/T 19236—2003 [S]. 2003.
[57] 长管拖车：NB/T 10354—2019 [S]. 2019.
[58] 国家质量监督检验检疫总局．可燃气体检测报警器：JJG 693—2011 [S]. 2011.
[59] 中华人民共和国住房和城乡建设部．家用燃气报警器及传感器：CJ/T 347—2010 [S]. 2010.
[60] 物联网膜式燃气表：T/ZBMS 001—2021 [S]. 2021.
[61] 国家市场监督管理总局．燃气用具连接用不锈钢波纹软管：GB/T 41317—2022 [S]. 2022.